Rechtspopulismus in Deutschland

Heinz Ulrich Brinkmann ·
Karl-Heinz Reuband
(Hrsg.)

Rechtspopulismus in Deutschland

Wahlverhalten in Zeiten politischer Polarisierung

Springer VS

Hrsg.
Heinz Ulrich Brinkmann
Alfter, Deutschland

Karl-Heinz Reuband
Heinrich-Heine-Universität Düsseldorf
Düsseldorf, Deutschland

ISBN 978-3-658-33786-5 ISBN 978-3-658-33787-2 (eBook)
https://doi.org/10.1007/978-3-658-33787-2

Die Deutsche Nationalbibliothek verzeichnet diese Publikation in der Deutschen Nationalbibliografie; detaillierte bibliografische Daten sind im Internet über http://dnb.d-nb.de abrufbar.

Planung/Lektorat: Jan Treibel
Springer VS ist ein Imprint der eingetragenen Gesellschaft Springer Fachmedien Wiesbaden GmbH und ist ein Teil von Springer Nature.
Die Anschrift der Gesellschaft ist: Abraham-Lincoln-Str. 46, 65189 Wiesbaden, Germany

Inhaltsverzeichnis

Einführung der Herausgeber ... 1
Karl-Heinz Reuband und Heinz Ulrich Brinkmann

Teil I Rechtspopulismus und gesellschaftlicher Wandel

Ideological Polarization and Far-Right Parties in Europe ... 13
Russell J. Dalton und Carl C. Berning

Did the "Refugee Crisis" Transform European Politics? ... 37
Cas Mudde

Teil II Politisierung und Polarisierung

Negative Parteiidentifikationen als (neue) Chance zur Wählermobilisierung? ... 57
Robert Vehrkamp und Lars Bischoff

Mit der Demokratie versöhnt? ... 85
Constantin Schäfer und Ann-Kathrin Reinl

Es gibt keine einfache Wahrheit ... 111
Bertram Scheufele

Teil III Wahlen und Wahlverhalten

Ökonomische Bestimmungsgründe der Bundestagswahl 2017 ... 137
Matthias Jung und Leona Jung

Eine differenzierte Erklärung für den Erfolg der AfD in West- und Ostdeutschland ... 163
Philip Manow und Hanna Schwander

Die Wählerschaft der Alternative für Deutschland (AfD) ... 193
Markus Klein, Christoph Kühling und Frederik Springer

Neue Partei und rechte Traditionen: Die Unterstützung der AfD aus intergenerationaler Perspektive ... 227
Martin Kroh, Karolina Fetz und Jannes Jacobsen

Teil IV Lokale Kontexte, Kontinuitäten und Diskontinuitäten des Protests

Rechtspopulismus, Fremdenfeindlichkeit und PEGIDA ... 257
Karl-Heinz Reuband

Demokratie auf dem Rückzug? ... 299
Christoph Richter, Axel Salheiser und Matthias Quent

Regionale und individuelle Einflussfaktoren auf den Rechtspopulismus ... 335
Heinrich Best und Axel Salheiser

Teil V Migration und Integration

Migration und Wahlverhalten in Deutschland ... 371
Oliviero Angeli und Cyrill Otteni

Die Auswirkungen von Migration und Integration auf das Wahlverhalten in Deutschland ... 395
Steffen Kühnel und Jürgen Leibold

„Alternative für Russlanddeutschland“? Russlanddeutsche SpätaussiedlerInnen und die AfD ... 423
Peter Doerschler und Jannis Panagiotidis

Herausgeber- und Autor*innenverzeichnis

Über die Herausgeber

Dr. Heinz Ulrich Brinkmann Alfter, Deutschland.

Prof. Dr. Karl-Heinz Reuband Institut für Sozialwissenschaften, Heinrich-Heine-Universität Düsseldorf, Düsseldorf, Deutschland.

Autorenverzeichnis

Dr. Oliviero Angeli Institut für Politikwissenschaft, Technische Universität Dresden, Dresden, Deutschland. E-Mail: oliviero.angeli@tu-dresden.de

Dr. Carl C. Berning Institut für Politikwissenschaft, Johannes Gutenberg-Universität Mainz, Mainz, Deutschland. E-Mail: berning@politik.uni-mainz.de

Prof. Dr. Heinrich Best Institut für Soziologie, Friedrich-Schiller-Universität Jena, Jena, Deutschland. E-Mail: heinrich.best@uni-jena.de

Lars Bischoff Programm Zukunft der Demokratie, Bertelsmann Stiftung, Gütersloh, Deutschland. E-Mail: lars.bischoff@bertelsmann-stiftung.de

Dr. Heinz Ulrich Brinkmann Alfter, Deutschland.

Prof. Russell J. Dalton Ph.D School of Social Sciences, University of California, Irvine, Kalifornien, USA. E-Mail: rdalton@uci.edu

Prof. Dr. Peter Doerschler Department of Political Science, Bloomsburg University of Pennsylvania, Bloomsburg, Pennsylvania, USA. E-Mail: pdoersch@bloomu.edu

Karolina Fetz Berliner Institut für empirische Integrations- und Migrationsforschung, Humboldt-Universität zu Berlin, Berlin, Deutschland. E-Mail: karolina.fetz@hu-berlin.de

Dr. Jannes Jacobsen Institut für Soziologie, Fachbereich Politik- und Sozialwissenschaften, Freie Universität Berlin, Berlin, Deutschland. E-Mail: j.jacobsen@fu-berlin.de

Leona Jung Forschungsgruppe Wahlen e. V., Mannheim, Deutschland. E-Mail: leona-jung@gmx.de

Matthias Jung Forschungsgruppe Wahlen e. V., Mannheim, Deutschland. E-Mail: matthias.jung@forschungsgruppe.de

Prof. Dr. Markus Klein Institut für Politikwissenschaft, Leibniz Universität Hannover, Hannover, Deutschland. E-Mail: m.klein@ipw.uni-hannover.de

Prof. Dr. Martin Kroh Fakultät für Soziologie, Universität Bielefeld, Bielefeld, Deutschland. E-Mail: martin.kroh@uni-bielefeld.de

Christoph Kühling Institut für Politikwissenschaft, Leibniz Universität Hannover, Hannover, Deutschland. E-Mail: c.kuehling@ipw.uni-hannover.de

Prof. Dr. Steffen Kühnel Methodenzentrum Sozialwissenschaften, Georg-August-Universität Göttingen, Göttingen, Deutschland. E-Mail: steffen.kuehnel@sowi.uni-goettingen.de

Dr. Jürgen Leibold Methodenzentrum Sozialwissenschaften, Georg-August-Universität Göttingen, Göttingen, Deutschland. E-Mail: juergen.leibold@sowi.uni-goettingen.de

Prof. Dr. Philip Manow SOCIUM Forschungszentrum Ungleichheit und Sozialpolitik, Universität Bremen, Bremen, Deutschland. E-Mail: manow@uni-bremen.de

Prof. Dr. Cas Mudde School of Public and International Affairs, University of Georgia, Athens, Georgia, USA. E-Mail: mudde@uga.edu

Cyrill Otteni Institut für Politikwissenschaft, Technische Universität Dresden, Dresden, Deutschland. E-Mail: cyrill.otteni@tu-dresden.de

Prof. Dr. Jannis Panagiotidis Research Center for the History of Transformations (RECET), Universität Wien, Wien, Österreich. E-Mail: jannis.panagiotidis@univie.ac.at

Prof. Dr. Matthias Quent Hochschule Magdeburg-Stendal, Magdeburg, Deutschland. E-Mail: office@mathiasquent.com

Ann-Kathrin Reinl Geschwister-Scholl-Institut für Politikwissenschaft, Ludwig-Maximilians-Universität München, München, Deutschland. E-Mail: ann-kathrin.reinl@gsi.muenchen.de

Prof. Dr. Karl-Heinz Reuband Institut für Sozialwissenschaften, Heinrich-Heine-Universität Düsseldorf, Düsseldorf, Deutschland. E-Mail: reuband@phil-fak.uni-duesseldorf.de

Christoph Richter Institut für Demokratie und Zivilgesellschaft, Jena, Deutschland. E-Mail: christoph.richter@idz-jena.de

Dr. Axel Salheiser KomRex – Zentrum für Rechtsextremismusforschung, Demokratiebildung und gesellschaftliche Integration, Friedrich-Schiller-Universität Jena, Jena, Deutschland. E-Mail: axel.salheiser@uni-jena.de

Dr. Constantin Schäfer Institut für Politikwissenschaft, Westfälische Wilhelms-Universität Münster, Münster, Deutschland. E-Mail: constantin.schaefer@uni-muenster.de

Prof. Dr. Bertram Scheufele Institut für Kommunikationswissenschaft, Universität Hohenheim, Stuttgart, Deutschland. E-Mail: bertram.scheufele@uni-hohenheim.de

Prof. Dr. Hanna Schwander Institut für Sozialwissenschaften, Humboldt-Universität zu Berlin, Berlin, Deutschland. E-Mail: hanna.schwander@hu-berlin.de

Dr. Frederik Springer Institut für Politikwissenschaft, Leibniz Universität Hannover, Hannover, Deutschland. E-Mail: f.springer@ipw.uni-hannover.de

Dr. Robert Vehrkamp Programm Zukunft der Demokratie, Bertelsmann Stiftung, Gütersloh, Deutschland. E-Mail: robert.vehrkamp@bertelsmann-stiftung.de

Abbildungsverzeichnis

Teil I Rechtspopulismus und gesellschaftlicher Wandel

Ideological Polarization and Far-Right Parties in Europe

Fig. 1 Parties and the Political Space in West Europe, 2006 - 2014 ... 22
Fig. 2 Parties and the Political Space in West Europe, 2019 ... 23
Fig. 3 Cultural Polarization Across Party Systems, 2019 ... 29

Teil II Politisierung und Polarisierung

Mit der Demokratie versöhnt?

Abb. 1 Wahrgenommene Policydistanz zwischen AfD-WählerInnen und der AfD ... 97
Abb. 2 Demokratiezufriedenheit verschiedener Wählergruppen im Zeitverlauf ... 99
Abb. 3 Demokratiezufriedenheit der AfD-Wählertypen im Zeitverlauf ... 102

Teil III Wahlen und Wahlverhalten

Ökonomische Bestimmungsgründe der Bundestagswahl 2017

Abb. 1 Agenda Setting, Arbeitslosigkeit und ökonomische Themen ... 142
Abb. 2 Ausgewählte Parteikompetenzen in der Bundestagswahl 2017 ... 144
Abb. 3 Eigene wirtschaftliche Lage in Ostdeutschland ... 149

Abb. 4 Was mir gerechterweise zusteht ... 152
Abb. 5 Zukunftsvorbereitung ... 153
Abb. 6 Persönliche Auswirkungen wegen der Flüchtlinge ... 155
Abb. 7 Kann Deutschland die Flüchtlinge verkraften? ... 156
Abb. 8 Mitgliedschaft in der EU ... 158

Eine differenzierte Erklärung für den Erfolg der AfD in West- und Ostdeutschland

Abb. 1 Regionale Verteilung der AfD-Stimmenanteile in der Bundestagswahl 2017 ... 167

Die Wählerschaft der Alternative für Deutschland (AfD)

Abb. 1 Die Entwicklung des Stimmenanteils der AfD ... 203
Abb. 2 Die Entwicklung des Frauenanteils in der AfD-Wählerschaft und in der Wählerschaft aller anderen Parteien ... 205
Abb. 3 Die Entwicklung der Altersstruktur der AfD-Wählerschaft und der Wählerschaft aller anderen Parteien ... 206
Abb. 4 Die Entwicklung des Anteils Hochgebildeter in der AfD-Wählerschaft und in der Wählerschaft aller anderen Parteien ... 207
Abb. 5 Die Entwicklung der Anteile an Selbstständigen, ArbeiterInnen und Arbeitslosen in der AfD-Wählerschaft und in der Wählerschaft aller anderen Parteien ... 208
Abb. 6 Die Entwicklung des Anteils Ostdeutscher in der AfD-Wählerschaft und in der Wählerschaft aller anderen Parteien ... 209
Abb. 7 Die Entwicklung der Wahrnehmung von Migration und EU als wichtigstes Problem durch die AfD-Wählerschaft und durch die Wählerschaft aller anderen Parteien ... 210
Abb. 8 Die Entwicklung des Anteils der Personen, die eine Verschlechterung der eigenen ökonomischen Lage in einem Jahr erwarten, in der AfD-Wählerschaft und in der Wählerschaft aller anderen Parteien ... 211
Abb. 9 Die Entwicklung der Beurteilung der Regierungsarbeit durch die AfD-Wählerschaft und durch die Wählerschaft aller anderen Parteien ... 212

Abb. 10 Die Entwicklung der Beurteilung von Angela Merkel durch die AfD-Wählerschaft und durch die Wählerschaft aller anderen Parteien ... 213
Abb. 11 Die Entwicklung des Anteils extrem rechts Positionierter in der AfD-Wählerschaft und in der Wählerschaft aller anderen Parteien ... 214
Abb. 12 Die Entwicklung des Anteils präferenzgetreuer Stimmabgaben in der AfD-Wählerschaft und in der Wählerschaft aller anderen Parteien ... 216
Abb. 13 Die Entwicklung des Anteils der Parteigebundenen in der AfD-Wählerschaft und in der Wählerschaft aller anderen Parteien ... 217

Neue Partei und rechte Traditionen: Die Unterstützung der AfD aus intergenerationaler Perspektive

Abb. 1 Frühere eigene und elterliche Parteiidentifikationen von AfD-AnhängerInnen: Robustheitsanalysen ohne imputierte Daten ... 244

Teil IV Lokale Kontexte, Kontinuitäten und Diskontinuitäten des Protests

Regionale und individuelle Einflussfaktoren auf den Rechtspopulismus

Abb. 1 Rechtsextreme, ethnozentrische und neonationalsozialistische. Einstellungen (Thüringen-Monitor 2001 - 2019), in % ... 341
Abb. 2 Verbreitung rechtsextremer Einstellungen (Ethnozentrismus und neo-nationalsozialistische Ideologie) in Thüringen 2015 - 2019 und ausgewählte Strukturvariablen ... 348
Abb. 3 Rechtsextreme, ethnozentrische und neonationalsozialistische Einstellungen (Thüringen-Monitor 2015 - 2019) nach Ortsgröße, Angaben in % ... 351

Abb. 4 Rechtsextreme, ethnozentrische und neonationalsozialistische Einstellungen (Thüringen-Monitor 2015 - 2019): Unterschied zwischen Landkreisen und kreisfreien Städten, Angaben in % 353
Abb. 5 Rechtsextreme, ethnozentrische und neonationalsozialistische Einstellungen (Thüringen-Monitor 2015 - 2019) nach Strukturclustern der Landkreise und kreisfreien Städte, Angaben in % 354
Abb. 6 Schematisch vereinfachtes Pfadmodell zur Erklärung der Zustimmung zu ethnozentrischen und neonationalsozialistischen Aussagen 355

Teil V Migration und Integration

Migration und Wahlverhalten in Deutschland

Abb. 1 Prozent aller Deutschen/EuropäerInnen, die Migration als eines der zwei wichtigsten Themen für Europa sehen 376
Abb. 2 Salienz von Migration und AfD-Wahlabsicht 378
Abb. 3 Der lineare Zusammenhang zwischen Ausländeranteil und AfD-Wahlergebnis in Ost- und Westdeutschland 385
Abb. 4 Der lineare Zusammenhang zwischen Ausländeranteil und AfD-Wahlergebnis, in Abhängigkeit von der Arbeitslosenquote 386

„Alternative für Russlanddeutschland“? Russlanddeutsche SpätaussiedlerInnen und die AfD

Abb. 1 Wahrscheinlichkeit AfD/NPD zu wählen 443

Tabellenverzeichnis

Teil I Rechtspopulismus und gesellschaftlicher Wandel

Ideological Polarization and Far-Right Parties in Europe

Tab. 1 The Ideological Dimensions of West European Party Systems, 2006 - 2019 20
Tab. 2 Economic and Cultural Polarization over Time 27

Teil II Politisierung und Polarisierung

Negative Parteiidentifikationen als (neue) Chance zur Wählermobilisierung?

Tab. 1 Items der politischen und ideologischen Einstellungsvariablen 68
Tab. 2 Verteilung der negativen Parteiidentifikationen, in % aller WählerInnen 69
Tab. 3 Wahlverhalten nach negativen Parteiidentifikationen, in % ... 70
Tab. 4 Ergebnisse der Regressionsanalyse nach WählerInnen der Parteien 73

Mit der Demokratie versöhnt?

Tab. 1 Vier Idealtypen von AfD-WählerInnen 93
Tab. 2 Parteiidentifikationen von AfD-WählerInnen 95
Tab. 3 Parteiidentifikationen von AfD-ProtestwählerInnen 95
Tab. 4 Policykongruenz für AfD-WählerInnen bei der Bundestagswahl 2017 98

Tab. 5 Verteilung der AfD-Wählertypen im GLES-Wahlkampfpanel ... 100
Tab. A1 Soziodemografische und soziopolitische Eigenschaften der AfD-Wählertypen ... 104
Tab. A2 Panelwellenteilnahmen der AfD-Wählertypen ... 105

Teil III Wahlen und Wahlverhalten

Ökonomische Bestimmungsgründe der Bundestagswahl 2017

Tab. 1 Ergebnisse zu den wichtigsten politischen Problemen zur Bundestagswahl 2017, in % ... 141
Tab. 2 Wahlergebnisse in den neuen Bundesländern in %; Aggregation der Wahlkreise mit 147

Eine differenzierte Erklärung für den Erfolg der AfD in West- und Ostdeutschland

Tab. 1 OLS-Regressionen, abhängige Variable: AfD-Stimmenanteil in der Bundestagswahl im September 2017, Gemeindeebene ... 174
Tab. 2 OLS-Regressionen, abhängige Variable: Stimmenanteil der AfD in der Bundestagswahl 2017, Ebene der Landkreise und kreisfreien Städte ... 177
Tab. 3 Logistische Regressionen, abhängige Variable: AfD-Stimme auf individueller Ebene ... 179
Tab. A.1 Liste der Operationalisierungen ... 182
Tab. B.1 Berücksichtigung zusätzlicher Kontrollvariablen ... 185
Tab. B.2 Robustnesstest: Jackknife & Bootstrapping ... 186

Die Wählerschaft der Alternative für Deutschland (AfD)

Tab. 1 Bisherige Studien zur Wählerschaft der AfD ... 198
Tab. 2 Binär logistische Regressionsanalysen zur Erklärung der AfD-Wahlabsicht ... 219

Neue Partei und rechte Traditionen: Die Unterstützung der AfD aus intergenerationaler Perspektive

Tab. 1 Relative Häufigkeiten der aggregierten Parteiidentifikationen im SOEP.v35 ... 239

Tab. 2 Fallzahlen in multiplen Regressionsmodellen(Anzahl an Personen, SOEP.v35) 241
Tab. 3 Multiple Regressionsmodelle einer AfD-Parteiidentifikation (Multiple Imputierte Daten, SOEP.v35) 243

Teil IV Lokale Kontexte, Kontinuitäten und Diskontinuitäten des Protests

Rechtspopulismus, Fremdenfeindlichkeit und PEGIDA

Tab. 1 Soziale Merkmale von PEGIDA-Befragten und Bevölkerung in Dresden im Vergleich, in % 269
Tab. 2 Ethnozentrische Einstellungen – PEGIDA-Befragte und Bevölkerung im Vergleich, in % 274
Tab. 3 Sympathie für Parteien in Abhängigkeit von der Links-Rechts-Selbsteinstufung unter PEGIDA-Befragten (Mehrfachnennungen in %) 278
Tab. 4 Zustimmung zu „Die Parteien wollen nur die Stimmen der Wähler, ihre Ansichten interessieren sie nicht“ – PEGIDA-Befragte und Bevölkerung im Vergleich, in % 282
Tab. 5 Misstrauen in Institutionen – PEGIDA-Befragte und Bevölkerung im Vergleich, in % 283
Tab. 6 Einstellungen zu politischen und sozialen Themen – PEGIDA-Befragte und Bevölkerung im Vergleich, in % 285

Demokratie auf dem Rückzug?

Tab. 1 Multivariate Mehrebenenmodelle: Zusammenhänge zwischen soziostrukturellen Indikatoren und AfD-Wahl zur Landtagswahl 2019 in Thüringen 314
Tab. 2 Multivariate Mehrebenenmodelle – Einfluss sozioökonomischer und politisch-kultureller Indikatoren der Wahlkreise auf AfD-Wahl zur Bundestagswahl 2017 319

Regionale und individuelle Einflussfaktoren auf den Rechtspopulismus

Tab. 1 Zustimmung zu den Aussagen zur Erfassung rechtsextremer Einstellungen (Thüringen-Monitor 2015 - 2019), Zustimmung in % 340

Tab. 2 Ökologische Korrelationen zwischen politischen Einstellungen, Befragtenmerkmalen und Strukturvariablen auf Kreisebene (Thüringen-Monitor 2015 - 2019) ... 349
Tab. 3 Pfadanalyse: Zustimmung zu ethnozentrischen und neonationalsozialistischen Aussagen in regionalen und lokalen Kontexten Thüringen-Monitor 2015 - 2019; n = 3056; standardisierte Regressionskoeffizienten Beta ... 358

Teil V Migration und Integration

Migration und Wahlverhalten in Deutschland

Tab. 1 AfD-Wahlergebnis in der Bundestagswahl 2017 in Abhängigkeit von Ausländeranteilen unter Kontrolle sozioökonomischer und demografischer Faktoren ... 384
Tab. 2 AfD-Wahlergebnisse in Abhängigkeit von Ausländeranteilen, sozioökonomischen und soziodemografischen Faktoren im Zeitverlauf, von 2013 bis 2019 ... 387

Die Auswirkungen von Migration und Integration auf das Wahlverhalten in Deutschland

Tab. 1 Vergleich zwischen tatsächlichem (amtlichen) Wahlergebnis und beabsichtigter und berichteter Parteienwahl (Recall) in den Bundestagswahlen 2013 und 2017, in % ... 403
Tab. 2 Mittelwerte der und Korrelationen unter Flüchtlingsfragen im ALLBUS 2016 und 2018 ... 408
Tab. 3 Effekte der Bewertung von Flüchtlingen auf die relativen Risikoquotienten der beabsichtigten Parteienwahl von CDU/CSU, SPD, FDP, Grünen und Linken jeweils zur AfD 2016 und 2018 ... 409
Tab. 4 Korrelationen und standardisierte Regressionsgewichte der Mittelwertskala über die vier Flüchtlingsfragen mit den zusätzlichen unabhängigen Variablen ... 414
Tab. 5 Effekte der Bewertung von Flüchtlingen auf die relativen Risiken der beabsichtigten Parteienwahl bei Drittvariablenkontrolle ... 416

„Alternative für Russlanddeutschland“? Russlanddeutsche SpätaussiedlerInnen und die AfD

Tab. 1	Wer sind die (Spät-)AussiedlerInnen?	429
Tab. 2A	Soziales Profil, in %	430
Tab. 2B	Soziales Profil	434
Tab. 3	Politisches Profil	437
Tab. 4	Korrelate von Wahlabsicht/Stimmabgabe für AfD / NPD	442
Tab. 5	Wahrscheinlichkeiten russlanddeutscher SpätaussiedlerInnen AfD/NPD zu wählen, differenziert nach Untergruppen, in %	444
Tab. 6	Korrelate auf Stadtteilebene	447

Einführung der Herausgeber

Karl-Heinz Reuband und Heinz Ulrich Brinkmann

Es ist nicht allzu lange her, da wurde das „Ende der Geschichte" (Fukuyama 1992) verkündet und argumentiert, dass ideologische Gegensätze mit dem Zusammenbruch des Ostblocks verschwinden, der Liberalismus siegt und pluralistische Sichtweisen von nun an das politische Leben bestimmen. Mit einem ähnlichen Tenor, nur mit einer anderen Akzentuierung, hat in etwa der gleichen Zeit in der Soziologie die Vorstellung von Individualisierungsprozessen an Popularität gewonnen: Ihr zufolge verlieren traditionelle Gruppenzugehörigkeiten an Prägekraft und die Pluralisierung von Einstellungen und Lebensstilen ist zu einem typischen Zeichen moderner Gesellschaften geworden (vgl. Beck 1986). Entsprechend dieser Entwicklung würde man erwarten, dass das Verständnis für andere Sichtweisen und deren Tolerierung in der Bevölkerung längerfristig wächst und dass Polarisierungstendenzen an Bedeutung verlieren.

Doch dass derartige Entwicklungen nicht zwangsläufig sind, sich konflikthafte Sichtweisen herausbilden können und es zu extremen Formen der Polarisierung des gesellschaftlichen Lebens kommen kann, hat die jüngere Zeit gezeigt. Das wohl markanteste Beispiel dafür sind die USA, in denen sich die Anhänger[1] von

[1] Im Text sind bei Verwendung des generischen Maskulinums oder Femininums selbstverständlich Männer und Frauen gleichermaßen gemeint.

K.-H. Reuband (✉)
Institut für Sozialwissenschaften, Heinrich-Heine-Universität Düsseldorf, Düsseldorf, Deutschland
E-Mail: reuband@phil-fak.uni-duesseldorf.de

H. U. Brinkmann
Alfter, Deutschland

H. U. Brinkmann und K.-H. Reuband (Hrsg.), *Rechtspopulismus in Deutschland*,
https://doi.org/10.1007/978-3-658-33787-2_1

Demokraten und Republikanern in den letzten Jahren immer weiter auseinanderentwickelt haben und – nicht erst seit Donald Trump, aber verstärkt durch ihn – die politischen Profile der jeweiligen Anhänger immer mehr polarisierten (vgl. Campbell 2016; Pew Research Center 2019). Aber auch in Europa haben sich die Verhältnisse in jüngerer Zeit geändert, ist vor allem durch das Aufkommen rechtspopulistisch ausgerichteter Bewegungen und Parteien ein Potential gelegt worden, das Polarisierungstendenzen Auftrieb gegeben hat und die politischen Debatten mitbestimmt (vgl. Brinkmann und Panreck 2019).

Wie hoch der Grad an Polarisierung in einer Gesellschaft zu beziffern ist, ist eine Frage der Kriterien, die man zur Bestimmung von Polarisierung anlegt, und der empirischen Daten, die zur Erfassung zur Verfügung stehen. Man kann die Polarisierung u. a. über die Unterschiedlichkeit der Parteiprogramme bestimmen, über die Einstellungen und/oder die öffentlichen Verlautbarungen der Vertreter der jeweiligen Parteien, über die Orientierungen der Parteianhänger, über öffentliche Konflikte (von der Beschädigung von Parteiplakaten über die Ausgrenzung auf der interpersonalen Ebene bis hin zu körperlichen Angriffen). Oder auch über die Bereitschaft, in der Öffentlichkeit oder im privaten Kreis die eigenen Einstellungen kundzutun und potentiell Missbilligung zu erfahren (vgl. Scheuch 1965; Köcher 2019). Für manche dieser Kriterien gibt es Daten, für andere nicht oder nur mit einer begrenzten Aussagekraft (etwa wenn lediglich die Gesprächsbereitschaft, aber nicht die tatsächliche Gesprächspraxis in politischen Fragen erfasst wird). Sicher ist zumindest, dass mit der Kontroverse um die „Flüchtlingskrise" und mit dem Aufkommen rechtspopulistischer Bewegungen (wie PEGIDA) und rechtspopulistischer Parteien (wie der AfD) die politische Diskussion in der Bundesrepublik an Heftigkeit zugenommen hat – und dies aufseiten der am Diskurs Beteiligten mit moralischen Kategorisierungen, Zuschreibungen und wechselseitigen Abgrenzungen einhergeht.

Welche Faktoren dazu führen, dass rechtspopulistische Bewegungen und Parteien Auftrieb erlangen, darüber gibt es in den Sozialwissenschaften eine Reihe unterschiedlicher Erklärungen. Sie unterscheiden sich in ihrer zeitlichen Perspektive, ob sie also die Entwicklung als Folge eines langfristigen, mittelfristigen oder kurzfristigen Prozesses verstehen. Und darin, ob sie den kurzfristigen Effekten einen eigenständigen Erklärungswert einräumen oder nur eine Art Katalysatoreffekt zuschreiben – insofern bestehende Potentiale lediglich aktiviert werden, jedoch nicht an Umfang zunehmen. Manche Autoren gehen von einem stabilen rechten Potential aus, das je nach äußeren Bedingungen aktiviert wird oder latent verbleibt. Nicht selten steht dahinter die Vorstellung, dass es stets einen festen Prozentsatz von Personen gibt, die aufgrund ihrer Persönlichkeitsstruktur für autoritäre oder fremdenfeindliche Einflüsse anfällig sind. Realistischer erscheint es, das Potential als gesellschaftlich mitbeeinflusst und in seinem Umfang als variabel zu betrachten. Dass die Zahl derer, die fremdenfeindliche, nationalistische oder andere rechte Positionen vertritt, in der Bevölkerung im Lauf der Zeit Veränderungen unterliegt (vgl. Köcher 2009, S. 92 ff.; Zick et al. 2019; Decker et al. 2020), ist ein Beleg dafür.

Als in den 1960er Jahren unerwartet die NPD einen erhöhten Wählerzuspruch erfuhr und in sieben Landtage einzog, da führte man diese Entwicklung im Wesentlichen auf zwei Faktoren zurück: auf eine wirtschaftliche Krise, und darauf, dass es aufgrund der großen Koalition von CDU/CSU und SPD keine nennenswerte Oppositionspartei gab, die ein Ventil hätte sein können für die Unzufriedenheit der Wähler (vgl. Winkler 1994, S. 73). In diesem Zusammenhang hat man von einer „Schönwetterdemokratie" gesprochen und autoritäre, rechte Reaktionen als typisch für Zeiten wirtschaftlicher Krisen interpretiert.

Doch das Aufkommen rechtspopulistischer Bewegungen und Parteien – wie der AfD – in der jüngeren Zeit ist ein Beleg dafür, dass solche Interpretationen zu kurz greifen. Als sich die AfD in der Wählerschaft etablierte, war die wirtschaftliche Lage und Entwicklung in der Bundesrepublik nicht negativ, sondern positiv, und ein Ende des wirtschaftlichen Aufschwungs war nicht abzusehen. Entsprechend wurde dies auch in der Bevölkerung wahrgenommen (vgl. Forschungsgruppe Wahlen 2020). Zwar gab es (wie damals) eine große Koalition von CDU/CSU und SPD, aber das oppositionelle Parteienspektrum war nunmehr breiter aufgestellt: Neben der FDP stehen die Grünen und die Linken der Regierungskoalition als Opposition gegenüber. Aus dieser Sicht hätte es, rein formal, durchaus ein Gegengewicht zur Regierung geben können. Aber ob dies der Fall ist oder nicht, ist abhängig von den Themen, welche in der Bevölkerung als relevante Sachfrage definiert werden, und inwieweit Parteien im Parlament vertreten sind, die sich dieser Themen annehmen. Mag auch eine große Koalition die wahrgenommenen Unterschiede zwischen den zentralen Parteien reduzieren, so liegen die relevanteren Einflussfaktoren doch in der Responsivität des politischen Systems, einschließlich der dort vertretenen Parteien.

Anstelle der Ansätze, welche wirtschaftliche Krisen zur treibenden Kraft rechtspopulistischer Strömungen machen, haben in den letzten Jahren Erklärungen an Bedeutung gewonnen, welche einen sozialen und ökonomischen Strukturwandel der Gesellschaft sowie kulturelle Faktoren in den Fokus rücken. Dazu gehören solche, welche die kapitalistisch-neoliberale Entwicklungen als treibende Kraft der Entwicklung verstehen und anomische Prozesse bzw. Desintegrationserfahrungen als deren Folge ansehen (vgl. Heitmeyer 2018). Und es gehören Ansätze dazu, die den Wertwandel in der Gesellschaft als maßgeblichen Faktor interpretieren. So postulieren z. B. Pippa Norris und Ronald Inglehart

(2019), dass das Vordringen des Postmaterialismus zu einer Gegenreaktion geführt habe und es einen Schwellenwert gebe, welcher eine Gegenbewegung ausgelöst und rechtspopulistischen Bewegungen und Parteien Aufrieb gibt.

Den Ansätzen, welche langfristige oder mittelfristige Entwicklungen als treibende Kraft interpretieren und darauf fokussieren, ist eigen, dass sie in der Regel kurzzeitigen Ereignissen keine nähere Beachtung schenken; sie schreiben diesen allenfalls einen residualen Effekt – in Sinne eines Verstärkers bestehender Tendenzen – zu. Dabei wird allzu leicht übersehen, dass auch kurzfristige Ereignisse – ungeachtet länger- oder mittelfristiger Entwicklungen – eine eigenständige Dynamik entfalten und Einstellungen sowie Verhalten der Bevölkerung verändern können. Wie sehr dies zutrifft, ist im Bereich der Politik zum einen abhängig von der Wahrnehmung und Interpretation der Ereignisse – wie sehr sie als bedeutsam und wie sehr sie als bedrohlich verstanden werden – und zum anderen davon, ob sich im Parteienspektrum eine Partei als Adressat für die Anliegen der Bevölkerung bzw. der Wähler findet. Ob es also eine „Repräsentationslücke" gibt und als eine solche wahrgenommen wird.

Der massenhafte Zustrom von Flüchtlingen und Asylbewerbern in den Jahren 2015 und 2016 gilt in der Literatur weithin als ein Faktor, welcher die Wahlerfolge der AfD maßgeblich begünstigte. Die AfD hatte sich zunächst als eine eurokritische Partei etabliert, mit herausgehobener Kritik am EU-Rettungsschirm für Griechenland und andere Länder; nun avancierte sie zusehends zu einer Partei, welche die „Flüchtlingskrise" in den Mittelpunkt rückte und im Gefolge dessen nationale und nationalistische Positionen vermehrt propagierte. In zunehmendem Maße gewann die AfD in der Öffentlichkeit das Profil einer rechtslastigen bis rechtsextremen Partei, um die herum sich Polarisierungstendenzen und Gegenreaktionen herausbildeten.

Die „Flüchtlingskrise" ist inzwischen längst wieder aus dem Blickfeld der öffentlichen Aufmerksamkeit verschwunden. Die AfD hat dadurch jedoch in der Bevölkerung nicht an Rückhalt verloren, sie hat sich vielmehr von den ursprünglichen Anlässen gelöst und eine eigenständige Dynamik genommen. Die großen Erfolge der Partei in den neuen Bundesländern in der Bundestagswahl 2017 sowie in der Europawahl und den Landtagswahlen 2019 legen davon Zeugnis ab. In Sachsen vermochte die AfD in der Bundestagswahl 2017 mit 27,0 % die meisten Zweitstimmen auf sich zu vereinigen und lag damit knapp vor der CDU. Inwieweit der Richtungsstreit in der AfD, die partielle Radikalisierung und der Extremismusverdacht – der sie 2020/2021 in das Blickfeld des Verfassungsschutzes gebracht hat – längerfristig zu ihrem Niedergang beitragen werden, bleibt abzuwarten. Ebenso bleibt abzuwarten, inwieweit sie sich durch neue Themen – wie die staatlichen Maßnahmen gegen Corona – zu stabilisieren bzw. neue

Wählerstimmen zu mobilisieren vermag. Die bisherigen Wähler der AfD sind in Fragen des Umgangs mit Corona gespalten. Auch wenn die AfD-Wähler diesbezüglich eine kritischere Position einnehmen als die Wähler der anderen Parteien, gibt es doch unter ihnen in nennenswertem Maße Personen, welche die Maßnahmen der Regierung als angemessen oder sogar als nicht weitgehend genug erachten (vgl. ifo Institut und forsa 2020, S. 39).

Welche Eigenschaften bestimmen – über die „Flüchtlingsthematik" hinaus –, ob jemand die AfD wählt? In der Literatur dominieren zwei Ansätze: soziale bzw. ökonomische und kulturelle. Dem ersten Ansatz zufolge sind Modernisierungsverlierer am ehesten für die Wahl der AfD anfällig; dem zweiten Ansatz zufolge sind es kulturelle Orientierungen, die darüber entscheiden. Zu Letzteren werden politische Einstellungen gezählt, etwa in Fragen des Nationalismus, ebenso wie solche, die sich auf nicht politische Bereiche beziehen, wie Geschlechterrollen oder Homosexualität. In Ingleharts und Norris Theorie des „cultural backlash" (2019) sind es diese Eigenschaften, welche in erster Linie die Rechtspopulisten von der übrigen Bevölkerung unterscheiden. In ähnlicher Weise werden in der Theorie gruppenbezogener Menschenfeindlichkeit von Wilhelm Heitmeyer und anderen Autoren Unterschiede auf der Ebene des kulturellen Einstellungsprofils als maßgeblich wahrgenommen. Unter diesen Bedingungen nimmt die Frage des Flüchtlingszuzugs eine allenfalls sekundäre, verstärkende Rolle ein.

Die sozioökonomischen Ansätze, die üblicherweise unter dem Oberbegriff der Theorie der „Modernisierungsverlierer" zusammengefasst werden (wenngleich dieser Begriff etwas vereinfachend ist), rekurrieren vor allem auf ökonomische Deprivation sowie auf Abstiegs- und Statusängste. Sie implizieren – im Gegensatz zu den kulturellen Ansätzen –, dass oft weniger politische Übereinstimmung als vielmehr Protest ein wesentliches Antriebsmoment für die Wahl rechtspopulistischer Parteien darstellt. In der Vergangenheit wurden meist objektive Statuslagen oder die subjektive Wahrnehmung von Statuslagen – etwa in Form der Angst vor Arbeitslosigkeit oder der Sorge um die zukünftige wirtschaftliche Entwicklung – zur Grundlage der Analyse genommen, wobei nicht immer in den Arbeiten eindeutig ist, ob sich die Wahrnehmung der Befragten auf eigene oder auf allgemeingesellschaftliche Entwicklungen bezieht. Auch wenn beides miteinander in Beziehung steht, ist es doch möglich, dass wirtschaftlicher Zukunftspessimismus weniger die Sorge um die eigene Lage als vielmehr die Sorge um die gesamtgesellschaftliche Entwicklung – etwa aufgrund der „Flüchtlingskrise" und ihren vermeintlichen oder realen Kosten – ausdrückt.

Neuere Arbeiten, darunter welche in diesem Band, beschränken sich nicht auf die individuellen Merkmale der Befragten, wenn es um die Klärung des Stellenwerts von relativer Deprivation und Statusängsten geht. Vielmehr beziehen sie den regionalen Kontext in die Betrachtung mit ein. Die Frage der Statusängste ist dann eine, ob sich jemand in einem regionalen Kontext befindet, der durch soziale Deprivation gekennzeichnet ist, etwa durch wirtschaftlichen Niedergang oder durch massiven Bevölkerungsschwund. Manche Studie, die wenig Effekte relativer Deprivation auf der individuellen Ebene erbringt, weist bei einer solchen Ausweitung der Perspektive dann durchaus Effekte auf, die man unter das sozioökonomische Deprivationskonzept fassen kann. Manches, was auf den ersten Blick als wenig rationale Reaktion der Befragten erscheint, ist aus der erweiterten, kontextbezogenen Perspektive subjektiv dann als durchaus rational anzusehen.

Bei den kulturellen Ansätzen ist es eine weithin übliche Praxis, sich auf einige ausgewählte kulturelle Dimensionen zu beziehen und empirisch zu erfassen. Je nachdem, wie eingeschränkt dies erfolgt und welche Kriterien man dabei anlegt (und ebenso, wie man in dieser Hinsicht beim Modernisierungsverlierer-Konzept vorgeht), kann es geschehen, dass sich der Modernisierungsverlierer-Ansatz oder der kulturelle Ansatz in der empirischen Analyse als erklärungskräftiger erweist. Nicht selten wird bei der Interpretation vorschnell so getan, als wäre der eine Ansatz dem anderen überlegen. Dabei erfasst man nur den Ausschnitt eines komplexen Beziehungsgeflechts. So ist durchaus denkbar, dass sozioökonomische Deprivation mit kulturellen Orientierungen eine Beziehung eingeht – indem z. B. Deprivationserlebnisse zu sozialen Entfremdungsgefühlen und Politikverdrossenheit führen und dies wiederum in eine generalisierte Kritik an gesellschaftlichen Verhältnissen und kulturellen Werten mündet. Eine komplexe Analyse dieser Zusammenhänge unter Berücksichtigung dynamischer Prozesse auf der individuellen Ebene fehlt freilich bislang weitgehend.

Die AfD gilt als eine neue Partei, welche an der „Flüchtlingskrise" anknüpfend Menschen zu Protest und entsprechendem Wahlverhalten mobilisiert hat. Dies muss nicht ausschließen, dass auf regionaler Ebene an Wahltraditionen angeknüpft wird, die zeitlich weiter zurückreichen und Kontinuitäten in der Wahl rechter Parteien bedeuten. Damit sind nicht nur Zusammenhänge mit der Wahl der NPD denkbar, sondern sogar Zusammenhänge mit der Wahl der NSDAP in den frühen 1930er Jahren (vgl. Cantoni et al. 2019). Dies muss umso mehr erstaunen, als die Bundesrepublik im Gefolge des Zweiten Weltkrieges einen erheblichen Wechsel auf der Bevölkerungsebene erlebt hatte. Ein völlig neuer Befund wäre es jedoch nicht: Als die NPD in den 1960er Jahren unerwartet in mehreren Bundesländern reüssierte und in die Landtage einzog, war eines der bemerkenswertesten Befunde empirischer Analysen, dass auf der regionalen Ebene starke Zusammenhänge mit der Wahl der NSDAP in den 1930er Jahren bestanden (vgl. Liepelt 1967).

Unklar ist, ob sich derartige Kontinuitäten des Wahlverhaltens auf soziale und ökonomische Lebensbedingungen in der jeweiligen Region gründen, die über die Zeit hinweg ähnliche Reaktionen der Bevölkerung hervorrufen, oder ob sich dahinter eine Kontinuität auf der Ebene politischer und kultureller Sozialisation verbirgt. Beides muss einander nicht ausschließen. Relative Deprivation auf der regionalen Ebene könnte Reaktionen hervorbringen, die sich auf regionaler Ebene verfestigen und ein spezifisches kulturelles Milieu begünstigen, das sich von Generation zu Generation reproduziert.

Wie sehr lokale Milieus sich nicht allein in den sozialstrukturellen Merkmalen, sondern ebenfalls in den Einstellungen unterscheiden, war bislang freilich kaum ein Thema der Forschung. Und daran waren nicht allein Defizite theoretischer Konzeptualisierung schuld. Vielmehr fehlte es schlichtweg an Umfragen mit hinreichender Fallzahl, die eine regionale Aufgliederung erlaubt hätte. Die Chancen dafür haben sich erst in jüngerer Zeit verbessert, insofern es auf der Ebene einzelner Bundesländer zu einem Programm kontinuierlicher Umfrageforschung mit relativ kurzen Zeitabständen – etwa im Rahmen des „Thüringen Monitors" – gekommen ist.

Die Beiträge des Bandes greifen zentrale Aspekte des wissenschaftlichen und öffentlichen Diskurses über Rechtspopulismus und Wahlverhalten auf. Und sie liefern aktuelle Befunde auf der Basis empirischer Studien. In einem ersten Teil zu „Rechtspopulismus und gesellschaftlichem Wandel" steht die Frage nach der Stellung der Bundesrepublik im ländervergleichenden Kontext im Vordergrund. Russell J. Dalton und Carl C. Berning gehen der Frage nach, wie sehr sich im sozioökonomischen und kulturellen Profil der Parteien in Europa Polarisierungstendenzen abbilden und welche Entwicklungen sich in dieser Hinsicht längerfristig vollzogen haben. Cas Mudde geht der Frage nach, wie sich im europäischen Vergleich der Rechtspopulismus entwickelt hat, sich dies im Wahlverhalten niederschlägt und welcher Stellenwert dabei der „Flüchtlingskrise" der Jahre 2015/2016 zukommt.[2]

Im zweiten Teil des Bandes zum Thema „Politisierung und Polarisierung" behandeln Robert Vehrkamp und Lars Bischoff das – bislang in der Forschung wenig beachtete – Konzept der negativen Partieiidentifikation und welche Folgen die Abgrenzung von anderen Parteien für die eigenen Parteipräferenzen und für das politische Konfliktpotential hat. Constantin Schäfer und Ann-Kathrin Reinl untersuchen, ob sich durch die Teilnahme an den Wahlen und die AfD-Erfolge die Demokratiezufriedenheit aufseiten der AfD-Anhänger erhöht hat, und sich dadurch Polarisierungstendenzen gegenüber dem politischen System reduzieren. Dabei wird auch der Tatsache Rechnung getragen, dass ein (kleinerer) Teil der AfD-Wähler reine Protestwähler sind, die mit den politischen Inhalten

---

[2] Für weitere komparative Studien sei verwiesen auf Brinkmann und Panreck (2019), Teil I.

der AfD wenig gemein haben. Martin Kroh, Karolina Fetz und Jannes Jacobson untersuchen Kontinuitäten der Parteienorientierung. Es geht um die Frage, wie sehr die gegenwärtigen Parteipräferenzen der AfD-Wähler maßgeblich durch ihre Eltern geprägt sind, und inwieweit rechte Präferenzen über Generationen hinweg radikale politische Orientierungen bestimmen. Bertram Schäufele diskutiert den Stellenwert von Massenmedien und sozialen Medien für den Erfolg des Populismus, und welche Implikationen daraus für den medialen Diskurs erwachsen.

Im dritten Teil geht es um „Wahlen und Wahlverhalten". Markus Klein, Christoph Kühling und Frederik Springer untersuchen die sozialstrukturelle Rekrutierung und die politischen Orientierungen der AfD-Wähler im Zeitverlauf. Es geht darum, ob dies einem ähnlichen Radikalisierungsverlauf unterliegt wie die Partei. Mathias Jung und Leona Jung untersuchen die ökonomischen Bestimmungsgründe für die Wahl der AfD. Im Vordergrund steht das Konzept der Modernisierungsverlierer und welchen Stellenwert nicht nur individuelle, sondern auch regionale Kontextmerkmale – wie die Zugehörigkeit zu Ost- oder Westdeutschland – einnehmen. Philip Manow und Hanna Schwander gehen differenziert der Frage der Zugehörigkeit zu Ost- oder Westdeutschland nach. Sie untersuchen, wie sehr sich Statusängste in den beiden Landesteilen auf die Wahl der AfD auswirken und wie sehr unterschiedliche, kollektiv geteilte Erfahrungen darauf Einfluss nehmen.

Im vierten Teil geht es um „Lokale Kontexte, Kontinuitäten und Diskontinuitäten des Protests". Karl-Heinz Reuband nimmt sich der PEGIDA-Proteste an und untersucht, wie sehr sich die Teilnehmer im Vergleich zur Bevölkerung durch eine generalisierte rechtspopulistische Orientierung auszeichnen, und welcher Erklärungswert den sozialen bzw. ökonomischen und welcher den kulturellen Merkmalen und Orientierungen zukommt. Christoph Richter, Alex Salheiser und Mathias Quent untersuchen, wie sehr AfD-Erfolge sich in sozioökonomisch abgehängten Regionen konzentrieren und wie sehr die jeweilige lokale politische Kultur das Wahlverhalten mitbestimmt. Heinrich Best und Axel Salheiser untersuchen am Beispiel Thüringens, wie sich individuelle und regionale Kontextfaktoren auf die Verbreitung rechtspopulistischer Orientierungen und auf das Wahlverhalten auswirken. Dabei machen sie von den Umfragen Gebrauch, die im Rahmen des „Thüringen Monitors" erhoben wurden und regionale Zuordnungen sowie Kontextbestimmungen zulassen.

Im fünften Teil des Bandes geht es um den Stellenwert von „Migration und Integration". Oliviero Angeli und Cyrill Otteni untersuchen, inwieweit Ausländeranteil und Veränderungen im Ausländeranteil innerhalb einer Region unter dem Einfluss erhöhter subjektiver Bedeutsamkeit des Migrationsthemas Auswirkungen auf das Wahlverhalten ausüben. Steffen Kühnel und Jürgen Leibold gehen der Frage nach dem Stellenwert der Migrations- und Flüchtlingsfrage als Bestimmungsgrund des Wahlverhaltens nach: Wie sehr übt dieses Issue auch dann noch einen Effekt aus, wenn sich die Flüchtlingszahlen längst reduziert haben und das Thema aus der öffentlichen Agenda verschwunden ist? Peter Doerschler und Jannis Panagioridis nehmen sich einer speziellen Migrantengruppe an – der Russlanddeutschen – und untersuchen, wie sehr und aus welchen Gründen sie überproportional eine Präferenz für die AfD entwickelt haben.

Literatur

Beck, Ulrich. 1986. *Risikogesellschaft. Auf dem Weg in eine andere Moderne.* Frankfurt a. M.: Suhrkamp.

Brinkmann, Heinz Ulrich, und Isabelle-Christine Panreck (Hrsg.). 2019. *Rechtspopulismus in Einwanderungsgesellschaften. Die politische Auseinandersetzung um Migration und Integration.* Wiesbaden: Springer VS.

Campbell, James E. 2016. *Polarized: Making Sense of a Divided America.* Princeton, N.J.: Princeton University Press.

Cantoni, Davide, Felix Hagemeister, und Mark Westcott. 2019. *Persistence and Activation of Right-Wing Political Ideology* (Rationality & Competition CRC TRR 190: Discussion paper No. 143). München / Berlin.

Decker, Oliver, und Elmar Brähler. 2020. *Flucht ins Autoritäre. Rechtsextreme Dynamiken in der Mitte der Gesellschaft.* Gießen: Psychosozial-Verlag.

Forschungsgruppe Wahlen. 2020. Zeitreihen zu Wirtschaft und Soziales. Mannheim. https://www.forschungsgruppe.de/Umfragen/Politbarometer/Langzeitentwicklung_-_Themen_im_Ueberblick/Wirtschaft_und_Soziales/#WLAllg (Zugriff: 26.02.2021).

Fukuyama, Francis. 1992. *Das Ende der Geschichte. Wo stehen wir?* München: Kindler.

Heitmeyer, Wilhelm. 2018. *Autoritäre Versuchungen. Signaturen der Bedrohung 1.* Frankfurt a. M.: Suhrkamp.

ifo Institut und forsa. 2020. *Die Deutschen und Corona: Schlussbericht der BMG-„Corona-BUND-Studie“.* München / Berlin. https://www.ifo.de/publikationen/2020/monographie-autorenschaft/die-deutschen-und-corona (Zugriff: 26.02.2021).

Köcher, Renate. 2019. *Grenzen der Freiheit.* Eine Dokumentation des Beitrags von Prof. Dr. Renate Köcher in der Frankfurter Allgemeine Zeitung, Nr. 119 vom 23. Mai 2019. https://www.ifd-allensbach.de/fileadmin/user_upload/FAZ_Mai2019_Meinungsfreiheit.pdf (Zugriff: 26.02.2021).

Köcher, Renate. 2009. *Allensbacher Jahrbuch der Demoskopie 2003-2009.* Berlin / Allensbach: De Gruyter / Verlag für Demoskopie.

Liepelt, Klaus. 1967. Anhänger der neuen Rechtspartei. Ein Beitrag zur Diskussion über das Wählerreservoir der NPD. *Politische Vierteljahresschrift* 8 (2, Juni 1967): 237 - 271.

Norris, Pippa, und Ronald Inglehart. 2019. *Cultural Backlash: Trump, Brexit and Authoritarian Populism.* Cambridge (UK): Cambridge University Press.

Pew Research Center. 2019. *In a Politically Polarized Era, Sharp Divides in Both Partisan Coalitions. Partisanship Remains Biggest Factor in Public's Political Values.* Washington, D.C. https://www.pewresearch.org/politics/wp-content/uploads/sites/4/2019/12/PP_2019.12.17_Political-Values_FINAL.pdf (Zugriff: 26.02.2021).

Scheuch, Erwin K. 1965. Die Sichtbarkeit politischer Einstellungen im alltäglichen Verhalten. In *Zur Soziologie der Wahl*, hrsg. von Erwin K. Scheuch und Rudolf Wildenmann, 169 - 214. Köln: Westdeutscher Verlag

Winkler, Gerald Michael. 1994. *Entscheidungen und Präferenzen. Die Rationalisierbarkeit individueller Wahlhandlungen.* Heidelberg: Physica-Verlag.

Zick, Andreas, Beate Küpper, und Wilhelm Berghan (Hrsg.). 2019. *Verlorene Mitte – Feindselige Zustände. Rechtsextreme Einstellungen in Deutschland 2018/19* (Herausgegeben für die Friedrich-Ebert-Stiftung von Franziska Schröter). Bonn: Verlag J. H. W. Dietz Nachf.

Teil I
Rechtspopulismus und gesellschaftlicher Wandel

Ideological Polarization and Far-Right Parties in Europe

Russell J. Dalton and Carl C. Berning

Abstract

West European party systems have undergone a systematic realignment of party policy positions over the past several decades. The traditional economic cleavage that initially structured many of these systems is still important, and economic issues continue to define voters' interests and needs. In addition, a new cultural cleavage has emerged, consisting of issues dealing with social equality, diversity, morality, and related topics. Using the Chapel Hill Expert Surveys (CHES) from 2006 to 2019, we track the evolution of party positions on both cleavages over time. These analyses show the emergence of far-right parties across Western Europe and their policy evolution over time. Far-right parties now generally represent centrist views on economic policy combined with starkly conservative positions on the cultural cleavage. We discuss the implications of these patterns for parties and voters in European party systems.

R. J. Dalton (✉)
School of Social Sciences, University of California, Irvine, California, USA
E-Mail: rdalton@uci.edu

C. C. Berning
Institut für Politikwissenschaft, Johannes Gutenberg-Universität Mainz, Mainz, Germany
E-Mail: berning@politik.uni-mainz.de

H. U. Brinkmann und K.-H. Reuband (Hrsg.), *Rechtspopulismus in Deutschland*,
https://doi.org/10.1007/978-3-658-33787-2_2

1 Introduction

The ideological divisions within European party systems have undergone exceptional change over the past several decades. In the 1980s, Green and New Left parties injected the new issues of environmental protection, women's rights, and cultural diversity into the political debate. These demands forced established social democratic and conservative parties to respond, often with mixed strategies and mixed success. In the 1990s, the collapse of the Soviet Union seemed to produce a new democratic consensus as communist and Eurocommunist parties faded or transformed their political positions. This was the decade of the Third Way in Britain and the *Neue Mitte* in Germany, as the major parties often converged on neo-liberal economic programs. Party convergence on these policies fostered discontent by those left behind by globalization, and the 2008 recession reinforced these economic fears (Hellwig 2016; Vowles and Xezonakis 2016).

The 2015 refugee crisis stimulated on-going cultural tensions over national identity, immigration policy, and social order. Radical-right parties became vocal advocates of conservative positions on a range of cultural issues (Mudde and Kaltwasser 2013; Golder 2016). Responding to changes in public opinion, the list of parties competing in contemporary elections and their political positions often differ dramatically from the party systems of the 1980s and before.

In the context of this book's examination of radical-right parties in Germany and other democratic party systems, this essay provides a broad European context to these discussions. First, we describe the basic framework of party competition over recent decades. The traditional economic cleavage that initially structured many of these systems is still important, and economic issues continue to define voters' interests and needs. In addition, a cultural cleavage has emerged that consists of new issue concerns and new party representatives. This produces a multidimensional framework that is essential to understand the nature of political competition today.

Second, we locate parties from fourteen West European democracies in this two-dimensional space using data from the Chapel Hill Expert Survey from 2006 until 2019.[1] A group of scholars linked to the University of North Carolina at Chapel Hill has systematically polled party experts across Europe to collect data on party issue positions and other party characteristics. Research on the Left-Right scale shows that the CHES estimates of party positions are very strongly

[1] See appendix at the end of our book chapter.

related to party positions derived from party elites and citizens' locations of parties from national election surveys (Dalton and McAllister 2015). We use CHES as a valuable tool for tracking party positions over time.

Third, we describe the national levels of party polarization on these two dimensions, and changes over time. There is a widespread sense that partisan politics has become more polarized in many contemporary democracies. However, there are also debates on whether convergence on one set of issues has been counterbalanced by heightened polarization on other issues. The CHES data enable us to track economic and cultural polarization over the 2006 - 2019 timespan.

Combining multiple countries and multiple time points, our analyses show that the two dimensions of cleavage – economic and cultural issues – provide a robust framework for describing contemporary party positions. Moreover, the structure of this framework is relatively stable over the 2006 - 2019 time period. By locating parties in this space, we can track the overall political location of European far-right parties over time. Unsurprisingly, these analyses show that far-right parties almost uniformly represent strong conservative views on cultural issues. But with increasing clarity over time, far-right parties are generally locating themselves near the center on the economic cleavage. This centrist position allows them to attract economically-oriented voters who feel unrepresented by the established parties on cultural issues, such as the working-class members who vote for the far-right.

In short, each nation looks to its own unique circumstances to explain partisan change in their nation. But larger social forces are at work that transcend national boundaries. Social modernization and globalization have produced a realignment in citizen policy positions and a corresponding realignment in party choices. These forces are affecting party systems in Germany, Europe, and beyond.

2 A Multidimensional Political Space

The most common approach to describing party alignments begins with a Downsian model of voters and political parties arrayed along a Left-Right dimension. This framework is widely used in the electoral behavior literature to predict voting choice and to link a voter's self-location on the Left-Right dimension to the ideological supply of political parties (Downs 1957; Dalton et al. 2011; Budge et al. 2012; Powell 2019). Ronald Inglehart, for example, described the Left-Right dimension as a sort of super-issue that summarizes the "major conflicts that are present in the political system" (Inglehart 1990, p. 273). Researchers argue that the Left-Right scale is valuable because of its inclusiveness, even if the specific definitions of Left and Right vary across individuals and even nations. Left-Right terminology is used as a common shorthand for describing citizens' issue positions, party positions, or election results.

However, research increasingly describes contemporary party systems as structured within a policy space of two (or more) dimensions (Kitschelt 1994; Benoit and Laver 2006; Kriesi et al. 2008; Bakker et al. 2012; Rohrschneider and Whitefield 2012; Thomassen 2012; Häusermann and Kriesi 2015; Dalton 2018; Hooghe and Marks 2018; Norris and Inglehart 2019; Bakker et al. 2020). The traditional economic cleavage was a formative force in the creation of many contemporary party systems and remains an important basis for differentiating parties (Lipset and Rokkan 1967). Economic issues include debates about the state's appropriate role in managing the economy, taxation levels, the provision of basic social welfare benefits, and topics related to income inequality. The specific issues of economic competition may vary from election to election reflecting immediate conditions – tax policy, social services, unemployment benefits, or other economic issues –, but they are connected to an underlying economic cleavage. On the one side are parties and voters who advocate an activist state that promotes the social welfare of the citizenry, regulates the economy, and supports social equality. On the other side are those who favor a limited role for the government, a relatively unfettered market economy, and individualism. Both perspectives reflect legitimate political positions in democratic societies.[2]

The cultural cleavage is now the major second dimension of party competition. Part of its origins can be traced to the traditional religious divisions within European societies (Lipset and Rokkan 1967). But as the forces of social modernization have reshaped European societies over the past decades, this has stimulated new progressive political views and a post-material political agenda (Inglehart 1990; 2018). Environmental quality, gender equality, a broader sense of social freedom became forces for social change. These liberal trends evoked reactions by those who favor the status quo or question some of the changes occurring around them (Gest 2016; Evans and Tilley 2017; Dalton 2018; Norris and Inglehart 2019). Radical-right or populist-right parties emerged as representatives of these views. New issues such as same-sex marriage or accommodating diverse immigrant communities were integrated into the cultural cleavage. Historically, cultural conservatism has been tied to religious attachments, but this cultural backlash is broader than just religious topics. Different issues come together as a

---

[2] Despite the continuing relevance of the economic cleavage, the nature of the cleavage has changed in significant ways. The shifting composition of the labor force has produced new class alignments, and many parties have shifted their policy positions accordingly (Häusermann and Kriesi 2015; Evans and Tilley 2017; Dalton 2018).

rebuke of the changes wrought by social modernization, and these views become crystallized and mobilized by political parties.

As a consequence of these trends, there is a growing recognition that political competition in contemporary party systems can no longer be adequately described as a unidimensional economic competition between Left and Right. Instead, in most party systems there is a (at least) two-dimensional framework of party competition defined by the economic and cultural cleavages.[3] This realignment has occurred on both the citizen and elite levels, creating a new multidimensional framework for political choice. Many voters remain primarily concerned with traditional economic issues, and a cleavage defined by social democrats/reformed communists on the left, to conservatives and liberals on the right. In Germany, this cleavage would primarily be framed by the Die Linke and SPD versus the CDU/CSU and FDP. At the same time, the new cultural cleavage pits the Green party at one pole versus the AfD. In short, contemporary party competition has gone beyond the Left-Right framework to a pattern of political competition and choice based on multiple dimensions.

The literature on radical right parties frequently discusses the multidimensionality of political issues. Kitschelt and McGann (1996) argued that under some conditions the combination of culturally right and economically left positions is the winning formula for radical right parties. Since then, the programmatic position of the radical right has changed substantially. After the millennium, the radical right has adapted more economically centrist positions (de Lange 2007). Some parties even moved to the economic left, in support of protectionism. The most prominent example is the Rassemblement National (formerly Front National) in France (Ivaldi 2015). The combination of economically left positions with culturally conservative stances seems especially appealing for the non-unionized working class, a core electorate of the radical right. While economic positions of the radical right are still subject to debate, more recent evidence shows that the economic position appears irrelevant (Arzheimer and Berning 2019; Ivarsflaten 2005; Oesch and Rennwald 2018). In fact, there is evidence that the radical right tends to avoid a clear placement on the economic dimension altogether, by using a strategy of issue blurring (Rovny and Polk 2020).

Nonetheless, the political polarization in a two-dimensional space is essential for our understanding of the radical right's success. In Finland, for example, the radical right True Finns leveraged upon a supply gap of culturally right and economically left parties and nearly quintupled their electoral support from

---

[3] Hooghe and Marks (2018) make a strong case that European integration forms a significant third dimension, especially in European Parliament elections.

2007 in 2011 (Hillen and Steiner 2020). Thus, the signs of partisan change are increasingly evident across Europe.

3 Identifying the European Political Space

Our goal is to describe the two cleavage dimensions now structuring contemporary European party systems, track their evolution over the past two decades, and place the German party system in a broader comparative context.

Several methods are frequently used to estimate party positions. The Comparative Manifesto Project codes the content of party manifestos; other studies use party elites or voter perceptions to locate party positions. Each has some benefits and limitations (Marks et al. 2007; Dinas and Gemenis 2010; Dalton and McAllister 2015). Because of our research interests, we use the Chapell Hill Expert Surveys (CHES). The CHES project assembles a panel of academic experts on political parties in each nation (Bakker et al. 2012; Polk et al. 2017).[4] The panel members then score the parties on a variety of policy measures. Starting with the 2006 survey, we examine the same set of issues that tap important economic and cultural interests. The salience of specific issues might change over time, but we focus on broad issue dimensions rather than single issues. And the dimensional analyses determine whether the issue structure is broadly comparable over time. The CHES project also covers a more comprehensive list of parties in each nation than normally available from surveys of party elites or the mass public.[5] We compare party positions for 14 West European party systems.[6]

---

[4] Using the 2014 CHES as an example, the number of experts per country ranged from 6 to 22, with an average of 10.5 expert ratings per party. For further information on the survey see https://www.chesdata.eu/. We appreciate the principal investigators' sharing of these data with the international research community, especially the assistance of Ryan and Winifred Bakker

[5] There is a potential bias of academic expert surveys, especially involving radical-right parties. Academics who are predominately liberal may tend to see these parties as more extreme than appears to the average voter or the parties' actual policies. There also might be a bias to less extreme views of liberal parties. However, by comparing the same measures over time may lessen this problem by making comparative judgements of how radical-right parties have changed.

[6] Some of these patterns are applicable to the post-communist democracies of Eastern Europe, but these nations are still institutionalizing their party systems and face other issues that are not well-represented in the CHES surveys, such as foreign direct investment, establishing democratic institutions, legal reforms, etc. (Rohrschneider and Whitefield 2012). We therefore decided to focus on only established West European democracies.

The timespan of the CHES data (2006, 2010, 2014, 2019) enables us to track party positions over one of the most turbulent political periods in recent European history. The 2006 baseline comes after most nations had adjusted to the 2001 financial downturn and the realignment of politics after the demise of the Soviet Union. By the next wave in 2010, the 2008 financial crisis had shaken the foundations of many European economies and voters, with ongoing conflict over EU policies and government fiscal problems. By 2014, the rise of populist parties on the left and right was challenging the political status quo. Many governing parties at the onset of the financial crisis had been turned out of office, and many had faced large-scale defeats. Then in 2015, the refugee crisis accelerated conflict over immigration and related cultural issues. Over the decade of the 2010s, party polarization seemed to increase in both economic and cultural terms, and new populist parties formed on both the liberal and conservative ends of the political spectrum.[7] Thus, this data series provides a valuable tool to track these potential changes.

Since 2006 CHES has consistently asked a set of eight issue questions that are the basis of our analysis. The chapter appendix provides the alternatives on each of these scales. Three items deal with basic economic issues: taxes versus social spending, deregulation of the economy, and redistribution of wealth. Five other issues tap various aspects of the cultural cleavage: civil liberties versus law and order, tolerance for lifestyle choices, adherence to religious principles, support for immigration, and support for multiculturalism.

The first empirical step verifies that these eight issues tap two distinct issue dimensions. Table 1 presents the results of a Principal Components Analysis (PCA) for the pooled set of 14 nations at each CHES timepoint.[8] The left half of the table displays the loadings on the cultural dimension in each year, which is always the first PCA dimension. All five cultural issues have very strong loadings on this dimension (>.80). Some issues show a modest change in their loadings over time. In 2014, the loadings for the two immigration issues peaked as these

[7] The end points of the economic and cultural issue dimensions may raise a terminological issue. The Left/Right labels ("Links/Rechts") are typically used for the economic dimension, or in some nations this is labeled "liberal/conservative". Researchers describe the ends of the cultural dimension with varying terms including liberal/conservative. To standardize our terminology, we use the same liberal/conservative terms for the ends of both issue dimensions, without partisan, theoretical, or philosophical meaning beyond these issue dimensions (Dalton 2018).

[8] This is essentially the EU15 except for Luxembourg that was not included in all the CHES surveys.

Tab. 1 The Ideological Dimensions of West European Party Systems, 2006 - 2019

Issue	Cultural Dimension				Economic Dimension			
	2006	2010	2014	2019	2006	2010	2014	2019
Social spending versus taxes	.35	.41	.34	.38	.91	.90	.92	.91
Deregulate markets	.22	.24	.19	.29	.95	.95	.96	.94
Redistribute wealth	.33	.36	.39	.35	.91	.92	.90	.92
Civil liberties vs. fighting crime	.86	.86	.85	.86	.41	.41	.43	.41
Social lifestyles (e.g. homosexuality)	.94	.94	.93	.93	.12	.22	.18	.21
Religious principles in politics	.84	.82	.80	.83	.25	.24	.33	.26
Restrict immigration	.82	.85	.90	.83	.41	.43	.31	.46
Integrate immigrants & asylum seekers	.86	.88	.89	.85	.36	.36	.25	.42
Eigenvalue	4.03	4.14	4.16	4.06	3.10	3.13	2.92	3.23
Variance percent	50.13	51.7	52.0	50.7	38.8	39.2	36.4	40.4

Source: CHES surveys (2006 = 112 parties; 2010 = 125; 2014 = 134; 2019 = 127).
Note: table entries are principal components analysis loadings, varimax rotation.

issues became more salient, and became more distinct from the economic dimension. But the cultural coefficients for these two issues decreased slightly in 2019. In overall terms, the general stability of the overall cultural dimensions is apparent in these results.

The right half of the table shows the comparable results for the three economic issues. The economic issues are even more strongly linked to the underlying dimension (>.90 loadings). However, there is some issue crossover between the two dimensions. For example, the issues of social spending and redistribution of wealth also have modest loadings on the cultural dimension. Similarly, the cultural issues of civil liberties and restricting immigration have substantial loadings on the economic dimension. This is evidence that liberal/conservative party positions across both dimensions tend to overlap.[9] The loadings, at least the

[9] Supporting this conclusion, oblimin rotations of the principal components found a more distinct definition of the two issue dimensions and a relatively strong correlation between both dimension (.55 to .61).

relative weights, are practically stable over time, with the possible exception of immigration-related issues in 2014.

Thus, the measures available through CHES identify two distinct issue dimensions in contemporary West European party systems. As Kitschelt (1994) initially described, there is a general pattern of economically left/libertarian parties versus economically right/authoritarian parties across these democracies. For ideological and strategic reasons, many parties have consistent liberal/conservative positions on both dimensions. But this is not a perfect match and there are parties (and voters) who do not fit this bi-polar model. Hence the need to describe contemporary politics in multidimensional terms.

4 Placing Parties in the Political Space

Where are political parties located in the two-dimensional space defined by the economic and cultural issue dimensions, and have party positions changed significantly over time? At each time point, we constructed an additive index of the five cultural issues and an index of the three economic issues in the CHES data. Simple additive indices have two advantages.[10] First, the indices do not constrain the relationship between both dimensions as orthogonal PCA scores would. Second, the indices produce a metric to track the absolute change in party positions, which would not be possible using standardized PCA scores. The CHES data also coded party family for each party primarily based on the Hix and Lord (1997) classifications that identify radical-right parties in our analyses.

Figure 1 shows the positions of all the parties in the two-dimensional space for fourteen nations across the first three CHES time points (2006 - 2014). The horizontal dimension locates parties by their economic positions; the vertical dimension locates the parties on the cultural index. The size of each bubble is proportionate to the party's vote share in the prior national election. Several broad patterns are apparent in these three party spaces. Parties' liberal/conservative positions tend to overlap between the two dimensions. This relationship has been fairly constant across the CHES waves.[11] The number of parties does increase over time. The 2006 CHES included 112 parties with sufficient data to place them in this space; this grew to 127 parties by 2019. Even more significant, the new political

[10] The original scales are scored 0 - 10. We added the relevant issues and divided by the number of issues, so both indices also have a 0 - 10 range.

[11] The Pearsons r correlations are based on parties weighted by their vote total in the previous election to reflect the overall balance in the party system (2006 = .70, 2010 = .71, 2014 = .61, 2019 = .73).

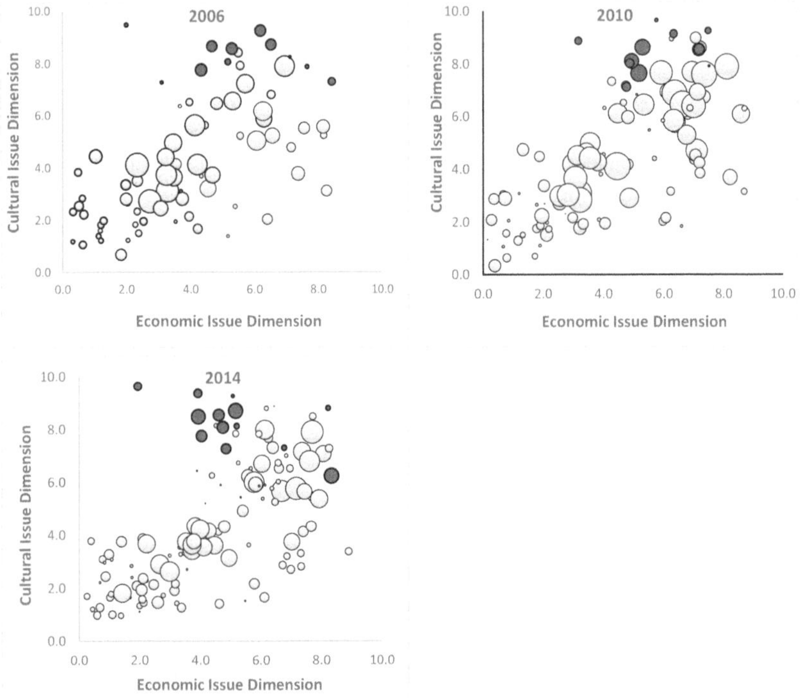

Source: Issue indices from Chapel Hill Expert Surveys, 2006 - 2014.
Note: Figure entries are each party's location of the economic issue dimension (horizontal axis) and on the cultural issue dimension (vertical axis). The size of each bubble is proportional to the party's vote share. The darker bubbles are far-right parties.

Fig. 1 Parties and the Political Space in West Europe, 2006 - 2014

parties often appear at the edges of the political space. Between 2006 and 2014 the number of radical-right parties increased from 11 to 14; radical-left parties (typically reformed communists) grew from 16 to 20, and Green parties increased from 11 to 14.

To highlight the evolution of radical-right parties, they are marked with darker bubbles in the figure. In 2006, the radical-right parties averaged a position slightly right of center on the economic dimension (mean = 5.49) and near the extreme

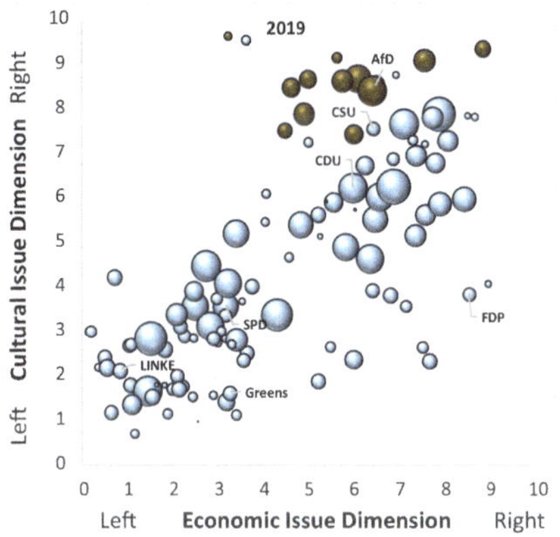

Source: Issue indices from CHES, 2019.
Note: Figure entries are each party's location of the economic issue dimension (horizontal axis) and on the cultural issue dimension (vertical axis). The size of each bubble is proportional to the party's vote share. The darker bubbles are far-right parties. The German parties are labeled in the figure.

Fig. 2 Parties and the Political Space in West Europe, 2019

conservative pole of the cultural dimension (mean = 8.26). The center of gravity for these parties shifts slightly over time (Rovny and Polk 2020).

Figure 2 presents results from the 2019 CHES. The German parties are labeled in the figure. By 2019, the average position of radical-right parties across Europe is still near the center of the economic dimension (mean = 5.88) and slightly more extreme on the cultural dimension (mean = 8.56). This position allows radical-right parties to emphasize their conservative cultural views, without alienating potential supporters on the economic left or right because of the parties' centrist position on this issue. They can appeal to working-class voters who are concerned about immigration or changing gender norms, as well as middle-class voters who are concerned about liberal policies on crime or the erosion of religious values. This is a common pattern across the West European democracies.

The new German radical right party, Alternative for Germany (AfD), made its first appearance in 2013 and mostly focused on the Euro issue. However, the party and their electorate transformed into a typical example of the radical right in Western Europe. In the 2017 general elections, immigration attitudes were the most important motivation to vote for the AfD, while economic positions were not systematically linked to AfD support (Arzheimer and Berning 2019). The 2019 CHES gave the AfD a score of 6.52 on the 0 - 10 economic dimension and a more extreme 8.55 score on the cultural dimension. This sets it apart nation-wide from other German parties in its appeal to cultural conservatives who once may have voted for the CDU or CSU.[12]

In summary, the heterogenic set of radical right parties in Western Europe initially held diverse positions on economic and cultural matters. Some began as economically and culturally conservative, such as the PVV in the Netherlands or UKIP in Britain. Others were moderates that became more extreme over time. Gradually, however, most of these parties have congregated at a distinct position in the European political space as economic moderates and cultural conservatives. This provides a common identity and a political philosophy separate from other party families.

And since some voters share this mix of economic/cultural positions, democratic elections allow these parties to draw upon this electoral base. For example, the UKIP/BREXIT parties in Britain drew support from economically moderate working-class and middle-class voters who were attracted by the parties' clear cultural conservatism (Evans and Tilley 2017). In the 2016 U.S. elections, Trump also pursued distinctly conservative cultural positions while advocating policies that put him near the center of the economic dimension (Sides et al. 2018; Dalton 2018, ch. 8). And as Merkel moved the CDU toward the center on cultural issues, this opened the same potential in the German party system.[13] As right-center parties have generally moderated their position on cultural issues across Europe, this creates a constituency seeking electoral representation (Gest 2016; Dalton 2018).

[12] The CHES scores for the German parties in 2019:

Party	Culture	Economic
CDU	6.23	6.02
SPD	3.59	3.20
FDP	3.86	8.55
GRUNEN	1.64	3.29
LINKE	2.14	0.87
CSU	7.56	6.46
AfD	8.55	6.52

[13] The CDU's perceived cultural position changed from a 7.23 score in 2006 to 6.23 in 2019.

5 The Pattern of Party System Polarization

Aggregate patterns for 14 party systems show the broad outlines of party competition in West European democracies. But each election takes place in a single nation with a unique set of political parties. The supply of issue options by parties is as important in voting choice, or perhaps more important, than the distribution of voters along both issue dimensions. If parties offer little choice on cultural issues, then the cultural positions of voters typically would have little impact on voting decisions and hence policy outcomes. Moreover, this book is a testament to the growing evidence that European societies and their publics are becoming more polarized over time. Therefore, we want to track the polarization levels of party systems in each nation on both issue dimensions.

The research literature is divided on how party systems may respond to the social and political forces that have buffeted them over the past several decades. On the economic dimension, for example, there are two alternative scenarios (Hellwig 2015, 2016; Vowles and Xezonakis 2016). One approach argues that economic forces such as globalization lead to a *convergence* of party positions as neo-liberal economic policies prompted social democratic parties to move toward the center on these issues (and conservative parties sometimes move further right). The centrist moves of Tony Blair in Britain, agenda politics of Gerhard Schröder in Germany, and Bill Clinton in the United States are often cited as archetypical examples of this pattern. Another approach posits that neo-liberal policies could stimulate a *compensation* process in which economically liberal parties advocate actions to mitigate the negative economic effects on their supporters. The reemergence of far-left parties and left-populist parties across Europe in reaction to globalization and the 2008 economic recession may reflect such a compensation process.

Expectations for the cultural cleavage generally focus on a process of *divergence* (Kriesi et al. 2008; Evans and Tilley2017; Dalton 2018). As Green and New Left parties advocated a new liberal cultural agenda in the 1980s and early 1990s, many established parties gradually responded to these issue demands. The process was most evident among large center-left parties that shifted their political image to appeal to the growing number of culturally-liberal, middle-class voters (Kitschelt 1994). The same forces drew some large center-right parties to accept moderate cultural issue positions. If center-right parties accepted environmental reform – which most did – and the expansion of gender rights – which most did – this creates a party void for citizens who did not support these reforms. The cultural impact of globalization on immigration and social diversity also increased public opposition. In many European party systems, the solution was the emergence of far-right parties to articulate these policy demands. Thus social modernization and globalization are generally seen as increasing party systems' cultural polarization in affluent democracies.

We use the CHES data to describe the degree of party system polarization on each issue dimension. We calculate a party polarization statistic that is analogous to a standard deviation. The position of each party on a dimension is weighted by party size to create a Polarization Index (PI).[14] Each party in a nation contributes to the overall PI as a function of its position along each issue dimension and its size (vote share in the last election). Party systems with large parties near the political extremes will have large PI values, while systems with parties converging around the center will have low polarization statistics. The PI has a value of 0 when all parties occupy the same position on the issue dimension, and 10 when all the parties are located at the opposite end of the dimension. This Polarization Index has been extensively used in describing the distribution of parties along the unidimensional Left-Right scale. We extend this to the two issue dimensions that should better represent the complexities of the contemporary party systems (Dalton 2018; Hooghe and Marks 2018; Norris and Inglehart 2019; Bakker et al. 2020).

Tab. 2 summarizes the level of economic and cultural polarization in each national party system over the four CHES time points. The last row of the table shows that party polarization on economic issues is roughly the same as polarization on cultural issues. This symmetry in party differences is somewhat surprising. Another general pattern is the modest increase in both economic (+0.43) and cultural (+0.33) polarization between 2006 and 2019. Given the magnitude of the economic shocks that accompanied the 2008 and subsequent financial difficulties, and the impressions from popular accounts of these party systems, the limited increase in party polarization over economic issues is surprising. Analysts' attention naturally focuses on the exceptional case, as when a new populist party wins votes or the rare case of a party dramatically shifting its policy stances. In contrast, the evidence from CHES suggests that party system polarization has not dramatically changed across Western Europe as a whole. The differences across nations are greater than the differences over time. The common narrative of widening polarization across Europe overlooks the fact that the party system polarization is not equatable to a single issue that might be salient at the time. Party programs are broader and change on one issue is often tempered by constancy on other issues

---

[14] The Polarization Index measures the dispersion of parties along each dimension, analogous to a standard deviation of the distribution of party positions (Dalton 2008). The formula is: $PI = \Sigma(\text{party vote share}_i)*(\text{party issue score}_i - \text{party system average issue score}/5)^2$
(i represents individual parties).

Tab. 2 Economic and Cultural Polarization over Time

Country	Economic Polarization					Cultural Polarization				
	2006	2010	2014	2019	Δ	2006	2010	2014	2019	Δ
Austria	4.26	3.74	3.89	3.27	-0.99	5.53	4.09	3.95	4.23	-1.30
Belgium	4.31	4.51	5.16	4.54	+0.23	4.34	4.11	3.73	3.91	-0.43
Denmark	3.05	3.53	4.34	3.78	+0.73	3.47	3.52	3.78	3.26	-0.21
Spain	3.88	4.32	4.86	5.50	+1.62	4.60	4.44	4.76	5.07	+0.47
Finland	2.77	2.94	3.29	4.16	+1.39	2.77	2.95	4.45	4.61	+1.84
France	4.12	3.74	3.79	3.87	-0.25	3.84	4.04	4.10	5.31	+1.47
Germany	3.81	4.25	3.55	4.05	+0.24	4.13	3.38	3.70	4.28	+0.15
Greece	3.93	3.34	4.02	5.97	+2.04	3.66	4.72	6.01	6.02	+2.36
Ireland	2.96	3.23	3.11	2.42	-0.54	2.07	1.99	1.70	1.52	-0.55
Italy	4.74	4.66	4.07	4.17	-0.57	5.09	4.43	3.51	4.35	-0.74
Netherlands	4.67	4.36	4.11	4.96	+0.29	4.94	3.44	5.00	3.98	-0.96
Portugal	3.87	4.58	4.38	3.97	+0.10	3.51	4.61	3.34	3.21	-0.30
Sweden	4.28	4.30	4.13	4.58	+0.30	2.28	3.27	4.32	4.25	+1.97
UK	2.40	3.11	3.33	3.96	+1.56	2.77	3.20	3.33	3.56	+0.75
Average	3.79	3.90	4.00	4.22	+0.43	3.78	3.72	3.98	4.11	+0.33

Source: CHES surveys, 2006 - 2019
Note: Table entries are party system polarization indices calculated by the authors.

on the policy dimension. In addition, the emergence of a small extreme party is often counterbalanced by the centrist movement of the larger party that loses its more extreme voters; so the overall change in polarization may be modest.

For individual nations, however, there is more evidence of electoral change. Between 2006 and 2019 *economic polarization* increased in ten of the fourteen nations, with especially large increases in Greece (+2.04) and Spain (+1.62) that struggled with the post-2008 financial difficulties. In contrast, in other nations – such as Austria (-0.99), Italy (-0.67), and Ireland (-0.54) – party system differences on the economic dimension actually declined.

A closer inspection of these statistics shows varied patterns across nations, that reflect both the economic context and the party's strategic policy choices. Notably, the average polarization does not portray a systematic trend in all countries. Any combination overlooks the individual stories and heterogeneous reactions to change and the crises. In Ireland, for example, the post-2008 financial difficulties hit the nation extremely hard and modestly increased polarization between 2006 and 2010, which then decreased over subsequent time points. The British case is noteworthy. The end of the centrist Blair government led to a steady increase in polarization over subsequent time points. By the end of the series, both major parties chose leaders who produced a spike in economic polarization in the 2019 election. In other nations, party turnover contributed to these patterns as incumbent parties struggled after 2008 and new party challengers emerged. In short, there is no single pattern that describes changes in economic polarization over this period.

The right half of Tab. 2 tracks the Polarization Index for the *cultural dimension.* Even in 2006, there was a substantial polarization of most party systems along the cultural dimension. Then cultural polarization increased from 2006 to 2019 (+0.33), but by a lesser amount than economic polarization. One possible source of increased polarization is the heightened attention to immigration issues as a result of far-right party activism, increased migration, and then the 2015 refugee crisis. Immigration may have disproportionately contributed to the increase, but it was not the sole source. We recomputed the polarization indices excluding the two immigration issues, and polarization for the other three cultural issues increased, albeit by a smaller amount.[15]

Cultural polarization shows a very mixed pattern of convergence and divergence across nations. The party systems in Greece (+2.36), Sweden (+1.97), Finland (+1.84), and France (+1.47) became substantially more polarized between 2006 and 2019. In several of these examples, a new party challenger on the right (or left) stimulated polarization. Conversely, polarization decreased in Austria (-1.30), the Netherlands (-0.96), and Italy (-0.74); all three nations began with very high polarization in 2006 which abated over time.

Figure 3 yields a better sense of the political space in Europe by aligning political parties along the cultural issue dimension in 2019. This gives a graphic image of the cultural polarization that is often linked to the rise of far-right parties. The Greek party system is the most highly polarized (PI = 6.02), with the two largest parties – Syriza and New Democracy – tending to the extremes of the dimension. The French party system is also highly polarized with the Rassemblement National on the right persistently tapping far-right support. The rightward shift of the Partido Popular in Spain, joined with the growth of the far-right Vox Party, gives strong representation to the cultural right in Spain – countered by the cultural liberalism of Podemos. The growth in cultural polarization in Sweden and Finland is partially linked to the growing electoral appeal of radical-right parties

[15] The European average for the three-issue cultural polarization index was 3.95 in 2006 and 4.06 in 2019. These statistics also show that cultural polarization in 2006 was already high even without the two immigration items. Germany appears to be a case where the immigration issue played a major, albeit still moderate, role in increasing cultural polarization.

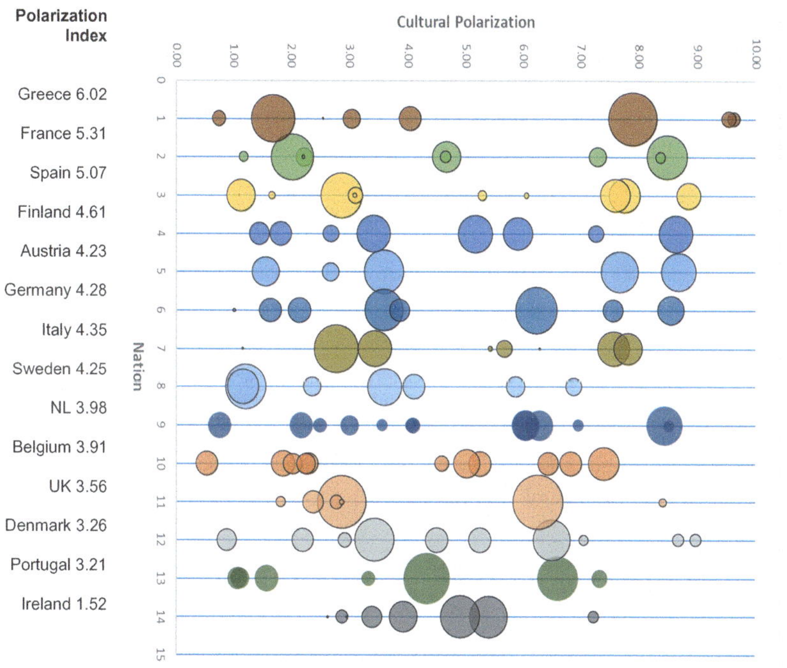

Source: CHES 2019.
Note: Parties are located by their position on cultural cleavage, the party's vote share determines the size of the bubble.

Fig. 3 Cultural Polarization Across Party Systems, 2019

(the Swedish Democrats and the True Finns respectively) that forced conservative cultural issues onto the political agenda. Cultural polarization in the UK is more clearly seen in European Parliament elections which use a proportional representation electoral system. Polarization shoots up between the 2017 general election (3.56) and the 2019 European Parliament election (5.31).

In contrast, the Austrian, Italian, and the Dutch party systems experienced a sharp decline in cultural polarization: In Austria, the 2006 election marked the end of the polarizing governments that included the Freedom Party or the Bündnis Zukunft Österreich (BZÖ) to Grand Coalition governments of the Sozialdemokratische Partei Österreich (SPÖ) and Österreichische Volkspartei (ÖVP).

In Italy, the polarization decline seems to follow the fortunes of Silvio Berlusconi and his various parties. The fragmentation of the Italian party system and new parties, such as the culturally-centrist Five Star Movement, also moderated cultural polarization. And despite the visibility of Gert Wilders and his Party for Freedom (PVV), cultural polarization has declined in the Netherlands over this timespan.

Germany is part of another diverse group of nations that show a relatively small trend in polarization on either issue dimension. On both dimensions, Germany displays moderate party polarization compared to other West European democracies. Between 2006 and 2014, polarization on the economic dimension increased modestly as Germany fared relatively well through Europe's financial crisis. Similarly, polarization on the cultural dimension increased over this same period, but by an even smaller margin. The Grand Coalitions after the 2005 and 2013 Bundestagswahlen were a likely factor. A trend reversal occurred on both dimensions in 2019, however. The rise in cultural polarization seems directly tied to the emergence of the AfD after the 2017 elections (see Figure 3 above), while the leftist parties took stronger liberal cultural views.

6 Conclusion

Over the past two decades, West European party systems have been buffeted by the 2008 Great Recession and the subsequent financial crises in the European Union. Increased migration within the EU and from outside the EU contributed to rising tensions over cultural issues, peaking with the refugee crisis in 2015. In overall terms, these events and national conditions led many parties to take more distinct positions on economic issues while far-right parties emerged as advocates for cultural conservatism.

Yet, a closer examination of the national-level patterns based on the CHES shows great diversity in the patterns of change. Several nations have experienced large increases in polarization, especially those devastated by the financial crisis such as Greece and Spain. Another substantial group of party systems, including Germany, exhibit only marginal increases in party system polarization over the past fifteen years, even though, they also witnessed the rise of new radical right parties.

In contrast, some of the nations where the patterns of hyper-polarization first emerged – Austria and Italy – have experienced a decline in polarization over the 2006 - 2014 period. This suggests that polarization is not a linear process, but it can vary with public preferences and party strategies. The diverse patterns of polarization across issue dimensions, nations, and time suggests there has been a complex interaction between the degree of policy challenges in a nation and how political parties strategically responded to these challenges.

The one commonality is the role of far-right parties in this process of party system change. Nearly every West European party system has experienced the emergence of a significant far-right party. These parties generally hold moderate or ambiguous economic policies but sharply conservative views on cultural issues according to the CHES party experts (Rovny and Polk 2020). This creates a distinct new party family across Europe including the German AfD. Party system polarization on the cultural dimension would substantially decrease if these far-right parties were not included in our statistics. But these parties exist for a reason.

In spatial terms, far-right parties could only emerge and endure if there is a potential voter base for their positions. These parties are part of a longer-term realignment of party systems in affluent democracies (Häusermann and Kriesi 2015; Dalton 2018; Hooghe and Marks 2018; Bakker et al. 2020). The social modernization of these societies created the voter base for new Green and culturally progressive parties in the 1980s. These parties shifted the policy agenda of European nations, and many conservative parties modified their positions. The German CDU, for example, moved a full point closer to the center on cultural issues between 2006 and 2019. Such a pattern decreases the party representation for those who hold conservative cultural views and opens the door for new parties to emerge.

Far-right parties claim to represent these voters. But we should temper this conclusion. Other research shows that the voters for extreme parties – on both issue dimensions – tend to be more moderate than the party they support on election day. For example, a comparison of party voters and party candidates in the 2009 European Parliament elections found that far-right party leaders were more distant from their own voters on cultural issues than any other party family (Dalton 2018, p. 167). Most of the voters for far-right parties prefer more moderate cultural policies than their party, but they see the far-right party as their best choice for political representation. Other research suggests that disaffection with the established parties has prompted some voters to turn to more extreme parties (Bakker et al. 2020). The emergence of new far-right parties also attracted a lot of public and media attention, which in turn overemphasized their relevance, and – inevitably – contributed to their success (Berning et al. 2019). In either case, the rise of far-right parties implies a deficit in the representation provided by the established parties – independent of our views of these parties. This interaction of far-right parties and voters is a focus of several of the articles that follow.

Before we conclude, we want to acknowledge the advantages and disadvantages of the CHES data we have analyzed. We have written about party positions, but the data show how a modest number of academic experts perceive the parties in their respective nations. Other empirical evidence tends to validate the CHES measures (Rohrschneider and Whitefield 2012; Dalton and McAllister 2015), but inevitably there are some random and systematic errors in any measure. Some of the changes described here may be a function of methodology, especially if one focuses on the pattern in one election or one nation. But the strength of CHES is that it provides a common metric that can be applied across a large set of democratic party systems to understand the broad patterns of change.

The perceived shift of the European political landscape of the last decades has driven critical political and public debates. Some analysts called it a Rechtsruck and some even worry about the state of our democracy. Our research shows that the rise of radical right parties is only part of the comparative story. In fact, there is not a single European story and the differences of polarization are much larger across countries than across time. In comparison with other European countries, Germany shows rather moderate levels of polarization. The success of the AfD did change the German political landscape and restrictive immigration positions became more visible – but nothing like Greece or France, where two strong forces are pulling from two sides of the spectrum. Potentially, the success of radical right parties is not a sole tale of representation, but of mobilization.

Appendix. CHES Policy Dimension Scales

CHES experts placed the parties on the following scales:

SPENDVTAX: Position on improving public services vs. reducing taxes. 0 = Strongly favors improving public services; 10 = Strongly favors reducing taxes.
DEREGULATION: Position on deregulation. 0 = Strongly opposes deregulation of markets; 10 = Strongly supports deregulation of markets.
REDISTRIBUTION: Position on redistribution of wealth from the rich to the poor. 0 = Strongly favors redistribution; 10 = Strongly opposes redistribution.
CIVLIB_LAWORDER: Position on civil liberties vs. law and order. 0 = Strongly promotes civil liberties; 10 = Strongly supports tough measures to fight crime.
SOCIALLIFESTYLE: Position on social lifestyle (e.g. homosexuality). 0 = Strongly supports liberal policies; 10 = Strongly opposes liberal policies.

RELIGIOUS_PRINCIPLE: Position on role of religious principles in politics. 0 = Strongly opposes religious principles in politics; 10 = Strongly supports religious principles in politics.
IMMIGRATE_POLICY: Position on immigration policy. 0 = Strongly opposes tough policy; 10 = Strongly favors tough policy.
MULTICULTURALISM. Position on integration of immigrants and asylum seekers (multiculturalism vs. assimilation). 0 = Strongly favors multiculturalism; 10 = Strongly favors assimilation.

Bibliography

Arzheimer, Kai, and Carl Berning. 2019. How the Alternative for Germany (AfD) and their voters veered to the radical-right, 2013-2017. *Electoral Studies* 60. DOI: https://doi.org/10.1016/j.electstud.2019.04.004.

Bakker, Ryan, Catherine de Vries, Erica Edwards, ..., and Milada Anna Vochudova. 2012. Measuring party positions in Europe: The Chapel Hill Expert Survey trend file, 1999–2010. *Party Politics* 21 (1): 143 - 152.

Bakker, Ryan, Seth Jolly, and Jonathan Polk. 2020. Multidimensional incongruence, political disaffection, and support for anti-establishment parties. *Journal of European Public Policy* 27: 292 - 309.

Benoit, Kenneth, and Michael Laver. 2006. *Party Policy in Modern Democracies*. London: Routledge.

Berning, Carl C., Marcel Lubbers, and Elmar Schlueter. 2019. Media Attention and Radical Right-Wing Populist Party Sympathy: Longitudinal Evidence From The Netherlands. *International Journal of Public Opinion Research* 31: 93 - 120.

Budge, Ian, Michael McDonald, Paul Pennings, and Hans Keman. 2012. *Organizing Democratic Choice: Party Representation over Time*. Oxford (UK): Oxford University Press.

Dalton, Russell. 2018. *Political Realignment – Economics, Culture and Electoral Change*. Oxford (UK): Oxford University Press.

Dalton, Russell. 2008. The quantity and quality of party systems: Party system polarization, its measurement, and its consequences. *Comparative Political Studies* 41: 899 - 920.

Dalton, Russell, David Farrell, and Ian McAllister. 2011. The Dynamics of Political Representation, In *How Democracy Works: Political Representation and Policy Congruence in Modern Societies*, ed. by Martin Rosema, Bas Denters and Kees Arts, 21 - 38. Amsterdam: Amsterdam University Press.

Dalton, Russell, and Ian McAllister. 2015. Random walk or planned excursion? Continuity and change in the Left-Right positions of political parties. *Comparative Political Studies* 48: 759 - 787.

de Lange, Sarah. 2007. A new winning formula? the programmatic appeal of the radical right. *Party Politics* 13: 411 - 435.

Dinas, Elias, and Kostas Gemenis. 2010. Measuring parties' ideological positions with manifesto data: A critical evaluation of the competing methods. *Party Politics* 16: 427 - 450.

Downs Anthony. 1957. *An Economic Theory of Democracy*. New York: Harper and Row.

Evans, Geoffrey, and James Tilly. 2017. *The New Politics of Class: The Political Exclusion of the British Working Class*. Oxford (UK): Oxford University Press.

Gest, Justin. 2016. *The New Minority: White Working Class Politics in an Age of Immigration and Inequality*. Cambridge (UK): Cambridge University Press.

Golder, Matt. 2016. Far right parties in Europe, *Annual Review of Political Science* 19: 477 - 497.

Häusermann, Silja, and Hanspeter Kriesi. 2015. What do voters want? Dimensions and configurations in individual-level preferences and party choice. In *The Politics of Advanced Capitalism*, ed. by Pablo Beramendi, Silja Häusermann, Herbert Kitschelt and Hanspeter Kriesi, 203 - 230. Cambridge (UK): Cambridge University Press.

Hellwig, Timothy. 2016. The Supply Side of Electoral Politics: How Globalization Matters for Party Strategies. In *Vowles and Xezonakis 2016*, 31 - 47.

Hellwig, Timothy. 2015. *Globalization and Mass Politics: Retaining the Room to Maneuver*. New York: Cambridge University Press.

Hillen, Sven, and Nils Steiners. 2020. The consequences of supply gaps in two-dimensional policy spaces for voter turnout and political support: The case of economically left-wing and culturally right-wing citizens in Western Europe. *European Journal of Political Research* 59: 331 - 353.

Hix, Simon, and Christopher Lord. 1997. *Political Parties in the European Union*. London: Macmillan.

Hooghe, Liesbet, and Gary Marks. 2018. Cleavage theory meets Europe's crises: Lipset, Rokkan, and the transnational cleavage. *Journal of European Public Policy* 25: 109 - 135.

Inglehart, Ronald. 2018. *Cultural Evolution: People's Motivations are Changing, and Reshaping the World*. Cambridge (UK): Cambridge University Press.

Inglehart, Ronald. 1990. *Culture Shift in Advanced Industrial Society*. Princeton, N.J.: Princeton University Press.

Ivaldi, Gilles. 2015. Towards the median economic crisis voter? The new leftist economic agenda of the Front National in France. *French Politics* 13: 346 - 369.

Ivarsflaten, Elisabeth. 2005. The vulnerable populist right parties. No economic realignment fueling their electoral success. *European Journal of Political Research* 44: 465 - 492.

Kitschelt, Herbert. 1994. *The Transformation of European Social Democracy*. Cambridge (UK): Cambridge University Press.

Kitschelt, Herbert, and Anthony McGann. 1996. *The Radical Right in Western Europe: A Comparative Analysis*. Ann Arbor, Mich.: University of Michigan Press.

Kriesi, Hanspeter, Edgar Grande, Martin Dolezal, Marc Helbling, Dominic Höglinger, Swen Hutter, and Bruno Wüest. 2012. *Political Conflict in Western Europe*. Cambridge (UK): Cambridge University Press.

Kriesi, Hanspeter, Edgar Grande, Romain Lachat, Martin Dolezal, Simon Bornschier, and Timotheos Frey. 2008. *West European Politics in the Age of Globalization*. Cambridge (UK): Cambridge University Press.

Lipset, Seymour M., and Stein Rokkan (Eds.). 1967. *Party Systems and Voter Alignments: Cross-National Perspectives*. New York: Free Press.

Marks, Gary (Ed.). 2007. Special symposium: Comparing measures of party positioning: Expert, manifesto, and survey data. *Electoral Studies* 26: 1 - 234.

Mudde, Cas, and Cristóbal Rovira Kaltwasser 2013. *Populism in Europe and the Americas: Threat or Corrective for Democracy?* Cambridge (UK): Cambridge University Press.

Norris, Pippa, and Ronald Inglehart. 2019. *Cultural Backlash: Trump, Brexit, and Authoritarian Populism.* Cambridge (UK): Cambridge University Press.

Oesch, Daniel, and Line Rennwald. 2018. Electoral competition in Europe's new tripolar political space: class voting for the left, centre-right and radical right. *European Journal of Political Research* 57: 783 - 807.

Polk, Jonathan, Jan Rovny, Ryan Bakker, …, and Marko Źilović. 2017. Explaining the salience of anti-elitism and reducing political corruption for political parties in Europe with the 2014 Chapel Hill Expert Survey data. *Research & Politics*: 1 - 9.

Powell, G. Bingham. 2019. *Ideological Representation: Achieved and Astray.* Cambridge (UK): Cambridge University Press.

Rohrschneider, Robert, and Stephen Whitefield. 2012. *The Strain of Representation: How Parties Represent Diverse Voters in Western and Eastern Europe.* Oxford (UK): Oxford University Press.

Rovny, Jan, and Jonathan Polk. 2020. Still blurry? Economic salience, position and voting for radical right parties in Western Europe. *European Political Science Review* 59: 248 - 268.

Sides, John, Michael Tesler, and Lynn Vavreck. 2018. *Identity Crisis: The 2016 Presidential Campaign and the Battle for the Meaning of America.* Princeton, N.J.: Princeton University Press.

Thomassen, Jacques. 2012. The blind corner of political representation. *Representation* 48: 13 - 27.

Vowles, Jack, and George Xezonakis (Eds.). 2016. *Globalization and Domestic Politics: Parties, Elections, and Public Opinion.* Oxford (UK): Oxford University Press.

Did the "Refugee Crisis" Transform European Politics?

Cas Mudde

Abstract

Although the so-called "refugee crisis" lasted for just one year, it has transformed European politics. Trying to mitigate the whipped-up frenzy over "migrants" and "terrorists," mainstream parties and politicians pivoted to the right, unleashing an unprecedented wave of authoritarian, nativist and populist discourses and policies. As the number of asylum seekers dropped, European politics slowly but steadily returned to "normal," but not to the pre-"crisis" normal. This chapter argues that the right-wing turn might have peaked in late 2016, but that the new "center" is decisively more (populist radical) right than before the "crisis." It shows that the so-called "refugee crisis" was not just a temporary shock to the system, but led to its transformation in at least four distinct, but related, ways: (1) immigration became a pan-European issue; (2) the far right significantly increased its electoral success; (3) mainstream parties turned to the (far) right in terms of the immigration issue; and (4) there was an Orbánization of European politics. Consequently, while the number of asylum seekers has dropped sharply in the wake of the "crisis" of 2015-6, Europe is left with a dominant narrative in which non-European immigration and multiculturalism are considered threats to European identity and security, which is propagated by both populist radical right and mainstream parties across the European continent.

This is an elaborated version of Mudde (2019b).

C. Mudde (✉)
School of Public and International Affairs, University of Georgia, Georgia, Athens, USA
E-Mail: mudde@uga.edu

H. U. Brinkmann und K.-H. Reuband (Hrsg.), *Rechtspopulismus in Deutschland*,
https://doi.org/10.1007/978-3-658-33787-2_3

1 Introduction

In the summer of 2015 hundreds of thousands of asylum seekers sought refuge in Europe, making their way up from (mainly) Greece to, preferably, Germany and Sweden. Initially, they were met by thousands of enthusiastic volunteers, sharing their clothes and food at transit points like the Greek islands of Leros and Lesbos or the train stations of Budapest, Munich and Vienna. But soon the mood changed, as later asylum seekers were met by newly erected fences rather than volunteers. Twenty-five years after (Central Eastern) Europeans had celebrated the fall of the Berlin Wall, many were now praising the construction of fences in countries like Hungary and Slovenia. What had started as a "humanitarian crisis" had become reconstructed as a "refugee crisis."

Although the so-called "refugee crisis" lasted for just one year, when the EU - Turkey deal (March 2016) and the closing of the Balkan route in spring/summer 2016 caused a drastic drop in the number of asylum seekers making it onto European soil, it has had profound effects on European politics. Trying to mitigate the whipped-up frenzy over "migrants" and "terrorists," mainstream parties and politicians pivoted to the right, unleashing an unprecedented wave of authoritarian, nativist and populist discourses and policies. As the number of asylum seekers dropped, European politics slowly but steadily returned to "normal," but not to the pre-"crisis" normal. As recent political developments, including the European elections of May 2019 show, the right-wing turn might have peaked in late 2016, but the new "center" is decisively more (populist radical) right than before the "refugee crisis." It has created a narrative in which non-European immigration and multiculturalism are considered threats to European identity and security, which is propagated by populist radical right and mainstream parties across the continent.

2 The "Refugee Crisis"

The number of asylum seekers to Europe had been increasing rapidly since 2012, but there was a true surge in the summer of 2015, reaching unprecedented levels, at least in the Twentyfirst century. Where 626,960 non-EU citizens had applied for asylum within the EU in 2014, this number doubled in 2015, reaching 1,322,845. It stayed at that level the next year (1,260,910 in 2016), before dropping off sharply in the wake of the EU - Turkey deal and the closing of the Balkan route in 2016. The bulk of the asylum seekers came from three countries in which US-led alliances were involved in their "War on Terror": Afghanistan, Iraq, and Syria.

Most asylum seekers had set their sights on only a few specific EU member states, most notably Germany, Sweden and the United Kingdom. However, given that most came through the so-called "Balkan Route," entering the EU in Greece and making their way up from there, large groups claimed asylum in Austria and, particularly, Hungary. As has been mostly forgotten by now, the asylum seekers were initially met by thousands of welcoming European citizens, volunteering resources and time at ports-of-entry. They felt encouraged by German Chancellor Angela Merkel, who propagated a *"neue Willkommenskultur"* (new welcome culture), opening Germany (and by extension Europe) up to all asylum seekers.

But most other countries and politicians were much less welcoming. Ironically, this was particularly the case in the Central Eastern Europe (CEE) countries, which functioned mainly as transition countries. With the exception of Hungary, which counted 177,315 asylum applications in 2015 (almost 15 % of the EU total), most CEE countries were ignored by asylum seekers. The Baltic states had not even 1,000 asylum applications between the three of them, while Czechia and Slovakia shared less than 2,000.

The spike in asylum seekers coincided with a set of high-profile terrorist attacks in Brussels and Paris, including the *Charlie Hebdo* attack in January 2015, and the Battaclan attack in November 2015. Right-wing media and politicians were quick to dub the "explosion" of asylum seekers a "refugee crisis" and speculate about links between refugees and terrorism. For instance, Polish Prime Minister Beata Szydlo told Polish broadcaster *TVN24*, "I hear in Europe very often: 'Do not connect the migration policy with terrorism,' but it is impossible not to connect them." And Bavarian Finance Minister Markus Söder told *Die Welt am Sonntag*, the day after the Battaclan attack of 13 November 2015, "The time of uncontrolled immigration and illegal immigration cannot continue like this. Paris changes everything." Mainstream and far right politicians responded predictably, adopting the "crisis" rhetoric and increasingly shifting to the less deserving term "migrant," implying that (most) asylum seekers were not real refugees. This position was most forcefully pushed by CEE media and political leaders, most notably Hungarian Prime Minister Viktor Orbán, but was embraced more and less openly by leading media and politicians across the EU, including West European countries like Denmark and the Netherlands (see Krzyżanowski et al. 2018).

In short, while Europe was indeed confronted with an unprecedented number of asylum seekers in 2015 and 2016, the frame of "refugee crisis" (and even more of "migrant crisis") was a conscious political choice, rather than an objective reality – which is why I use the term in between quotes. The use of the term "crisis" has at least three consequences for the perception of a political issue: it is grave, urgent, and out of control. Consequently, the issue will dominate the political agenda until it is either "solved" or, at the very least, is no longer described as a *crisis*.

3 The Perfect Storm

The frame of the "refugee crisis" created the perfect storm for the populist radical right in Europe, which was able to link the event to its three key ideological features: nativism, authoritarianism, and populism.[1] The large influx of predominantly Muslim "migrants" perfectly fitted the core feature of their ideology and propaganda, nativism, which is a xenophobic form of nationalism. Muslims have been the main "Other" for European populist radical right parties at least since the terrorist attacks of 9/11 (2001), so the "crisis" simply confirmed *their* arguments and heightened the salience and urgency of *their* issues.

Moreover, given that the Muslim asylum seekers could make it from Greece to, say Germany or the Netherlands, because of the "borderless European Union," provided the populist radical with an opportunity to also link the "refugee crisis" to their Euroscepticism. As a consequence of the Schengen Agreement of 1985, a growing number of (mostly EU) countries have abolished border controls within the so-called Schengen Area, meaning that someone who enters, say Italy or Hungary, can potentially make it to Germany or Sweden without ever being asked for a passport. Far right parties have long criticized the Schengen Agreement, arguing it leaves their countries vulnerable to crime, immigration and terrorism.

Although unrelated, mainstream media and politicians quickly drew connections between the two, suggesting that the asylum seekers included terrorists and were therefore a security risk. This frame perfectly aligned with the conflation of immigration and security so central to the propaganda of the populist radical right, which mainly focuses its authoritarianism on ethnic minorities in general, and Muslims in particular. For instance, Geert Wilders, leader of the Party for Freedom (PVV) in the Netherlands, has long campaigned on the slogan "More Security, Less Immigration," while one of the most infamous populist radical right posters, originally of the Swiss People's Party (SVP) but since copied by several other parties, shows several white sheep kicking out a black sheep under the slogan "Creating Security."

Finally, the "refugee crisis" fuelled populist sentiments, as established politicians were accused of sacrificing their ("native") population's security at the

[1] On the ideology of the populist radical right, see C. Mudde 2007, particularly Chapter 1.

progressive altar of political correctness. Being more beholden to the "Brussels elite" than the "own people," they had long since squandered national security by abolishing national borders to satisfy a European utopia. And even now, faced with an unprecedented "threat to national identity," they bowed to the EU, more specifically German Chancellor Angela Merkel and her pro-refugees politics. This was expressed most bluntly, and vulgarly, in Wilders' infamous "Bloody Merkel" tweet, after the terrorist attack on a Berlin Christmas market in 2016. The tweet read "Merkel, [Dutch Prime Minister] Rutte and all other cowardice government leaders with their open borders policies have let in the asylum tsunami and Islam terror" above an image of Merkel with blood splattered all over her and particularly on her hands.

In short, the framing of a spike in asylum seekers as a "refugee crisis," and the consequent linkage to terrorism, created the perfect storm for the European populist radical right. It brought its key issues to the top of the political agenda – European integration, immigration, and security. Mainstream journalists and politicians were all too eager to adopt their frames, leaving populist radical right parties and politicians to simply remind voters of the fact that they were the original and not the copy, to use Jean-Marie Le Pen's famed expression, who had been arguing this for decades.

4 Transforming European Politics

As European politicians and pundits obsessed over the "refugee crisis" and the "terrorism threat," often implicitly or explicitly conflating the two, European politics was transformed in (at least) four ways. Together, these related but separate changes created a *Rechtsruck* (right turn), which was much more fundamental than previous right-wing turns, notably after the influx of asylum seekers from Yugoslavia in the early 1990s.[2]

First, the issues of immigration and security, often intertwined, shot to the top of political concerns throughout Europe. Various polls showed that immigration had become the most important issue for Europeans by mid-2015. According to Eurobarometer data, roughly 15 % of EU citizens named immigration as one of the two most important issues facing the EU in 2013. In 2014 this has gone up to just over 20 %, but it exploded in late 2015, when it reached almost 60 %.

[2] To be clear, (West) European politics has been moving "right" since at least the 1980s, but I argue that the "authoritarian" trend was more quantitative than qualitative, i.e. did not fundamentally change the goals and ideals of the mainstream parties. See, for example, Wagner and Meyer 2016; Akkerman et al. 2016.

Similarly, but less dramatically, terrorism was mentioned by just 5 to 10 % of Europeans in 2013 and 2014, before jumping to 25 % at the end of 2015. A Spring 2016 Pew poll showed that a clear majority of Europeans believed refugees increased the likelihood of terrorism in their country.[3]

Particularly striking was that these sentiments were sometimes even more pronounced in CEE countries, where immigration had been a non-issue before the "refugee crisis." For example, of the ten EU member states polled by Pew, the two CEE countries (Hungary and Poland) had the highest percentages of people thinking refugees increased the likelihood of terrorism; 76 and 71 %, respectively. Unsurprisingly, Central Eastern Europeans were less accepting of immigrants than West Europeans. In the Gallup World Poll of 2016, all CEE countries scored (much) lower on the "Migrant Acceptance Index" than the West European countries, with the exception of Greece, which was just under Slovenia, the most open CEE country (although "least closed" might be more accurate).[4]

Second, support for populist radical right parties – and even some extreme right parties, like the neo-Nazi Kotleba - People's Party Our Slovakia (L'SNS) – spiked in late 2015. By May 2016 almost all established far right parties had reached new record numbers in the polls, including the Dutch PVV and the French National Front (now National Rally/RN), which polled around 25 and 35 %, respectively. In many countries populist radical right parties polled first, or close to first, including in countries slated for national elections in 2017 (Austria, France, the Netherlands). Even parties that had been left for dead by political commentators after recent losses, like the Flemish Interest (VB) in Belgium and the Northern League (LN) in Italy, were rejuvenated by the "refugee crisis."

The third, and probably most fundamental, transformation was within established political parties, most notably the mainstream right. Many mainstream parties had already adopted a more "critical" or "realistic" discourse on immigration and security in the 1990s, and had further sharpened it in the wake of the 9/11 (2001) attacks. What Margaret Thatcher and Jacques Chirac had pioneered in the late twentieth century, had become received wisdom in the early twenty-first century: "multiculturalism has failed, completely failed," as Merkel summarized it in 2010.

[3] The Pew (2016) poll was conducted in only ten EU member states: France, Germany, Greece, Hungary, Italy, the Netherlands, Poland, Spain, Sweden and the UK. While these countries are not representative of the whole EU – they have, on average, higher support for far right parties – they are among the biggest and there is no reason to assume the average for the whole EU would be much lower.

[4] The 10-point scale goes from 0 (lowest acceptance) to 9 (highest acceptance), with the CEE average at 2.77 and the West European average at 6.73. Hungary had the lowest score (1.69), while Sweden had the highest (7.92). See Gallup (2017).

Coalitions with (the support of) populist radical right parties had become more common too, including in Austria, Denmark, Italy, and the Netherlands.

However, most mainstream (right-wing) parties had mainly shifted their discourse rather than their policies. And even when stricter immigration and tougher integration policies were propagated, this was mostly defended as necessary to make immigration and multiculturalism successful. For example, in the same speech in which Merkel declared that "Multikulti" had failed, she also said that Germany should remain "open to the world" and should not become a country "which gives the impression to the outside world that those who don't speak German immediately or who were not raised speaking German are not welcome here." Similarly, when British Prime Minister David Cameron blamed "state multiculturalism" for failed integration and Jihadi[5] terrorism, he also stated, "Instead of encouraging people to live apart, we need a clear sense of shared national identity, open to everyone".[6]

But in the wake of the "refugee crisis," mainstream parties increasingly defined immigration explicitly and unequivocally as a threat to national identity and security. No longer was immigration to be regulated so as to ensure successful integration, rather it had to be limited, even abolished, to *protect* the nation. This sentiment was strongest, and most bluntly expressed, in the new EU member states of Central and Eastern Europe, where virtually all political parties, from (former) communists to conservatives, rejected non-European immigrants and Islam. For instance, Czech President Miloš Zeman, who transformed from a nominal social democrat into a populist radical right politician, compared the "refugee crisis" to "a tsunami that will kill me." In Latvia, right-wing anti-Russian and left-wing pro-Russian parties found rare common ground in opposing (Muslim) "immigrants," while right-wing members of parliament tried to impeach Slovenian Prime Minister Miro Cerar, one of the few prominent pro-refugee politicians in the region, for allegedly abusing power to help a Syrian refugee.

Among the poster boys of the "new radical right" lite approach in Western Europe were then Austrian Foreign Minister Sebastian Kurz and Dutch Prime Minister Mark Rutte, even if they adopted opposite approaches to collaboration with populist radical right parties (mostly for personal and strategic reasons).

---

[5] Militant extremist tendency of Sunni Islamism.

[6] Merkel made these statements in her speech (in German) to the "Deutschlandtag" of the Young Union (JU) in Potsdam in 2010. The speech is available on YouTube here: https://www.youtube.com/watch?v=WaEg8aM4foc (last accessed on 15 July 2019). David Cameron's statements come from his speech at the Munich Security Conference in 2011, which is available here: https://www.gov.uk/government/speeches/pms-speech-at-munich-security-conference (last accessed on 15 July 2019).

Rutte claimed that the "refugee crisis" constituted "a risk for European collaboration", and called for stricter protection of Europe's external borders, while pandering to PVV voters with thinly veiled anti-immigrant stunts (like his "Act Normal" open letter to the Dutch population). Kurz broke with Merkel's "welcome politics," which he had previously supported, and launched his grab for power by transforming himself into one of its most outspoken and prominent critics – as well as one of the few West European supporters of Hungarian premier Viktor Orbán, which brings us to the fourth and last transformation.

Until 2015, Orbán had been a relatively minor player in European politics, instead focusing his efforts on transforming Hungary from a liberal democracy into an illiberal kleptocracy. When he had achieved that, and consolidated his position within the European People's Party (EPP), the powerful center-right group in the European Parliament, Orbán started to turn his attention to Brussels. His first attempt was an international embarrassment, however. As politicians from around the world locked arms to commemorate the victims of the *Charlie Hebdo* attack in Paris, the Hungarian Prime Minister used the tragedy to criticize EU immigration policy and demonize immigrants. Completely misreading the #JeSuisCharlie mood, Orbán faced strong condemnations from across Europe.

But half a year later, the mood had changed fundamentally, and Europe was ready for Orbán's Islamophobic message. Explicitly linking the "migrant crisis" to the terrorist attacks, arguing that even Muslims who are third-generation French are still "immigrants," Orbán declared in national and international media that (Muslim) immigrants constitute a mortal threat to the identity and security of Europe. Adopting fully-fledged populist radical right language, Orbán proclaimed, "Hungary for the Hungarians. Europe for the Europeans."

Within months, the prime minister of a relatively small and peripheral EU member state had become the main challenger of "Queen Europe," German Chancellor Merkel. He successfully torpedoed the EU refugee redistribution plan, openly backed by most CEE political leaders and more tacitly by many in Western Europe. Challenging Merkel in her own EPP, Orbán argued that real Christian democracy opposes immigration and Islam and instead defends a "Christian Europe." In a classically populist radical right speech, at the 2015 EPP Conference in Madrid, he warned his European colleagues: "Do not let liberals and socialists take away Europe from the people!" Orbán received significant applause from his fellow EPP members, as Merkel looked on stoically.

5 The 2019 European Elections

The European elections were the second largest democratic elections in 2019, after the even more challenging Indian elections. More than 400 million Europeans were eligible to vote in what are essentially twenty-eight separate but related national elections for the same institution, the European Parliament. Except for a few new smaller parties, notably DIEM25 and Volt, there are no real "Europarties," i.e. political parties that contest the European elections across the EU, but national parties do work together in ideologically more or less coherent political groups in the European Parliament.

As in the previous two elections, in 2009 and 2014, the media coverage in the run-up to the 2019 European elections was dominated by the rise of Euroscepticism, notably of mainstream and populist radical right parties. More serious estimates held that right-wing Eurosceptics would win between one quarter and one third of the seats in Brussels, but this did not stop many (particularly Anglo-Saxon) media to speculate about a Eurosceptic majority. In the end, the results were largely in line with the polls, rather than the speculations, and right-wing Eurosceptics won between one quarter and one third of the seats in Brussels – depending on the definition and classification.

A first take on the 2019 European elections summarized them as "much ado about nothing."[7] Calculating the net changes in terms of the political groups within the European Parliament, the authors concluded that, after all was said and done, the "pro-EU bloc" had lost just 3.9 percentage points of the vote. And while the "anti-EU bloc" had won more seats, most of the groups within that bloc had actually lost seats too, as only the populist radical right Europe of Nations and Freedom (ENF) had made significant gains (5.8 %, to be precise).

A bit more nuanced view is, the center held but became more fragmented. Fragmentation was the defining feature of the elections, characterizing both the pro-EU and anti-EU camps. While the two traditional powerhouses, the center-right EPP and the center-left Socialists & Democrats (S&D), lost their parliamentary majority, for the first time in EU history, much of their losses were picked up by pro-EU parties from the Alliance of Liberals and Democrats in Europe (ALDE) group, which has since been renamed Renew Europe, and the Greens/European Free Alliance (Greens/EFA). Both smaller groups picked up an additional 40 and 23 seats, respectively, driven mostly by sharp increases in a few big member states (notably France, Germany, and UK). Unlike the two

---

[7] See De Sie, Franklin, Russo 2019. Another first take on the 2019 European elections is Bolin, Falasca, Grusell, Nord 2019.

big established groups, the membership of ALDE and Greens/EFA have some important regional weaknesses: ALDE is largely absent from Southern Europe, and Greens/EFA is an almost completely West European group.

Right-wing Eurosceptics did increase their support, but remain divided over different groups, most notably the traditionally conservative European Conservatives and Reformists (ECR) and the former ENF, which was reformed and renamed as Identity and Democracy (ID) after the elections. Almost all of that growth came from ENF/ID parties, however, which increased its representation (sharply), particularly in Germany (AfD) and Italy (Lega). And while the ECR won in both Southern and Central Eastern Europe, this could not compensate for the massive losses in Western Europe, particularly in the UK. Finally, the more diverse Europe of Freedom and Direct Democracy (EFDD) group, a largely strategic alliance between Italy's Five Star Movement (M5S) and the United Kingdom Independence Party (UKIP), lost both seats and parties, and ultimately disappeared from the European Parliament.

In short, while the 2019 saw an increase in the votes and seats of right-wing Eurosceptic parties, the main winners within the "anti-EU bloc" were the populist radical right parties of the ENF (now ID). More importantly, pro-EU parties won as well, mainly Greens and liberals, creating, first and foremost, a more fragmented rather than more Eurosceptic European Parliament. But the changes between the blocs and groups obscure more profound changes within the blocs and groups.

6 Temporary Shock or Structural Transformation?

The European elections provide an excellent opportunity to assess whether the "refugee crisis" led to a structural transformation of European politics or whether it was just a temporary shock. The previous elections were in May 2014, about a year before the spike in asylum seekers, while the recent elections were in May 2019, well after the EU - Turkey Deal and the subsequent drop in new asylum seekers. In the run-up to the 2019 elections the number of asylum applications within the EU was pretty much back to the same levels as in the run-up to the 2014 elections.

6.1 The Immigration Issue

The salience of the immigration issue not only spiked in the summer of 2015, it also peaked that year. The percentage of Europeans considering immigration the most important political issues doubled from 2014 to 2015, from 18 to 36 %, but then dropped off to 26 % in 2016 and 22 % in 2017. Similarly, the percentage of Europeans naming immigration as *one of the two* most important issues facing the EU peaked at almost 60 % in 2015, dropping off to a relatively stable 40 % in 2017. Security peaked later and lower, at just over 40 % in early 2017, but then nosedived to around 20 % in late 2018.

As Europe was getting ready for the European elections, order was by and large restored, with socio-economic issues like unemployment, health care and inflation being the main national concerns across Europe. That said, although immigration had dropped in importance, it still polled (slightly) higher than before the "refugee crisis." In 2014 18 % of Europeans mentioned immigration as "one of two most important issues *facing our country*," while this was 21 % in 2018. Terrorism was no longer among the main *national* issues in 2018, but still featured prominently among the two most important issues *facing the EU* – at 20 % it was the second most important, after immigration at 40 % (in 2014 the numbers were 6 and 21 %, respectively).

While immigration remains a much more salient topic in Western Europe, it has now established itself as an (potentially) important issue within CEE political systems too. On average, just 5.5 % of Central and East Europeans named immigration the most important issue facing their country in 2014. This had more than doubled, to 12 % in 2018. Moreover, there are important intra-regional differences, with particularly sharp increases in Hungary (from 3 to 21 %) and Slovenia (from 1 to 24 %), both countries where mainstream right-wing parties became outspoken anti-immigration voices.

6.2 Far Right Party Success

The year 2016 has become defined as the "year of populism," although it would be more accurately named the "year of the populist radical right," with the Brits voting to leave the EU, the Americans electing Donald Trump president, and the Austrians doing almost the same with Austrian Freedom Party (FPÖ) candidate Norbert Hofer. Consequently, the dominant media frame of the various key European elections of 2017 was that of an epic battle between emboldened populist challengers and an embattled political establishment.

Speculation was rife about populist radical right parties and politicians winning the elections in Austria, France and the Netherlands, even though opinion polls had shown these parties to have dropped off significantly since their peak in mid-2016. In the end, the far right didn't win, not even in the most covered election, in which non-populist upstart Emmanuel Macron comfortably defeated Marine Le Pen. Still, while the far right generally underperformed (slightly) compared to the polls, they did (much) better compared to the previous elections, held before the "refugee crisis."

Focusing primarily on the usual suspects, i.e. the parties that have traditionally been considered far right, the European elections of May 2019 confirmed this trend. Overall, they increased their representation in the European Parliament, although less so than they had done in the 2014 elections. Moreover, the increase in seats was disproportionate to the increase in votes, mainly because, for the first time ever, far right parties scored (relatively) big in the larger EU countries (notably Germany and Italy), which have a higher number of members of the European Parliament (MEPs).

There were a few massive gains by established parties, notably the Italian League (+28.1 % points) and Flemish Interest in Belgium (+7.2 % points), but also some big losses, particularly the Danish People's Party (-15.8 % points) and Jobbik in Hungary (-8.3 % points). Several newer far right parties did well too, including two neo-Nazi parties, Kotleba-People's Party Our Slovakia (+10.4 % points) and the Cypriot National Popular Front (+5.6 % points). The best known parties remained relatively stable, losing slightly compared to their 2014 high scores: haunted by a recent corruption scandal, the Austrian FPÖ lost 2.5 percentage points, while the renamed National Rally (RN), previously National Front (FN) lost 1.6 % points, but remained the biggest party in France.

Finally, in some countries the overall score of the far right remained relatively similar, but the individual parties changed. In the Netherlands, for example, the PVV of Geert Wilders, whose alliance with Marine Le Pen's FN had created a media hype in the runup to the 2014 European elections, lost all four of its MEPs in an unexpectedly savage election defeat. At the same time, the relatively new Forum for Democracy (FvD) of Thierry Baudet, who had become the new favorite "bad boy" of the Dutch media upon entering Dutch parliament in 2017, gained 11 % in its first European election. In the UK, the party changed, but the leader stayed the same. After leaving UKIP in 2016, and keeping a high public profile through media gigs in the UK and US, Nigel Farage had founded the new Brexit Party in November 2018. In the European elections, Farage's new party eclipsed his imploded former party, winning a staggering 30.5 % of the vote, while UKIP fell back to 3.2 % (-23.4 % points), losing all its 24 seats in the European Parliament.

6.3 Right-Wing Turn of Mainstream Parties

The right-wing turn of mainstream parties survived the spike in asylum seekers, with many parties trying to fight off far right challengers with a popular, if misguided, copying strategy. The idea that "the people" wanted strict immigration and tough integration policies was further strengthened by the Brexit and Trump results of 2016. From Austria to Poland, mainstream parties, primarily but not exclusively of the right, adopted more explicit and stringent immigration and law and order positions. They became more in favor of immigration restriction and, particularly in Central Eastern Europe, took positions as extreme, if not more, as traditional populist radical parties. More importantly, the salience of the immigration issue increased for right-wing parties, again particularly in the new member states. While immigration was a minor issue to parties like the Polish Law and Justice (PiS) and Slovak Freedom and Solidarity (SaS) in 2010, it had reached top priority in 2017.[8]

Pablo Casado, the new leader of the Spanish Popular Party (PP), promised to "defend the borders" against "millions of Africans," in an opportunistic attempt to help his party bounce back from a massive corruption scandal as well as fight off an electoral challenge from populist radical right newcomer Vox. The British Conservative Party adopted authoritarian, nativist and populist rhetoric in the wake of the EU Referendum (Brexit) 2016, promising to "reduce and control immigration" by bringing it back to less than 100,000 a year. And in Czechia, nominally liberal Prime Minister Andrej Babis declared at the installation of his minority government in June 2018, "I promise our government will fight mainly for the safety of our people. Not only here, but we will fight against illegal migration, we will fight for our interests in Europe." (Muller and Lopatka 2018). Incidentally, like several other CEE countries, Czechia has hundreds of thousands of non-Muslim immigrants, most notably from Ukraine, who are seldom if ever politicized.

The right-wing turn could also be observed in the election manifestos of the main right-wing political groups. The "center-right" EPP had already highlighted immigration and security in its 2014 platform, but "controlling immigration into Europe to ensure internal security" and "fighting organized crime" were part of just one of a total of twelve proposals in the overall optimistic manifesto. The 2019 manifesto devoted almost half of its space to two themes that are very similar to the populist radical right agenda: "A Europe that protects its citizens" and "A

---

[8] This discussion is based on data from the Chapel Hill Expert Survey, a freely available dataset on party positions, which is available at: https://www.chesdata.eu (last accessed on 4 July 2019).

Europe that preserves our ways." Moreover, "illegal immigration" and "radical Islam" had now explicitly entered the EPP program as fundamental threats to Europe.[9]

More profoundly, the conservative ECR has transformed into a hybrid of the populist radical right and mainstream right as a consequence of several separate, but interrelated processes. First, its founding member, the British Conservative Party, has shifted sharp to the right after the EU referendum (Brexis 2016) and the electoral challenge of Nigel Farage's parties. Second, because of its dramatic results in the 2019 European elections, losing 15 of their 19 seats, the Tories lost their dominance within the ECR to the PiS. The Poles now hold 26 of the total of 62 ECR seats in the European Parliament. Third, the PiS is one of the mainstream parties that have transformed into a populist radical right party in the wake of the "refugee crisis." Fourth, to compensate for the loss of British MEPs, the ECR has accepted several new member parties, almost all of the far right – notably, the Dutch FvD, the Greek Solution, Brothers of Italy (FdI), the Sweden Democrats, and Vox.

Finally, it is important to note that opposition to immigration is not limited to the traditional right. Most CEE parties are vehemently opposed to (Muslim) immigration, from the nominally neoliberal ANO 2011 in Czechia to the supposedly social democratic Direction - Social Democracy (Smer) in Slovakia. While less pronounced in the western part of the continent, several left-wing groups have shifted position there too. From Jean-Luc Mélenchon's Untamed France (FI) party to Sarah Wagenknecht's "Stand Up" movement, left populists have toughened their stands on immigration in a naïve attempt to win (back or over) far right voters. The most extreme example is the Danish Social Democrats, which has openly and unashamedly adopted the discourse and policies of the Danish People's Party (DF).[10]

6.4 Orbánization of Europe

After his European breakthrough in mid-2015, Orbán quickly became the most forceful and outspoken voice of opposition to both Merkel's pro-refugee policies and (West) European multiculturalism. Although many CEE politicians did not necessarily share his belligerent tone, or his increasing hostility towards the EU

[9] The EPP manifestos are available on its website: www.epp.eu (last accessed on 5 July 2019).

[10] On the relationship between the European left and the populist radical right, see Mudde (2019c).

establishment, most did agree with his opposition to the EU refugee redistribution plan and to West European multiculturalism, more specifically the inclusion of Muslims. He also increased his group of friends within Western Europe, most notably within the far right – which celebrates him as an example of "real democratic leadership" – but also within the mainstream right.

Orbán's most loyal supporters have always been within the powerful Bavarian Christian Social Union (CSU), including Manfred Weber, leader of the EPP parliamentary faction in Brussels. But when he denied the existence of a "refugee crisis" at the EPP Conference in Madrid in 2015, arguing it is really "a migratory movement composed of economic migrants, refugees and also foreign fighters," he received applause from representatives of many other member parties, too. By early 2018, he had the explicit backing of several prime ministers within the European Council, including Sebastian Kurz (Austria) and Mateusz Morawiecki (Poland). But opposition had grown, too, including within his own EPP.

On 12 September 2018 the European Parliament passed a report on the rule of law in Hungary, in which rapporteur Judith Sargentini, a Dutch Green MEP, accused the Orbán government of posing a "systemic threat" to the EU's fundamental principles.[11] With the support of more than two-thirds of all MEPs the European Parliament took the unprecedented step to censure Hungary and trigger Article 7, which, in final instance, could lead to the suspension of Hungary's voting rights within the EU (a de facto expulsion from the EU). Most damaging for Orbán, a majority of EPP MEPs voted for the censure, 114 out of 199, including group leader Weber. His main support came from far right and right-wing Eurosceptic MEPs in marginal(ized) groups like the ENF.

The censure vote did not end the internal debate about Orbán, however, as EPP leaders like Weber had hoped. Internal critics from primarily North and West European member parties used the vote as an opportunity to make another push for the expulsion of Orbán's party, Fidesz. Weber, vying to lead the EPP list in the upcoming European elections (*Spitzenkandidat*), tried to neutralize the internal division, but was forced to take a tougher stand on his former ally. In March 2019, two months before the elections, the EPP suspended Fidesz with immediate effect, stripping its members from their voting rights and the right to propose candidates for posts. The vote was almost unanimous, with 190 MEPs voting for suspension and only 3 against.

But in the wake of the 2019 European elections it quickly became apparent that Fidesz' position within the EPP was still strong. Despite being suspended, its

---

[11] For the report as well as the related motion and vote, see Sargentini Report (2018).

MEP Lívia Járóka was nominated as one of the EPP's vice-presidents of the European Parliament, and subsequently re-elected to that prestigious position. And even the division of top positions was largely in line with Orbán's preferences, who had denied support for his previous protector Manfred Weber's campaign for President of the European Commission and had led the CEE opposition to Dutch Social Democrat Frans Timmermans, a vocal critic of Orbán's authoritarian policies, for that powerful position. That said, Orbán's power has clearly peaked, as his (forced) withdrawal from the EPP in March 2021 showed, but it is still bigger than before the "refugee crisis," which has made him into a major player on the European political scene.

7 Conclusion

Four years onward, it is clear that the "refugee crisis" has brought populist radical right politics into the heart of European politics. Across the continent, it has led to the mainstreaming and normalization of authoritarian, nativist and populist discourses and policies. In many countries it has also mainstreamed and normalized populist radical right parties, most notably transformed conservative parties like Fidesz and PiS. While European politics had been moving to the right for decades, starting with the neoliberal turn of Social Democratic parties in the 1990s, and moving to socio-cultural issues in the wake of the terrorist attacks of 9/11 (2001), the "refugee crisis" introduced a qualitative shift in terms of immigration policies.

No longer is immigration to be limited to optimize integration of (future and past) immigrants, mainstream parties now openly discuss immigration and multiculturalism as threats to national identity and security.[12] Moreover, immigration and multiculturalism are no longer exclusively West European issues. While the "refugee crisis" has led to a marginal increase in the number of (Muslim) "migrants" in the vast majority of CEE countries, which rejected almost all asylum claims, it has established (Muslim) immigration and multiculturalism as potentially explosive political issues in the region.

The European elections have confirmed this development and brought the transformation further into the heart of the EU. The "refugee crisis" has transformed Europe and the EU quite fundamentally. Not only did far right parties

[12] The mainstreaming and normalization of far right parties and policies are not exclusively European phenomena. Three of the five largest democracies in the world had a far right political leader in July 2019 (Brazil, India and the US). See Mudde (2019a). On the "failure of the mainstream," see also Grzymala-Busse (2019).

increase their representation in the European Parliament, both through the usual suspects and some new parties, they are now also part of the more powerful European Council and even European Commission, too. So far, populist radical right representation within these two institutions comes predominantly from the two transformed conservative parties in Central Eastern Europe, Fidesz and PiS, but with the FdI and League polling well ahead of any other party in Italy, traditional populist radical right parties might soon have a voice in the Council too.

And while both Fidesz and PiS have faced opposition in the struggle over (vice-)presidential position in the European Parliament's committees, they are far from isolated within that institution either. While Fidesz has finally been ousted from the EPP, it has become closer aligned with key parties in the two populist radical right groups, like the League in ID and PiS in ECR. Populist radical right parties remain divided over a plethora of political groups, but mainstream parties from almost all groups have adopted their frames and policies, particularly on immigration and integration. So, even when mainstream right-wing parties in Austria, Germany and the Netherlands now proclaim a "return to the center," this is a "center" that is much closer to the populist radical right agenda than it has ever been.

Reference

Akkerman, Tjitske, Sarah L. de Lange, and Matthijs Rooduijn (Eds.). 2016. *Radical Right-Wing Populist Parties in Western Europe: Into the Mainstream.* London: Routledge.

Bolin, Niklas, Kasja Falasca, Marie Grusell, and Lars Nord (Eds.). 2019. *Euroflections: Leading Academics on the European Elections.* Sundsvall (Sweden): DEMICOM. https://euroflections.se/globalassets/ovrigt/euroflections/euroflections_v3.pdf.

De Sie, Lorenzo, Mark N. Franklin, and Luana Russo (Eds.). 2019. *The European Parliamentary Elections of 2019.* Rom: LUSS University Press.

Gallup. 2017. EU Most Divided in World on Acceptance of Migrants. 6 September 2017. https://news.gallup.com/poll/217841/divided-world-acceptance-migrants.aspx (last accessed on 12 July 2019)

Grzymala-Busse, Anna. 2019. The Failure of Europe's Mainstream Parties. *Journal of Democracy* 30 (4, October 2019): 35 - 47.

Krzyżanowski, Michal, Anna Triandafyllidou, and Ruth Wodak (Eds.). 2018. Mediatization and Politicization of Refugee Crisis in Europe. *Journal of Immiggrant and Refugee Studies* 16 (1 - 2, special issue)

Mudde, Cas. 2019a. *The Far Right Today.* Cambridge (UK): Polity.

Mudde, Cas. 2019b. The 2019 EU Elections: Moving the Center. *Journal of Democracy* 30 (4, October 2019): 20 - 34.

Mudde, Cas. 2019c. Why Copying the Populist Right Isn't Going To Save the Left. *The Guardian*, May 2019.

Mudde, Cas. 2007. *Populist Radical Right Parties in Europe.* Cambridge (UK): Cambridge University Press.

Muller, Robert, and Jan Lopatka. 2018. New Czech Government Has Shaky Support, Strong Anti-Migration Stance. *Reuters*, 27 June 2018. https://www.reuters.com/article/us-czech-government/new-czech-government-has-shaky-support-strong-anti-migration-stance-idUSKBN1JN0R9 (last accessed on 12 July 2019).

Pew. 2016. *Europeans Fear Wave of Refugees Will Mean More Terrorism, Fewer jobs.* https://www.pewresearch.org/global/2016/07/11/europeans-fear-wave-of-refugees-will-mean-more-terrorism-fewer-jobs (last access on 4 July 2019).

Sargentini Report. 2018. http://www.europarl.europa.eu/doceo/document/A-8-2018-0250_EN.html?redirect (last accessed on 12 July 2019)

Wagner, Markus, and Thomas M. Meyer. 2016. The Radical Right as Niche Parties? The Ideological Landscape of Party Systems in Western Europe, 1980-2014. *Political Studies* 65 (1): 84 - 107.

Teil II
Politisierung und Polarisierung

Negative Parteiidentifikationen als (neue) Chance zur Wählermobilisierung?

Robert Vehrkamp und Lars Bischoff

Zusammenfassung

In vielen etablierten Demokratien nehmen positive Identifikationen der WählerInnen mit den politischen Parteien ab. Gleichzeitig steigt die Relevanz von negative campaigning im Wahlkampf. Dabei werden häufig gezielt negative Parteiidentifikationen der WählerInnen angesprochen. Doch welches Mobilisierungspotential auf der Basis negativer Parteiidentifikationen zeigt sich für die deutsche Parteienlandschaft? Nach unserer Analyse lassen sich in Deutschland auf der Basis sowohl alter als auch neuer Konfliktlinien WählerInnen mobilisieren. Während sich die negativen Parteiidentifikationen von WählerInnen der SPD und der Linkspartei noch immer sehr stark an der Links-Rechts-Konfliktlinie orientieren, zeigen sich die Muster bei der Union, den Grünen und der AfD etwas differenzierter. Während Grünen-WählerInnen zwischen CSU und CDU differenzieren, spielen negative Parteiidentifikationen bei AfD-WählerInnen vor allem gegenüber CDU, SPD und Grünen eine wahlentscheidende Rolle. Aus den Ergebnissen lassen sich spannende Implikationen möglicher Wahlkampfstrategien und Regierungskoalitionen ableiten.

R. Vehrkamp (✉) · L. Bischoff
Programm Zukunft der Demokratie, Bertelsmann Stiftung, Gütersloh, Deutschland
E-Mail: robert.vehrkamp@bertelsmann-stiftung.de

L. Bischoff
E-Mail: lars.bischoff@bertelsmann-stiftung.de

H. U. Brinkmann und K.-H. Reuband (Hrsg.), *Rechtspopulismus in Deutschland*,
https://doi.org/10.1007/978-3-658-33787-2_4

1 Wahlverhalten im Wandel: *Dagegen* statt *Dafür?*

In vielen etablierten Demokratien nehmen positive Parteiidentifikationen der WählerInnen mit den politischen Parteien ab: WählerInnen sind deutlich anspruchsvoller geworden, sie treffen ihre Wahlentscheidungen unabhängiger und sind eher bereit, ihre Wahlpräferenzen auch kurzfristig zu ändern. Erkennbar ist diese als dealignment beschriebene Entwicklung an einer zunehmend fragmentierten Parteienlandschaft und einem volatileren Wahlverhalten in vielen etablierten Demokratien. Hinzu kommen Megatrends wie Individualisierung, Digitalisierung und Globalisierung, die die Parteien vor die große Herausforderung stellen, ihre gesellschaftliche Verwurzlung sowie ihre traditionellen Parteibindungen zum ehemaligen Wählerklientel aufrecht zu erhalten und junge Wählergruppen an sich zu binden (vgl. Mair 2013). Parallel führen struktureller und demografischer Wandel zu einer Marginalisierung der klassischen Wählerklientel und einer Ausdifferenzierung der Wählergruppen, ohne eindeutige Parteibindungen. All diese Entwicklungen manifestieren sich in sinkenden Mitgliederzahlen der Parteien und einer Abnahme positiver Parteiidentifikationen (vgl. Schoen und Weins 2014).

Gleichzeitig kam es in den letzten Jahren zu einem spürbaren Bedeutungsgewinn negativer Parteiidentifikationen, also der psychologischen Ablehnung politischer Parteien. So hat sich in vielen westlichen Demokratie die politische Auseinandersetzung massiv zu Gunsten einer neuen gesellschaftlichen Konfliktlinie verschoben, an der die politische Debatte zunehmend polarisiert und verschärft stattfindet (vgl. Vehrkamp und Wegschaider 2017, S. 13 ff.). Diese Entwicklung spiegelt sich besonders im Konflikt zwischen etablierten und populistischen Parteien, bzw. zwischen Kosmopoliten und Kommunitaristen wider (vgl. Merkel 2017). Statt klassische Sachfragen rücken hierbei zunehmend Fragen nach dem *Dafür* oder *Dagegen* in den Mittelpunkt der Auseinandersetzung und damit auch der Wahlentscheidung: Wird heutzutage die Wahlentscheidung *für* oder *gegen* eine Partei getroffen? Stimmen WählerInnen also *für* die Partei, die ihre Interessen, Einstellungen und Präferenzen am besten vertritt? Oder votieren sie eher *gegen* eine Partei, deren Erfolg an der Urne sie auf jeden Fall verhindern möchten (vgl. Vehrkamp und Bischoff 2020)? Welche Rolle spielt also die negative Parteiidentifikation an der Wahlurne? Welcher direkte Zusammenhang besteht also zwischen negativen Parteiidentifikationen und dem Wahlverhalten? Und lassen sich auf Basis negativer Parteiidentifikationen potenzielle Mobilisierungsstrategien für die Parteien des deutschen Bundestags erkennen?

Zur Beantwortung dieser Forschungsfragen nutzt der Beitrag eine bevölkerungsrepräsentative Umfrage (N = 7.693) des Projekts Demokratiemonitor.

Dieses Gemeinschaftsprojekt wurde 2017 von dem Wissenschaftszentrum Berlin für Sozialforschung (WZB) zusammen mit der Bertelsmann Stiftung ins Leben gerufen (vgl. Kneip et al. 2020; Vehrkamp und Merkel 2020). In einem ersten Schritt wird zunächst untersucht, welche Wahlabsichten die WählerInnen mit negativen Parteiidentifikationen besitzen. Lassen sich hier erste Muster einer zunehmend polarisierten Wählerschaft zwischen etablierten und populistischen Parteien erkennen? Gibt es also Parteien in Deutschland, die besonders häufig von Menschen gewählt werden, die eine andere Partei besonders häufig ablehnen? Anschließend erfolgt mittels logistischer Regressionsmodelle die Beantwortung der Forschungsfrage: Welche Rolle und Erklärungskraft nehmen negative Parteiidentifikationen im Kausalmodell des Wahlverhaltens ein? Und was bedeuten die Analyseergebnisse für mögliche Mobilisierungsstrategien der Parteien im Wahlkampf?

2 Die vergessene Relevanz negativer Parteiidentifikationen

Die klassische (positive) Parteiidentifikation nimmt eine zentrale Bedeutung beim Erklären von Wahlverhalten ein. Ihr Einfluss auf das Wahlverhalten wurde in zahlreichen Beiträgen nachgewiesen (vgl. Bartels 2000; Schoen 2003; Schoen und Greszki 2014; Schoen und Weins 2014; Schmitt-Beck 2017). In dem Diskurs zur Parteiidentifikation wurde ihre negatives Pendent häufig übersehen, denn die Parteiidentifikation ist nicht nur in ihrer positiven, sondern auch in ihrer negativen Ausprägung für das Wahlverhalten von Bedeutung. Das Konzept der negativen Parteiidentifikation ist trotz seiner Aktualität jedoch nicht neu, sondern findet sich erstmals im Standardwerk der Wahlforschung von Angus Campbell et al.: The American Voter (1960, S. 121 ff.).

Aber was genau ist eine negative Parteiidentifikation? Wie kann man sie gegenüber ihrem positiven Pendant abgrenzen? Und wo lässt sie sich im Kausalmodell des Wahlverhaltens am besten verordnen? Ganz allgemein bezieht sich eine *positive* Parteiidentifikation auf eine psychologische Bindung oder ein Zugehörigkeitsgefühl gegenüber einer politischen Partei. Eine *negative* Parteiidentifikation hingegen beschreibt eine psychologische Ablehnung oder Aversion gegenüber einer politischen Partei (vgl. Campbell et al. 1960). Wichtig ist hierbei, dass beide Konzepte unabhängig voneinander sind: Ein/e WählerIn kann eine Partei ablehnen, ohne dass sie sich gleichzeitig mit einer anderen verbunden fühlt. Und umgekehrt gilt, dass eine Person einer Partei zugeneigt sein kann, ohne dass sie parallel eine andere ablehnt. In der Praxis heißt das, dass WählerInnen gleichzeitig eine positive sowie mehrere negative Parteiidentitäten besitzen können (vgl. Campbell et al. 1960; Rose und Mishler 1998; Klingemann 2000).

Obwohl lange vergessen, wurde den negativen Parteiidentifikationen in den letzten Jahren wieder verstärkt Aufmerksamkeit geschenkt. Viele Untersuchungen hatten dabei das Ziel, die gesteigerte Volatilität des Wahlverhaltens und die erodierenden Parteilandschaften in vielen etablierten Demokratien besser zu verstehen (vgl. Medeiros und Noel 2013; Caruana et al. 2014; Iyengard und Westwood 2015; Abramowitz 2018; Abramowitz und Webster 2018; Rovira Kaltwasser et al. 2019; Vehrkamp und Bischoff 2020). Ältere Literatur findet sich wenig. Beispiele sind die Ausführungen zu den sogenannten hostilities[1] (vgl. Maggiotto und Pierson 1977; Weßels 1994). Medeiros und Noel (2013) zeigen für die Stichwahlen der französischen Präsidentschaftswahl 2002, welche Rolle negative Parteiidentifikationen für das Wahlverhalten gespielt haben: Der damalige Wahlsieg Jacques Chiracs gegenüber seinem rechtspopulistischen Kontrahenten Jean-Marie Le Pen war grundlegend von der Wahlempfehlung des linken Lagers bestimmt, lieber für einen „Gauner" als für einen „Faschisten" zu votieren („Votez escroc, pas facho"). Die Autoren zeigen, dass viele linke WählerInnen ihre Wahlentscheidung auf Basis einer negativ motivierten Parteiidentifikation gegen den Front National getroffen haben. Ein ähnliches Wahlverhalten ließ sich in der Präsidentschaftswahl 2017 und in den Regionalwahlen 2015 beobachten. Aber auch in jüngeren Wahlen, wie in den USA und in Kanada, konnte die zunehmende Relevanz negativer Parteiidentifikationen im Wahlkampf und an der Wahlurne nachgezeichnet werden (vgl. Caruana et al. 2014; Mayer 2017; Sweetser 2017). Zudem konnten wir für Deutschland bereits nachweisen, dass negative Parteiidentifikationen weit verbreitet sind, aber sui generis kein Problem für die Legitimität der Demokratie darstellen. Sie gehören vielmehr als psychologisch verankerte Einstellungen „zum erwartbaren und damit normalen Arsenal pluralistisch strukturierter Demokratien" (Vehrkamp und Bischoff 2020, S. 203).

Dieser Literaturüberblick zeigt die zunehmende Bedeutung und Aktualität negativer Parteiidentifikationen, deren Rolle sich die politischen Parteien bei der Wählermobilisierung zunehmend bewusst werden. In vielen jüngeren Wahlkämpfen (z. B. der Europawahl 2019) ließen sich entsprechende Mobilisierungsstrategien im etablierten, aber auch im populistischen Parteienspektrum beobachten (vgl. Rovira Kaltwasser et al. 2019). Das zeigte ferner der Wahlkampf zwischen Donald Trump und Joe Biden zur 59. US-Präsidentschaftswahl. Beide Kandidaten

[1] Unter hostilities sind negative Motivationsgründe insbesondere gegenüber politischen Parteien zu verstehen, die in einem bestimmten Wahlverhalten münden (vgl. Weßels 1994).

richteten ihre Mobilisierungsstrategien gezielt auf die dezidierte Ablehnung des jeweils anderen Kandidaten aus. So versucht Donald Trump im Wahlkampf seinen Konkurrenten mit negativen Persönlichkeitsattributen zu versehen („Slow Joe"), um so ein durch negative Eigenschaften geprägtes öffentliches Bild seines Konkurrenten im amerikanischen Elektorat entstehen zu lassen (vgl. Landwehr 2020). Gleichzeitig zeigt der Nominierungsprozess der Demokratischen Partei, dass ein geschlossenes Auftreten der Demokraten – trotz massiver Flügelkämpfe zwischen eher linken und moderaten Strömungen – vermutlich aufgrund ihrer Einigkeit in der Ablehnung und Verhinderung einer neuen Amtszeit von Donald Trump möglich war (vgl. Thompson 2020). Hier scheinen also negative Parteiidentifikationen eine in Teilen ideologisch zerstrittene Partei zusammenzuschweißen, mit einem klaren Ziel: Eine weitere Amtsperiode von Donald Trump um jeden Preis zu verhindern. So oder so schienen beide Kandidaten in ihren Mobilisierungsstrategien massiv auf die Ablehnungswerte des jeweils anderen gesetzt zu haben.

Ursprünglich stammt das Konzept der negativen Parteiidentifikation aus dem Ann Arbor-Modell der U.S.-Wahlforschung. Parteiidentifikationen werden dort durch im Laufe der Sozialisation via Familie, soziale Kontakte oder das berufliche Umfeld erworbenen Prädispositionen erklärt. In der Folge beeinflussen solche Parteiidentifikationen dann die Wahrnehmung von Informationen und Inhalte der bevorzugten beziehungsweise abgelehnten politischen Partei. Das wiederum beeinflusst die Entscheidung an der Wahlurne (vgl. Campbell et al. 1960; Greenstein 1965; Miller und Shanks 1996). Analog zu einer positiven Parteiidentifikation kann auch bei ihrem negativen Pendant angenommen werden, dass diese maßgeblich durch die elterliche Sozialisation und das soziale Umfeld vermittelt werden (vgl. Dinas 2014). Zu diesem Ergebnis kommt Boonen (2019) in seiner Untersuchung zu generationsübergreifenden Ähnlichkeiten hinsichtlich Identifikationen mit Parteien. Boonen konnte generationsübergreifende Ähnlichkeiten sowohl für die positiven als auch für die negativen Parteiidentifikationen belegen.

Trotz der erkenntnisreichen Befunde darf aber dadurch nicht der Fehlschluss entstehen, dass Parteiidentifikationen ausschließlich in der Sozialisation prädisponiert werden. Parteiidentifikationen – und das gilt besonders für ihre negative Ausprägung – können sich durchaus kurzfristig verschieben beziehungsweise frisch entstehen. Dazu kann es kommen, wenn keine frühen politischen Prädispositionen vorliegen, WählerInnen beispielsweise in einem gänzlich unpolitischen sozialen Umfeld sozialisiert wurden, oder einschneidende disruptive Ereignisse zu einer Verschiebung der Issue-[2] und Parteipräferenzen führen. Gerade vor dem

[2] Politische Sachfragen, die sich auf Wahlverhalten auswirken können.

Hintergrund der Corona-Epidemie sowie anderen gesamtgesellschaftlichen Herausforderungen – z. B. Globalisierung, soziale Spaltung oder Migration – scheint das recht wahrscheinlich. Im Unterschied zur positiven Parteiidentifikation ist bei ihrer negativen Ausprägung anzunehmen, dass sie sich im Zeitverlauf dynamisch zeigt, und kurzfristig abhängiger vom konkreten Verhalten der Parteien sowie deren Spitzenpersonal ist (vgl. Niemi und Jennings 1991; Rovira Kaltwasser et al. 2019).

Welche konkrete Rolle nehmen aber nun negative Parteiidentifikationen im Modell des Wahlverhaltens ein? Zunächst einmal: Eine Wahlentscheidung ist ein komplexer Prozess, bei dem eine Vielzahl an langfristigen sowie kurzfristigen Faktoren wirken.[3] Da das Konzept der negativen Parteiidentifikation aus dem Ann Arbor-Modell stammt, nutzt dieser Beitrag den Kausalitätstrichter (funnel of causality) von Campbell et al. (1960) und erweitert diesen um politische und ideologische Einstellungen. Entsprechend werden folgende Komponenten als zentrale erklärende Variablen für das Wahlverhalten ausgemacht: 1. Sozialstrukturelle Faktoren, 2. die Parteiidentifikation, 3. politische und ideologische Einstellungen. Allgemein wird die Entscheidung einer Person, ihre Stimme einer bestimmten Partei zu geben, als Abschluss langwieriger Prozesse verstanden; diese reichen weit in die individuelle Sozialisationsphase zurück, können aber auch unmittelbar durch den Wahlkampf sowie Issue-Orientierungen und Kandidatenpräferenzen beeinflusst werden. Entsprechend gliedern sich die Determinanten des Wählerverhaltens in lang- und kurzfristige Faktoren.

Die vorliegende Analyse legt ihr Augenmerk auf langfristig wirkende Faktoren. Allerdings ist die Trennung zwischen kurz- und langfristigen Faktoren in der Wahlforschung nicht immer ganz trivial. Zwar gilt die Parteiidentifikation als langfristiger Faktor, jedoch ist deren Operationalisierung z. B. über das Parteiskalometer nicht immer frei von kurzfristigen, periodischen Einflüssen. Klassische kurzfristige Faktoren – z. B. Kandidatenpräferenzen – sind aber nicht Teil der Analyse. Unter langfristigen Faktoren werden relativ stabile, in der Persönlichkeit verankerte Prädispositionen gefasst, die eine gewisse Affinität zu einer politischen Partei nahelegen. Solche Prädispositionen können materieller Art (Sozialstruktur) oder kultureller Art (beispielsweise politische und ideologische Einstellungen) sein. Sie beeinflussen das Wahlverhalten tendenziell indirekt. Zum einen sind Prädispositionen maßgeblich für die Herausbildung einer negativen beziehungsweise positiven Parteiidentifikation verantwortlich. Zum anderen wirken kulturelle

[3] Das zeigt alleine die Anzahl verschiedener komplexer Theorien zum Wahlverhalten: Wahlgeografie, Mikro- und Makrosoziologie, Sozialpsychologie, Rational Choice Ansätze (vgl. Rudi und Schoen 2014; Roth 2008).

Prädispositionen als Wahrnehmungsfilter auf das Wahlverhalten, indem sie die Issue-Orientierung oder Kandidatenpräferenzen beeinflussen. Ferner bestimmen Prädispositionen die Art der Wahrnehmung und der Interpretation von politischen Informationen und Inhalten.

Gleiches gilt für die negative Parteiidentifikation, die direkt und indirekt die Wahlentscheidung beeinflusst. Keine andere Variable steht im Kausalmodell des Wahlverhalten allerdings so nah an der abhängigen Variablen, wie die Parteiidentifikation. Das hat dem Konzept der Parteiidentifikation bisweilen Kritik eingebracht.[4] So wird ihm vorgeworfen, im Kausalmodell bereits zu nah am Explanandum zu stehen. Dass jemand also die Partei wählt beziehungsweise nicht wählt, die er stark befürwortet (positive Parteiidentifikation) beziehungsweise dezidiert ablehnt (negative Parteiidentifikation), ist zu offensichtlich. Zudem wurde dieser Zusammenhang mittlerweile mehr als hinreichend belegt. Daher verzichten wir bewusst auf die Berücksichtigung der positiven Parteiidentifikation in der Modellspezifikation, sondern verwenden stattdessen die negativen Parteiidentifikationen der anderen Parteien. Das verspricht gerade mit Blick auf mögliche Mobilisierungsstrategien durch negative Parteiidentifikationen gegenüber den politischen Gegnern vielversprechende Erkenntnisse. Zudem besteht unser Erkenntnisinteresse in der Messung des direkten Effektes negativer Parteiidentifikationen auf das Wahlverhalten. Die Integration der positiven Parteiidentifikation würde hingegen eine andere Forschungsfrage implizieren – nämlich die Analyse des um die positive Parteiidentifikation bereinigten Effektes der negativen Parteiidentifikation auf das Wahlverhalten. Das wäre zwar auch eine probate Forschungsfrage, ist aber nicht Ziel dieses Beitrags. Zumal sich dadurch die Interpretation der abhängigen Variablen (Wahlverhalten) ändern würde. D. h. im Grunde würde der Effekt dann nur wiedergeben, ob das Wahlverhalten der positiven Parteiidentifikation entspricht, oder davon abweicht (vgl. Keele et al. 2020, S. 9 ff.). Beispielsweise haben Personen mit einer negativen Parteiidentifikation zur AfD und einer positiven CDU-Parteiidentifikation auch tatsächlich CDU/CSU gewählt.

[4] Für eine Übersicht vgl. Schoen und Weins (2014, S. 262 f.).

3 Messung negativer Parteiidentifikationen

Zur Messung der positiven Parteiidentifikation hat sich mittlerweile eine Art methodischer Goldstandard etabliert.[5] Dagegen gibt es bei der Messung negativer Parteiidentifikationen keine forschungskonsensuale Operationalisierung. So hat sich in der Literatur eine Vielzahl möglicher Messkonzepte herausgebildet.[6] Alle existierenden Messkonzepte entstammen aber dem gleichen Konzept negativer Parteiidentifikationen als einer psychologischen Ablehnung bestimmter Parteien. Wie schon in unserem Beitrag Vehrkamp und Bischoff (2020) verwenden wir die folgende Operationalisierung: Für jede Partei des deutschen Bundestags (CDU, CSU, SPD, Grüne, FDP, Linke und AfD) wurden den UmfrageteilnehmerInnen die Frage gestellt „Was halten Sie ganz allgemein von den einzelnen politischen Parteien? Bitte nutzen Sie die Skala von -5 bis +5, wobei -5 heißt, dass Sie überhaupt nichts von der Partei halten, +5 heißt, dass Sie sehr viel von der Partei halten." Damit nutzen wir das Parteiskalometer, welches seit Jahren u. a. im GLES (German Longitudinal Election Study) zum Einsatz kommt. Diese Operationalisierung erlaubt eine differenzierte Messung, da Befragte sich nicht – wie bei der Frage zur positiven Parteiidentifikation – für eine Partei entscheiden müssen, sondern zu jeder Partei ihre Haltung auf einer 11er-Skala abgestuft zum Ausdruck bringen können.

4 Methodik und Daten

Zur Analyse der Forschungsfrage nutzen wir wiederum die bevölkerungsrepräsentative Umfrage aus dem Demokratiemonitor. Die Befragung ist von YouGov Deutschland im Auftrag der Bertelsmann Stiftung durchgeführt und in Kooperation mit dem Wissenschaftszentrum Berlin für Sozialforschung (WZB) konzipiert worden. Es handelt sich um drei Umfragewellen, die zwischen Ende April und Mitte Juli 2019 im Feld waren. Die Stichprobenziehung erfolgte per Zufall aus

[5] Die Standardfrage lautet: „In Deutschland neigen viele Leute längere Zeit einer bestimmten politischen Partei zu, obwohl sie auch ab und zu eine andere Partei wählen. Wie ist es bei Ihnen: Neigen Sie – ganz allgemein gesprochen – einer bestimmten Partei zu?" (Schoen und Weins 2014, S. 265).

[6] Vgl. Vehrkamp und Bischoff (2020) für einen Überblick der unterschiedlichen Messkonzepte. Für Beispiele unterschiedlicher Messkonzepte vgl. Rose und Mishler (1998); Medeiros und Noel (2013); Caruana et al. (2014); Iyengar und Westwood (2015); Meléndez und Rovira Kaltwasser (2017); Abramowitz (2018); Vehrkamp und Merkel (2018, 2020); Boonen (2019); Rovira Kaltwasser et al. (2019).

der Grundgesamtheit des YouGov Panels Deutschland.[7] Anschließend wurde die Stichprobe für die deutsche Wohnbevölkerung ab 18 Jahre nach Alter, Geschlecht, Bildung und Nielsen-Regionen[8] quotiert. Es erfolgte eine zusätzliche Gewichtung nach Alter, Geschlecht, Bildung, Bundesländern, Teilnahme an der Bundestagswahl 2017 und Sinus-Milieus. Damit ist die Umfrage repräsentativ für die deutsche Wohnbevölkerung ab 18 Jahren. In einem ersten Analyseschritt wird das Wahlverhalten der WählerInnen mit einer negativen Parteiidentifikation gegenüber einer der Parteien des deutschen Bundestags unter die Lupe genommen. Ziel ist es hierbei, erste gemeinsame Ablehnungsmuster von WählerInnen der einzelnen Parteien zu identifizieren. Gibt es Auffälligkeiten im Wahlverhalten von Befragten, die ein und dieselbe Partei ablehnen, also eine negative Parteiidentifikation ihr gegenüber haben? Anschließend werden sechs Wahlmodelle mit logistischen Regressionen geschätzt.[9] Für jede Fraktion des deutschen Bundestags wurde ein Wahlmodell erstellt, das den statistischen Zusammenhang der negativen Parteiidentifikationen der jeweils anderen Parteien unter Kontrolle verschiedener unabhängiger Variablen auf die Wahrscheinlichkeit, für eine bestimmte Partei stimmen zu wollen, schätzt. Diese Vorgehensweise ermöglicht es zu bestimmen, welche Rolle der negativen Parteiidentifikation im Kausalmodell des Wahlverhaltens zukommt und wie deren Einfluss auf die Wahlpräferenzen bestimmter Parteien einzuschätzen ist.

---

[7] Das Panel umfasst derzeit 200.000 Panelisten, die von YouGov auf mehreren unterschiedlichen Wegen rekrutiert, verwaltet und online befragt wurden.

[8] Bei den Nielsen-Regionen handelt es sich um eine in der Marktforschung übliche Aufteilung Deutschlands in verschiedene Regionen. Für Deutschland gibt es sieben Nielsen-Regionen: Nielsen I (Bremen, Hamburg, Niedersachsen, Schleswig-Holstein), Nielsen II (Nordrhein-Westfalen), Nielsen IIIa (Hessen, Rheinland-Pfalz, Saarland), Nielsen IIIb (Baden-Württemberg), Nielsen IV (Bayern), Nielsen V + VI (Berlin, Brandenburg, Mecklenburg-Vorpommern, Sachsen-Anhalt) und Nielsen VII (Sachsen, Thüringen).

[9] Logistische Regressionen unterliegen bestimmten Anforderungen an die Daten- und Modellstruktur: Neben einer ausreichenden Fallzahl sowie einer möglichst einheitlichen Skalierung der unabhängigen Variablen, sollte die Verteilung der abhängigen Variablen nicht zu ungleich sein. Neben diesen A-priori-Bedingungen reliabler Modellschätzungen erfordern logistische Regressionen einige Ex-post-Diagnostiken. Dazu wurde neben den Modellfits über McFaddens Pseudo R^2 die Multikollinearität kontrolliert.

5 Abhängige und unabhängige Variablen

Um den Forschungsgegenstand Wahlverhalten (abhängige Variable) adäquat in messbare Größen zu übertragen, wurde die Wahlabsicht mittels der Sonntagsfrage[10] operationalisiert und anschließend für jede der Parteien dichotomisiert. Dabei wurden NichtwählerInnen aus der Analyse ausgeschlossen. In Summe wurden somit sechs abhängige Variablen gebildet: Wahl von CDU/CSU, SPD, Linke, Grüne, FDP und AfD. Die zentrale unabhängige Variable – negative Parteiidentifikation – wurde mit der zuvor genannten Parteiskalometerfrage gemessen. Befragten wurde eine negative Parteiidentifikation zugeordnet, wenn sie auf der 11er-Skala eine Partei mit -3 oder schlechter bewertet haben. Da die Definition der negativen Parteiidentifikation von einer dezidierten, also starken psychologischen Ablehnung gegenüber einer Partei spricht, wurden nur Bewertungen von -3 oder schlechter auf dem Parteiskalometer als negative Parteiidentifikation kodiert. Damit wurde ein eher strenges Kriterium gewählt, indem die Operationalisierung so ausgestaltet wurde, dass eine leichte Ablehnung (z. B. -1 oder -2 auf dem Parteiskalometer) gegenüber einer politischen Partei nicht mit einer negativen Parteiidentifikation gleichzusetzen ist.

Abgeleitet vom Ann Arbor-Modell des Wahlverhaltens wurde eine Reihe an Kontrollvariablen verwendet. Diese Vielzahl an Kontrollvariablen findet sich so oder so ähnlich in der Literatur zum Wahlverhalten.[11] So werden für die üblichen soziodemografischen und sozialstrukturellen Merkmale (Geschlecht, Alter, Ost/West, Stadt/Land, Bildung und Einkommen) kontrolliert. Zusätzlich wurde eine Reihe an ideologischen und politischen Einstellungen berücksichtigt. Populistische Einstellungen wurden auf Basis der sechs Items gemäß Akkerman et al. (2014) und Hawkins et al. (2012) gemessen. Bei den Populismus-Items von Akkerman et al. und Hawkings et al. handelt es sich um die am weitesten verbreitete und akzeptierte Methode zur Messung populistischer Einstellungen (vgl. Rovira Kaltwasser et al. 2019, S. 35 f.). So wurden die Items bspw. bereits zur Messung populistischer Einstellungen in neun europäischen Ländern genutzt (vgl. Van Hauwaert und van Kessel 2018). Theoretisch fußen die Items auf der ideellen Populismusdefinition (vgl. Mudde 2004; Mudde und Rovira Kaltwasser 2019). Hier wurde ein einfach additiver Index auf Basis des durchschnittlichen Antwortverhaltens gebildet. Konfirmatorische Faktoranalysen (CFA) bestätigen, dass die

[10] „Welche Partei würden Sie wählen, wenn am kommenden Sonntag Bundestagswahl wäre oder würden Sie nicht an der Wahl teilnehmen?"

[11] Für Deutschland vgl. Hambauer und Mays (2018); Lux (2018); Lengfeld (2017); Schmitt-Beck (2017).

Items auf einem gemeinsamen Faktor laden.[12] Zur Messung von autoritären Einstellungen wurden die neun Items aus Beierlein et al. (2014) verwendet. Die CFA ergeben, dass vier der Items niedrigere Faktorladungen aufweisen. Daher wurden diese Items aus der Index-Berechnung ausgeschlossen (Item 5 bis 7 und 9).[13] Bei beiden Indizes bedeuten höhere Werte populistischere beziehungsweise autoritärere Einstellungen. Darüber hinaus werden die ideologischen Einstellungen der Befragten Item-basiert nach der kulturellen und der ökonomischen Links-Rechts-Orientierung gemessen.

Die zur Messung beider Konzepte verwendeten Items stammen aus Van Hauwaert und van Kessel (2018). Bei der kulturellen Links-Rechts-Orientierung ergaben die CFA, dass zwei Items nicht auf einem gemeinsamen Faktor laden; sie wurden entsprechend aus der Indexbildung exkludiert (Item 3 und 4).[14] Auch bei der ökonomischen Links-Rechts-Orientierung laden zwei Items nicht auf einem gemeinsamen Faktor und wurden folglich ausgeschlossen (Item 1 und 5).[15] Die Indexbildung erfolgte additiv auf Basis des durchschnittlichen Antwortverhaltens. Höhere Werte bedeuten kulturell beziehungsweise ökonomisch rechtere Einstellungen. Schlussendlich werden die Einstellungen zur Migration mittels dreier Items erhoben. Wiederum ergaben die CFA eine gemeinsame Faktorladung.[16] Die genauen Item-Formulierungen sind in Tab. 1 aufgeführt.

6 Deskriptive Analyse

In unserem Beitrag Vehrkamp und Bischoff (2020) haben wir gezeigt, dass negative Parteiidentifikationen unter deutschen WählerInnen weitverbreitet sind. Mit Abstand am größten fällt die Ablehnung jedoch bei der AfD aus (vgl. Tab. 2). Sieben von zehn WählerInnen in Deutschland besitzen eine negative Parteiidentifikation (-3 oder schlechter auf dem Parteiskalometer) gegenüber der rechtspopulistischen AfD.[17] Zusätzlich konnte – auf Basis der gleichen Operationalisierung – festgestellt werden, dass negative Parteiidentifikationen deutlich weiter verbreitet sind als positive Parteiidentifikationen. Jede der sechs Parteien im Deutschen Bundestag wird durchschnittlich von mehr WählerInnen abgelehnt

[12] Ergebnisse der CFA: CFI: 0,927; TLI: 0,876; RMSEA = 0,099; SRMR: 0,052.

[13] Ergebnisse der CFA: CFI: 0,985; TLI: 0,969; RMSEA = 0,066; SRMR: 0,021.

[14] Ergebnisse der CFA: CFI: 0,992; TLI: 0,977; RMSEA = 0,038; SRMR: 0,013.

[15] Ergebnisse der CFA: CFI: 0,981; TLI: 0,943; RMSEA = 0,088; SRMR: 0,033.

[16] Ergebnisse der CFA: CFI: 0,996; TLI: 0,987; RMSEA = 0,052; SRMR: 0,020.

[17] Zu ähnlichen Ergebnissen kommen Vehrkamp und Merkel (2018, 2020).

Tab. 1 Items der politischen und ideologischen Einstellungsvariablen

Variable	*Items*	*Skala*
Populistische Einstellungen	„Bitte geben Sie zu jeder der folgenden Aussagen an, inwieweit Sie dieser zustimmen: 1. Was in der Politik Kompromiss genannt wird, ist in Wirklichkeit nur ein Verrat von Prinzipien. 2. Die Politiker, und nicht das Volk sollte die wichtigsten politischen Entscheidungen treffen. 3. Die Abgeordneten des Deutschen Bundestags müssen dem Willen des Volkes Folge leisten. 4. Die politischen Unterschiede zwischen Eliten und dem Volk sind nicht größer als die Unterschiede innerhalb des Volkes. 5. Ein Bürger würde besser meine Interessen vertreten als ein Berufspolitiker. 6. Die Politiker reden zu viel und machen zu wenig.“	1 = stimme überhaupt nicht zu; 7 = stimme voll und ganz zu
Autoritäre Einstellungen	„Und was ist Ihre Meinung zu den folgenden Aussagen? 1. Gegen Außenseiter und Nichtstuer sollte in der Gesellschaft mit aller Härte vorgegangen werden. 2. Unruhestifter sollten deutlich zu spüren bekommen, dass sie in der Gesellschaft unerwünscht sind. 3. Gesellschaftliche Regeln sollten ohne Mitleid durchgesetzt werden. 4. Wir brauchen starke Führungspersonen, damit wir in der Gesellschaft sicher leben können. 5. Bewährte Verhaltensweisen sollten nicht infrage gestellt werden.“	1 = trifft überhaupt nicht zu; 7 = trifft voll und ganz zu
Ökonomische Links-Rechts-Orientierung	„Und zum Schluss, was ist Ihre Meinung zu den folgenden Aussagen:	1 = trifft überhaupt nicht zu; 7 = trifft voll und ganz zu

(Fortsetzung)

Tab. 1 (Fortsetzung)

Variable	*Items*	*Skala*
	1. Jeder sollte für seinen eigenen Lebensunterhalt mehr Verantwortung übernehmen. 2. Arbeitslose sollten jede verfügbare Stelle annehmen müssen, ansonsten wird ihr Arbeitslosengeld gestrichen. 3. Wettbewerb ist gut. Er regt dazu an, hart zu arbeiten und neue Ideen zu entwickeln.	
Kulturelle Links-Rechts-Orientierung	1. Für ein erfülltes Leben muss eine Frau Kinder haben. 2. Eine Frau sollte selber entscheiden können, ob sie einen Schwangerschaftsabbruch vornimmt. 3. Homosexuelle Paare sollten Kinder adoptieren dürfen.	1 = trifft überhaupt nicht zu; 7 = trifft voll und ganz zu
Einstellungen gegenüber Flüchtlingen und Migration	1. Unabhängig von der Flüchtlingskrise der letzten Jahre, ist Migration eine gute Sache, von der Deutschland profitiert. 2. Migranten sollten nicht die gleichen Rechte wie alle anderen haben. 3. Migranten sollte es gestattet sein, ihre Sprache und Kultur beizubehalten.	1 = trifft überhaupt nicht zu; 7 = trifft voll und ganz zu

Anmerkung: Folgende Items wurden auf Basis der CFA aus den Indices ausgeschlossen: Autoritäre Einstellungen: Menschen sollten wichtige Entscheidungen in der Gesellschaft Führungspersonen überlassen. Wir sollten dankbar sein für führende Köpfe, die uns genau sagen, was wir tun können. Traditionen sollten unbedingt gepflegt und aufrechterhalten werden. Es ist immer das Beste, Dinge in der üblichen Art und Weise zu machen. Kulturelle Links-Rechtsorientierung: Kinder sollten zu Gehorsam erzogen werden. Menschen, die gegen Gesetze verstoßen, sollten härter bestraft werden. Ökonomische Links-Rechtsorientierung: Einkommen sollten gleicher verteilt werden. Die Regierung sollte die Steuern merklich senken und deutlich weniger Geld für Sozial- und öffentliche Dienstleistungen ausgeben.

Tab. 2 Verteilung der negativen Parteiidentifikationen, in % aller WählerInnen

	CDU	CSU	SPD	Grüne	FDP	Linke	AfD
Neg. PI	26	42	32	37	37	45	70

Anmerkung: Neg. PI = negative Parteiidentifikation (-3 bis -5 auf dem Parteiskalometer)
N = 7.693 (vgl. ohne fehlende Werte)

als befürwortet (vgl. Vehrkamp und Bischoff 2020; Rovira Kaltwasser et al. 2019). Für Deutschland gilt also: Der Anteil der WählerInnen, die eine Partei ablehnen, ist spürbar größer als der Anteil derer, die sich positiv mit einer Partei identifizieren. Dieser Befund kann als weiterer Beleg der Relevanz negativer Parteiidentifikation beim Wahlverhalten gewertet werden. Aber wie sieht es nun aus? Lassen sich bestimmte Muster eines ähnlichen Wahlverhaltens innerhalb der WählerInnen erkennen, die die gleiche Partei ablehnen?

Zur Beantwortung dieser Fragen zeigt Tab. 3 die relativen Häufigkeiten der Befragten mit einer negativen Parteiidentifikation zu einer der sieben Parteien des deutschen Bundestags, sowie ihr dazugehöriges Wahlverhalten auf Basis der Sonntagsfrage. Offensichtlich ist zunächst der Befund, dass Menschen, die eine Partei dezidiert ablehnen, diese auch in keinem Fall wählen werden. Die prozentualen Anteile betragen dort fast überall null. Das zeigt die im Theorieteil beschriebene Problematik, dass das Konzept der Parteiidentifikation zu nah am zu erklärenden Phänomen (Wahlverhalten) liegt. Entsprechend bestätigt das die bereits aus der Theorie abgeleitete Annahme, dass es für das Erkenntnisinteresse nicht zielführend ist, die direkten negativen Parteiidentifikationen in die Wahlmodelle als zentrale unabhängige Variable zu integrieren. Aufschlussreicher sind dagegen die Muster, die sich auf Basis der negativen Parteiidentifikationen zu den anderen Parteien ergeben (vgl. Tab. 3).

Blicken wir auf die 3598 Befragten mit einer negativen CDU-Parteiidentifikation (PI), zeigt sich, dass davon fast drei von zehn dieser WählerInnen bei der nächsten Wahl die AfD wählen würden. Das ist mit Abstand

Tab. 3 Wahlverhalten nach negativen Parteiidentifikationen, in %

	Neg. PI CDU	Neg. PI CSU	Neg. PI SPD	Neg. PI Grüne	Neg. PI FDP	Neg. PI Linke	Neg. PI AfD
CDU/CSU	1	4	20	23	15	36	30
SPD	16	19	0	8	17	10	18
Grüne	16	23	7	0	17	9	22
FDP	6	6	11	11	0	11	7
Linke	17	16	9	7	16	1	12
AfD	28	19	38	38	23	24	0
Andere	15	13	14	13	12	9	9
N	3.598	4.178	2.912	3.300	3.487	3.882	6.523

Anmerkung: Neg. PI = negative Parteiidentifikation; Abweichung von 100 % aufgrund von Rundungsungenauigkeiten der höchste Anteil. Am niedrigsten fällt dagegen die Wahlabsicht für die FDP aus. Nur 6 % der Befragten mit einer negativen CDU-PI planen ihre Stimmgabe für die FDP. Bei den anderen Parteien links der Mitte liegt der Anteil mit jeweils 16 beziehungsweise 17 % spürbar darüber. Bei den WählerInnen mit einer negativen CSU-PI sieht das Bild ähnlich aus, jedoch leicht abgeschwächt: Nicht die Wahlabsicht für die AfD ist hier am häufigsten, sondern die für die Grünen.

Die ideologische Nähe der SPD zu den Grünen und den Linken spiegelt sich in besonders niedrigen Werten unter WählerInnen mit einer negativen SPD-PI, für diese Parteien stimmen zu wollen (7 bzw. 9 %). Den mit Abstand größten Anklang in dieser Wählergruppe findet die AfD: 38 % aller WählerInnen mit negativer SPD-PI geben an, die AfD wählen zu wollen. Darauf folgt die Union mit einem Anteil von 20 %. Letzterer Befund steht der These entgegen, dass SPD und Union eigentlich als Parteien der Mitte gelten und damit ideologisch nah beieinanderstehen. Zudem bilden beide Parteien seit 2013 die bundesdeutsche Regierungskoalition. Unter den WählerInnen, die die AfD besonders stark ablehnen, finden die CDU mit 30 % und die Grünen mit 22 % den mit Abstand größten Anklang. Da es sich bei der CDU und den Grünen unter anderen um die Parteien handelt, die in der Vergangenheit den antipopulistischen Gegenpol zu AfD gebildet haben, erscheint auch das als plausibel. Hinzu kommt, dass die CDU seit 2005 Regierungspartei ist und populistische Kritik sich häufig gegen das politische Establishment richtet (vgl. Vehrkamp und Merkel 2018, 2020). Unter den GegnerInnen der FDP stößt ebenfalls die AfD auf die größte Zustimmung in puncto Wahlverhalten. Gleiches gilt für die Grünen-GegnerInnen: Knapp vier von zehn WählerInnen mit einer negativen Grünen-PI würden bei einer Bundestagswahl die AfD wählen. Das ist mit den GegnerInnen der SPD der höchste Wert (38 %). Deutlich geringer fällt die Wahlabsicht bei den Grünen-GegnerInnen zu den ideologisch nahstehenden Parteien SPD und Linke aus.

Auf Basis der deskriptiven Auswertung ist somit zum einem unter WählerInnen mit einer negativen Parteiidentifikation einer bestimmten Partei ein durchaus differenziertes Wahlverhalten erkennbar. Die Ergebnisse lassen vermuten, dass sich Parteien, die sich ideologisch nahestehen, bei Menschen, die diese Parteien ablehnen, in ihrem Wahlverhalten mehr oder minder gegenseitig ausschließen. Befragte scheinen in ihrer Wahlabsicht eher dazu zu tendieren, dann solche Parteien zu wählen, die diesen ideologisch und einstellungstechnisch diametral entgegenstehen. Allerdings sollte zukünftige Forschung an dieser Stelle auch den Einfluss der positiven Parteiidentifikationen mit in das Analyseraster rücken. Zudem sollte zukünftige Forschung zu negativen Parteiidentifikationen genauer mit Korrelationsanalysen der verschiedenen Parteiskalometern unter Berücksichtigung der Präferenzverteilung der Parteien arbeiten.

7 Explorative Analyse

7.1 Die Ergebnisse im Überblick

Tab. 4 zeigt die Ergebnisse der Wahlmodelle für alle im Deutschen Bundestag vertretenen Parteien. Zu erkennen ist zunächst die vergleichsweise hohe Bedeutung negativer Parteiidentifikationen für die Erklärung des Wahlverhaltens. Die Effektstärken und Signifikanzniveaus – und damit der statistisch messbare Erklärungswert der negativen Parteiidentifikationen für das Wahlverhalten – sind ähnlich hoch oder sogar höher als der Erklärungswert der üblichen sozialstrukturellen Variablen und der in diesem Beitrag untersuchten politischen Einstellungsvariablen. Darüber hinaus zeigen sich in den negativen Parteiidentifikationen Wahlverhaltensmuster, aus denen sich erste Rückschlüsse für die Mobilisierungschancen negativer Parteiidentifikationen ziehen lassen, die sich daraus für die einzelnen Parteien und parteipolitischen Lager der im Bundestag vertretenen Parteien ergeben.

7.2 Unionsparteien

Für die CDU/CSU zeigt sich mit Blick auf die Soziodemografie ein aus vielen Wahlen und Wahlanalysen bekanntes Bild einer Schwäche bei jüngeren WählerInnen, während sie bei Wählergruppen mit mittlerem Bildungsstand eher stärker abschneiden. Bei den untersuchten Einstellungsvariablen fällt die vergleichsweise

Tab. 4 Ergebnisse der Regressionsanalyse nach WählerInnen der Parteien

Abh. Var. Logistische Regression	*CDU/CSU-WählerInnen (1)*	*SPD-WählerInnen (2)*	*Grüne-WählerInnen (3)*	*FDP-WählerInnen (4)*	*Linke-WählerInnen (5)*	*AfD-WählerInnen (6)*
Geschlecht	0,99 (0,09)	0,83 (0,10)*	1,41 (0,10)***	0,84 (0,13)	0,97 (0,12)	0,66 (0,11)***
Alter[1]						
18 bis 35	0,68 (0,13)***	0,97 (0,14)	0,95 (0,15)	1,68 (0,17)***	1,04 (0,17)	1,36 (0,16)**
Über 55	1,03 (0,09)	1,04 (0,11)	0,89 (0,11)	1,03 (0,15)	1,35 (0,13)**	0,77 (0,13)**
Ost/West	0,86 (0,12)	0,77 (0,15)*	0,66 (0,16)***	0,978 (0,18)	2,46 (0,14)***	1,50 (0,14)***
Wohnumfeld[2]						
Stadt	1,25 (0,10)**	1,00 (0,11)	0,82 (0,12)*	1,00 (0,15)	0,97 (0,13)	0,97 (0,13)
Land	1,60 (0,11)***	0,75 (0,13)**	0,88 (0,13)	0,96 (0,16)	0,68 (0,15)**	0,97 (0,14)
Bildung[3]						
Max. Hauptschulabschluss	0,81 (0,11)*	1,58 (0,12)***	0,80 (0,15)	0,63 (0,20)**	0,93 (0,16)	1,18 (0,14)
Min. Abitur/FH-Reife	0,76 (0,10)***	0,87 (0,12)	1,46 (0,11)***	1,37 (0,14)**	0,89 (0,13)	0,90 (0,14)
Einkommen	1,08 (0,06)	1,02 (0,07)	1,13 (0,07)*	1,24 (0,09)**	0,94 (0,08)	0,99 (0,08)
Neg. PI CDU		1,22 (0,14)	0,75 (0,14)*	0,65 (0,20)**	1,65 (0,16)***	1,54 (0,17)***
Neg. PI CSU		1,71 (0,13)***	1,93 (0,13)***	0,90 (0,18)	1,40 (0,16)**	0,64 (0,17)***
Neg. PI SPD	0,80 (0,12)*		0,49 (0,16)***	1,35 (0,16)*	0,53 (0,17)***	2,44 (0,13)***
Neg. PI FDP	0,40 (0,10)***	1,21 (0,11)*	0,95 (0,12)		1,38 (0,13)**	0,90 (0,13)
Neg. PI Grüne	0,71 (0,12)***	0,59 (0,14)***		1,24 (0,17)	0,48 (0,17)***	3,06 (0,15)***

(Fortsetzung)

Tab. 4 (Fortsetzung)

Abh. Var. Logistische Regression	*CDU/CSU-WählerInnen (1)*	*SPD-WählerInnen (2)*	*Grüne-WählerInnen (3)*	*FDP-WählerInnen (4)*	*Linke-WählerInnen (5)*	*AfD-WählerInnen (6)*
Neg. PI AfD	2,62 (0,11)***	3,05 (0,15)***	2,18 (0,16)***	0,84 (0,16)	1,31 (0,16)*	
Neg. PI Linke	3,00 (0,09)***	0,58 (0,11)***	0,46 (0,12)***	1,10 (0,14)		1,08 (0,13)
Populistische Einstellungen	0,56 (0,04)***	0,82 (0,05)***	1,09 (0,05)*	0,99 (0,06)	1,40 (0,06)***	1,23 (0,06)***
Autoritäre Einstellungen	1,41 (0,04)***	1,06 (0,05)	0,91 (0,05)**	0,96 (0,06)	0,85 (0,05)***	1,17 (0,06)***
Ökon. L-R-Orientierung	1,08 (0,05)*	1,06 (0,05)	1,07 (0,05)	1,54 (0,07)***	0,81 (0,06)***	0,86 (0,05)***
Kult. L-R-Orientierung	1,16 (0,03)***	1,08 (0,04)*	0,96 (0,04)	0,91 (0,05)*	0,97 (0,05)	1,16 (0,04)***
Einstellungen geg. Migration	1,02 (0,03)	1,01 (0,04)	0,74 (0,04)***	0,94 (0,05)	0,90 (0,04)**	1,94 (0,05)***
N	4.475	4.462	4.460	4.461	4.467	4.466
Abh. Var. = 1	837	645	676	306	585	834
AIC	3.804	3.110	2.862	2.031	2.201	2.280
Adj. McFadden R^2	0,18	0,08	0,14	0,04	0,10	0,34

Angegeben sind *Odds Ratio* und Standardfehler in Klammern. Das Signifikanzniveau ist wie folgt gekennzeichnet: ***p < 0,01; **p < 0,05; *p < 0,1. [1]Basiskategorie: zwischen 35 und 55 Jahre alt. [2]„Würden Sie Ihr Wohnumfeld als städtisch, vorstädtisch oder ländlich bezeichnen?" Basiskategorie: Vorstadt. [3]Basiskategorie: Mittlere Reife stark ausgeprägte Resistenz gegenüber populistischen Einstellungen bei gleichzeitig hoher Affinität zu autoritären Einstellungsmustern auf. Je populistischer eingestellt, desto niedriger die CDU/CSU-Wahlwahrscheinlichkeit und je autoritärer, desto höher die CDU/CSU-Wahlwahrscheinlichkeit. Die derzeitigen WählerInnen der Unionsparteien gehören damit tendenziell zwar zu den am wenigsten populismusaffinen Wählergruppen, bleiben aber gleichzeitig gesellschaftspolitisch stark durch law and order-Einstellungen geprägt. Das zeigt sich auch bei ihrer kulturellen Links-Rechts-Orientierung: Je kulturell rechter die ideologische Orientierung, umso höher die Wahlwahrscheinlichkeit zugunsten der Unionsparteien. Bei den negativen Parteiidentifikationen zeigen sich für die Unionsparteien zunächst alle Koeffizienten signifikant mit der abhängigen Variablen korreliert. Es lässt sich also festhalten, dass negative Parteiidentifikationen bei der Wahlentscheidung zugunsten der Unionsparteien einen Unterschied ausmachen. Bei keiner anderen Partei sind die Effektstärken derart deutlich und die Parteimuster derart klar ausgeprägt wie für die Unionsparteien. Parteipolitisch zeigt sich dabei vor allem ein lagerübergreifendes Establishment-/Anti-Establishment-Muster. WählerInnen mit einer negativen Parteiidentifikation gegenüber den etablierten Parteien SPD, FDP oder Grüne sind signifikant weniger geneigt die Unionsparteien zu wählen. Am stärksten zeigt sich dieser negative Zusammenhang bei Befragten mit einer negativen FDP-PI, gefolgt von der negativen SPD-PI und der negativen Grünen-PI. Bei Letzteren fällt die Effektstärke in etwa gleich aus. Das bedeutet: Wer die FDP nicht mag, wählt mit hoher Wahrscheinlichkeit auch nicht die Union.

Das Gleiche gilt, etwas abgeschwächt, für die SPD und die Grünen. Parallel zeigt sich bei den WählerInnen mit einer negativen Parteiidentifikation gegenüber den (aus Sicht der UnionswählerInnen offensichtlich) nicht etablierten Parteien AfD und Linke eine deutlich höhere CDU/CSU-Wahlwahrscheinlichkeit. Hier erhöhen sich die Wahlwahrscheinlichkeiten um den Faktor 2,62 für die WählerInnen mit einer negativen AfD-PI beziehungsweise um Faktor 3,00 für die Befragten mit einer negativen Linken-PI. Dennoch scheint bei UnionswählerInnen die Abneigung gegenüber der Linken sogar noch einmal etwas ausgeprägter zu sein als gegenüber der AfD. Im Gesamtbild zeigt sich aber vor allem ein sehr klarer Establishment-/Anti-Establishment-Effekt. Die WählerInnen der Unionsparteien scheinen das deutsche Parteiensystem sehr klar in zwei Segmente zu teilen: Wählbar sind neben den Unionsparteien die FDP, die SPD und die Grünen. Eher weniger wählbar sind dagegen die AfD und die Linke.

Daraus ergeben sich für die Unionsparteien – zumindest auf den ersten Blick – ein paar interessante Schlussfolgerungen für ihre Wählermobilisierung: Vor allem eine klare und aktive Abgrenzung gegenüber AfD und Linkspartei könnte sich für sie an der Wahlurne auszahlen. Das gilt aber nicht (mehr) gegenüber SPD oder

Grünen, schon gar nicht gegenüber der FDP. Während eine pauschale Abgrenzung gegenüber AfD und Linkspartei einen positiven Mobilisierungseffekt zugunsten der Unionsparteien haben könnte, sind FDP, SPD und Grüne für UnionswählerInnen keine mobilisierungskräftigen Feindbilder (mehr). Ihnen gegenüber bleibt die Union auf eine inhaltlich-programmatische Abgrenzung verwiesen, anders als gegenüber AfD und Linkspartei. Die deutlich höhere Wahlwahrscheinlichkeit zugunsten der Unionsparteien bei WählerInnen mit einer negativen Parteiidentifikation gegenüber AfD oder Linkspartei zeigt das Mobilisierungspotential eines negative campaigning gegenüber diesen beiden Parteien für die Union.

Das scheint für eine klare Koalitionsaussage entlang einer solchen Establishment-/Anti-Establishment-Linie und einen entsprechend polarisierenden Wahlkampf entlang dieser Linie zu sprechen: Koalitionsfähig bzw. konstruktiv gegenüber FDP, SPD und Grünen – bei gleichzeitiger sowie gleich starker Abgrenzung bzw. Polarisierung gegenüber AfD und Linkspartei. Für die Wahlauseinandersetzung wird also klar getrennt zwischen einer inhaltlich-programmatischen Auseinandersetzung mit den etablierten Parteien FDP, SPD und Grüne, bei gleichzeitig stark polarisierender Abgrenzung gegenüber AfD und Linkspartei. Die damit verbundene Gleichsetzung von AfD und Linkspartei birgt allerdings das Risiko einer Isolierung der Union gegenüber der großen Mehrheit aller WählerInnen, die eine solche Gleichsetzung ablehnt. Denn es zeigt sich: Die Mobilisierungskraft einer negativen Parteiidentifikation gegenüber der Linkspartei entfaltet sich nur bei WählerInnen der Unionsparteien. Selbst AnhängerInnen von FDP und AfD zeigen sich gegenüber der Linkspartei deutlich indifferenter; im Stimmwettbewerb mit SPD und Grünen könnte eine pauschale Abgrenzung gegenüber der Linkspartei bzw. ihre Gleichsetzung mit der AfD sogar Befremden und Ablehnung hervorrufen. Für die überwiegende Mehrheit der Deutschen erscheint die Linkspartei inzwischen als eine weitgehend etablierte und wählbare Option innerhalb des demokratischen Parteienspektrums. Eine Gleichsetzung von AfD und Linkspartei erscheint ihnen deshalb unplausibel bzw. könnte sogar abschreckend wirken.

Für die Unionsparteien bedeutet das: Die Gleichsetzung von AfD und Linkspartei als extreme Parteien der politischen Ränder mobilisiert zwar das eigene Wählerklientel, wirkt aber vor allem in den Segmenten der Wählerkonkurrenz mit SPD und Grünen eher unplausibel und abschreckend. Eventuell könnten die Opportunitätskosten einer solchen Hufeisen-Strategie durch negative campaigning gegenüber AfD und Linkspartei für die Unionsparteien in der linksliberalen Mitte des Elektorats sogar höher ausfallen als der Mobilisierungsnutzen im Segment der eigenen Stammwählerschaft.

7.3 Die Grünen

Das zeigt sich exemplarisch im Vergleich mit dem Wählersegment der Grünen. Auch hier korreliert eine negative AfD-PI positiv mit der Wahlwahrscheinlichkeit zugunsten der Grünen. Die Effektstärke fällt hier in etwa gleich aus wie in Modell 1 (2,62 vs. 2,18). Die Mobilisierungschancen einer klaren und deutlichen Abgrenzung gegenüber der AfD könnten also für Unionsparteien und Grüne in etwa gleichem Umfang ausgeprägt sein. Für die negativen Parteiidentifikationen gegenüber der Linkspartei zeigt sich aber das genau gegenteilige Bild: Während sie die Wahlwahrscheinlichkeit zugunsten der Unionsparteien um den Faktor 3,00 verstärkt, wirkt sie auf die Wahlwahrscheinlichkeit zugunsten der Grünen signifikant negativ (0,46). Aus Sicht der Grünen-WählerInnen ist die Linkspartei damit nicht anders zu bewerten als die SPD (0,49). Sogar negative Parteiidentifikationen gegenüber CDU und FDP wirken nicht mobilisierend bzw. haben zumindest keinen Effekt auf die Wahlwahrscheinlichkeit zugunsten der Grünen. Lediglich gegenüber der Ablehnung der AfD und der CSU zeigt sich eine um den Faktor 2,18 beziehungsweise 1,93 signifikant erhöhte Wahlwahrscheinlichkeit der Grünen.

Negative campaigning würde sich für die Grünen also lediglich gegenüber AfD und CSU lohnen können. Besonders auffällig ist dabei der spiegelbildliche Effekt bei CDU und CSU. Während eine negative Parteiidentifikation gegenüber der CDU die Wahlwahrscheinlichkeit für die Grünen eher dämpft, hat eine negative CSU-PI einen in etwa gleich großen positiven Effekt auf die Wahlwahrscheinlichkeit zugunsten der Grünen wie eine negative AfD-PI. Für den Bundestagswahlkampf 2021 könnte das bedeuten: Stellt die Union eine/n CSU-KanzlerkandidatenIn auf, würde sich daraus für die Grünen eine zusätzliche Mobilisierungschance im Segment derjenigen WählerInnen ergeben, die eine negative CSU-PI haben. Gegenüber einem/einer KanzlerkandidatIn der CDU wären die Grünen dagegen sehr viel stärker auf eine konstruktive inhaltlich-programmatische Auseinandersetzung verwiesen. Nach negativen Parteiidentifikationen unterscheiden die WählerInnen der Grünen also zwischen CDU, SPD, FDP und Linkspartei auf der einen und CSU und AfD auf der anderen Seite.

7.4 SPD und Linkspartei

Etwas anders zeigen sich dagegen die Muster negativer Parteiidentifikationen in den Wahlmodellen von SPD und Linkspartei. Zum einen fällt dabei die starke Ähnlichkeit in der Richtung der Zusammenhänge auf. Während sich negative

Parteiidentifikationen gegenüber CDU, CSU, FDP und AfD positiv auf die Wahlwahrscheinlichkeit zugunsten von SPD beziehungsweise Linkspartei auswirken, zeigen sich wechselseitig zwischen SPD und Linkspartei sowie gegenüber den Grünen die gegenteiligen Zusammenhänge. Eine klare und pauschale Abgrenzung gegenüber CDU, CSU, FDP und AfD könnte also – zumindest in den Wählersegmenten mit negativen Parteiidentifikationen gegenüber diesen Parteien – mobilisierend zugunsten einer Wahlentscheidung für SPD beziehungsweise Linkspartei wirken. Zum anderen zeigt sich aber zumindest in der Effektstärke der negativen Parteiidentifikation gegenüber der AfD ein deutlicher Unterschied zwischen SPD und Linkspartei. Während eine negative AfD-PI ceteris paribus die SPD-Wahlwahrscheinlichkeit um den Faktor 3,05 erhöht, und damit die Effektstärke noch etwas stärker ausfällt als bei der CDU/CSU (2,62) und den Grünen (2,18), liegt sie bei der Linkspartei mit dem Faktor 1,31 darunter. Der Mobilisierungseffekt eines negative campaigning gegen die AfD könnte also für die SPD deutlich stärker ausfallen als bei der Linkspartei.

Dennoch sprechen die ähnlichen Muster der negativen Parteiidentifikationen von SPD- und Linkspartei-WählerInnen für ein Mobilisierungspotential zugunsten der beiden Parteien entlang der klassischen Links-Rechts-Konfliktlinie, also für einen Lagerwahlkampf von Grünen, SPD und Linkspartei gegen CDU/CSU, FDP und AfD. Erleichtert würde das dadurch, dass die Effektstärken der negativen Parteiidentifikation gegenüber den beiden Unionsparteien CDU und CSU für SPD- und Linkspartei-WählerInnen ähnlich stark ausfallen, während das bei den Grünen nur für die negative CSU-Parteiidentifikation gilt.

7.5 AfD

Für die AfD zeigen sich die Mobilisierungsmuster negativer Parteiidentifikationen ebenfalls differenzierter, als nach einer einfachen Links-Rechts- oder Establishment-/Anti-Establishment-Lagerlogik zu erwarten wäre. Während eine negative Parteiidentifikation gegenüber Grünen oder SPD die Wahlwahrscheinlichkeit für die AfD um den Faktor 3,06 beziehungsweise 2,44 erhöht, fällt der Effekt bei der CDU mit 1,54 deutlich geringer aus, und ist bei der Linkspartei (1,08) nicht signifikant. Gegenüber FDP (0,90) und CSU (0,64) wirkt sich eine negative Parteiidentifikation überhaupt nicht oder sogar negativ auf die AfD-Wahlwahrscheinlichkeit aus. In ihrer Wählermobilisierung kann die AfD also nur gegenüber dem links-grünen Lager und gegenüber der CDU von verlässlich positiven Effekten eines negative campaigning ausgehen, während eine solche Strategie der Abgrenzung gegenüber CSU und FDP weniger Erfolg haben könnte. Selbst gegenüber der Linkspartei zeigt sich eine eher indifferente Wirkung, weil WählerInnen mit einer negativen Parteiidentifikation gegenüber der Linkspartei sich nur unwesentlich häufiger für die AfD entscheiden als WählerInnen ohne eine solche Abneigung. Die Abneigung gegenüber Grünen und SPD wirkt sich sogar mehr als doppelt so stark auf die Wahlwahrscheinlichkeit zugunsten der AfD aus wie eine Abneigung gegenüber der Linkspartei.

Auch darin zeigt sich der stark changierende Charakter der AfD zwischen einer rechtspopulistischen Anti-Establishment-Mobilisierungsbewegung und einer rechtsextremen Wählerpartei. Denn weder die Establishment-/Anti-Establishment-Konfliktlinie noch die Links-Rechts-Konfliktlinie verlaufen für die AfD-Wählermobilisierung eindeutig, weil die Anti-Establishment-Reflexe gegenüber der CDU und FDP nicht wirken, und die Links-Rechts-Polarisierung gegenüber der Linkspartei nicht wirkt.

8 Fazit: Negative Parteiidentifikation und Wählermobilisierung?

Was bedeuten diese Ergebnisse für den Bundestagswahlkampf 2021? Drei Dinge lassen sich vor dem Hintergrund der Ergebnisse dieses Beitrags besonders hervorheben.

Erstens zeigt sich die grundsätzliche Bedeutung negativer Parteiidentifikationen für die Wählermobilisierung: Nicht nur positive Parteiidentifikationen bestimmen das Wahlverhalten, auch die weitverbreitete und ausgeprägt negative Einstellung gegenüber einer Partei oder Parteiengruppierung lassen sich als Determinante der Wahlentscheidung identifizieren. Deshalb haben sie in Wahlkampfstrategien und Mobilisierungskampagnen ihre Berechtigung und ihren Platz. Parteien können WählerInnen ferner dadurch aktivieren, mobilisieren und letztlich zu einer bestimmten Wahlentscheidung motivieren, indem sie ihre negativen Parteiidentifikationen ansprechen. In Zeiten abnehmender positiver Parteiidentifikationen (dealignment) könnte die Bedeutung ihres negativen Pendants künftig sogar eher noch wachsen.

Zweitens zeigen sich in den negativen Parteiidentifikationen der verschiedenen Wahlmodelle für die Ansprache und Mobilisierung der WählerInnen nutzbare Muster. Insbesondere entlang alter und neuer Konfliktlinien der politischen Auseinandersetzung lassen sich im Wettbewerb um WählerInnen schon heute Stimmen gewinnen. Im vorliegenden Beitrag hat sich das sowohl entlang der traditionellen Links-Rechts-Konfliktlinie als auch entlang der neueren und stärker kulturell geprägten Establishment-/Anti-Establishment-Konfliktlinie gezeigt.

Während sich die negativen Parteiidentifikationen von WählerInnen der SPD und der Linkspartei noch immer sehr stark an der Links-Rechts-Konfliktlinie orientieren, zeigen sich die Muster bei den Unionsparteien, den Grünen und der AfD etwas differenzierter und weniger eindeutig orientiert an den Konfliktlinien.

Bei den Unionsparteien führen negative Parteiidentifikationen gegenüber AfD und Linkspartei zu einer erhöhten Wahlwahrscheinlichkeit. Eine die Extreme gleichsetzende Wahl- und Mobilisierungskampagne der Union gegen AfD und Linkspartei könnte deshalb zumindest im Stammwählerklientel der Union funktionieren. Gleichzeitig würde sie in der liberalen Mitte und links davon auf Unverständnis stoßen und sich dort sogar eher kontraproduktiv auswirken.

Für SPD und Linkspartei weisen die Muster der negativen Parteiidentifikationen sehr einheitlich auf einen Lagerwahlkampf entlang der traditionellen Links-Rechts-Konfliktlinie hin. Negative Identifikationen gegenüber CDU/CSU, FDP und AfD erhöhen die Wahlwahrscheinlichkeit für SPD beziehungsweise Linkspartei, während sie innerhalb des grün-rot-roten Lagers nur eine sehr untergeordnete Rolle für die Wahlentscheidung spielen.

Im Unterschied zu SPD und Linkspartei scheinen die WählerInnen der Grünen zwischen CDU und CSU zu differenzieren. Während die Ablehnung gegenüber der CSU weiterhin zur Wahl der Grünen aktiviert, spielen negative Parteiidentifikationen gegenüber der CDU eher keine wahlentscheidende Rolle mehr für eine Stimmabgabe zugunsten der Grünen. Ein/e KanzlerkandidatIn der CSU würde somit deutlich polarisierender und im Segment der CSU-kritischen WählerInnen mobilisierender für die Grünen wirken als ein/e KanzlerkandidatIn der CDU. Oder anders formuliert: Im Gegensatz zur CSU ist die CDU für WählerInnen der Grünen eher kein „Aufreger“ mehr.

Die AfD ist mit Blick auf die negativen Parteiidentifikationen ihrer WählerInnen weniger eindeutig, als ihre noch immer vorherrschende Klassifizierung als rechtspopulistische Mobilisierungspartei es vermuten lässt. Verlässliches negative campaigning funktioniert für die AfD eher gegenüber SPD und Grünen, aber schon deutlich abgeschwächter gegenüber der CDU. Gegenüber CSU und FDP spielen negative Parteiidentifikationen keine Rolle beziehungsweise wirken sogar dämpfend auf die AfD-Wahlneigung. Und auch gegenüber der Linkspartei besteht im Segment der AfD-WählerInnen weitgehende Indifferenz. Jedenfalls führen negative Parteiidentifikationen gegenüber der Linken nicht zu einer erhöhten AfD-Wahlwahrscheinlichkeit.

Drittens sei noch auf die Implikationen dieser Ergebnisse für die Bildung möglicher Regierungskoalitionen hingewiesen. Während sich für SPD und Linkspartei aus dem Muster der negativen Parteiidentifikationen ein Bündnis mit den Grünen empfiehlt, zeigt sich für die Grünen auch die Option einer Koalition mit der CDU.

Allerdings nicht mit der CSU, weil eine negative Parteiidentifikation gegenüber der CSU noch immer eine Motivation darstellt, die eigene Stimme den Grünen zu geben. Die Implikationen negativer Parteiidentifikationen für die Regierungsbildung können hier aber nur angedeutet werden. Vor dem Hintergrund ihrer in diesem Beitrag gezeigten Relevanz für die Wahlentscheidung wäre es dennoch sehr vielversprechend, diese auch für die Untersuchung von Koalitionspräferenzen und Koalitionsbildungsprozessen künftig zu berücksichtigen.

Literatur

Abramowitz, Alan. 2018. *The Great Alignment: Race, Party Transformation, and the Rise of Donald Trump*. New Haven, Ct.: Yale University Press.

Abramowitz, Alan, und Steven Webster. 2018. Negative Partisanship: Why Americans Dislike Parties But Behave Like Rabid Partisans. *Political Psychology* 39 (S1): 119 - 135.

Akkerman, Agnes, Cas Mudde, und Andrej Zaslove. 2014. How Populist are the People? Measuring Populist Attitudes in Voters. *Comparative Political Studies* 47 (9): 1324 - 1353.

Bartels, Larry M. 2000. Partisanship and Voting Behavior, 1952-1996. *American Journal of Political Science* 44 (1): 35 - 50.

Beierlein, Constanze, Frank Asbrock, Mathias Knauff, und Peter Schmidt. 2014. Die Kurzskala Autoritarismus (KSA-3): Ein ökonomisches Messinstrument zur Erfassung dreier Subdimensionen autoritärer Einstellungen. *GESIS-Working Papers* 2014/35.

Boonen, Joris 2019. Learning who not to vote for: The role of parental socialization in the development of negative partisanship. *Electoral Studies* 59: 109 - 119.

Campbell, Angus, Philip Converse, Warren Miller, und Donald Stokes 1960. *The American Voter.* New York: Wiley.

Caruana, Nicholas J., R. Michael McGregor, und Laura B. Stephenson. 2014. The power of the dark side: negative partisanship and political behaviour in Canada. *Canadian Journal of Political Science* 48 (4): 771 - 789.

Dinas, Elias. 2014. Why does the apple fall far from the tree? How early political socialization prompts parent-child dissimilarity. *British Journal of Political Science* 44 (4): 827 - 852.

Falter, Jürgen W., und Harald Schoen (Hrsg.). 2014. *Handbuch Wahlforschung*. 2. Aufl. Wiesbaden: Springer VS.

Greenstein, Fred I. 1965. *Children and Politics*. New Haven, Ct.: Yale University Press.

Hambauer, Verena, und Anja Mays. 2018. Wer wählt die AfD? – Ein Vergleich der Sozialstruktur, politischen Einstellungen und Einstellungen zu Flüchtlingen zwischen AfD-WählerInnen und der WählerInnen anderer Parteien. *Zeitschrift für Vergleichende Politikwissenschaft* 12 (1): 133 - 154.

Hawkins, Kirk, Scott Riding, und Cas Mudde. 2012. Measuring Populist Attitudes. *Political Concepts: Committee on Concepts and Methods – Working Paper Series* 55.

Iyengard, Shanto, und Sean J. Westwood. 2015. Fear and Loathing Across Party Lines: New Evidence on Group Polarization. *American Journal of Political Science* 59 (3): 690 - 707.

Jahnen, Verena. 2019. Die Sprache der AfD und wie sie sich verändert. In *Die AfD – psychologisch betrachtet*, hrsg. von Eva Walther und Simon D. Isemann, 121 - 137. Wiesbaden: Springer.

Keele, Luke, T. Stevenson Randolph, und Felix Elwert. 2020. The causal interpretation of estimated associations in regression models. *Political Science Research and Methods* 8: 1 - 13.

Klingemann, Hans-Dieter. 2000. Negative Parteiorientierung und repräsentative Demokratie. Eine vergleichende Analyse. In *Demokratie und Partizipation. Festschrift für Max Kaase*, hrsg. von Oskar Niedermayer und Bettina Westle, 281 - 312. Opladen: Westdeutscher Verlag.

Kneip, Sascha, Wolfgang Merkel, und Bernhard Weßels (Hrsg.). 2020: *Legitimitätsprobleme. Zur Lage der Demokratie in Deutschland.* Wiesbaden: Springer VS.

Landwehr, Arthur. 2020. Trumps Rhetorik: Mit Paralipsen gegen „den Sumpf". In *tagesschau*.de (29.09.2020). Online abrufbar: https://www.tagesschau.de/ausland/trumps-rhetorik-analyse-101.html (Zugriff: 1.10.2020).

Lengfeld, Holger. 2017. Die „Alternative für Deutschland": eine Partei für Modernisierungsverlierer? *Kölner Zeitschrift für Soziologie und Sozialpsychologie* 69 (2): 209 - 232.

Lux, Thomas. 2018. Die AfD und die unteren Statuslagen. Eine Forschungsnotiz zu Holger Lengfelds Studie Die „Alternative für Deutschland": eine Partei für Modernisierungsverlierer? *Kölner Zeitschrift für Soziologie und Sozialpsychologie* 70 (2): 255 - 273.

Maggiotto, Michael A., und James E. Pierson. 1977. Partisan Identification and Electoral Choice: The Hostility Hypothesis. *American Journal of Political Science* 21 (4): 745 - 767.

Mair, Peter. 2013. *Ruling the Void: The Hollowing-Out of Western Democracy.* London: Verso.

Mayer, Sabrina J. 2017. How negative partisanship affects voting behaviour in Europe: Evidence from an analysis of 17 European multi-party systems with proportional voting. *Research and Politics* 4 (1): 1 - 7.

Medeiros, Mike, und Alain Noel. 2013. The Forgotten Side of Partisanship: Negative Party Identification in Four Anglo-American Democracies. *Comparative Political Studies* 47 (7): 1022 - 1046.

Meléndez, Carlos, und Cristóbal Rovira Kaltwasser. 2017. Political Identities: The Missing Link in the Study of Populism. *Party Politics* 25 (4): 520 - 533.

Merkel, Wolfgang. 2017. Kosmopolitismus versus Kommunitarismus – ein neuer Konflikt. In *Flucht, Migration und die Linke in Europa*, hrsg. von M. Brönning und C. Mohr, 299 - 314. Bonn: Verlag J. H. W. Dietz Nachf.

Miller, Warren E., und J. Merrill Shanks. 1996. *The New American Voter.* Cambridge, Mass.: Harvard University Press.

Mudde, Cas. 2004. The Populist Zeitgeist. *Government and Opposition* 39 (4, Autumn 2004): 542 - 563.

Mudde, Cas, und Cristóbal Rovira Kaltwasser. 2019. *Populismus. Eine sehr kurze Einführung.* Bonn: Verlag J. H. W. Dietz Nachf.

Niemi, Richard G., und Kent M. Jennings. 1991. Issues and Inheritance in the Formation of Party Identification. *American Journal of Political Science* 35 (4): 970 - 988.

Rose, Richard, und William Mishler. 1998. Negative and Positive Party Identification in Post-Communist Countries. *Electoral Studies* 17 (2): 217 - 234.

Roth, Dieter. 2008. *Empirische Wahlforschung. Ursprung, Theorien, Instrumente und Methoden.* 2. Aufl. Wiesbaden: VS Verlag für Sozialwissenschaften.

Rovira Kaltwasser, Christóbal, Robert Vehrkamp, und Christopher Wratil. *Europa hat die Wahl. Populistische Einstellungen und Wahlabsichten bei der Europawahl 2019.* Gütersloh: Bertelsmann Stiftung.

Rudi, Tatjana, und Harald Schoen. 2014. Ein Vergleich von Theorien zur Erklärung von Wählerverhalten. In *Falter und Schoen 2014,* 405 - 433.

Schmitt-Beck, Rüdiger. 2017. Wähler und Parteien bei der Bundestagswahl 2017: Eine Analyse des Entscheidungsverhaltens auf Basis von Paneldaten der German Longitudinal Election Study. *Zeitschrift für Staats- und Europawissenschaften* 15 (4): 627 - 656.

Schoen, Harald. 2003. *Wählerwandel und Wechselwahl. Eine vergleichende Untersuchung.* Wiesbaden: Westdeutscher Verlag.

Schoen, Harald, und Robert Greszki. 2014. A Third Term for a Popular Chancellor: An Analysis of Voting Behaviour in the 2013 German Federal Election. *German Politics* 23 (4): 251 - 267.

Schoen, Harald, und Cornelia Weins. 2014. Der sozialpsychologische Ansatz zur Erklärung von Wahlverhalten. In *Falter und Schoen 2014,* 241 - 329.

Sweetser, Kaye D. 2017. Lesser of two evils? Political organization-public relationship in the 2016 election. *American Behavioral Scientist* 61 (3): 345 - 356.

Thompson, Alex. 2020. Progressives thought they'd overtaken the Democratic Party. Now they're in despair. In *POLITICO* vom 18.05.2020. Online abrufbar: https://www.politico.com/news/2020/05/18/progressives-democratic-party-despair-255675?fbclid=IwAR3scjt8Aawg0B7NzDdFnjNw0lIwNF99iaZY_To8lBtH-Hur8SQBYJmRxok. (Zugriff: 1.10.2020).

Van Hauwaert, Steven M., und Stijn van Kessel. 2018. Beyond protest and discontent: A cross-national analysis of the effect of populist attitudes and issue positions on populist party support. *European Journal of Political Research* 57: 68 - 92.

Vehrkamp, Robert, und Lars Bischoff. 2020. Negative Parteiidentifikationen und demokratische Legitimität: (K)ein Grund zur Sorge? In *Sascha Kneip et al. 2020,* 181 - 204.

Vehrkamp, Robert, und Wolfgang Merkel. 2020. *Populismusbarometer 2020 – populistische Einstellungen bei Wählern und Nichtwählern in Deutschland 2020.* Studie der Bertelsmann Stiftung. Gütersloh

Vehrkamp, Robert, und Wolfgang Merkel. 2018. *Populismusbarometer 2018 – populistische Einstellungen bei Wählern und Nichtwählern in Deutschland 2018.* Studie der Bertelsmann Stiftung. Gütersloh

Vehrkamp, Robert, und Klaudia Wegschaider. 2017. *Populäre Wahlen – Mobilisierung und Gegenmobilisierung der sozialen Milieus bei der Bundestagswahl 2017.* Studie der Bertelsmann Stiftung. Gütersloh.

Weßels, Bernhard. 1994. Mobilisieren Interessengegnerschaften? Die ,Hostility'-Hypothese, Wahlbeteiligung und Wahlentscheidung bei der Bundestagswahl 1990. In *Wahlen und politische Einstellungen im vereinigten Deutschland,* hrsg. von Hans Rattinger, Oscar W. Gabriel und Wolfgang Jagodzinski, 113 - 152. Bern: Lang.

Mit der Demokratie versöhnt?

Die Demokratiezufriedenheit von AfD-WählerInnen im Nachgang zur Bundestagswahl 2017

Constantin Schäfer und Ann-Kathrin Reinl

Zusammenfasssung

Die Wählerschaft der rechtspopulistischen Alternative für Deutschland (AfD) gilt als die politisch unzufriedenste der bundesdeutschen Parteien. Und doch lässt sich vermuten, dass der große Erfolg der AfD in der Bundestagswahl 2017 sowie die erstmalige parlamentarische Repräsentation auf Bundesebene ihre WählerInnen ein Stück weit mit der Demokratie in Deutschland versöhnt haben.

Dieser Beitrag untersucht die kurz- und langfristige Entwicklung der Demokratiezufriedenheit von AfD-WählerInnen im Nachgang zur Bundestagswahl 2017. Die empirische Analyse anhand von GLES-Panelumfragedaten zeigt, dass die AfD-Wählerschaft den größten kurzfristigen Zufriedenheitsschub aller deutschen Wählergruppen erlebt hat, dass dieser Effekt jedoch schon bald nach der Wahl verpufft war. Bestimmte Wählergruppen – allen voran die inhaltlich überzeugten PolicywählerInnen und die von den Mainstream-Parteien enttäuschten ProtestwählerInnen – weisen allerdings selbst ein Jahr nach der Wahl noch ein leicht erhöhtes Zufriedenheitsniveau auf.

C. Schäfer (✉)
Institut für Politikwissenschaft, Westfälische Wilhelms-Universität Münster, Münster, Deutschland
E-Mail: constantin.schaefer@uni-muenster.de

A.-K. Reinl
Geschwister-Scholl-Institut für Politikwissenschaft, Ludwig-Maximilians-Universität München, München, Deutschland
E-Mail: ann-kathrin.reinl@gsi.uni-muenchen.de

H. U. Brinkmann und K.-H. Reuband (Hrsg.), *Rechtspopulismus in Deutschland*,
https://doi.org/10.1007/978-3-658-33787-2_5

Diese Erkenntnisse ergeben ein demokratietheoretisch ambivalentes Bild. Einerseits ist die Systemunterstützung der unzufriedenen AfD-Wählerschaft auf ein besorgniserregend niedriges Niveau zurückgefallen. Der Legitimationseffekt der Wahl war für diese Wählergruppe somit lediglich temporärer Natur. Andererseits implizieren unsere Ergebnisse die Legitimationskraft von substanzieller politischer Repräsentation und von einem Verhältniswahlrecht, das strategisches Protestwahlverhalten erlaubt.

1 Einleitung

Ein wichtiges Motiv für viele WählerInnen rechtspopulistischer Parteien ist die Unzufriedenheit mit den regierenden politischen Parteien und eine allgemeine Frustration mit der Funktionsweise moderner Demokratien (vgl. Oesch 2008; Schumacher und Rooduijn 2013; Bowler et al. 2017). Die Wahl einer rechtspopulistischen Außenseiterpartei ist somit nicht nur ideologisch motiviert, sondern fungiert auch als Ventil, um politischer Unzufriedenheit Ausdruck zu verleihen und Signale des Protests an die politischen Eliten zu senden (vgl. Rooduijn et al. 2016; Hooghe und Dassonneville 2018).

Die Wählerschaft der auf dem Höhepunkt der europäischen Wirtschafts- und Staatsschuldenkrise 2013 gegründeten Alternative für Deutschland (AfD) stellt hierbei keine Ausnahme dar. Während sich die Partei in wenigen Jahren von einer euroskeptischen Ein-Themen-Partei zu einer populistischen Partei des rechten Randes entwickelte (vgl. Rosenfelder 2017; Jankowski und Lewandowski 2018; Arzheimer und Berning 2019), so hat sich auch ihre Wählerschaft gewandelt. Herrschten zu Beginn bei vielen WählerInnen eine eher moderate EU- und Einwanderungsskepsis vor (vgl. Mader und Schoen 2015; Schwarzbözl und Fatke 2016; Reher 2017), wich diese spätestens seit der Flüchtlingskrise 2015/2016 immer rechteren und fremdenfeindlicheren Einstellungen (vgl. Bieber et al. 2018; Arzheimer und Berning 2019; Hansen und Olsen 2019). Soziodemografisch mutierte die AfD im Hinblick auf ihre Wählerschaft außerdem von einer „Partei der Mitte“ (Bergmann et al. 2017, S. 71) sowie einer „Partei der Selbstständigen“ (Bieber et al. 2018, S. 449) zu einer „Partei der kleinen Leute“ (Hambauer und Mays 2018, S. 150) bzw. der ArbeiterInnen und der bildungsferneren Schichten. Doch ein grundlegender Bestimmungsfaktor für die Unterstützung und die Wahl der AfD ist über all die Jahre hinweg konstant geblieben: die Unzufriedenheit mit den regierenden Parteien und der Demokratie in Deutschland (vgl. Schmitt-Beck et al. 2017; Bieber et al. 2018; Goerres et al. 2018; Hambauer und Mays 2018; Hansen und Olsen 2019).

Eine allgemeine Zufriedenheit mit dem politischen System ist für Demokratien allerdings überlebenswichtig, da die BürgerInnen das System sonst als illegitim betrachten könnten (vgl. Easton 1975; Dalton 2004). Interessanterweise geht vom zentralen Legitimationsinstrument repräsentativer Demokratien, den Wahlen der Repräsentanten, im Normalfall eine starke zufriedenheitssteigernde Wirkung für alle Bevölkerungsgruppen aus (vgl. Anderson et al. 2005). Das genaue Ausmaß dieses Zufriedenheitsanstiegs hängt allerdings unter anderem davon ab, wie Menschen das Wahlergebnis beurteilen und ob sie sich als GewinnerInnen oder als VerliererInnen der Wahl wahrnehmen (vgl. Blais und Gélineau 2007). Zudem ist von Relevanz, ob die BürgerInnen ihre eigenen politischen Interessen, ihre zentralen Probleme und ihre Politikvorstellungen von den Parteien und PolitikerInnen im Wahlkampf repräsentiert sehen.

Ob diese und andere Faktoren für die Demokratiezufriedenheit von WählerInnen der rechtspopulistischen AfD eine Rolle spielen, ist das zentrale Thema dieses Beitrags. Wir untersuchen, wie es um die politische Systemunterstützung von AfD-WählerInnen bestellt ist und welche Unterschiede sich innerhalb der AfD-Wählerschaft erkennen lassen. Aufbauend auf unserer bisherigen Forschung (vgl. Reinl und Schäfer 2020) fragen wir in diesem Beitrag: Wie zufrieden oder unzufrieden sind AfD-WählerInnen mit der deutschen Demokratie im Vergleich zu anderen Wählergruppen, und wie haben sich diese Einstellungen über die letzten Jahre hinweg entwickelt? Hat die Bundestagswahl 2017 – bei der die Partei als drittstärkste Kraft in den Bundestag einziehen konnte – zu einem mittel- oder sogar langfristigen Zufriedenheitsanstieg von AfD-WählerInnen geführt? Und macht es für AfD-WählerInnen einen Unterschied, ob sie die Partei aus inhaltlicher Überzeugung oder aus Protest mit Mainstream-Parteien gewählt haben?

Im Folgenden skizzieren wir in Abschn. 2 zunächst den Forschungsstand über das Zusammenspiel von Wahlen, rechtspopulistischem Wahlverhalten und Demokratiezufriedenheit. Danach unterscheiden wir konzeptionell zwischen zwei Motiven der Wahl einer rechtspopulistischen Partei: der inhaltlich begründeten Policywahl und der auf politischer Unzufriedenheit fußenden Protestwahl. Wir argumentieren, dass Wahlen sich in unterschiedlicher Weise auf die Systemunterstützung dieser Wählertypen auswirken. In Abschn. 3 folgt eine empirische Analyse mit Panel-Umfragedaten der German Longitudinal Election Study (GLES), die zwischen Oktober 2016 und November 2018 erhoben wurden. Hierbei untersuchen wir die Demokratiezufriedenheit der AfD-Wählerschaft im Zeitverlauf und konzentrieren uns auf die mittel- und langfristigen Auswirkungen der Bundestagswahl 2017. Dies geschieht nicht nur im Vergleich zu anderen Wählergruppen, sondern auch in der Unterscheidung zwischen AfD-PolicywählerInnen und AfD-ProtestwählerInnen. Abschn. 4 fasst schließlich unsere empirischen Erkenntnisse zusammen und diskutiert Implikationen für die künftige Forschung.

2 Rechtspopulismus, Wahlen und Demokratiezufriedenheit

2.1 Systemunterstützung und der Einfluss demokratischer Wahlen

Demokratiezufriedenheit ist ein zentraler Indikator politischer Systemunterstützung und ein bedeutendes Instrument zur empirischen Messung der Legitimität eines demokratischen Systems (vgl. Norris 1999; Martini und Quaranta 2020). Grundannahme ist, dass ein politisches System nur dann als wirklich legitim anzusehen ist, wenn seine BürgerInnen es grundsätzlich akzeptieren und positiv bewerten. Wichtig ist allerdings die Feststellung, dass das Konzept der Demokratiezufriedenheit vor allem als Leistungsbewertung von Demokratien verstanden werden sollte und nicht als Unterstützung der Demokratie als ein normatives Ideal (vgl. Linde und Ekman 2003).[1]

Die Zufriedenheit der BürgerInnen mit ihrem politischen System ist aber keineswegs nur von demokratietheoretischer Bedeutung, sondern hat ganz praktische Implikationen für die Funktionsweise und Stabilität demokratischer Systeme (vgl. Easton 1975). Denn die vom Volk legitimierten Demokratien müssen ihre BürgerInnen normalerweise weniger stark zur Befolgung von Regeln anhalten als Zwang ausübende Autokratien. Hierdurch fallen geringere politische Transaktionskosten in demokratischen gegenüber autoritären Systemen an. Dalton bringt dies wie folgt auf den Punkt: „Democracies function with a minimal coercive force because of the legitimacy of the system and the voluntary compliance of the public. Hence, high levels of satisfaction with democracy seem essential for the functioning of democracy" (Dalton 2004, S. 159).

[1] Fuchs und Roller (2019, S. 146) weisen allerdings darauf hin, dass diese beiden Einstellungen in enger Wechselwirkung stehen, „denn eine dauernde Unzufriedenheit mit der Performanz der Demokratie des eigenen Landes kann auch negative Rückwirkungen auf die Legitimität dieser Demokratie haben und schließlich auch auf die Legitimität der Demokratie allgemein".

Das zentrale Legitimationsinstrument von repräsentativen Demokratien sind freie, gleiche und allgemeine Wahlen. Denn demokratische Wahlen autorisieren und legitimieren sowohl die gewählten Regierenden als auch das politische System insgesamt. Obwohl die Legitimationskraft von Wahlen heute nicht unumstritten ist (vgl. Schäfer 2015; Streeck 2016; Achen und Bartels 2017), werden sie von Wählerseite im Normalfall durchaus honoriert. Dies zeigt sich unter anderem in dem Anstieg von allgemeiner Demokratiezufriedenheit, der typischerweise nach Wahlen zu beobachten ist. Blais und Gélineau (2007) nennen dieses Phänomen den „honeymoon effect" einer Demokratie. Der allgemeine Zufriedenheitsanstieg betrifft zwar – im Durchschnitt – die gesamte Bevölkerung, ist aber besonders stark bei Menschen zu beobachten, die an der Wahl teilgenommen haben (vgl. Kostelka und Blais 2018), sowie bei BürgerInnen, die sich als GewinnerInnen der Wahl fühlen (vgl. Anderson et al. 2005).

Es gibt bislang kaum politikwissenschaftliche Erkenntnisse darüber, in welchem Ausmaß der wahlbedingte „generalised boost in satisfaction with democracy" (Kostelka und Blais 2018, S. 5) auch für jene Wählergruppe existiert, die mit Abstand am unzufriedensten mit demokratischen Institutionen ist – die WählerInnen rechtspopulistischer Parteien. Immerhin zeigen Reinl und Schäfer (2020) am Beispiel von AfD-WählerInnen während der Bundestagswahl 2017, dass selbst diese Wählergruppe an Demokratiezufriedenheit gewinnt und dass der Anstieg im Schnitt sogar stärker ausgeprägt war als bei allen anderen Wählergruppen in Deutschland.

Die AutorInnen erklären diesen Befund mit zwei parallel auftretenden Effekten: Erstens dürfte der oben beschriebene Gewinnereffekt bei AfD-WählerInnen aufgrund des großen Stimmenzugewinns (+7,9 % im Vergleich zur Bundestagswahl 2013) und des Einzugs als drittstärkste Partei besonders groß gewesen sein. Das Argument wird unter anderem durch die Studie von Stiers et al. (2018) unterstützt. Diese zeigt, dass die Gewinner/Verlierer-Logik in Verhältniswahlsystemen wie dem deutschen besonders stark durch die prozentualen Stimmenzuwächse oder -verluste der Parteien bestimmt wird – und nicht durch die Frage, ob eine Partei nach der Wahl Teil der Regierungskoalition ist.

Zweitens dürfte die erstmalige Repräsentation vieler WählerInnen bzw. ihrer politischen Präferenzen ein Grund für den Zufriedenheitsanstieg gewesen sein. Wie in anderen westlichen Demokratien hat auch in Deutschland eine politische Repräsentationskrise zum Aufstieg einer populistischen Partei geführt (vgl. Kriesi und Pappas 2015; Vidal 2018). Diese Lücke ist vor allem im Zuge der Flüchtlingskrise 2015/2016 entstanden und erfolgreich durch die AfD gefüllt worden, die in dieser Zeit zunehmend autoritäre und fremdenfeindliche Positionen einnahm (vgl. Kortmann et al. 2019; Mader und Schoen 2019; Pappi et al. 2019).

Offen bleibt allerdings die Frage, ob dieser post-elektorale Anstieg an Systemunterstützung lediglich von kurzer Dauer war oder ob sich die Zufriedenheit rechtspopulistischer WählerInnen sogar längerfristig erhöht hat. Konnten die unzufriedenen WählerInnen der AfD im Zuge der Bundestagswahl 2017 enger an das politische System gebunden werden, von dem sie sich vorher ganz offensichtlich entfremdet hatten? In der empirischen Analyse dieses Beitrags gehen wir dieser Frage nach und untersuchen, ob die Gruppe der AfD-WählerInnen im Anschluss an die Bundestagswahl 2017 nicht nur einen kurzfristigen, sondern auch einen mittel- oder langfristigen Demokratiezufriedenheitsschub erlebt hat.

2.2 Wahlmotive rechtspopulistischer WählerInnen

Zur Erklärung der Wahl und der Unterstützung rechtspopulistischer Parteien gibt es eine Vielzahl theoretischer Ansätze und empirischer Befunde.[2] Die beiden prominentesten Ansätze, die sich auf individuelle Eigenschaften der WählerInnen konzentrieren, unterscheiden zwischen inhaltlichen Motiven auf der einen Seite und politischer Unzufriedenheit auf der anderen (vgl. Schumacher und Rooduijn 2013; Van Hauwaert und Van Kessel 2018; Cohen 2019). Van der Brug et al. (2000) brechen diese Unterscheidung auf die Formel „ideological or protest vote“ herunter, wir sprechen hier von *Policywahl* und *Protestwahl.*

Der (ideologische) *Policywahl-Ansatz* fußt auf dem Modell des rationalen Bürgers, der seine Wahlentscheidung von der inhaltlichen Übereinstimmung mit den zur Wahl stehenden Parteien abhängig macht (vgl. Downs 1957; Enelow und Hinich 1984). Hinter solch einem räumlichen Distanzmodell (proximity model) liegt das Ziel der persönlichen Nutzenmaximierung im Falle des Wahlerfolgs der eigenen Partei. Bei den WählerInnen rechtspopulistischer und -radikaler Parteien bezieht sich diese inhaltliche Nähe vor allem auf negative Einstellungen zu ImmigrantInnen und auf die Befürwortung einer restriktiven Immigrations- und Asylpolitik (vgl. Billiet und De Witte 1995; Van der Brug et al. 2000; Ivarsflaten 2008). Arzheimer fasst die Erkenntnisse empirischer Forschung wie folgt zusammen: „A host of single-country and comparative studies have demonstrated time and again that anti-immigrant sentiment is the single most important driver of the Radical Right vote“ (Arzheimer 2018, S. 147). Allerdings fügen Bakker et al. (2020) diesem Forschungsstand hinzu, dass inhaltliche Übereinstimmungen zwischen WählerInnen und Parteien gleich in mehreren Politikfeldern für die Wahl von Anti-Establishment-Parteien wie der AfD von Relevanz sind.

[2] Für einen Überblick vgl. Arzheimer (2018).

Der *Protestwahl-Ansatz* basiert dagegen auf der Annahme, dass Wählende nicht nur instrumentelle, sondern auch expressive Motive haben (vgl. Brennan und Lomasky 1993; Huber und Schmitt-Beck 2016). So wollen ProtestwählerInnen vor allem ihre Unzufriedenheit mit den regierenden Parteien und AmtsinhaberInnen bzw. mit dem politischen Establishment allgemein oder sogar dem kompletten politischen System ausdrücken: „Compared to ideological and pragmatic voters, protest voters cast their vote not to affect public policies, but rather to express disenchantment with the political system or with the political elite“ (Van der Brug et al. 2000, S. 83). Im Speziellen richtet sich die Abneigung vor allem gegen Mainstream-Parteien, die das bestehende System verkörpern und bei Wahlen abgestraft werden können (vgl. Bélanger und Nadeau 2005; Hernández 2018, S. 460). Populistische Parteien erscheinen in diesem Fall als eine attraktive Wahlalternative, da sie der Unzufriedenheit der BürgerInnen durch ihren Anti-Elitismus und ihre Anti-Establishment-Rhetorik besonders starken Ausdruck verleihen können (vgl. Bélanger und Aarts 2006; Rooduijn et al. 2016). Im Einklang mit Birch und Dennison definieren wir eine Protestwahl daher als „a change of vote, motivated by political dissatisfaction, away from a mainstream party and for a party that consciously adopts the political stance of an outsider“ (Birch und Dennison 2019, S. 112).

Es ist erwähnenswert, dass die beiden dargestellten Ansätze zwar konzeptionell verschieden sind, sich aber keinesfalls widersprechen. So stellen Billiet und De Witte (1995, S. 194) fest: „a sharp distinction between the rational-choice hypothesis and the protest hypothesis is partly a false one“. Dies ist schon deshalb der Fall, weil die Protestwahl nicht nur rein expressiv, sondern aus anderem Blickwinkel auch rational verstanden werden kann. So können selbst moderate BürgerInnen zur Wahl extremer Parteien tendieren, wenn sie den künftigen Politik-Output in bestimmten Politikfeldern in eine von ihnen präferierte Richtung lenken wollen. Dieses Argument ist eine der Grundannahmen des Richtungsmodells (directional model) rationalen Wahlverhaltens (vgl. Rabinowitz und Macdonald 1989; Macdonald et al. 1991).

Auch empirisch sind die beiden Faktoren Unzufriedenheit und rechtsideologische Einstellungen oftmals korreliert. Ein Grund dafür ist, dass ein Mangel an inhaltlicher Übereinstimmung zwischen WählerInnen und der Regierungspolitik – also ein Repräsentationsdefizit – zu politischer Unzufriedenheit führen kann. So erklärt Arzheimer (2018, S. 147), dass die Interdependenz der beiden Faktoren daher rührt, dass eine Präferenz für weniger Immigration selten von Mainstream-Parteien vertreten wird – und aus diesem Grund oft zu Politikverdrossenheit führt. Birch und Dennison (2019, S. 113) nennen für diesen Zusammenhang psychologische Argumente. So könnten autoritäre Wertorientierungen und ein Hang zu

Wutreaktionen sowohl zu Unzufriedenheit und Protestverhalten als auch zu einer inhaltlichen Präferenz für rechte Parteien führen.

Die beiden Erklärungsansätze konkurrieren in der politikwissenschaftlichen Forschung ebenfalls im Falle der AfD. Welcher Ansatz die größere Erklärungskraft aufweist, ist allerdings umstritten oder wird ausgeglichen bewertet (vgl. Goerres et al. 2018; Hambauer und Mays 2018). Wagner et al. befinden in ihrer Untersuchung zur Europawahl 2014, „dass Systemkritik- und insbesondere Protestmotive für die Wählerinnen und Wähler der AfD … eine geringe Rolle gespielt haben. Die Wahl der AfD war in erster Linie eine Wahl entsprechend der individuellen Sachfrageneinstellungen" (Wagner et al. 2019, S. 193). Im Gegensatz dazu resümieren Schmitt-Beck et al. im Rahmen einer empirischen Studie am Beispiel Baden-Württembergs: „Generelle Unzufriedenheit mit der Performanz der Regierungen in Bund und Land erweist sich in unserer Analyse als insgesamt stärkster Erklärungsfaktor für die Wahl der AfD" (Schmitt-Beck et al. 2017, S. 297 f.). In einem kürzlich erschienenen Fachartikel zeigen Hansen und Olsen (2019) wiederum, dass migrationsfeindliche Einstellungen der wichtigste Entscheidungsfaktor für AfD-WählerInnen während der Bundestagswahl 2017 waren.

2.3 Der Zusammenhang zwischen Wahlmotiven und Demokratiezufriedenheit unter AfD-WählerInnen

Angesichts der oben skizzierten Befunde erscheint es schwierig zu bewerten, ob die WählerInnen der AfD vorrangig von inhaltlichen Überlegungen geleitet wurden oder ob sie aus Protest gewählt haben. In der Realität lässt sich zumeist eine gemischte Motivlage erkennen, in der die beiden Faktoren in einem engen Wechselverhältnis zueinanderstehen. Dennoch müssen wir festhalten, dass die beiden Erklärungsfaktoren erstens für die Wahl der Partei von essenzieller Bedeutung sind, sich aber zweitens konzeptionell voneinander unterscheiden. Im Folgenden differenzieren wir daher modellhaft zwischen dem vorrangig inhaltlich überzeugten AfD-Policywähler und dem aus Unzufriedenheit handelnden AfD-Protestwähler – sowie jenen WählerInnen, die beide oder keines der beiden Motive aufweisen (vgl. Tab. 1).

Ob die verschiedenen Wählertypen unterschiedliche Einstellungen zum politischen System sowie zu den politischen Eliten ausbilden und inwiefern sich die Handlungsmotive Policywahl und Protestwahl auf den oben beschriebenen post-elektoralen Zufriedenheitsschub auswirken, ist bislang wenig erforscht. Reinl und Schäfer (2020) befinden für den Fall der AfD-WählerInnen bei der

Tab. 1 Vier Idealtypen von AfD-WählerInnen

		Policykongruenz zur AfD *(Inhaltliche Nähe zwischen WählerInnen und Partei)*	
		Ja	Nein
Protestwahlverhalten *(Abkehr von präferierter Mainstream-Partei)*	Ja	Policy- und Protestwahl	Reine Protestwahl
	Nein	Reine Policywahl	Weder Policy- noch Protestwahl

Bundestagswahl 2017, dass vor allem ProtestwählerInnen einen substanziellen Zufriedenheitsschub aufwiesen. Die Autoren erklären diesen Anstieg primär mit dem expressiven Nutzen des Protestwahlakts (vgl. Fiorina 1976; Hamlin und Jennings 2011; Rooduijn et al. 2016) und der Zufriedenheit mit einem Verhältniswahlrecht, das moderaten WählerInnen die Möglichkeit zur Protestwahl bietet. Allerdings führte auch die wahrgenommene Policykongruenz mit der AfD auf der sozioökonomischen Dimension zu einem geringen, aber signifikanten Anstieg an Demokratiezufriedenheit nach der Wahl (vgl. Reinl und Schäfer 2020). Die Begründung dafür könnte der höhere individuelle Nutzen sein, der durch die Wahl einer inhaltlich kongruenteren Partei entsteht. Darüber hinaus ist der Zusammenhang zwischen substanzieller politischer Repräsentation und Demokratiezufriedenheit empirisch gut belegt (vgl. Ezrow und Xezonakis 2011; Miller et al. 1999; D. Sanders et al. 2014). Konsequenterweise war der Zufriedenheitsanstieg nach der Bundestagswahl 2017 am höchsten für jene AfD-WählerInnen, die sowohl Policy- als auch Protestwahlmotive aufwiesen (vgl. Reinl und Schäfer 2020).

Da den AutorInnen der genannten Studie allerdings lediglich Daten zur Verfügung standen, die direkt nach der Wahl erhoben wurden, bleibt die Frage offen, ob die beiden dargestellten Wahlmotive auch langfristige Effekte auf die Demokratiezufriedenheit von AfD-WählerInnen hervorriefen: Haben Policy- und ProtestwählerInnen in dieser Hinsicht ähnliche oder unterschiedliche Entwicklungen im Nachgang der Bundestagswahl 2017 durchgemacht? Im Folgenden dehnen wir daher den Analysezeitraum gegenüber früheren Untersuchungen aus und zeigen neben den kurzfristigen Effekten auch die mittel- und langfristigen Trends in der politischen Systemunterstützung unter den beschriebenen Gruppen von AfD-WählerInnen (vgl. Tab. 1).

3 Empirische Analyse

3.1 Daten und Operationalisierung

Wir untersuchen die aufgeworfenen Forschungsfragen anhand von Daten der German Longitudinal Election Study (vgl. GLES 2020a). Genauer gesagt stützen wir uns bei unseren empirischen Betrachtungen auf Daten des GLES-Wahlkampfpanels 2017, das seine erste Befragung im Herbst 2016 durchführte und seitdem kontinuierlich das gleiche Set an TeilnehmerInnen zu soziopolitischen Themen befragt. Die Interviews des Wahlkampfpanels wurden allesamt online durchgeführt (CAWI[3]) und es wurden TeilnehmerInnen befragt, die zum Teil bereits für das vorangegangene Wahlkampfpanel der Bundestagswahl 2013 interviewt worden waren. Die restlichen Befragten wurden aus dem Pool eines Online-Access-Panels rekrutiert (vgl. GLES 2020b). Der uns zur Verfügung stehende Datensatz beinhaltet die Panelwellen 1 bis 10 und zählt insgesamt 22.524 RespondentInnen. In der Befragungswelle 8 (unmittelbar nach der Bundestagswahl) gaben 1.337 Personen an, in der Bundestagswahl 2017 für die AfD gestimmt zu haben. Dieser Personenkreis steht im Fokus unserer folgenden Analysen.

Im ersten Schritt vergleichen wir die Entwicklung der Demokratiezufriedenheit von AfD-WählerInnen mit denen aller anderen deutschen Wählergruppen[4] über den gesamten Befragungszeitraum hinweg (Oktober 2016 - November 2018). Das Ziel ist, einen möglichen kollektiven Effekt der Bundestagswahl vom September 2017 auf verschiedene Wählergruppen zu identifizieren. Unsere zentrale Variable – Demokratiezufriedenheit – messen wir zu diesem Zweck mittels folgender Frage: „Wie zufrieden oder unzufrieden sind Sie – alles in allem – mit der Demokratie, so wie sie in Deutschland besteht?" Die Antwortmöglichkeiten auf diese Frage waren: „sehr zufrieden", „zufrieden", „teils/teils", „unzufrieden" sowie „sehr unzufrieden". Daraus erstellen wir die fünfstufige Variable Demokratiezufriedenheit, die Werte von 1 bis 5 annehmen kann – wobei 1 für „sehr unzufrieden" und 5 für „sehr zufrieden" stehen. Da das Item lediglich in den Erhebungswellen 1, 5, 8, 9 und 10 des GLES-Wahlkampfpanels abgefragt wurde, beschränkt sich unsere Analyse auf diese Zeitpunkte.

---

[3] CAWI = Computer Assisted Web Interviewing.

[4] Aufgrund der geringen Fallzahl in den Daten, beschränken wir uns bei unseren Analysen auf WählerInnen jener Parteien, die bei der Bundestagwahl 2017 mindestens 5 % der Stimmen erhielten und somit in den Bundestag eingezogen sind. Alle anderen WählerInnen befinden sich in der Kategorie „Sonstige".

Tab. 2 Parteiidentifikationen von AfD-WählerInnen

	Keine Partei	AfD	Andere Partei	Keine Angabe	Gesamt
n	270	649	324	94	1.337
%	20,2	48,5	24,2	7,0	100,0

Anmerkung: Eigene Berechnung; n = Anzahl der Fälle/Befragten
Quelle: GLES-Wahlkampfpanel 2017

Tab. 3 Parteiidentifikationen von AfD-ProtestwählerInnen

	CDU/CSU	SPD	FDP	Grüne	Linke	Sonstige	Gesamt
n	129	73	22	9	55	36	324
%	39,8	22,5	6,8	2,8	17,0	11,1	100,0

Anmerkung: Eigene Berechnung; n = Anzahl der Fälle/Befragten
Quelle: GLES-Wahlkampfpanel 2017

Im zweiten Analyseschritt untersuchen wir die Wählerschaft der AfD und differenzieren zwischen den Motiven Protestwahl und Policywahl. Getreu der Protestwahldefinition von Birch und Dennison (2019) fallen in die Kategorie der ProtestwählerInnen alle Befragten, die trotz berichteter AfD-Stimmabgabe eine Zuneigung für eine andere politische Partei äußerten.[5] Dies betrifft rund ein Viertel (n = 324; 24,2 %) der AfD-WählerInnen, die wir somit als ProtestwählerInnen verstehen (vgl. Tab. 2). Die restlichen WählerInnen neigen entweder der AfD selbst zu (n = 649; 48,5 %) oder identifizieren sich mit gar keiner politischen Partei (n = 270; 20,2 %).[6]

Tab. 3 gibt einen Überblick über die empirische Verteilung der insgesamt 324 befragten AfD-ProtestwählerInnen. Ein Großteil dieser Gruppe identifiziert sich mit der CDU/CSU (39,8 %), gefolgt von der SPD (22,5 %) und der Linken (17,0 %). Das Schlusslicht in dieser Verteilung stellen RespondentInnen dar, die sich eigentlich den Grünen zugeneigt fühlen (2,8 %). Zusammengefasst zeigt die Verteilung erstens, dass die Mehrzahl der ProtestwählerInnen von den amtierenden Regierungsparteien abgewandert ist. Dies kann sicherlich als Ausdruck der

[5] Fragetext GLES, Welle 8: „In Deutschland neigen viele Leute längere Zeit einer bestimmten politischen Partei zu, obwohl sie auch ab und zu eine andere Partei wählen. Wie ist das bei Ihnen: Neigen Sie – ganz allgemein – einer bestimmten Partei zu? Und wenn ja, welcher?"

[6] Ein kleiner Teil der Befragten hat bei dem Item keine Angabe gemacht (n = 94; 7,0 %). Dies ist bei 86 Fällen allerdings lediglich auf die Nichtteilnahme an der Panelwelle (W5) zurückzuführen.

Unzufriedenheit mit der Regierungspolitik verstanden werden. Zweitens deutet sich auch an, dass viele AfD-WählerInnen gerade den Unionsparteien ein policy-bezogenes Protestsignal senden wollten. Vermutlich hatten CDU und CSU viele ihrer StammwählerInnen durch ihre eher liberale Haltung in der Flüchtlingsfrage an die AfD verloren.

Unter PolicywählerInnen verstehen wir hingegen Befragte mit berichteter AfD-Wahlentscheidung, die sich inhaltlich kongruent zur AfD verorten. Dies sind also WählerInnen, die mit der ideologischen Ausrichtung und den Themenpositionen der AfD weitgehend übereinstimmen. Hierzu berechnen wir die Euklidische Distanz[7] zwischen den angegebenen Positionen der Befragten und den individuell wahrgenommenen Positionen der AfD auf den beiden zentralen Politikdimensionen bei der Bundestagswahl 2017[8]: der sozioökonomischen Konfliktline[9] und dem Thema Einwanderung[10]. Diese Berechnung ergibt, dass die wahrgenommene inhaltliche Entfernung zwischen den AfD-WählerInnen und der AfD nicht

[7] Das Euklidische Distanzmaß wird berechnet mit $D = \sqrt{(x_i - x_p)^2 + (y_i - y_p)^2}$, wobei i = eigene Position der befragten Person, p = wahrgenommene Parteiposition (AfD), x = sozioökonomische Konfliktdimension, y = Einwanderungskonflikt. Bei Befragten, die nur Angaben für eines der beiden Politikfelder gemacht haben (n = 228), wird die (absolute) Differenz zwischen Eigenposition und AfD-Position in diesem Politikfeld als Distanzmaß herangezogen.

[8] Unsere empirischen Ergebnisse ändern sich nur unwesentlich, wenn wir zusätzlich die Policy-Dimension Europäische Integration in die Berechnung der Euklidischen Distanz einbeziehen. Da wir durch solche einen Einschluss einen gewissen Fallzahlverlust zu beklagen hätten, geben wir der Variante mit zwei Policydimensionen hier den Vorrang. Einen Einbezug weiterer Konfliktdimensionen hielten wir für theoretisch nicht begründbar, da weitere Politikfelder für die Wahl der AfD nahezu irrelevant gewesen sein sollten.

[9] Fragetext GLES, Welle 7, Selbsteinstufung: „Welche Meinung haben Sie persönlich zum Thema ‚sozialstaatliche Leistungen und Steuern'? Antwortkategorien: 1: weniger Steuern und weniger sozialstaatliche Leistungen – 7: mehr sozialstaatliche Leistungen und mehr Steuern." Einstufung Partei: „Manche wollen weniger Steuern und Abgaben, auch wenn das weniger sozialstaatliche Leistungen bedeutet, andere wollen mehr sozialstaatliche Leistungen, auch wenn das mehr Steuern und Abgaben bedeutet. Wie stehen Ihrer Meinung nach, die folgenden Parteien dazu? CDU, CSU, SPD, FDP, Bündnis90/Die Grünen, Die Linke, AfD. Antwortkategorien: 1: weniger Steuern und weniger sozialstaatliche Leistungen – 7: mehr sozialstaatliche Leistungen und mehr Steuern."

[10] Fragetext GLES, Welle 7, Selbsteinstufung: „Und welche Meinung haben Sie persönlich zum Thema ‚Zuzugsmöglichkeiten von Ausländern'? Antwortkategorien: 1: Zuzug von Ausländern erleichtern – 7: Zuzug von Ausländern einschränken." Einstufung Partei: „Jetzt geht es um die Frage, ob Zuzugsmöglichkeiten von Ausländern erleichtert oder eingeschränkt werden sollten. Wie stehen Ihrer Meinung nach, die folgenden Parteien dazu? CDU, CSU, SPD, FDP, Bündnis90/Die Grünen, Die Linke, AfD. Antwortkategorien: 1: Zuzug von Ausländern erleichtern – 7: Zuzug von Ausländern einschränken."

besonders hoch ist. Im Einklang mit der räumlichen Theorie des Wahlverhaltens verorten sich die meisten WählerInnen sehr nahe zur gewählten Partei (m = 1,20) und nur wenige Befragte berichten deutliche inhaltliche Abweichungen (vgl. Abb. 1).

Eine hohe Policykongruenz nehmen wir für RespondentInnen an, die auf höchstens einer der beiden Policydimensionen um maximal eine Distanzeinheit von der AfD abweichen. Dies ergibt sich, indem wir das Euklidische Distanzmaß heranziehen und als *cut-off point* den Wert 1 wählen. Bis zu diesem Wert ist die Policykongruenz in unserer Definition „hoch"; liegt sie darüber, nennen wir sie „gering bis mittelhoch". Für über die Hälfte der Befragten (n = 718; 53,7 %) sehen wir im GLES-Datensatz eine hohe Policykongruenz (vgl. Tab. 4). Die restlichen Befragten weisen eine geringe bis mittelhohe Policykongruenz mit der AfD auf (n = 411; 30,7 %). Ein kleinerer Teil der befragten AfD-WählerInnen (n =

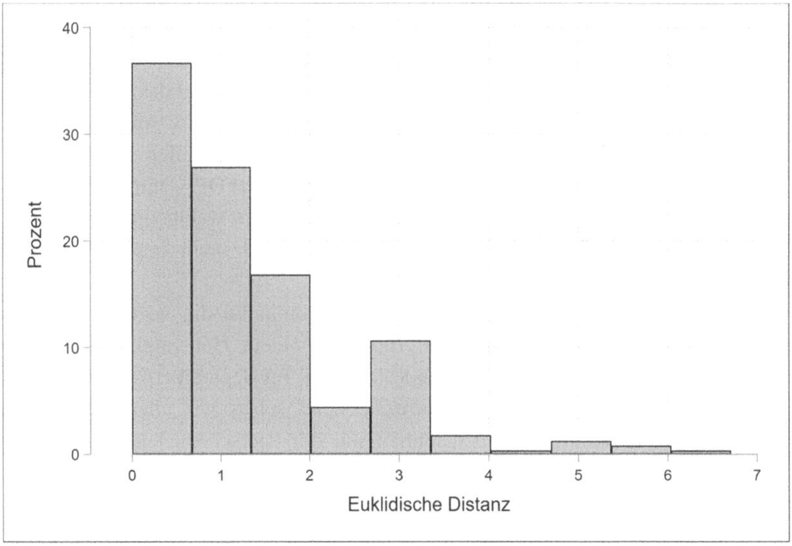

Anmerkung: Eigene Berechnung und Darstellung; statistische Maßzahlen: n = 1129, arithmetisches Mittel: 1,20, Median = 1.
Quelle: GLES-Wahlkampfpanel 2017.

Abb. 1 Wahrgenommene Policydistanz zwischen AfD-WählerInnen und der AfD

Tab. 4 Policykongruenz für AfD-WählerInnen bei der Bundestagswahl 2017

	Hoch	Gering/mittel	Keine Angabe	Gesamt
n	718	411	208	1.337
%	53,7	30,7	15,6	100,0

Anmerkung: Eigene Berechnung; n = Anzahl der Fälle/Befragten
Quelle: GLES-Wahlkampfpanel 2017

208; 15,6 %) hat keine Angaben bezüglich Selbst- und Parteieinstufungen auf den beiden relevanten Dimensionen gemacht.[11]

3.2 Demokratiezufriedenheit im Zeitverlauf

Abb. 2 zeigt die durchschnittliche Entwicklung der Demokratiezufriedenheit für alle Wählergruppen über den Beobachtungszeitraum von Oktober 2016 bis November 2018. Über alle Befragungszeitpunkte hinweg weisen die WählerInnen der CDU/CSU die größte Demokratiezufriedenheit auf, während die WählerInnen der AfD die mit Abstand geringste Systemunterstützung zeigen. Außerdem fällt auf, dass sich das Niveau der Demokratiezufriedenheit unter den WählerInnen der Mainstream-Parteien – CDU/CSU, Grüne, SPD und FDP – nur geringfügig voneinander unterscheidet. Für alle Wählergruppen ist ein wahlbedingter Zufriedenheitsschub deutlich zu erkennen, auch wenn dieser nicht besonders stark ausgeprägt ist.

Der prägnanteste Gesamtverlauf zeigt sich allerdings für die Wählerschaft der AfD. Der deutlich positive Wahleffekt führte zu einem Höhepunkt an Demokratiezufriedenheit direkt nach der Bundestagswahl im September/Oktober 2017 (arithmetisches Mittel: m = 2,51). Anschließend sehen wir allerdings einen ebenso starken Rückgang an Zufriedenheit mit der deutschen Demokratie. Ein halbes Jahr nach der Bundestagswahl – das heißt, nach den langwierigen Koalitionsverhandlungen der vier Mainstream-Parteien – ist die Systemunterstützung der AfD-Wählerschaft schon sehr deutlich eingebrochen (m = 2,30). Weitere sechs

[11] Gründe dafür liegen sowohl in der Verweigerung dieser Items (Item-Nonresponse) als auch in der Nichtteilnahme an dieser Panelwelle (Unit-Nonresponse). Letzteres ist bei etwa zwei Drittel der fehlenden Antworten der Fall (n = 14; 68,8 %). Bei den restlichen Fällen ist es vor allem die fehlende Parteieinstufung, die dazu führt, dass die Distanzberechnungen nicht durchgeführt werden können.

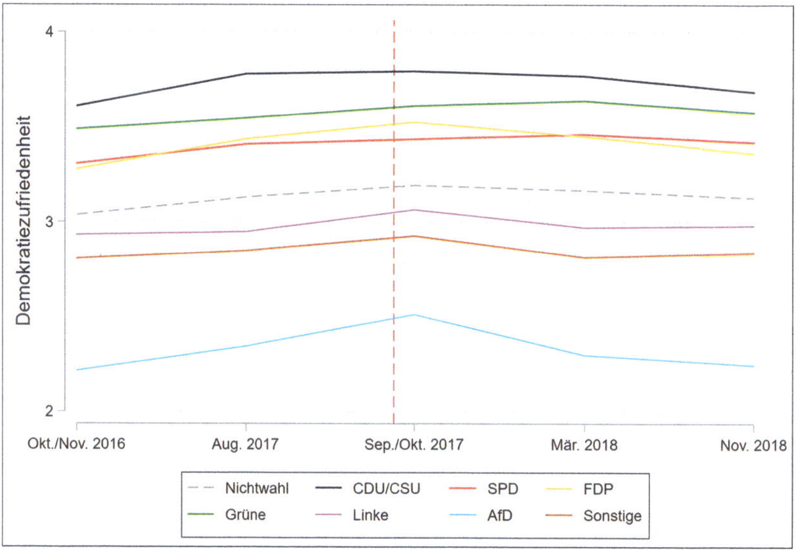

Anmerkung: Eigene Darstellung; die vertikale Linie markiert den Zeitpunkt der Bundestagswahl 2017.

Abb. 2 Demokratiezufriedenheit verschiedener Wählergruppen im Zeitverlauf

Monate später, im November 2018 (m = 2,25), befindet sich die Demokratiezufriedenheit sogar wieder in der Nähe des prä-elektoralen Ausgangsniveaus von Oktober 2016 (m = 2,22). Insgesamt war der Zufriedenheitsschub im Zuge der Wahl also eher kurz- als langfristig.[12] Tendenziell trifft dies ebenfalls auf die anderen Wählergruppen zu. Der demokratische Moment der Bundestagswahl 2017 hat die Demokratiezufriedenheit zwar spürbar, aber nicht nachhaltig gesteigert.

Den relativ starken Anstieg für die AfD-WählerInnen führen wir aufgrund unserer theoretischen Überlegungen und den bisherigen empirischen Befunden sowohl auf den „Wahlgewinnereffekt" als auch auf den „Repräsentationseffekt" zurück.[13] Die ebenso starke Ernüchterung im späteren Zeitverlauf erklären wir

[12] Mit Hilfe von t-Tests für abhängige Stichproben lässt sich feststellen, dass die Differenzen im Zeitverlauf statistisch signifikant sind. Für die Veränderungen von W5 zu W8 sowie von W8 zu W9 ist die Differenz zu 99,9 % signifikant, während das Signifikanzniveau für die Veränderungen von W1 zu W5 und von W9 zu W10 95 % beträgt.

[13] Teilweise kann er im Übrigen auch methodisch erklärt werden, da die Wählergruppe mit dem niedrigsten Ausgangsniveau zwangsläufig die größten Steigerungsmöglichkeiten hat, während es bei anderen Wählergruppen zu Deckeneffekten kommen kann.

uns, zumindest zum Teil, durch die außergewöhnlich lang andauernden Koalitionsverhandlungen. Diese könnten die Nachwahleuphorie der AfD-WählerInnen schnell gedämpft und durch erneute Unzufriedenheit über das politische System ersetzt haben. Außerdem hat es gewiss Enttäuschung darüber gegeben, dass die AfD von den anderen Parteien im Bundestag weitgehend ignoriert wurde. Aus diesem Grund konnte die Partei trotz starker parlamentarischer Repräsentation keinen Einfluss auf die Gesetzgebung ausüben und teilweise sogar wichtige Ämter, wie das des Bundestagsvizepräsidenten, nicht besetzen.

3.3 Die AfD-Wählerschaft zwischen Policy- und Protestwahl

Wenden wir uns zuletzt der AfD-Wählerschaft selbst zu. Tab. 5 gibt einen Überblick über die Verteilung der verschiedenen Wählertypen im GLES-Datensatz, die sich aus den zuvor theoretisch hergeleiteten und empirisch operationalisierten Wahlmotiven Protestwahl und Policywahl ergeben. Hier ist zu erkennen, dass knapp die Hälfte aller validen Beobachtungen (n = 536; 49,5 %) die AfD vorwiegend aus inhaltlicher Überzeugung gewählt hat. Eine reine Protestwahl ohne hohe Policykongruenz lässt sich nur bei 12,7 % der RespondentInnen (n = 138) feststellen. Rund 14 % der Befragten (n = 152) weisen sogar beide Motive gleichzeitig auf und stellen somit eine kombinierte Mischform aus Policy- und ProtestwählerInnen dar. Interessanterweise zeigen aber 23,7 % der befragten AfD-WählerInnen (n = 257) weder eine hohe Policykongruenz noch eine Identifikation mit einer etablierten Mainstream-Partei. Daneben konnten wir 254 Fälle keiner der

Tab. 5 Verteilung der AfD-Wählertypen im GLES-Wahlkampfpanel

AfD-Wählertypen	Alle Fälle		Valide Fälle	
	n	%	n	%
Reine ProtestwählerInnen	138	10,3	*138*	*12,7*
Reine PolicywählerInnen	536	40,1	*536*	*49,5*
Protest- und PolicywählerInnen	152	11,4	*152*	*14,0*
Weder Protest- noch PolicywählerInnen	257	19,2	*257*	*23,7*
Keine Angaben	254	19,0		
Gesamt	1.337	100,0	*1.083*	*100,0*

Anmerkung: Eigene Berechnung; n = Anzahl der Fälle/Befragten; kursiv markiert sind die AfD-WählerInnen, die Angaben zu allen hier relevanten Variablen gemacht haben
Quelle: GLES-Wahlkampfpanel 2017

vier Kategorien zuweisen, da die Befragten keine Angaben zu den entsprechenden Variablen gemacht hatten.[14]

Wir verzichten hier auf eine ausführliche Beschreibung der verschiedenen AfD-Wählertypen anhand verschiedener soziodemografischer Variablen, da dies nicht im Fokus der Analyse liegt (siehe aber Tab. A1 im Anhang). Zusammengefasst lässt sich aber feststellen, dass die reinen ProtestwählerInnen die Gruppe mit dem höchsten Anteil an Männern sowie an Westdeutschen darstellt und zudem die höchstgebildete Gruppe ist. Außerdem weisen sie das größte politische Interesse auf und verorten sich von allen Gruppen am weitesten zur politischen Mitte. Sie sind somit den WählerInnen der anderen Parteien am ähnlichsten. Die reinen PolicywählerInnen dagegen zeichnen sich vor allem durch ihre ideologische Rechtsaußenposition, ihre vergleichsweise niedrige Bildung und ihre vornehmlich ostdeutsche Provenienz aus.

Betrachten wir die Systemunterstützung der AfD-Wählertypen im Zeitverlauf von Herbst 2016 bis Herbst 2018, lässt sich die größte Demokratiezufriedenheit für die beiden AfD-Wählergruppen mit Protestwahlmotiv verzeichnen (vgl. Abb. 3, rote und orangefarbene Linien). Offensichtlich sind AfD-WählerInnen, die sich mit einer Mainstream-Partei identifizieren, im Durchschnitt zufriedener mit dem politischen System und der Funktionsweise der Demokratie in der Bundesrepublik. Erst mit deutlichem Abstand folgen die reinen PolicywählerInnen (blau) und die WählerInnen, die weder aus Protestmotiven noch aus hoher Policykongruenz für die AfD gestimmt haben (grün).[15] Dies können zum Beispiel Menschen sein, die sich emotional stark mit der AfD identifizieren, ohne eine große inhaltliche Nähe aufzuweisen.

Abgesehen von den genannten Niveauunterschieden verlaufen die zeitlichen Trends für die vier betrachteten Gruppen ähnlich. Für alle Wählertypen der AfD steigt die Demokratiezufriedenheit über den Wahlkampf hinweg kontinuierlich an, gipfelt unmittelbar im Anschluss an die Bundestagswahl 2017 und geht anschließend wieder zurück. Allerdings sind gewisse Nuancen in den Entwicklungen zu erkennen. Für die Wählergruppe der Protest- und PolicywählerInnen (rot) sehen

[14] Wie schon erwähnt, entstanden die meisten dieser fehlenden Werte nicht durch Antwortverweigerung auf einzelne Fragen (Item-Nonresponse), sondern durch die Nichtteilnahme an der jeweiligen Panelwelle (Unit-Nonresponse). In ihren soziodemografischen Merkmalen ist die Gruppe der Non-RespondentInnen die jüngste, weiblichste und am geringsten gebildete der AfD-Wählertypen (vgl. Tab. A1 im Anhang). Außerdem haben sie das mit Abstand geringste politische Interesse, was ihre Nichtteilnahme zum Teil erklärt.

[15] Zwischen den WählerInnen mit Protestwahlmotiven (rot und orange) und denen ohne selbiges (blau und grün) sind die Zufriedenheitsdifferenzen statistisch signifikant. Dies ist allerdings nicht der Fall für die Unterschiede innerhalb der beiden Gruppenpaare.

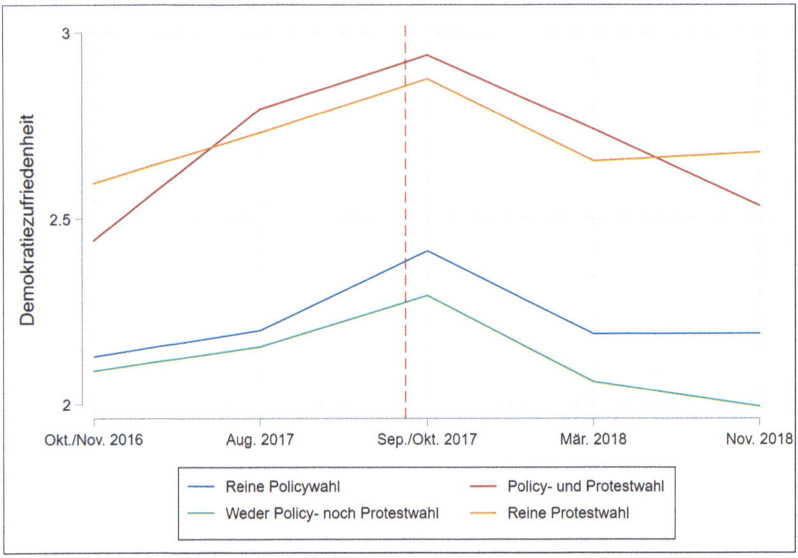

Anmerkung: Eigene Darstellung; die vertikale Linie markiert den Zeitpunkt der Bundestagswahl 2017.

Abb. 3 Demokratiezufriedenheit der AfD-Wählertypen im Zeitverlauf

wir sowohl den stärksten Anstieg an Zufriedenheit über die Wahl hinweg als auch den stärksten Rückgang im Anschluss an die Wahl. Offensichtlich war für diese Gruppe nicht nur der „honeymoon effect" (vgl. Blais und Gélineau 2007) am stärksten, sondern auch der anschließende „hangover" (vgl. Selb 2006, S. 55).

Was zudem auffällt, ist, dass das absolute Niveau an Demokratiezufriedenheit – trotz des erneuten Rückgangs – im November 2018 für drei der vier Wählergruppen höher lag als zu Beginn des Wahlkampfes im Herbst 2016. Den größten langfristigen Zuwachs sehen wir für kombinierte Policy- und ProtestwählerInnen mit einem Anstieg von +0.09, gefolgt von den reinen ProtestwählerInnen (+0.08) und den reinen PolicywählerInnen (+0.06). Lediglich für die vierte Wählergruppe ohne Protest- oder Kongruenzmotiv sehen wir rund ein Jahr nach der Wahl geringere Zufriedenheitswerte als ein Jahr vor der Wahl (−0.10).[16] Wir resümieren

[16] Berechnungen von t-Tests für abhängige Stichproben zeigen allerdings keine statistische Signifikanz dieser Differenzen. Dies ist zum einen den relativ kleinen Differenzen geschuldet, zum anderen aber auch der geringen Fallzahlen, die sich pro Panelwelle für jede Wählergruppe ergeben. So haben insgesamt nur 603 der 1.337 AfD-WählerInnen an allen zehn Panelwellen teilgenommen (siehe auch Tab. A2 im Anhang).

daher vorsichtig, dass die Bundestagswahl 2017 für AfD-WählerInnen mit Protestwahlmotiven und inhaltlich AfD-kongruenten Policypositionen sowohl für einen kurzfristigen Zufriedenheitsschub gesorgt hat als auch für eine länger anhaltende Steigerung an Systemunterstützung.

4 Diskussion der Forschungsergebnisse

Im vorliegenden Beitrag haben wir untersucht, ob und inwiefern sich die Demokratiezufriedenheit von AfD-WählerInnen im Nachgang zur Bundestagswahl 2017 verändert hat. Aus dem Forschungsstand wurde abgeleitet, dass sich die Systemunterstützung aller Wählergruppen in Demokratien während Wahlen erhöht (vgl. Blais und Gélineau 2007; Anderson et al. 2005). Ein kurzfristiger Zufriedenheitsschub konnte für die Wählerschaft der AfD bereits beobachtet werden (vgl. Reinl und Schäfer 2020). Dieser Beitrag ging daher den Fragen nach, ob sich dieser Trend auf mittel- und langfristige Sicht fortgesetzt hat und welche Unterschiede sich diesbezüglich innerhalb der AfD-Wählerschaft erkennen lassen.

Die empirischen Analysen auf Basis des GLES-Wahlkampfpanels 2017 zeigen, dass AfD-WählerInnen im Vergleich zu allen anderen Wählergruppen den größten Zuwachs an Demokratiezufriedenheit über die Bundestagswahl hinweg erlebten. Am größten war dieser Effekt für WählerInnen, die die AfD sowohl aus ideologisch-inhaltlicher Übereinstimmung als auch aus politischem Protest gegen die Mainstream-Parteien gewählt haben. Der Zufriedenheitsschub war jedoch nicht von langer Dauer, sondern ebbte relativ schnell nach der Wahl wieder ab. Nichtsdestotrotz beobachten wir, dass rund ein Jahr nach der Bundestagswahl, im November 2018, die Systemunterstützung der meisten AfD-WählerInnen höher ist als noch zu Beginn des Bundestagswahlkampfes im Herbst 2016. Dies trifft sowohl für PolicywählerInnen als auch für ProtestwählerInnen zu.

Demokratietheoretisch ergibt sich demnach ein gemischtes Bild. Einerseits können offensichtlich sogar die unzufriedensten und politikverdrossensten Wählergruppen durch Wahlen wieder „mit der Demokratie versöhnt" werden. Im vorliegenden Fall der Bundestagswahl 2017 ist dieser honeymoon effect wohl zum Teil durch den enormen Wahlerfolg der AfD und ihre erstmalige Repräsentation im Bundestag zu erklären. Andererseits ist aber auch deutlich geworden, dass die beobachteten Effekte instabil und eher von temporärer Natur sind. Langwierige Koalitionsverhandlungen und der begrenzte politische Spielraum der AfD im Bundestag haben nach der Wahl offenbar für schnelle Ernüchterung gesorgt. Somit scheint der Legitimationseffekt der Bundestagswahl 2017 bei den Wählerinnen der AfD letztlich schnell verpufft.

Nichtsdestotrotz geben die zwar kleinen, aber langfristigen Steigerungen an Demokratiezufriedenheit bei AfD-WählerInnen mit Policy- und Protestwahlmotiven Anlass zur Hoffnung. Zum einen wirkt die parlamentarische Repräsentation der Interessen von inhaltlich-orientierten PolicywählerInnen zufriedenheitssteigernd. Dies ist demokratietheoretisch bedeutsam, da dieser Effekt die Legitimationswirkung von substanzieller politischer Repräsentation unterstreicht. Zum anderen scheint die Möglichkeit einer Protestwahl mit inhaltlicher Signalwirkung im bundesdeutschen Verhältniswahlrecht eine zufriedenheitssteigernde Wirkung zu haben. Grundsätzlich der CDU/CSU zugeneigte WählerInnen haben besonders häufig von dieser Gelegenheit Gebrauch gemacht und ihre Wahlentscheidung vermutlich in der Hoffnung getroffen, inhaltliche Reaktionen von ihrer eigentlich präferierten Partei zu sehen. Bleiben diese Reaktionen in Zukunft allerdings aus und die parlamentarische Repräsentation der AfD somit politisch folgenlos, könnten die beobachteten positiven Effekte der Wahl in Zukunft sicher wieder ins Gegenteil verkehrt werden.

Für eine Untersuchung langfristiger Entwicklungen und dauerhafter Effekte sind daher weitere empirische Untersuchungen notwendig. Diese sollten das Niveau der Systemunterstützung beobachten sowie die individuellen und kontextuellen Gründe steigender und abflachender Demokratiezufriedenheit analysieren und gegeneinander abwägen – über andere Wahlen hinweg ebenso wie im Zeitraum zwischen Wahlen. Es stimmt uns daher positiv, dass das GLES-Wahlkampfpanel mittlerweile um die Wellen 11 bis 13 erweitert wurde (u. a. eine Nachwahlbefragung im Zuge der Europawahl 2019). Dies ermöglicht es, die politischen Einstellungen der AfD-Wählerkohorte von 2017 auch weiterhin zu verfolgen und die zuvor genannten Fragen in Zukunft weiter zu erörtern. Erst dann wird sich unser Bild von der kurz- und langfristigen Demokratiezufriedenheit der AfD-Wählerschaft, das wir in diesem Beitrag skizziert haben, vollends komplettieren.

Anhang

Tab. A1 Soziodemografische und soziopolitische Eigenschaften der AfD-Wählertypen

	Reine Protestwahl	Reine Policywahl	Policy- und Protestwahl	Weder Policy- noch Protestwahl	Keine Angabe
Geschlecht (weiblich)	0,26	0,40	0,43	0,37	0,56
Alter	50,35	49,69	50,59	49,99	45,28

	Reine Protestwahl	Reine Policywahl	Policy- und Protestwahl	Weder Policy- noch Protestwahl	Keine Angabe
Bildung	3,48	3,25	3,39	3,36	3,13
Herkunft (Ostdeutschland)	0,21	0,37	0,28	0,29	0,34
Politisches Interesse	3,92	3,72	3,68	3,89	3,22
Links-Rechts-Selbsteinstufung	6,48	7,60	7,16	7,39	7,13

Anmerkung: Dargestellt sind die arithmetischen Mittelwerte für die fünf AfD-Wählertypen; Geschlecht: 0 = männlich, 1 = weiblich; Alter: 18-85; Bildung (Schulabschluss): 1 = „Schule beendet ohne Abschluss", 2 = „Hauptschulabschluss, Volksschulabschluss, Abschluss der polytechnischen Oberschule 8./9. Klasse", 3 = „Realschulabschluss, Mittlere Reife, Fachschulreife oder Abschluss der polytechnischen Oberschule 10. Klasse", 4 = „Fachhochschulreife (Abschluss einer Fachoberschule etc.)", 5 = „Abitur bzw. erweiterte Oberschule mit Abschluss 12. Klasse (Hochschulreife)"; Herkunft: 0 = Westdeutschland, 1 = Ostdeutschland; Politisches Interesse: 1 = „überhaupt nicht", 2 = „weniger stark", 3 = „mittelmäßig", 4 = „stark", 5 = „sehr stark"; Links-Rechts-Selbsteinstufung: 1 = links, 11 = rechts
Quelle: GLES-Wahlkampfpanel 2017

Tab. A2 Panelwellenteilnahmen der AfD-Wählertypen

	Reine Protestwahl	Reine Policywahl	Policy- und Protestwahl	Weder Policy- noch Protestwahl	Keine Angabe
Welle 1 (06.10. –10.11.2016)	100	409	113	197	201
Welle 5 (17.08. –28.08.2017)	138	536	152	257	168
Welle 8 (27.09. –09.10.2017)	138	535	152	257	254
Welle 9 (15.03. –26.03.2018)	122	478	139	228	161
Welle 10 (06.11.–20.11.2018)	106	414	114	200	138
Gesamt (über alle Wellen)	138	536	152	257	254

Anmerkung: Angezeigt werden alle Fälle von selbst-berichteten AfD-WählerInnen, die an den jeweiligen Panelwellen teilgenommen haben (mitgezählt werden auch abgebrochene Interviews); in Klammern werden die Befragungszeiträume dargestellt
Quelle: GLES-Wahlkampfpanel 2017

Literatur

Achen, Christopher H., und Larry M. Bartels. 2017. *Democracy for realists: Why elections do not produce responsive government.* Princeton, N.J.: Princeton University Press.

Anderson, Christopher J., André Blais, Shaun Bowler, Todd Donovan, und Ola Listhaug. 2005. *Losers' Consent: Elections and Democratic Legitimacy.* Oxford (UK): Oxford University Press.

Arzheimer, Kai. 2018. Explaining Electoral Support for the Radical Right. In *The Oxford Handbook of the Radical Right,* ed. by Jens Rydgren, 143 - 165. New York: Oxford University Press.

Arzheimer, Kai, und Carl C. Berning. 2019. How the Alternative for Germany (AfD) and their Voters Veered to the Radical Right, 2013 - 2017. *Electoral Studies* (online first). doi: https://doi.org/10.10.16/j-electstud.2019.04.004.

Bakker, Ryan, Seth Jolly, und Jonathan Polk. 2020. Multidimensional incongruence, political disaffection, and support for anti-establishment parties. *Journal of European Public Policy* 27 (2): 292 - 309.

Bélanger, Eric, und Kees Aarts. 2006. Explaining the Rise of the LPF: Issues, Discontent, and the 2002 Dutch Election. *Acta Politica* 41 (1): 4 - 20.

Bélanger, Éric, und Richard Nadeau. 2005. Political trust and the vote in multiparty elections: The Canadian case. *European Journal of Political Research* 44: 121 - 146.

Bergmann, Knut, Matthias Diermeier, und Judith Niehues. 2017. Die AfD: Eine Partei der sich ausgeliefert fühlenden Durchschnittsverdiener? *Zeitschrift für Parlamentsfragen* 48 (1): 57 - 75.

Bieber, Ina, Sigrid Roßteutscher, und Philipp Scherer. 2018. Die Metamorphosen der AfD-Wählerschaft: Von einer euroskeptischen Protestpartei zu einer (r)echten Alternative? *Politische Vierteljahresschrift* 59 (3): 433 - 461.

Billiet, Jaak, und Hans de Witte. 1995. Attitudinal Dispositions to Vote for a 'New' Extreme Right-Wing Party: The Case of 'Vlaams Blok'. *European Journal of Political Research* 27 (2): 181 - 202.

Birch, Sarah, und James Dennison. 2019. How Protest Voters Choose. *Party Politics* 25 (2): 110 - 125.

Blais, André, und François Gélineau. 2007. Winning, Losing and Satisfaction with Democracy. *Political Studies* 55 (2): 425 - 441.

Bowler, Shaun, David Denemark, Todd Donovan, und Duncan McDonnell. 2017. Right-Wing Populist Party Supporters: Dissatisfied but Not Direct Democrats. *European Journal of Political Research* 56 (1): 70 - 91.

Brennan, Geoffrey, und Loren Lomasky. 1993. *Democracy and decision: The pure theory of electoral preference.* Cambridge (UK): Cambridge University Press.

Cohen, Denis. 2019. Between strategy and protest: how policy demand, political dissatisfaction and strategic incentives matter for far-right voting. *Political Science Research and Methods* (online first). doi: https://doi.org/10.1017/psrm.2019.21.

Dalton, Russell J. 2004. *Democratic Challenges, Democratic Choices: The Erosion of Political Support in Advanced Industrial Democracies.* Oxford (UK): Oxford University Press.

Downs, Anthony. 1957. *An Economic Theory of Democracy.* New York: Harper & Brothers.

Easton, David. 1975. A Re-assessment of the Concept of Political Support. *British Journal of Political Science* 5 (4): 435 - 457.

Enelow, James H., und Melvin J. Hinich. 1984. *The Spatial Theory of Voting: An Introduction.* Cambridge (UK): Cambridge University Press.

Ezrow, Lawrence, und Georgios Xezonakis. 2011. Citizen Satisfaction with Democracy and Parties' Policy Offerings. *Comparative Political Studies* 44 (9): 1152 - 1178.

Fiorina, Morris P. 1976. The Voting Decision: Instrumental and Expressive Aspects. *Journal of Politics* 38 (2): 390 - 413.

Fuchs, Dieter, und Edeltraud Roller. 2019. Die Legitimitätsproblematik in den westeuropäischen Demokratien. In *Legitimität und Legitimation. Vergleichende Perspektive,* hrsg. von Claudia Wiesner und Philipp Harfst, 139 - 170. Wiesbaden: Springer VS.

GLES. 2020a. *GLES-Design.* Abrufbar unter: https://gles.eu/gles/das-gles-design/ (Stand 05.05.2020).

GLES. 2020b. *GLES Panel 2016-2019, Wellen 1-10.* GESIS Datenarchiv, Köln. ZA6838 Datenfile Version 1.0.0. doi: https://doi.org/10.4232/1.13475.

Goerres, Achim, Dennis C. Spies, und Staffan Kumlin. 2018. The Electoral Supporter Base of the Alternative for Germany. *Swiss Political Science Review* 24 (3): 246 - 269.

Hambauer, Verena, und Anja Mays. 2018. Wer wählt die AfD? – Ein Vergleich der Sozialstruktur, politischen Einstellungen und Einstellungen zu Flüchtlingen zwischen AfD-WählerInnen und der WählerInnen der anderen Parteien. *Zeitschrift für Vergleichende Politikwissenschaft* 12 (1): 133 - 154.

Hamlin, Alan, und Colin Jennings. 2011. Expressive Political Behaviour: Foundations, Scope and Implications. *British Journal of Political Science* 41 (3): 645 - 670.

Hansen, Michael A., und Jonathan Olsen. 2019. Flesh of the Same Flesh: A Study of Voters for the Alternative for Germany (AfD) in the 2017 Federal Election. *German Politics* 28 (1): 1 - 19

Hernández, Enrique. 2018. Democratic Discontent and Support for Mainstream and Challenger Parties: Democratic Protest Voting. *European Union Politics* 19 (3): 458 - 480.

Hooghe, Marc, und Ruth Dassonneville. 2018. A Spiral of Distrust: A Panel Study on the Relation Between Political Distrust and Protest Voting in Belgium. *Government and Opposition* 53 (1): 104 - 130.

Huber, Sascha, und Rüdiger Schmitt-Beck. 2016. Expressive Wähler bei der Bundestagswahl. in *Wahlen und Wähler: Analysen aus Anlass der Bundestagswahl 2013,* hrsg. von Harald Schoen und Bernhard Weßels, 295 - 326. Wiesbaden: Springer VS.

Ivarsflaten, Elisabeth. 2008. What unites right-wing populists in Western Europe? Re-examining grievance mobilization models in seven successful cases. *Comparative Political Studies* 41 (1): 3 - 23.

Jankowski, Michael, und Marcel Lewandowsky. 2018. Die AfD im achten Europäischen Parlament: Eine Analyse der Positionsverschiebung basierend auf namentlichen Abstimmungen von 2014–2016. *Zeitschrift für Vergleichende Politikwissenschaf*t 12 (3): 567 - 589.

Kortmann, Matthias, Christian Stecker, und Tobias Weiß. 2019. Filling a Representation Gap? How Populist and Mainstream Parties Address Muslim Immigration and the Role of Islam. *Representation* 55 (4): 435 - 456.

Kostelka, Filip, und André Blais. 2018. The Chicken and Egg Question: Satisfaction with Democracy and Voter Turnout. *PS: Political Science & Politics* 51 (2): 370 - 376.

Kriesi, Hanspeter, und Takis S. Pappas. 2015. *European Populism in the Shadow of the Great Recession.* Colchester (UK): ECPR Press.
Linde, Jonas, und Joakim Ekman. 2003. Satisfaction with Democracy: A Note on a Frequently Used Indicator in Comparative Politics. *European Journal of Political Research* 42 (3): 391 - 408.
Macdonald, Stuart Elaine, Ola Listhaug, und George Rabinowitz. 1991. Issues and Party Support in Multiparty Systems. *American Political Science Review* 85 (4): 1107 - 1131.
Mader, Matthias, und Harald Schoen. 2019. The European Refugee Crisis, Party Competition, and Voters' Responses in Germany. *West European Politics* 42 (1): 67 - 90.
Mader, Matthias, und Harald Schoen. 2015. Chancellor Merkel, the European Debt Crisis and the AfD: An Analysis of Voting Behaviour in the 2013 Federal Election. In *Germany after the 2013 Elections: Breaking the Mould of Post-Unification Politics,* ed. by Gabriele D'Ottavio und Thomas Saalfeld, 89 - 110. London/New York: Routledge.
Martini, Sergio, und Mario Quaranta. 2020. *Citizens and Democracy in Europe: Contexts, Changes and Political Support.* Cham (Schweiz): Palgrave Macmillan.
Miller, Warren E., Roy Pierce, Jacques Thomassen, Richard Herrera, Sören Holmberg, Peter Esaiasson, und Bernhard Wessels. 1999. *Policy Representation in Western Democracies.* Oxford (UK): Oxford University Press.
Norris, Pippa. 1999. *Critical Citizens: Global Support for Democratic Government.* Oxford (UK): Oxford University Press.
Oesch, Daniel. 2008. Explaining Workers' Support for Right-Wing Populist Parties in Western Europe: Evidence from Austria, Belgium, France, Norway, and Switzerland. *International Political Science Review* 29 (3): 349 - 373.
Pappi, Franz Urban, Anna-Sophie Kurella, und Thomas Bräuninger. 2019. Die Etablierung neuer Parlamentsparteien. Wählerpräferenzen als Erfolgsfaktor für die Alternative für Deutschland 2017 und die Grünen 1986. *Politische Vierteljahresschrift* 60 (2): 273 - 298.
Rabinowitz, George, und Stuart E. Macdonald. 1989. A Directional Theory of Issue Voting. *American Political Science Review* 83 (1): 93 - 121.
Reher, Stefanie. 2017. German Euroscepticism: Alternative für Deutschland in 2014. In *The Eurosceptic 2014 European Parliament Elections,* ed. by Julie H. Nielsen und Mark N. Franklin, 37 - 56. London: Palgrave Macmillan.
Reinl, Ann-Kathrin, und Constantin Schäfer. 2020. How the 2017 Federal Election in Germany Affected Satisfaction with Democracy among AfD Voters. *German Politics* (online first). doi: https://doi.org/10.1080/09644008.2020.1741550.
Rooduijn, Matthijs, Wouter van der Brug, und Sarah L. de Lange. 2016. Expressing or Fuelling Discontent? The Relationship Between Populist Voting and Political Discontent. *Electoral Studies* 43: 32 - 40.
Rosenfelder, Joel. 2017. Die Programmatik der AfD: Inwiefern hat sie sich von einer primär euroskeptischen zu einer rechtspopulistischen Partei entwickelt? *Zeitschrift für Parlamentsfragen* 48 (1): 123 - 140.
Sanders, David, Harold Clarke, Marianne Stewart, und Paul Whiteley. 2014. Output-Oriented Legitimacy: Individual- and System-Level Influences on Democracy Satisfaction. In *Elections and Democracy: Representation and Accountability,* ed. by Jacques Thomasson, 153 - 180. Oxford (UK): Oxford University Press.
Schäfer, Armin. 2015. *Der Verlust politischer Gleichheit. Warum die sinkende Wahlbeteiligung der Demokratie schadet.* Frankfurt a. M.: Campus.

Schmitt-Beck, Rüdiger, Jan W. van Deth, und Alexander Staudt. 2017. Die AfD nach der rechtspopulistischen Wende. Wählerunterstützung am Beispiel Baden-Württembergs. *Zeitschrift für Politikwissenschaft* 27 (3): 273 - 303.

Schumacher, Gijs, und Matthijs Rooduijn. 2013. Sympathy for the 'devil'? Voting for populists in the 2006 and 2010 Dutch general elections. *Electoral Studies* 32 (1): 124 - 133.

Schwarzbözl, Tobias, und Matthias Fatke. 2016. Außer Protesten nichts gewesen? Das politische Potenzial der AfD.*Politische Vierteljahresschrift* 57 (2): 276 - 299.

Selb, Peter. 2006. Multi-Level Elections in Switzerland. *Swiss Political Science Review* 12 (4): 49 - 75.

Stiers, Dieter, Jean-François Daoust, und André Blais. 2018. What Makes People Believe That Their Party Won the Election? *Electoral Studies* 55: 21 - 29.

Streeck, Wolfgang. 2016. Die Demokratie in der Krise. In *Demokratie in der Krise. Analysen, Prozesse und Perspektiven,* hrsg. von Daniel Brühlmeier und Philippe Mastronardi, 67 - 76. Zürich: Chronos Verlag.

Van der Brug, Wouter, Meindert Fennema, und Jean Tillie. 2000. Anti-immigrant parties in Europe: Ideological or protest vote? *European Journal of Political Research* 37 (1): 77 - 102.

Van Hauwaert, Steven M., und Stijn Van Kessel. 2018. Beyond protest and discontent: A cross-national analysis of the effect of populist attitudes and issue positions on populist party support. *European Journal of Political Research* 57 (1): 68 - 92.

Vidal, Guillem. 2018. Challenging business as usual? The rise of new parties in Spain in times of crisis. *West European Politics* 41 (2): 261 - 286.

Wagner, Aiko, Heiko Giebler, und Marcel Lewandowsky. 2019. Legitime Motive? In *Legitimität und Legitimation. Vergleichende Perspektiven,* hrsg. von Claudia Wiesner und Philipp Harfst, 171 - 202. Wiesbaden: Springer VS.

Es gibt keine einfache Wahrheit

Thesen zur (kommunikationswissenschaftlichen) Populismusforschung und zum Beziehungsgefüge zwischen Populismus, Massenmedien und sozialen Medien

Bertram Scheufele

Zusammenfassung

Leitmotiv des Beitrags ist die Überzeugung, dass es auch bei Populismus keine einfache Wahrheit gibt. Nach einem knappen, kritischen Überblick zu verschiedenen Lesarten von Populismus setzt sich der Beitrag zunächst mit ausgewählten Fragen zum Beziehungsgefüge zwischen Populismus, Massenmedien und sozialen Medien auseinander. Anhand aktueller empirischer Befunde der Kommunikationswissenschaft werden mehrere Thesen zu diesem Beziehungsgefüge formuliert. Danach folgen weitergehende Überlegungen, Thesen und Vorschläge zur (kommunikationswissenschaftlichen) Populismusforschung. Diskutiert wird beispielsweise, ob der Fokus auf dem populistischen Moment oder dem eigentlich problematischen Gedankengut liegen sollte. Der (kommunikationswissenschaftlichen) Populismusforschung wird beispielsweise vorgeschlagen, die subtilen Brückenschläge in der (rechts-)populistischen Rhetorik stärker in den Blick zu nehmen.

B. Scheufele (✉)
Institut für Kommunikationswissenschaft, Universität Hohenheim, Stuttgart, Deutschland
E-Mail: bertram.scheufele@uni-hohenheim.de

H. U. Brinkmann und K.-H. Reuband (Hrsg.), *Rechtspopulismus in Deutschland*,
https://doi.org/10.1007/978-3-658-33787-2_6

1 Wahrheiten und implizite Setzungen

Spätestens seit der Corona-Krise dürfte klar sein, dass es oft keine einfache oder eindeutige Wahrheit gibt. Vielmehr sind komplexe Phänomene angemessen differenziert zu betrachten und unterschiedliche Positionen kritisch abzuwägen. Das scheint mir auch in der Diskussion um Populismus wichtig: Zwar mag man PopulistInnen vorhalten, dass sie selbst oft simple Antworten geben (vgl. Bracciale und Martella 2017, S. 1314), oder dass populistisches Denken mit Verschwörungstheorien einhergehe (vgl. Castanho Silva et al. 2017, S. 425 - 428). Man mag beklagen, dass die politische Kultur in Deutschland von Konsensdenken geprägt sei, dass man heikle Fragen und besorgte Stimmen aus „Angst vor dem ‚Beifall von der falschen Seite'" (Jesse 2019, S. 120) ausblende und damit Gelegenheitsstrukturen für Populismus geschaffen habe (vgl. Jesse 2019, S. 119 - 121). Und man mag eine Mitverantwortung von Medien und JournalistInnen sehen. So wirkte z. B. Donald Trumps demagogischer, sensationalistischer und normverletzender Wahlkampfstil 2016 sehr anziehend auf die Medien (vgl. Waisbord et al. 2018, S. 31; s. a. Scheufele 2019a, S. 12). Keines dieser Argumente ist aus der Luft gegriffen. Aber jedes beleuchtet eben nur einen Teil des Problems.

Es sprechen noch andere Argumente dafür, dass es bei Populismus keine einfache Wahrheit gibt. So produziert empirische Forschung – einschließlich der Populismusforschung – keine absolute Wahrheit, sondern „methodisch verlässliches Wissen" (Strohschneider 2017, S. 4). Dieses Wissen unterliegt Einschränkungen, von denen mir an dieser Stelle zwei wichtig sind: Zum einen gehen wissenschaftliche Studien in der Regel selektiv vor, weil sie nur ausgewählte Variablen empirisch adressieren können. Keine Studie kann ein Phänomen vollständig abdecken – das gilt auch für meine eigenen Arbeiten. Zum anderen beruhen viele Studien auf (unausgesprochenen) Setzungen und Leitbildern (vgl. Scheufele 2011, S. 335 - 340, 345 - 346) – hierbei nehme ich mich ebenfalls selbst nicht aus. Solche Setzungen diskutiert z. B. die scharfe Replik von Meyen (2019) auf Schindler et al. (2018), die die Medienfeindlichkeit von Rezipienten mit deren populistischen Einstellungen in Verbindung bringen.[1]

▶ **These 1: In der Diskussion um Populismus sind auch die eigenen (unausgesprochenen) Setzungen und (impliziten) Leitbilder zu reflektieren.**

---

[1] Meyens (2019) Kritik muss man nicht komplett teilen. Bei aller Selbstkritik der AutorInnen halte ich aber die Aussage „Aufgrund der theoretischen Untermauerung liegt es dennoch nahe, dass die ermittelten Zusammenhänge im Grundsatz respektive in ihrer Richtung auch für die Gesamtbevölkerung gelten" (Schindler et al. 2018, S. 293) für eine gewagte Lesart des statistischen Repräsentationsschlusses.

PolitikwissenschaftlerInnen diskutieren auch implizite Unterstellungen in der gesellschaftlichen Debatte über Populismus. So hält Wolf den „angeblich vernünftigeren und gebildeteren Bürgerinnen und Meinungsmacher[n]“ (Wolf 2017, S. 4) vor, dass sie NormalbürgerInnen für manipulierbar halten, ihnen herablassend begegnen und darüber vergessen, dass sie selbst oft einem Confirmation Bias unterliegen, also ihrerseits Informationen bevorzugen, die mit ihren eigenen Ansichten harmonieren (vgl. Wolf 2017, S. 4 - 6). Die Rede ist von einem „elitären Paternalismus“ (Marchart 2017, S. 14), mit dem man PopulistInnen und deren AnhängerInnen begegne (vgl. Marchart 2017, S. 14 f.). Kritisiert wird ebenfalls, dass „vom liberalen Antipopulismus schlechthin alles denunziert wird, was als politische Alternative zu jenem neoliberalen Dogma auftritt, dem die Parteien des gesamten traditionellen Spektrums mit nur geringer Variation anhängen“ (Marchart 2017, S. 12). Ähnlich wird für die USA eine Front zwischen progressivem Neoliberalismus, der „echte progressive Kräfte mit einer ‚wissensbasierten Wirtschaft‘ und insbesondere dem Finanzwesen“ (Fraser 2017, S. 78 f.) vereine, und reaktionärem Populismus, wie ihn z. B. Trump vertrete, diskutiert. Im Präsidentschaftswahlkampf 2016 sei es Hillary Clinton selbst gewesen, die den Eindruck verstärkt habe, „die Progressiven seien Verbündete des globalen Finanzwesens – nicht zuletzt durch die Enthüllung ihrer hochbezahlten Reden vor Vertretern von Goldman Sachs“ (Fraser 2017, S. 86).

2 Lesarten von Populismus

Verschiedene Lesarten von Populismus[2] sehen einen Antagonismus zwischen Volk und Elite. Uneinigkeit besteht aber in der Frage, was für ein Phänomen Populismus ist (vgl. Moffitt 2020, S. 10 f.). Eine erste Lesart spricht von einer „thin-centered ideology“ (Mudde und Kaltwasser 2017, S. 6), also einer *unvollständigen Ideologie.* Dieser Gedanke geht auf Freeden zurück, demzufolge dünne Ideologien (z. B. Nationalismus) nur eine eingeschränkte ideologische Morphologie hätten und im Gegensatz etwa zu Liberalismus oder Sozialismus nicht alle Fragen adressieren – vor allem nicht politische Fragen wie jene nach der Verteilung von Gütern (vgl. Freeden 2003, S. 97 - 100). Die Übertragung seiner Überlegungen auf Populismus lehnt er übrigens ab (vgl. Freeden 2017, S. 2).

[2] Vgl. zum Folgenden Moffitt 2020, S. 10 - 29; Engesser et al. 2017, S. 1280 - 1287; Wirth et al. 2016; Scheufele 2019a, S. 15 - 24.

Für Populismus als dünne Ideologie werden meist drei Elemente benannt:[3] Erstens adressieren PopulistInnen „das Volk“ als homogene Einheit. Für sie ist es der eigentliche Souverän, es wird meist als die „normalen“ bzw. „einfachen Leute“ oder als eine ethnisch definierte Nation verstanden. Zweitens machen PopulistInnen „die Elite“ als homogene Einheit aus. Als z. B. korrupte, abgehobene Eliten sehen PopulistInnen und deren AnhängerInnen Wirtschaftsakteure, die Europäische Union, Liberale, AkademikerInnen, JournalistInnen, Juden und Jüdinnen usw. (vgl. Mudde und Kaltwasser 2017, S. 12 - 16; Jagers und Walgrave 2007, S. 324). Zwischen „Elite oben“ und „Volk unten“ besteht für PopulistInnen und deren AnhängerInnen ein scharfer Gegensatz bzw. eine große Distanz (vgl. Jagers und Walgrave 2007, S. 324). Drittens geben PopulistInnen vor, einen einheitlichen „Volkswillen“ zu vertreten, was Bestrebungen nach direkter Demokratie hervorrufen, aber auch in autoritaristische Tendenzen umschlagen könne (vgl. Mudde und Kaltwasser 2017, S. 16 - 18). Dieser Definition folgen viele KommunikationswissenschaftlerInnen (z. B. Ernst et al. 2017, S. 1348 f.), die oft noch andere Merkmale wie die Ausgrenzung ethnischer Gruppen, religiöser Überzeugungen oder sexueller Orientierungen ergänzen (vgl. Wirth et al. 2016, S. 13 f.).

Die erste Lesart von Populismus blieb nicht unwidersprochen.[4] Erstens fehle „ein klares *Cut-Off-Kriterium*“ (Scheufele 2019a, S. 16; *Hervorhebung im Original*) zwischen dünnen und echten Ideologien (vgl. Heinisch und Mazzoleni 2017, S. 107). Zweitens würden sich Ideologien (z. B. Liberalismus) durch zentrale Werte (z. B. Freiheit) auszeichnen (vgl. Freeden 2003, S. 32), die dann z. B. ein politisches Programm ideologisch einfärben. Solche Werte lasse Populismus vermissen (vgl. Heinisch und Mazzoleni 2017, S. 108). Zwar mögen RechtspopulistInnen „z. B. mit ihrer Ablehnung, (weitere) Flüchtlinge in Europa aufzunehmen, sehr wohl eine politische Forderung erheben, die auch mit entsprechenden Werten einhergeht. Allerdings stellt sich dann die Frage: Aus welchem *wie auch immer gearteten populistischen Wert* soll denn diese Forderung ihre ideologische Farbgebung gewinnen?“ (Scheufele 2019a, S. 21; *Hervorhebung im Original*).[5] Drittens mag Populismus ein vergleichbares binäres Narrativ bedienen wie Nativismus, also wie jenes Gefüge aus Nationalismus, Fremdenfeindlichkeit,

[3] Vgl. zum Folgenden Mudde und Kaltwasser 2017, S. 9 - 19; Scheufele 2019a, S. 16 - 18.

[4] Vgl. zum Folgenden Freeden 2017, S. 2 - 5; Moffitt 2020, S. 15 - 17, 25 - 29; Scheufele 2019a, S. 19 - 22.

[5] Populismus betrachten auch andere AutorInnen als „colourless“ (Jagers und Walgrave 2007, S. 323).

Rassismus usw. (vgl. Betz 2017, S. 378, 374). Aber Nativismus und Populismus sind nicht dasselbe (vgl. Moffitt 2020, S. 33). Wenngleich sie sich in der Argumentation oder Rhetorik von PopulistInnen vermischen, sollten gerade WissenschaftlerInnen begrifflich sauber arbeiten.

These 2: Populismus ist analytisch sauber von anderen Konstrukten wie Nativismus oder Antisemitismus zu unterscheiden.

Eine zweite Lesart nennt Moffitt den *strategischen Ansatz,* weil er Populismus als politische Strategie bzw. als Mittel z. B. zur Mobilisierung marginalisierter Gruppen begreift (vgl. Moffitt 2020, S. 17 - 21; s. a. Engesser et al. 2017, S. 1286 f.).

Eine dritte Lesart versteht Populismus als *Kommunikationsstil* bzw. *politischen Stil* – die Rede ist auch vom diskursiv-performativen Ansatz (vgl. Moffitt 2020, S. 21). In dieser Lesart[6] ist Populismus weder ein Merkmal eines Akteurs noch eine Einstellung der AnhängerInnen von PopulistInnen, sondern das Merkmal eines/r SprecherIn oder einer Botschaft (vgl. Moffitt 2020, S. 24). Nach meinem Eindruck versammeln sich unter diesem Dach recht unterschiedliche Vorschläge, von denen ein erster an Framing anknüpft.[7] So bezeichnen manche Populismus nicht nur als Kommunikationsstil, sondern zugleich als Master-Frame (vgl. Jagers und Walgrave 2007, S. 322).[8] Andere AutorInnen kombinieren inhaltliche mit sprachlich-performativen Aspekten (vgl. Moffitt 2020, S. 28). So wird z. B. zwischen populistischer Rhetorik und populistischem Stil unterschieden: „The *populist rhetoric* consists of an anti-establishment appeal or anti-elitism and the celebration of the heartland“ (Bos et al. 2011, S. 187; *Hervorhebung im Original*). Das hat zumindest nach meinem Verständnis eher mit Inhalten oder Botschaften im Sinne der ersten Lesart von Populismus zu tun. Mit populistischem Stil adressieren die AutorInnen dann aber, was man landläufig Rhetorik oder Kommunikationsstil nennt (vgl. Bos et al. 2011, S. 186 f.).

---

[6] Vgl. zum Folgenden Moffitt 2020, S. 21 - 25; Engesser et al. 2017, S. 1285 f.; Scheufele 2019a, S. 18 f.

[7] Die Grundidee von Framing kommt hier gut zum Ausdruck: „Frames, then, *define problems* – determine what a causal agent is doing with what costs and benefits, usually measured in terms of common cultural values; *diagnose causes* – identify the forces creating the problem; *make moral judgments* – evaluate causal agents and their effects; and *suggest remedies* – offer and justify treatments for the problems and predict their likely effects“ (Entman 1993, S. 52; *Hervorhebung im Original*).

[8] Master-Frames sind „übergeordnete, abstraktere Rahmungen, die als Interpretations- und Mobilisierungsanker für mehrere soziale Bewegungen mit ansonsten spezifischen Frames dienen“ (Scheufele 2019a, S. 5).

Die meisten AutorInnen arbeiten ähnliche Aspekte eines populistischen Kommunikationsstils heraus:[9] PopulistInnen sprechen demnach die Sprache der „einfachen Leute", sie reden unverblümt bis vulgär. Populistische Kommunikation setzt auf Tabubrüche, Provokationen und Übertreibungen und sie dramatisiert und emotionalisiert. Zwar wurde zurecht betont, dass nicht alle dieser Aspekte nur für Populismus charakteristisch sind (vgl. Wirth et al. 2016, S. 43; Bracciale und Martella 2017, S. 1314) – das gilt z. B. für Dramatisierung und Emotionalisierung. Aber eine Ableitung wie „populist communication styles cannot be considered part of the definition of populism" (Wirth et al. 2016, S. 43) schüttet dann doch ein wenig das Kind mit dem Bade aus. Denn volksnahe Sprache oder sprachliche Nähe zu den „kleinen Leuten" sind im wahren Wortsinn populistisch – wie sollte man sie sonst nennen? Zudem hat die erste Lesart von Populismus ähnliche Schwächen. So ist z. B. Elitenkritik ja ebenfalls kein „exclusive feature of populism" (Jagers und Walgrave 2007, S. 324; s. a. Scheufele 2019a, S. 17).

►**These 3: Die Lesart von Populismus als dünne Ideologie und die Lesart von Populismus als Kommunikationsstil können nicht voll überzeugen. Fruchtbarer könnte der diskurskritische Ansatz sein.**

Beide Lesarten von Populismus heben wichtige Aspekte von Populismus hervor, können aber jeweils nicht voll überzeugen. Wie an früherer Stelle skizziert (vgl. Scheufele 2019a, S. 22 - 24), halte ich einen anderen Vorschlag unter dem Dach der dritten Lesart für furchtbarer – nämlich den *diskurskritischen Ansatz* (vgl. Wodak et al. 1990; Wodak 2015): In einer diskurshistorischen Arbeit zum österreichischen Nachkriegsantisemitismus wurden Argumentationsstrategien und rhetorische Muster diskutiert (vgl. Wodak et al. 1990, S. 352 - 359), von denen sich etliche auf (Rechts-)Populismus anwenden lassen. Eine aktuellere Publikation zu Rechtspopulismus setzt diese Überlegungen nicht nur für Antisemitismus, sondern auch für Nationalismus oder Migrationsfragen fort. Relevant sind etwa Argumentationsstrategien wie die Abwertung des Gegners (die sich bei Populismus meines Erachtens in scharfer Elitenkritik manifestiert), Verleugnung (z. B. Leugung des Holocaust[10]) oder Täter-Opfer-Umkehr[11] (vgl. Wodak et al. 1990,

[9] Vgl. zum Folgenden Bracciale und Martella 2017, S. 1312 - 1314; Bos et al. 2011, S. 187, 198; Engesser 2017, S. 1285.

[10] Vgl. Wodak (2015, S. 97 - 124). Dabei spielen auch kalkulierte Ambivalenzen und gezielte Provokationen eine Rolle (vgl. Wodak 2015, S. 115 f., 119 f.).

[11] Eine Täter-Opfer-Umkehr zeigt sich für mich z. B. dann, wenn sich PopulistInnen als Opfer einer „Medienkampagne" präsentieren (vgl. Scheufele 2019a, S. 22).

S. 352 - 355). Für (Rechts-)Populismus ist z. B. der Gefahrentopos zu berücksichtigen (angebliche Gefahr der Islamisierung etc.; vgl. Wodak 2015, S. 159). Die diskurskritische Lesart von Populismus ist übrigens passfähig zu Ideologieansätzen, die ebenfalls den Brückenschlag zu Diskursen vornehmen (vgl. van Dijk 1998, S. 191 - 312, 316 - 318).

3 Ausgewählte kommunikationswissenschaftliche Fragestellungen

Für das Beziehungsgefüge zwischen Populismus, Massenmedien und sozialen Medien behandelt dieser Beitrag nur ausgewählte Fragen, die dafür eingehender entlang empirischer Befunde aus der Kommunikationswissenschaft diskutiert werden sollen.

3.1 Populistische Medienvorwürfe und berechtigte Medienkritik

„Fake news" und „Lügenpresse" sind wohl die bekanntesten Vorwürfe gegen JournalistInnen und Massenmedien. Scharfe Medienkritik kennt man beispielsweise von Trump – etwa aus Tweets wie „Failing @NYTimes will always take a good story about me and make it bad. Every article is unfair and biased. Very sad!" (zitiert nach Ott 2017, S. 64). Vor diesem Hintergrund diskutiert die Kommunikationswissenschaft z. B. den Zusammenhang zwischen „populistischen" Einstellungen und Medienverdrossenheit von Rezipienten (vgl. Schindler et al. 2018).[12]

Wichtig in der Debatte um Medienverdrossenheit sind aber differenzierte Befunde, wie sie eine aktuellere Repräsentativbefragung bietet:[13] Demnach war zwar der Anteil der Menschen, die etablierten Medien eher oder überhaupt nicht vertrauen, mit einem Fünftel aller Befragten im Jahr 2016 erkennbar höher als noch im Jahr 2008. Allerdings hat sich in diesem Zeitintervall zugleich der Anteil derjenigen, die den Medien eher bzw. voll und ganz vertrauen, von knapp einem

[12] Meyen unterstellt, dass die AutorInnen zweimal das Gleiche messen (vgl. Meyen 2019, S. 85 f.).

[13] Vgl. zum Folgenden Schultz et al. 2017, S. 247 - 250, 252 - 254, 256 f.

Drittel auf zwei Fünftel der Befragten erhöht.[14] Darüber hinaus vertraut die Mehrheit der Befragten den etablierten Medienangeboten (vor allem öffentlich-rechtlichem Rundfunk, Tageszeitungen) und nutzt sie regelmäßig. Selbst im Internet besucht etwa die Hälfte der Befragten täglich oder mindestens einmal pro Woche etablierte Nachrichtenangebote. Im gleichen Turnus greift jeder Fünfte jedoch auch auf Angebote wie politically incorrect (pi-news.net) oder compact-online zurück.

Die Autoren unterscheiden darüber hinaus zwischen berechtigter Medienkritik (z. B. Übertreibungen bei Skandalen und Katastrophen, Zitieren opportuner Experten) und unberechtigter Medienkritik (z. B. „Sprachrohr der Mächtigen", „schreiben einem vor, was man denken soll"; Schultz et al. 2017, S. 253). „Der Vergleich beider Dimensionen zeigt, dass empirisch gestützte Medienkritik von den Befragten häufiger geteilt wird als nicht gestützte Kritik. Vor allem jene Vorwürfe, die die Medien pauschal als ‚Lügenpresse' verurteilen bzw. verschwörungstheoretischer Natur sind, haben vergleichsweise die geringste Anhängerschaft" (Schultz et al. 2017, S. 252 f.). Unberechtigte Medienkritik korreliert den Autoren zufolge jedoch mit Politikverdrossenheit und einer AfD-Wahlabsicht. Aus den Befunden dieser Studie lässt sich erstens ableiten, dass populistische Medienvorwürfe kein Massenphänomen sind. Zweitens sollte man genau deswegen aus meiner Sicht nicht jede Medienkritik pauschal als populistisch abstempeln.

►These 4: Medienkritik sollte nicht pauschal als populistisch verdammt werden.

Neben der Sicht der Rezipienten ist die Medienberichterstattung selbst zu adressieren. Mit der Flüchtlingsberichterstattung von Mai 2015 bis Ende 2016 und diesbezüglicher Medienkritik beschäftigt sich eine aktuelle Studie:[15] Im Abgleich von Realitätsindikatoren und Berichterstattung zeigte sich, dass die Medien Geschlecht und Alter der Flüchtlinge recht zutreffend wiedergaben. „Eine bemerkenswerte Ausnahme stellte hier allerdings die *Tagesschau* dar, deren Berichterstattung tatsächlich überwiegend den Eindruck vermittelte, dass es sich bei den Zuwanderern vor allem um Frauen und Kinder handele" (Maurer et al. 2019, S. 31; *Hervorhebung im Original*). Die Herkunft der AsylbewerberInnen in der amtlichen Statistik und in der Medienberichterstattung stimmten ebenfalls

[14] Die verbleibenden Prozent entfallen auf jene, die „teils teils" (Schultz et al. 2017, S. 248) antworteten.

[15] Vgl. zum Folgenden Maurer et al. 2019, S. 25 - 33.

stark überein. Während sie vor Silvester 2015/2016 weniger als sonst über Kriminalität von Flüchtlingen berichteten, lenkten die Medien ihren Fokus danach aber überproportional stark auf Gewalt- und auch Sexualverbrechen von Flüchtlingen. Bis Herbst 2015 bewerteten die untersuchten Medien Flüchtlinge eher positiv, ab der Silvesternacht kippte „die mediale Stimmung endgültig ins Negative“ (Maurer et al. 2019, S. 29). Im Medienvergleich sticht ein deutlicher Überhang positiver Bewertungen von Flüchtlingen bei ARD, ZDF und RTL hervor.

Zuwanderung stellten die Medien dagegen eher als Gefahr denn als Chance dar. Nur jeder zehnte Beitrag vermittelte den Eindruck, die Interessen von Einheimischen und MigrantInnen seien gleich wichtig. Im Medienvergleich betonte vor allem die Tagesschau die Bedürfnisse der Flüchtlinge, die FAZ dagegen eher die Bedürfnisse der Einheimischen. Die Vorwürfe gegen die Flüchtlingsberichterstattung (vgl. Maurer et al. 2019, S. 18) waren den Autoren zufolge höchstens teilweise berechtigt. Den kritischen Blick von RezipientInnen auf die Flüchtlingsberichterstattung erklären sie mit dem Hostile-Media-Effect (vgl. Maurer et al. 2019, S. 32). Meines Erachtens ist aber eine weitere Erklärung denkbar: Könnte der Medienfokus auf Gewalt- und Sexualdelikte von Flüchtlingen nicht erst den Bezugsrahmen geschaffen haben, der den offenbar falschen Vorwurf, dass JournalistInnen zu wenig über geflüchtete Männer und zu sehr über geflüchtete Frauen und Kinder berichten,[16] überhaupt entstehen ließ oder ihn weiter anheizte? Im Übrigen beschränkt sich die Studie auf Aspekte der Medienberichterstattung, zu denen es einfache Realitätsindikatoren gibt, und blendet damit journalistische Perspektiven, Narrative und Argumente aus, zu denen es keine vergleichbare Faktengrundlage gibt und zu denen man unterschiedlicher Meinung sein kann.

▶ **These 5: Wo etablierte Medien Anlass zu berechtigter Kritik geben, schaffen sie womöglich den Bezugsrahmen, der manchen unberechtigten Vorwurf aus dem populistischen Lager erst provoziert.**

3.2 Populismus und soziale Medien

Populistische Medienvorwürfe verwundern oft angesichts dessen, was PopulistInnen und deren AnhängerInner selbst kommunizieren und verbreiten. So deckt sich Populismus etwa im bipolaren Narrativ mit mancher Verschwörungstheorie (vgl. Castanho Silva et al. 2017, S. 425 - 428). Problematisch sind aber auch

[16] Vgl. zu diesem Vorwurf Maurer et al. (2019, S. 26).

„factitious information blends" (Rojecki und Meraz 2016, S. 25): Solche vorgetäuschten Fakten-Mischungen verknüpfen Fakten mit Halb- oder Unwahrheiten, muten daher auf den ersten Blick plausibel an, sind aber kaum überprüfbar (vgl. Rojecki und Meraz 2016, S. 26 - 29; s. a. Scheufele 2019b, S. 7).

„Lügenpresse"-Vorwürfe und die Verbreitung von Halbwahrheiten oder Verschwörungstheorien legen die Frage nahe, ob soziale Medien mit schuld an Populismus sind. So wurde früh vermutet, „new media can facilitate the spread of populist attitudes and opinions" (Mazzoleni und Schulz 1999, S. 248). Verlässlich ließe sich das aber nur klären, wenn man Populismus online wie offline systematisch mit anderen Phänomenen kontrastieren würde. Zumindest kann man sagen: Bei Populismus wird manches diskutiert, das auch jenseits davon existiert. Dazu gehört „bypassing" (Mazzoleni und Schulz 1999, S. 258), also das Umgehen journalistischer Gatekeeper durch direkte Ansprache von WählerInnen über soziale Medien. Dieses Phänomen wird auch für Populismus diskutiert (vgl. Ernst et al. 2017, S. 1347; de Vreese et al. 2018, S. 428). Ein Überblick zu den letzten Präsidentschaftswahlkämpfen in den USA zeigt aber, dass schon Barack Obama das Internet und die sozialen Medien (z. B. Twitter, YouTube) für Fundraising, direkte Anhängermobilisierung und gezieltes Microtargeting von Wählern nutzte (vgl. Perloff 2018, S. 241 - 247). Gleichwohl spielt Trump virtuos auf der Klaviatur von Twitter (vgl. Perloff 2018, S. 246). Twitter verlangt einfache Aussagen, provoziert Impulsivität und fördert Unhöflichkeit bis hin zur Hassrede – all dies zeigt sich in seinen Tweets (vgl. Ott 2017, S. 60 - 64). Trumps Tweets profitieren von Re-Tweets (vgl. de Zúñiga et al. 2020, S. 590), aber auch etablierte Medien verstärken deren Wirkung. So unterzog die New York Times Trump-Tweets einem Fact-Checking und griff sie damit erneut auf (vgl. Ott 2017, S. 64; Waisbord et al. 2018, S. 31). Anderweitig wurden Trump-Tweets – darunter seine Angriffe auf etablierte Medien – ebenfalls zum Gegenstand der Medienberichterstattung (vgl. Ott 2017, S. 64 f.; Perloff 2018, S. 244 f.; de Vreese et al. 2018, S. 429; de Zúñiga et al. 2020, S. 590). Im Übrigen schenkten TV-Sender Trump schon während der republikanischen Vorwahlen 2016 kostenlose Werbezeit (vgl. Waisbord et al. 2018, S. 30).

► These 6: PopulistInnen spielen teilweise virtuos auf der Klaviatur sozialer Medien, was durch Medienberichte darüber noch verstärkt werden kann.

Soziale Medien sind also nicht schuld am Populismus, den es schließlich schon davor gab. Zudem bedienen sich auch PolitikerInnen, die selten als PopulistInnen bezeichnet werden, der sozialen Medien (vgl. Perloff 2018, S. 243 f.).

(Rechts-)PopulistInnen scheinen soziale Medien aber intensiver oder erfolgreicher als manche anderen politischen Akteure zu nutzen (vgl. Wells et al. 2020, S. 663 f.).[17] Empirische Einblicke bietet u. a. eine ländervergleichende Studie: Zu populistischer Kommunikation vor allem auf Facebook neigen demnach weniger die Parteien der Mitte als die Parteien am politischen Rand, wobei jene am rechten Rand am häufigsten Gebrauch davon machen; zudem tendieren Oppositionsparteien eher zu Populismus als Regierungsparteien (vgl. Ernst et al. 2017, S. 1357 - 1359).

Mit Populismus werden auch andere Phänomene des digitalen Zeitalters in Verbindung gebracht – etwa die Fragmentierung und Polarisierung des Publikums (vgl. Tewksbury und Rittenberg 2012, S. 119 - 143; s. a. Scheufele 2019b, S. 15 f.). Oft ist dann von „Echokammern" (Sunstein 2009, S. 19) – also Netzwerken von Gleichgesinnten – oder von einer „Filter Bubble" (Pariser 2012) die Rede. Mit Blick auf Populismus sind manche AutorInnen der Ansicht, „[that] the homophile filter bubbles and echo chambers of the Internet are fertile grounds for the idea of excluding ‚others'" (Engesser et al. 2017, S. 1286). Eine ländervergleichende Studie zeigt jedoch: „[E]cho chamber effects associated with similarity in information exposure do not predict support for right-wing parties and candidates compared with support for others" (Boulianne et al. 2020, S. 695). *Echokammern* sind also ein generelles Phänomen, das auch jenseits von Populismus vorkommt.

Polarisierung gibt es ebenfalls jenseits von Populismus. Ein Beispiel ist die Klimadebatte: In den USA stehen sich in Klimafragen – sowie in etlichen anderen Fragen – Republicans und Democrats, die ihnen nahestehenden Medien und ihre jeweiligen AnhängerInnen gegenüber (vgl. Dunlap et al. 2016, S. 5 - 19). Eine Repräsentativumfrage unter US-WählerInnen zeigt, dass zudem Trump-Anhängerschaft und Skeptizismus gegenüber anthropogenem Klimawandel korrelieren, was bei hohem Politikinteresse stärker der Fall ist und zudem durch eine Ablehnung von Maßnahmen zur ökonomischen Umverteilung mediiert wird (vgl. Panno et al. 2019, S. 159 - 162).

▶ These 7: Phänomene des digitalen Zeitalters wie Echokammern oder Polarisierung treten nicht exklusiv nur bei Populismus auf.

Soziale Medien sind zudem als Teil eines größeren Informations- bzw. Kommunikationsgeflechts zu sehen (vgl. de Vreese et al. 2018, S. 432 f.). Das zeigte

[17] „These dynamics were prominent in 2016 election, when trolls, gamers, and Alt Right supporters on 4chan and Reddit supplied memes and other content for Trump supporters in more mainstream sites such as Twitter" (Wells et al. 2020, S. 663).

sich bereits im US-Präsidentschaftswahlkampf 2004, in dem die erwähnten vorgetäuschten Fakten-Mischungen von politischen Eliten oder von Aktivisten über Blogs und politisch gefärbte Websites verbreitet wurden (vgl. Rojecki und Meraz 2016, S. 26, 32 - 39). Damit kann man festhalten: Internet und soziale Medien „can reinforce and may become the backbone for contagion but only if it is integrated into a comprehensive communication infrastructure of well-connected interest groups and partisan web liaisons to traditional media" (Rojecki und Meraz 2016, S. 37).

► **These 8: Onlineangebote und soziale Medien bieten PopulistInnen und deren AnhängerInnen nicht nur eine Kommunikationsplattform, sondern können identitätsstiftend und prägend für einen entsprechenden Lebensstil sein.**

Einblicke in die Online-Praktiken des Rechtspopulismus bietet beispielsweise Krämer (2017b). Demnach bestätigen oder forcieren RechtspopulistInnen und deren AnhängerInnen ihre bestehenden Sichtweisen über Onlineangebote (vgl. Krämer 2017b, S. 1299 f.): „Organizational and privately run websites accumulate references to reports on violence or other (in the populists' view) scandalous behavior by foreigners or other minorities, or by opposite political camps" (Krämer 2017b, S. 1299). Über Online-Plattformen werden RechtspopulistInnen und deren AnhängerInnen aber auch sozialisiert (z. B. über Memes) und sie machen sich dort mit Praktiken, Symbolen (z. B. Flaggen) und einer entsprechenden Ästhetik vertraut – d. h. Online-Umgebungen können identitätsstiftend und prägend für einen entsprechenden Lebensstil sein (vgl. Krämer 2017b, S. 1302 f.). Populismus und soziale Medien sind also sicherlich verflochten, aber das betrifft keineswegs nur Populismus.

3.3 Populismus und Massenmedien

Das Verhältnis von Massenmedien und Populismus[18] lässt sich unterschiedlich klassifizieren. Man kann erstens fragen, wie Massenmedien PopulistInnen, deren Botschaften und Kommunikationsstile journalistisch verarbeiten, und zweitens, inwiefern Medien bzw. JournalistInnen selbst populistische Stilmittel oder Kommunikationsstrategien einsetzen (vgl. Wirth et al. 2016, S. 29). Ähnlich strukturieren Esser et al. (2018, S. 367 - 370). Man kann aber auch nach populistischen

[18] Für diesen Abschnitt vgl. Schemer et al. 2018; Esser et al. 2018; Krämer 2017a; Wirth et al. 2016, S. 26 - 34.

Themen, Kommunikationsstrategien und Kommunikationsstilen in den Medien klassifizieren (vgl. Schemer et al. 2018, S. 120 - 123).

Die Wahrheit ist beim Verhältnis von Massenmedien und Populismus ebenfalls nicht einfach (vgl. Krämer 2017a, S. 415). „Ein Teil des Wahlerfolgs populistischer Bewegungen ist auf ihre Kommunikation und ihre Medienpräsenz zurückzuführen" (Schemer et al. 2018, S. 120). PopulistInnen fokussieren Themen mit (vermeintlichem) Krisenpotential wie Migrations- oder Eurokrise,[19] aber deswegen kommen PopulistInnen nicht häufiger in der Berichterstattung vor als andere Akteure – so dass man nicht behaupten kann, JournalistInnen würden PopulistInnen unkritisch begegnen oder ihnen gar ein breites Forum bieten (vgl. Schemer et al. 2018, S. 120 f.; Krämer 2017a, S. 412). Fernsehtalkshows scheinen dagegen sehr wohl ein Forum für populistische Botschaften zu sein (vgl. Esser et al. 2018, S. 370).

PopulistInnen werfen etablierten Medien Unfairness oder Zensur vor (vgl. Krämer 2017a, S. 410), was der erwähnten Täter-Opfer-Umkehr (vgl. Wodak et al. 1990, S. 352) nahekommt. In der Tat scheinen etablierte Medien über PopulistInnen seltener zu berichten als über andere PolitikerInnen oder Parteien (vgl. Esser et al. 2018, S. 366). Das kann meines Erachtens mit daran liegen, dass sie eben oft in der politischen Opposition sind. Dafür spricht auch, dass PopulistInnen bei wachsendem Erfolg dann mehr publizistische Beachtung erfahren (vgl. Esser et al. 2018, S. 366). Gleichwohl sind Medienberichte über PopulistInnen meist kritisch (vgl. Schemer et al. 2018, S. 122; Esser et al. 2018, S. 366 f.), denn die meisten Medien gelten als „aktive Kritiker populistischer Akteure" (Schemer et al. 2018, S. 122). Daran sind PopulistInnen freilich selbst nicht unschuldig, weil sie oft zu Provokationen und (Selbst-)Skandalisierungen neigen (vgl. Krämer 2017a, S. 408 - 410).

► These 9: Populistische Parteien und PolitikerInnen scheinen publizistisch weder über Gebühr beachtet noch völlig ignoriert zu werden. Etablierte Medien berichten aber vorwiegend kritisch über sie.

Die Kommunikationswissenschaft diskutiert seit langem Negativismus und Skandalisierung in der Medienberichterstattung (vgl. Schulz 2011, S. 70 - 72; Vorberg und Zeitler 2019). PopulistInnen neigen ebenfalls zur Skandalisierung (vgl. Schemer et al. 2018, S. 123). Zumindest nach meinem Eindruck übernehmen die meisten JournalistInnen populistische Skandalisierungen nicht direkt, wiederholen

[19] Inwiefern die Corona-Krise ein populistisches Potential entfalten wird, das über die Demonstrationen gegen Corona-Auflagen hinausgeht und messbare politische Tragweite zeitigt, war zu der Zeit, als dieser Beitrag verfasst wurde, noch nicht eindeutig abzusehen.

sie aber im Zuge von Kritik daran. Davon aber können PopulistInnen durchaus profitieren (vgl. Esser et al. 2018, S. 366). Zudem nehmen JournalistInnen in ihrem Selbstverständnis, die „vierte Gewalt" zu sein, ihrerseits eine teilweise stark elitenkritische Haltung ein (vgl. Esser et al. 2018, S. 368). Ein populistischer Kommunikationsstil z. B. mit Krisenrhetorik oder Umgangssprache scheint dagegen vor allem Boulevardmedien und politische Magazine zu betreffen (vgl. Schemer et al. 2018, S. 123). Kurzum: JournalistInnen bedienen sich teilweise vergleichbarer Muster wie PopulistInnen.[20]

► **These 10: Negativismus, Skandalisierung und Elitenkritik in der Medienberichterstattung und stereotypische Mediendarstellungen jener Gruppen, die im Fokus von PopulistInnen stehen, können diesen in die Hände spielen.**

Wenn Medien über populistische Slogans, Argumente oder Positionen berichten, verschaffen sie ihnen Gehör, möglicherweise sogar Legitimität – was aber in der Regel unbeabsichtigt sein dürfte (vgl. Esser et al. 2018, S. 369).[21] „The mainstream media have not only contributed to constructing interpretive frameworks compatible with populism in the debate on migration, but also with regard to other issues" (Krämer 2017a, S. 412). Diskutiert werden z. B. stereotype Mediendarstellungen von MuslimInnen in Nachrichtenmagazinen und Boulevardpresse (vgl. Betz 2017, S. 381), aber auch Mediendarstellungen anderer Themen und Gruppen, die im Fokus von PopulistInnen stehen – etwa Multikulturalismus, LGBTQ + oder Political Correctness (vgl. Krämer 2017a, S. 411 - 413).

► **These 11: JournalistInnen sollten nicht zu sehr ihren eigenen Ansichten folgen und nicht nach jedem Köder aus dem populistischen Lager schnappen.**

Medien und JournalistInnen sollten teilweise ihren Umgang mit PopulistInnen überdenken: „[J]ournalists should not confirm the self-definition of populists as vicitims of censorship too easily" (Krämer 2017a, S. 417). Schudson rät ihnen wiederum, darüber zu berichten, was tatsächlich passierte und nicht darüber, was ihrer Meinung nach passierte oder hätte passieren sollen – und nicht zu hyperventilieren (vgl. Schudson 2018, S. 45 f.). Tatsächlich reagieren JournalistInnen auch hierzulande gerne auf populistische Provokationen „even if the strategy of intentional self-scandalisation is obvious because of the professional routines triggered

[20] Vgl. vertiefend Krämer 2017a, S. 411 - 414.

[21] „Charismatic leaders, harsh rhetoric, and stirring issues hit all the right keys of newsworthiness" (Esser et al. 2018, S. 369).

by the news value of these interventions“ (Krämer 2017a, S. 410). Man muss also nicht nach jedem populistischen Köder schnappen.[22]

4 Weitergehende Überlegungen und Thesen zur (kommunikationswissenschaftlichen) Populismusforschung

Über die erwähnten kommunikationswissenschaftlichen Befunde hinaus lassen sich weitere Überlegungen zur (kommunikationswissenschaftlichen) Populismusforschung anstellen. Eine erste betrifft die Rede vom Rechtspopulismus. Moffitt kritisiert, dass „Populismus“, „Rechtspopulismus“ oder „populistische Rechte“ oft synonym verwendet werden – obwohl das Kernproblem der radikalen Rechten nicht Populismus, sondern Nativismus sei (vgl. Moffitt 2020, S. 33). Zwar gibt es gute Gründe, in Deutschland das Augenmerk auf Rechtspopulismus zu richten. Aber dann sollten WissenschaftlerInnen auch das eigentlich problematische Gedankengut und weniger das populistische Moment adressieren.

▶ **These 12:Rechtspopulismusforschung sollte das rechtsradikale oder antisemitische Gedankengut stärker adressieren als das populistische Moment.**

Mehrere Publikationen betrachten Spielarten des Populismus in diversen Ländern (vgl. Mudde und Kaltwasser 2017, S. 21 - 41; Moffitt 2020, S. 30 - 93; s. a. Aalberg et al. 2018). Europäische Publikationen fokussieren häufiger das rechte Lager, teilweise aufgrund der politischen Realitäten in Europa (vgl. kritisch Moffitt 2020, S. 32 f.).[23] Die Frage, ob Vergleiche zwischen dem rechten und dem linken politischen Rand zulässig oder sinnvoll sind, lässt sich nicht in einem Satz beantworten. Mir geht es eher darum, dass ein inflationärer Gebrauch des Rechtspopulismusbegriffs das eigentlich problematische Gedankengut verharmlosen kann – selbst wenn das nicht beabsichtigt sein mag. So ist z. B. ein Holocaust-Leugner nicht deswegen zu verurteilen, weil er Populist ist, sondern weil er den Holocaust leugnet (vgl. Scheufele 2019a, S. 18). Bei Antisemitismus ist eine Verortung nur im rechten Lager ohnehin problematisch. Die Empörung über den AfD-Politiker Alexander Gauland wegen seiner Aussage „Hitler und die Nazis sind nur ein Vogelschiss in unserer über 1000-jährigen Geschichte“

[22] Zu weiteren Ratschlägen an JournalistInnen vgl. Krämer 2017a, S. 417 f.

[23] Vgl. zu verschiedenen Dimensionen sowohl für den Rechts- als auch für den Linkspopulismus Moffitt 2020, S. 30 - 93.

(zitiert nach Jesse 2019, S. 97) war zweifellos berechtigt. Aber sogar der britische Mitbegründer der Umweltschutzgruppe Extinction Rebellion, Roger Hallam, hat den Holocaust als „just another fuckery in human history" (zitiert nach Seeger 2019) bezeichnet. Und Antisemitismusvorwürfe wurden auch gegen die britische Labour Party laut: „This combination of ideological hostility, personal prejudice, and organizational failings has brought Jeremy Corbyn's Labour Party to a state that can be fairly described as institutionally antisemitic" (Rich 2018, S. 364).

► **These 13: Wenn es Rechtsradikalismus oder Antisemitismus ist, sollte man es auch Rechtsradikalismus oder Antisemitismus und nicht Populismus nennen.**

Jenseits der impliziten Relativierung des Holocaust im „Vogelschiss"-Zitat drängt sich mir eine weitere Frage auf: Ist Gaulands Hinweis auf eine 1.000-jährige deutsche Geschichte mit direkt anschließenden Bezügen zu Kaisern wie Karl dem Großen (vgl. Jesse 2019, S. 97) ein unverdächtiger historischer Schnelldurchlauf oder wird hier auf einer Klaviatur gespielt, die vielen nicht auffallen mag, die aber in entsprechenden Kreisen verfangen kann? Menschen, die historisch ein wenig bewandert sind, erinnern sich jedenfalls an den „Größenwahn Hitlers, der sich in der Nachfolge der europäischen Kaiser des ‚Tausendjährigen Reiches' sah" (Zancas 2018, S. 479). Vor allem KommunikationswissenschaftlerInnen sollten also nicht nur den populistischen Elitenhass adressieren, sondern gerade die subtilen Brückenschläge rechtspopulistischer Rhetorik in den Blick nehmen. Hilfreich dafür ist der oben erwähnte diskurskritische Ansatz.

► **These 14: Die (kommunikationswissenschaftliche) Populismusforschung sollte subtile Brückenschläge (rechts-)populistischer Rhetorik adressieren.**

Und ist es eigentlich klug, wenn PolitikerInnen, JournalistInnen oder WissenschaftlerInnen Falschinformationen, Verschwörungstheorien, Provokationen und Positionen von RechtspopulistInnen entlarven und skandalisieren? Sicher mag das oft berechtigt sein. Aber wenn man sich ausschließlich darauf beschränkt, geraten andere Fragen aus dem Blickfeld: Könnte nicht manche Entwicklung bei den Eliten selbst – etwa „eine große Unkenntnis der realen Lebensbedingungen der Durchschnittsbevölkerung oder einfach nur Arroganz ihr gegenüber" (Hartmann 2018, S. 204) – einen Anteil am Erfolg von PopulistInnen haben (vgl. Hartmann 2018, S. 201 - 232, 26 - 30)?[24] In diesem Zusammenhang kritisiert Hartmann die

---

[24] Frei davon scheinen selbst Angehörige der Wissenschaftselite nicht immer zu sein (vgl. Hartmann 2018, S. 205). Hartmanns (2018) Überlegungen zu Eliten beruhen auf empirischen

Tendenz, „Kritik an den Eliten einfach als ungerechtfertigtes Eliten-Bashing abzutun, wie es die meisten Elitenmitglieder und Medienvertreter machen“ (Hartmann 2018, S. 232). Der Topos des Elite-Volk-Gegensatzes scheint sich also keineswegs auf PopulistInnen zu beschränken.

► These 15: Die Debatte um Populismus sollte sich nicht darauf beschränken, PopulistInnen nur zu entlarven und zu skandalisieren.

Freilich sind bei elitenkritischen Stimmen (implizite) Leitbilder und Setzungen ebenfalls zu reflektieren: Hartmann (2018), Wolf (2017) oder Machart (2017) üben mehr oder weniger starke Kritik am Neoliberalismus. Selbst wer diese Kritik nicht teilt, wird AnhängerInnen von PopulistInnen kaum pauschal als Ungebildete abstempeln. Meines Wissens tut das die Kommunikationswissenschaft zumindest nicht explizit. Dennoch sollten Aussagen wie „Lower educated participants held stronger populist attitudes than higher educated participants“ (Hameleers et al. 2017, S. 496) nicht einfach nur konstatiert werden, ohne eingehender zu erklären, was man damit eigentlich meint. Schließlich ist man wegen geringer Bildung nicht dazu verdammt, PopulistInnen gut zu finden. Zudem kann die Korrelation zwischen Bildung und Affinität zu PopulistInnen in gewisser Weise ein Artefakt sein. So dürfte die Bildungsvariable teilweise ein Proxy für reale Probleme (z. B. Existenzangst, Suche nach bezahlbarem Wohnraum) sein, mit den sich manche Schichten stärker konfrontiert sehen als andere.[25] Dann aber geht es nicht einfach nur um formale Schulbildung, sondern um handfeste sozialstrukturelle Problemlagen und Sorgen.

Auf sozialstrukturelle Problemlagen verwiesen schon andere AutorInnen. So warnt Jesse nicht nur vor einer Bunkermentalität gegenüber PopulistInnen, sondern auch vor Ignoranz gegenüber sozialen Problemlagen (vgl. Jesse 2019, S. 118 - 121). Schwächere Schichten seien in Deutschland „mit der Migration und ihren Folgen in einer Weise konfrontiert, wie dies nicht annähernd für Gutsituierte gilt, die fern von Problemzonen wohnen“ (Jesse 2019, S. 119).[26] Vergleichbares betrifft die USA: „US voters who have ‚played by the rules' yet suffer from job

Daten. Man kann ihm in etlichen Überlegungen zustimmen, ohne seine politischen Ableitungen – etwa eine gewisse Sympathie für Jeremy Corbyn (vgl. Hartmann 2018, S. 231 f., 249) – teilen zu müssen.

[25] Natürlich kann mit geringerer Bildung zumindest tendenziell eine stärkere Affinität zu Verschwörungstheorien einhergehen (vgl. Schultz et al. 2017, S. 257). Bei der US-Präsidentschaftswahl 2016 hatten aber gleich viele Höhergebildete für Trump und für Clinton votiert. Nur bei den weniger Gebildeten lag Trump klar vor Clinton (vgl. Vergari 2017, S. 250).

[26] Inwiefern sich dergleichen im Zuge der Corona-Krise verschärfen wird, blieb zum Zeitpunkt, zu dem dieser Beitrag verfasst wurde, noch abzuwarten.

loss, wage stagnation, high healthcare costs and grim prospects for a better standard of living may assign responsibility for their plight to a greedy, unresponsible establishment elite" (Vergari 2017, S. 246). So wurden einheimische FacharbeiterInnen teilweise durch billigere ausländische Kräfte ersetzt, die sie zuvor noch ausbilden mussten (vgl. Vergari 2017, S. 245 f.).

Auf den ersten Blick sind solche Fragen kein Gegenstand der Kommunikationswissenschaft. Welche Rolle etablierte und soziale Medien dabei spielen, sollte die kommunikationswissenschaftliche Populismusforschung aber interessieren. Aus meiner Sicht liegen z. B. folgende Fragen nahe: Repräsentieren Print-, Fernseh- oder Onlineangebote die Lebenslagen aller Bevölkerungsteile oder finden manche immer weniger Gehör?[27] Wessen Probleme und Sorgen erfahren ein publizistisches Echo, das aber paternalistisch ausfällt? Vermitteln bestimmte Medienangebote manchen Menschen auf subtile Weise das Gefühl, *„Kulturalisierungsverlierer"* (Reckwitz 2018, S. 351; *Hervorhebung im Original*) zu sein? Beispielsweise dürften Medienbeiträge über Selbstoptimierung, Yoga oder veganes Essen auf Menschen, die ganz andere Sorgen oder kaum finanzielle Ressourcen haben, eher ausgrenzend denn inspirierend wirken. Und sind Menschen vielleicht empfänglicher für den populistischen Topos des Elite-Volk-Gegensatzes, wenn Medienangebote ihnen den Eindruck einer Distanz zwischen gesellschaftlichen Gruppen vermitteln?

▸These 16: Menschen, die aus den Medien den Eindruck einer Distanz zwischen gesellschaftlichen Gruppen gewinnen, könnten empfänglicher für den populistischen Topos des Elite-Volk-Gegensatzes sein.

Ob gesellschaftliche Gruppen mediales Gehör finden, hat die Kommunikationswissenschaft beispielsweise für Armut, Wohnungs- und Obdachlosigkeit (vgl. Scheufele und Schieb 2014, S. 26 - 31) oder für ethnische Minderheiten (vgl. Trebbe 2009, S. 43 - 56, 77 - 94) untersucht.[28] Für Populismus kann die Kommunikationswissenschaft aber auch an aktuelle kultursoziologische Überlegungen anknüpfen. So arbeitet Reckwitz nicht nur die Leitmotive der neuen Mittelschicht

[27] Im Umkehrschluss dazu: „Populism might increase representation and give a voice to groups of citizens that do not feel heard by the current political elite" (de Vreese et al. 2018, S. 424). Tatsächlich geht es aber nicht nur um subjektive Befindlichkeiten, sondern um die bereits erwähnten sozialstrukturellen Problemlagen und um die ebenfalls schon diskutierte Frage nach Arroganz bzw. Ignoranz der Eliten. Widersprüchlich ist zudem, dass die Autoren das Gefühl, nicht hinreichend repräsentiert zu werden, an anderer Stelle als Indikator für eine Einstellungsnähe zu Populisten begreifen (vgl. de Vreese et al. 2018, S. 430).

[28] Dass mediale Repräsentation für die Integrationsfunktion der Massenmedien relevant ist, hat schon Vlasic (2004, S. 73 - 76, 159 - 165) herausgearbeitet.

(z. B. Work-Life-Balance, Urbanität) kritisch heraus, sondern macht auch deutlich, dass andere Bevölkerungskreise (z. B. prekär Beschäftigte) als negatives Pendant gelten, das sich gewissermaßen entwertet fühlt, durchs Leben kämpft und kulturelle Gegenstrategien entwickelt (vgl. Reckwitz 2018, S. 335 - 370).

Die Fragen, ob Medienangebote den Eindruck einer Distanz zwischen Bevölkerungsgruppen vermitteln, welche Gruppen sie repräsentieren oder wem sie Gehör verschaffen, betreffen ein klassisches Forschungsfeld der Kommunikationswissenschaft – nämlich den Kultivierungsansatz:[29] Er beleuchtet, inwiefern Medienangebote Vorstellungen und Meinungen von RezipientInnen über bestimmte Gesellschaftsbereiche prägen. Meist werden Kultivierungseffekte erster und zweiter Ordnung unterschieden – im ersten Fall prägen Medienangebote einfache Realitätseinschätzungen von RezipientInnen, im zweiten Fall prägen sie deren Stereotype, Rollenvorstellungen oder eben Fremd- und Selbstbilder von gesellschaftlichen Gruppen (vgl. Hawkins und Pingree 1990, S. 43 - 47).

Für Populismus stelle ich mir aus Kultivierungsperspektive folgende Fragen: Kultivieren Medienangebote entsprechende Fremd- und Selbstbilder gesellschaftlicher Gruppen bei RezipientInnen und vermitteln sie ihnen dabei den Eindruck einer (zunehmenden) Distanz zwischen diesen Gruppen? Lassen sich die so kultivierten Eindrücke und Images mit einer Affinität zu Populismus in Verbindung bringen? Tendieren Menschen z. B. zu populistischen Positionen, Parteien oder PolitikerInnen, weil sie sich medial nicht repräsentiert fühlen, oder deswegen, weil sie aus Medienangeboten den Eindruck gewinnen, dass die Interessen und Lebensweisen von Wirtschaftsbossen, PolitikerInnen oder AkademikerInnen weit entfernt von den „echten" Problemen der Normalbevölkerung sind?

▶**These 17: Die mediale Repräsentation gesellschaftlicher Gruppen kann bei RezipientInnen Fremd- und Selbstbilder dieser Gruppen und den Eindruck einer Distanz zwischen ihnen kultivieren.**

▶**These 18: Solche medial kultivierten Eindrücke können die Affinität zu populistischen Positionen, Parteien oder PolitikerInnen bei RezipientInnen begünstigen.**

In diesem Zusammenhang könnte das Konzept der Meta-Botschaften[30] hilfreich sein. Denn es sind wohl kaum einzelne Beiträge, Fernsehsendungen oder Werbespots, die solche Eindrücke vermitteln, sondern die von vielen dieser

[29] Vgl. zum Folgenden Morgan und Shanahan 2010; Scheufele 2019b, S. 26 f.

[30] Für einen Überblick vgl. Vlasic 2004, S. 202 - 214.

Medienangebote ausgehende, wiederholte Meta-Botschaft. Mit Blick auf RezipientInnen bringen Single-Item-Fragen – z. B. wie stark RezipientInnen „ihre persönliche Meinung durch die Medien in Deutschland allgemein vertreten sehen" (Schindler et al. 2018, S. 292) – keine tiefgehenden Erkenntnisse, sie deuten höchstens ansatzweise die Richtung an, um die es mir geht. Um herauszufinden, welche Meta-Botschaften RezipientInnnen aus den von ihnen genutzten Medienangeboten herauslesen, wo bei ihnen wirklich „der Schuh drückt" und welche Schlussfolgerungen sie daraus für ihre eigene Haltung zu populistischen Positionen, Parteien oder PolitikerInnen, aber auch zu Massenmedien ziehen, sind qualitative Zugänge unumgänglich.

▶ **These 19: Die (medien-)öffentliche Dauerrede von Populismus kann die Fronten in der politischen Auseinandersetzung weiter zementieren.**

Abschließend sei betont: Finanzielle Probleme, persönliche Sorgen oder das Gefühl mangelnder medialer Repräsentation zwingen niemanden, einen Präsidenten zu unterstützen, der rassistisch und frauenfeindlich ist, oder eine Partei zu wählen, die antisemitische und rechtsextreme Stimmen beheimatet. In einer Demokratie dürfen Wahlberechtigte aber frei entscheiden, welchem Präsidentschaftskandidaten sie die Stimme geben oder welche der zur Wahl zugelassenen Parteien sie auf dem Stimmzettel ankreuzen. Auch wenn einem diese Stimmabgabe nicht gefällt, muss man das als DemokratIn aushalten – ohne dass man diese WählerInnen herabwürdigt. Umgekehrt muss man als WählerIn wiederum aushalten, wenn rassistische, antisemitische oder frauenfeindliche Aussagen der populistischen Parteien oder PolitikerInnen, die man gewählt hat, berechtigte öffentliche Empörung hervorrufen – ohne dass man deswegen gleich persönlich beleidigt ist. Solche Aussagen mögen in der Debatte um Populismus als „fromme Gedanken" verhallen. Die Dauerrede vom Populismus bzw. Rechtspopulismus dürfte aber umgekehrt die bestehenden Fronten kaum aufweichen. Unbenommen davon bleibt freilich abzuwarten, wie sich der Populismus in Deutschland und in anderen Ländern im Zuge der Corona-Krise sowie im Lichte ihrer ökonomischen, gesellschaftlichen und politischen Folgen oder Verwerfungen noch weiterentwickeln wird.

Literatur

Aalberg, Toril, Frank Esser, Carsten Reinemann, Jesper Strömbäck, and Claes H. de Vreese (Eds.). 2018. *Populist political communication in Europe* (paperback edition). London / New York: Routledge.

Betz, Hans-Georg. 2017. Populism and islamophobia. In *Heinisch et al. 2017,* 373 - 389.
Boczkowski, Pablo J., and Zizi Papacharissi (Eds.). 2018. *Trump and the media.* Cambridge, Mass.: MIT Press.
Bos, Linda, Wouter van der Brug, and Claas de Vreese. 2011. How the media shape perceptions of right-wing populist leaders. *Political Communication* 28 (2): 182 - 206.
Boulianne, Shelley, Karolina Koc-Michalska, and Bruce Bimber. 2020. Right-wing populism, social media and echo chambers in Western democracies. *New Media & Society* 22 (4): 683 - 699.
Bracciale, Roberta, and Antonio Martella. 2017. Define the populist political communication style: the case of Italian political leaders on Twitter. *Information, Communication & Society* 20 (9): 1310 - 1329.
Castanho Silva, Bruno, Federico Vegetti, and Levente Littvay. 2017. The elite is up to something: Exploring the relation between populism and belief in conspiracy theories. *Swiss Political Science Review* 23 (4): 423 - 443.
de Vreese, Claes H., Frank Esser, Toril Aalberg, Carsten Reinemann, and James Stanyer. 2018. Populism as an expression of political communication content and style: A new perspective. *International Journal of Press/Politics* 23 (4): 423 - 438.
de Zúñiga, Homero Gil, Karolina Koc-Michalska, and Andrea Römmele. 2020. Populism in the era of Twitter: How social media contextualized new insights into an old phenomenon. *New Media & Society* 22 (4): 585 - 594.
Dunlap, Riley E., Aaron M. McCright, and Jerrod H. Yarosh. 2016. The political divide on climate change: Partisan polarization widens in the US. *Environment: Science and Policy for Sustainable Development* 58 (5): 4 - 23.
Engesser, Sven, Nayla Fawzi, and Anders Olof Larsson. 2017. Populist online communication: introduction to the special issue. *Information, Communication & Society* 20 (9): 1279 - 1292.
Entman, Robert M. 1993. Framing: Toward clarification of a fractured paradigm. *Journal of Communication* 43 (4): 51 - 58.
Ernst, Nicole, Sven Engesser, Florin Büchel, Sina Blassnig, and Frank Esser. 2017. Extreme parties and populism: an analysis of Facebook and Twitter across six countries. *Information, Communication & Society* 20 (9): 1347 - 1364.
Esser, Frank, Agnieska Stępińska, and David Nicolas Hopmann. 2018. Populism and the media. Cross-national findings and perspectives. In *Aalberg et al. 2018,* 365 - 380.
Fraser, Nancy. 2017. Vom Regen des progressiven Neoliberalismus in die Traufe des reaktionären Populismus. In *Die große Regression. Eine internationale Debatte über die geistige Situation der Zeit,* hrsg von Heinrich Geiselberger, 77 - 91. Frankfurt a. M.: Suhrkamp.
Freeden, Michael. 2017. After the Brexit referendum: revisiting populism as an ideology. *Journal of Political Ideologies* 22 (1): 1 - 11.
Freeden, Michael. 2003. *Ideology. A very short introduction.* Oxford (UK) / New York: Oxford University Press.
Hameleers, Michael, Linda Bos, and Claes H. de Vreese. 2017. The appeal of media populism: The media preferences of citizens with populist attitudes. *Mass Communication and Society* 20 (4): 481 - 504.
Hartmann, Michael. 2018. *Die Abgehobenen: Wie die Eliten die Demokratie gefährden.* Frankfurt a. M. / New York: Campus Verlag.

Hawkins, Robert P., and Suzanne Pingree. 1990. Divergent psychological processes in constructing social reality from mass media content. In *Cultivation analysis: New directions in media effects research*, ed. by Nancy Signorielli and Michael Morgan, 35 - 50. Newbury Park, Calif. etc. Sage Publications.

Heinisch, Reinhard C., Christina Holtz-Bacha, and Oscar Mazzoleni (Eds.). 2017. *Political Populism. A Handbook*. Baden-Baden: Nomos Verlagsgesellschaft.

Heinisch, Reinhard, and Oscar Mazzoleni. 2017. Analysing and explaining populism. Bringing frame, actor and context back in. In *Heinisch et al. 2017*, 105 - 122.

Jagers, Jan, and Stefaan Walgrave. 2007. Populism as political communication style: An empirical study of political parties' discourse in Belgium. *European Journal of Political Research* 46 (3): 319 - 345.

Jesse, Eckhard. 2019. Das Aufkommen der Alternative für Deutschland. Deutschland ist kein Ausnahmefall mehr. In *Rechtspopulismus in Einwanderungsgesellschaften. Die politische Auseinandersetzung um Migration und Integration*, hrsg. von Heinz Ulrich Brinkmann und Isabelle-Christine Panreck, 97 - 131. Wiesbaden: Springer VS.

Krämer, Benjamin. 2017a. Populist and non-populist media: Their paradoxical role in the development and diffusion of a right-wing ideology. In *Heinisch et al. 2017*, 405 - 420.

Krämer, Benjamin. 2017b. Populist online practices: the function of the internet in right-wing populism. *Information, Communication & Society* 20 (9): 1293 - 1309.

Marchart, Oliver. 2017. Liberaler Antipopulismus. Ein Ausdruck von Postpolitik. *Aus Politik und Zeitgeschichte* 67 (44-45, 30, Oktober 2017): 11 - 16.

Maurer, Marcus, Pablo Jost, Jörg Haßler, und Simon Kruschinski. 2019. Auf den Spuren der Lügenpresse. *Publizistik* 64 (1): 15 - 35.

Mazzoleni, Gianpietro, and Winfried Schulz. 1999. „Mediatization" of politics: A challenge for democracy? *Political Communication* 16 (3): 247 - 261.

Meyen, Michael. 2019. Die Definitionsmacht der Kommunikationswissenschaft. Ein Plädoyer für eine „wissenschaftsgeschichtliche Besinnungspause" und eine Replik auf „Woher kommt und wozu führt Medienfeindlichkeit?" *M&K Medien & Kommunikationswissenschaft* 67 (1): 77 - 87.

Moffitt, Benjamin. 2020. *Populism*. Cambridge (UK) / Medford, Mass.: Polity Press.

Morgan, Michael, and James Shanahan. 2010. The state of cultivation. *Journal of Broadcasting & Electronic Media* 54 (2): 337 - 355.

Mudde, Cas, and Cristóbal Rovira Kaltwasser. 2017. *Populism. A very short introduction*. Oxford (UK) / New York: Oxford University Press.

Ott, Brian L. 2017. The age of Twitter: Donald J. Trump and the politics of debasement. *Critical Studies in Media Communication* 34 (1): 59 - 68.

Panno, Angelo, Giuseppe Carrus, and Luigi Leone. 2019. Attitudes towards Trump policies and climate change: The key roles of aversion to wealth redistribution and political interest. *Journal of Social Issues* 75 (1): 153 - 168.

Pariser, Eli. 2012. *Filter Bubble. Wie wir im Internet entmündigt werden*. München: Hanser.

Perloff, Richard M. 2018. *The dynamics of political communication: Media and politics in a digital age*. 2nd ed. New York / Milton Park (UK): Routledge.

Reckwitz, Andreas. 2018. *Die Gesellschaft der Singularitäten*. 6. Aufl. Berlin: Suhrkamp.

Rich, Dave. 2018. The etiology of Antisemitism in Corbyn's Labour Party. *Israel Journal of Foreign Affairs* 12 (3): 357 - 365.

Rojecki, Andrew, and Sharon Meraz. 2016. Rumors and factitious informational blends: The role of the web in speculative politics. *New Media & Society* 18 (1): 25 - 43.

Schemer, Christian, Werner Wirth, Martin Wettstein, Philipp Müller, Anne Schulz, und Dominique Wirz. 2018. Wirkung populistischer Kommunikation. Populismus in den Medien, Wirkungen und deren Randbedingungen. *Communicatio Socialis* 51 (2): 118 - 130.

Scheufele, Bertram. 2019a. Warum Frames und Ideologien keine Synonyme sind und Populismus keines von beiden ist – Konzeptionelle Brückenschläge zwischen Frames und Ideologien und Einwände zur aktuellen Populismus-Forschung. *Mythos-Magazin: Politisches Framing* 1/2019 (online unter: https://www.mythos-magazin.de/politisches-framing/bs_warum_frames_und_ideologien.pdf [17.12.2019]).

Scheufele, Bertram. 2019b. Kommunikation und Medien – Grundbegriffe, Konzepte und aktuelle Herausforderungen für die Unternehmenskommunikation im digitalen Zeitalter. In *Handbuch Unternehmenskommunikation. Strategie – Management – Wertschöpfung*, hrsg. von Ansgar Zerfaß, Manfred Piwinger, und Ulrike Röttger, 1 - 35. 3. Aufl. Wiesbaden: Springer Gabler.

Scheufele, Bertram. 2011. Faktizität und Funktion. Plädoyer für eine Reflexion uber Leitbilder in der empirischen Kommunikationswissenschaft mit einem Beispiel zur politischen Kommunikation. *SCM – Studies in Communication/Media* 0(2)/2011: 333 - 353.

Scheufele, Bertram, und Carla Schieb. 2014. *„Wenn wir Trott-war nicht hätten" – Eine Untersuchung zum Verkauf von Straßenzeitungen zwischen Job und Empowerment.* Münster: Lit-Verlag.

Schindler, Johanna, Claudia Fortkord, Lone Posthumus, Magdalena Obermaier, und Carsten Reinemann. 2018. Woher kommt und wozu führt Medienfeindlichkeit? Zum Zusammenhang von populistischen Einstellungen, Medienfeindlichkeit, negativen Emotionen und Partizipation. *Medien & Kommunikationswissenschaft* 66 (3): 283 - 301.

Schudson, Michael. 2018. My very own alternative facts about journalism. In *Boczkowski and Papacharissi 2018*, 41 - 47.

Schultz, Tanjev, Nikolaus Jackob, Mark Ziegele, Oliver Quiring, und Christian Schemer. 2017. Erosion des Vertrauens zwischen Medien und Publikum? Ergebnisse einer repräsentativen Bevölkerungsumfrage. *Media Perspektiven* 5/2017: 246 - 259.

Schulz, Winfried. 2011. *Politische Kommunikation. Theoretische Ansätze und Ergebnisse empirischer Forschung*. 3. Aufl. Wiesbaden: VS Verlag für Sozialwissenschaften.

Seeger, Ullrich. 2019. Eine gezielte Provokation. *Der Freitag* vom 22.11.2019 (online unter: https://www.freitag.de/autoren/der-freitag/eine-gezielte-provokation [25.12.2019]).

Strohschneider, Peter. 2017. *Über Wissenschaft in Zeiten des Populismus*. (Rede anlässlich der Festveranstaltung im Rahmen der Jahresversammlung der DFG am 4. Juli 2017 in Halle (Saale)). Halle (Saale) (online unter: https://www.dfg.de/download/pdf/dfg_im_profil/reden_stellungnahmen/2017/170704_rede_strohschneider_festveranstaltung.pdf [14.12.2019]).

Sunstein, Cass R. 2009. *Infotopia*. Frankfurt a. M.: Suhrkamp.

Tewksbury, David, and Jason Rittenberg. 2012. *News on the internet. Information and citizenship in the 21st century.* Oxford (UK): Oxford University Press.

Trebbe, Joachim. 2009. *Ethnische Minderheiten, Massenmedien und Integration. Eine Untersuchung zu massenmedialer Repräsentation und Medienwirkungen.* Wiesbaden: VS Verlag für Sozialwissenschaften.

van Dijk, Teun. 1998. *Ideology. A multidisciplinary approach (reprinted 2000).* London etc.: Sage Publications.
Vergari, Sandra. 2017. Contemporary populism in the United States. In *Heinisch et al. 2017,* 241 - 253.
Vlasic, Andreas. 2004. *Die Integrationsfunktion der Massenmedien. Begriffsgeschichte, Modelle, Operationalisierung.* Wiesbaden: VS Verlag für Sozialwissenschaften.
Vorberg, Laura, and Anna Zeitler. 2019. „This is (not) entertainment!": media constructions of political scandal discourses in the 2016 US presidential election. *Media, Culture & Society* 41 (4): 417 - 432.
Waisbord, Silvio, Tina Tucker, and Zoey Lichtenheld. 2018. Trump and the great disruption in public communication, In *Boczkowski and Papacharissi 2018,* 25 - 32.
Wells, Chris, Dhavan Shah, Josephine Lukito, Ayellet Pelled, Jon CW Pevehouse, and Jung Hwan Yang. 2020. Trump, Twitter, and news media responsiveness: A media systems approach. *New Media & Society* 22 (4), 659 - 682.
Wirth, Werner, Frank Esser, Martin Wettstein, Sven Engesser, Dominique Wirz, Anne Schulz, Nicole Ernst, Florian Büchel, Daniele Caramani, Luca Manucci, Marco Steenbergen, Laurent Bernhard, Edward Weber, Regula Hänggli, Caroline Dalmus, Christian Schemer, and Philipp Müller. 2016. *The appeal of populist ideas, strategies and styles: A theoretical model and research design for analyzing populist political communication* (Zürich: National Centre of Competence in Research [NCCR]: Working Paper No. 88). Zürich. https://www.zora.uzh.ch/id/eprint/127461/1/WP_88.pdf (Zugriff: 27.02.2020).
Wodak, Ruth. 2015. *The politics of fear. What right-wing populist discourses mean.* London etc.: Sage Publications.
Wodak, Ruth, Peter Nowak, Johanna Pelikan, Helmut Gruber, Rudolf de Cillia, und Richard Mitten. 1990. *„Wir sind alle unschuldige Täter". Diskurshistorische Studien zum Nachkriegsantisemitismus.* Frankfurt a. M.: Suhrkamp.
Wolf, Reinhard. 2017. Die Selbstgefälligkeit der Intelligenz im Zeitalter des Populismus. *Aus Politik und Zeitgeschichte* 67 (44-45, 30. Oktober 2017): 4 - 10.
Zancas, Rosa Pérez. 2018. Viktor Ullmanns Der Kaiser von Atlantis oder Die Tod-Verweigerung (1944) als Form utopischen Widerstands. *German Quarterly* 91 (4): 473 - 485.

Teil III
Wahlen und Wahlverhalten

Ökonomische Bestimmungsgründe der Bundestagswahl 2017

Matthias Jung und Leona Jung

Zusammenfassung

Auf der Basis der Umfragen der Forschungsgruppe Wahlen untersuchen die Autoren den Einfluss von direkten und indirekten sozioökonomischen Einflussfaktoren auf das Wahlergebnis der Bundestagswahl 2017. Insbesondere werden Determinanten isoliert, die das gute Abschneiden der AfD bei der Bundestagswahl erklären. Es zeigt sich dabei, dass die Gewöhnung der Bürger an die langanhaltende ökonomische Prosperität dazu führte, dass die CDU/CSU die ihr zugeschriebenen ökonomischen Kompetenzen nicht für sich nutzen konnte. Gleichzeitig schaffte es die SPD unter Martin Schulz nicht, den Begriff der „sozialen Gerechtigkeit" für sich zu reaktivieren. Indirekt konnte die AfD dadurch profitieren. Differenziert nach Ost- und Westdeutschland zeigen die Autoren mithilfe der Umfrageergebnisse die Diskrepanz zwischen der objektiven und der subjektiv wahrgenommenen wirtschaftlichen Lage auf. Anlehnend an die These der Modernisierungsverlierer wird die Relevanz der durch die strukturellen Veränderungen ausgelösten Benachteiligungsgefühle und Abstiegsängste der Bürger – befördert durch den exogenen Faktor der Flüchtlingskrise – gestützt. Es wird dargestellt, wie die AfD diese Effekte trotz mangelnder Wirtschaftskompetenz für sich nutzen und sich damit etablieren konnte.

M. Jung (✉) · L. Jung
Forschungsgruppe Wahlen e. V., Mannheim, Deutschland
E-Mail: matthias.jung@forschungsgruppe.de

L. Jung
E-Mail: leona-jung@gmx.de

H. U. Brinkmann und K.-H. Reuband (Hrsg.), *Rechtspopulismus in Deutschland*,
https://doi.org/10.1007/978-3-658-33787-2_7

1 Fragestellung

So naheliegend es ist, dass ökonomische Faktoren Wahlentscheidungen beeinflussen, so schwierig ist es, das ganze Ausmaß direkt und indirekt wirkender ökonomischer Einstellungsdimensionen auf das Wahlverhalten theoretisch zu beschreiben und eindeutig abzugrenzen, geschweige denn valide empirische Operationalisierungen zu liefern. Im Folgenden soll diese Thematik mithilfe des empirischen Materials, das den Autoren im Rahmen der Umfragen der Forschungsgruppe Wahlen zur Verfügung steht, anhand der Bundestagswahl 2017 mit besonderem Fokus auf das Erstarken der AfD untersucht werden. Ziel ist es, Erklärungsansätze zu stützen, die über die simple Funktionsweise des ökonomischen Wählens des Rational-Choice-Ansatzes hinausgehen, nach dem die Wähler[1] in Abwägung der eigenen Situation ihre Wahlentscheidung nutzenoptimierend treffen. Auf der Basis von Elementen der Modernisierungsverliererthese gilt es, ökonomische Dimensionen inhaltlich weiter zu fassen, um letztlich Elemente der These kultureller Bedrohung und der Unsicherheitsthese (vgl. Pickel 2019) auf ökonomisch fundierte Einstellungs- und Wahrnehmungsmuster zurückzuführen.

Um das Wahlverhalten populistischer Parteien erklären zu können, ist das klassische Erklärungsmuster des ökonomischen Wählens im Rational-Choice-Ansatz (vgl. Downs 1968) – bei welchem Wähler wie auf einem Markt nutzenmaximierend als Nachfrager auf das programmatische und personelle Angebot der Politik reagieren – nicht hinreichend. Nach dem Modell des Economic Votings (vgl. Faas und Leininger 2020) beurteilen die Wähler die ökonomische Situation im Land und bestrafen oder belohnen regierende Parteien bei der nächsten Wahl in Abhängigkeit von ihrer Einschätzung, indem sie diese wiederwählen oder einer Oppositionspartei ihre Stimme geben. Dieses Muster ist für viele Wahlen vor allem in den USA beobachtbar, und spielte auch in Deutschland bei der Bundestagswahl 2009 infolge der internationalen Wirtschafts- und Finanzkrise eine größere Rolle. Diese klassische Form der Verantwortungszuweisung kann den aktuellen Erfolg einer rechtspopulistischen Partei wie der AfD in Zeiten ökonomischer Prosperität aber nicht erklären. Umso bedeutender ist es, Wahlverhalten zu verstehen, das über das rationale Wählen hinausgeht.

Vielfach wird das Wählerverhalten durch Faktoren beeinflusst, die in den sozialen, kulturellen und ökonomischen Kontext eingebettet sind, in dem ein Individuum agiert. Solche sozioökonomischen Wahldeterminanten zu isolieren,

[1] Aus Gründen der besseren Lesbarkeit wurde hier und im Folgenden auf eine Genderisierung des Textes verzichtet. Selbstverständlich sind hierbei jeweils sowohl Männer als auch Frauen gemeint.

gestaltet sich unter anderem aufgrund methodischer Hürden schwierig. Sozioökonomische Wahldeterminanten wirken häufig indirekt und sind darum schwierig zu messen. In diesem Beitrag versuchen wir aufzuzeigen, dass subjektive Wahrnehmungen und Erwartungshaltungen sozioökonomischer Entwicklungen eine wichtige Rolle für den Wahlerfolg der rechtspopulistischen Partei AfD spielten, die durch die exogenen Einflussfaktoren – vor allem die Flüchtlingskrise und ihre Folgen – befördert wurden.

Die traditionellen Konfliktlinien, welche zur Bestimmung des Wahlverhaltens auf der Makro-Ebene ebenfalls oft herangezogen werden, haben heutzutage nur noch eine begrenzte Erklärungskraft. Zwar spielen unterschiedliche Einstellungsmuster und Kontextfaktoren in Stadt und Land sowie in Ost- und Westdeutschland weiterhin eine wichtige Rolle für langfristig beobachtbares Wahlverhalten. Über die Bedeutung von Religion bzw. Konfession sowie über das klassische schichtenspezifische Wahlverhalten (class voting) können die Parteien CDU/CSU sowie SPD aber nicht mehr in demselben Maße Wähler an sich binden, wie das früher der Fall war. Ein Erklärungsansatz allein durch eine Zuordnung der Wähler zu sozioökonomischen Schichten reicht heutzutage nicht aus. Zudem ist ein Gewöhnungseffekt an den gestiegenen wirtschaftlichen Wohlstand eingetreten, der – einhergehend mit dem festgestellten Wertewandel – *Leistungsissues* wie ökonomische Sicherheit und ökonomische Prosperität bis zu einem gewissen Grad als selbstverständlich erscheinen lässt. Insofern hat eine Diskussion über neue Formen von Konfliktlinien ihre Berechtigung, allerdings ist es unseres Erachtens zu früh, um mit den derzeitigen Erkenntnissen rund um das AfD-Wählerverhalten sichere Rückschlüsse auf das Entstehen neuer langfristiger Konfliktlinien zu ziehen.

Bei all dem darf die Relevanz einer prospektiven Sichtweise nicht vernachlässigt werden. Die Erwartungshaltung an die zukünftige ökonomische Performance muss berücksichtigt werden und stellt eine wichtige Determinante des Wahlverhaltens dar. Durch den Globalisierungsprozess sind bei einer Reihe von Bürgern Unsicherheiten entstanden, welche die eigene Existenz und das Statusempfinden infrage stellen. Insbesondere betrifft dies ökonomische Ängste, die durch die strukturellen Veränderungen ausgelöst werden. Diese sind je nach sozialer Schicht unterschiedlich stark ausgeprägt: Besonders unter niedrigqualifizierten Arbeitnehmern, aber auch der Mittelschicht besteht die Sorge eines Statusverlustes bis hin zu Ängsten um den Arbeitsplatz. Die Modernisierungsverliererthese geht davon aus, dass die Globalisierung und stark neoliberal geprägte Modernisierungsprozesse die Bürger spalten in jene, die als „Gewinner“ und solche, die als „Verlierer“ aus den strukturellen Veränderungen hervorgehen – oder sich selbst als solche betrachten (vgl. Lengfeld 2017). Die damit verbundene gefühlte

Unsicherheit ist nicht als unbegründet einzustufen, da ein Strukturwandel den Arbeitsmarkt nachhaltig verändert. Einige Wirtschaftssektoren können dauerhaft an Bedeutung verlieren, weshalb – der Modernisierungsverlierthese folgend – die Adaptionsfähigkeiten an den Wandel darüber entscheiden, wer als Gewinner oder als Verlierer aus den Veränderungsprozessen hervorgeht. Dabei kann eine Diskrepanz zwischen der Selbstwahrnehmung und der objektiven Situation entstehen. Selbst wenn keine direkten negativen Konsequenzen aus dem Strukturwandel erfolgen, so können bereits durch spürbare Veränderungen im sozialen Umfeld Abstiegsängste und Benachteiligungsgefühle ausgelöst werden. Diese Angst vor Wohlstandsverlust – die mehr als nur die eigene ökonomische Lage bedroht sieht – kann eine wichtige Determinante im Wahlverhalten darstellen, vor allem im Hinblick auf Protestwahlverhalten und den Erfolg populistischer Parteien.

2 Agendasetting zum Zeitpunkt der Wahl

Um den Einfluss ökonomischer Dimensionen auf die Wahlentscheidung beurteilen zu können, ist es notwendig, die nach Meinung der Befragten wichtigsten politischen Probleme unmittelbar vor der Bundestagswahl zu identifizieren. Bei einer Umfrage der Forschungsgruppe Wahlen unmittelbar vor der Bundestagswahl 2017 konnten die Befragten zu Beginn des Interviews ohne Vorgaben bis zu zwei Themenbereiche nennen. Das klar dominierende Thema (44 %)[2] war der Themenkomplex „Ausländer, Asyl und Integration", der außer bei den Linke-Anhängern bei allen anderen Parteianhängergruppen – wenngleich auf unterschiedlichem Niveau – das wichtigste Problem darstellte. Mit 82 % Nennungen unterschieden sich bei diesem Themenbereich die Anhänger der AfD allerdings sehr deutlich vom Rest der Bevölkerung. Mit Ausnahme des Themas Arbeitslosigkeit, das im Osten häufiger genannt wird, gibt es keine nennenswerten Unterschiede in der Wichtigkeitseinstufung der Themen zwischen Ost- und Westdeutschland. Bei Betrachtung des Zeitverlaufs lässt sich feststellen, dass zum Ende des Jahres 2016 das Thema „Ausländer, Asyl und Integration" noch von fast 60 % aller Befragten für das wichtigste gehalten wurde. Es sank daraufhin bis Mai/Juni 2017 auf etwas über 40 % ab, um nicht zuletzt in der heißen Phase des Wahlkampfs

[2] Alle Umfragedaten zur Bundestagswahl 2017 hier und im Folgenden, soweit nicht anders angegeben: Forschungsgruppe Wahlen 2017. Um belastbare Ergebnisse für den Osten Deutschlands zu erhalten, wurde diese Umfrage im Osten überquotiert. In Westdeutschland wurden 1353 Personen befragt (darunter 112 AfD-Anhänger) und in Ostdeutschland 585 (darunter 96 AfD-Anhänger). Für gesamtdeutsche Aussagen wurden die beiden Teilstichproben im Verhältnis der tatsächlichen Wahlberechtigten durch Gewichtung zusammengefasst.

Tab. 1 Ergebnisse zu den wichtigsten politischen Problemen zur Bundestagswahl 2017, in %

Politisches Problem	Alle	AfD-Anhänger	Linke-Anhänger
Ausländer/Asyl/Integration	44	82	27
Renten/Alterssicherung	24	28	22
Soziales Gefälle/Soziale Gerechtigkeit	16	15	35
Bildung/Schule	13	6	15
Ökonom. Themen im engeren Sinn	12	16	17
Ruhe/Ordnung/Kriminalität	9	10	7
Arbeitslosigkeit	8	9	13
Familie/Kinder	6	2	4
Umwelt/Energie	6	2	9
Gesundheit/Pflege	5	3	4

Forschungsgruppe Wahlen: Umfrage in der Woche vor der Bundestagswahl 2017 (n = 1.644); bis zu zwei Nennungen

durch eine stark mediale Fokussierung der Debatte trotz deutlichem Rückgang der Flüchtlingszahlen wieder an Bedeutung zu gewinnen. Lediglich auf Rang fünf und nur von gut jedem zehnten Befragten genannt, tauchen ökonomische Themen im engeren Sinne auf. Von den Anhängern der AfD und der Linken werden ökonomische Themen lediglich leicht überdurchschnittlich oft genannt (vgl. Tab. 1).

Allein diese Zahlen machen deutlich, dass ökonomische Themen im engeren Sinne die Wahlentscheidung zur Bundestagswahl 2017 nicht dominierend geprägt haben können (vgl. Abb. 1). Allerdings ist in diesem Zusammenhang darauf hinzuweisen, dass mit der expliziten Nennung der wichtigsten Probleme lediglich kognitive Strukturen bei den Befragten erfasst werden können. Dabei kann dem Befragten die objektiv vorhandene ökonomische Bedingtheit scheinbar nicht ökonomischer Probleme verborgen bleiben. Zudem ist es plausibel, davon auszugehen, dass es bei anderen genannten Themen Überschneidungen zur ökonomischen Dimension gibt und diese eine wesentliche Rolle für vorhandene Einstellungen spielen. Das ist insbesondere bei Themen der Fall, die als existenzielle Beeinträchtigung empfunden werden können und damit unmittelbar relevant für die materielle Situation der Befragten sind (zum Beispiel der Themenbereich „Arbeitslosigkeit").

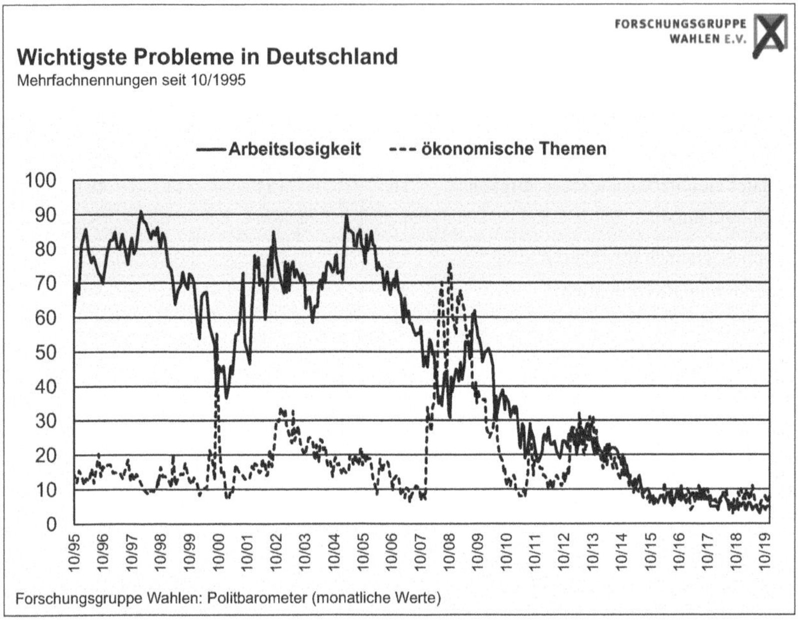

Abb. 1 Agenda Setting, Arbeitslosigkeit und ökonomische Themen. (Quelle: eigene Darstellung)

3 Ökonomische Lage und Bedeutung der Wirtschaftskompetenz

Deutschland hatte von 2009 bis zur Bundestagswahl 2017 und darüber hinaus bis zur Corona-Krise eine Phase ungebrochenen ökonomischen Wachstums erlebt (vgl. Statistisches Bundesamt 2019, S. 333). Seit 2005 hatte sich die Zahl der Arbeitslosen von 4,9 Mio. kontinuierlich auf 2,2 Mio. im Dezember 2019 verringert (vgl. Bundesagentur für Arbeit 2016, S. 23; Bundesagentur für Arbeit 2019, S. 16). Damit unterschied sich die ökonomische Situation in Deutschland entscheidend von den wirtschaftlichen Rahmenbedingungen in allen anderen wichtigen europäischen Ländern. In Frankreich beispielsweise, der bedeutendsten europäischen Volkswirtschaft neben Deutschland, betrug die Arbeitslosenquote trotz gewisser Erholungstendenzen 8,5 % und war damit fast dreimal so hoch wie in Deutschland (3,1 %) (vgl. Bundesagentur für Arbeit 2019, S. 21).

Entscheidend für die dauerhaft positive wirtschaftliche Entwicklung in Deutschland war insbesondere der verhaltene Einbruch Deutschlands in der internationalen Wirtschafts- und Finanzkrise 2007/2008. Insbesondere der umfassende Einsatz staatlich geförderter Kurzarbeit in Verbindung mit dem weitgehenden Verzicht der Unternehmen auf Entlassungen in der Krise haben die deutsche Volkswirtschaft sehr zügig wieder auf den Wachstumspfad zurückgeführt und kaum nachhaltige Spuren auf dem Arbeitsmarkt hinterlassen.

Soweit für andere westliche Demokratien ein direkter Zusammenhang zwischen gesamtwirtschaftlicher Lage und politischem Populismus – gleich welcher Ausprägung – feststellbar ist (vgl. Brinkmann und Panreck 2019), sind diese Befunde schon wegen der unterschiedlichen ökonomischen Ausgangslage nur bedingt auf Deutschland übertragbar.

In Deutschland gab es lange Zeit eine stabile Kompetenzzuordnung der Parteien. So wurde in den Umfragen der Union (und nicht der FDP) die größte Kompetenz in wirtschaftspolitischen Fragen zugewiesen – ähnlich eindeutig wie der SPD diese in Fragen der Sozialpolitik zugeordnet wurde. Die Sozialdemokraten büßten jedoch schon vor der Agenda 2010-Politik ihres damaligen Kanzlers Gerhard Schröder an sozialpolitischer Dominanz ein, weil zunehmend klar wurde, dass die von der Arbeitslosigkeit ausgehende Beeinträchtigung der sozialen Sicherheit auch durch eine wirtschaftspolitisch gestützte Wachstumsstrategie bekämpft werden kann. Infolgedessen ging es immer mehr um die Schaffung von Arbeitsplätzen als um eine sozialpolitische Abmilderung von Arbeitslosigkeit. Unter Beibehaltung ihrer wirtschaftspolitischen Kompetenz konnte die Union den traditionellen Vorsprung der Sozialdemokraten bei den sozialen Themen weitestgehend neutralisieren. Spätestens seit Hartz IV und der großen Koalition 2005 gelang es der SPD kaum noch, das Thema „Soziale Gerechtigkeit" glaubwürdig zu besetzen und eine deutliche Überlegenheit gegenüber den anderen Parteien zu erreichen. Dies machte sich insbesondere bei den Bundestagswahlen 2009 und 2013 für die SPD verheerend bemerkbar. Die Union vereitelte mit ihrer Strategie der asymmetrischen Demobilisierung der SPD zudem erfolgreich jede Form einer mobilisierenden Polarisierung bei sozialpolitischen Themen (vgl. Jung 2019). Neben der deutlichen Überlegenheit auf der Kandidatenebene mit einer präsidentiell wahrgenommenen Kanzlerin konnte die Union von der auf ihre Regierungstätigkeit zurückgeführten wirtschaftlichen Prosperität und einer zukünftige Sicherheit versprechenden ökonomischen Kompetenz profitieren. Mit einem unspektakulären, Brüche vermeidenden „Weiter so" fand die Mehrheitsgesellschaft ihr ökonomisches Sicherheitsbedürfnis bei einer von Angela Merkel geführten Koalition in guten Händen – und das alles, ohne dass sie Angst um ihre soziale Sicherheit haben musste.

Schon bald nach Amtsantritt der großen Koalition 2005 war nicht mehr viel zu spüren von den neoliberalen Ansätzen des Leipziger CDU-Parteitags von 2003 oder von den Ängste bis weit ins bürgerliche Lager hinein erzeugenden wirtschaftlichen Vorstellungen des „Professors aus Heidelberg" (Paul Kirchhof) aus dem missglückten Bundestagswahlkampf der Union 2005. Doch dieses Erfolgsrezept der Kanzlerschaft Merkel wurde durch zwei Entwicklungen bedroht. Das waren zum einen die Folgen der Flüchtlingspolitik 2015, die Merkel einen Teil ihres präsidentiellen Images kosteten und die bei bestimmten Wählerschichten ökonomische Befürchtungen weckten, auf die noch im weiteren Verlauf einzugehen ist. Beeinträchtigt wurde der Erfolg der Union aber vor allem durch die positive ökonomische Lage, die durch Gewöhnungseffekte für die Bevölkerung als zunehmend selbstverständlich wahrgenommen wurde und damit immer weniger wahlrelevant wurde – ohne dass die Union dabei ihre ökonomischen Kompetenzen eingebüßt hätte (vgl. Abb. 2).

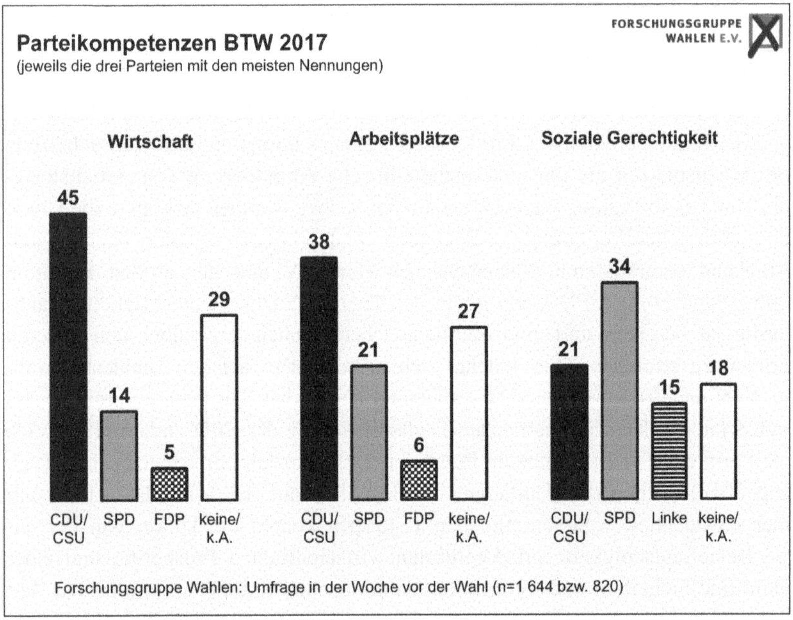

Abb. 2 Ausgewählte Parteikompetenzen in der Bundestagswahl 2017. (Quelle: eigene Darstellung)

Auch wenn das Bundestagswahlergebnis 2017 das schlechteste Ergebnis für die Union im wiedervereinigten Deutschland war (vgl. Jung et al. 2019), unterschieden sich die Kompetenzwerte aller Parteien bei den ökonomischen Dimensionen „wirtschaftliche Probleme lösen" und „Arbeitsplätze schaffen" fast überhaupt nicht von denen bei der Bundestagswahl 2013 – bei der die Union ein knapp neun Prozentpunkte besseres Ergebnis und das zweitbeste im wiedervereinigten Deutschland erzielt hatte. Selbst beim Thema „Soziale Gerechtigkeit" waren die Unterschiede zu 2013 nicht gravierend (vgl. Forschungsgruppe Wahlen 2013). Bei diesem Thema hatte die Union damals mit 26 % eine etwas höhere Kompetenzzuschreibung (2017: 21 %) und die Linke mit 10 % eine etwas niedrigere Kompetenzzuschreibung (2017: 15 %), während die der SPD mit 35 % praktisch identisch war (2017: 34 %).

Zwar ist eine Isolation der Beweggründe für den Wählerstimmenverlust nicht eindeutig möglich. Jedoch lässt sich zumindest sagen, dass bis zur Wahlentscheidung 2017 eine besondere Konstellation entstanden war: Die Union konnte selbst in der sich von den Auswirkungen der Flüchtlingspolitik nicht direkt bedroht fühlenden, ökonomisch zufriedenen Mehrheitsgesellschaft immer weniger von der zunehmend als selbstverständlich wahrgenommenen positiven ökonomischen Lage profitieren. Gleichzeitig litt die SPD darunter, dass sozialpolitische Themen in der heißen Phase des Wahlkampfs kaum Relevanz hatten – und dass sie zudem auf diesem für sie zentralen Thema keinen wirklich beherrschenden Kompetenzvorsprung besaß. Somit konnten beide traditionellen Volksparteien bei der Wahl nicht von ihren angestammten Themenbereichen profitieren und mussten den Wahlkampf bzw. die Wahlentscheidung auf anderen Feldern bestehen, auf denen sie keinen Heimvorteil hatten.

Der AfD wiederum wurde unmittelbar vor der Bundestagswahl 2017 lediglich von 2 % der Bevölkerung zugetraut, die wirtschaftlichen Probleme Deutschlands am besten lösen zu können. Selbst unter den Anhängern der AfD wiesen nur 15 % ihrer Partei die größte Kompetenz in ökonomischen Fragen zu, aber 34 % der CDU/CSU. Direkt vor der Bundestagswahl 2013, bei der die noch sehr junge AfD nur 4,7 % der Zweitstimmen erhalten hatte, trauten ihr ebenfalls lediglich 2 % aller Befragten bei der Lösung der wirtschaftlichen Probleme in Deutschland das Meiste zu. Damals waren immerhin 30 % ihrer Anhänger von der Wirtschaftskompetenz der AfD überzeugt. Bei der Bewältigung der Euro-Krise, die damals priorisiert auf der politischen Agenda stand, kam die AfD auf 5 % Kompetenzzuweisung durch alle Befragten und auf 58 % ihrer eigenen Anhänger (vgl. Forschungsgruppe Wahlen 2013). Dies bedeutet, dass das Erstarken der AfD – die ursprünglich dezidiert wirtschaftsliberale Einstellungen vertrat – mit einem relativen Bedeutungsverlust auf den ökonomischen Themenfeldern einhergegangen ist.

4 Aggregatdatenanalyse

Ein weiterer Zugang für die Analyse des Einflusses direkter ökonomischer Faktoren auf das Wahlergebnis ist mittels der Aggregatdatenanalyse auf der Ebene der Wahlkreise möglich. Die amtliche Statistik liefert drei ökonomische Variablen: das durchschnittliche Haushaltseinkommen, den Anteil der Sozialgesetzbuch II-Empfänger und die Arbeitslosenquote. Eine methodisch recht einfache und leicht nachvollziehbare Untersuchung der Zusammenhänge[3] ist über eine jeweilige Gruppierung der Wahlkreisergebnisse dieser drei Variablen möglich, bei der jeweils das Drittel aller Wahlkreise mit hoher, mittlerer und niedriger Ausprägung aggregiert wird. Bei der Aggregatdatenanalyse auf Bundesebene über alle Wahlkreise zeigt sich vor allem, dass Deutschland auch fast 30 Jahre nach der Wiedervereinigung noch ein in Ost und West geteiltes Land ist. Das wird daran deutlich, dass bei allen drei Variablen die Wahlkreise im Osten fast alle in dem jeweils ökonomisch problematischen Drittel liegen, weshalb hier eine nach Ost und West getrennte Aggregation vorgenommen wurde.

Eine entsprechend gruppierte Aggregation der Wahlkreise liefert bei der Variablen „durchschnittliches Haushaltseinkommen" weder im Osten noch im Westen signifikante Unterschiede im Hinblick auf das Abschneiden der Parteien. In Westdeutschland ist bei den Anteilen der Sozialgesetzgebung II-Empfänger und der Arbeitslosenquote kein systematischer Trend erkennbar. Deutliche Zusammenhänge zeigen sich jedoch im Osten bei den Variablen Sozialgesetzgebung II-Empfänger und Arbeitslosigkeit (vgl. Tab. 2).

Während das Abschneiden von CDU, SPD, Grünen, FDP und bei der Summe der sonstigen Parteien keine deutlichen Zusammenhänge zu den beiden ökonomischen Variablen liefert, ist deren Einfluss auf das Ergebnis der Linken und der AfD eindeutig und vor allem gegenläufig. Das bedeutet, dass die Wahlergebnisse für die Linke dann besonders gut ausfallen, wenn die Wahlkreise durch einen besonders hohen Anteil von Empfängern gemäß Sozialgesetzbuch II oder durch eine besonders hohe Arbeitslosigkeit gekennzeichnet sind. Die Ergebnisse der AfD hingegen fallen am besten aus in den Wahlkreisen mit einem für den Osten besonders niedrigen Anteil an Sozialhilfeempfängern und einer besonders

[3] Für eine multivariate Mehrebenenanalyse vgl. Richter und Bösch 2017.

Tab. 2 Wahlergebnisse in den neuen Bundesländern in %; Aggregation der Wahlkreise mit …

Quote	CDU	SPD	Linke	Grüne	FDP	AfD	Sonstige
SGB II-Empfänger							
Niedrig	28,6	12,7	15,4	4,0	7,8	25,1	6,4
Mittel	28,0	14,5	17,3	4,6	7,6	21,9	6,2
Hoch	26,0	14,6	20,7	6,6	7,0	18,5	6,5
Arbeitslosigkeit							
Niedrig	28,3	12,9	15,9	4,3	7,8	24,5	6,4
Mittel	27,5	13,9	17,5	4,9	7,9	22,0	6,3
Hoch	26,9	14,9	20,2	6,0	6,6	19,0	6,4

Quelle: Bundeswahlleiter: Strukturdaten zur Bundestagswahl 2017. Eigene Berechnungen

niedrigen Arbeitslosenquote. Überspitzt formuliert hieße das, dass die Wähler in ökonomisch bessergestellten Gebieten Ostdeutschlands eher der AfD zuneigen, wohingegen diejenigen in Gebieten mit einer prekären ökonomischen Situation häufiger die Linke präferieren. Allerdings muss beachtet werden, dass es sich bei einer solchen Art der Analyse um eine Auswertung von Aggregatergebnissen handelt, was streng genommen keinen individuellen Rückschluss zulässt (ökologischer Fehlschluss).

5 Direkte ökonomische Indikatoren als Erklärungsversuch für Protestwahlverhalten

Als bei der Abgeordnetenhauswahl 1989 in Berlin die Republikaner als rechte Protestpartei erstmals in ein Landesparlament eingezogen waren, ließ sich unter den Wählern dieser Partei ein sehr deutliches direktes ökonomisches Motiv erkennen. Damals gaben 66 % der REP-Anhänger und damit so viele wie in keiner anderen Wählergruppe an, dass sie sich selbst oder eine ihnen nahestehende Person wegen des drohenden Verlustes des Arbeitsplatzes Sorgen machen oder ihn schon verloren hatten (vgl. Forschungsgruppe Wahlen 1989).

Bei der Bundestagswahl 2017 hingegen waren nicht nur in der Gesamtheit der erwerbsfähigen Bevölkerung relativ wenige Befürchtungen vorhanden, dass der eigene Arbeitsplatz gefährdet ist oder verloren geht (15 %), auch die AfD-Anhänger unterscheiden sich hierbei nicht von der Gesamtheit. Überdurchschnittliche Sorgen wegen ihres Arbeitsplatzes machten sich hingegen die

Anhänger der SPD (25 %) und der Linken (26 %). Bei Letzteren gaben besonders viele Wähler an, dass sie bereits arbeitslos sind. Die geringste gefühlte Sicherheit des Arbeitsplatzes (65 %) findet sich dabei in der allerdings sehr kleinen Gruppe der über 60-Jährigen, die maximal über einen Hauptschulabschluss verfügen.

Wenn es um die Beurteilung der eigenen wirtschaftlichen Lage geht, berichten im Jahre 2017 unmittelbar vor der Wahl bundesweit 63 % von einer guten Situation und lediglich 8 % von einer schlechten wirtschaftlichen Lage (teils/teils: 29 %). In keiner anderen Partei-Anhängergruppe finden sich mehr Befragte, die von einer schlechten eigenen ökonomischen Lage berichten als bei den AfD-Anhängern (14 %). Allerdings meinen auch hier über die Hälfte der Befragten (58 %), dass es ihnen aktuell wirtschaftlich gut geht. Ganz offensichtlich sind somit die AfD-Präferenzen nicht primär das Ergebnis einer zum Zeitpunkt der Wahlentscheidung wahrgenommenen schlechten eigenen Wirtschaftslage.

Etwas ausgeprägter pessimistisch als in der Gesamtheit ist der Blick der AfD-Anhänger auf die allgemeine Wirtschaftslage in Deutschland. Diese beurteilen 18 % der AfD-Anhänger als schlecht (Gesamtheit: 7 %); aber auch hier gibt die Mehrheit (55 %) ein positives Urteil ab (Gesamtheit: 62 %). Und bei keiner Partei sind so viele (27 %) der Meinung, dass es mit der deutschen Wirtschaft eher abwärts geht wie bei den AfD-Anhängern. In der Gesamtheit meinen das nur 15 % und bei den CDU/CSU-Anhängern sogar nur 8 %.

Aufschlussreich ist in diesem Zusammenhang eine separate Betrachtung der Situation in den neuen Bundesländern (vgl. Abb. 3).

Bemerkenswert ist zunächst, dass trotz der deutlich unterschiedlichen objektiven wirtschaftlichen Rahmenbedingungen zwischen West- und Ostdeutschland in der jeweiligen Gesamtheit ähnlich viele Befragte im Westen (7 %) wie im Osten (9 %) ihre persönliche ökonomische Lage als „schlecht“ beurteilen. Allerdings sind in Ostdeutschland – wo die AfD 2017 ein überdurchschnittlich hohes Wahlergebnis von 21,9 % erzielte – die Zusammenhänge zwischen Bewertung der eigenen wirtschaftlichen Lage und der Präferenz für die AfD viel deutlicher ausgeprägt als in Westdeutschland: So sagten nur 30 % der ostdeutschen AfD-Anhänger, dass es ihnen wirtschaftlich gut geht (Ostdeutschland insgesamt: 56 %), aber 22 % berichten von einer schlechten eigenen ökonomischen Situation. Damit unterscheiden sich die Anhänger der AfD bei dieser Frage signifikant von denen der Linke im Osten Deutschlands, die überdurchschnittlich häufig von einer positiven ökonomischen Situation berichten. Bei der Bundestagwahl 2013 waren es noch die Anhänger der Linken, die am seltensten von einer guten eigenen ökonomischen Lage berichtet hatten (31 % gegenüber 51 % in der ostdeutschen Gesamtheit) (vgl. Forschungsgruppe Wahlen 2013).

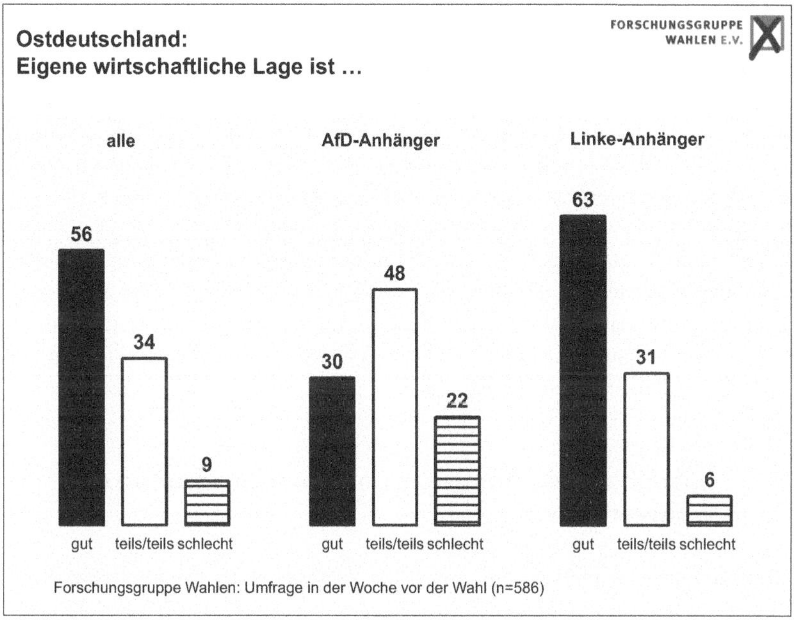

Abb. 3 Eigene wirtschaftliche Lage in Ostdeutschland. (Quelle: eigene Darstellung)

Wenngleich ein zwingender empirischer Nachweis aufgrund der methodischen Probleme von Wählerwanderungsbilanzen nicht möglich ist, bedeuten diese Ergebnisse dennoch eines: Die Bewertung der eigenen wirtschaftlichen Lage ist eines der entscheidenden Kriterien im Osten dafür gewesen, welche ehemaligen Wählerschichten der Linke treu geblieben sind und welche 2017 empfänglich für die AfD waren. Vor allem diese Abwanderung zur AfD hat dazu geführt, dass die Linke ihre dominierende Rolle als ostdeutsche Protestpartei eingebüßt hat.

Auf den ersten Blick scheint dieser Befund einen Widerspruch zu den Ergebnissen der Aggregatdaten-Analyse darzustellen. Bei Vergegenwärtigung der Tatsache, dass die Aggregatdatenanalyse keine individuellen Einstellungszusammenhänge beschreibt, sondern darauf abzielt, Regionen in Hinblick auf ihre ökonomischen Rahmenbedingungen zu beschreiben, ergibt das sehr wohl Sinn. So ist es plausibel, davon auszugehen, dass die mittels der Umfrage gemessene subjektiv negative Einschätzung der Wirtschaftslage in Regionen mit ökonomisch positiven Rahmenbedingungen als besonders prägend wahrgenommen wird. Dadurch bekommt für dort lebende Wähler ihre negative Lage eine größere

Relevanz als bei Wählern, die ihre schlechte ökonomische Situation aufgrund des sie umgebenden kritischen ökonomischen Umfelds eher als normal betrachten.

Wie groß die Nähe der AfD-Anhänger in Ostdeutschland an bestimmten Stellen zur Linken ist, wird auch deutlich bei der Frage nach der Zustimmung zu dem Statement „Die Linke ist die einzige Partei, die Politik für die sozial Schwachen macht". Diesem Statement stimmten 72 % der AfD-Anhänger im Osten zu, und damit nur etwas weniger als bei den Anhängern der Linken (83 %), sowie deutlich mehr als in der Gesamtheit der Ostdeutschen (58 %). Dies unterstreicht ebenfalls, dass die Nähe zur AfD in Ostdeutschland sehr stark durch das Gefühl der sozialen Benachteiligung geprägt ist, bei der es eine Nähe zur Linken gibt. Dies deutet darauf hin, dass die Präferenzen für die AfD im Osten bei den meisten ihrer Anhänger nicht allein einer weltanschaulichen Komponente auf der Rechts-Links-Dimension unterliegen.

6 Mittelbare ökonomische Bestimmungsgründe des Wahlverhaltens

Makroökonomische Indikatoren können die Einstellung zu ökonomischen Rahmenbedingungen von Wählern nicht vollständig widerspiegeln. Mit den Umfragewerten zur Einschätzung der eigenen wirtschaftlichen Lage sowie der allgemeinen wirtschaftlichen Lage kann ein differenzierteres Bild über subjektive Dimensionen im Meinungsbildungsprozess gezeichnet werden. Die Wahrnehmung einer Benachteiligung spielt dabei eine wichtige Rolle. Zentral für die Einschätzung der eigenen wirtschaftlichen Lage sind der Vergleich und das Abschneiden im vom Individuum wahrgenommenen Umfeld. Unabhängig von der absoluten Höhe der zur Verfügung stehenden Ressourcen kann eine als subjektiv ungerecht wahrgenommene Konstellation auch bei einer gesamtheitlich objektiv guten ökonomischen Situation zu großer Unzufriedenheit führen (subjektive bzw. relative Deprivation) (vgl. Pickel 2019).

6.1 Ungerechtigkeitsempfinden

Bei der ohne Vorgaben gestellten Frage, was die wichtigsten Probleme in Deutschland seien (zwei Nennungen möglich), nannten in der Woche vor der Bundestagswahl 2017 16 % aller Befragten Themen, die der Problematik „Soziale Gerechtigkeit / Soziales Gefälle" zugeordnet werden konnten. Auffällig ist, dass im Wahlkampfjahr 2017 die Nennungen zu dieser Thematik zugenommen hatten: So wurde dieses Thema bei der entsprechenden Agenda Setting-Frage im Jahresdurchschnitt 2015 lediglich von 6 % und im Jahr 2016 von 8 % der Befragten genannt.[4] Dies lässt sich unter anderem mit dem nur bedingt erfolgreichen Versuch des SPD-Spitzenkandidaten Martin Schulz erklären, das Thema Soziale Gerechtigkeit im Wahlkampf stärker in den Vordergrund zu bringen. Nach Ende des Wahlkampfs 2017 gingen die Nennungen wieder zurück.

Bei Betrachtung der einzelnen Parteianhängergruppen wird der Themenbereich „Soziale Gerechtigkeit/Soziales Gefälle" von Anhängern der Union (9 %) und der FDP (9 %) unterdurchschnittlich oft genannt. Die Anhänger von SPD (21 %) und Grünen (20 %) liegen leicht über dem Durchschnitt. Besonders häufig erfolgt eine Thematisierung durch die Anhänger der Linken (35 %). Die AfD-Anhänger bleiben dabei mit 15 % nah am Gesamtdurchschnitt. Besondere Auffälligkeiten sind zwischen Ost und West nicht erkennbar.

Zu der expliziten Frage, wie sich die Unterschiede zwischen Arm und Reich in den letzten Jahren in Deutschland verändert haben, meinen 30 %, dass sie viel größer und 53 %, dass sie größer geworden sind. Von einer unveränderten Situation gehen 12 % der Befragten aus und lediglich 4 % nehmen verringerte Unterschiede wahr. Besonders häufig wird ein „viel größer gewordener Unterschied" von den Anhängern der Linken (49 %) und der AfD (42 %) konstatiert, während Anhänger der FDP und der Union dies mit jeweils 16 % nur unterdurchschnittlich häufig empfinden. Auch bei den Antworten zu dieser Frage können die Unterschiede zwischen Ost- und Westdeutschland aufgrund geringer Diskrepanz in den Werten vernachlässigt werden.

Auf die eigene Situation bezogen sagt etwa jeder vierte Befragte (27 %), er habe alles in allem gesehen in seinem gegenwärtigen Leben weniger als ihm gerechterweise zustehen würde (vgl. Abb. 4). Lediglich 6 % sind der Auffassung, dass sie mehr haben, als ihnen zustehen würde. Fast zwei Drittel (62 %) sind der Ansicht, dass die aktuelle Situation in Ordnung sei. Die größte Unzufriedenheit äußern bei dieser Frage die Anhänger der Linken, bei denen sich 41 % benachteiligt fühlen. Darauf folgen an zweiter Stelle die Anhänger der AfD mit 33 %. Deutliche Unterschiede lassen sich zwischen Ost- und Westdeutschland erkennen: Während in Westdeutschland lediglich 24 % eine Gerechtigkeitslücke wahrnehmen, sind es in den neuen Bundesländern 38 % der Befragten.

[4] Forschungsgruppe Wahlen. Jeweils Jahreskumulation der Politbarometer-Umfragen (n = 22.553 bzw. 22.639).

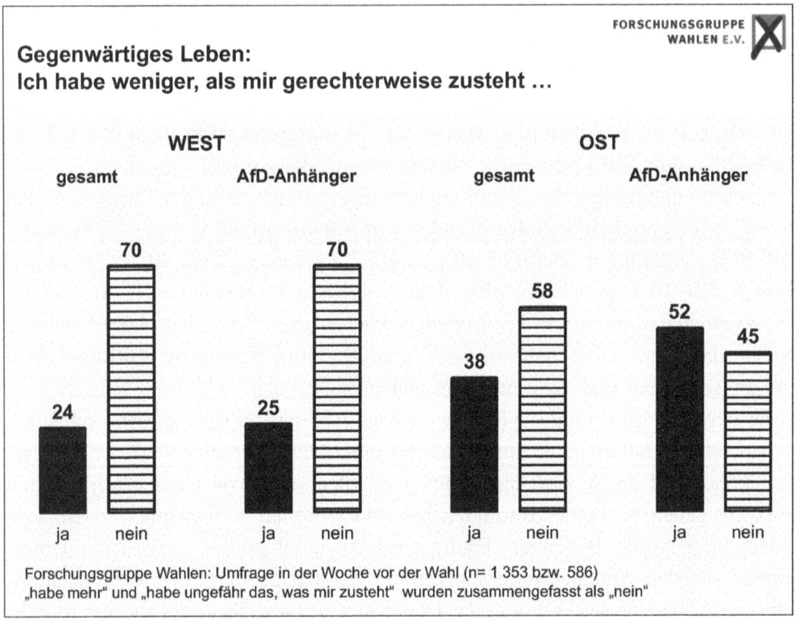

Abb. 4 Was mir gerechterweise zusteht … (Quelle: eigene Darstellung)

In Westdeutschland unterscheidet sich die Einstellung der AfD-Anhänger kaum von der Gesamtbevölkerung. Hingegen ist innerhalb der AfD-Anhängergruppe Ostdeutschlands – anders als bei den AfD-Anhängern Westdeutschlands – eine Mehrheit (52 %) der Meinung, dass sie aktuell weniger haben, als ihnen gerechterweise zusteht. Damit weichen die ostdeutschen AfD-Anhänger deutlich von der durchschnittlichen Meinung der ostdeutschen Bürger ab (38 %). Bei den Anhängern der Linken sind diese Werte deutlich geringer und liegen mit 35 % leicht unter dem Durchschnitt aller dort Befragten.

6.2 Zukunftsvorbereitung

Je stärker sich der Fokus auf die Zukunft richtet, desto kritischer fällt bundesweit das Urteil der AfD-Anhänger aus: Fast drei Viertel von ihnen (74 %) halten Deutschland eher schlecht vorbereitet auf die Herausforderungen der Zukunft.

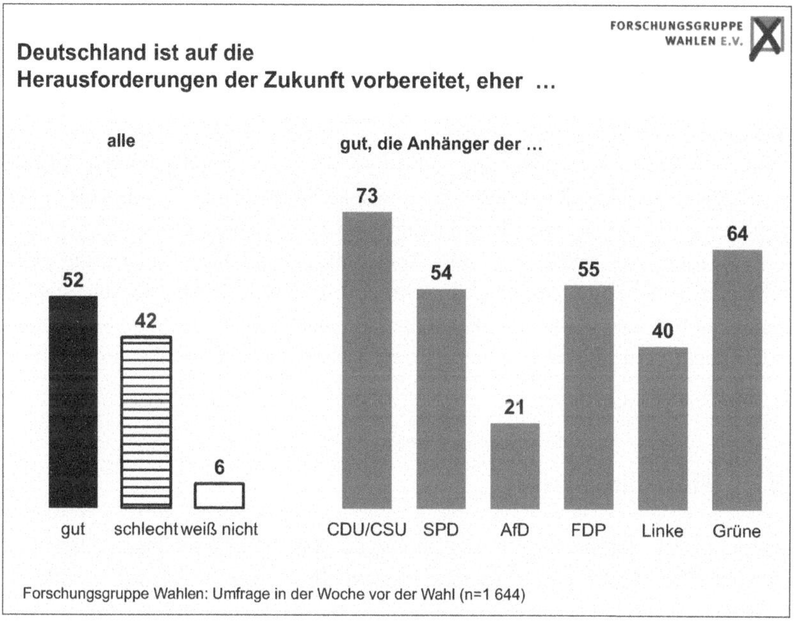

Abb. 5 Zukunftsvorbereitung. (Quelle: eigene Darstellung)

Bei dieser Frage unterscheidet sich die AfD signifikant von dem Rest der Bevölkerung (vgl. Abb. 5). Zwar zielt die ermittelte pessimistische Einschätzung der AfD-Anhänger nicht ausschließlich auf die ökonomischen Dimensionen ab, sehr wohl hat sie aber mittel- bis langfristig Auswirkungen auf diese.

Es ist naheliegend, davon auszugehen, dass die eigenen Zukunftsängste zunächst als Defizit des staatlichen Überbaus wahrgenommen werden – denn von ihm wird erwartet, dass er die Bürger vor den Widrigkeiten der sich verändernden Welt zu schützen hat. Gerade ein zwischenzeitlich erreichter Wohlstand erzeugt eine besondere Sensibilität gegenüber Entwicklungen, denen ein den individuellen Wohlstand gefährdendes Potential unterstellt wird.

In einer Gesellschaft, in welcher der überwiegende Teil der Erwerbsfähigen keine akute Bedrohung des eigenen Arbeitsplatzes wahrnimmt, und die Mehrheit die derzeitige ökonomische Situation als positiv betrachtet, liefern die gesellschaftlichen und ökonomisch-strukturellen Veränderungen auf nationaler und internationaler Ebene die Hauptgründe bei der Bedrohungswahrnehmung des erreichten ökonomischen Wohlstands. Besondere Verwundbarkeiten entstehen, wo scheinbar unumstößliche Gewissheiten infrage gestellt werden. Insbesondere gilt dies dort, wo Fähigkeiten im Arbeitsleben an Bedeutung verlieren, die bisher die Basis des individuellen Wohlstands gebildet haben. Dies wirkt sich umso schwerwiegender aus, je weniger beeinfluss- und kontrollierbar die Entwicklungen von den Bürgern wahrgenommen werden.

Faktoren, die zu Verunsicherung und Ängsten beitragen, sind zahlreich. Besondere Relevanz hat der globalisierte ökonomische Wettbewerb, die Infragestellung etablierter moralischer Normen in Familie und Gesellschaft, die zurückgehende Wertschätzung von Traditionen und Brauchtum – und nicht zuletzt die Verwerfungen, welche aus der Flüchtlingskrise resultierten. In der Summe stellen diese Faktoren das individuell Erreichte und damit auch die daraus resultierende ökonomische Basis infrage, oder sie lassen diese als in Zukunft bedroht erscheinen.

6.3 Flüchtlingskrise

Angesichts der dominierenden Bedeutung der Flüchtlingsproblematik bei den politischen Themen vor der Bundestagswahl 2017 (vgl. Jesse 2019) soll im Folgenden vor allem diese gesellschaftliche Herausforderung im Kontext der ökonomischen Lage der Befragten dargestellt werden. Dabei sind zwei grundsätzlich unterschiedliche Auswirkungen der Flüchtlingsproblematik auf die Einstellungen der Bürger zu berücksichtigen: Zum einen, ob es objektive, auf die Zunahme der Flüchtlingszahlen zurückzuführende Beeinträchtigungen des Lebens der heimischen Bevölkerung gibt. Und zum anderen, ob die Flüchtlingsproblematik nicht viel mehr als Vorwand für andere strukturelle Ängste und Probleme bewusst oder unbewusst herhalten muss.

Zum Zeitpunkt der Wahl hatte sich die Situation gegenüber 2015/2016 entspannt. Die Flüchtlingszahlen waren deutlich zurückgegangen, entsprechend hatte auch das Flüchtlingsthema auf der Agenda im Laufe des Jahres 2016 an Bedeutung verloren (von gut 80 % zum Jahresanfang 2016 auf rund 40 % im März 2017). Allerdings blieb es bis zur Bundestagswahl 2017 das wichtigste Thema und wurde vielfach als „wahlentscheidendes" Thema insbesondere für den Erfolg der AfD gesehen.

Eine Woche vor der Bundestagswahl 2017 wurde die Bevölkerung durch die Forschungsgruppe Wahlen nach den persönlichen Auswirkungen durch die Flüchtlinge gefragt (vgl. Abb. 6). Nur 12 % aller Befragten gaben an, dass sie persönlich Nachteile aufgrund der Flüchtlingssituation hinzunehmen hatten. 4 % der Befragten gingen sogar von Vorteilen aus. Der überwiegende Anteil (83 %)

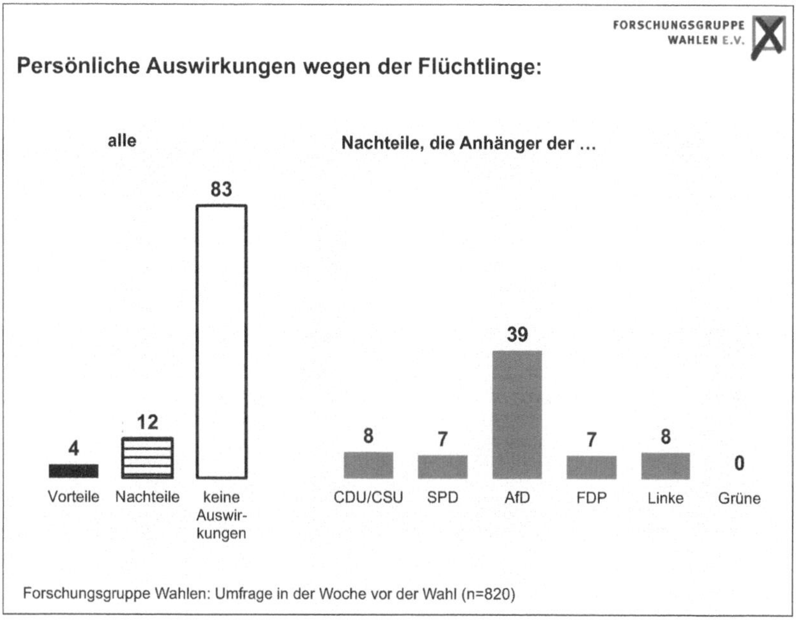

Abb. 6 Persönliche Auswirkungen wegen der Flüchtlinge. (Quelle: eigene Darstellung)

ging von keinen wesentlichen Auswirkungen auf ihre persönliche Situation aus. Selbst unter den Anhängern der AfD berichteten nur 39 % von negativen Auswirkungen – wenn auch signifikant mehr als der Rest der Bevölkerung. Wer seinen Arbeitsplatz gefährdet sah oder ihn schon verloren hatte, nahm wesentlich häufiger persönliche Nachteile durch die Flüchtlinge (23 %) wahr, als diejenigen, die ihren Arbeitsplatz als sicher ansahen (13 %).

Zwar war eine Mehrheit von 59 % aller Befragten der Meinung, dass Deutschland die vielen Flüchtlinge aus den Krisengebieten verkraften kann (vgl. Abb. 7), allerdings betrachten Anhänger der AfD die Situation insgesamt deutlich pessimistischer als die Anhänger aller anderen Parteien: 87 % von ihnen waren zum Zeitpunkt der Wahl der Überzeugung, Deutschland könne die große Zahl der Flüchtlinge nicht verkraften. Auch hier sind parteiübergreifend deutliche Unterschiede zwischen Ost- und Westdeutschland erkennbar: Während in Westdeutschland eine Bevölkerungsmehrheit von 63 % von einer Bewältigung des Flüchtlingsstroms ausgingen, taten das in Ostdeutschland lediglich 42 % der Befragten.

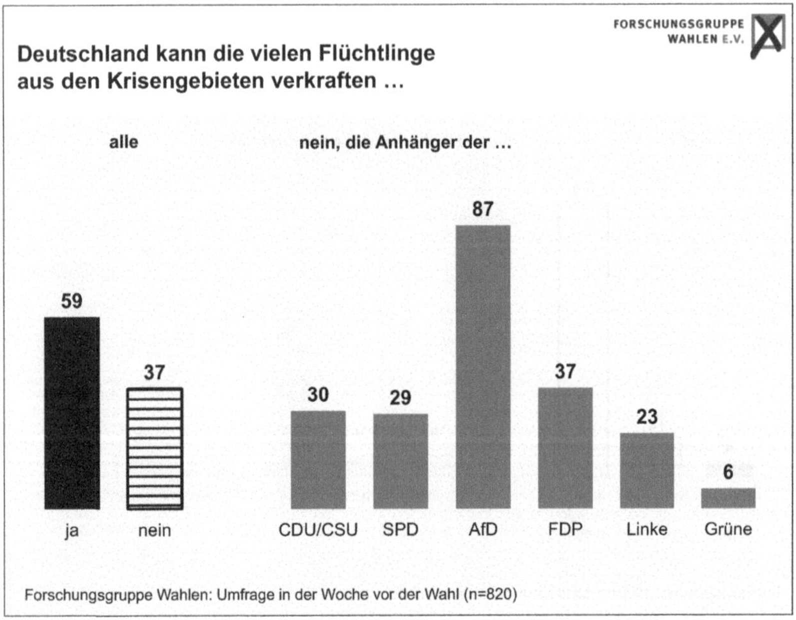

Abb. 7 Kann Deutschland die Flüchtlinge verkraften? (Quelle: eigene Darstellung)

Kaum eine andere Dimension beeinflusst die Einstellungen zur Aufnahme von Flüchtlingen so sehr wie die berichtete eigene Wirtschaftslage: Von denen, die ihre eigene ökonomische Situation als schlecht charakterisieren, meinen 58 %, dass Deutschland die vielen Flüchtlinge nicht verkraften kann. Bei den Befragten, die ihre eigene Wirtschaftslage als gut beschreiben – die deutliche Mehrheit aller Befragten – sind das nur 32 %. Diese Einstellung wird bei Berücksichtigung des formalen Bildungsniveaus – ein relevanter Indikator für ökonomischen Wohlstand – bestätigt: Während unter den bundesweit Befragten, die lediglich über einen Hauptschulabschluss verfügen, eine Mehrheit von 52 % davon ausgeht, dass Deutschland die vielen Flüchtlinge nicht verkraften kann, sind es bei den Befragten mit Hochschulreife nur 21 % und bei den Befragten mit einem Hochschulabschluss 18 %.

Diese Daten zeigen auf, dass hinter der deutlichen Reserviertheit gegenüber den Flüchtlingen und deren Eingliederung die wahrgenommene eigene und allgemeine ökonomische Situation der Befragten eine zentrale Rolle spielt. Insofern kann die Bedeutung des Flüchtlingsthemas für die AfD-Präferenz zu einem nicht unerheblichen Teil auf ökonomische Dimensionen zurückgeführt werden. Mit dem Aufbegehren gegen eine Aufnahme von Flüchtlingen in Deutschland sowie ausländerkritischen bis ausländerfeindlichen Einstellungen können insbesondere AfD-Anhänger trotz partieller wahrgenommener Deprivation ihr positives Selbstbild aufrechterhalten, indem sie sich anderen gegenüber abgrenzen oder diese abwerten. Die empfundene Bedrohung ist eng verknüpft mit typischen Sorgen, die Modernisierungsverlierer empfinden.

Dennoch muss auch hier berücksichtigt werden, dass der AfD selbst beim Thema Flüchtlinge/Asyl keine überdurchschnittliche Kompetenz zugeschrieben wird: 12 % aller Befragten geben an, dass die AfD am ehesten eine Politik im Sinne der jeweils Befragten vertritt, wenn es um die Flüchtlingspolitik geht. Selbst unter den Anhängern der AfD sind das nur drei von vier (77 %).

6.4 Ökonomische Folgen der EU-Mitgliedschaft

Die Entstehungsgeschichte der AfD ist eng mit der Europäischen Union und mit dem Euro verbunden. In diesem Kontext ist die ökonomische Dimension offensichtlich, da die AfD das Narrativ der nationalen Übervorteilung durch die europäischen Zahlungsempfänger kultivierte und jede fiskalpolitische Maßnahme – insbesondere im Zusammenhang mit der Griechenland-Krise – als eine Verschwendung von deutschen Steuermitteln für die vermeintlich „faulen" und „verschwenderischen" europäischen Partner diffamierte. Auch jenseits der Euro-Stabilisierung wurde immer wieder die Rolle Deutschlands als Zahlmeister Europas betont, ohne die Vorteile für Deutschland als Exportnation zu nennen. Damit wurde suggeriert, dass es den Deutschen besser gehen würde, wenn deutsche Steuergelder im Land blieben und nur den eigenen Staatsbürgern zur Verfügung stünden.

Die Euro-Skepsis der AfD-Anhänger steht in einem eklatanten Gegensatz zum Trend der deutschen Gesamtbevölkerung (vgl. Abb. 8): Seit vielen Jahren sieht ein wachsender Teil in der EU-Mitgliedschaft überwiegend Vorteile für die deutsche Bevölkerung. So ist dieser Anteil von 21 % im Mai 2010 auf 45 % bei der Bundestagswahl 2017 deutlich angestiegen – während der Anteil, der vor allem Nachteile wahrnimmt, von 36 % auf 14 % gesunken ist. Signifikant abweichende Auffassungen haben die Anhänger der AfD, bei denen – anders als in allen anderen Parteianhängergruppen – 43 % in der EU-Mitgliedschaft eher Nachteile für die deutsche Bevölkerung sehen und nur 23 % eher Vorteile (33 % meinen, dass

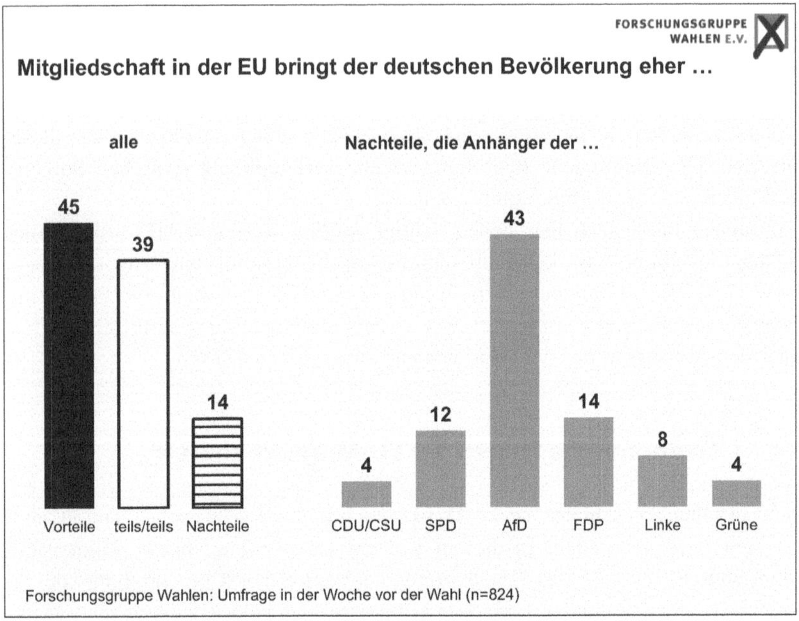

Abb. 8 Mitgliedschaft in der EU. (Quelle: eigene Darstellung)

sich Vor- und Nachteile ausgleichen). Damit stehen sie in einem Kontrast insbesondere zu den Anhängern von Grünen (67 %), FDP (60 %) und CDU/CSU (59 %), bei denen jeweils für die klare Mehrheit die Vorteile überwiegen.

Erneut wird hier erkennbar, dass die Einschätzung der eigenen wirtschaftlichen Lage die Sichtweise auf die Mitgliedschaft in der Europäischen Union prägt. Während nur 26 %, die ihre eigene Wirtschaftslage als schlecht beurteilen, in der EU-Mitgliedschaft eher Vorteile für die deutsche Bevölkerung sehen, sind es 53 % bei denen, die ihre eigene Wirtschaftslage als gut bewerten. Hinter diesem Zusammenhang verbirgt sich allerdings auch die Korrelation zwischen der ökonomischen Situation und dem formalen Bildungsniveau der Befragten.

7 Resümee und Ausblick

„It's the economy, stupid!": Es sei dahingestellt, ob diese Aussage von 1992 die Situation in den USA überwiegend richtig charakterisiert. Für Deutschland mit seinem weltanschaulich geprägten, ausdifferenzierten Parteiensystem, beschreibt diese Erkenntnis kaum eine der entscheidenden Konstellationen bei einer Bundestagswahl – schon gar nicht die von 2017.

In einer Phase langanhaltender ökonomischer Prosperität zählt Wirtschaftskompetenz wenig, wenn es darum geht, welcher Partei der Bürger seine Stimme gibt. Die geringe Arbeitslosigkeit und das anhaltende Wirtschaftswachstum erscheinen zunehmend selbstverständlich. Eine Konstellation, unter der vor allem die Union litt, die mit ihrer unveränderten Wirtschaftskompetenz wenig punkten konnte. Auch die SPD – der es im Wahlkampf unter Martin Schulz misslang, die Bedeutungshoheit über den Begriff der sozialen Gerechtigkeit wiederzuerlangen – konnte bei der Bundestagswahl 2017 ein weiteres Mal einen wichtigen Teil ihrer ehemals angestammten Wählerschaft nicht erreichen. Insofern waren die beiden wichtigen Volksparteien zur Bundestagswahl 2017 nicht in der Lage, die ihnen zugeordneten Kompetenzen so auszuspielen, dass sie gute Wahlergebnisse erzielen konnten.

Mit der Flüchtlingskrise als dominierendem Thema der Wahl schaffte es die AfD, von Zukunftsängsten und gefühlten Unsicherheiten der Bürger zu profitieren, die durch gesellschaftliche Veränderungen – von exogenen und endogenen Effekten getrieben – ausgelöst wurden. Kern dieser Verunsicherung eines Teils der Wählerschaft war durchaus eine mittelfristige ökonomische Bedrohungs- und Benachteiligungswahrnehmung. Diese spiegelt sich darin wider, dass viele Befragte der Ansicht sind, weniger zu bekommen als es ihnen gerechterweise zusteht. Selbstverständlich profitierten von einer anhaltenden ökonomischen Prosperität – die anhand makroökonomischer Indikatoren festgestellt wird – nicht alle Bürger und schon gar nicht alle gleichermaßen. Wenngleich eine deutliche Mehrheit im Wohlstand lebt, können dennoch sehr viele objektiv benachteiligt sein oder sich subjektiv benachteiligt fühlen. Die AfD war auch dank der kommunikativen Fehler der anderen Parteien in der Lage, diese Unzufriedenheit zu ihren Gunsten zu kanalisieren. Dies führte zu einer Situation, in welcher trotz der guten Wirtschaftslage eine populistische Partei am rechten Rand massiven Zulauf erfuhr.

Die deutliche Schwerpunktverlagerung von der „Professoren-AfD" von 2013 – die gestartet war, den bürgerlichen Parteien Union und FDP ihre wirtschaftsliberalen Wähler abspenstig zu machen – hin zu einer mit den Ängsten vor dem Fremden und vor den Fremden spielenden Gauland- und Höcke-AfD von 2017, hat die Union wegen Merkels Flüchtlingspolitik und der Nervosität der CSU zeitweise in Schwierigkeiten gebracht. Die alten Links-rechts-Muster ignorierend versammelten sich unterschiedliche Wählerschichten vor allen Dingen im Osten hinter der AfD, weil sie sich aus unterschiedlichen Motiven heraus durch die etablierte Politik ungerecht behandelt oder nicht ausreichend wertgeschätzt fühlten. Nicht zuletzt dadurch verlor die SPD weiter an Bedeutungshoheit über den Begriff der sozialen Gerechtigkeit, der die Partei weit über die Bundestagswahl 2017 hinaus bei ihrer ehemaligen Kernkompetenz weiter relativiert. Auf diesem Gebiet ist der SPD neben der Linken mit der AfD eine neue Konkurrenz entstanden.

Der AfD ist spätestens 2017 auf absehbare Zeit eine Etablierung im bundesrepublikanischen Parteiensystem gelungen. Diese basierte 2017 darauf, dass sie mit Elementen des Protests, einer Politik der Verunsicherung und mit rechtspopulistisch bis rechtsextremistischen Positionen Wähler gewonnen hat. Der Erfolg stand bis dato jedoch vor dem Hintergrund einer guten ökonomischen Ausgangslage und eines hohen materiellen Wohlstands des überwiegenden Teils der Bevölkerung. Mit ihrer stärker rechtspopulistischen Ausrichtung hat die AfD aber auch bürgerlich-wirtschaftsliberale Wähler abgeschreckt. Die AfD unterließ es, eine eigenständige wirtschaftspolitische Kompetenz aufzubauen, mit der sie der auf diesem Gebiet etablierten Union gefährlich werden kann. Insofern stellt sich für Deutschland die eher untypische Frage, ob die rechtspopulistische AfD ihre Erfolge, die sie unter den Bedingungen wirtschaftlicher Prosperität erzielt hat, in Zeiten wiederholen kann, die ökonomisch kritischer sind und mehr Kompetenz in Wirtschaftsfragen fordern. Denn: Wirtschaftskompetenz trauen der AfD selbst die eigenen Wähler mehrheitlich nicht zu.

Literatur

Brinkmann, Heinz Ulrich, und Isabelle-Christine Panreck (Hrsg.). 2019. Rechtspopulismus in Einwanderungsgesellschaften. Die politische Auseinandersetzung um Migration und Integration. Wiesbaden: Springer VS.

Bundesagentur für Arbeit. 2016. Der Arbeitsmarkt in Zahlen 2005 bis 2015. Nürnberg.

Bundesagentur für Arbeit. 2019. *Monatsbericht zum Arbeits- und Ausbildungsmarkt* Dezember 2019. Nürnberg.

Downs, Anthony. 1968. Ökonomische Theorie der Demokratie. Tübingen: J. C. B. Mohr (Paul Siebeck).

Faas, Thorsten, und Arndt Leininger. 2020. Issue Voting und Economic Voting. In *Politikwissenschaftliche Einstellungs- und Verhaltensforschung,* hrsg. von Thorsten Faas, Oscar W. Gabriel und Jürgen Maier, 502 - 526. Baden-Baden: Nomos Verlagsgesellschaft.

Forschungsgruppe Wahlen. 2017. Umfrage in der Woche vor der Bundestagswahl 2017. Mannheim: Forschungsgruppe Wahlen (ZA Nr: 6951).

Forschungsgruppe Wahlen. 2013. Umfrage in der Woche vor der Bundestagswahl 2013. Mannheim: Forschungsgruppe Wahlen (ZA Nr: 5937).
Forschungsgruppe Wahlen. 1989. Umfrage in der Woche vor der Abgeordnetenhauswahl Januar 1989. Mannheim: Forschungsgruppe Wahlen (ZA Nr: 1766).
Jesse, Eckhard. 2019. Das Aufkommen der Alternative für Deutschland. Deutschland ist kein Ausnahmefall mehr. In *Brinkmann und Panreck 2019*, 97 - 131.
Jung, Matthias. 2019. Modernisierung und asymmetrische Demobilisierung. Zur Strategie der Union seit 2005. In *Korte und Schoofs 2019*, 323 - 340.
Jung, Matthias, Yvonne Schroth, und Andrea Wolf. 2019. Bedingt regierungsbereit – Eine Analyse der Bundestagswahl 2017. In *Korte und Schoofs 2019*, 23 - 45.
Korte, Karl-Rudolf, und Jan Schoofs (Hrsg.). 2019. *Die Bundestagswahl 2017*. Wiesbaden: Springer VS.
Lengfeld, Holger. 2017. Die „Alternative für Deutschland“: eine Partei für Modernisierungsverlierer?. *Kölner Zeitschrift für Soziologie und Sozialpsychologie* 69, 209 - 232
Pickel, Susanne. 2019. Die Wahl der AfD. Frustration, Deprivation, Angst oder Wertekonflikt? In *Korte und Schoofs 2019*, 145 - 175.
Richter, Christoph, und Lukas Bösch. 2017. Demokratiefreie Räume? Wahlkreisanalyse zur Bundestagswahl 2017. Jena: Institut für Demokratie und Zivilgesellschaft.
Statistisches Bundesamt. 2019. Statistisches Jahrbuch 2019. Wiesbaden.

Eine differenzierte Erklärung für den Erfolg der AfD in West- und Ostdeutschland

Philip Manow und Hanna Schwander

Zusammenfassung

Der Buchbeitrag untersucht, inwiefern regional unterschiedliche Faktoren den Wahlerfolg der AfD in Ost- und Westdeutschland erklären können. Wir argumentieren, dass Statusangst ein zentrales Motiv für die Wahl einer rechtspopulistischen Partei ist, diese in Ost- und Westdeutschland jedoch unterschiedliche Ursachen hat. In Westdeutschland ist die Etablierung der AfD vor allem eine Reaktion auf die gestiegene Beschäftigungsunsicherheit unter ehemaligen Arbeitsmarktinsidern. In Ostdeutschland ist das Gefühl des Statusverlusts und der Aushöhlung der sozialen Sicherung nicht auf die spezifische Gruppe der Arbeitsmarktinsider beschränkt, sondern eine universelle, kollektive Erfahrung aufgrund der massiven Arbeitsmarktverwerfungen nach der Wiedervereinigung.

Unsere detaillierte Analyse von Wahl- und sozioökonomischen Daten auf regionaler Ebene – ergänzt durch Daten auf Individualebene – bestätigt, dass Statusangst in hohem Maße den Erfolg der AfD in Deutschland erklärt, jedoch durch unterschiedliche Erfahrungen in Ost- und Westdeutschland ausgelöst wird. In Westdeutschland ist die AfD vor allem in Regionen mit ehemaligen Arbeitsmarktinsidern erfolgreich, während in Ostdeutschland die

P. Manow (✉)
SOCIUM Forschungszentrum Ungleichheit und Sozialpolitik, Universität Bremen, Bremen, Deutschland
E-Mail: manow@uni-bremen.de

H. Schwander
Institut für Sozialwissenschaften, Humboldt-Universität zu Berlin, Berlin, Deutschland
E-Mail: hanna.schwander@hu-berlin.de

H. U. Brinkmann und K.-H. Reuband (Hrsg.), *Rechtspopulismus in Deutschland*,
https://doi.org/10.1007/978-3-658-33787-2_8

Erfahrung der Massenarbeitslosigkeit nach der Wiedervereinigung zentral für den Wahlerfolg der AfD ist.

1 Erklärungen für den Erfolg der AfD

Seit sich die rechtspopulistische Alternative für Deutschland (AfD) in der deutschen Politik etabliert hat, sind WissenschaftlerInnen, JournalistInnen und PolitikerInnen bemüht, ihren Erfolg zu erklären (vgl. Arzheimer 2015; Berning 2017; Schwander and Manow 2017a; Hambauer und Mays 2018; Tutic und von Hermanni 2018). In den öffentlichen Debatten wurde die Flüchtlingskrise in der zweiten Hälfte des Jahres 2015 als das entscheidende Zeitfenster für den Durchbruch der AfD betrachtet. In diesem Kontext werden in der Literatur zwei Erklärungsansätze diskutiert:[1] Der erste betrachtet die Entstehung der radikalen populistischen Rechten als Folge eines kulturellen Rückschlages, gerichtet gegen den Wertewandel der Nachkriegszeit (vgl. Ignazi 1992; Norris und Inglehart 2019); ein anderer hält ökonomische Sorgen für die Schlüsselerklärung und argumentiert, dass die populistische radikale Rechte die Gruppe der „Abgehängten" mobilisiert (vgl. Antonucci et al. 2017; Essletzbichler et al. 2018; Mutz 2018). Den im Vergleich zu Westdeutschland größeren Erfolg der AfD in Ostdeutschland bringt der ökonomische Ansatz somit mit dem niedrigeren Lebensstandard im Osten in Verbindung. Neuere Ansätze betonen die Bedeutung des relativen Niedergangs und der Statusangst, um den Erfolg rechtspopulistischer Parteien in bestimmten Wählersegmenten zu erklären (vgl. Gest et al. 2018; Manow 2018; Schwander und Manow 2018; Burgoon et al. 2019).

Die meisten dieser Ansätze versuchen, den Wahlerfolg der AfD für Deutschland als politische Einheit insgesamt zu erklären.[2] Unser Beitrag hebt hervor, dass unterschiedliche Faktoren mit dem Erfolg der AfD in Ost- und in Westdeutschland zusammenhängen. Wir argumentieren, dass Statusangst in Ost- und in Westdeutschland unterschiedliche Wurzeln hat – aber in beiden Regionen zur Erklärung des Erfolges der AfD beiträgt. In Westdeutschland, so argumentieren wir, ist die Etablierung der AfD vor allem eine Reaktion auf die gestiegene

---

[1] Für eine Übersicht über die Debatte vgl. Mudde und Rovira Kaltwasser (2018).

[2] Für eine Ausnahme vgl. C. Franz et al. (2018); E. Holtmann (2019); Betz und Habersack (2019).

Beschäftigungsunsicherheit unter ehemaligen Arbeitsmarktinsidern.[3] Wir behaupten, dass sowohl die Wohlfahrtsstaatsreformen der 2000er Jahre als auch die Migrationsbewegungen bei den ehemals geschützten Arbeitsmarktgruppen die Wahrnehmung einer ungerechten Behandlung verstärkten.

Diese Arbeitsmarktgruppen erlebten eine relative Verschlechterung ihrer sozialen und wirtschaftlichen Position, da Beschäftigungsverhältnisse und Einkommensaussichten immer unsicherer wurden und sich der soziale Schutz bei einer Reihe von Reformen des Wohlfahrtsstaates vom Statuserhalt zur Förderung der Beschäftigungs- und Teilhabechancen zuvor benachteiligter Gruppen wandelte („Aktivierung", „soziale Investitionen", „make work pay"-Reformen). Aufgrund dieser Reformen sehen sich selbst Bürger, die lange Zeit regelmäßig Sozialbeiträge gezahlt haben, bei Arbeitslosigkeit schnell auf ein Sozialleistungsniveau herabgesenkt, das für alle gilt, ob Autochthone oder MigrantInnen. Die Wahrnehmung einer solchen Ungerechtigkeit könnte dann zum entscheidenden Faktor für eine populistische Stimmabgabe werden (vgl. Antonucci et al. 2017; Essletzbichler et al. 2018; Rodríguez-Pose 2018).

Unter den „unverdienten" NutznießerInnen, die nach diesem Diskurs mehr als ihren gerechten Anteil erhalten, stechen MigrantInnen als sichtbarste Gruppe hervor (vgl. van Oorschot 2006), eine Beobachtung, deren politische Relevanz durch den jüngsten Anstieg der Migration verstärkt wird. Infolgedessen, so argumentieren wir, wenden sich Insider an rechtspopulistische Parteien als die einzigen politischen Akteure mit einer klaren Anti-Migrations- und Wohlfahrtsnativismus-Agenda. Angesichts der Relevanz des Insiderschutzes im polit-ökonomischen Modell Westdeutschlands erwarten wir, dass diese Erklärung für Westdeutschland besonders relevant ist.

In Ostdeutschland spielen ökonomische Unsicherheit und Statusverlust ebenfalls eine große Rolle, wenngleich auf andere Weise: In Ostdeutschland ist das Gefühl des Statusverlusts und der Aushöhlung der sozialen Sicherung nicht auf die spezifische Gruppe der Arbeitsmarktinsider beschränkt, sondern eine universelle, kollektive Erfahrung. Die Massenarbeitslosigkeit in den Jahren nach der Wiedervereinigung, als über 2,5 Mio. BürgerInnen ihre Arbeit verloren (vgl. Bielenski et al. 1992), verursachte zahlreiche Beschäftigungsbrüche. Wir argumentieren, dass diese Erfahrung der Massenarbeitslosigkeit bis heute politische Auswirkungen zeigt.

---

[3] Als Arbeitsmarktinsider bezeichnet die Literatur alle Beschäftigte im Normalarbeitsverhältnis, das heißt in unbefristeter Vollzeitanstellung; der Begriff Arbeitsmarktoutsider kennzeichnet hingegen alle in atypischen Beschäftigungsverhältnissen – (unfreiwillige) Teilzeit oder befristet Beschäftigte – oder Arbeitslose (vgl. Schwander und Häusermann 2013; Rueda 2007).

Der Beitrag ist wie folgt gegliedert: Zunächst diskutieren wir die Entstehung der AfD in Ost- und in Westdeutschland und beleuchten ihren in beiden Landesteilen deutlich unterschiedlichen Erfolg. Anschließend entwickeln wir unsere Argumentation und die Hypothesen, die wir anhand einer Untersuchung der Determinanten des Wahlerfolgs der AfD in der Bundestagswahl 2017 auf regionaler und auf individueller Ebene für West- und Ostdeutschland getrennt überprüfen wollen. Danach stellen wir unsere Daten vor: detaillierte Informationen zur sozioökonomischen Lage auf Gemeinde- oder Kreisebene in Kombination mit offiziellen Wahldaten auf der Grundlage der Wahlbezirksstatistik, aber auch Individualdaten aus dem European Social Survey 2016. Im letzten Abschnitt werden die Ergebnisse diskutiert und in den Kontext der Literatur gestellt.

2 Die Entstehung der AfD in Ost- und Westdeutschland

2013 ursprünglich als Ein-Themen-Partei (vgl. Franzmann 2016) gegen die Euro-Politik von Bundeskanzlerin Merkel gegründet, verfehlte die Alternative für Deutschland in der Bundestagswahl 2013 mit einem Ergebnis von 4,7 % der Stimmen nur knapp den Einzug in das Parlament. Obwohl der Partei zwischenzeitlich der Einzug in das Europaparlament (2014) und 2014/2015 in fünf Länderparlamente gelang, kam die entscheidende Wende im Herbst 2015, als fast eine Million Flüchtlinge vor allem aus Syrien, Irak und Afghanistan in Deutschland Zuflucht suchten. Die AfD schwenkte nun um auf einen nativistischen Diskurs und mobilisierte intensiv gegen MigrantInnen – insbesondere MuslimInnen – und gegen eine angeblich drohende Islamisierung der westlichen Welt (vgl. Geiges 2018); die ursprüngliche Gründungsthematik, die Eurokrise, geriet hierdurch in den Hintergrund. Heute ist die AfD in allen 16 Landesparlamenten vertreten und zog 2017 mit 12,7 % der Stimmen als drittgrößte Partei in den Bundestag ein. Sie ist damit die stärkste Oppositionspartei zur Großen Koalition aus CDU/CSU und SPD. Die Abb. 1 zeigt die regionale Variation dieses Erfolgs als Stimmenanteile in der Bundestagswahl 2017. Auffällig ist bereits auf den ersten Blick die Ungleichheit in der Unterstützung für die AfD zwischen Ost- und Westdeutschland. In der ehemaligen DDR erreichte die Partei 22,3 % der Stimmen und damit mehr als das Doppelte des westlichen Stimmenanteils (11 %).

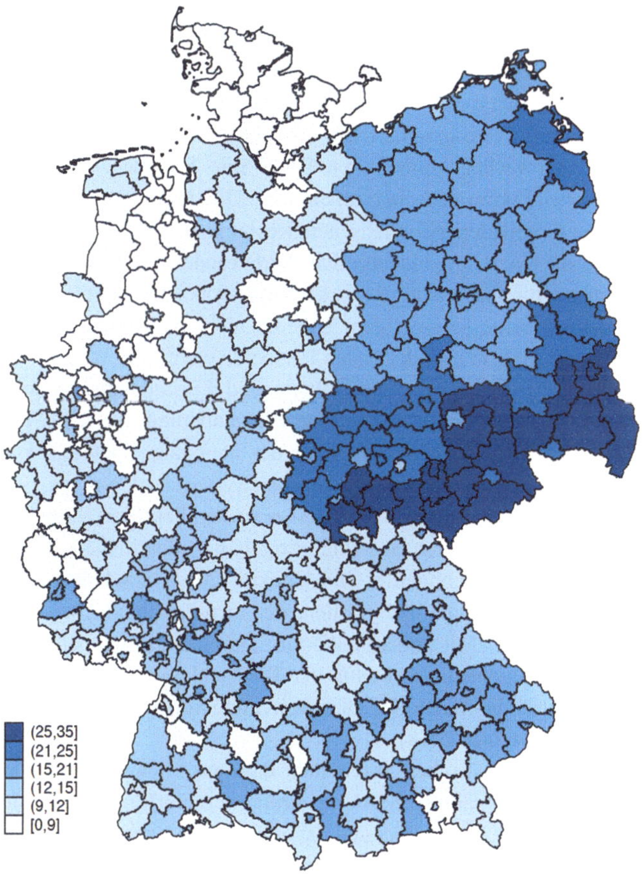

Abb. 1 Regionale Verteilung der AfD-Stimmenanteile in der Bundestagswahl 2017. (Quelle: Eigene Darstellung; Datenquelle: www.Bundeswahlleiter.de)

3 Motive für ein rechtspopulistisches Wahlverhalten

3.1 Die wissenschaftliche Debatte

Die anhaltende politikwissenschaftliche Debatte über die Beweggründe der WählerInnen, einer rechtspopulistischen Partei ihre Stimme zu geben, hat im Wesentlichen zwei Erklärungen hervorgebracht: Die eine argumentiert, dass die Entstehung einer radikalen populistischen Rechten die Folge einer kulturellen Gegenreaktion auf einen post-industriellen Wertewandel sei, die andere hält ökonomische Ängste für die wichtigste Erklärung (wobei sich natürlich auch die Position findet, das eine sei von dem anderen nicht so säuberlich zu trennen: vgl. Gidron und Hall 2017). In der ersten Perspektive wird die Wahl einer rechtspopulistischen Partei durch bestimmte Werte und Einstellungen motiviert, wie die Ablehnung von Multikulturalismus und Einwanderung, die hohe Wertschätzung traditioneller Werte und die Achtung der nationalen Identität sowie eine allgemeine Unzufriedenheit mit dem politischen System (vgl. Knigge 1998; Lubbers et al. 2002; Bornschier 2010). Solche soziokulturellen Einstellungen müssen nicht direkt und ausschließlich aus ungünstigen wirtschaftlichen Bedingungen abgeleitet werden (vgl. Hainmueller und Hopkins 2014), sondern können einen eigenständigen Erklärungsfaktor darstellen, der in unterschiedlichen politischen Kulturen verwurzelt ist. Mit anderen Worten: Der Rechtspopulismus wird hier als Ausdruck eines allgemeineren kulturellen Rückschlags gegen die postindustrielle Gesellschaft und die Werte der 68er-Bewegung verstanden (vgl. Norris und Inglehart 2019; Bornschier 2018).

Die These der ökonomischen Sorge steht dagegen in engem Zusammenhang mit der These der so genannten ModernisierungsverliererInnen (vgl. Betz 1994, 2004; Kriesi et al. 2006, 2008). Sie geht davon aus, dass wirtschaftliche Transformationen unterschiedliche wirtschaftliche Gewinner und Verlierer hervorgebracht haben und dass letztere – schlecht ausgebildete, weniger wohlhabende, möglicherweise arbeitslose Personen – ihre ökonomische Sorge in eine Fokussierung auf das Thema Einwanderung und in nationalistische, ethnozentrische Wertepräferenzen übersetzen; sie suchen Zuflucht in politischen Bewegungen, die versprechen, die „Kontrolle zurückzuerobern", die Einwanderung zu reduzieren und den Welthandel einzuschränken (vgl. Ivarslaten 2005; Kriesi et al. 2008; Colantone und Stanig 2018).

Während die These von den ModernisierungsverliererInnen unter WissenschaftlerInnen und ExpertInnen nach wie vor äußerst populär ist (vgl. Mudde und Rovira Kaltwasser 2018), hat sich zunehmend gezeigt, dass die WählerInnen der rechtspopulistischen Parteien oftmals nicht diejenigen sind, die wirtschaftlich verloren haben.[4] Es sind zumindest nicht durchgängig diejenigen am Rande des Arbeitsmarktes, die sich dann auch an den Rändern des politischen Spektrums verorten.[5] Mit dem wachsenden Erfolg von rechtspopulistischen Parteien scheinen selbst WählerInnen mit mittlerem Bildungsniveau von diesen Parteien angezogen zu werden, sodass sich aus der Zugehörigkeit zur Arbeiterschicht keine Unterstützung vorhersagen lässt (vgl. Goerres et al. 2018). Entsprechend wird in der Literatur zunehmend die Idee des „relativen Niedergangs“ und der Statusangst betont (vgl. Bornschier und Kriesi 2015; Antonucci et al. 2017; Gidron und Hall 2017; Burgoon et al. 2019). Kernargument ist, dass es nicht unbedingt die objektive wirtschaftliche Lage eines Individuums ist, welches einen Wahlentscheid zugunsten einer rechtspopulistischen Partei erklärt, sondern eher die subjektive Wahrnehmung eines relativen Abstiegs (vgl. Walker und Pettigrew 1984; Mutz 2018; Kurer 2020). Dies wiederum verursacht Wut und Ressentiments gegenüber anderen Gruppen (vgl. Smith et al. 2012) oder dem politischen Establishment (vgl. Hochschild 2016; Rooduijn und Burgoon 2018; Mau 2019).

Wahrgenommene Benachteiligung muss sich aber nicht notwendigerweise in einer diffusen Ablehnung von Migration oder einer ungünstigeren Arbeitsmarktposition begründen, sondern kann auch durch einen „wohlfahrtsstaatlichen Statusverlust“ provoziert werden (vgl. Essletzbichler et al. 2018). Die Idee des relativen Niedergangs verdeutlicht, warum Menschen im Kontext einer boomenden Wirtschaft und in wohlhabenden Regionen (wie Norditalien und Süddeutschland) radikale Parteien unterstützen (vgl. Manow 2018) – entgegen der pauschalen und in ihrer Pauschalität offensichtlich unzutreffenden Einschätzung „rarely does populism rise in economic good times“ (Eichengreen 2018, S. X).

3.2 Statusverlust in Deutschland

Wir folgen diesen Argumentationen in unserer Erklärung des Erfolgs einer rechtspopulistischen Partei in Deutschland, gehen aber davon aus, dass Statusangst durch jeweils unterschiedliche Erfahrungen in Ost- und Westdeutschland ausgelöst wurde. In Westdeutschland führte vor allem die erodierende Beschäftigungssicherheit (z. B. die Agenda 2010 von 2003 bzw. das Arbeitslosengeld

[4] Für den Fall der AfD vgl. Hambauer und Mays (2018); T. Lux (2018).

[5] Diejenigen, die am Rande des Arbeitsmarktes stehen (also die wirklich Benachteiligten) neigen dazu, sich insgesamt nicht an der Politik zu beteiligen; dies zeigen zahlreiche Belege (vgl. Mahler 2008; Schäfer et al. 2016; Schwander 2019).

II/Hartz IV von 2005) zu Statusangst, während es in Ostdeutschland die Erfahrung der Massenarbeitslosigkeit in den Krisenjahren nach der Wiedervereinigung war. Eine Vielzahl sozialpsychologischer Werke (vgl. Wilson 1973; Jost et al. 2003) belegen, dass eine solche Statusangst als allgemeine Reaktion auf Unsicherheit auch das politische Handeln bestimmen kann. In einem zweiten Schritt verstärkte der Zustrom von MigrantInnen im Jahr 2015 die Statusangst und das Gefühl der ungerechten Behandlung, da die MigrantInnen als Konkurrenten um knappe öffentliche Ressourcen betrachtet wurden. Wichtig ist, dass der Protest gegen die Art und Weise, wie die Regierung mit der „Flüchtlingskrise" umging, 2017 nicht in linke Proteststimmen mündete. Die Partei Die Linke hatte im Zuge der Agenda-Reformen Mitte der 2000er Jahre von einer Protestwelle profitiert, durch die sie sich fest im deutschen Parteiensystem verankern konnte (vgl. Schwander and Manow 2017b). 2015 stellte sich die Partei jedoch auf die Seite der Regierung und ihrer Politik der offenen Grenzen, weshalb sie als Adressat der Proteststimmung nicht mehr infrage kam.

Während wir Statusangst überall als wichtigen Motor für den Erfolg der radikalen populistischen Rechten betrachten, sind wir der Meinung, dass die Erfahrungen des relativen Niedergangs in West- und Ostdeutschland unterschiedlich sind. Für Westdeutschland betonen wir die durch Arbeitsmarkt- und Sozialstaatsreformen induzierte Aushöhlung der Beschäftigungssicherheit für zuvor geschützte Insidergruppen. In Ostdeutschland ist das Gefühl des Statusverlusts und der Aushöhlung der Beschäftigungssicherheit nicht auf die spezifische Gruppe der Arbeitsmarktinsider beschränkt, sondern eine universelle, kollektive Erfahrung gewesen. In den Jahren nach der Wiedervereinigung verursachte die Massenarbeitslosigkeit viele biografische Brüche. Die Erfahrung der plötzlichen und massenhaften Arbeitslosigkeit muss in einem gesellschaftlichen Kontext, in dem Arbeitslosigkeit praktisch unbekannt war, noch dramatischer gewesen sein. Wir argumentieren, dass diese Erfahrung bis heute erhebliche politische Auswirkungen hat.

3.3 Politische Auswirkungen

In diesem Abschnitt wird unsere Argumentation – beginnend mit dem Insiderargument – ausführlicher dargelegt. In der Nachkriegszeit war *Westdeutschland* der prototypische kontinentaleuropäische Wohlfahrtsstaat, eine exemplarische koordinierte Marktwirtschaft mit stark institutionalisiertem Insiderschutz, insbesondere beim Arbeitslosengeld und der Beschäftigung in der Industrie (vgl. Estévez-Abe et al. 2001; Hall und Soskice 2001b; Manow 2020). Die Agenda 2010 von

2003 veränderte dieses Modell dramatisch. Vor allem das vierte Hartz-Gesetz (Hartz IV) verkürzte ab 2005 die Bezugsdauer für das einkommensabhängige Arbeitslosengeld drastisch. Unabhängig von ihren bisherigen Sozialbeiträgen sind Arbeitslose seither nach 12 Monaten[6] auf eine neue pauschale und bedarfsorientierte Leistung (Arbeitslosengeld II/ALG II) angewiesen. Das ALG II ist nicht nur mit stärkeren Auflagen verbunden, sondern seine Leistungen liegen auch nur knapp über denjenigen der Sozialhilfe. Das bedeutet, dass bereits nach einem Jahr Arbeitslosigkeit Leistungen sogar für Arbeitsmarktinsider auf das gleiche Existenzminimum gekürzt werden wie die derjenigen, die nie zum System beigetragen haben – was einen klaren Bruch mit der Statussicherungslogik des alten Systems darstellt.

Es überrascht nicht, dass die Reformen bis heute hochgradig umstritten sind. Rechtspopulistische Parteien sind besonders attraktiv für qualifizierte ArbeiterInnen mit Statusangst, da sie sich auf eine idealisierte Vergangenheit berufen, in der qualifizierte (männliche) Arbeiter eine geschätzte und entscheidende Säule der Gesellschaft waren (vgl. Kurer 2020). Während (männliche) Arbeitsmarktinsider die wirtschaftliche Stütze der deutschen Nachkriegswirtschaft waren, hohes soziales Prestige und institutionalisierte Beschäftigung- und Einkommenssicherheit genossen, bedrohen sozialer Wandel und sozialstaatliche Reformen ihre privilegierte Stellung. Es ist daher wahrscheinlich, dass sie sich an Parteien wenden, die versprechen, ihren Status wieder aufzuwerten. Dies führt uns zu unserer *ersten Hypothese (H1):* Wir erwarten, dass die AfD in Regionen mit einem hohen Anteil an Insidern einen besonders hohen Stimmenanteil erzielen wird.

In *Ostdeutschland,* wo der Arbeitsmarkt weniger stark nach Insidern und Outsidern differenziert war, dafür aber die Erfahrung des Statusverlusts nach 1990 weit universeller war, bekommt unser Argument eine andere Akzentuierung. Nach der Wiedervereinigung erlebte ein großer Teil der Bevölkerung einen Statusverlust – insbesondere diejenigen, die auf dem Boden der ehemaligen DDR verblieben sind und kein neues Leben im Westteil Deutschlands begonnen haben (vgl. Mau 2019). Bisherige Studien haben nur die individuelle Erfahrung mit Arbeitslosigkeit berücksichtigt. Arbeitslosigkeit ist jedoch nicht nur und vielleicht nicht einmal in erster Linie ein individuelles Phänomen, sondern betrifft die gesamte Gemeinschaft. Die Schließung eines Produktionsbetriebes beispielsweise betrifft nicht nur die einzelnen ArbeitnehmerInnen und ihre Familien, sondern überträgt sich auch auf die örtlichen Zulieferbetriebe und Unternehmen, die die Verbraucher vor Ort im weiteren Sinne versorgen (vgl. Bisbee 2018). Die Relevanz des Zustands der (lokalen) Wirtschaft für das politische Verhalten ist eine

[6] Wenngleich die Frist für ältere Arbeitslose bis zu 24 Monate beträgt.

Schlüsselerkenntnis aus der Literatur über ökonomisches Wahlverhalten. Diese Literatur belegt, dass sogenannte soziotropische – das heißt, am allgemeinen gesellschaftlichen oder ökonomischen Zustand orientierten Erwägungen über den Zustand der Wirtschaft – relevanter für das politische Verhalten sind als egotropische Erwägungen, d. h. die Bewertung des persönlichen wirtschaftlichen Schicksals eines Individuums (vgl. Kinder und Kiewiet 1981; Duch und Stevenson 2008). Wir erwarten daher *(Hypothese 2/H2)*, dass die AfD in Regionen mit einer Geschichte früherer Arbeitslosigkeit einen besonders hohen Stimmenanteil erzielen wird und nicht in Regionen, die gegenwärtig überproportional von Arbeitslosigkeit betroffen sind.

Obwohl wir davon ausgehen, dass dieses Argument für beide Teile Deutschlands gültig ist, erwarten wir, dass seine Erklärungskraft in Ostdeutschland größer sein wird; denn die Erfahrung der Massenarbeitslosigkeit nach dem Wiedervereinigungsschock, als zwischen 1989 und 1991 mehr als 2,5 Mio. Bürgerinnen und Bürger ihre Arbeit verloren, war in Ostdeutschland omnipräsent (vgl. Bielenski et al. 1992). Arbeitslosigkeit war ein fast universelles Risiko, insbesondere wenn man den Ausstrahlungseffekt der Arbeitslosigkeit auf die lokale Wirtschaft bedenkt. Für viele BürgerInnen verursachte dies starke und anhaltende biografische Brüche, von denen die Erfahrung der Arbeitslosigkeit eine der stärksten war. Hier ähnelt unsere Argumentation dem Argument von Betz und Habersack (2019), wonach Gefühle der Ungleichbehandlung in Ostdeutschland besonders ausgeprägt sind. Ausgehend von Gerüchten, dass Flüchtlinge sogar mehr Sozialleistungen erhalten würden als Deutsche, erklärte ein Ostdeutscher: „Wir können uns nicht einmal ein neues Kleidungsstück leisten, solange sie alles bekommen" (Schmidt 2017).

4 Daten und Operationalisierungen

Wir stützen unsere Analyse auf die Kombination von detaillierten Wahldaten und sozioökonomischen Daten auf Gemeindeebene (N ≈ 11.500). Auf diese Weise vermeiden wir die üblichen Reliabilitäts- und Repräsentativitätsprobleme von Umfragen in diesem Bereich (vgl. Selb und Munzert 2013). Da die relevanten Faktoren – z. B. die Arbeitslosigkeit – eher sozialen als individuellen Charakter haben sowie angesichts des soziotropischen Charakters des ökonomischen Wahlverhaltens halten wir den regionalen Ansatz in unserem Kontext sogar für die adäquatere Forschungsstrategie (vgl. Rodríguez-Pose 2018). Zwar lassen aggregierte Daten keine direkten Inferenzen auf individuelles Verhalten zu,[7] aber mit vielen Beobachtungen für kleine räumliche Einheiten können wir das Problem des ökologischen Fehlschlusses gering halten und gleichzeitig lokale Dynamiken erfassen, die für eine populistische Protestwahl relevant sind. Wir prüfen die Robustheit unserer Ergebnisse, indem wir unsere Erklärung auch auf der Ebene der Landkreise (Kreise, kreisfreie Städte) testen. Auf dieser Ebene verfügen wir über eine geringere Anzahl von Beobachtungen ($N \approx 400$), aber über wesentlich detailliertere sozioökonomische Informationen; diese erlauben es uns, die theoretisch relevanten Konzepte differenzierter zu messen und alternative Erklärungen auszuschließen. Schließlich testen wir die Robustheit unserer Ergebnisse zusätzlich noch mit Individualdaten des European Social Surveys von 2016.

Unsere abhängige Variable ist der Stimmenanteil der AfD in der Bundestagswahl im September 2017. Unsere unabhängigen Variablen, die Insiderstatus abbilden, sind der Anteil der regulären Beschäftigung und der Beschäftigungsanteil des verarbeitenden Gewerbes an der Gesamtbeschäftigung. Als Messgrößen für *ökonomische Deprivation* verwenden wir die lokale Arbeitslosenquote in 2017 und den lokalen Anteil der geringfügigen Beschäftigung an der Gesamtbeschäftigung. Um die Auswirkungen *früherer* Arbeitslosigkeitserfahrungen statt der *aktuellen* Arbeitslosigkeit zu testen, beziehen wir die Arbeitslosenquote im Jahr 2000 (das früheste Datum, für das wir auf Gemeindeebene Daten erhalten konnten) in alle unsere Modelle ein. Außerdem kontrollieren wir das steuerpflichtige Einkommen, den Ausländeranteil und eine dichotome Variable (Dummy), die anzeigt, ob eine Gemeinde auf dem Gebiet der ehemaligen DDR liegt, um verschiedene Sozialisierungserfahrungen zu kontrollieren (Ost-Dummy). Wir berücksichtigen ferner den Urbanisierungsgrad und die Beschäftigungsanteile im öffentlichen und privaten Sektor; diese Ergebnisse berichten wir aber nicht, weil sie weder einen eigenen Erklärungswert hatten noch die Auswirkung unserer zentralen Variablen veränderten. Anhang A.1 enthält weitere Informationen zu den Operationalisierungen und Datenquellen. Alle Modelle sind OLS-Regressionen mit geclusterten Standardfehlern auf der Ebene von Bundesländern.

[7] Der Rückschluss von Beziehungen zwischen Aggregatdaten (Kollektive) auf Beziehungen zwischen Individualdaten bzw. Merkmalen von Individuen wird als ökologischer Fehlschluss bezeichnet (vgl. King et al. 2004).

5 Ergebnisse

5.1 Gemeindeebene

Die Schätzungen unserer Hauptanalysen sind in Tab. 1 dargestellt. Modell 1 zeigt unser Modell für Deutschland, während Modell 2 und Modell 3 die Schätzungen für West- und Ostdeutschland getrennt darstellen.

Die Ergebnisse sind eindeutig: Sowohl in West- als auch in Ostdeutschland entsprechen Variablen, die auf eine aktuelle wirtschaftliche Notlage hindeuten,

Tab. 1 OLS-Regressionen, abhängige Variable: AfD-Stimmenanteil in der Bundestagswahl im September 2017, Gemeindeebene

	Deutschland	Westdeutschland	Ostdeutschland
	M1	M2	M3
Arbeitslosigkeit 2017	-0,180	-0,127	-0,429
	(0,53)	(0,34)	(0,60)
Arbeitslosigkeit 2000	0,387	0,206	0,412
	(3,12)**	(0,99)	(9,91)*
Geringfügige Beschäftigung	-0,224	-0,323	0,063
	(2,47)**	(4,76)***	(1,30)
Beschäftigung im verarbeitenden Gewerbe	0,020	0,021	0,007
	(2,06)*	(1,93)*	(2,84)*
Reguläre Beschäftigung	0,292	0,311	0,109
	(10,53)***	(17,41)***	(1,32)
Steuerpflichtiges Einkommen	-0,053	-0,055	-0,282
	(3,37)***	(3,34)**	(6,89)*
Ausländeranteil	0,129	0,122	0,088
	(3,18)**	(2,81)**	(6,97)*
Ost-Dummy	9 528		
	(8,21)***		
Konstante	0,035	0,975	22,226
	(0,02)	(0,42)	(12,88)**
R^2	0,58	0,15	0,10
N	8 831	7 796	1 035

*p <0,1; **p <0,05; ***p <0,01, Standardfehler sind nach Bundesländern geclustert

entweder nicht den üblichen Signifikanzniveaus (aktuelle Arbeitslosigkeit) oder sie stehen sogar in einem signifikant negativen Zusammenhang zum Anteil der AfD-Stimmen (geringfügige Beschäftigung). Dies entspricht den Ergebnissen der vergleichenden Literatur zum Erfolg rechtspopulistischer Parteien: Während frühe Studien eine Korrelation zwischen der Höhe der Arbeitslosigkeit und dem Stimmenanteil rechtspopulistischer Parteien fanden (vgl. Jackmann und Volpert 1996), negieren spätere Studien entweder diesen Zusammenhang (vgl. Lubbers et al. 2002; Swank und Betz 2003) oder befinden, dass Arbeitslosigkeit nur unter bestimmten Umständen von Bedeutung ist (vgl. Golder 2003; Arzheimer 2009).

In *Westdeutschland* (wie im gesamten Bundesgebiet) stehen unsere Insidervariablen dagegen in positiver Beziehung zu unserer abhängigen Variable, mit einem schwächeren Effekt für die Beschäftigung im verarbeitenden Gewerbe und einem recht starken Effekt für die reguläre Beschäftigung. Dennoch ist selbst für das verarbeitende Gewerbe eine Veränderung von zwei Standardabweichungen in der unabhängigen Variable für eine Veränderung der abhängigen Variable um etwa 0,6 verantwortlich – kein besonders starker, aber auch kein vernachlässigbarer Effekt. Diese Ergebnisse sind sehr robust gegenüber der Einbeziehung zusätzlicher Kontrollvariablen wie die demografische Struktur, alternative Messungen ökonomischer Benachteiligung, der Zustand der öffentlichen Dienstleistungen, männliche Arbeitslosigkeit, Beschäftigung hoch und gering Qualifizierter, die Veränderung der Arbeitslosigkeit innerhalb 2 und 5 Jahren, die Veränderung der Beschäftigung im verarbeitenden Gewerbe innerhalb 2 und 5 Jahren (vgl. exemplarisch Tab. B.1). Was die Kontrollvariablen betrifft, so gewinnt die AfD weniger Stimmen in Gemeinden mit höherem Einkommen, aber mehr Stimmen in Gemeinden mit einem höheren Ausländeranteil.

In *Ostdeutschland* nimmt Statusangst jedoch eine andere Form an. Modell 3 zeigt, dass nicht die gegenwärtige, sondern die vergangene Arbeitslosigkeit eine zentrale Rolle bei der Erklärung des aktuellen Protests spielt, während die Insiderbeschäftigung von geringerer Relevanz zu sein scheint. Die Arbeitslosenquote im Jahr 2000 zeigt einen starken und anhaltenden Effekt über alle Spezifikationen hinweg und erklärt einen wesentlichen Anteil der durch den Ost-Dummy abgedeckten Variation (3 Prozentpunkte). Die aktuelle Arbeitslosigkeit ist dagegen nicht mit dem Stimmenanteil der AfD assoziiert (vgl. Franz et al. 2018).

Dies deutet darauf hin, dass a) Statusangst den Erfolg der AfD in Deutschland maßgeblich erklärt, b) diese Statusangst aber durch unterschiedliche Erfahrungen in Ost- und in Westdeutschland ausgelöst wird. In Westdeutschland waren vor allem Arbeitsmarktinsider von den jüngsten Arbeitsmarktreformen betroffen, die dann deutlich überproportional für die AfD stimmen. In Ostdeutschland ist die Erfahrung des Statusverlustes angesichts der starken sozialen und wirtschaftlichen Umwälzungen nach der Wiedervereinigung universeller. Dementsprechend ist im Osten die Beschäftigung von Insidern weniger relevant, vielmehr gedeiht die AfD in Regionen, in denen die kollektive Erfahrung der Massenarbeitslosigkeit besonders stark war. Unsere Ergebnisse legen zudem nahe, dass eine Erklärung der AfD als Ergebnis eines ausschließlich kulturellen Protests von ModernisierungsverliererInnen irreführend ist.

5.2 Ebene der Landkreise und kreisfreien Städte

Tab. 2 gibt die Analysen auf der Ebene der Landkreise und der kreisfreien Städte wieder. Obwohl die Schätzungen nicht eins-zu-eins mit denen der Gemeindeanalysen übereinstimmen, bestätigen sie die Relevanz der Insidererklärung. Modelle 1 und 2 zeigen, dass die Beschäftigung im verarbeitenden Gewerbe einen signifikant positiven Einfluss auf den Wahlausgang der AfD in Deutschland – insbesondere in Westdeutschland – hat. Höhere Werte für die aktuelle Arbeitslosigkeit und für das Einkommen verringern dagegen die Unterstützung für die AfD, während reguläre und niedrig entlohnte Beschäftigung keine signifikante Wirkung zeigt. Dies gilt auch, wenn man die einzelnen Variablen einzeln ins Modell einfügt (vgl. Schwander und Manow 2017a). Modell 1 deutet jedoch darauf hin, dass Erfahrung mit früherer und nicht mit aktueller Arbeitslosigkeit den Erfolg der AfD begünstigt, was die Ergebnisse der Gemeindeanalyse erneut bestätigt. Betrachtet man die beiden Regionen Deutschlands getrennt (Modelle 2 und 3), so stellt man fest, dass der Effekt früherer Arbeitslosigkeit erneut positiv ist, wenngleich nicht signifikant, und in Ostdeutschland wesentlich stärker als in Westdeutschland. Die Beschäftigung im verarbeitenden Gewerbe steht weiterhin in einem positiven Verhältnis zum AfD-Stimmenanteil, während sich die Arbeitslosigkeit in Westdeutschland negativ auf den AfD-Stimmenanteil auswirkt. Keiner der Koeffizienten erreicht jedoch statistische Signifikanz – ein Ergebnis, das mit der geringen Anzahl von Beobachtungen für Ostdeutschland (73) im Vergleich zur Analyse auf Gemeindeebene zusammenhängen könnte.

Wir können unseren zentralen Befund, dass es nicht die ModernisierungsverliererInnen sind, die das wahlpolitische Rückgrat der AfD bilden, anhand zusätzlicher Daten genauer untersuchen und dabei zusätzliche Kontrollvariablen einbeziehen. Wir stellen die Ergebnisse dieser Robustheitstests im Anhang B dar, diskutieren die Ergebnisse aber hier. Erstens ändert die Einbeziehung des Anteils der älteren Einwohner (über 65 Jahre), der Geringqualifizierten in Beschäftigung, der Hochqualifizierten in Beschäftigung und der Urbanität des Landkreises

Tab. 2 OLS-Regressionen, abhängige Variable: Stimmenanteil der AfD in der Bundestagswahl 2017, Ebene der Landkreise und kreisfreien Städte

	Deutschland	Westdeutschland	Ostdeutschland
	M1	M2	M3
Arbeitslosigkeit 2017	-0,671**	-0,507**	-0,832
	(0,24)	(0,27)	(0,76)
Reguläre Beschäftigung	-0,014	-0,018	0,298
	(0,02)	(0,02)	(0,19)
Beschäftigung im verarbeitenden Gewerbe	0,079***	0,051**	0,139
	(0,02)	(0,02)	(0,08)
Geringfügige Beschäftigung	0,095	0,113	-0,403
	(0,11)	(0,10)	(1,37)
Arbeitslosigkeit 2000	0,400*	0,178	0,609
	(0,21)	(0,21)	(0,48)
Steuerpflichtiges Einkommen	-0,002*	-0,001	-0,008
	(0,00)	(0,00)	(0,01)
Ausländeranteil	0,271***	0,220***	-0,227
	(0,05)	(0,06)	(0,29)
Ost-Dummy	8,924***		
	(1,86)		
Konstante	11,797***	10,895***	23,480
	(2,53)	(2,92)	(19,60)
R^2	0,696	0,199	0,388
N	395	322	73

*$p < 0,1$; **$p < 0,05$; ***$p < 0,01$, Standardfehler sind nach Bundesländern geclustert

nichts an den Ergebnissen (vgl. Tab. B.1). Die Arbeitslosigkeit steht nach wie vor in negativem Zusammenhang mit dem Wahlerfolg der AfD, während die Beschäftigung im verarbeitenden Gewerbe den Stimmenanteil der AfD positiv beeinflusst. Es gibt auch keine Hinweise auf einen nichtlinearen Zusammenhang zwischen der Unterstützung für die AfD und dem Einkommen. Um zu prüfen, ob der Nichteffekt der Modernisierungsverlierer auf unsere Messung zurückzuführen ist, ersetzen wir die Arbeitslosigkeit durch männliche Arbeitslosigkeit, da sich das Argument hauptsächlich auf männliche Modernisierungsverlierer bezieht. Modell 1 der Tab. B.2 zeigt, dass Arbeitslosigkeit unter Männern ebenso wie

Arbeitslosigkeit im Allgemeinen einen negativen Effekt auf den Erfolg der AfD hat.

Zusammenfassend lässt sich sagen, dass unsere Ergebnisse auf der Ebene der Landkreise und kreisfreien Städte, wo wir über deutlich weniger Fälle, aber über viel detailliertere Informationen zu verschiedenen Konzeptualisierungen wirtschaftlicher Benachteiligung verfügen, weitgehend mit den Ergebnissen auf Gemeindeebene übereinstimmen. Auch auf Ebene der Landkreise und kreisfreien Städte steht die Beschäftigung im verarbeitenden Gewerbe als Hauptindikator für Insiderbeschäftigung durchweg in positivem Zusammenhang mit dem Wahlergebnis der AfD, insbesondere in Westdeutschland. Die Erfahrung mit Massenarbeitslosigkeit auf kommunaler Ebene wird ebenfalls mit dem Erfolg der AfD in Verbindung gebracht, wobei der Koeffizient in Ostdeutschland höher ist als in Westdeutschland.

5.3 Individuelle Ebene

Schließlich untersuchen wir die Gültigkeit unseres Arguments auf der Individualebene. Auf der Grundlage der achten Welle des European Social Survey von 2016 untersuchen wir die Beziehung zwischen Insiderness und der Wahrscheinlichkeit, für die AfD zu stimmen. Tab. 3 zeigt die Schätzungen beruhend auf logistischen Regressionen. Die AfD basiert auf den Variablen „bei den letzten nationalen Wahlen gewählte Partei". Alle Modelle kontrollieren für die gleichen Variablen wie die Regionalanalyse plus eine Reihe von Standardkontrollvariablen in individuellen Umfrageanalysen (Geschlecht, Alter, Bildung, Kirchenbesuche, Gewerkschaftsmitgliedschaft, öffentliche Beschäftigung) und beinhalten Standardfehler geclustert nach Bundesländern.

In der Insider-Outsider-Literatur werden zwei Ansätze zur Messung von Insidern und Outsidern vorgeschlagen (vgl. Rovny und Rovny 2017). Wir testen unsere Erwartungen mit beiden. Zum einen identifizieren wir Insider und Outsider anhand ihres Arbeitsmarktstatus. Zum zweiten verwenden wir den Indikator der Arbeitsmarktunsicherheit von Schwander und Häusermann (2013) als Ausdruck des Ausmaßes, in dem bestimmte Berufe dem Arbeitsmarktrisiko ausgesetzt sind. Der Indikator misst die Arbeitsmarktunsicherheit als das Risiko, arbeitslos zu sein oder/und in atypischen Beschäftigungsverhältnissen (unfreiwillige Teilzeitarbeit, befristete Beschäftigung oder Hilfe in einem Familienunternehmen) zu arbeiten, unabhängig vom aktuellen Vertragsstatus. Für jedes Individuum wird das Risiko auf der Grundlage der Häufigkeit von Arbeitslosigkeit und atypischer Beschäftigung innerhalb seiner Berufsgruppe gemessen, da das Risiko eines Individuums

Tab. 3 Logistische Regressionen, abhängige Variable: AfD-Stimme auf individueller Ebene

	Deutschland	Deutschland	Westdeutschland	Ostdeutschland
	M1	M2	M3	M4
Einkommen	-0,142***	-0,157***	-0,104**	-0,249**
	(-3,21)	(-3,27)	(-1,97)	(-2,52)
Gender	-0,552	-0,356	-0,508	-0,736**
	(-1,36)	(-1,32)	(-0,81)	(-2,26)
Bildung	-0,604**	-0,684**	-0,726**	-0,166
	(-2,33)	(-2,47)	(-2,29)	(-0,54)
Städtischer Wohnort	0,227	0,196	0,171	0,354*
	(1,03)	(0,88)	(0,56)	(1,85)
Erfahrung mit Arbeitslosigkeit	0,128	0,311	0,102	0,157
	(0,27)	(0,73)	(0,16)	(0,21)
Ost-Dummy	0,612*	0,699**		
	(1,74)	(2,10)		
Arbeitsmarktunsicherheit	0,486		0,504	0,505**
	(1,08)		(0,75)	(2,16)
Arbeitsmarktunsicherheit^2	-0,842***		-0,878**	-0,779
	(-2,83)		(-2,28)	(-1,41)
Insider Vertragsstatus		0,495**		
		(2,01)		
Konstante	-2,197*	-2,674**	-2,084	-2,053***
	(-1,90)	(-2,38)	(-1,29)	(-5,08)
R^2	0,070	0,064	0,058	0,090
N	1 665	1 687	1 089	576

*$p < 0{,}1$; **$p < 0{,}05$; ***$p < 0{,}01$, Standardfehler sind nach Bundesländern geclustert

stark von der Häufigkeit atypischer Beschäftigung und Arbeitslosigkeit in seiner Berufsgruppe abhängt. Der Indikator hat zudem den Vorteil, dass er – im Unterschied zur dichotomen Messung anhand des Vertragsstatus – die Risikoexposition kontinuierlich auszudrücken vermag.

Dies erlaubt uns, die Möglichkeit einer nichtlinearen Beziehung zwischen Insiderness und der Wahrscheinlichkeit zu testen, für die populistische Rechte in Deutschland zu stimmen, was wir insbesondere für Westdeutschland erwarten.

Personen mit einem hohen Grad an Arbeitsmarktunsicherheit, die Outsider, sollten sich nicht für die AfD aussprechen, da sie nicht von Statusverlustängsten geprägt sind (ihr Status ist bereits sehr negativ). Die sehr sicheren Insider sollten keine Statusangst haben und sich daher nicht von der AfD angezogen fühlen. Wir erwarten hingegen, dass Personen mit einem mittleren Grad an Arbeitsmarktunsicherheit am ehesten für die AfD stimmen sollten, da sie am ehesten einen Statusrückgang befürchten. Um die nicht-lineare Beziehung zwischen Insiderness und der Wahlwahrscheinlichkeit für die AfD zu modellieren, beinhaltet Modell 1 den Indikator Arbeitsmarktunsicherheit im Quadrat. Modell 2 zeigt die Schätzungen auf der Grundlage des aktuellen Arbeitsmarktstatus der Befragten, d. h. der dauerhaften Vollzeitbeschäftigung im Vergleich zur übrigen Bevölkerung. Modelle 3 und 4 zeigen die Ergebnisse für Ost- und Westdeutschland getrennt.

Die Analyse auf der Individualebene bestätigt weitgehend unsere früheren Ergebnisse. Modell 1 legt nahe, dass weder diejenigen in einer sehr sicheren Position (geringe Arbeitsmarktunsicherheit) noch diejenigen in einer wirklich prekären Lage (hohe Arbeitsmarktunsicherheit) besonders anfällig für die populistische Rechte sind. Vielmehr handelt es sich bei denjenigen, die am stärksten geneigt sind, für die populistische Rechte zu stimmen, um Personen mit einem mittleren Grad an Arbeitsmarktunsicherheit. Wichtig ist, dass diese Beziehung durch das politische Verhalten männlicher Insider bestimmt wird (Ergebnis nicht gezeigt), was wiederum zu unserer Argumentation über den relativen Rückgang der privilegierten Stellung von Insidern in Deutschland passt. Modell 2 bestätigt diese Idee mit der zweiten Messung von Insidern: Wenn sie nach ihrem aktuellen Arbeitsmarktstatus konzipiert werden, stimmen Insider eher für die AfD. Die Modelle 3 und 4 zeigen die gleiche Modellspezifikation für Ost- und Westdeutschland getrennt, was die stärkere Relevanz unseres Arguments in West- als in Ostdeutschland bestätigt. Die Analysen zeigen ferner, dass individuelle Erfahrungen mit Arbeitslosigkeit weder in West- noch in Ostdeutschland mit einer höheren Wahrscheinlichkeit für die AfD zu stimmen verbunden sind. Da unser Argument auf der soziotropischen Relevanz von Arbeitslosigkeitserfahrungen beruht, lesen wir dies nicht als Gegenbeweis für unsere zweite Hypothese. Es liegt auf der Hand, dass sich diese Hypothese mit den üblichen Umfragedaten nur schwer überprüfen lässt.

6 Schlussfolgerungen

In unserem Buchbeitrag argumentieren wir, dass die AfD stärkere Unterstützung bei sozialen Gruppen findet, die ihre bisherigen Privilegien erodiert sehen, als bei den am stärksten benachteiligten Arbeitsmarktgruppen. Genauer gesagt beziehen wir den Aufstieg rechtspopulistischer Parteien auf strukturelle Veränderungen im Sozialstaat und auf dem Arbeitsmarkt nach der Wiedervereinigung. Wir argumentieren, dass der allmähliche Abbau von Insider schützenden Wohlfahrtsstaatsregelungen und zunehmend volatile Arbeitsmärkte *Statusängste* verstärkt haben – insbesondere angesichts der zunehmenden Einwanderung, da MigrantInnen in der Regel Zugang zu den gleichen Sozialleistungen haben. Unsere detaillierte Analyse von Wahl- und sozioökonomischen Daten auf regionaler Ebene, ergänzt durch Daten auf der Individualebene, legt nahe, dass Statusangst den Erfolg der AfD in Deutschland in hohem Maße erklärt. Wir stellen jedoch auch fest, dass diese Statusangst durch unterschiedliche Erfahrungen in Ost- und Westdeutschland ausgelöst wird. In *Westdeutschland* betrafen die Sozial- und Arbeitsmarktreformen vor allem ehemalige Arbeitsmarktinsider, die dann besonders wahrscheinlich für die AfD stimmen. In *Ostdeutschland* ist die Erfahrung des Statusverlustes angesichts der starken sozialen und wirtschaftlichen Umwälzungen nach der Wiedervereinigung universeller. Dementsprechend ist die Beschäftigung von Insidern weniger relevant, hingegen gedeiht die AfD in Regionen, in denen die kollektive Erfahrung der Massenarbeitslosigkeit besonders stark ist.

Unsere Ergebnisse legen auch nahe, dass jede Erklärung der AfD als Ergebnis eines ausschließlich kulturellen Protests von ModernisierungsverliererInnen irreführend ist. Im Gegensatz dazu unterstützen unsere Ergebnisse zeitgenössische Perspektiven innerhalb der Literatur zur populistischen Rechten, die die Bedeutung des relativen Niedergangs als treibende Kraft für die Unterstützung der populistischen Rechten hervorheben (vgl. Mudde und Rovira Kaltwasser 2018). Diese jüngsten Perspektiven erkennen die Schwierigkeiten an, kulturelle und sozioökonomische Wertepräferenzen klar zu entflechten, wobei Wohlfahrtschauvinismus ein Paradebeispiel für ein kulturell-ökonomisches Thema ist (vgl. Häusermann und Kriesi 2011). Indem wir strukturelle Entwicklungen und ein verändertes Wahlverhalten gesellschaftlicher Gruppen miteinander verknüpfen, sind unsere Ergebnisse auch für die Literatur zum De- und Re-Alignment relevant. Darüber hinaus leistet unsere Studie einen Beitrag zur Dualisierungsliteratur und zur Politik sozialstaatlicher Reformen im Allgemeinen. Unsere Befunde machen deutlich, dass die politischen Auswirkungen von Wohlfahrtsstaatsreformen nicht auf die Linke des politischen Spektrums beschränkt sind. Bisher konzentrierte sich diese Literatur vor allem auf linke Parteienkonstellation, um die politische Durchführbarkeit von Sozialstaatsreformen und ihre politischen Implikationen zu erklären (vgl. Kitschelt 2001; Arndt 2013; Schwander und Manow 2017b). Wenn, wie unsere Ergebnisse nahelegen, Arbeitsmarktinsider – ein traditioneller Wählerpool sozialdemokratischer Parteien (vgl. Rueda 2007) – für die populistische Rechte stimmen, haben Präsenz und Wahlstärke der populistischen Rechten direkte Auswirkungen auf die politische Durchführbarkeit und die daraus resultierenden Folgen von Sozialstaatsreformen.

Schließlich reiht sich unsere Studie in die spezifischere Literatur über die politischen Folgen der Agenda 2010 und über den Aufstieg der AfD in Deutschland ein. Statt die Migrationswelle oder die politischen Entscheidungen einzelner politischer EntscheidungsträgerInnen als Ursache für die Entstehung einer populistischen Rechten in Deutschland zu betrachten, betont unsere Darstellung die Relevanz von Strukturreformen für die verbreitete Wahrnehmung des Abgehängtwerdens. Unsere Studie impliziert auch, dass unterschiedliche Anliegen zur Unterstützung der AfD in Ost- und Westdeutschland führen könnten. Für die deutsche Politik wird die entscheidende Frage der nächsten Jahrzehnte sein, wie diesen Bedenken begegnet werden kann.

Anhang A

Tab. A.1 Liste der Operationalisierungen

Variable	Operationalisierung	Datenquelle
Gemeindeebene		
AfD-Stimmenanteil	Anteil der Zweitstimmen	Wahlbezirksstatistik des Bundeswahlleiters
Arbeitslosigkeit	Anteil der Arbeitslosen an den zivilen Erwerbspersonen in %	Indikatoren und Karten zur Raum- und Stadtentwicklung. www.inkar.de
Geringfügige Beschäftigung	Anteil geringfügig entlohnter Beschäftigter am Arbeitsort in % (monatl. Einkommen unter 450 €)	www.inkar.de
Industriebeschäftigung	Anteil der Erwerbstätigen im Sekundären Sektor in %	www.inkar.de

Variable	Operationalisierung	Datenquelle
Reguläre Beschäftigung	Sozialversicherungspflichtige Beschäftigung in % der zivilen Erwerbspersonen	www.inkar.de
Besteuerbares Einkommen	Gemeindliche Steuerkraft in € je Einwohner	www.inkar.de
Ausländeranteil	Bevölkerung ab 18 Jahre minus Anzahl der Wahlberechtigten	Eigene Berechnung aus der Regional- und Wahlstatistik
Ebene der Landkreise/kreisfreien Städte		
AfD-Stimmenanteil	Anteil der Zweitstimmen	Wahlbezirksstatistik des Bundeswahlleiters
Reguläre Beschäftigung	Sozialversicherungspflichtige Beschäftigung in % der zivilen Erwerbspersonen (Juni 2015)	https://regionalstatistik.de und eigene Berechnungen
Arbeitslosigkeit	Anteil der Arbeitslosen an den zivilen Erwerbspersonen in % (September 2017)	https://statistik.arbeitsagentur.de/ und eigene Berechnungen
Geringfügige Beschäftigung	Anteil geringfügig entlohnter Beschäftigter am Arbeitsort in % (monatl. Einkommen unter 450 €)	https://statistik.arbeitsagentur.de/ und eigene Berechnungen
Industriebeschäftigung	Anteil der Erwerbstätigen im Sekundären Sektor in % (September 2016)	https://statistik.arbeitsagentur.de/ und eigene Berechnungen
Besteuerbares Einkommen	Lohn- und Einkommensteuer – Jahressumme, Gesamtbetrag der Einkünfte, je Einwohner (Juni 2013)	https://regionalstatistik.de und eigene Berechnungen
Individualebene		
AfD-Stimme	Dichotome Variable, rekodiert von prtvede1 und prtclede	European Social Survey 2016

Variable	Operationalisierung	Datenquelle
Arbeitsmarktunsicherheit	Basierend auf EU-SILC 2012; kontinuierliche Variable, Differenz zwischen der gruppenspezifischen und der länderspezifischer Arbeitslosigkeit/atypischer Beschäftigung, gruppenspezifischer Wert den einzelnen Mitgliedern der Berufsgruppen zugeschrieben: vgl. Schwander und Häusermann (2013)	Schwander und Häusermann (2013)
Insiderbeschäftigung	Rekodiert von mnactic und wrkctra: Vollzeit- und unbefristete Beschäftigung versus atypische (teilzeit und befristete Beschäftigung) und inaktive Bevölkerung (Hausfrauen/-männer, RentnerInnen, Studierende)	European Social Survey 2016
Arbeitslos	Dichotome Variable, rekodiert von mnactic	European Social Survey 2016
Weiblich	Dichotome Variable, rekodiert von gndr	European Social Survey 2016
Alter	Ratio-skalierte Variable basierend auf agea, Alter in Jahren gemessen	European Social Survey 2016
Bildungsstand	Kontinuierliche Variable basierend auf dem höchsten Schulabschluss (eisced), 1 = Grundschule, 2 = Hauptschule, 3 = Sekundarstufe II; 4 = post-sekundäre Bildung 5 = Hochschulbildung	European Social Survey 2016
Öffentliche Beschäftigung	Dichotome Variable (tporgwk)	European Social Survey 2016

Variable	Operationalisierung	Datenquelle
Kirchgang	Rekodier von rlgatnd (Wie häufig nehmen Sie an religiösen Dienst teil?); 7 = jeden Tag, 6 = Mehr als einmal die Woche, 5 = einmal die Woche, 4 = mindestens einmal im Monat, 3 = nur zu speziellen Feiertagen, 2 = weniger häufig, 1 = nie	European Social Survey 2016
Einkommen	Gesamtes Netto-Haushaltseinkommen in Dezentilen (hinctnta)	European Social Survey 2016

Anhang B Robustnesstest auf der Ebene der Landkreise und kreisfreien Städte

Tab. B.1 Berücksichtigung zusätzlicher Kontrollvariablen

	Deutschland	Westdeutschland	Ostdeutschland
	M1	M2	M3
Reguläre Beschäftigung	-0,024	-0,011	0,113
	(0,02)	(0,02)	(0,13)
Beschäftigung im verarbeitenden Gewerbe	0,110**	0,047	0,131
	(0,04)	(0,03)	(0,08)
Geringfügige Beschäftigung	0,132	0,053	-0,977
	(0,09)	(0,15)	(1,03)
Arbeitslosigkeit 2017	-0,243***	-0,335***	-0,562**
	(0,07)	(0,08)	(0,18)
Besteuerbares Einkommen	-0,007	0,010	0,010
	(0,01)	(0,01)	(0,04)
Ausländeranteil	0,277***	0,211**	0,102
	(0,06)	(0,07)	(0,47)
Ost-Dummy	8,010***		
	(2,09)		

	Deutschland	Westdeutschland	Ostdeutschland
	M1	M2	M3
Urbaner Kreis	0,361	0,761*	2,618
	(0,35)	(0,35)	(2,25)
Einkommen[2]	0,000	-0,000*	-0,000
	(0,00)	(0,00)	(0,00)
Anteil Einwohner über 65 Jahre	0,286	0,038	0,960**
	(0,19)	(0,14)	(0,26)
Beschäftigung Geringqualifizierter	-0,152	-0,041	-0,689
	(0,18)	(0,17)	(0,72)
Beschäftigung Hochqualifizierter	0,176	0,033	0,873*
	(0,13)	(0,04)	(0,38)
Konstante	17,021	-6,900	-7,602
	(11,14)	(14,16)	(43,61)
R^2	0,708	0,215	0,633
N	395	322	73

$^{*}p<0{,}1$; $^{**}p<0{,}05$; $^{***}p<0{,}01$, Standardfehler sind nach Bundesländer geclustert

Tab. B.2 Robustnesstest: Jackknife & Bootstrapping[1]

	Jackknife		Bootstrapping	
	M1	M2	M3	M4
Reguläre Beschäftigung	0,008	-0,014	0,008	-0,014
	(0,04)	(0,04)	(0,04)	(0,04)
Beschäftigung im verarbeitenden Gewerbe	0,082***	0,079**	0,082***	0,079***
	(0,03)	(0,03)	(0,03)	(0,03)
Geringfügige Beschäftigung	0,031	0,095	0,031	0,095
	(0,23)	(0,19)	(0,24)	(0,19)
Arbeitslosigkeit 2017	-0,242*	-0,671**	-0,242*	-0,671**
	(0,13)	(0,30)	(0,13)	(0,27)
Besteuerbares Einkommen	-0,002*	-0,002	-0,002*	-0,002
	(0,00)	(0,00)	(0,00)	(0,00)
Ausländeranteil	0,222***	0,271***	0,222***	0,271***
	(0,05)	(0,05)	(0,06)	(0,06)

	Jackknife		Bootstrapping	
	M1	M2	M3	M4
Ost-Dummy	10,989***	8,924***	10,989***	8,924***
	(1,97)	(2,34)	(2,03)	(2,30)
Arbeitslosigkeit 2000		0,400		0,400*
		(0,26)		(0,21)
Konstante	14,547***	11,797***	14,547***	11,797***
	(4,08)	(3,91)	(3,95)	(3,49)
R^2	0,687	0,696	0,687	0,696
N	396	395	396	395

*p <0,1; **p<0,05; ***p <0,01, Standardfehler sind nach Bundesländer geclustert
[1]Bootstrapping ist eine Methode des Resampling. Beim Bootstrapping werden wiederholt die Analysen auf der Grundlage lediglich einer Stichprobe durchgeführt. Dies dient als Test ob die Resultate auf dem zufällig gezogenen Sample zurückzuführen sind. Jackknife ist eine Variante des Bootstrapping und schätzt den zufälligen Fehler einer Schätzmethode und deren etwaige Verzerrung

Literatur

Antonucci, Lorenza, Laszlo Horvath, Yordan Kutiyski, und André Krouwel. 2017. The malaise of the squeezed middle: Challenging the narrative of the 'left behind' Brexiter. *Competition & Change* 21: 211 - 229.

Arndt, Christoph. 2013. *The Electoral Consequences of Third Way Welfare State Reforms: Social Democracy's Transformation und its Political Costs.* Amsterdam: Amsterdam University Press.

Arzheimer, Kai. 2015. The AfD: Finally a Successful Right-Wing Populist Eurosceptic Party for Germany? *West European Politics* 38: 535 - 556.

Arzheimer, Kai. 2009. Contextual Factors and the Extreme Right Vote in Western Europe, 1980–2002. *American Journal of Political Science* 53: 259 - 275.

Berning, Carl C. 2017. Alternative für Deutschland (AfD) – Germany's New Radical Right-wing Populist Party'. *ifo DICE Report* 15 (04, Winter 2017): 16 - 19.

Betz, Hans-Georg. 2004. The Growing Threat of the Radical Right. In *Right-wing Extremism in the Twenty-first Century*, ed. by Peter Merkl und Leonhard Weinberg, 85 - 104. London: Routledge.

Betz, Hans-Georg. 1994. Radical Right-Wing Populism in Western Europe. New York: Palgrave Macmillan.

Betz, Hans-Georg, und Fabian Habersack. 2019. Regional nativism in East Germany: the case of the AfD. In *The People and the Nation: Populism and Ethno-Territorial Politics in*

Europe, ed. by Reinhard Heinisch, Emanuele Massetti und Oscar Mazzaleni, 110 - 135. Abingdon (UK): Taylor & Francis.

Bielenski, Harald, Emil Magvas, und Klaus Parmentier. 1992. Arbeitsmarktmonitor für die neuen Bundesländer. Eine Arbeitsmarktumfrage der Bundesanstalt für Arbeit: Zwischenbilanz und ausgewählte Ergebnisse *Mitteilungen aus der Arbeitsmarkt- und Berufsforschung* 25 (2): 136 - 157.

Bisbee, James. 2018. Free Trade and American Politics: How Policy Preferences Respond to Local Trade Shocks. *Unveröffentliches Manuskript.*

Bornschier, Simon. 2018. Globalization, Cleavages and the Radical Right. In *Oxford Handbook of the Radical Right*, ed. by Jens Rydgren, 212 - 238. Oxford (UK): Oxford University Press.

Bornschier, Simon. 2010. *Cleavage Politics and the Populist Right: The New Cultural Conflict in Western Europe*, Philadelphia: Temple University Press.

Bornschier, Simon, und Hanspeter Kriesi. 2015. The populist right, the working class, and the changing face of class politics. In *Class Politics and the Radical Right*, ed. by Jens Rydgren, 10 - 30. London/New York: Routledge.

Burgoon, Brian, Sam Van Noort, Matthijs Rooduijn, und Geoffry Underhill. 2019. Positional Deprivation and Support for Radical Right and Radical Left Parties. *Economic Policy* 34 (97, January 2019): 49 - 93.

Colantone, Italo, und Piero Stanig. 2018. Global Competition and Brexit. *American Political Science Review* 112 (2, May 2018): 201 - 218.

Duch, Raymond M., und Randolph T. Stevenson. 2008. *The Economic Vote: How Political and Economic Institutions Condition Election Results.* Cambridge (UK): Cambridge University Press.

Eichengreen, Barry. 2018. *The Populist Temptation: Economic Grievance and Political Reaction in the Modern Era.* Oxford (UK): Oxford University Press.

Essletzbichler, Jürgen, Franziska Disslbacher, und Matthias Moser. 2018. The victims of neoliberal globalisation and the rise of the populist vote: a comparative analysis of three recent electoral decisions. *Cambridge Journal of Regions, Economy and Society* 11: 73 - 94.

Estévez-Abe, Margarita, Torben Iversen, und David Soskice. 2001. Social Protection and the Formation of Skills: A Reinterpretation of the Welfare State. In *Hall und Soskice 2001a*, 145 - 183.

Franz, Christian, Marcel Fratzscher, und Alexander S. Kritikos. 2018. AfD in dünn besiedelten Räumen mit Überalterungsproblemen stärker. *DIW Wochenbericht* 85 (8): 135 - 144.

Franzmann, Simon T. 2016. Calling the Ghost of Populism: The AfD's Strategic and Tactical Agendas until the EP Election 2014. *German Politics* 25: 457 - 479.

Geiges, Lars. 2018. Wie die AfD im Kontext der „Flüchtlingskrise" mobilisierte. Eine empirisch-qualitative Untersuchung der „Herbstoffensive 2015". *Zeitschrift für Politikwissenschaft* 28: 49 - 69.

Gest, Justin, Tyler Reny, und Jeremy Mayer. 2018. Roots of the Radical Right: Nostalgic Deprivation in the United States and Britain. *Comparative Political Studies* 51: 1694 - 1719.

Gidron, Noam, und Peter A. Hall. 2017. The politics of social status: economic and cultural roots of the populist right. *British Journal of Sociology* 68 (S1, November 2017): S57 - S84.

Goerres, Achim, Dennis C. Spies, und Staffan Kumlin. 2018. The Electoral Supporter Base of the Alternative for Germany. *Swiss Political Science Review* 24 (3): 246 - 269.

Golder, Matt. 2003. Explaining Variance in the Success of Extreme Right Parties in Western Europe. *Comparative Political Studies* 36: 432 - 466.

Hainmueller, Jens, und Daniel J. Hopkins. 2014. Public Attitudes Toward Immigration. *Annual Review of Political Science* 17: 225 - 249.

Hall, Peter A., und David Soskice (Eds.). 2001a. *Varieties of Capitalism: The Institutional Foundations of Comparative Advantage.* New York: Oxford University Press.

Hall, Peter, und David Soskice. 2001b. Varieties of Capitalism. The Institutional Foundations of Comparative Advantage – Introduction. In *Hall und Soskice 2001a*, 1 - 68.

Hambauer, Verena, und Anja Mays. 2018. Wer wählt die AfD? – Ein Vergleich der Sozialstruktur, politischen Einstellungen und Einstellungen zu Flüchtlingen zwischen AfD-WählerInnen und der WählerInnen der anderen Parteien. *Zeitschrift für Vergleichende Politikwissenschaft* 12 (1): 133 - 154.

Häusermann, Silja, und Hanspeter Kriesi. 2011. What do voters want? Dynamics of Individual-level preferences and party choice. *Conference on the Future of Democratic Capitalism*, June 16 - 18, Zurich.

Hochschild, Arlie Russell. 2016. *Strangers in their own Land: Anger and Mourning on the American Right.* New York/London: New Press.

Holtmann, Everhard. 2019. *Die Umdeutung der Demokratie. Politische Partizipation in Ost- und Westdeutschland.* Frankfurt a. M.: Campus Verlag.

Ignazi, Piero. 1992. The silent counter-revolution: Hypotheses on the emergence of extreme right-wing parties in Europe. *European Journal of Political Research* 22 (1, July 1992): 3 - 34.

Ivarslaten, Elisabeth. 2005. The vulnerable populist right parties: No economic realignment fuelling their electoral success. *European Journal of Political Research* 44 (3, May 2005): 465 - 492.

Jackmann, Robert W., und Karin Volpert. 1996. Conditions favoring parties of the extrem right in western Europe. *British Journal of Political Science* 26: 501 - 521.

Jost, John T., Jack Glaser, Arie W. Kruglanski, und Frank J. Sulloway. 2003. Political conservatism as motivated social cognition. *Psychological Bulletin* 129 (3, May 2003): 339 - 375.

Kinder, Donald R., und D. Roderick Kiewiet. 1981. Sociotropic Politics: The American Case. *British Journal of Political Science* 11: 129 - 161.

King, Gary, Matrin A. Tanner, und Ori Rosen. 2004. *Ecological inference: new methodological strategies.* Cambridge (UK): Cambridge University Press.

Kitschelt, Herbert. 2001. Partisan Competition and Welfare State Retrenchment. When Do Politicians Choose Unpopular Policies? In *The New Politics of the Welfare State*, ed. by Paul Pierson, 265 - 302. Oxford (UK): Oxford University Press.

Knigge, Pia. 1998. The ecological correlates of right–wing extremism in Western Europe. *European Journal of Political Research* 34 (2, October 1998): 249 - 279.

Kriesi, Hanspeter, Edgar Grande, Romain Lachat, Martin Dolezal, Simon Bornschier, und Timotheos Frey. 2008. *West European Politics in the Age of Globalization.* Cambridge (UK): Cambridge University Press.

Kriesi, Hanspeter, Edgar Grande, Romain Lachat, Martin Dolezal, Simon Bornschier, und Timotheus Frey. 2006. Globalization and the transformation of the national political space:

six European countries compared. *European Journal of Political Research* 45 (6, October 2006): 921 - 956.

Kurer, Thomas. 2020. The Declining Middle: Occupational Change, Social Status, and the Populist Right. *Comparative Political Studies*, first published April 8, 2020.

Lubbers, Marcel, Mérove Gijsberts, und Peer Scheepers. 2002. Extreme right-wing voting in Western Europe. *European Journal of Political Research* 41 (3, May 2002): 345 - 378.

Lux, Thomas. 2018. Die AfD und die unteren Statuslagen. Eine Forschungsnotiz zu Holger Lengfelds Studie Die „Alternative für Deutschland": eine Partei für Modernisierungsverlierer? *Kölner Zeitschrift für Soziologie und Sozialpsychologie* 70 (2, Juni 2018): 255 - 273.

Mahler, Vincent A. 2008. Electoral turnout and income redistribution by the state: A cross-national analysis of the developed democracies. *European Journal of Political Research* 47 (2, March 2008): 161 - 183.

Manow, Philip. 2020. *Social Protection, Capitalist Production: The Bismarckian Welfare State in the German Political Economy, 1880–2015*. Oxford (UK): Oxford University Press.

Manow, Philip. 2018. *Die Politische Ökonomie des Populismus*. Berlin: Suhrkamp Verlag.

Mau, Steffen. 2019. *Lütten Klein. Leben in der ostdeutschen Transformationsgesellschaft*. Berlin: Suhrkamp Verlag.

Mudde, Cas, und Cristóbal Rovira Kaltwasser. 2018. Studying Populism in Comparative Perspective: Reflections on the Contemporary und Future Research Agenda. *Comparative Political Studies* 51: 1667 - 1693.

Mutz, Diana C. 2018. Status threat, not economic hardship, explains the 2016 presidential vote. *Proceedings of the National Academy of Sciences* 115: E4330 - E4339.

Norris, Pippa, und Ronald D. Inglehart. 2019. *Cultural Backlash: Trump, Brexit, and Authoritarian Populism*. New York: Cambridge University Press.

Rodríguez-Pose, Andrés. 2018. The revenge of the places that don't matter (and what to do about it). *Cambridge Journal of Regions, Economy and Society* 11: 189 - 209.

Rooduijn, Matthijs, und Brian Burgoon. 2018. The Paradox of Well-being: Do Unfavorable Socioeconomic und Sociocultural Contexts Deepen or Dampen Radical Left and Right Voting Among the Less Well-Off? *Comparative Political Studies* 51 (13, November 2018): 1720 - 1753.

Rovny, Jan, und Allison E. Rovny. 2017. Outsiders at the Ballot Box: Operationalizations and Political Consequences of the Insider-Outsider Dualism. *Socio-Economic Review* 15 (1, January 2017): 161 - 185.

Rueda, David. 2007. *Social Democracy inside out. Partisanship and Labor Market Policy in Industrialized Democracies*. Oxford (UK): Oxford University Press.

Schäfer, Armin, Hanna Schwander, und Philip Manow. 2016. Die sozial „auffälligen" Nichtwähler: Determinanten der Wahlenthaltung bei der Bundestagswahl 2013. In *Wahlen und Wähler. Analysen aus Anlass der Bundestagswahl 2013*, hrsg. von Harald Schoen und Bernhard Weßels, 21 - 44. Wiesbaden: Springer VS.

Schmidt, Christin. 2017. Mehr als Hartz IV? Was Flüchtlinge vom Staat bekommen. *Märkische Allgemeine* vom 14.02.2017. http://www.maz-online.de/Lokales/Havelland/Mehr-als-Hartz-IV-Was-Fluechtlinge-vom-Staat-bekommen

Schwander, Hanna. 2019. Labor Market Dualization and Insider–Outsider Divides: Why This New Conflict Matters. *Political Studies Review* 17: 14 - 29.

Schwander, Hanna, und Silja Häusermann. 2013. Who's in and who's out? A risk-based conceptualization of insiders and outsiders. *Journal of European Social Policy* 23: 248 - 269.

Schwander, Hanna, und Philip Manow. 2018. A labor market explanation for right-wing populism – Explaining the electoral success of the AfD in Germany. *Unveröffentliches Manuskript.*

Schwander, Hanna, und Philip Manow. 2017a. It's not the economy, stupid! Explaining the electoral success of the German right-wing populist AfD. ETH Zürich/University of Zürich, Center for Comparative and International Studies (CIS): *CIS Working Paper No. 94.* Zürich 2017.

Schwander, Hanna, und Philip Manow. 2017b. 'Modernize and Die'? German Social Democracy and the electoral consequences of the Agenda 2010. *Socio-Economic Review* 15 (1, January 2017): 117 - 134.

Selb, Peter, und Simon Munzert. 2013. Voter overrepresentation, vote misreporting, and turnout bias in postelection surveys. *Electoral Studies* 32: 186 - 196.

Smith, Heather J., Thomas F. Pettigrew, Gina M. Pippin, und Silvana Bialosiewicz. 2012. Relative Deprivation: A Theoretical and Meta-Analytic Review. *Personality and Social Psychology Review* 16 (3, August 2012): 203 - 232.

Swank, Duane, und Hans-Georg Betz. 2003. Globalization, the welfare state and right wing populism in Western Europe. *Socio-Economic Review* 1 (2, May 2003): 215 - 245.

Tutic, Andreas, und Hagen von Hermanni. 2018. Sozioökonomischer Status, Deprivation und die Affinität zur AfD – Eine Forschungsnotiz. *Kölner Zeitschrift für Soziologie und Sozialpsychologie* 70 (2, Juni 2018): 275 - 729.

van Oorschot, Wim. 2006. Making the difference in social Europe: deservingness perceptions among citizens of European welfare states. *Journal of European Social Policy* 16: 23 - 42.

Walker, Iain, und Thomas F. Pettigrew. 1984. Relative deprivation theory: An overview and conceptual critique. *British Journal of Social Psychology* 23: 301 - 310.

Wilson, Glenn. D. (Ed.). 1973. *The Psychology of Conservatism.* London/New York: Academic Press.

Die Wählerschaft der Alternative für Deutschland (AfD)

Eine Längsschnittanalyse von Sozialstruktur und politischen Einstellungen für den Zeitraum 2013 bis 2018

Markus Klein, Christoph Kühling und Frederik Springer

Zusammenfassung

Die Alternative für Deutschland (AfD) hat im Laufe ihrer kurzen Geschichte einen dramatischen Wandel durchlebt. Gestartet als wirtschaftsliberale, euroskeptische Partei hat sie sich im Laufe der Zeit zu einer rechtspopulistischen Partei entwickelt. Es steht zu vermuten, dass sich im Zuge dieses programmatischen Wandels auch die Wählerschaft der AfD verändert hat. Der Buchbeitrag analysiert daher die Sozialstruktur und die politischen Einstellungen der Wählerinnen und Wähler der AfD in einer längsschnittlichen Perspektive. Die empirischen Analysen basieren auf den Politbarometer-Erhebungen der Forschungsgruppe Wahlen im Zeitraum von April 2013 bis Dezember 2018. Es zeigt sich, dass sich die Wählerschaft der AfD im Zeitverlauf dem typischen Eigenschaftsprofil der Wählerschaft einer rechtspopulistischen Partei angenähert hat.

M. Klein (✉) · C. Kühling · F. Springer
Institut für Politikwissenschaft, Leibniz Universität Hannover, Hannover, Deutschland
E-Mail: m.klein@ipw.uni-hannover.de

C. Kühling
E-Mail: c.kuehling@ipw.uni-hannover.de

F. Springer
E-Mail: f.springer@ipw.uni-hannover.de

H. U. Brinkmann und K.-H. Reuband (Hrsg.), *Rechtspopulismus in Deutschland*,
https://doi.org/10.1007/978-3-658-33787-2_9

1 Problemstellung

Die Alternative für Deutschland (AfD) wurde Anfang Februar 2013 gegründet. Bereits aus ihrem Namen geht hervor, dass zunächst die Kritik an der von Angela Merkel als „alternativlos" bezeichneten Politik der Bundesregierung im Zusammenhang mit der europäischen Schuldenkrise und der Rettung des Euro im Zentrum der Programmatik stand. Die AfD war zu Beginn folglich eine wirtschaftsliberale, euroskeptische Partei (vgl. Grimm 2015). Dies spiegelte sich nicht zuletzt darin wider, dass einige der führenden Protagonisten bei der Gründung der Partei Professoren der Volkswirtschaftslehre (Bernd Lucke, Joachim Starbatty) bzw. ehemalige hochrangige Wirtschaftsmanager (z. B. Hans-Olaf Henkel) waren.

Bereits im Wahlkampf zur Bundestagswahl 2013 stimmte die AfD aber auch migrationskritische Töne an (vgl. Schmitt-Beck 2014). Zudem bildete sich innerhalb der Partei sehr schnell ein starker rechts- bzw. nationalkonservativer Flügel heraus. Die Konflikte zwischen der wirtschaftsliberalen Parteiführung und den rechtskonservativen Kräften in der Partei gewannen nach dem ersten Erfolg der AfD bei der Europawahl im Mai 2014 an Dynamik. Insbesondere die guten Ergebnisse der rechtskonservativen, migrationskritischen ostdeutschen Landesverbände der AfD bei den Landtagswahlen in Sachsen, Brandenburg und Thüringen in der zweiten Hälfte des Jahres 2014 befeuerten diesen Konflikt. Er gipfelte Anfang Juli 2015 in der Verdrängung Bernd Luckes aus dem Amt des Parteisprechers.

Die Abwahl Luckes und die Wahl von Frauke Petry und Jörg Meuthen zu den beiden Parteisprechern stellte eine wichtige Wegmarke bei der Transformation der AfD in eine rechtskonservative Partei dar. Mit der von Alexander Gauland als „Geschenk" für seine Partei bezeichneten „Flüchtlingskrise" der Jahre 2015 und 2016 verlagerte sich der Schwerpunkt der AfD-Programmatik endgültig von der Europa- auf die Migrationspolitik. Gleichzeitig gewannen rechte Strömungen innerhalb der Partei, die vor allem in den ostdeutschen Landesverbänden verwurzelt waren, stark an Bedeutung.

Nicht zuletzt die Migrationsthematik führte dazu, dass die AfD bei der Bundestagswahl 2017 zum ersten Mal in den Bundestag einziehen konnte. Nachdem sich bereits vor der Wahl abgezeichnet hatte, dass Frauke Petry nicht erneut zur AfD-Sprecherin gewählt werden würde, gab sie kurz nach der Wahl bekannt, der Fraktion der AfD im Bundestag nicht angehören zu wollen und verließ wenig später die Partei ganz. Mit der Wahl Alexander Gaulands zum Nachfolger von Frauke Petry im Amt des Parteisprechers im Dezember 2017 manifestierte sich die fortschreitende Verwandlung der AfD in eine rechtspopulistische Partei auch personell.

Der eben versuchte skizzenhafte Abriss der Entwicklung der AfD seit ihrer Gründung im Jahr 2013 macht deutlich, dass die Partei in ihrer kurzen Geschichte einen dramatischen Wandel durchlebt hat. Gestartet als wirtschaftsliberale, euroskeptische Partei hat sie sich über die Zwischenstation des Rechts- bzw. Nationalkonservatismus (vgl. Arzheimer 2015) hin zu einer rechtspopulistischen Partei entwickelt (vgl. Lewandowsky et al. 2016; Rosenfelder 2017). Die jüngste Einstufung (März 2020) einzelner Parteiströmungen als rechtsextremistisch durch das Bundesamt für Verfassungsschutz lässt erwarten, dass die Entwicklung der AfD noch nicht endgültig abgeschlossen ist.

Dass sich parallel zum programmatisch-ideologischen Wandel der AfD auch ihre Wählerschaft verändert hat, ist eine naheliegende Vermutung. In jüngster Zeit haben sich zwei Arbeiten mit genau dieser Frage beschäftigt (vgl. Arzheimer und Berning 2019; Bieber et al. 2018). Beide Arbeiten basieren auf dem Langfrist-Online-Tracking der Deutschen Nationalen Wahlstudie (German Longitudinal Election Study/GLES) und decken die Zeit bis September 2016 bzw. bis zur Bundestagswahl 2017 ab. Da diese Daten im Rahmen von Online-Befragungen erhoben werden, kann man allerdings berechtigte Zweifel an ihrer Repräsentativität hegen. Darüber hinaus erliegen zumindest Bieber et al. (2018) der Versuchung, die Entwicklung der AfD in klar voneinander abgrenzbare Phasen einzuteilen. Tatsächlich ist es aber so, dass die verschiedenen Wegmarken in der Geschichte der AfD immer Kumulationspunkte von Entwicklungen waren, die bereits deutlich vorher ihren Ausgang genommen hatten. In der hier vorliegenden Analyse versuchen wir daher die Veränderung der AfD-Wählerschaft als einen langfristigen, graduellen Prozess zu analysieren. Als Datengrundlage dienen uns die Politbarometer-Erhebungen der Forschungsgruppe Wahlen in den Jahren 2013 bis 2018. Diese werden mindestens einmal monatlich als Telefonbefragungen durchgeführt. Sie sollten im Hinblick auf ihre Repräsentativität Online-Befragungen überlegen sein. Auch ist aufgrund der deutlich engeren Taktung der Erhebungen die Zahl der erfassten AfD-WählerInnen hinreichend groß, um verlässliche Analysen zur Zusammensetzung der AfD-Wählerschaft vornehmen zu können. Zudem erfassen wir mit unseren Daten die weitere Entwicklung der AfD-Wählerschaft nach der Bundestagswahl 2017 bis Ende des Jahres 2018.

2 Forschungsstand

2.1 Die Wählerschaft von Rechtsaußenparteien[1]

Mit der Entwicklung hin zu einer rechtspopulistischen Partei sollte sich die Wählerschaft der AfD der Wählerschaft anderer Rechtsaußenparteien angenähert haben. Bevor wir Studien präsentieren, die sich mit der Wählerschaft der AfD auseinandergesetzt haben (Abschn. 2.2), wollen wir daher zunächst kurz auf die Befunde der internationalen Forschung zur Wählerschaft rechtsextremer und rechtsradikaler Parteien eingehen. Bisherige Untersuchungen zeigen, dass sich die Wählerschaft dieser Parteien im Hinblick auf die Sozialstruktur durch ein charakteristisches Profil auszeichnet. Golder (2016, S. 483) fasst den Forschungsstand diesbezüglich wie folgt zusammen: „The typical far right voter is a young male, with a low level of education, who is either unemployed, self-employed, or a manual worker."

Als bedeutender als die Sozialstruktur haben sich jedoch politische Einstellungen erwiesen. So hat sich eine negative Haltung in Migrationsfragen als die wichtigste Determinante der Wahl einer Partei am rechten Rand herausgestellt (vgl. Arzheimer 2018). Die höhere Unterstützung der zuvor genannten sozialen Gruppen lässt sich damit erklären, dass diese Gruppen häufiger kritische bis ablehnende Einstellungen zur Migration aufweisen (vgl. Arzheimer 2008, S. 185 ff.). Unter Kontrolle von politischen Einstellungen sollte der Effekt sozialstruktureller Variablen daher zurückgehen (vgl. Arzheimer 2008, S. 180).

2.2 Die Wählerschaft der AfD

Während es mittlerweile einige Studien gibt, die die Wählerschaft der AfD zu einem bestimmten Zeitpunkt untersucht haben, stellen die erwähnten Arbeiten von Bieber et al. (2018) sowie von Arzheimer und Berning (2019) zusammen mit einer früheren Analyse von Niedermayer und Hofrichter (2016) die bisher einzigen Studien dar, die die AfD-Wählerschaft in einer längsschnittlichen Perspektive

[1] In Anlehnung an Spier (2016) nutzen wir den Begriff der Rechtsaußenpartei als Sammelbegriff für all jene Parteien, die eine extrem rechte Position auf der politischen Links-Rechts-Achse einnehmen. Der Begriff umfasst damit „rechtsextreme", „rechtsradikale" und „rechtspopulistische" Parteien.

untersucht haben.[2] Aufgrund dieser geringen Zahl an längsschnittlichen Untersuchungen werden in diesem Kapitel auch die Befunde von Arbeiten vorgestellt, die Querschnittsdaten verwendet haben. In Tab. 1 findet sich eine Übersicht zu den diskutierten Studien. Da wir an einer zeitlichen Perspektive interessiert sind, werden jeweils der Datensatz sowie der Untersuchungszeitraum aufgeführt. Der folgende Abschnitt ist so aufgebaut, dass zunächst die Befunde zur Sozialstruktur (Abschn. 2.2.1) und schließlich die Befunde zu den politischen Einstellungen (Abschn. 2.2.2) präsentiert werden. Dabei stehen jeweils zwei Fragen im Fokus: Wie ist der Effekt einer Variablen auf die Wahl der AfD? Und wie hat sich dieser Effekt im Zeitverlauf verändert?

2.2.1 Der Effekt der Sozialstruktur auf die Wahl der AfD

Zu den sozialstrukturellen Variablen, die in nahezu allen hier berichteten Studien berücksichtigt werden, zählen das Geschlecht, die Region (Ost- vs. Westdeutschland) sowie das Alter. Mit Blick auf das *Geschlecht* kommen alle bisherigen Arbeiten recht eindeutig zu dem Ergebnis, dass Männer eine stärkere Neigung zur AfD haben als Frauen (vgl. Goerres et al. 2018; Hambauer und Mays 2018; Lengfeld 2017; Lux 2018; Rippl und Seipel 2018; Schwarzbözl und Fatke 2016; Tutić und von Hermanni 2018). [3] Auch für die *Region* können die meisten Studien einen Effekt feststellen: Demnach wählen Ostdeutsche eher die AfD als Westdeutsche (vgl. Goerres et al. 2018; Hansen und Olsen 2019; Lengfeld 2017; Lux 2018; Tutić und von Hermanni 2018).[4] Mit Blick auf das *Alter* sind die Befunde uneinheitlich: Eine Reihe von Arbeiten findet keinen signifikanten Effekt des Alters (vgl. Goerres et al. 2018; Lengfeld 2017; Lux 2018; Rippl und Seipel 2018; Schmitt-Beck 2017). Schwarzbözl und Fatke (2016) berichten dagegen einen negativen Effekt. In der Studie von Tutić und von Hermanni (2018) schließlich hat das Alter einen umgekehrt u-förmigen Effekt: Demzufolge ist die AfD besonders bei Personen mittleren Alters beliebt.

---

[2] Darüber hinaus gibt es noch die ebenfalls längsschnittlich angelegte Analyse von Kroh und Fetz (2016). In deren Rahmen wird aber als abhängige Variable nicht die Wahlabsicht zugunsten der AfD untersucht, sondern vielmehr das Vorhandensein einer affektiven Bindung an die Partei. Sie findet daher bei der Darstellung des Forschungsstands zur Wählerschaft der AfD keine Berücksichtigung.

[3] Schmitt-Beck (2017) kann den erwarteten Geschlechtereffekt bei der Bundestagswahl 2013 nur für „frühe Unterstützer" feststellen. Für die Europawahl 2014 sowie die folgenden Wahlen in Ostdeutschland berechnet er keine separaten Modelle für sozialstrukturelle Variablen.

[4] Schwarzbözl und Fatke (2016) finden keinen Effekt der Region. Schmitt-Beck (2017) kann nur für die „späten Unterstützer" bei der Bundestagswahl 2013 einen Effekt feststellen.

Tab. 1 Bisherige Studien zur Wählerschaft der AfD

Studie	Datensatz	Untersuchungszeitraum
Schmitt-Beck 2014	Rolling-Cross-Section-Wahlkampfstudie 2013 der GLES	Juli bis Sept. 2013
Niedermayer und Hofrichter 2016	Infratest dimap DeutschlandTrend	4. Quartal 2013 bis 1. Quartal 2016
Schwarzbözl und Fatke 2016	Wahlkampfpanel 2013 der GLES	Juni bis Okt. 2013
Schmitt-Beck 2017	a) vgl. Schmitt-Beck 2014 b) Langfrist-Online-Tracking der GLES	a) vgl. Schmitt-Beck 2014 b) Mai 2014 (EU) bzw. Aug./Sept. 2014 (LTW)
Lengfeld 2017	Befragung von infratest dimap im Auftrag des SWR	Nov. 2016
Lux 2018	Allgemeine Bevölkerungsumfrage der Sozialwissenschaften (ALLBUS) 2016	April bis Sept. 2016
Tutić und von Hermanni 2018	a) ALLBUS 2016, b) European Social Survey 2016, c) Wahlkampfpanel 2017 der GLES	a) April bis Sept. 2016, b) Aug. 2016 bis März 2017, c) Okt./Nov. 2017
Rippl und Seipel 2018	ALLBUS 2016	April bis Sept. 2016
Goerres et al. 2018	German Welfare State Survey	Mai 2016
Hambauer und Mays 2018	Langfrist-Online-Tracking der GLES	Dez. 2015 und Mai 2016
Bieber et al. 2018	Langfrist-Online-Tracking der GLES	Mai 2013 bis Sept. 2016
Hansen und Olsen 2019	Nachwahlbefragung 2017 der GLES	Sept. bis Nov. 2017
Pickel 2019	Nachwahlbefragung 2017 der GLES	Sept. bis Nov. 2017
Arzheimer und Berning 2019	Langfrist-Online-Tracking der GLES	Mai 2013 bis Sept. 2017

Während Bieber et al. (2018) bei den Variablen Geschlecht, Alter und Region keine Veränderungen im Zeitverlauf feststellen können, berichten Arzheimer und Berning (2019), dass der Unterschied zwischen West- und Ostdeutschen über die Zeit zugenommen hat. Für die Altersgruppen besteht lediglich eine signifikante

Veränderung: Im Vergleich zur Referenzkategorie der unter 30-Jährigen neigen die 50- bis 59-Jährigen im Zeitverlauf seltener zur Wahl der AfD.

Eine Vielzahl an Studien hat sich außerdem der Frage gewidmet, ob ein niedriger sozioökonomischer *Status* in Form von Bildung, Einkommen und beruflicher Stellung die Unterstützung der AfD erhöht. Die Gesamtschau der Arbeiten, die die Wählerschaft der AfD anhand von Querschnittsdaten untersucht haben, deutet darauf hin, dass der sozioökonomische Status im Laufe der Entwicklung der AfD wichtiger wurde. So konnten frühe Analysen zur Wählerschaft der AfD bei der Bundestagswahl 2013 zunächst keinen Effekt eines geringen sozioökonomischen Status finden (vgl. Schmitt-Beck 2017; Schwarzbözl und Fatke 2016). Neuere Analysen, die mit Daten aus dem Jahr 2016 arbeiten, bestätigten dagegen mehrheitlich den vermuteten Effekt eines niedrigen sozioökonomischen Status (vgl. Lux 2018; Rippl und Seipel 2018; Tutić und von Hermanni 2018).[5] Lengfeld (2017) fand zwar keine Anzeichen, dass Personen mit einem niedrigen sozioökonomischen Status eher die AfD unterstützen. Seine Studie zeichnet sich aber durch mehrere methodische Schwächen aus.[6] Die Untersuchung von Rippl und Seipel (2018) zeigt allerdings auch, dass der sozioökonomische Status „nur" einen indirekten, über die politischen Einstellungen vermittelten Effekt auf die Unterstützung der AfD hat: Sobald in den Modellen für politische Einstellungen kontrolliert wird, verschwinden die Statuseffekte.

Auch in einer Studie, die auf deskriptiver Basis die Entwicklung der AfD-Wählerschaft untersucht hat, finden sich Anzeichen dafür, dass die AfD im Laufe ihrer Entwicklung zunehmend für niedrigere Bildungs- und Berufsschichten attraktiv wurde: Auf Grundlage des DeutschlandTrends im Zeitraum von Herbst 2013 bis Frühjahr 2016 zeigen Niedermayer und Hofrichter (2016), dass die AfD im Jahr 2013 bei Personen mit hoher Bildung besser abschnitt als bei Befragten mit niedriger oder mittlerer Bildung. Seit 2014 neigen dagegen zunehmend Personen mit mittleren Bildungsabschlüssen sowie ArbeiterInnen der AfD zu.

---

[5] In den genannten Studien übt mindestens einer der drei Indikatoren des sozioökonomischen Status (Einkommen, Bildung oder Beruf) einen signifikanten Effekt auf die Wahl der AfD aus.

[6] Zu den methodischen Problemen der Arbeit, auf die der Autor auch selbst hinweist (vgl. Lengfeld 2017, S. 225 f.) zählen eine geringe Anzahl an AfD-WählerInnen in der Nettostichprobe, der (durch eine geringe Fallzahl bedingte) Ausschluss von Arbeitslosen, die offene Abfrage der Wahlabsicht, die zu einer Vielzahl unentschiedener WählerInnen (insbesondere unter ArbeiterInnen) geführt hat, sowie die Verwendung des ungewichteten Haushaltseinkommens. Zur Kritik an der Studie siehe auch Tutić und von Hermanni (2018, S. 277 f.) sowie Lux (2018, S. 257).

Im Hinblick auf den sozioökonomischen Status beobachten Bieber et al. (2018) einige substanzielle (jedoch nicht signifikante) Veränderungen über die Zeit: Während Selbstständige sich bis zur Bundestagswahl 2013 durch eine erhöhte Unterstützung der AfD auszeichneten, zeigten diese im weiteren Zeitverlauf (zwischen Ende 2013 und September 2016) eine verringerte Unterstützung. Eine gegenteilige Entwicklung besteht tendenziell bei den Befragten mit geringer Bildung sowie denen, die sich der Unterschicht zugehörig fühlen. Wiesen diese beiden Gruppen anfänglich eine verringerte Wahrscheinlichkeit der AfD-Wahl auf, schwächte sich dieser Effekt in der Folge jedoch deutlich ab. Im Zeitraum von September 2015 bis September 2016 (Ende des Untersuchungszeitraums) tendierten Befragte mit geringer Bildung sowie Befragte der unteren Schicht schließlich leicht überdurchschnittlich zur Unterstützung der AfD.

2.2.2 Der Effekt von politischen Einstellungen auf die Wahl der AfD

Mit Blick auf die Einstellungen, die die Wahl der AfD beeinflussen, lässt sich zunächst feststellen, dass Einstellungen zur EU im Zeitverlauf hierfür an Bedeutung verloren haben. Gegründet als Anti-Euro-Partei, spielten eurokritische Einstellungen bei der Bundestagswahl 2013 eine entscheidende Rolle (vgl. Schmitt-Beck 2014). Aber bereits im Verlauf des Bundestagswahlkampfs 2013 zeichnete sich eine Veränderung der Wahlmotive ab, die sich bei den folgenden Wahlen fortsetzte: Während migrationsskeptische Einstellungen für die „frühen Unterstützer" der AfD – also Personen, die sich bereits in einer frühen Phase des Bundestagswahlkampfs für die AfD entschieden hatten – noch keine Rolle spielten, wurde die Wahlentscheidung von „späten Unterstützern" sowohl durch Euro- als auch durch Migrationsskepsis beeinflusst (vgl. Schmitt-Beck 2017). Zeigte sich bei der Europawahl 2014 noch ein Einfluss eurokritischer Einstellungen, ist ein solcher Effekt bei den Landtagswahlen des Jahres 2014 in Sachsen, Brandenburg und Thüringen nicht zu beobachten (vgl. Schmitt-Beck 2017). Letzteres könnte jedoch schlicht auf die Tatsache zurückzuführen sein, dass europapolitische Themen bei Landtagswahlen in aller Regel ohnehin nur von untergeordneter Relevanz sind. Allerdings konnte auch für die Bundestagswahl 2017 kein klarer Effekt eurokritischer Einstellungen gezeigt werden (vgl. Hansen und Olsen 2019).

Parallel zum programmatischen Wandel der AfD hin zu einer rechtspopulistischen Partei, die das Thema Migration zu ihrem Markenkern gemacht hat, gewannen Einstellungen gegenüber Flüchtlingen und Zugewanderten an Bedeutung. So konnten alle empirischen Analysen zur Wählerschaft der AfD nach der Bundestagswahl 2013, die Migrationseinstellungen untersuchen, diesen Effekt bestätigen (vgl. Goerres et al. 2018; Hambauer und Mays 2018; Hansen und Olsen 2019; Pickel 2019; Rippl und Seipel 2018; Schmitt-Beck 2017; Schwarzbözl und

Fatke 2016). Auch die allgemeine Position auf der Links-Rechts-Achse hat sich in mehreren Studien als wirksamer Prädiktor herausgestellt (vgl. Hambauer und Mays 2018; Pickel 2019; Schmitt-Beck 2017; Schwarzbözl und Fatke 2016).[7]

Was die zeitliche Entwicklung der Einstellungseffekte angeht, zeigen Bieber et al. (2018) sowie Arzheimer und Berning (2019), dass der Effekt von Migrationseinstellungen sowie der Links-Rechts-Selbsteinstufung auf die Wahlentscheidung zugunsten der AfD im Laufe der Zeit zugenommen hat.

2.3 Aus dem Forschungsstand abgeleitete Erwartungen in Bezug auf die Veränderung der AfD-Wählerschaft

Auf Grundlage des internationalen Forschungsstands zu Rechtsaußenparteien sowie des Forschungsstands zur AfD stellen wir folgende Erwartungen auf: Mit Blick auf die Sozialstruktur erwarten wir, dass die AfD in ihrer Anfangszeit aufgrund ihrer wirtschaftsliberalen Programmatik überdurchschnittlich von Menschen mit hoher Bildung gewählt worden ist. Auch Selbstständige sollten die AfD zu Beginn häufiger gewählt haben, da sie wirtschaftsliberalen Parteien eher zuneigen. Gleichzeitig haben Selbstständige jedoch eine überproportionale Affinität zu Parteien des rechten Randes. Insofern sollte sich bei diesem Merkmal über die Zeit keine gravierende Veränderung ergeben. Im Laufe der Entwicklung hin zu einer rechtspopulistischen Partei sollte die AfD aber zunehmend für Menschen mit geringer Bildung sowie für ArbeiterInnen und Arbeitslose attraktiv geworden sein. Außerdem erwarten wir, dass Männer sowie Ostdeutsche häufiger die AfD wählen. Da wirtschaftsliberale sowie rechtspopulistische Parteien eher von Männern gewählt werden, lässt sich für den Effekt des Geschlechts keine Veränderung im Untersuchungszeitraum erwarten. Der Effekt der Region hingegen sollte aufgrund des programmatisch-ideologischen Wandels zu einer rechtspopulistischen Partei und der höheren Prävalenz extrem rechter Einstellungen in den neuen Bundesländern (vgl. Decker und Brähler 2018) im Zeitverlauf zunehmen.

Wenngleich die Befunde hinsichtlich des Alters gemischt sind, erwarten wir in Anlehnung an die Forschung zu Rechtsaußenparteien, dass jüngere Menschen im Zeitverlauf verstärkt zur Wahl der AfD neigen. Mit Blick auf die politischen Einstellungen ist zu erwarten, dass Einstellungen zur EU zunehmend an Bedeutung

[7] Für die Bundestagswahl 2013 findet Schmitt-Beck (2017) unter Kontrolle von kurzfristigen Faktoren wie Themen- und Kandidatenorientierung keinen signifikanten Effekt der Links-Rechts-Achse. Ohne Kontrolle dieser Faktoren findet sich ein Effekt der Links-Rechts-Skala. Bei der Europawahl sowie den ostdeutschen Landtagswahlen im Jahr 2014 findet sich auch im vollständigen Modell ein signifikanter Effekt der Links-Rechts-Selbsteinstufung.

verloren, Einstellungen zur Migration sowie die Links-Rechts-Selbsteinstufung der WählerInnen dagegen an Relevanz gewonnen haben.

3 Datenbasis

Die im Folgenden berichteten empirischen Analysen beruhen auf den Politbarometer-Erhebungen der Mannheimer Forschungsgruppe Wahlen, die im Auftrag des Zweiten Deutschen Fernsehens (ZDF) durchgeführt werden.[8] Die Politbarometer-Erhebungen finden (mindestens) einmal im Monat statt und ihre Ergebnisse sind regelmäßiger Bestandteil der Politikberichterstattung des ZDF.[9] Im Mittelpunkt steht dabei die fortlaufende Erfassung der Unterstützung der verschiedenen politischen Parteien in der Bevölkerung. Diese wird über die sogenannte Sonntagsfrage erhoben. Die Befragten werden dabei gebeten anzugeben, welche Partei sie wählen würden, „wenn am nächsten Sonntag Bundestagswahl wäre". Darüber hinaus werden Fragen zu den politischen Einstellungen und den sozialstrukturellen Merkmalen der Befragten gestellt.

Die Daten der Politbarometer-Erhebungen werden durch die Abteilung Datenservice der Gesellschaft Sozialwissenschaftlicher Infrastruktureinrichtungen (GESIS) auch für die Zwecke der akademischen Forschung zugänglich gemacht.[10] Sie finden in der empirischen Wahlforschung breite Verwendung. Im Rahmen der hier dokumentierten Analysen haben wir die Daten[11] quartalsweise zusammengefasst, da wir nicht an kurzfristigen Dynamiken, sondern vielmehr an der langfristigen Entwicklung der sozialstrukturellen und einstellungsbezogenen Zusammensetzung der Wählerschaft der AfD und der Determinanten einer Wahlentscheidung zugunsten der AfD interessiert sind. Die uns verfügbaren Daten decken den Zeitraum vom zweiten Quartal 2013 bis zum vierten Quartal 2018 ab.[12]

---

[8] Ausführliche Informationen über die Politbarometer-Erhebungen finden sich unter https://www.forschungsgruppe.de/Umfragen/Politbarometer/.

[9] Vgl. https://www.zdf.de/politik/politbarometer.

[10] Vgl. https://www.gesis.org/wahlen/politbarometer.

[11] Konkret liegen unseren Analysen die Datensätze ZA5100, ZA6988 und ZA7492 der GESIS zugrunde (Forschungsgruppe Wahlen 2017, 2018, 2019). Es handelt sich dabei um die Gesamtkumulation der Politbarometer-Erhebungen der Jahre 1977 bis 2016 sowie die kumulierten Datensätze für die Jahre 2017 und 2018.

[12] Die AfD wurde in den Politbarometern im Rahmen der Sonntagsfrage zum ersten Mal im März 2013 erfasst. Prinzipiell hätten wir also auch Daten für das erste Quartal 2013 zur Verfügung gehabt. Im März 2013 wurden aber nur 12 AfD-WählerInnen erfasst. Aufgrund

In Abb. 1 ist zunächst die Entwicklung des Stimmenanteils der AfD an den Befragten des Politbarometers mit einer Wahlabsicht dokumentiert. Ebenso wie in allen folgenden Abbildungen sind in Abb. 1 außerdem einige wichtige Ereignisse in Form vertikaler Linien kenntlich gemacht. Diese sind ausdrücklich nicht im Sinne einer Abgrenzung klar voneinander unterscheidbarer Phasen in der Entwicklung der AfD zu verstehen, sondern vielmehr als wichtige Wegmarken der Parteigeschichte, die bei der Interpretation der präsentierten Zeitreihen nützlich sein können. In Abb. 1 zeigt sich über den Untersuchungszeitraum hinweg ein klar ansteigender Trend in der Unterstützung der AfD von zunächst gut 2 auf ungefähr 10 % Ende 2018. Deutlich zu erkennen ist dabei eine Niveauverschiebung im Zusammenhang mit den gesteigerten Migrationsbewegungen der Jahre 2015 und 2016. Erst in Folge dieser sog. Flüchtlingskrise konnte sich die AfD dauerhaft oberhalb der 5 %-Marke etablieren.

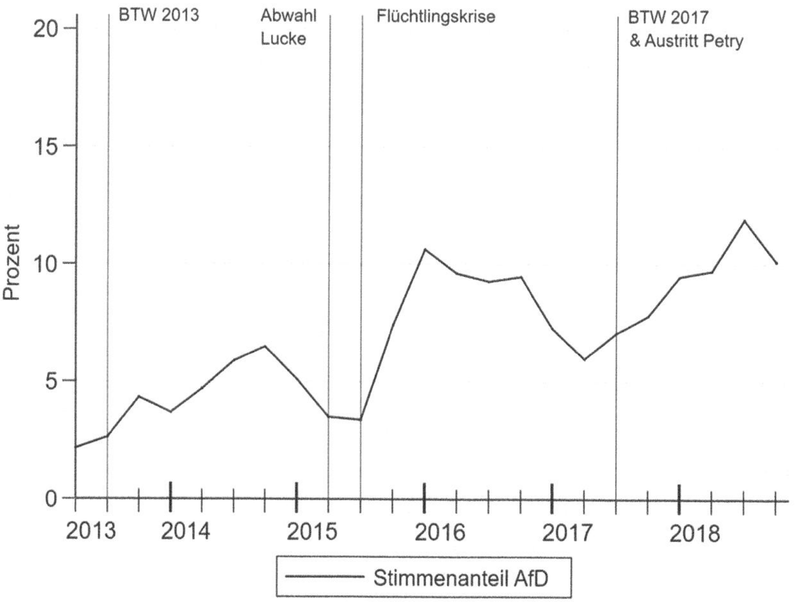

Abb. 1 Die Entwicklung des Stimmenanteils der AfD. (Quelle: eigene Darstellung)

dieser geringen Fallzahl haben wir darauf verzichtet, das erste Quartal 2013 in die Analyse mit einzubeziehen. Die Daten der Politbarometer-Erhebungen des Jahres 2019 waren zum Zeitpunkt der Abfassung dieses Beitrags über die GESIS noch nicht verfügbar.

Jede einzelne Politbarometer-Erhebung umfasst ca. 1.500 Befragte.[13] Für den hier untersuchten Zeitraum stehen insgesamt 189 270 Fälle für die Auswertung zur Verfügung. Da wir aber zunächst an der Zusammensetzung der Wählerschaft der AfD interessiert sind, ist für unsere Analysen außerdem die Zahl der erfassten AfD-WählerInnen entscheidend. Hier sollte aufgrund der Berechnung von Prozentanteilen sichergestellt sein, dass zu jedem Untersuchungszeitpunkt mindestens 100 Fälle verfügbar sind.[14] Durch die quartalsbasierte Auswertung der Daten stehen uns zu jedem Zeitpunkt durchschnittlich 478 AfD-WählerInnen für die Analyse zur Verfügung. In jedem Quartal werden dabei mindestens 200 AfD-WählerInnen erfasst. Nur im zweiten Quartal 2013 wird diese Schwelle mit 165 AfD-WählerInnen nicht erreicht. Die maximale Zahl der in einem Quartal erfassten AfD-WählerInnen beträgt 848.[15]

4 Empirische Analysen

4.1 Die Veränderung der sozialstrukturellen Zusammensetzung der Wählerschaft der AfD im Zeitverlauf

Im Folgenden wird zunächst die Entwicklung der sozialstrukturellen Zusammensetzung der Wählerschaft der AfD untersucht. Dabei finden die Merkmale Geschlecht, Alter, Bildung, berufliche Stellung, Erwerbsstatus und Regionszugehörigkeit Berücksichtigung. Als Vergleichsmaßstab wird jeweils die Entwicklung der entsprechenden Zusammensetzung der Wählerschaft aller anderer Parteien dokumentiert.

---

[13] In Westdeutschland werden ca. 1.000 und in Ostdeutschland ca. 500 Interviews durchgeführt. Für die gesamtdeutsche Auswertung werden die ostdeutschen Befragten im Rahmen der Veröffentlichungen der Forschungsgruppe Wahlen entsprechend ihres Bevölkerungsanteils heruntergewichtet, sodass nach der Gewichtung ca. 1.250 Fälle für die Analyse verbleiben. Vgl. hierzu detailliert https://www.forschungsgruppe.de/Umfragen/Politbarometer/Methodik/. Im Rahmen der in diesem Aufsatz berichteten empirischen Analysen korrigieren wir für die disproportionale Stichprobenziehung ebenfalls durch eine entsprechende Gewichtung der Daten.

[14] Natürlich können Prozentzahlen auch auf der Basis von weniger als 100 Fällen berechnet werden. Allerdings ist dann die Situation gegeben, dass ein einziger Fall mehr als einen Prozentpunkt der Verteilung ausmacht, was aus unserer Sicht die Aussagekraft und Verlässlichkeit von Prozentzahlen einschränkt.

[15] Diese hohe Fallzahl wird im dritten Quartal 2017 erreicht, da vor der Bundestagswahl die Politbarometer-Erhebungen teilweise in wöchentlichem Abstand stattfanden.

In Bezug auf das *Geschlecht* hatten wir die Erwartung formuliert, dass der Anteil der Frauen an der Wählerschaft der AfD über den gesamten Untersuchungszeitraum hinweg niedriger sein sollte als an der Wählerschaft der anderen Parteien. Die in Abb. 2 dokumentierten Ergebnisse unserer Datenauswertung bestätigen diese Erwartung. Der Frauenanteil schwankt in der Wählerschaft der AfD über alle Phasen der Parteigeschichte hinweg um die 30 %, während er in der Wählerschaft der anderen Parteien nahezu konstant bei ca. 50 % liegt.

Im Hinblick auf die *altersmäßige* Zusammensetzung der AfD-Wählerschaft zeigt sich in Abb. 3, dass im Vergleich zu der Wählerschaft der anderen Parteien unter den WählerInnen der AfD die 30- bis 59-Jährigen überrepräsentiert sind. Der Anteil der jungen (maximal 29 Jahre) und der älteren (mindestens 60 Jahre, siehe Seite 223) WählerInnen liegt dementsprechend bei der AfD etwas niedriger als bei den anderen Parteien. Diese Unterschiede zeigen sich besonders deutlich in der zweiten Hälfte des Untersuchungszeitraums. Unsere Erwartung, dass der Anteil junger WählerInnen in der AfD-Wählerschaft im Zeitverlauf steigt, bestätigt sich

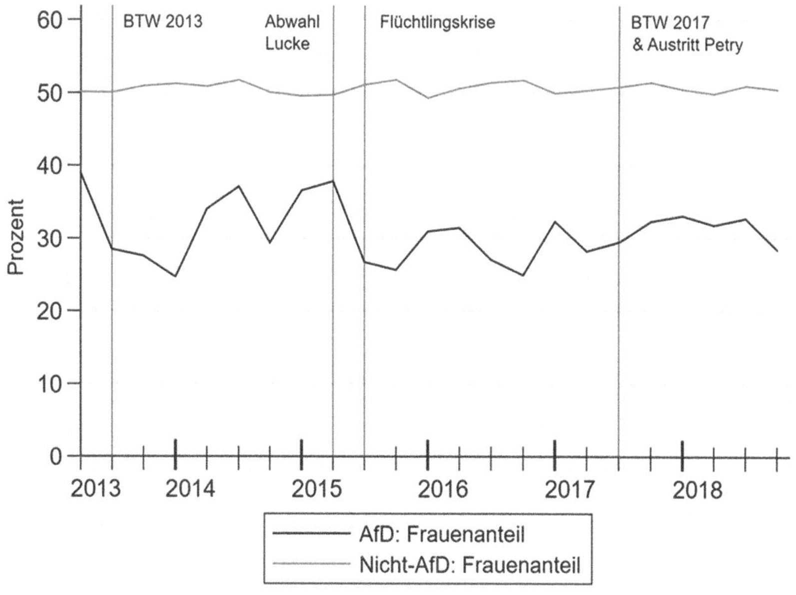

Abb. 2 Die Entwicklung des Frauenanteils in der AfD-Wählerschaft und in der Wählerschaft aller anderen Parteien. (Quelle: eigene Darstellung)

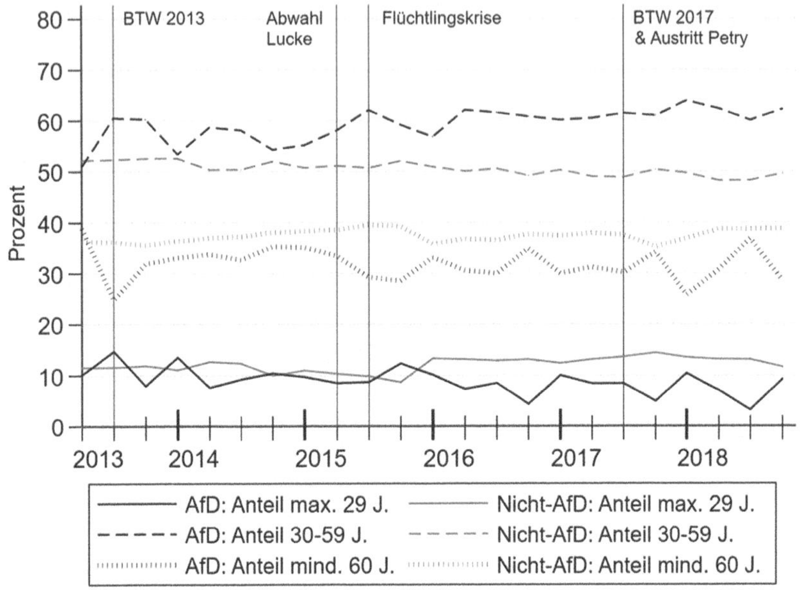

Abb. 3 Die Entwicklung der Altersstruktur der AfD-Wählerschaft und der Wählerschaft aller anderen Parteien. (Quelle: eigene Darstellung)

folglich nicht. Seit Beginn der „Flüchtlingskrise“ sind die unter 30-Jährigen in der Wählerschaft der AfD sogar unterrepräsentiert.

In Bezug auf die *Bildung* hatten wir behauptet, dass der Anteil der Hochgebildeten einen rückläufigen Trend aufweisen sollte. Und wie Abb. 4 zeigt, finden wir einen solchen Trend auch. Der Anteil der Personen mit mindestens Fachhochschulreife geht im Zeitverlauf stetig zurück. Ende 2018 ist der Anteil der Hochgebildeten an der Wählerschaft der AfD nur ungefähr halb so hoch wie der entsprechende Anteil an der Wählerschaft aller anderen Parteien. Zu Beginn des Untersuchungszeitraums lag der Anteil der Hochgebildeten unter den AfD-WählerInnen sogar noch höher als bei den anderen Parteien. Über den Untersuchungszeitraum hinweg sinkt er in der Wählerschaft der AfD von knapp 40 auf 20 % ab.

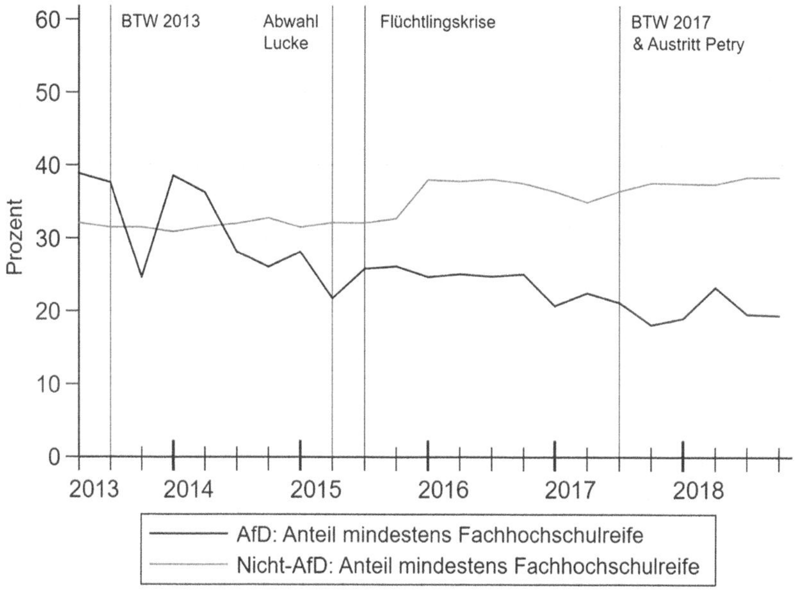

Abb. 4 Die Entwicklung des Anteils Hochgebildeter in der AfD-Wählerschaft und in der Wählerschaft aller anderen Parteien. (Quelle: eigene Darstellung)

Der Rückgang des Anteils der Hochgebildeten sollte auch mit einer Veränderung der *berufsstrukturellen* Zusammensetzung der AfD-Wählerschaft einhergehen.[16] Wir hatten behauptet, dass parallel zur Entwicklung der AfD von einer wirtschaftsliberalen hin zu einer rechtspopulistischen Partei der Anteil der ArbeiterInnen an der Wählerschaft ansteigen sollte. Wie Abb. 5 zeigt, lässt sich diese Entwicklung auch in sehr klarer Form beobachten. Der Anteil der ArbeiterInnen an der AfD-Wählerschaft steigt im Zeitverlauf von knapp 25 auf gut 40 % an. Der Arbeiteranteil in der Wählerschaft der anderen Parteien sinkt hingegen kontinuierlich um insgesamt 5 Prozentpunkte auf gut 20 % ab. Anders als man erwarten könnte, lässt sich bei den Arbeitslosen keine klare Tendenz beobachten. Ihr Anteil an der AfD-Wählerschaft liegt durchgängig nur knapp über dem Anteil an der Wählerschaft der anderen Parteien. Selbstständige sind erwartungskonform in der Wählerschaft der AfD über den gesamten Untersuchungszeitraum hinweg leicht

[16] Bei aktuell nicht erwerbstätigen Personen (RentnerInnen, Arbeitslose) wird im Rahmen unserer Analysen die jeweils letzte berufliche Stellung herangezogen.

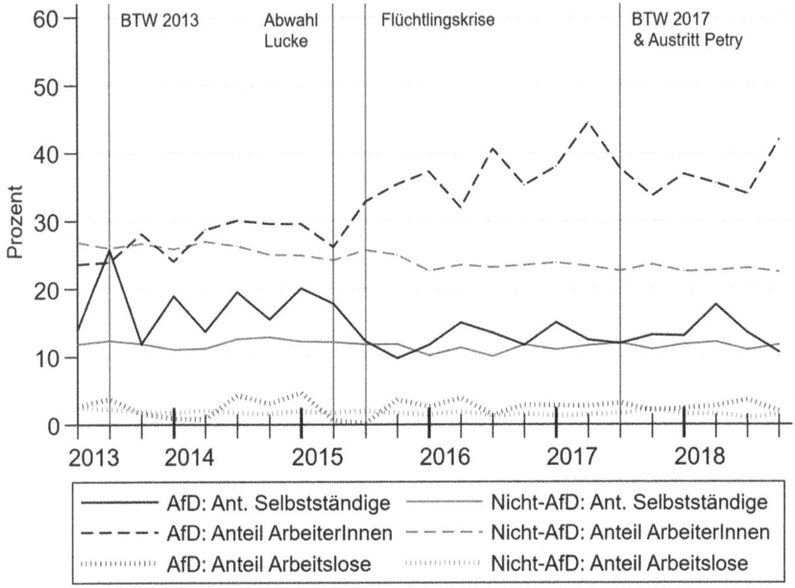

Abb. 5 Die Entwicklung der Anteile an Selbstständigen, ArbeiterInnen und Arbeitslosen in der AfD-Wählerschaft und in der Wählerschaft aller anderen Parteien. (Quelle: eigene Darstellung)

überrepräsentiert, wobei die Unterschiede zur Wählerschaft der anderen Parteien bis zur Abwahl Luckes größer ausfallen als danach.

Der letzte von uns untersuchte Aspekt der sozialstrukturellen Zusammensetzung der AfD-Wählerschaft ist die *Region.* Hier hatten wir behauptet, dass sich die Wählerschaft der AfD in zunehmendem Maße aus der Bevölkerung der neuen Bundesländer rekrutiert. Abb. 6 zeigt, dass der Anteil der Ostdeutschen an der Wählerschaft der AfD in den Jahren 2013 und 2014 nur ca. 5 Prozentpunkte über dem entsprechenden Anteil aller anderen Parteien lag. Ab 2015 liegt er dann aber durchschnittlich 15 Prozentpunkte höher.

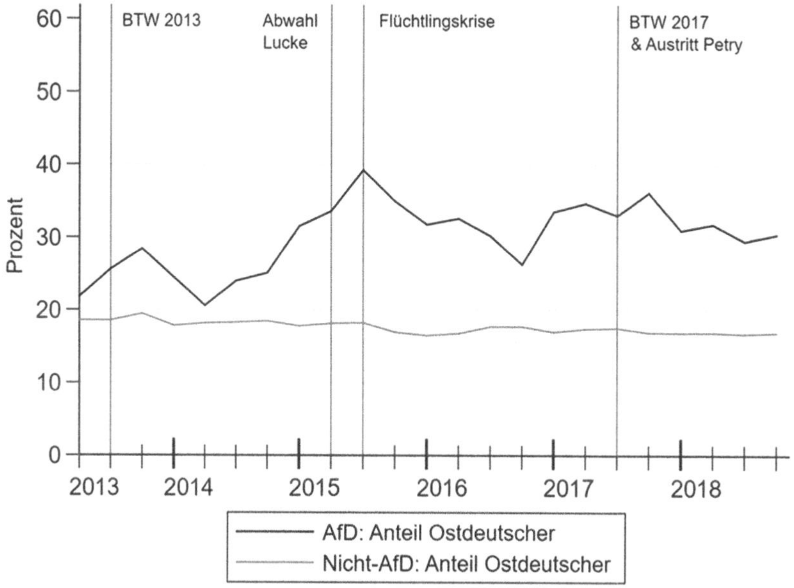

Abb. 6 Die Entwicklung des Anteils Ostdeutscher in der AfD-Wählerschaft und in der Wählerschaft aller anderen Parteien. (Quelle: eigene Darstellung)

4.2 Die Veränderung der politischen Einstellungen der Wählerschaft der AfD im Zeitverlauf

Die Wandlung der AfD von einer euroskeptischen hin zu einer rechtspopulistischen Partei sollte sich nicht zuletzt darin widerspiegeln, dass innerhalb der AfD-Wählerschaft migrationskritische Einstellungen zulasten eurokritischer Einstellungen an Bedeutung gewinnen. Da allerdings in den Politbarometer-Erhebungen nicht durchgängig Fragen zu diesen beiden Einstellungskomplexen enthalten sind, können wir sie lediglich indirekt berücksichtigen. Dies erfolgt über die Problemprioritäten[17] der WählerInnen der AfD. Die zugrunde liegende Annahme ist, dass veränderte Einstellungen sich auch in einer veränderten Problemwahrnehmung niederschlagen. Und in der Tat zeigt Abb. 7, dass noch im

[17] Zur Einschätzung der Problemwahrnehmung der Befragten rekurrieren wir auf die Antworten auf folgende Frage: „Was ist Ihrer Meinung nach gegenwärtig das wichtigste Problem in Deutschland?".

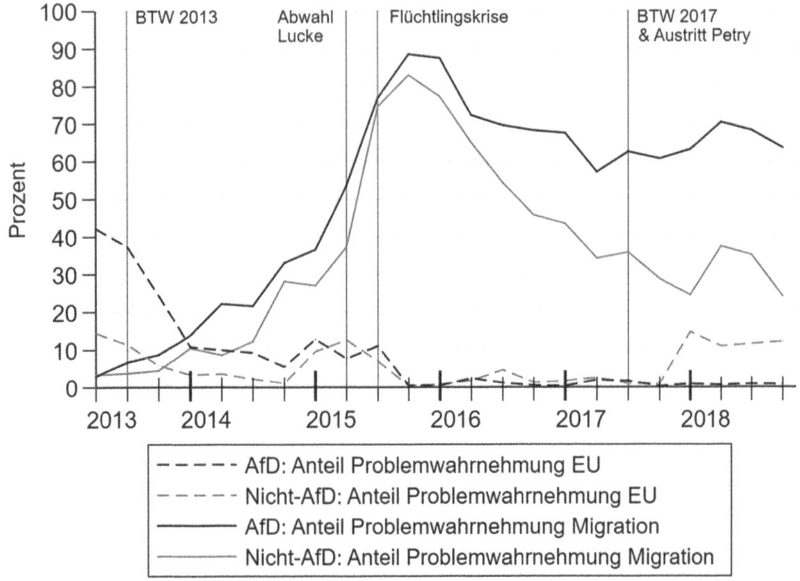

Abb. 7 Die Entwicklung der Wahrnehmung von Migration und EU als wichtigstes Problem durch die AfD-Wählerschaft und durch die Wählerschaft aller anderen Parteien. (Quelle: eigene Darstellung)

Jahr 2013 der Anteil derjenigen, die europapolitische Themen[18] als wichtigstes politisches Problem wahrnehmen, in der Wählerschaft der AfD deutlich höher lag als in der Wählerschaft der anderen Parteien. Beginnend mit dem Jahr 2014 tritt Europa dann weitgehend in den Hintergrund und der Themenkomplex Migration[19] beginnt die politische Agenda zu dominieren. Dies gilt in besonderer Weise für die Wählerschaft der AfD, aber unter den WählerInnen der anderen Parteien stellt sich die Situation nur geringfügig anders dar. Erst nach dem Höhepunkt der

[18] Wir beziehen uns hier auf all jene Antworten, die im Politbarometer unter der Kategorie „Europa/EU/Euro-Krise/Italien/Griechenland" subsumiert wurden. Die Bezeichnung der Kategorie variiert je nach Jahr leicht: Von 2013 bis 2015 ist sie um „Zypern" erweitert worden und seit 2017 ist der „Brexit" in die Auflistung aufgenommen.

[19] Zu diesem Zweck greifen wir auf die Kategorie „Ausländer/Zuwanderung/Integration/Asyl" zurück. Die Bezeichnung der Kategorie wurde beginnend mit 2017 um den Zusatz „Flüchtlinge" ergänzt.

„Flüchtlingskrise" entwickeln sich ab Mitte 2016 die beiden Kurven dann deutlich auseinander. Während die Wählerschaft der AfD zu ungefähr zwei Dritteln das Thema Migration weiter für das wichtigste politische Problem hält, geht der entsprechende Anteil in der Wählerschaft der anderen Parteien auf ca. ein Drittel zurück.

Die in den Augen der AfD-Wählerschaft drängendsten politischen Themen haben sich also im Verlauf der Zeit deutlich verändert. Gemeinsam ist den beiden Themenkomplexen EU und Migration allerdings, dass sie jeweils mit der Befürchtung verknüpft waren, dass von ihnen eine Gefahr für die wirtschaftliche Lage des Einzelnen ausgeht, sich diese also in Zukunft verschlechtern würde. Tatsächlich zeigt Abb. 8, dass der Anteil derjenigen, der in Zukunft eine Verschlechterung der eigenen wirtschaftlichen Lage befürchtet, in der AfD-Wählerschaft durchgängig ca. 10 Prozentpunkte höher liegt als in der Wählerschaft aller anderen Parteien. Kurz nach Beginn der „Flüchtlingskrise" zeigt sich zudem ein temporärer Anstieg

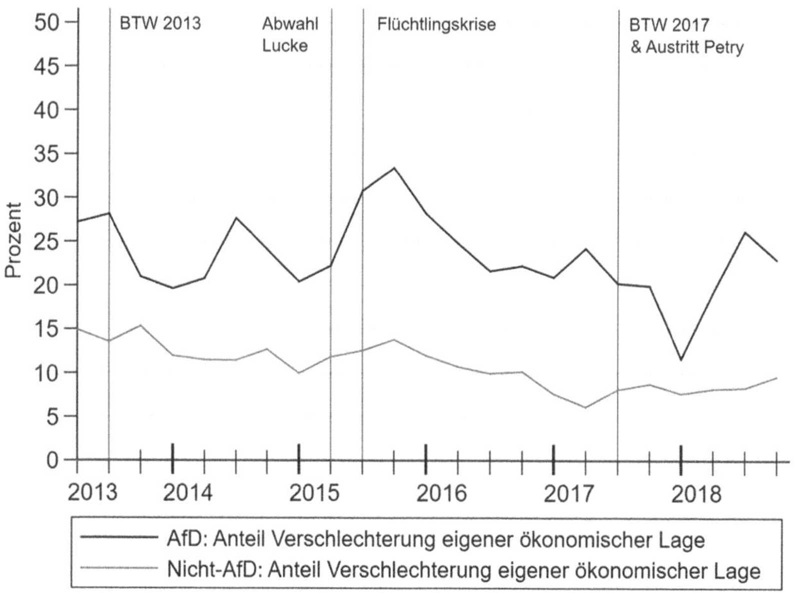

Abb. 8 Die Entwicklung des Anteils der Personen, die eine Verschlechterung der eigenen ökonomischen Lage in einem Jahr erwarten, in der AfD-Wählerschaft und in der Wählerschaft aller anderen Parteien. (Quelle: eigene Darstellung)

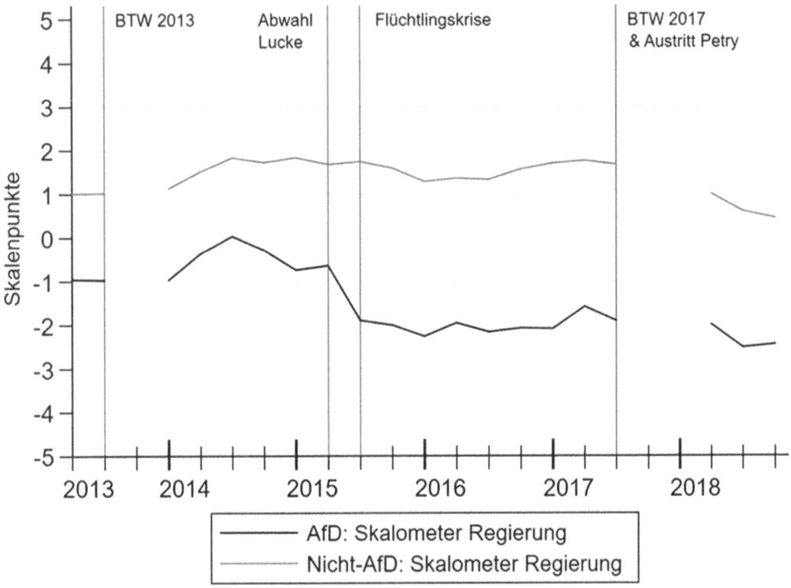

Abb. 9 Die Entwicklung der Beurteilung der Regierungsarbeit durch die AfD-Wählerschaft und durch die Wählerschaft aller anderen Parteien. (Quelle: eigene Darstellung)

negativer wirtschaftlicher Zukunftserwartungen, der in der AfD-Wählerschaft besonders deutlich ausfällt.

Über alle Entwicklungsphasen der AfD hinweg steht zu erwarten, dass die Wählerschaft der AfD unzufriedener mit der Regierungsarbeit ist als die Wählerschaft der anderen Parteien. Immerhin wurde die Partei als Alternative zur vermeintlich „alternativlosen" Regierungspolitik gegründet. Einzig die Gründe der Unzufriedenheit sollten sich verschieben. Abb. 9 zeigt nun, dass der Anteil der mit der Regierungsarbeit Unzufriedenen in der Wählerschaft der AfD durchgängig höher liegt als in der Wählerschaft der anderen Parteien.[20] Außerdem zeigt sich, dass mit der „Flüchtlingskrise" des Jahres 2015 die Zufriedenheit in der Wählerschaft der AfD noch einmal deutlich zurückgeht.

[20] Die Lücken in den beiden Kurven erklären sich daraus, dass nach einer Bundestagswahl die Frage nach der Regierungszufriedenheit im Rahmen der Politbarometer-Erhebungen so lange ausgesetzt wird, bis die Regierungsbildung abgeschlossen und die neue Regierung hinreichend lange im Amt ist, um ihre Arbeit bewerten zu können.

Angela Merkel kommt im Zusammenhang mit der „Flüchtlingskrise" des Jahres 2015 eine besondere Bedeutung zu. Die Entscheidung, die Geflüchteten an der deutsch-österreichischen Grenze nicht abzuweisen, wird von den KritikerInnen der Flüchtlingspolitik häufig Angela Merkel persönlich zugeordnet. Insofern sollte sich mit Beginn des Jahres 2015 in der AfD-Wählerschaft die Bewertung Angela Merkels verschlechtern. Wie Abb. 10 zeigt, fällt die Verschlechterung der persönlichen Bewertung Angela Merkels sogar deutlich stärker aus als die Verschlechterung der Bewertung der Regierungsarbeit generell. Die Missbilligung der Europapolitik der Bundesregierung war also weniger personalisiert als die Kritik an der Migrationspolitik.

Die Entwicklung der AfD seit ihrer Gründung kann als Prozess der zunehmenden politischen Rechtsverschiebung bezeichnet werden. Dieser sollte sich auch in der politischen Selbstverortung der Wählerschaft widerspiegeln. Abb. 11 zeigt, dass der Anteil derjenigen, die sich selbst auf der elfstufigen Links-Rechts-Skala auf den drei extrem rechten Positionen verorten, im Zeitverlauf ansteigt. Lag

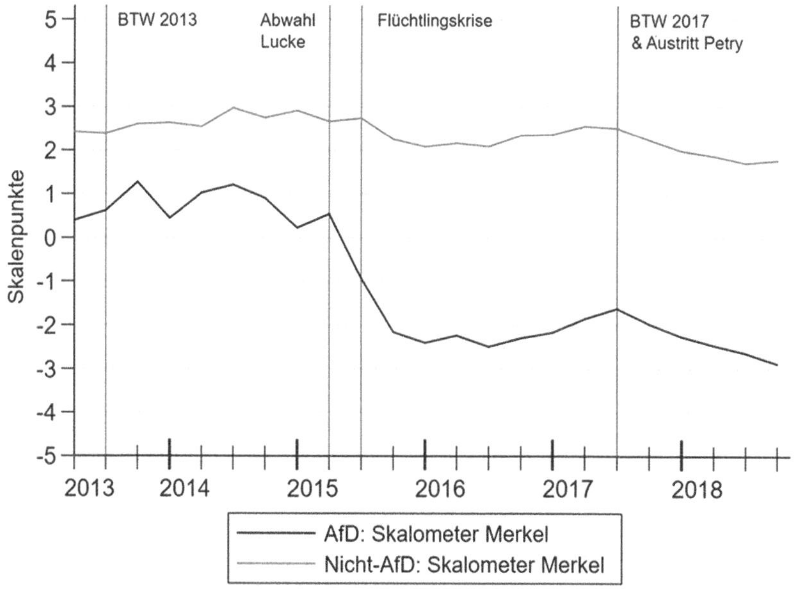

Abb. 10 Die Entwicklung der Beurteilung von Angela Merkel durch die AfD-Wählerschaft und durch die Wählerschaft aller anderen Parteien. (Quelle: eigene Darstellung)

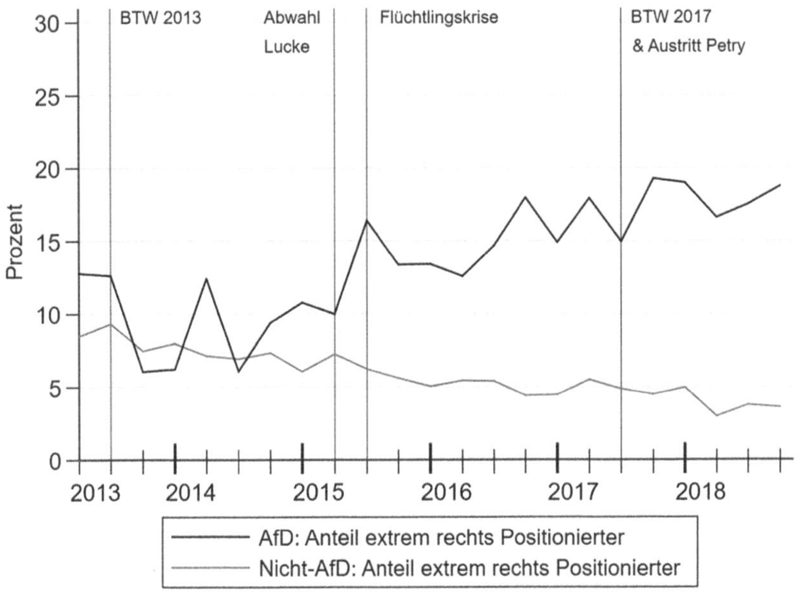

Abb. 11 Die Entwicklung des Anteils extrem rechts Positionierter in der AfD-Wählerschaft und in der Wählerschaft aller anderen Parteien. (Quelle: eigene Darstellung)

dieser Anteil bis Mitte 2015 bei etwa 10 %, so hat er sich seitdem ungefähr verdoppelt. Dem steht eine Halbierung der im extrem rechten Spektrum positionierten WählerInnen der anderen Parteien von 8 auf 4 % gegenüber. Ursächlich für diese gegenläufige Tendenz könnte eine versuchte Abgrenzung der übrigen Wählerschaft von der AfD oder aber der Wechsel rechter WählerInnen zur AfD sein.

In der Vergangenheit ist in Deutschland in Bezug auf Rechtsaußenparteien intensiv darüber diskutiert worden, ob sie nur aus Protest oder aber aus ideologischer Überzeugung gewählt werden.[21] Dabei lag die Vorstellung zugrunde, dass ProtestwählerInnen durch die etablierten Parteien leichter wieder zurückzugewinnen seien als echte BekenntniswählerInnen. Vor diesem Hintergrund ist es interessant zu untersuchen, wie sich die Wählerschaft der AfD im Hinblick auf diese Unterscheidung zusammensetzt. Es ist nicht leicht, ProtestwählerInnen

[21] Vgl. zuletzt Bieber et al. (2018).

eindeutig von BekenntniswählerInnen zu unterscheiden. Häufig wird aber argumentiert, dass ProtestwählerInnen nicht die eigentlich von ihnen präferierte Partei wählen, sondern diese durch eine abweichende Wahlentscheidung zu einer Kurskorrektur in bestimmten Politikfeldern bewegen wollen (vgl. Álvarez et al. 2018, S. 141 ff.).

Da in den Politikbarometer-Erhebungen regelmäßig die Sympathien der Befragten für die verschiedenen Parteien erfasst werden, können wir untersuchen, welcher Anteil der AfD-Wählerschaft die AfD im Vergleich zu den anderen Parteien am besten bewertet. Wie Abb. 12 zeigt, liegt der Anteil der präferenzgetreuen WählerInnen bei der AfD über den gesamten Untersuchungszeitraum deutlich unter dem entsprechenden Anteil in der Wählerschaft der anderen Parteien. Mit Beginn der „Flüchtlingskrise" sinkt er zudem merklich ab, um am Ende des Untersuchungszeitraums dann aber wieder das ursprüngliche Niveau von 70 % zu erreichen. Der Anteil der potenziellen ProtestwählerInnen an der Wählerschaft der AfD ist also größer als bei den anderen Parteien und steigt außerdem im Zusammenhang mit der „Flüchtlingskrise" deutlich an.

Inwieweit es der AfD gelungen ist, eine Stammwählerschaft herauszubilden, kann an dem Anteil der an die AfD affektiv gebundenen WählerInnen an allen ihren WählerInnen abgelesen werden. Allerdings wird bei der Frage nach einer evtl. vorhandenen Parteiidentifikation erst mit Beginn des Jahres 2016 die AfD getrennt ausgewiesen. Aus Abb. 13 lässt sich zunächst ablesen, dass der Anteil der Parteigebundenen an der Wählerschaft der anderen Parteien im Mittel bei knapp zwei Drittel liegt, sich allerdings seit der zweiten Jahreshälfte 2015 sukzessive 60 % annähert. Im Hinblick auf die Wählerschaft der AfD ist seit Beginn des Jahres 2016 ein deutlicher Anstieg des Anteils der Parteigebundenen von 5 auf 35 % zu beobachten. Es bildet sich also seit Anfang 2016 eine Stammwählerschaft der AfD heraus. Dies lässt eine dauerhafte Etablierung der AfD als wahrscheinlich erscheinen.

4.3 Die Veränderung der Determinanten einer Wahlentscheidung zugunsten der AfD im Zeitverlauf

In den bisher berichteten empirischen Analysen wurde die Zusammensetzung der AfD-Wählerschaft hinsichtlich sozialstruktureller und einstellungsbezogener Merkmale in den Blick genommen. Weicht die Zusammensetzung der Wählerschaft der AfD im Hinblick auf ein bestimmtes Merkmal von der Zusammensetzung der Wählerschaft aller anderen Parteien ab, so reflektiert dies in aller Regel die Tatsache, dass von dem betrachteten Merkmal ein Effekt auf die Bereitschaft

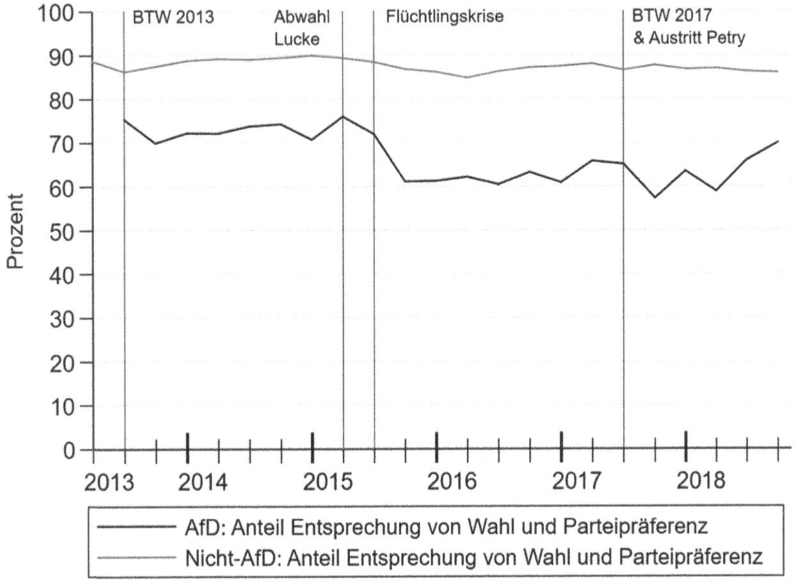

Abb. 12 Die Entwicklung des Anteils präferenzgetreuer Stimmabgaben in der AfD-Wählerschaft und in der Wählerschaft aller anderen Parteien[22]. (Quelle: eigene Darstellung)

[22] Während für die vorangegangenen Abbildungen die WählerInnen aller anderen Parteien einbezogen wurden, beschränkt sich diese und auch die folgende Auswertung zur affektiven Parteineigung (vgl. Abb. 13) auf die CDU/CSU, die SPD, die FPD, die Grünen, die Linke und die AfD. Schließlich wurden die Befragten nur im Hinblick auf diese Parteien regelmäßig darum gebeten, sie in eine Präferenzordnung zu bringen. Dies gilt zwar zusätzlich auch für die NPD, allerdings ist für diese Partei die Parteiidentifikation im Politbarometer nicht eindeutig dokumentiert (zusammengefasste Kategorie mit Republikanern und DVU). Um nun für die Abb. 12 und 13 die AfD-Wählerschaft einer einheitlichen Vergleichsgröße gegenüberzustellen, wurden jeweils die WählerInnen der NPD nicht berücksichtigt.

zur Wahl der AfD ausgeht. In diesem Abschnitt wird nun die analytische Perspektive gewechselt und der Effekt der bisher untersuchten Merkmale auf die Bereitschaft zur Wahl der AfD untersucht. Ausgenommen sind dabei nur die Parteiidentifikation und das präferenzgetreue Wählen, da diese Variablen unserer Ansicht nach inhaltlich zu dicht an dem zu erklärenden Sachverhalt liegen und

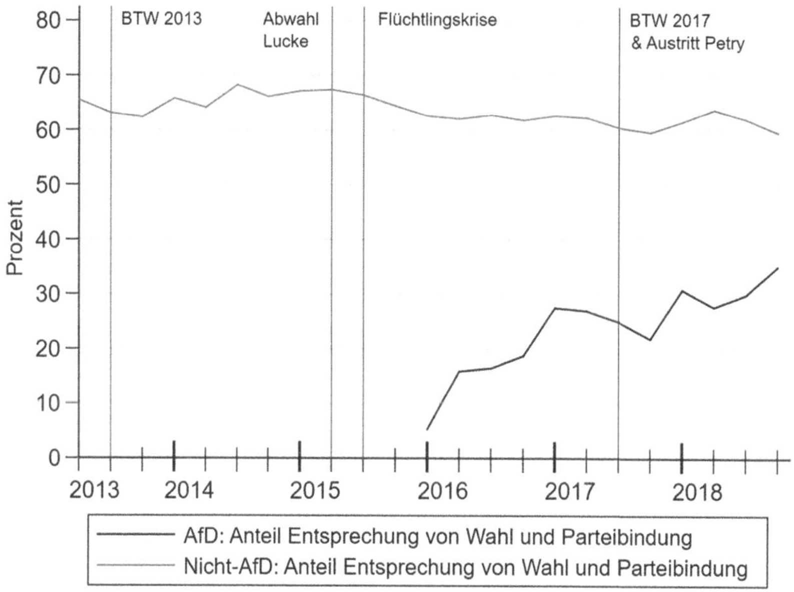

Abb. 13 Die Entwicklung des Anteils der Parteigebundenen in der AfD-Wählerschaft und in der Wählerschaft aller anderen Parteien. (Quelle: eigene Darstellung)

daher einen Großteil der Erklärungskraft auf sich ziehen würden.[23] Dabei werden diese Merkmale nicht einzeln, sondern vielmehr unter wechselseitiger statistischer Kontrolle untersucht. Dies geschieht im Rahmen logistischer Regressionsanalysen, da die abhängige Variable ein binäres Merkmal darstellt (Wahlabsicht zugunsten der AfD vs. Wahlabsicht zugunsten einer anderen Partei).

Da wir von der Annahme ausgehen, dass sich die Determinanten einer Wahlentscheidung zugunsten der AfD über die Zeit verändern, schätzen wir nicht ein Regressionsmodell für den gesamten Untersuchungszeitraum, sondern vielmehr mehrere für einzelne Zeitabschnitte. Wir versuchen dabei allerdings nicht, in irgendeiner Form verschiedene Phasen der AfD-Entwicklung voneinander abzugrenzen, da wir dies aus den in der Einleitung genannten Gründen für nicht zielführend halten. Vielmehr schätzen wir für jedes einzelne Kalenderjahr ein Teilmodell. Im Rahmen eines solchen Vorgehens haben wir zwar nicht

[23] Bei der Parteiidentifikation stehen außerdem erst seit dem Jahr 2016 Messwerte für die AfD zur Verfügung.

die Möglichkeit, Interaktionseffekte zwischen den einzelnen Determinanten einer Wahlentscheidung zugunsten der AfD und der Zeit zu spezifizieren. Dies halten wir aber auch nicht für einen Nachteil, da die Aussagekraft der Schätzung von Interaktionseffekten über multiplikativ verknüpfte Variablen im Rahmen von logistischen Regressionsanalysen fragwürdig ist (vgl. Jagodzinski und Klein 1997). Darüber hinaus bestehen im Rahmen des von uns gewählten Vorgehens deutlich größere Freiheitsgrade im Hinblick auf mögliche Veränderungsmuster der Effekte der verschiedenen Prädiktoren.

Die Ergebnisse der eben beschriebenen Analysen sind in Tab. 2 dokumentiert. Es zeigt sich, dass von einigen der untersuchten Prädiktoren über die Zeit hinweg stabile Effekte auf die Bereitschaft zur Wahl der AfD ausgehen. So weisen zu allen Zeitpunkten Männer und Ostdeutsche eine signifikant höhere Bereitschaft zur Wahl der AfD auf. Gleiches gilt für Personen, die sich selbst als extrem rechts einstufen, die Arbeit der Regierung sowie Angela Merkel schlecht bewerten, die Migration für das wichtigste politische Problem halten und eine Verschlechterung der eigenen wirtschaftlichen Lage befürchten. Ein durchgängig negativer Effekt geht im Modell von der Arbeitslosigkeit auf die AfD-Wahl aus.

Bei einigen Determinanten der AfD-Wahl haben sich die Effekte über die Zeit aber verändert. So wiesen im Jahr 2013 Personen mit einer hohen Bildung im Vergleich zu niedrig und mittel Gebildeten die höchste Bereitschaft zur Wahl der AfD auf. Ab 2014 waren sie dann die Bildungsgruppe mit der geringsten Wahrscheinlichkeit einer Wahlentscheidung zugunsten der AfD. In Bezug auf die berufliche Stellung lässt sich beobachten, dass bis einschließlich 2015 ArbeiterInnen eine geringere Neigung zur Wahl der AfD aufwiesen als Angestellte, BeamtInnen und Selbstständige. Seit 2016 neigen ArbeiterInnen dann häufiger als Angestellte und BeamtInnen zur Wahl der AfD, aber (mit einer einzigen Ausnahme im Jahr 2016) weiterhin seltener als Selbstständige. Einer Veränderung unterliegt auch der Effekt der Wahrnehmung, dass das wichtigste politische Problem auf dem Feld der Europapolitik angesiedelt ist. Bis einschließlich 2017 begünstigt diese Variable eine Wahlentscheidung zugunsten der AfD. Im Jahr 2018 ist der Effekt dann negativ. Der Effekt des Alters schließlich entwickelt sich über die Zeit hinweg eher unsystematisch.[24]

[24] Im Rahmen des hier berichteten Modells finden sozialstrukturelle und einstellungsbezogene Determinanten der Wahlentscheidung zugunsten der AfD simultan Berücksichtigung. Die Effekte der sozialstrukturellen Variablen werden dabei tendenziell abgeschwächt. Ein Modell, in das ausschließlich die sozialstrukturellen Variablen als Determinanten eingehen, gelangt in Bezug auf deren Effekte aber zu weitgehend identischen Befunden. Aus Platzgründen wurde auf die Dokumentation dieses Modells verzichtet. Gleiches gilt für ein Modell, in dessen Rahmen die Regierungszufriedenheit aufgrund der in einzelnen Jahren großen Zahl

Tab. 2 Binär logistische Regressionsanalysen zur Erklärung der AfD-Wahlabsicht

	2013	2014	2015	2016	2017	2018
Geschlecht						
Mann	Ref.	Ref.	Ref.	Ref.	Ref.	Ref.
Frau	-0,36***	-0,77***	-0,81***	-0,85***	-0,84***	-0,80***
Bildungsgrad						
Niedrige Bildung	-0,67***	0,12***	0,28***	0,33***	0,04***	0,45***
Mittlere Bildung	-0,09***	0,25***	0,45***	0,58***	0,49***	0,65***
Hohe Bildung	Ref.	Ref.	Ref.	Ref.	Ref.	Ref.
Alter						
Maximal 29 Jahre	Ref.	Ref.	Ref.	Ref.	Ref.	Ref.
30 bis 59 Jahre	0,12***	0,47***	-0,32***	0,29***	0,23***	0,67***
60 Jahre	0,09***	0,30***	-0,27***	0,17***	0,30***	0,78***
Region						
Westdeutschland	Ref.	Ref.	Ref.	Ref.	Ref.	Ref.
Ostdeutschland	0,52***	0,41***	0,84***	0,78***	0,71***	0,68***
Berufliche Stellung						
ArbeiterInnen	Ref.	Ref.	Ref.	Ref.	Ref.	Ref.
Angestellte	0,22***	0,07***	0,05***	-0,15***	-0,35***	-0,21***
BeamtInnen	0,13***	0,29***	0,24***	-0,07***	-0,26***	-0,13***
Selbstständige	0,75***	0,38***	0,26***	-0,11***	0,17***	0,13***

(Fortsetzung)

Tab. 2 (Fortsetzung)

	2013	2014	2015	2016	2017	2018
Arbeitslosigkeit						
Nicht arbeitslos	Ref.	Ref.	Ref.	Ref.	Ref.	Ref.
Arbeitslos	-0,60***	-0,24***	-0,31***	-0,39***	-0,34***	-0,66***
Links-Rechts-Selbsteinstufung						
1 bis 8 Punkte	Ref.	Ref.	Ref.	Ref.	Ref.	Ref.
9 bis 11 Punkte	0,92***	0,11***	0,80***	1,30***	1,13***	1,39***
Skalometer: Merkel	-0,18***	-0,09***	-0,19***	-0,30***	-0,27***	-0,36***
Skalometer: Regierung	-0,12***	-0,23***	-0,24***	-0,20***	-0,22***	-0,15***
Wichtigstes Problem: EU	1,74***	1,28***	0,74***	0,30***	0,64***	-0,43***
Wichtigstes Problem: Migration	1,34***	0,85***	0,66***	0,83***	1,21***	1,48***
Eigene Wirtschaftslage in einem Jahr						
Schlechter	Ref.	Ref.	Ref.	Ref.	Ref.	Ref.
Gleichbleibend	-0,51***	-0,51***	-0,36***	-0,35***	-0,56***	-0,47***
Besser	-0,45***	-0,51***	-0,62***	-0,32***	-1,07***	-0,27***
Konstante	-3,75***	-2,71***	-2,74***	-2,82***	-2,67***	-3,66***
Pseudo-R^2	0,1617	0,1220	0,2353	0,3334	0,3479	0,3973
Anzahl Befragter	14.324	19.436	19.376	13.330	10.372	10.054

Anmerkung: Dargestellt sind Logit-Koeffizienten
Signifikanzniveaus: $^{*}p < 0{,}05$, $^{**}p < 0{,}01$, $^{***}p < 0{,}001$

5 Zusammenfassung

In diesem Beitrag haben wir den Versuch unternommen, die Wählerschaft der AfD in einer längsschnittlichen Perspektive zu untersuchen. Die forschungsleitende Hypothese, die unserer Analyse zugrunde lag, war, dass sich parallel zur programmatischen Veränderung der AfD von einer marktliberalen hin zu einer rechtspopulistischen Partei auch die Zusammensetzung der AfD-Wählerschaft verändert hat. Obwohl es mittlerweile zahlreiche Studien gibt, die die Wählerschaft der AfD zu einem bestimmten Zeitpunkt untersucht haben, existieren mit den Aufsätzen von Niedermayer und Hofrichter (2016), Bieber et al. (2018) sowie Arzheimer und Berning (2019) bisher nur drei Arbeiten, die die Entwicklung der Wählerschaft der AfD untersucht haben.

Im Hinblick auf die Sozialstruktur hatten wir die Erwartung formuliert, dass die AfD zunehmend attraktiv für junge Menschen, für Ostdeutsche, für Menschen mit niedrigerer Bildung sowie für ArbeiterInnen und Arbeitslose wurde. Im Hinblick auf politische Einstellungen haben wir erwartet, dass EU-kritische Einstellungen an Relevanz verloren, migrationskritische Einstellungen sowie die allgemeine Links-Rechts-Selbstverortung dagegen an Relevanz gewonnen haben.

Im Gegensatz zu den Untersuchungen von Bieber et al. (2018) sowie Arzheimer und Berning (2019), die auf Online-Befragungen der Deutschen Nationalen Wahlstudie beruhen, haben wir in unserer Analyse die Politbarometer-Befragungen der Forschungsgruppe Wahlen genutzt. Unsere Untersuchung zeichnet sich aber nicht nur durch (unter Repräsentativitäts-Gesichtspunkten) bessere, sondern auch durch aktuellere Daten aus, da sie die Zeitspanne von 2013 bis 2018 abdeckt.

Im empirischen Teil haben wir in einem ersten Schritt die Zusammensetzung der Wählerschaft der AfD in Bezug auf Sozialstruktur und politische Einstellungen mit der Wählerschaft anderer Parteien verglichen. In einem zweiten Schritt haben wir die Determinanten der Wahl der AfD multivariat untersucht. Die wichtigsten Ergebnisse unserer Analysen sollen nun noch einmal zusammengefasst werden.

Unsere Analyse der Sozialstruktur hat gezeigt, dass Männer sowie Ostdeutsche unter den AfD-WählerInnen überrepräsentiert sind. Der Anteil der Ostdeutschen an der AfD-Wählerschaft hat im Untersuchungszeitraum darüber hinaus zugenommen. Was die Altersgruppen angeht, zeigen unsere Ergebnisse, dass in der

von fehlenden Werten nicht als Determinante berücksichtigt wurde. Dass die Effekte der Sozialstruktur auch unter Kontrolle der Einstellungen bestehen bleiben, lässt sich vermutlich damit erklären, dass wir die Einstellungen der Befragten zu Europa und Migration nur grob über die Problemwahrnehmungen in diesen Themenbereichen erfassen konnten.

AfD-Wählerschaft die 30- bis 59-Jährigen überdurchschnittlich vertreten sind, und sich diese Tendenz in der zweiten Hälfte des Untersuchungszeitraums verstärkt hat. Im Hinblick auf Bildungs- und Berufsstruktur hat die Analyse gezeigt, dass der Anteil der ArbeiterInnen zugenommen, der Anteil der Personen mit hoher Bildung dagegen abgenommen hat. Ebenfalls leicht abgenommen hat der Anteil der Selbstständigen, die in der AfD-Wählerschaft aber weiterhin überrepräsentiert sind. Der Anteil der Arbeitslosen an der AfD-Wählerschaft stagniert im Zeitverlauf auf niedrigem Niveau.

Im Hinblick auf politische Einstellungen konnten wir feststellen, dass sich AfD-WählerInnen zunächst durch eine höhere Problemwahrnehmung im Themenkomplex Europa auszeichneten. Ab dem Jahr 2014 begann dann das Thema Migration die politische Agenda zu dominieren. Auch hier zeigten AfD-WählerInnen wiederum eine erhöhte Problemwahrnehmung, wobei der Unterschied zu den WählerInnen anderer Parteien zum Höhepunkt der „Flüchtlingskrise" gering ausfiel. Des Weiteren haben unsere Auswertungen gezeigt, dass AfD-WählerInnen häufiger als die WählerInnen anderer Parteien eine Verschlechterung der eigenen ökonomischen Lage erwarten und die Regierung sowie die Bundeskanzlerin deutlich negativer bewerten. Der Unterschied zwischen AfD-WählerInnen und WählerInnen anderer Parteien in der Bewertung der Bundesregierung und in besonderem Maße der Bundeskanzlerin hat in Folge der „Flüchtlingskrise" weiter zugenommen. Im Zeitverlauf ist zudem der Anteil derjenigen angestiegen, die sich im politischen Spektrum extrem rechts positionieren.

Diese deskriptiven Befunde bestätigten sich in den multivariaten Regressionsmodellen: Die AfD wurde im Laufe der Zeit zunehmend attraktiv für Personen mit niedriger bzw. mittlerer Bildung sowie für ArbeiterInnen. Damit bestätigen unsere Ergebnisse die deskriptiven Befunde von Niedermayer und Hofrichter (2016), die sich zum Teil auch in den Analysen von Bieber et al. (2018) sowie Arzheimer und Berning (2019) angedeutet haben. Letztlich konnten wir im Einklang mit bisherigen Studien (vgl. Schmitt-Beck 2017; Hansen und Olsen 2019) zeigen, dass die Europapolitik im Laufe der Zeit an Relevanz für die Wahlentscheidung zugunsten der AfD verloren hat.

Unseren Analysen ist ferner zu entnehmen, dass sich zunehmend eine Stammwählerschaft der AfD herausgebildet hat. Es ist daher zu erwarten, dass sich die AfD – ähnlich wie andere rechtspopulistische Parteien in Europa – dauerhaft im Parteiensystem etablieren kann.

Schließlich sind die Grenzen der vorliegenden Untersuchung zu beschreiben. Zum einen werden im Rahmen der Politbarometer-Erhebungen einige bewährte Erklärungsgrößen des Wahlverhaltens zugunsten rechtspopulistischer Parteien nicht erhoben. Dies betrifft etwa das Einkommen als eines der konstituierenden Elemente des sozioökonomischen Status. Auch konnten wir uns migrationskritischen Einstellungen nur sehr grob über die Frage nach dem wichtigsten politischen Problem annähern. Dies ist besonders bedauerlich, da es sich hier um den potenziell wichtigsten Prädiktor rechten Stimmverhaltens handelt (vgl. Arzheimer 2018).

Zum anderen besteht bei umfragebasierten Untersuchungen zu rechtsextremen und rechtsradikalen Parteien stets die Gefahr, dass sich Befragte aufgrund von sozialer Erwünschtheit nicht zu ihnen bekennen (vgl. Breen 2000). Dass von diesem Problem auch die Politbarometer-Erhebungen betroffen sind, implizieren die im Datensatz merklich unter den realen Wahlergebnissen liegenden Stimmenanteile der AfD. Da der Grad der Verinnerlichung sozialer Normen nicht unabhängig von Sozialstruktur und politischen Einstellungen ist, können daraus Verzerrungen für Analysen der Wählerschaft der AfD resultieren. Ferner ist nicht vollständig auszuschließen, dass die berichteten Entwicklungen des Wählerprofils der AfD partiell Artefakte einer im Zeitverlauf variierenden Verzerrung durch soziale Erwünschtheit sind. Schließlich entwickelte sich die AfD erst zu einer rechtspopulistischen Partei, sodass die Bereitschaft der AnhängerInnen der AfD, die Sympathie zu ihrer Partei auch tatsächlich zu bekunden, im Laufe der Zeit abgenommen haben dürfte.

Literatur

Álvarez, R. Michael, D. Roderick Kiewiet, und Lucas Núñez. 2018. A taxonomy of protest voting. *Annual Review of Political Science* 21: 135 - 154.

Arzheimer, Kai. 2018. Explaining Electoral Support for the Radical Right. In *The Oxford Handbook of the Radical Right*, ed. by Jens Rydgren, 143 - 165. Oxford (UK): Oxford University Press.

Arzheimer, Kai. 2015. The AfD. Finally a Successful Right-Wing Populist Eurosceptic Party for Germany? *West European Politics* 38: 535 - 556.

Arzheimer, Kai. 2008. Protest, Neo-Liberalism or Anti-Immigrant Sentiment: What Motivates the Voters of the Extreme Right in Western Europe? *Zeitschrift für Vergleichende Politikwissenschaft* 2 (2): 173 - 197.

Arzheimer, Kai, und Carl Berning. 2019. How the Alternative for Germany (AfD) and their voters veered to the radical right, 2013 - 2017. *Electoral Studies*. DOI: https://doi.org/10.1016/j.electstud.2019.04.004

Bieber, Ina, Sigrid Roßteutscher, und Philipp Scherer. 2018. Die Metamorphosen der AfD-Wählerschaft: Von einer euroskeptischen Protestpartei zu einer (r)echten Alternative? *Politische Vierteljahresschrift* 59: 433 - 461.

Breen, Richard. 2000. Why is support for extreme parties underestimated by surveys? A latent class analysis. *British Journal of Political Science* 30 (2): 375 - 382.

Decker, Oliver, und Elmar Brähler (Hrsg.). 2018. *Flucht ins Autoritäre. Rechtsextreme Dynamiken in der Mitte der Gesellschaft*. Gießen: Psychosozial-Verlag.

Forschungsgruppe Wahlen. 2019. Politbarometer 2018 (Kumulierter Datensatz). GESIS Datenarchiv, Köln. ZA7492 Datenfile Version 1.1.0. https://doi.org/10.4232/1.13420.

Forschungsgruppe Wahlen. 2018. Politbarometer 2017 (Kumulierter Datensatz). GESIS Datenarchiv, Köln. ZA6988 Datenfile Version 1.2.0. https://doi.org/10.4232/1.13170.

Forschungsgruppe Wahlen. 2017. Politbarometer – Gesamtkumulation. GESIS Datenarchiv, Köln. ZA5100 Datenfile Version 1.0.0. https://doi.org/10.4232/1.5100.

Goerres, Achim, Dennis C. Spies, und Staffan Kumlin. 2018. The Electoral Supporter Base of the Alternative for Germany. *Swiss Political Science Review* 24 (3): 246 - 269.

Golder, Matt. 2016. Far Right Parties in Europe. *Annual Review of Political Science* 19: 477 - 497.

Grimm, Robert. 2015. The rise of the German Eurosceptic party Alternative für Deutschland, between ordoliberal critique and popular anxiety. *International Political Science Review* 36: 264 - 278.

Hambauer, Verena, und Anja Mays. 2018. Wer wählt die AfD? – Ein Vergleich der Sozialstruktur, politischen Einstellungen und Einstellungen zu Flüchtlingen zwischen AfD-WählerInnen und der WählerInnen der anderen Parteien. *Zeitschrift für Vergleichende Politikwissenschaft* 12 (1): 133 - 154.

Hansen, Michael A., und Jonathan Olsen. 2019. Flesh of the Same Flesh: A Study of Voters for the Alternative for Germany (AfD) in the 2017 Federal Election. *German Politics* 28 (1): 1 - 19.

Jagodzinski, Wolfgang, und Markus Klein. 1997. Interaktionseffekte in logistischen und linearen Regressionsmodellen und in CHAID. Zum Einfluß von Politikverdrossenheit und Rechtsextremismus auf die Wahl der Republikaner. *ZA-Information* 41: 33 - 57.

Kroh, Martin, und Karolina Fetz. 2016. Das Profil der AfD-AnhängerInnen hat sich seit Gründung der Partei deutlich verändert. *DIW Wochenbericht* 83 (34): 711 - 719.

Lengfeld, Holger. 2017. Die „Alternative für Deutschland": eine Partei für Modernisierungsverlierer? *Kölner Zeitschrift für Soziologie und Sozialpsychologie* 69 (2): 209 - 232.

Lewandowsky, Marcel, Heiko Giebler, und Aiko Wagner. 2016. Rechtspopulismus in Deutschland. Eine empirische Einordnung der Parteien zur Bundestagswahl 2013 unter besonderer Berücksichtigung der AfD. *Politische Vierteljahresschrift* 57: 247 - 275.

Lux, Thomas. 2018. Die AfD und die unteren Statuslagen. Eine Forschungsnotiz zu Holger Lengfelds Studie Die „Alternative für Deutschland": eine Partei für Modernisierungsverlierer? *Kölner Zeitschrift für Soziologie und Sozialpsychologie* 70 (2): 255 - 273.

Niedermayer, Oskar, und Jürgen Hofrichter. 2016. Die Wählerschaft der AfD: Wer ist sie, woher kommt sie und wie weit rechts steht sie? *Zeitschrift für Parlamentsfragen* 47 (2): 267 - 284.

Pickel, Susanne. 2019. Die Wahl der AfD. Frustration, Deprivation, Angst oder Wertekonflikt. In *Die Bundestagswahl 2017: Analysen der Wahl-, Parteien-, Kommunikations- und Regierungsforschung*, hrsg. von Karl-Rudolf Korte und Jan Schoofs, 145 - 175. Wiesbaden: Springer VS.

Rippl, Susanne, und Christian Seipel. 2018. Modernisierungsverlierer, Cultural Backlash, Postdemokratie: Was erklärt rechtspopulistische Orientierungen? *Kölner Zeitschrift für Soziologie und Sozialpsychologie* 70 (2): 237 - 254.

Rosenfelder, Joel. 2017. Die Programmatik der AfD. Inwiefern hat sie sich von einer primär euroskeptischen zu einer rechtspopulistischen Partei entwickelt? *Zeitschrift für Parlamentsfragen* 48 (1): 123 - 140.

Schmitt-Beck, Rüdiger. 2017. The ‚Alternative für Deutschland' in the Electorate: Between Single-Issue and Right-Wing Populist Party. *German Politics* 26 (1): 124 - 148.

Schmitt-Beck, Rüdiger. 2014. Euro-Kritik, Wirtschaftspessimismus und Einwanderungsskepsis: Hintergründe des Beinah-Wahlerfolgs der Alternative für Deutschland (AfD) bei der Bundestagswahl 2013. *Zeitschrift für Parlamentsfragen* 45 (1): 94 - 112.

Spier, Tim. 2016. Die Wahl von Rechtsaußenparteien in Deutschland. In *Handbuch Rechtsextremismus*, hrsg. von Fabian Virchow, Martin Langebach und Alexander Häusler, 257 - 284. Wiesbaden: Springer VS.

Schwarzbözl, Tobias, und Matthias Fatke. 2016. Außer Protesten nichts gewesen? Das politische Potenzial der AfD. *Politische Vierteljahresschrift* 57 (2): 276 - 299.

Tutić, Andreas, und Hagen von Hermanni. 2018. Sozioökonomischer Status, Deprivation und die Affinität zur AfD – Eine Forschungsnotiz. *Kölner Zeitschrift für Soziologie und Sozialpsychologie* 70 (2): 275 - 294.

Neue Partei und rechte Traditionen: Die Unterstützung der AfD aus intergenerationaler Perspektive

Martin Kroh, Karolina Fetz und Jannes Jacobsen

Zusammenfassung

Die AfD ist im Jahr 2018 erstmals in allen deutschen Landesparlamenten vertreten. Dies ist ein Erfolg, der bisher keiner Partei rechts der Union gelungen ist. Der schnelle Aufstieg der AfD wird vielfach als Symptom einer neuen gesellschaftlichen Polarisierung gedeutet, und die Frage nach den Gründen für die Wahlerfolge dementsprechend vor allem hinsichtlich aktueller ökonomischer sowie sozialer Entwicklungen diskutiert. Hierdurch rücken potenzielle Kontinuitäten von rechten (partei-)politischen Traditionen in Deutschland in den Hintergrund. In diesem Beitrag gehen wir erstens der Frage nach, welchen Parteien AfD-AnhängerInnen vor dem Aufkommen der AfD zuneigten, und zweitens, inwiefern sich in der Anhängerschaft der AfD intergenerational vermittelte Parteiidentifikationen spiegeln. Auf Basis der Daten des Sozio-oekonomischen Panels (SOEP) zeigen wir, dass aktuelle AnhängerInnen der AfD – die also dieser längerfristig zuneigen – vorher in substantiellem

M. Kroh (✉)
Fakultät für Soziologie, Universität Bielefeld, Bielefeld, Deutschland
E-Mail: martin.kroh@uni-bielefeld.de

K. Fetz
Berliner Institut für empirische Integrations- und Migrationsforschung, Humboldt-Universität zu Berlin, Berlin, Deutschland
E-Mail: karolina.fetz@hu-berlin.de

J. Jacobsen
Institut für Soziologie, Fachbereich Politik- und Sozialwissenschaften, Freie Universität Berlin, Berlin, Deutschland
E-Mail: j.jacobsen@fu-berlin.de

H. U. Brinkmann und K.-H. Reuband (Hrsg.), *Rechtspopulismus in Deutschland*,
https://doi.org/10.1007/978-3-658-33787-2_10

Maße frühere Parteien der extremen Rechten, wie NPD, DVU oder Republikaner, unterstützt haben oder in Elternhäusern mit solchen Parteiidentifikationen aufgewachsen sind. Wir konstatieren somit eine intraindividuelle und intergenerationale Kontinuität in der Anhängerschaft von Parteien der extremen Rechten in Deutschland und kommen zu dem Schluss, dass die AfD zumindest im Hinblick auf einen Teil ihrer längerfristigen UnterstützerInnen keineswegs eine neue politische Strömung bisher bürgerlich orientierter Personen darstellt.

1 Eine intergenerationale Perspektive auf aktuelle politische Trends

Seit ihrer Gründung im Jahr 2013 hat die AfD in nur wenigen Jahren den Einzug in alle Landesparlamente geschafft und ist seit 2017 mit 12,6 % der Zweitstimmen im Bundestag vertreten. Damit vollzieht sich in Deutschland mit einiger Verzögerung ein Trend zur Entstehung und zu Wahlerfolgen der vielfach als rechtspopulistisch bezeichneten Parteien, der sich in den letzten Jahrzehnten in einigen westlichen Demokratien gezeigt hat.[1] Frühe Beispiele solcher Bewegungen sind der Front National[2] in Frankreich, Vlaams Belang in Belgien oder die Freiheitliche Partei Österreichs (FPÖ), die bereits in den 1950er bis 1970er Jahren gegründet wurden. Seit den 1990er Jahren hat sich dieser Trend insbesondere in europäischen Demokratien beschleunigt. Beispielsweise entwickelte sich der Stimmenanteil extrem rechter Parteien im Europäischen Parlament in den vergangen 30 Jahren von 3,3 % („Technische Fraktion der Europäischen Rechten", 1989) auf 9,7 % („Identität und Demokratie", 2019). Aktuelle Beispiele auf nationaler Ebene für Wahlerfolge extrem rechter Parteien zeigen sich in Regierungsbeteiligungen der Lega Nord in Italien, der Fidesz-Partei in Ungarn und der FPÖ in Österreich.

[1] Die Terminologie für Parteien am rechten Rand des politischen Spektrums ist sowohl in der akademischen Literatur als auch in der Öffentlichkeit uneinheitlich. Häufig werden Begriffe wie rechtspopulistisch, rechtsradikal oder rechtsextrem verwendet, um Parteien wie die AfD oder den Front National zu beschreiben. Hierbei meint rechtsextrem in der Regel verfassungsfeindlich, rechtsradikal eine ideologische Ausrichtung am äußeren rechten Rand, die nicht notwendigerweise verfassungsfeindlich ist (vgl. Virchow 2017, S. 14), und rechtspopulistisch eine Ausrichtung gegen einen vermeintlich korrumpierten Mainstream oder „die Eliten" (vgl. Müller 2017, S. 42). Da bislang keine Einigkeit darüber herrscht, welcher Begriff für die AfD mit Blick auf ihre programmatisch-ideologischen Veränderungen schlussendlich der passendste ist, verwenden wir den Begriff der extremen Rechten als Sammelbegriff für Parteien des rechten Rands, die einzelne, aber nicht zwangsläufig alle Kriterien der genannten drei Begriffe erfüllen.

[2] Im Juni 2018 umbenannt in Rassemblement National.

Der schnelle Aufstieg der AfD in Deutschland wird in der öffentlichen und wissenschaftlichen Debatte meist unter Bezugnahme auf aktuelle Entwicklungen als Ursachen dieses Trends diskutiert (vgl. Kessler und Freeman 2005; Lubbers et al. 2003). So wird die wachsende Zustimmung zu extrem rechten Positionen als Folge der weltweiten Finanz- und Wirtschaftskrise der Jahre 2007 - 2009 sowie der Globalisierung beschrieben (vgl. Schmitt-Beck 2014), als Folge wachsender Einwanderung (vgl. Halla et al. 2017) oder auch der Auflösung traditioneller Bindungen an Volksparteien (vgl. Nachtwey 2019).

Der Forschungsfokus auf den aktuellen sozialen und politischen Wandel ist naheliegend und hat unbestreitbar wichtige Erkenntnisse zur Erklärung von Wahlerfolgen extrem rechter Parteien, darunter der AfD, beigetragen. Jedoch verstellt eine alleinige Betrachtung dieser aktuellen Entwicklungen als Ursachen im Sinne einer neueren gesellschaftlichen Polarisierung den Blick auf rechte Traditionen und Wertvorstellungen, die aktuelle UnterstützerInnen der AfD bereits vor der Gründung der Partei hegten und die durch diese lediglich kanalisiert werden. In diese Richtung deuten beispielsweise die Befunde von Cantoni et al. (2019), die auf Basis regionaler Wahlergebnisse zeigen, dass die AfD überdurchschnittlich in Gegenden abschneidet, in denen bereits die NSDAP Wahlerfolge erzielte. Hinsichtlich der Mikrofundierung dieser Aggregatbefunde verweisen die AutorInnen auf die Bedeutung kulturellen Erbes sowie der intergenerationalen Transmission politischer Orientierungen. Der vorliegende Beitrag trägt zu dieser Diskussion bei, indem die Bedeutung von Traditionen der extremen Rechten auf individueller sowie familiärer Ebene in Bezug auf die aktuelle Unterstützung der AfD untersucht wird. Die Hypothese des Beitrags einer langfristigen und intergenerationalen Stabilität einer Orientierung an Parteien der extremen Rechten baut dabei auch auf einer Vielzahl empirischer Studien der vergangenen sieben Jahrzehnte auf, nach denen Sozialisationserfahrungen (vgl. Campbell et al. 1960 sowie bereits Adorno et al. 1950) sowie elterliche politische Orientierungen und Parteiidentifikationen (vgl. Jennings et al. 2009; für Deutschland vgl. Kroh 2019) eine hohe Bedeutung für die Entwicklung von Parteiidentifikationen von Individuen haben.

Zur Testung der Hypothese nutzen wir die Daten des Sozio-oekonomischen Panels (SOEP), einer jährlich durchgeführten Panelbefragung von in Deutschland ansässigen Haushalten, in der seit der ersten Welle im Jahr 1984 Personen zu langfristigen Parteiidentifikationen[3] befragt werden. Die langjährige Durchführung des SOEP erlaubt uns zum einen die Frage zu untersuchen, mit welchen Parteien sich UnterstützerInnen der AfD vor Gründung der Partei im Jahr 2013

[3] Zum Konzept der Parteiidentifikation vgl. Campbell et al. (1960), für seine Übertragung auf den deutschen Kontext vgl. Falter et al. (2000).

identifiziert haben. Zum anderen erlaubt die Befragung aller Haushaltsmitglieder im SOEP die Betrachtung von Parteiidentifikationen über zwei Generationen hinweg, wobei wir die Messung der elterlichen Parteiidentifikation auf die Kindheit und Jugend der zweiten Generation beschränken. Beide Analysen befassen sich somit mit dem parteipolitischen Hintergrund jener Personen, die nach 2013 die AfD unterstützen. Dieser parteipolitische Hintergrund wird sowohl intraindividuell (mit Blick auf die eigene Biographie) als auch intergenerational (mit Blick auf die familiäre Biographie) verstanden.

Eine Untersuchung des langfristigen parteipolitischen Hintergrunds aktueller UnterstützerInnen der AfD ist nicht nur aus sozialwissenschaftlicher Sicht interessant. Sie kann auch einen Beitrag zur teils heftig geführten öffentlichen Debatte zur politischen Verortung der AfD leisten und Hinweise liefern, ob sich die programmatisch-ideologische Einordnung der AfD am rechten Rand in der Ausrichtung ihrer Anhängerschaft spiegelt. Aus einer Perspektive, die die AfD in der Tradition der extremen Rechten in Deutschland sieht, sollten sich deutliche Überschneidungen zwischen der heutigen AfD-Anhängerschaft und früheren UnterstützerInnen älterer extrem rechter Parteien wie der NPD oder DVU zeigen; dagegen sollte die AfD weniger Rückhalt unter ehemaligen UnterstützerInnen von Parteien aus dem bürgerlichen Spektrum, wie der Union oder der FDP, finden.

Wir gliedern unseren Beitrag wie folgt: Zu Beginn geben wir einen groben Überblick über aktuelle Forschungsbeiträge zur AfD-Wähler- und Anhängerschaft. Wir konstatieren, dass aktuelle Beiträge vielfach die intergenerationale Transmission der Parteiidentifikation als Erklärungsansatz vernachlässigen. Im Anschluss führen wir in theoretische Ansätze zur intergenerationalen Transmission der Parteiidentifikation ein. Diese sind der Ausgangspunkt unserer intraindividuellen und intergenerationalen Analysen basierend auf den Daten des SOEP. Wir können zeigen, dass sich die individuelle Anhängerschaft der AfD maßgeblich durch die eigene Unterstützung der extremen Rechten vor Aufkommen der AfD sowie durch das Aufwachsen in Elternhäusern, die der extremen Rechten zuneigten, erklären lässt. Abschließend ordnen wir unsere Befunde in die aktuelle Debatte zur AfD und extrem rechten Strömungen in Deutschland ein.

2 Bisherige Forschung zur Unterstützung von Parteien der extremen Rechten

Verschiedene Disziplinen haben sich in den letzten Jahrzehnten mit dem Phänomen der Wahl extrem rechter Parteien befasst und dabei eine Vielzahl von Erklärungsansätzen entwickelt, die sich vor allem auf aktuelle ökonomische und soziale Entwicklungen fokussieren. Diese umfassen mikro- und makrosoziologische (vgl. Ignazi 1992; Winkler 1996; Scheuch und Klingemann 1967), psychologische (vgl. Adorno et al. 1950; Decker et al. 2013), sowie natürlich eine Vielzahl politikwissenschaftlicher Ansätze (für einen Überblick vgl. Arzheimer 2014).

In der aktuellen wissenschaftlichen Debatte zur Unterstützung der AfD stehen aus der Vielzahl früherer Erklärungsansätze zwei Hypothesen im Zentrum einer Kontroverse:[4] Dies ist einerseits die Modernisierungsverlierer-Hypothese (vgl. Hambauer und Mays 2017; Rippl und Seipel 2018; Tutic und von Hermanni 2018) sowie andererseits die Hypothese der kulturellen Bedrohung (vgl. Lengfeld 2017, 2018; Lengfeld und Dilger 2018).

Die Modernisierungsverlierer-Hypothese besagt, dass insbesondere Personen in prekärer ökonomischer Lage extrem rechten Parteien wie der AfD zuneigen.[5] Im Speziellen seien dies Personen, die durch die anhaltende Globalisierung oder neuere Entwicklungen der Digitalisierung ihre soziale Position gefährdet sehen (vgl. Norris und Inglehart 2019; Rippl und Seipel 2018). Die Hypothese der Modernisierungsverlierer geht zusätzlich davon aus, dass diese Personen, die um ihre soziale Position fürchten, EinwanderInnen als Konkurrenz am Arbeitsmarkt und im Sozialsystem wahrnehmen (vgl. Kriesi et al. 2008, S. 6). Eine Partei wie die AfD, die Einwanderung ganz grundsätzlich infrage stellt, spricht demnach das Segment der Modernisierungsverlierer an.

Die Modernisierungsverlierer-Hypothese findet national wie international eher uneinheitliche empirische Unterstützung und das Argument der Arbeitsplatzkonkurrenz als Erklärung für die Ablehnung von Einwanderung wird von Hainmueller und Hopkins (2014, S. 241) in ihrer Metaanalyse des aktuellen Forschungsstandes sogar als „Zombie-Theorie" bezeichnet. Auch mit Bezug auf empirische Befunde zur AfD gibt es hinsichtlich der Hypothese widersprüchliche Beobachtungen. So zeigen etwa die Ergebnisse von Bergmann und KollegInnen auf Basis von Daten des SOEP für das Jahr 2014, dass AnhängerInnen der AfD vergleichsweise häufig im oberen Einkommensquintil vertreten sind (vgl. Bergmann et al. 2016, S. 2). Ebenso findet Lengfeld (2017), dass die AfD keineswegs signifikant häufiger von Personen in niedrigen Statuspositionen unterstützt wird.

Die Hypothese der kulturellen Bedrohung wird oftmals vor dem Hintergrund der politikwissenschaftlichen Debatte zu Kosmopolitismus und (nationalistischem) Kommunitarismus als gesellschaftlicher Konfliktlinie diskutiert (vgl. Bornschier 2010 für eine Anwendung auf rechte Parteien). KosmopolitInnen

---

[4] Für einen detaillierteren Überblick vgl. den Beitrag von Markus Klein et al. in diesem Band.

[5] Für einen Überblick vgl. Betz (1994) sowie Bornschier und Kriesi (2013).

gehen idealtypisch davon aus, dass demokratische Rechte allumfassend gelten und nationalstaatliche Abgrenzung hierzu im Widerspruch steht, da diese den Zugang zu Rechten (bspw. durch Grenzpolitik) verwehren könnten; KommunitaristInnen zeichnen sich hingegen insbesondere durch eine Betonung eines scheinbar natürlichen Zusammenhangs von Ethnie, Nation und Gesellschaft aus.[6]

Lengfeld und Dilger (2018, S. 184) verweisen in ihrer Analyse der AfD-AnhängerInnen insbesondere auf die Bedeutung dieser Konfliktlinie und argumentieren, dass vor allem Personen mit einem kommunitaristischen Gesellschaftsbild Parteien wie die AfD unterstützen. Diese Parteien würden ihnen ein politisches Angebot bieten, das kulturell bewahrend ist, Einwanderung ablehnt und somit die Vorstellung einer nationalen (und ethnisch homogenen) Schicksalsgemeinschaft stärkt. So finden sie, dass Personen, die die Aufnahme von Schutzsuchenden in Deutschland negativ bewerten, signifikant häufiger der AfD zuneigen (vgl. Lengfeld und Dilger 2018) und interpretieren diesen Befund als Hinweis auf ein kommunitaristisches Gesellschaftsbild (vgl. Lengfeld 2018). Ähnliches zeigen Hilmer und KollegInnen (2017). Laut ihrer Studie stimmen AfD-WählerInnen seltener als die restliche Bevölkerung der Aussage zu, dass „es besser ist, wenn Menschen aus unterschiedlichen Teilen der Welt zusammenleben" (Hilmer et al. 2017, S. 37).

Insgesamt liefern die Ergebnisse aktueller Studien wichtige Hinweise zu Faktoren und Motivationen, die als Erklärung für eine wachsende Zustimmung zu extrem rechten politischen Positionen im Allgemeinen sowie für eine Unterstützung der AfD im Spezifischen herangezogen werden können. Durch das bisherige Augenmerk auf aktuelle Entwicklungen als Ursachen und der damit einhergehenden Perspektive auf den Aufstieg der AfD als Ausdruck einer neueren Polarisierung rücken jedoch rechte Traditionen und schon lange in der Gesellschaft verankerte Einstellungen – die sich möglicherweise ebenfalls auf die Erfolge der AfD auswirken – in den Hintergrund. Sie sollen daher im Fokus des vorliegenden Beitrags stehen.

3 Die Bedeutung von Sozialisation für die Unterstützung politischer Parteien

In Bezug auf die Frage, ob sich die AfD hinsichtlich ihrer Anhängerschaft in die Tradition älterer Parteien der extremen Rechten einreiht und dementsprechend schon längerfristig vorhandene extrem rechte Einstellungspotentiale bündelt, gilt

[6] Für einen Überblick vgl. Merkel (2017) sowie Zürn und de Wilde (2016).

es Prozesse politischer Sozialisation sowie intergenerationaler Transmission von politischen Orientierungen in den Blick zu nehmen.

Die (entwicklungs-)psychologische Literatur betrachtet die Kindheit und Adoleszenz als kontinuierliche, prägende Phase politischer Sozialisation. Sie betont diesbezüglich die Familie als einen der zentralen formativen Kontexte und damit verbunden den Einfluss der Eltern auf die politischen Einstellungen ihrer Kinder (vgl. Noack und Gniewosz 2009). So zeigen frühere Studien der Wahlforschung eine hohe Übereinstimmung von Eltern und Kindern hinsichtlich ihrer Präferenz für bestimmte Parteien sowie eine hohe Stabilität dieser Präferenz im Lebenslauf (vgl. Jennings und Niemi 1968; Kroh und Selb 2009).[7]

Die Parteiidentifikation wird aus einer sozialpsychologischen Perspektive als eine affektive Bindung an eine Partei definiert, die sich bereits in der Jugend entwickelt, längerfristig stabil ist und sich im Lebensverlauf weiter festigt (vgl. Campbell et al. 1960). Sie unterliegt somit weniger kurzfristigen Schwankungen momentaner politischer Stimmungen oder strategischen Überlegungen als etwa das konkrete Wahlverhalten oder aktuelle (z. B. innerhalb der sogenannten Sonntagsfrage geäußerte) Wahlabsichten. Seinen Ursprung hat das Konzept im sogenannten Michigan (bzw. Ann Arbor)-Modell. Basierend auf den Studien „The Voter Decides" (1954) und „The American Voter" (1960) haben Campbell und Kollegen von der University of Michigan dieses Modell im Hinblick auf das Zweiparteiensystem der USA entwickelt. Bereits seit den 1960er Jahren wurde die Idee der beständigen Identifikation mit einer Partei ebenfalls für Länder mit Mehrparteiensystemen, darunter Deutschland, adaptiert.[8]

Empirisch zeigt sich, dass eine Parteiidentifikation die Wahrnehmung des politischen Geschehens strukturiert, Einstellungen zu politischen Sachverhalten und KandidatInnen prägt und schlussendlich die individuelle Wahlentscheidung beeinflusst.[9] Der Michigan-Ansatz spricht in diesem Zusammenhang vom individuellen Wahlverhalten als Ergebnis eines trichterförmig zulaufenden Prozesses (funnel of causality), innerhalb dessen die Parteiidentifikation ebenfalls das Resultat einer Bündelung ihr vorgelagerter Einflüsse ist (vgl. Campbell et al. 1960). Aus dieser Perspektive heraus wurde die Parteiidentifikation oftmals als unmoved mover bezeichnet, also als eine Eigenschaft, die selbst stabil (d. h. unmoved

[7] Trotz der fehlenden Kontinuität demokratischer Wahlen im 20. Jahrhundert in Deutschland deuten empirische Daten darauf hin, dass sich diese Zusammenhänge bereits recht früh in der Bundesrepublik zeigten (vgl. Gluchowski 1983). Neben Studien, die Stabilität politscher Einstellungen zwischen Generationen oder auch im Lebenslauf zeigen, gibt es vielfältige Hinweise auf systematische lebenszyklische Anpassungen (vgl. bereits Newcomb et al. 1967).

[8] Für einen Überblick vgl. Kroh (2019) sowie Schoen und Weins (2014).

[9] Für einen Überblick vgl. Kroh (2019) sowie Schoen und Weins (2014).

= unbeweglich) ist, aber andere politische Einstellungen und politisches Verhalten (als mover) prägt (oder bewegt). Jedoch betonen beispielsweise Arzheimer und Schoen (2005), dass die Parteiidentifikation nicht vollkommen unveränderlich und eine solch starre Konzeption im Michigan-Ansatz gar nicht angelegt sei. Die Häufigkeit von Parteiidentifikationen nimmt seit den 1970er Jahren zwar kontinuierlich ab *(dealignment)*, jedoch zeigen neuere empirische Befunde, dass trotz dieses generellen Trends die intraindividuelle Stabilität der Bindungen an Parteien etwa gleichbleibend ist.[10]

Eine zentrale Rolle in der Genese der Parteiidentifikation wird innerhalb des Michigan-Modells der familiären Sozialisation zugesprochen (vgl. Campbell et al. 1960). Auch andere AutorInnen stimmen damit überein, dass die Familie und insbesondere die Eltern die politischen Orientierungen ihrer Kinder entscheidend prägen (vgl. Davies 1965; Westholm 1999). Für die Parteiidentifikation im Spezifischen identifizieren Analysen auf Grundlage des SOEP im deutschen Kontext insbesondere das Jugendalter als die entscheidend prägende Phase (vgl. Kroh 2020). Aus dieser Sozialisationsperspektive folgt, dass intergenerationale Transmissionsprozesse die Entwicklung politischer Einstellungen und ebenso der Parteiidentifikation beeinflussen. In der Tat kann eine Vielzahl von Studien empirisch aufzeigen, dass Parteiidentifikationen von Eltern an ihre Kinder weitergegeben werden. So finden bereits Jennings und Niemi (1968) im US-amerikanischen Kontext, dass sich die Parteiidentifikationen von Eltern und deren Kindern signifikant überschneiden, während solche Überschneidungen in Bezug auf andere politische Einstellungen (z. B. Sachfragenorientierungen) weniger deutlich sind oder gar nicht existieren. Ebenso zeigen M. K. Jennings et al. (2009) auf Basis neuerer Eltern-Kind-Paneldaten eine intergenerationale Transmission von Parteiidentifikationen, die ausgeprägter als bei allen anderen untersuchten politischen Merkmalen ist.[11] Der Einfluss elterlicher Bindungen an eine Partei nimmt zwar im Lebensverlauf des Kindes ab, ist jedoch bis ins hohe Erwachsenenalter nachweisbar (vgl. Kroh 2020; Niemi und Jennings 1991).

Im Kontext dieses Beitrags sind bisherige Befunde zu Prozessen intergenerationaler Transmission von Parteiidentifikationen – oder konzeptuell etwas weiter gefasst von politischen Orientierungen – im rechten politischen Spektrum von besonderem Interesse. Diesbezüglich deuten Analysen auf Grundlage der Daten des SOEP in Deutschland darauf hin, dass die intergenerationale Weitergabe von Parteiidentifikationen insbesondere an den politischen Rändern besonders stark

[10] Für längsschnittliche Befunde zu Deutschland vgl. Arzheimer und Schoen (2005) sowie Kroh (2019).

[11] Für Befunde zu Deutschland vgl. Kroh (2020) sowie Kroh (2019).

ausfällt: Bindungen an Parteien im deutlich von der Mitte entfernten linken und rechten Spektrum werden also in besonderem Maße von Eltern an ihre Kinder weitergegeben (vgl. Kroh 2019). Mögliche Erklärungen dieser empirischen Regelmäßigkeit, dass sich insbesondere Parteiidentifikationen an den politischen Rändern „vererben", werden nach unserer Kenntnis kaum systematisch diskutiert. Eine mögliche Begründung mag die geringere Vereinbarkeit „radikalerer" Einstellungen an den politischen Rändern mit anderen politischen Positionen sein, was zu einer hohen Konsistenz dieser Orientierungen in sozialen Netzwerken wie Familien führen könnte.[12]

Auch die Ergebnisse von Avdeenko und Siedler (2017) auf Grundlage des SOEP weisen auf eine intergenerationale Weitergabe extrem rechter Parteiidentifikationen hin, wobei dies jedoch nur für eine Weitergabe von Eltern an ihre Söhne gilt. Auf ähnliche Weise, obgleich nicht in Bezug auf Parteiidentifikationen, sondern im Hinblick auf Wahlabsichten (abgefragt durch die Sonntagsfrage), legen Analysen von Paneldaten aus der Schweiz eine Transmission der Wahlabsicht für die extrem rechte Schweizerische Volkspartei von Eltern auf ihre Kinder nahe (vgl. Coffé und Voorpostel 2010).

Darüber hinaus standen Prozesse intergenerationaler Transmission im Fokus von Studien zu Einstellungen und ideologischen Orientierungen, etwa zu rassistischen Vorurteilen oder Autoritarismus, die eng mit extrem rechten parteipolitischen Orientierungen verknüpft sind. In der Tat wird innerhalb klassischer sozialpsychologischer Ansätze zur Entstehung von Vorurteilen sowie von antiegalitären Ideologien der familiären Sozialisation und insbesondere den Eltern ebenfalls eine große Prägekraft zugesprochen (vgl. Allport 1954; Altemeyer 1981). In diesem Zusammenhang zeigen unterschiedliche Studien, dass Eltern und ihre Kinder bei rassistischen Einstellungen signifikant übereinstimmen (vgl. Dhont und van Hiel 2012; Gniewosz und Noack 2015; Grob 2005); ferner zeigen Analysen auf Grundlage des SOEP eine intergenerationale Weitergabe von immigrationsfeindlichen Einstellungen (vgl. Avdeenko und Siedler 2017). Darüber hinaus gibt es in Bezug auf anti-egalitäre ideologische Orientierungen – wie Autoritarismus (vgl. Altemeyer 1981) oder soziale Dominanzorientierung (vgl. Pratto et al. 1994) – empirische Hinweise, dass diese von Eltern an ihre Kinder weitergegeben werden (vgl. Chatard und Selimbegovic 2008; Duriez und Soenens 2009).

---

[12] Die Befunde von Reuband (1971) zeigen, dass sich die Übereinstimmung in parteipolitischen Einstellungen nicht nur auf Eltern-Kinder-Beziehungen beschränkt, sondern in einer Reihe interpersoneller Kontexte (Familie, KollegInnen, Nachbarschaft) nachweisbar ist.

Mit Blick auf diese empirisch festzustellende intergenerationale Transmission politischer Einstellungen werden in der Forschung vor allem zwei zugrunde liegende Mechanismen kritisch diskutiert, die R. J. Dalton (1982) als attitudinal pathway und als social milieu pathway bezeichnet. Der erstere Mechanismus bezieht sich – ganz im Sinne der klassischen sozialkognitiven Lerntheorie (vgl. Bandura 1977) – auf eine direkte interpersonale Vermittlung politischer Einstellungen, indem Kinder diese von ihren Eltern durch Prozesse des Modelllernens (z. B. Nachahmung und positive Verstärkung) übernehmen. Der letztere Pfad beschreibt einen indirekten Mechanismus, nach dem soziale Charakteristika der Familie – z. B. der sozioökonomische Status, das Bildungsniveau oder soziale Netzwerke – die politischen Einstellungen von Eltern und Kindern gleichermaßen prägen und somit eine intergenerationale Übereinstimmung begünstigen. Empirische Untersuchungen beider Mechanismen deuten darauf hin, dass bei den im hiesigen Kontext besonders relevanten politischen Einstellungen (wie Parteiidentifikation oder Links-Rechts-Position) die direkte Einstellungsvermittlung von Eltern an ihre Kinder eine vorgelagerte Rolle spielt – zumindest aber einen eigenständigen Effekt hat, selbst wenn man soziale Charakteristika berücksichtigt (vgl. Glass et al. 1986; Jennings 1984; Rico und Jennings 2016).[13] Auch einige der vorgehend zitierten Studien konnten die intergenerationale Transmission bzw. Übereinstimmung extrem rechter politischer Einstellungen bei gleichzeitiger Kontrolle sozialstruktureller Faktoren wie dem sozialen Status nachweisen (vgl. Avdeenko und Siedler 2017; Coffé und Voorpostel 2010; Grob 2005). Im Hinblick auf die zentrale Frage des vorliegenden Beitrags ist insbesondere die direkte Transmission extrem rechter Parteiidentifikationen von Eltern an deren Kinder von Interesse, die unabhängig von sozialen Milieueffekten besteht. Hierdurch kann Aufschluss darüber erlangt werden, inwiefern die AfD tradierte, extrem rechte Einstellungspotentiale in der Gesellschaft bündelt.

Des Weiteren sind im Kontext dieser Forschung zur intergenerationalen Transmission politischer Einstellungen kritische Stimmen aufgekommen, die durchaus berechtigt darauf hinweisen, dass der Einfluss der Eltern auf die politischen Identifikationen und Orientierungen ihrer Kinder nicht überbetont werden sollte und Kinder sowie junge Erwachsene in ihrer politischen Sozialisation keineswegs als passive RezipientInnen zu betrachten sind (vgl. Achen 2002; Ojeda und Hatemi 2015). Ferner sollte kritisch angemerkt werden, dass sich in Bezug auf Parteiidentifikationen zeigt, dass insgesamt der Anteil elterlich vermittelter Parteiidentifikationen im Zuge des generellen dealignments abnimmt, der Einfluss elterlicher Parteiidentifikationen auf die ihrer Kinder also tendenziell schwächer

[13] In Bezug auf andere politische Orientierungen vgl. Abendschön (2013) sowie Kroh (2009).

wird (vgl. Kroh 2012). Nichtsdestotrotz wird konstatiert, dass insbesondere elterlich vermittelte Parteiidentifikationen im Lebensverlauf besonders stabil sind (vgl. Kroh und Selb 2009). Insgesamt besteht in der Forschung ein weitgehender Konsens darüber, dass die familiäre Sozialisation und insbesondere die Eltern eine wichtige Rolle für die Entwicklung politischer Einstellungen sowie von Parteiidentifikationen spielen.

Zusammengefasst zeigen die dargestellten Befunde, dass die Parteiidentifikation – als längerfristig stabile Bindung an eine Partei mit einem deutlichen Einfluss auf andere politische Einstellungen sowie Entscheidungen und nicht zuletzt auf das Wahlverhalten – ein wichtiges Konzept zur Identifikation dauerhafter UnterstützerInnen einer Partei darstellt. Im Hinblick auf die Genese parteipolitischer Identifikationen im Allgemeinen und extrem rechter Parteiidentifikationen im Spezifischen zeigt sich, dass diese relevant durch Prozesse familiärer Sozialisation geprägt sind und dementsprechend von Eltern an ihre Kinder weitergegeben werden. In Anlehnung an diese Befunde untersucht der vorliegende Beitrag, inwiefern die aktuelle Anhängerschaft der AfD in entscheidendem Maße durch familiäre Einflüsse und damit verbundene intergenerationale Transmissionsprozesse geprägt ist. Insbesondere soll der Frage nachgegangen werden, ob die Erfolge der AfD nicht (oder zumindest nicht ausschließlich) Ausdruck einer neueren gesellschaftlichen Polarisierung sind, sondern die AfD schon länger bestehende extrem rechte Tendenzen in der Gesellschaft bindet, die über Generationen hinweg weitergegeben wurden.

4 Daten und Analysen

Wir arbeiten mit den Daten des Sozio-oekonomischen Panels (vgl. Goebel et al. 2019). Das SOEP ist eine seit 1984 laufende Haushaltspanelstudie zur Erfassung der Sozialstruktur in Deutschland. Darüber hinaus werden Einstellungen, Werte und Sorgen der Befragten erhoben. Die Grundgesamtheit des SOEP sind Personen, die in Privathaushalten in Deutschland leben. Die Daten dieser Studie sind für wissenschaftliche Zwecke frei zugänglich.[14]

Wir arbeiten mit der 2018er Welle der SOEP-Daten (v.35). Zu diesem Zeitpunkt besteht das SOEP aus 30.306 erwachsenen Personen, die in 18.754 Haushalten leben. Jede Person eines Haushaltes, die das 17. Lebensjahr vollendet hat, füllt einen eigenen Personenfragebogen aus und wird somit eine befragte Person des SOEP. Personen, die jünger sind, bekommen nur in ausgewählten

[14] Doi: 10.5684/soep-core.v35.

Altersstufen kürzere Fragebögen, und in ganz jungen Jahren werden Eltern zu ihren Kindern befragt.

Aufgrund dieser Haushaltsstruktur ist es möglich, anhand der SOEP-Daten Personen über eine lange Zeit ihres Lebensverlaufes zu beobachten und in Relation zu ihrem Haushaltskontext zu setzen. Wir können daher beobachten, welcher Partei die Eltern eines Kindes zuneigen und mit welcher Partei dieses Kind sich dann selbst im Erwachsenenalter identifiziert. Wir werden diese einzigartige Struktur nutzen, um neben individuellen Determinanten auch die intergenerationale Transmission von extrem rechten Parteiidentifikationen zu untersuchen.

Im SOEP liegen mit der Datenversion v.35 insgesamt fast 650.000 Beobachtungen von Parteiidentifikationen zwischen 1984 und 2018 vor, davon etwa 2.300 Nennungen der AfD nach 2013.[15] Diese wiederholten Beobachtungen von Parteiidentifikationen von erwachsenen Teilnehmenden des Panels werden zum einen in der Phase vor Gründung der AfD (1984 - 2013) und zum anderen in der Phase danach (2014 - 2018) auf der Ebene individueller Befragter aggregiert. Als dominante Parteiidentifikation in der jeweiligen Phase wird die Partei kodiert, die durch eine Person am häufigsten genannt wird. Dabei wird die berichtete Stärke der Parteiidentifikation (sehr schwach, ziemlich schwach, mäßig, ziemlich stark, sehr stark) zur Gewichtung der Beobachtungen herangezogen. Unterschieden werden CDU/CSU, FDP, B90/Die Grünen[16], die Linke/PDS, Parteien der extremen Rechten (Republikaner, DVU, NPD, Die Rechte) sowie sonstige Parteien. Da Parteiidentifikationen zeitlich sehr stabil sind, gibt es selten eine gleichhäufige Nennung von mehr als einer Partei (etwa 2 %). In den meisten Fällen liefert die Aggregation mehrfacher Messungen der Parteiidentifikation eine eindeutige Präferenz pro befragter Person. Liegen drei und mehr Beobachtungen der Frage nach

[15] Die konkrete Frageformulierung lautet: „Viele Leute in der Bundesrepublik neigen längere Zeit einer bestimmten Partei zu, obwohl sie auch ab und zu eine andere Partei wählen. Wie ist das bei Ihnen: Neigen Sie einer bestimmten Partei in Deutschland zu?" Personen, die diese Frage bejahen, erhalten die zweite Frage „Welcher Partei neigen Sie zu?" sowie eine geschlossene Liste an Parteien und eine offene Antwortoption. Schließlich werden Personen mit einer Parteiidentifikation gefragt: „Und wie stark neigen Sie dieser Partei zu?" Da der SOEP-Fragebogen im Kalenderjahr vor einer Erhebung finalisiert wird und letztere zu Jahresbeginn startet, ist im Jahr der Gründung der AfD noch keine geschlossene Antwortvorgabe „AfD" im Fragebogen 2013 enthalten, sondern erst ab der Welle 2014.

[16] Hinter diesen Kategorien verbergen sich aufgrund des langen Beobachtungszeitraums unterschiedliche Partei(-nam)en. Hinter B90/Die Grünen verbergen sich z. B. die Grünen (1984 bis 1992), Bündnis 90 (1991-1993), und hinter der Kategorie Linke/PDS die PDS (1991 bis 2005), die Linkspartei.PDS/WASG (2006 bis 2008) sowie die Linke (seit 2009).

Tab. 1 Relative Häufigkeiten der aggregierten Parteiidentifikationen im SOEP.v35

	PI 2014–2018 (seit AfD-Gründung)	PI 1984–2013 (vor AfD-Gründung)	PI Eltern im Alter bis 16 (vor AfD-Gründung)
Keine Parteiidentifikation	7,8	6,2	2,1
CDU/CSU	34,9	35,3	34,1
SPD	25,2	35,9	43,5
FDP	3,2	4,0	3,4
B90/Die Grünen	13,3	11,0	11,2
PDS/Linke	7,9	4,6	3,6
Republ., DVU, NPD	0,7	1,3	1,0
AfD	5,0	–	–
Sonstige	1,9	1,7	1,1
Anzahl Personen	23 530	46 977	7 446
Kohorten	1910 – 2001	1882 – 1996	1968 – 2001

der Parteiidentifikation vor und Befragte nennen in allen drei Fällen keine konkrete Partei, dann wird die Person als parteipolitisch unabhängig kategorisiert. Bei diesem Vorgehen liegt für insgesamt etwa 47.000 Personen eine aggregierte Parteiidentifikation für die Phase vor Gründung der AfD vor und für 23.500 eine Parteiidentifikation danach (vgl. Tab. 1). Bei etwa 13.000 Befragten liegen beide Informationen vor.

Die Haushaltsstruktur des SOEP erlaubt es, über sogenannte Elternzeiger Beobachtungen zu Parteiidentifikationen von Mutter und Vater an eine befragte Person der zweiten Generation „anzuspielen". Dies erfolgt wiederum durch Aggregation der Beobachtungen von Parteiidentifikationen von Mutter und Vater in den Jahren, in denen die befragte Person der zweiten Generation zwischen 0 und 16 Jahre alt ist. Maximal liegen also $2 \times 17 = 34$ Beobachtungen vor, die gewichtet mit der jeweiligen Stärke der Identifikation aggregiert werden. Als elterliche Parteiidentifikation wird die Partei kodiert, die am häufigsten vor der Gründung der AfD genannt wird. Zu etwa 7.500 Personen liegen Angaben zur elterlichen Parteiidentifikation zu ihrer Kindheit und Jugend vor, von denen für 2000 auch eine eigene Parteiidentifikation nach Gründung der AfD gemessen wird. Tab. 1 verweist auf die Beschränkung des Analysesamples, sobald elterliche Informationen verwendet werden. Diese liegen aufgrund der Beschränkungen im Beobachtungszeitraum und Alter nur für die Kohorten 1968 bis 2001 vor.[17] Die Verteilungen der Parteiidentifikationen erscheinen jeweils periodenspezifisch plausibel, wobei die SPD in der Elterngeneration einen Wert über ihren Wahlergebnissen erzielt und die FDP in allen Gruppen einen Wert unter ihren Wahlergebnissen.

Die zentrale Hypothese unseres Beitrags lautet, dass sich in der aktuellen Unterstützung der AfD langfristige Traditionen der extremen Rechten widerspiegeln. Die Hypothese testen wir im Rahmen linearer Wahrscheinlichkeitsmodelle, in denen wir einen binären Indikator einer AfD-Parteiidentifikation nach 2013 durch die eigene sowie durch die elterliche Parteiidentifikation in der Periode vor 2013 erklären. Eine solche Verknüpfung von Angaben über einen langen Beobachtungszeitraum sowie über Generationen reduziert die Fallzahlen in den multiplen Regressionsmodellen deutlich. Tab. 2 stellt die Veränderungen der Fallzahlen auf Personenebene dar, wenn bestimmte Angaben in multiplen Regressionsmodellen gemeinsam betrachtet werden. Wird der Zusammenhang zwischen Parteiidentifikationen von Personen vor und nach 2013 untersucht, sinkt die Fallzahl auf $N = 13.141$. Wird zusätzlich die elterliche Parteiidentifikation während der Kindheit und Jugend vor 2013 berücksichtigt, sinkt die Fallzahl der Befragten weiter auf $N = 946$.

Ein statistischer Zusammenhang zwischen Parteiidentifikationen von Eltern und Kindern kann nicht umstandslos als Maß für eine wechselseitige oder sogar einseitige Beeinflussung durch soziales Lernen in Familien interpretiert werden. Ein solcher Zusammenhang kann unter anderem auch auf eine Weitergabe der sozialen Lage oder des gemeinsamen Umfelds von Eltern und Kindern und somit auf ähnliche politische Interessen zurückzuführen sein (vgl. Dalton 1982 zum *social milieu pathway* politischer Sozialisation). Um einen direkten, um diese Milieueinflüsse möglichst bereinigten Effekt elterlicher Parteiidentifikationen zu untersuchen *(attitudinal pathway)*, berücksichtigen wir eine Reihe zusätzlicher Kontrollvariablen zur sozialen Lage von Personen und deren Eltern in den multiplen Regressionsanalysen. Die Auswahl an Kontrollvariablen fokussiert sich insbesondere auf Faktoren, die durch eine geringe intergenerationale Mobilität

[17] Für die Kohorte 1968 liegt eine Welle der elterlichen Parteiidentifikation während der Jugend vor (1984 sind die Personen 16 Jahre alt) und 34 Messungen der eigenen Parteiidentifikation (1985 bis 2018). Für die Kohorte 2001 hingegen liegen 13 Wellen der elterlichen Parteiidentifikation während der Jugend vor (2001 bis 2013) und eine Messung der eigenen Parteiidentifikation im Alter von 17 Jahren (2018).

Tab. 2 Fallzahlen in multiplen Regressionsmodellen(Anzahl an Personen, SOEP.v35)

	Listwise Deletion	Multiple Imputation der Kontrollvariablen	Ergebnisdarstellung
Parteiidentifikationen			
A1 2014–2018	23.530	23.530	Tab. 1
A2 1984–2013	46.977	46.977	Tab. 1
A3 Eltern 1984–2013	7.446	7.446	Tab. 1
Ergänzende Kontrollvariablen			
B1|A1 2014–2018	8.457	23.530	–
B2|A2 1984–2013	21.317	46.977	–
B3|A3 Eltern 1984–2013	4.508	7.446	.
Kombination von Daten			
A1+A2	13.141	13.141	Abb. 1a
A1+A3	1.965	1.965	Abb. 1b
A1+A2+A3	946	946	Abb. 1a/1b
B1|A1+B2|A2	4.458	13.141	Abb. 1a + Tab. 3
B1|A1+B3|A3	489	1.965	Abb. 1b + Tab. 3
B1|A1+B2|A2+B3|A3	258	946	Abb. 1a/b + Tab. 3

Kontrollvariablen: Geburtskohorte (7 Gruppen), Geschlecht, Region (Ost, West), Migrationshintergrund, Bildung (CASMIN-Klassifikation), Berufsgruppen (Arbeiter, Angestellter, Selbständiger, Beamter), Berufsstatus (ISEI+ISEI^2), Einkommen (Brutto-Lohn+Brutto-Lohn^2), Gewerkschaftsmitgliedschaft, Religion (4 Gruppen), Kirchgangshäufigkeit, Valenz alter Politik (Mittelwert der Sorgen um Wirtschaft, Kriminalität, Zuwanderung), Valenz neuer Politik (Mittelwert der Sorgen um Umwelt, Friedenserhalt, Fremdenfeindlichkeit). Die Kontrollvariablen sind identisch für die Periode vor 2013, nach 2013 sowie für die Elterngeneration. Zeitinvariante oder sich zeitlich wenig verändernde Variablen werden zur Vermeidung von Multikollinearität nur einfach berücksichtigt (z. B. Geburtskohorte, höchster formaler Bildungsabschluss)

gekennzeichnet sind[18] und außerdem hohe Bedeutung für parteipolitische Orientierungen haben[19]. Dazu zählen Merkmale des sozialen Status (Bildung, Beruf, Einkommen), religiöse Orientierungen (Religion, Kirchgang) sowie weitere soziodemografische Merkmale (Migration, Region). Schließlich verwenden wir einen

---

[18] Vgl. Pollak (2010) für einen Überblick der sozialen Mobilität in Deutschland.

[19] Vgl. Schoen (2014) für einen Überblick zu den Effekten sozialer Lage auf das Wahlverhalten.

Indikator für die Valenz „alter" Politikthemen (Sorgen um Kriminalität, Wirtschaftslage, Zuwanderung) und „neuer" Politikthemen (Sorgen um den Schutz der Umwelt, Friedenserhalt, Fremdenhass). Die Valenz alter und neuer Politik (vgl. Kitschelt 1988; Knutsen 1995) gehören zu den wenigen politischen Kontrollvariablen, die langfristig jeweils für die Periode vor und nach Gründung der AfD sowie für die Eltern vorliegen.

Fehlende Angaben zu Kontrollvariablen ergeben sich unter anderem daraus, dass Informationen wie die Religionszugehörigkeit nur unregelmäßig erhoben werden oder dass Personen, z. B. aufgrund ihres Alters, keiner Erwerbstätigkeit nachgehen und somit Informationslücken zum Erwerbseinkommen vorliegen. Durch die gemeinsame Berücksichtigung der Vielzahl an Kontrollvariablen – die für Personen sowohl nach 2013, vor 2013 und gleichzeitig für die Eltern vor 2013 vorliegen müssen – sinkt die Fallzahl der analysierbaren Fälle multipler Regressionen weiter (vgl. Tab. 2).

Um einen möglichen Selektionsbias in den berichteten Effekten abzuschätzen, haben wir eine Reihe von Robustheitsanalysen gerechnet; wir haben hierbei einzelne unabhängige Variablen von den Analysen ein- bzw. ausgeschlossen oder deskriptive Analysen für die reduzierte Analyse-Stichprobe repliziert. Neben dem listenweisen Ausschluss von Fällen mit fehlenden Angaben haben wir ergänzend fehlende Daten bei Kontrollvariablen multipel imputiert. Dafür haben wir den Ansatz der *multiple imputation by chained equations* verwendet (vgl. Royston und White 2011) und 10 vollständig imputierte Datensätze erzeugt. Fehlende Angaben zu Parteiidentifikationen wurden dabei nicht ersetzt, sondern lediglich Informationen zu Kontrollvariablen (vgl. Tab. 3). Insgesamt deuten die Robustheitsanalysen nicht darauf hin, dass die substantiellen Befunde durch die Auswahl an Kontrollvariablen, durch die Reduzierung des Analyse-Samples oder durch die Imputation fehlender Angaben deutlich verändert werden (vgl. die Abb. 1). Zwar sinkt die statistische Signifikanz einzelner Effekte in den Modellen mit sehr hohen Fallzahlunterschieden unter die üblichen Toleranzniveaus, jedoch sind die Effekthöhen weitgehend stabil. Tab. 3 gibt die Befunde multipler Regressionen auf Basis der imputierten Daten wieder, die Abbildung stellt die Befunde auf Basis des listweisen Ausschlusses von Befragten mit fehlenden Daten dar.

Modell 1 in Tab. 3 berichtet zentrale Befunde zur Bedeutung der eigenen Parteiidentifikation vor 2013 und Modell 2 zur Bedeutung der elterlichen Parteiidentifikation während der Kindheit und Jugend der Befragten vor 2013 für das Vorliegen einer Parteiidentifikation mit der AfD nach 2013. In beiden Fällen wird ein parteipolitischer Hintergrund der SPD als Referenzkategorie verwendet. Das heißt, dass z. B. positive Effekte als zusätzliche Unterstützung der AfD in

Tab. 3 Multiple Regressionsmodelle einer AfD-Parteiidentifikation (Multiple Imputierte Daten, SOEP.v35)

	Modell 1 B1|A1+B2|A2	Modell 2 B1|A1+B2|A2	Modell 3 B1|A1+B2|A2+B3|A3
Individuelle Parteiidentifikation vor 2013			
Keine PI	-0,06 (0,01) ***		-0,01 (0,04)
CDU/CSU	-0,00 (0,00)		-0,01 (0,02)
SPD	*Referenz*		*Referenz*
FDP	0,02 (0,01)**		0,06 (0,04)
B90/Die Grünen	0,02 (0,01)***		0,02 (0,02)
PDS/Linke	0,04 (0,01)***		0,07 (0,04)
Republ., DVU, NPD	0,29 (0,02)***		0,27 (0,05)***
Sonstige	0,12 (0,01)***		0,09 (0,04)*
Elterliche Parteiidentifikation vor 2013			
Keine PI		0,11 (0,05)*	0,13 (0,06)*
CDU/CSU		-0,01 (0,01)	0,01 (0,02)
SPD		*Referenz*	*Referenz*
FDP		-0,00 (0,03)	0,01 (0,04)
B90/Die Grünen		0,03 (0,02)	0,00 (0,03)
PDS/Linke		-0,04 (0,03)	-0,04 (0,05)
Republ., DVU, NPD		0,20 (0,05)***	0,15 (0,08)
Sonstige		-0,02 (0,04)	-0,05 (0,07)
Kontrollvariablen			
Individuen nach 2013	+	+	+
Individuen vor 2013	+		+
Eltern vor 2013		+	+
Fallzahlen (imputiert)	13.141	1.965	946

Prozentpunkten im Verhältnis zu Personen mit einem SPD-Hintergrund zu interpretieren sind. Modell 3 berichtet Effekte bei gemeinsamer Berücksichtigung aller Faktoren zu Individuen und Eltern.

Tab. 3 zeigt drei zentrale empirische Regelmäßigkeiten: Erstens ist der eigene parteipolitische Hintergrund der SOEP-Befragten (Modell 1) wichtiger für die Erklärung einer AfD-Parteiidentifikation als der elterliche (Modell 2), wobei die

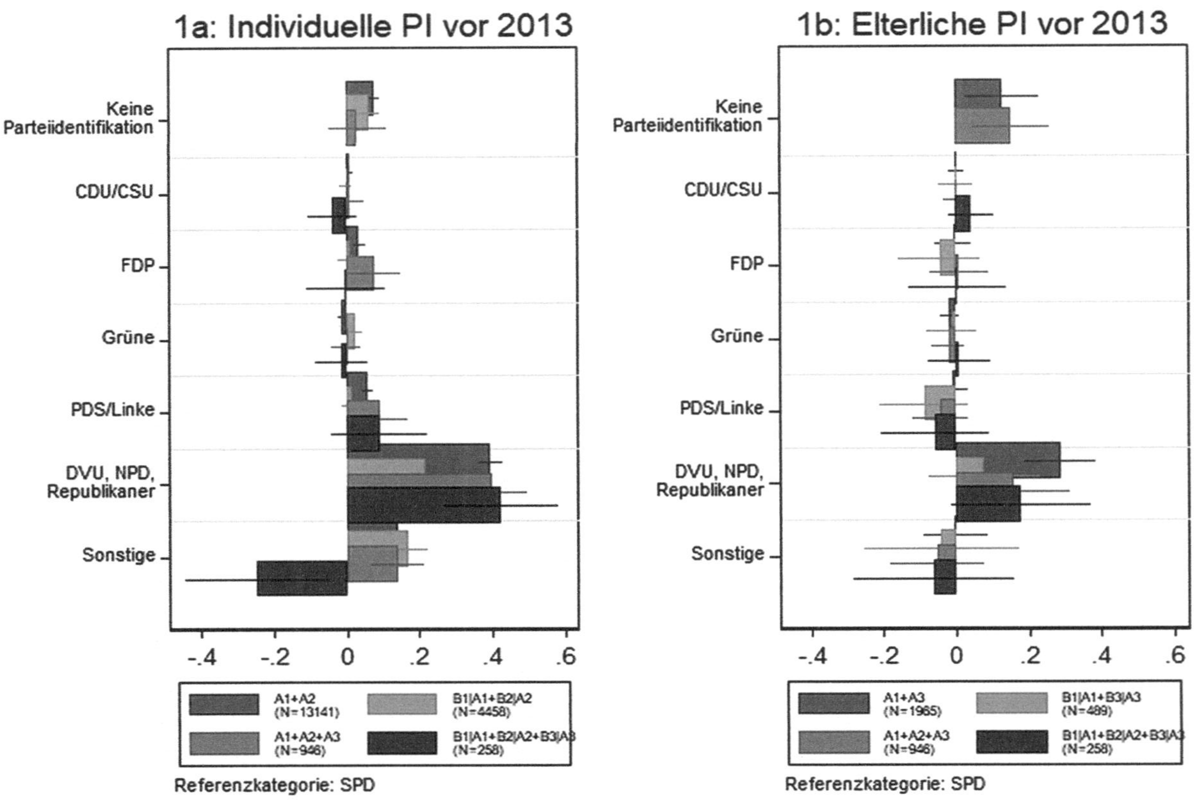

Abb. 1 Frühere eigene und elterliche Parteiidentifikationen von AfD-AnhängerInnen: Robustheitsanalysen ohne imputierte Daten

Muster über alle Parteien hinweg ähnlich ausfallen. Zweitens erklären Kontrollvariablen einen Teil der deskriptiven Unterschiede zwischen unterschiedlichen parteipolitischen Hintergründen, jedoch bei weitem nicht alle Unterschiede. Es verbleibt ein relevanter Effekt sowohl des eigenen als auch des elterlichen parteipolitischen Hintergrunds auf eine Identifikation mit der AfD. Drittens gibt es nur sehr geringe Unterschiede zwischen der Referenzkategorie der Personen mit einem SPD-Hintergrund und Personen, die selber oder deren Eltern die Union, B90/Die Grünen und mit Einschränkung die FDP und die Linke unterstützen. Es verbleibt schließlich der deutliche Effekt einer früheren Unterstützung von NPD, DVU oder Republikaner: Identifizierte sich eine befragte Person bis 2013 mit einer dieser Parteien der extremen Rechten oder haben sich die Eltern während der eigenen Kindheit und Jugend mit einer dieser Parteien identifiziert, dann erhöht sich die Wahrscheinlichkeit der AfD-Unterstützung je nach Modell um 10 bis 40 Prozentpunkte gegenüber einem SPD-Hintergrund. Auch gibt es einen relativ stabilen Effekt von etwa 10 Prozentpunkten, falls Elternhäuser vor 2013 parteipolitisch ungebunden waren. Die nachfolgende Abbildung repliziert die Analysen der Tab. 3 für nicht imputierte Daten und ergänzt die Darstellung um Befunde ohne die Verwendung von Kontrollvariablen.

Die Ergebnisse deuten somit darauf hin, dass die Unterstützung der AfD von Traditionen der extremen Rechten profitiert und die Partei nicht überproportional bei Personen mit einem parteipolitisch bürgerlichen Hintergrund – etwa unter AnhängerInnen der Union oder der FDP – Fuß gefasst hat. Die Wahrscheinlichkeit, die AfD zu unterstützen ist eher ausgeglichen zwischen Personen, die in bürgerlichen oder parteipolitisch linken Elternhäusern aufwuchsen.

5 Fazit

Die AfD, als eine in Deutschland immer noch vergleichsweise junge Partei, konnte seit ihrer Gründung im Jahr 2013 beträchtliche Wahlerfolge verzeichnen. Seither haben sich eine Vielzahl wissenschaftlicher Arbeiten mit den Determinanten ihrer Wähler- und Anhängerschaft befasst, wobei vor allem aktuelle gesellschaftliche Entwicklungen im Fokus standen. Was bislang jedoch nur unzureichend untersucht wurde, ist, inwieweit tradierte Einstellungsmuster und gesellschaftliche Kontinuitäten extrem rechter politischer Präferenzen den Erfolg der AfD erklären können. Auf Basis der Daten des Sozio-oekonomischen Panels und der Analyse von Parteiidentifikationen von Eltern und ihren Kindern können wir zum einen zeigen, dass die aktuelle Unterstützung der AfD besonders hoch unter ehemaligen längerfristigen UnterstützerInnen älterer Parteien der extremen

Rechten (wie NPD/DVU/Republikaner) ausfällt. Zum anderen finden wir deutliche Hinweise auf Prozesse intergenerationaler Transmission: Personen, die aus einem familiären Umfeld stammen, in dem die Eltern zur Kinder- und Jugendzeit eine Parteiidentifikation mit älteren extrem rechten Parteien aufwiesen oder keinerlei parteipolitische Bindungen hatten, berichten heute überdurchschnittlich oft eine Parteiidentifikation mit der AfD. Die Analysen waren insgesamt robust gegenüber der Berücksichtigung von Kontrollvariablen, und die Ergebnisse veränderten sich auch dann nicht substantiell, wenn fehlende Daten imputiert wurden oder statt der Parteiidentifikation das Wahlverhalten in den Bundestagswahlen 2013 und 2017 als abhängige Variable verwendet wurde.

Ein zentrales Fazit unserer intraindividuellen und intergenerationalen Analysen ist, dass der Erfolg der AfD nicht nur als Symptom einer neueren gesellschaftlichen Polarisierung betrachtet werden kann. Vielmehr zeigen unsere Ergebnisse, dass die AfD unter neuem Label extrem rechte gesellschaftliche Einstellungspotentiale kanalisiert, die schon weit vor ihrer Gründung bestanden. Jenseits aktueller Entwicklungen und Trends eines sozialen und politischen Wandels, wie sie im Fokus der vieldiskutierten Modernisierungsverlierer-Hypothese und Hypothese der kulturellen Bedrohung stehen, bietet unser Beitrag einen zusätzlichen Ansatz zur Erklärung der Erfolge der AfD, der bislang nicht ausreichend Beachtung gefunden hat: Prozesse familiärer Sozialisation und intergenerationaler Transmission von extrem rechten politischen Orientierungen.[20]

Unsere Befunde stimmen mit denen früherer Forschung überein, die das Kinder- und Jugendalter als entscheidende formative Phase der politischen Sozialisation betrachten und in diesem Kontext den Einfluss elterlicher politischer Einstellungen und Mechanismen intergenerationaler Transmission betonen (vgl. Jennings et al. 2009; Kroh 2019, 2020). Darüber hinaus ergänzt der vorliegende Beitrag frühere Ergebnisse, die auf regionaler Aggregatebene eine Überschneidung von heutigen AfD- und früheren NSDAP-Wahlerfolgen aufzeigen (vgl. Cantoni et al. 2019).

---

[20] Der Befund, dass eine aktuelle Unterstützung der AfD sich aus der vormaligen eigenen Identifikation (bzw. die der Eltern) mit älteren Parteien der extremen Rechten vorhersagen lässt, nicht aber aus einem anderen parteipolitischen Hintergrund, bedeutet im Umkehrschluss nicht, dass die UnterstützerInnen der AfD zuvor überwiegend ältere Parteien der extremen Rechten unterstützten bzw. aus solchen Elternhäusern stammen. Personen mit sehr unterschiedlichen parteipolitischen Biographien haben eine – wenn auch gegenüber Parteien der extremen Rechten geringere – Wahrscheinlichkeit, heute die AfD zu unterstützen. Da sich die sehr große Mehrheit der Befragten vor und nach 2013 mit Parteien der demokratischen Mitte verbunden fühlt (vgl. Tab. 1), kann auch eine geringe Wahrscheinlichkeit, die AfD zu unterstützen, zu hohen absoluten Fallzahlen führen.

Im Hinblick auf die zugrunde liegenden psychologischen bzw. sozialisatorischen Mechanismen dieser intergenerationalen Transmissionseffekte extrem rechter Parteiidentifikationen, die in der Forschung rege diskutiert werden (vgl. Dalton 1982; Jennings 1984; Rico und Jennings 2016), liefern unsere Ergebnisse wichtige Hinweise. Unsere Analysen zeigten einen empirisch robusten Effekt intergenerationaler Transmission, sogar wenn man sozioökonomische Charakteristika der Eltern (etwa Berufsstatus und Einkommen) oder soziostrukturelle Faktoren seitens der Kinder (etwa die Bildung) berücksichtigt. Dies zeigt, dass Effekte intergenerationaler Transmission nicht ausschließlich auf den Einfluss eines bestimmten gemeinsamen (und „vererbten") sozialen Milieus von Eltern und ihren Kindern zurückzuführen sind. Vielmehr deuten unsere Befunde darauf hin, dass extrem rechte Parteiidentifikationen substantiell auch auf direktem Wege von Eltern an Kinder durch soziale Lernprozesse weitergegeben werden. Das Aufwachsen in einem familiären Kontext, in dem sich Eltern mit Parteien der extremen Rechten identifizieren, extrem rechten politischen Positionen zustimmen und dementsprechende Positionierungen der Kinder mutmaßlich bestärken, übersetzt sich somit in nicht zu vernachlässigendem Maße in extrem rechte politische Präferenzen der Kinder im Erwachsenenalter.

Unsere Befunde sind auch mit Blick auf Debatten zur programmatisch-ideologischen Verortung der AfD von Relevanz. Während diese bei ihrer Gründung noch vielfach als eher bürgerlich- und rechts-konservativ betrachtet wurde, formierten sich nach ihrer Spaltung im Jahr 2015 stärker national-konservative und sogar völkisch-nationalistische Kräfte in der Partei – was mit einer Verschärfung der immigrationsfeindlichen und rassistischen Rhetorik einherging. Unsere Analysen deuten darauf hin, dass die AfD im Hinblick auf ihre Attraktivität für Gruppen aus unterschiedlichen politischen Lagern dem extrem rechten Parteienspektrum zuzuordnen ist. Die AfD scheint zumindest nicht für vormalige Unions- und FDP-AnhängerInnen deutlich attraktiver zu sein als für vormalige AnhängerInnen des Rot-Rot-Grünen Lagers. Gleiches gilt für die Elternhäuser. Dagegen scheint die AfD insbesondere für Personen eine Option zu sein, die früher ältere Parteien der extremen Rechten (wie NPD/DVU/Republikaner) unterstützt haben oder aus Elternhäusern mit solchen extrem rechten Parteipräferenzen stammen. Dies deckt sich mit Befunden, die zeigen, dass extrem rechte ideologische Einstellungen (etwa die Verharmlosung des Nationalsozialismus) lediglich von AfD-WählerInnen substantiell vertreten werden (vgl. Zick et al. 2019).

Einschränkend zu unseren Befunden gilt es jedoch zu bedenken, dass die Wahlerfolge der AfD auf Landes- wie Bundesebene deutlich über den Wahlerfolgen der alten extrem rechten Parteien liegen. Auch gibt es über alle im Bundestag vertretenen Parteien hinweg frühere AnhängerInnen, die zur AfD wechseln, wenngleich dies deutlich unwahrscheinlicher ist als im Fall der älteren Parteien der extremen Rechten. Schließlich gibt es mehr Personen, die der AfD ihre Stimme in Wahlen geben, als Personen, die sich mit der AfD identifizieren. Somit kann die intergenerationale Transmission von Parteiidentifikation nur zum Teil den raschen Erfolg der AfD erklären. Dies deutet darauf hin, dass es der AfD – jenseits intergenerational tradierter, extrem rechter politischer Präferenzen – mit ihrer aktuellen Rhetorik und Programmatik deutlich stärker als früheren Parteien (wie NPD, DVU oder Republikaner) gelingt, Personen mit extrem rechten ideologischen Orientierungen aus der sogenannten Mitte der Gesellschaft ein politisches Angebot zu machen bzw. kurzfristiges Protestpotential zu kanalisieren. Jedoch zeigen unsere Befunde, dass die Attraktivität der AfD für frühere AnhängerInnen aller anderen Parteien – von der Linken bis zur Union – in etwa gleichem Maße besteht.

Insgesamt sehen wir unsere Befunde als neuen Erklärungsansatz für eine AfD-Anhängerschaft, der jedoch komplementär und nicht konkurrierend zu solchen Ansätzen zu betrachten ist, die sich auf aktuelle gesellschaftliche Trends und Entwicklungen als Determinanten einer Präferenz für die AfD fokussieren. Zusammenfassend konstatieren wir auf Basis unserer intraindividuellen und intergenerationalen Analysen, dass die AfD im Hinblick auf ihre längerfristige Anhängerschaft eher in der Tradition älterer Parteien der extremen Rechten als von Parteien des rechts-bürgerlichen Spektrums zu betrachten ist.

Literatur

Abendschön, Simone. 2013. Children's socialization of politically relevant value orientations within the family context. In *Growing into Politics. Contexts and Timing of Political Socialization*, ed. by Simone Abendschön, 33 - 72. Colchester (UK): ECPR Press.

Achen, Christopher H. 2002. Parental socialization and rational party identification. *Political Behavior* 24 (2): 151 - 170. https://doi.org/10.1023/A:1021278208671.

Adorno, Theodor W., Else Frenkel-Brunswik, Daniel Levinson, und Nevitt Sanford. 1950. *The Authoritarian Personality.* New York City: Harper & Row.

Allport, Gordon W. 1954. *The nature of prejudice.* Reading, Mass.: Addison-Wesley Publishing Company.

Altemeyer, Bob. 1981. *Right-wing authoritarianism.* Winnipeg (Kanada): University of Manitoba Press.

Arzheimer, Kai. 2014. Die Wahl extremistischer Parteien. In *Falter und Schoen 2014*, 523 - 561.

Arzheimer, Kai, und Harald Schoen. 2005. Erste Schritte auf kaum erschlossenem Terrain. Zur Stabilität der Parteiidentifikation in Deutschland. *Politische Vierteljahresschrift* 46 (4): 629 - 654. https://doi.org/10.1007/s11615-005-0305-y.

Avdeenko, Alexandra, und Thomas Siedler. 2017. Intergenerational correlations of extreme right-wing party preferences and attitudes toward immigration. *Scandinavian Journal of Economics* 119 (3): 768 - 800. https://doi.org/10.1111/sjoe.12190.

Bandura, Albert. 1977. *Social learning theory*. Englewood Cliffs, N.J.: Prentice-Hall.

Bergmann, Knut, Matthias Diermeier, und Judith Niehues. 2016. Die AfD – eine Partei der Besserverdiener? *IW-Kurzberichte 19/2016*.

Betz, Hans-Georg. 1994. *Radical Right-Wing Populism in Western Europe*. Basingstoke (UK): Palgrave Macmillan.

Bornschier, Simon. 2010. *Cleavage Politics and the Populist Right: The New Cultural Conflict in Western Europe*. Philadelphia: Temple University Press.

Bornschier, Simon, und Hanspeter Kriesi. 2013. The populist right, the working class, and the changing face of class politics. In *Class Politics and the Radical Right*, ed. by Jens Rydgren, 11 - 29. Abingdon (UK): Routledge.

Campbell, Angus, Philip E. Converse, Warren E. Miller, und Donald E. Stokes. 1960. *The American Voter*. New York: Wiley.

Campbell, Angus, Gerald Gurin, und Warren Edward Miller. 1954. *The Voter Decides*. Evanston, Ill.: Row, Peterson and Co.

Cantoni, Davide, Felix Hagemeister, und Mark Westcott. 2019. Persistence and Activation of Right-Wing Political Ideology. *Rationality and Competition CRC TRR 190* Discussion Paper No. 143.

Chatard, Armand, und Leila Selimbegovic. 2008. The intergenerational transmission of social dominance: A three-generation study. *European Journal of Personality* 22 (6): 541 - 551. https://doi.org/10.1002/per.684.

Coffé, Hilde, und Marieke Voorpostel. 2010. Young people, parents and radical right voting. The Case of the Swiss People's Party. *Electoral Studies* 29 (3): 435 - 443. https://doi.org/10.1016/j.electstud.2010.03.015.

Dalton, Russell J. 1982. The Pathways of Parental Socialization. *American Politics Quarterly* 10 (2): 139-157.

Davies, James C. 1965. The Family's Role in Political Socialization. *Annals of the American Academy of Political and Social Science* 361 (1): 10 - 19. https://doi.org/10.1177/000271626536100102.

Decker, Oliver, Johannes Kiess, und Elmar Brähler. 2013. *Rechtsextremismus der Mitte. Eine sozialpsychologische Gegenwartsdiagnose*. Gießen: Psychosozial-Verlag.

Dhont, Kristof, und Alain Van Hiel. 2012. Intergroup contact buffers against the intergenerational transmission of authoritarianism and racial prejudice. *Journal of Research in Personality* 46 (2): 231 - 234. https://doi.org/10.1016/j.jrp.2011.12.008.

Duriez, Bart, und Bart Soenens. 2009. The intergenerational transmission of racism: The role of Right-Wing Authoritarianism and Social Dominance Orientation. *Journal of Research in Personality* 43 (5): 906 - 909. https://doi.org/10.1016/j.jrp.2009.05.014

Falter, Jürgen W., und Harald Schoen. 2014. *Handbuch Wahlforschung*. 2. Aufl. Wiesbaden: Springer VS.

Falter, Jürgen W., Harald Schoen, und Claudio Caballero. 2000. Dreißig Jahre danach: Zur Validierung des Konzepts ‚Parteiidentifikation' in der Bundesrepublik. In *50 Jahre Empirische Wahlforschung in Deutschland*, hrsg. von Markus Klein, Wolfgang Jagodzinski, Ekkehard Mochmann und Dieter Ohr, 235 - 271. Wiesbaden: Westdeutscher Verlag.

Glass, Jenifer, Vein L. Bengston, und Charlotte C. Dunham. 1986. Attitude Similarity in Three-Generation Families: Socialization, Status Inheritance, or Reciprocal Influence? *American Sociological Review* 51 (5): 685 - 698. https://doi.org/10.2307/2095493.

Gluchowski, Peter. 1983. Wahlerfahrung und Parteiidentifikation. In *Wahlen und politisches System: Analysen aus Anlaß der Bundestagswahl 1980*, hrsg. von Max Kaase und Hans-Dieter Klingemann, S. 442 - 477. Opladen: Westdeutscher Verlag.

Gniewosz, Burkhard, und Peter Noack. 2015. Parental influences on Adolescents' Negative Attitudes Toward Immigrants. *Journal of Youth and Adolescence* 44 (9): 1787 - 1802. https://doi.org/10.1007/s10964-015-0291-3.

Goebel, Jan, Markus M. Grabka, Stefan Liebig, Martin Kroh, David Richter, Carsten Schröder, und Jürgen Schupp. 2019. The German Socio-Economic Panel (SOEP). *Journal of Economics and Statistics* 239 (2): 345 - 360. https://doi.org/10.1515/jbnst-2018-0022.

Grob, Urs. 2005. Kurz-und langfristige intergenerationale Transmission von Ausländerablehnung. *ZSE: Zeitschrift für Soziologie der Erziehung und Sozialisation* 25 (1): 32 - 51.

Hainmueller, Jens, und Daniel J. Hopkins. 2014. Public Attitudes Toward Immigration. *Annual Review of Political Science* 17: 225 - 249. https://doi.org/10.1146/annurev-polisci-102512-194818.

Halla, Martin, Alexander F. Wagner, und Josef Zweimüller. 2017. Immigration and Voting for the Far Right. *Journal of the European Economic Association* 15 (6): 1341 - 1385. https://doi.org/10.1093/jeea/jvx003.

Hambauer, Verena, und Anja Mays. 2017. Wer wählt die AfD? – Ein Vergleich der Sozialstruktur, politischen Einstellungen und Einstellungen zu Flüchtlingen zwischen AfD-WählerInnen und der WählerInnen der anderen Parteien. *Zeitschrift für Vergleichende Politikwissenschaft* 12: 133 - 145. https://doi.org/10.1007/s12286-017-0369-2.

Hilmer, Richard, Bettina Kohlrausch, Rita Müller-Hilmer, und Jérémie Gagné. 2017. Einstellung und soziale Lebenslage. Eine Spurensuche nach Gründen für rechtspopulistische Orientierung, auch unter Gewerkschaftsmitgliedern (*Hans-Böckler-Stiftung*: Working Paper Forschungsförderung, Nummer 044). Düsseldorf.

Ignazi, Piero. 1992. The Silent Counter-Revolution: Hypothesis on the Emergence of Extreme Right-Wing Parties in Europe. *European Journal of Political Research* 22 (1): 3 - 34. https://doi.org/10.1111/j.1475-6765.1992.tb00303.x.

Jennings, M. Kent. 1984. The Intergenerational Transfer of Political Ideology in Eight Western Nations. *European Journal of Political Research* 12 (3): 261 - 276. https://doi.org/10.1111/j.1475-6765.1984.tb00088.x.

Jennings, M. Kent, und Richard G. Niemi. 1968. The Transmission of Political Values from Parent to Child. *American Political Science Review* 62 (1): 169 - 184. https://doi.org/10.2307/1953332.

Jennings, M. Kent, Laura Stoker, und Jake Bowers. 2009. Politics across generations: Family transmission reexamined. *Journal of Politics* 71 (3): 782 - 799. https://doi.org/10.1017/S0022381609090719.

Kessler, Alan E., und Gary. P. Freeman. 2005. Support for Extreme Right-Wing Parties in Western Europe: Individual Attributes, Political Attitudes, and National Context. *Comparative European Politics* 3: 261 - 288. https://doi.org/10.1057/palgrave.cep.6110063.

Kitschelt, Herbert P. 1988. Left-libertarian Parties: Explaining Innovation in Competitive Party Systems. *World Politics* 40 (2): 194 - 234. https://doi.org/10.2307/2010362.

Knutsen, Oddbjørn. 1995. The Impact of Old Politics and New Politics Value Orientations on Party Choice – A Comparative Study. *Journal of Public Policy* 15 (1): 1 - 63. https://doi.org/10.1017/S0143814X00007716.

Kriesi, Hanspeter, Edgar Grande, Romain Lachat, Martin Dolezal, Simon Bornschier, und Timotheos Frey. 2008. *West European Politics in the Age of Globalization.* Cambridge (UK): Cambridge University Press.

Kroh, Martin. 2020. The Formative Period of Party Identification. In *Research handbook on political partisanship,* ed. by Henrik Oscarsson und Sören Holmberg, 170 - 189. Cheltenham (UK): Edward Elgar.

Kroh, Martin. 2019. Parteiidentifikation: Konzeptionelle Debatten und empirische Befunde. In *Politikwissenschaftliche Einstellungs- und Verhaltensforschung*, hrsg. von Thorsten Faas, Oscar W. Gabriel und Jürgen Maier, 458 - 479. Baden-Baden: Nomos Verlagsgesellschaft.

Kroh, Martin. 2012. Die abnehmende Bedeutung des Elternhauses: Intergenerationale Übertragung von Parteibindungen in Deutschland 1984 bis 2010. In *Wählen in Deutschland* (Politische Vierteljahresschrift: Sonderheft 45), hrsg. von Rüdiger Schmitt-Beck, 203 - 226. Baden-Baden: Nomos Verlagsgesellschaft.

Kroh, Martin. 2009. The preadult origins of postmaterialism: A longitudinal sibling study. *European Journal of Political Research* 48 (5): 598 - 621. https://doi.org/10.1111/j.1475-6765.2009.00843.x.

Kroh, Martin, und Peter Selb. 2009. Inheritance and the dynamics of party identification. *Political Behavior* 31 (4): 559 - 574. https://doi.org/10.1007/s11109-009-9084-2.

Lengfeld, Holger. 2018. Der „Kleine Mann" und die AfD: Was steckt dahinter? *Kölner Zeitschrift für Soziologie und Sozialpsychologie* 70 (2, Juni 2018): 295 - 310. https://doi.org/10.1007/s11577-018-0536-8.

Lengfeld, Holger. 2017. Die „Alternative für Deutschland": eine Partei für Modernisierungsverlierer? *Kölner Zeitschrift für Soziologie und Sozialpsychologie* 69 (2, Juni 2017): 209 - 232. https://doi.org/10.1007/s11577-017-0446-1.

Lengfeld, Holger, und Clara Dilger. 2018. Kulturelle und ökonomische Bedrohung. Eine Analyse der Ursachen der Parteiidentifikation mit der „Alternative für Deutschland" mit dem Sozio-oekonomischen Panel 2016. *Zeitschrift für Soziologie* 47 (3): 181 - 199.

Lubbers, Marcel, Mérove Gijsberts, und Peer Scheepers. 2003. Extreme right-wing voting in Western Europe. *European Journal of Political Research* 41 (3): 345 - 378. https://doi.org/10.1111/1475-6765.00015.

Merkel, Wolfgang. 2017. Kosmopolitismus versus Kommunitarismus: Ein neuer Konflikt in der Demokratie. In *Parties, Governments and Elites*, hrsg. von Philipp Harfst, Ina Kubbe und Thomas Poguntke, 9 - 23. Wiesbaden: Springer VS.

Müller, Jan-Werner. 2017. *Was ist Populismus? Ein Essay*. 4. Aufl. Berlin: Suhrkamp.

Nachtwey, Oliver. 2019. System ohne Stabilität: Der Niedergang der Volksparteien. *Blätter für deutsche und internationale Politik* (2/2019, Februar 2019). https://www.blaetter.de/ausgabe/2019/februar/system-ohne-stabilitaet-der-niedergang-der-volksparteien.

Newcomb, Theodore M., Kathryn E. Koenig, Richard Flacks, und Donald P. Warwick. 1967. *Persistence and Change: Bennington College and Its Students After Twenty-Five Years.* New York: John Wiley & Sons.

Niemi, Richard G., und M. Kent Jennings. 1991. Issues and inheritance in the formation of party identification. *American Journal of Political Science* 35 (4): 970 - 988. https://doi.org/10.2307/2111502.

Noack, Peter, und Burkhard Gniewosz. 2009. Politische Sozialisation. In *Diskriminierung und Toleranz. Psychologische Grundlagen und Anwendungsperspektiven*, hrsg. von Andreas Beelman und Kai J. Jonas, 137 - 153. Wiesbaden: Springer VS.

Norris, Pippa, und Ronald Inglehart. 2019. *Cultural Backlash. Trump, Brexit, and Authoritarian Populism*. Cambridge (UK): Cambridge University Press.

Ojeda, Christopher, und Peter K. Hatemi. 2015. Accounting for the Child in the Transmission of Party Identification. *American Sociological Review* 80 (6): 1150 - 1174. https://doi.org/10.1177/0003122415606101.

Pollak, Reinhard. 2010. *Kaum Bewegung, viel Ungleichheit. Eine Studie zu sozialem Auf- und Abstieg in Deutschland* (Heinrich-Böll-Stiftung: Schriften zu Wirtschaft und Soziales, Band 5). Berlin.

Pratto, Felicia, Jim Sidanius, Lisa M. Stallworth, und Bertram F. Malle. 1994. Social dominance orientation: A personality variable predicting social and political attitudes. *Journal of Personality and Social Psychology* 67 (4): 741 - 763. https://doi.org/10.1037/0022-3514.67.4.741.

Reuband, Karl-Heinz. 1971. Die Bedeutung der Primärumwelten für das Wahlverhalten. *Kölner Zeitschrift für Soziologie und Sozialpsychologie* 23 (3): 544 - 567.

Rico, Gulliem, und M. Kent Jennings. 2016. The Formation of Left-Right Identification: Pathways and Correlates of Parental Influence. *Political Psychology* 37 (2): 237 - 252. https://doi.org/10.1111/pops.12243.

Rippl, Susanne, und Christian Seipel. 2018. Modernisierungsverlierer, Cultural Backlash, Postdemokratie. Was erklärt rechtspopulistische Orientierungen? *Kölner Zeitschrift für Soziologie und Sozialpsychologie* 70: 237 - 254. https://doi.org/10.1007/s11577-018-0522-1.

Royston, P., und Ian R. White. 2011. Multiple Imputation by Chained Equations (MICE): Implementation in Stata. *Journal of Statistical Software* 45 (4): 1 - 20.

Scheuch, Erwin K., und Hans-Dieter Klingemann. 1967. Theorie des Rechtsradikalismus in westlichen Industriegesellschaften. In *Hamburger Jahrbuch für Wirtschafts- und Gesellschaftspolitik* 12, 11 - 29. Tübingen: Mohr Siebeck Verlag.

Schmitt-Beck, Rüdiger. 2014. Euro-Kritik, Wirtschaftspessimismus und Einwanderungsskepsis: Hintergründe des Beinah-Wahlerfolges der Alternative für Deutschland (AfD) bei der Bundestagswahl 2013. *Zeitschrift für Parlamentsfragen* 45 (1): 94 - 112. https://doi.org/10.5771/0340-1758-2014-1-94.

Schoen, Harald. 2014. Soziologische Ansätze in der empirischen Wahlforschung. In *Falter und Schoen 2014*, 169 - 239.

Schoen, Harald, und Cornelia Weins. 2014. Der sozialpsychologische Ansatz zur Erklärung von Wahlverhalten. In *Falter und Schoen 2014,* 241 - 329.

Tutic, Andreas, und Hagen von Hermanni. 2018. Sozioökonomischer Status, Deprivation und die Affinität zu AfD – Eine Forschungsnotiz. *Kölner Zeitschrift für Soziologie und Sozialpsychologie* 70: 275 - 294. https://doi.org/10.1007/s11577-018-0523-0.

Virchow, Fabian. 2017. Rechtsextremismus: Begriffe – Forschungsfelder – Kontroversen. In *Handbuch Rechtsextremismus,* hrsg. von Fabian Virchow, Martin Langebach und Alexander Häusler, 5 - 42. Wiesbaden: Springer VS.

Westholm, Anders. 1999. The perceptual pathway: Tracing the mechanisms of political value transfer across generations. *Political Psychology* 20 (3, September 1999): 525 - 551. https://doi.org/10.1111/0162-895X.00155.

Winkler, Jürgen R. 1996. Bausteine einer allgemeinen Theorie des Rechtsextremismus. Zur Stellung und Integration von Persönlichkeits- und Umweltfaktoren. In *Rechtsextremismus,* hrsg. von Jürgen W. Falter, Hans-Gerd Jaschke und Jürgen R. Winkler, 25 - 48. Wiesbaden: Springer VS.

Zick, Andreas, Beate Küpper, und Wilhelm Berghahn. 2019. *Verlorene Mitte – Feindselige Zustände. Rechtsextreme Einstellungen in Deutschland 2018/19*. Bonn: J. H. W. Dietz Nachf.

Zürn, Michael, und Pieter de Wilde. 2016. Debating globalization: cosmopolitanism and communitarianism as political ideologies. *Journal of Political Ideologies* 21 (3): 280 - 301. https://doi.org/10.1080/13569317.2016.1207741.

Teil IV

Lokale Kontexte, Kontinuitäten und Diskontinuitäten des Protests

Rechtspopulismus, Fremdenfeindlichkeit und PEGIDA

Wie sich die Teilnehmer der PEGIDA-Kundgebungen von der „Normalbevölkerung" unterscheiden

Karl-Heinz Reuband

Zusammenfassung

PEGIDA gilt in der Literatur als Prototyp rechtspopulistischen Protests und gruppenbezogener Menschenfeindlichkeit. Untersucht wird, wie sehr die Teilnehmer des Protests diese Eigenschaften aufweisen und wie sehr sie sich in dieser Hinsicht von der Bevölkerung unterscheiden. Empirische Basis sind Befragungen auf drei PEGIDA-Kundgebungen in Dresden in den Jahren 2015 und 2016, sowie im Vergleich dazu bundesweite, sächsische und Dresdner Bevölkerungsumfragen. Im Vordergrund stehen Fragen nach der sozialen Zusammensetzung der Teilnehmer, Status- und Abstiegsängsten, Islam- und Fremdenfeindlichkeit, politischer Selbstverortung, Politikverdrossenheit und gruppenbezogener Menschenfeindlichkeit. Die Einstellungsmuster erweisen sich als komplexer und differenzierter, als es weithin in der öffentlichen Wahrnehmung und in der Literatur erscheint. Die Unterschiede zur Bevölkerung sind in weiten Teilen eher graduell als grundsätzlich.

1 PEGIDA und der Rechtspopulismus

PEGIDA – „Patriotische Europäer gegen die Islamisierung des Abendlandes" – entstand im Herbst 2014 aus einer Facebook-Gruppe, die sich in einem Kreis miteinander befreundeter Personen aus Dresden und Umgebung gebildet hatte.

K.-H. Reuband (✉)
Institut für Sozialwissenschaften, Heinrich-Heine-Universität Düsseldorf, Düsseldorf, Deutschland
E-Mail: reuband@phil-fak.uni-duesseldorf.de

H. U. Brinkmann und K.-H. Reuband (Hrsg.), *Rechtspopulismus in Deutschland*,
https://doi.org/10.1007/978-3-658-33787-2_11

Demonstrationen von PKK[1]-Unterstützern[2] in Dresden sowie ethnisch-religiöse Auseinandersetzungen in Celle und Hamburg seien ein wesentlicher Grund für deren Bildung gewesen, heißt es beim Mitbegründer und Vorsitzenden Lutz Bachmann. Tatsächlich dürften sich implizit aber auch Entwicklungen ausgewirkt haben, die schon seit längerem den Islam und Flüchtlinge als Moment der Bedrohung in den Vordergrund gerückt hatten: das Aufkommen des IS-Staates mit seinem Terror ebenso wie die geplante Unterbringung von mehr als 2.000 Flüchtlingen in Dresden und Umgebung (vgl. Vorländer et al. 2015, S. 5 ff.).

Zur ersten PEGIDA-Kundgebung am 20.10.2014 fanden sich in Dresden zwischen 300 und 350 Personen ein. Dies war der Anfang einer Entwicklung, die sich von Woche zu Woche beschleunigte und die Teilnehmerzahlen in die Höhe trieb. Es scheint, als hätten die Menschen seit langem auf diesen Anlass gewartet, schreibt ein Beobachter und Kundgebungsteilnehmer (vgl. Hennig 2015, S. 25). Und all dies, ohne dass es einen charismatischen „Führer" oder charismatische Gastredner gab, die eine derartige Mobilisierung hätten bewirken können.[3] Der Höhepunkt des Aufschwungs wurde am 12.01.2015 erreicht, als sich zwischen 17.000 und 25.000 Menschen an der Kundgebung beteiligten.

Wenig später brachen diese Zahlen aufgrund interner Querelen im Organisationsteam und anderen Gründen jedoch jäh ein.Ein baldige Ende von PEGIDA wurde allgemein erwartet. „Sie alle wissen, dass die Zeit von PEGIDA vorbei ist", meinte z. B. Heinz Bude im Februar 2015 in einer Rede in Dresden. „Die haben sich zersetzt, zerbröselt, das wird bald Geschichte sein. Es wird eine Episode bleiben" (Bude 2015, S. 12). Doch die Vorhersage erwies sich als allzu vorschnell. In den Folgemonaten stiegen die Teilnehmerzahlen allmählich wieder an und erreichten mit der Flüchtlingswelle im Herbst 2015 einen neuen Höhepunkt.

---

[1] Arbeiterpartei Kurdistans: eine militante kurdische Untergrundorganisation mit Wurzeln im kurdischen Teil der Türkei.

[2] Im Text sind bei Verwendung des generischen Maskulinums oder Femininums (z. B. im Fall der Begriffe „der Teilnehmer" oder „die Führungspersönlichkeit") selbstverständlich Männer und Frauen gleichermaßen gemeint.

[3] Das Fehlen von Führungspersönlichkeiten ist auch deswegen erwähnenswert, weil manche Autoren Autoritarismus als typisches Kennzeichen des Rechtspopulismus und die Sehnsucht nach einem Führer als eine Folge des Autoritarismus verstehen (vgl. Decker 2018, S. 49; Decker et al. 2018, S. 120 f.). Lutz Bachmann, der Initiator von PEGIDA und einer der Hauptredner, ist jedoch alles andere als ein charismatischer „Führer", und ebenso wenig ist er der Tugendhaftigkeit verdächtig. Im Gegenteil: Er wurde in der Vergangenheit mehrfach wegen krimineller Vergehen verurteilt, was die Teilnehmer von PEGIDA (die „Law and Order"-Orientierungen in überproportionaler Weise vertreten) offenbar nicht abschreckt. Manche der Teilnehmer meinen, Bachmann wäre geradezu ein Beispiel für erfolgreiche Resozialisierung (vgl. Hennig 2015).

Am 05.10.2015 vermochte PEGIDA 8.000 bis 9.000 Menschen zu mobilisieren, und am 19.10.2015 – dem ersten Jahrestag von PEGIDA – gar zwischen 15.000 und 20.000 (vgl. Berger et al. 2016, S. 121).

Inzwischen ist die Zahl der neu ankommenden Flüchtlinge in Deutschland gesunken, das Flüchtlingsthema längst aus der öffentlichen Agenda verschwunden. Gleichwohl war PEGIDA bis in den Herbst 2021 hinein – sieben Jahre nach der ersten Kundgebung – nach wie vor (nahezu) jeden Montag in Dresden mit Kundgebungen präsent und vermochte 1.000 und mehr Personen zu mobilisieren (vgl. Schneider 2019; Mitteldeutscher Rundfunk 2020; Schneider und Springer 2020). Die Corona-Pandemie und die von Stadt und Land erlassenen Bestimmungen für Versammlungen beendeten (vorübergehend) die Mobilisierung auf den Straßen. Inwieweit der PEGIDA-Protest – vermengt mit einer Kritik an der Corona Politik der Bundesregierung – in der Zukunft in gleichem oder anderem Gewand bestehen bleibt, ist eine offene Frage.

Dass sich eine soziale Bewegung wie PEGIDA über einen Zeitraum von mehr als sieben Jahren mit größeren Teilnehmerzahlen gehalten hat, ist bemerkenswert. Und ebenso bemerkenswert ist es, dass PEGIDA frühzeitig die Themen aufgriff, derer sich später die AfD vermehrt annahm. PEGIDA wurde so zu einer der frühesten Erscheinungen des neuen Rechtspopulismus in Deutschland und trug – wie manche Autoren meinen – dabei selbst zu einer Radikalisierung des Flüchtlingsdiskurses und des Rechtspopulismus bei (vgl. Sundermeyer 2015, S. 177; Küpper et al. 2015, S. 21).

Was aber bedeutet die Existenz von PEGIDA für den rechtspopulistischen Protest? Welche Einstellungen werden von den Teilnehmern geteilt? Verkörpert die Teilnahme an den PEGIDA-Kundgebungen Rechtspopulismus und gruppenbezogene Menschenfeindlichkeit in besonders reiner Form, wie manche Autoren meinen? Stimmt PEGIDA geradezu „lehrbuchartig mit dem überein, was in der Wissenschaft unter Rechtspopulismus gefasst wird“ (so Küpper et al. 2015, S. 23)? So sehr sich eine Reihe empirischer Studien der PEGIDA-Teilnehmer in Befragungen angenommen haben[4], so sind doch viele Fragen ungeklärt

---

[4] Vgl. Vorländer et al. 2015; Daphi et al. 2015; Geiges et al. 2015; Institut für Demokratieforschung 2016; Patzelt 2016; vgl. zu den Erhebungen die kritische Übersicht bei Reuband 2015. Darüber hinaus gibt es einige wenige Erhebungen, in denen auf der Ebene der Bundesbevölkerung, der lokalen Ebene (Dresdner bzw. Chemnitzer Bevölkerung) oder auf der Ebene von Spezialpopulationen (Sächsische Längsschnittstudie) die Sympathie für PEGIDA oder für die PEGIDA-Ziele erfragt wurden (vgl. Küpper et al. 2015; Fehser 2015; Rippl et al. 2016; Berth et al. 2020; Schielicke 2022). Sympathie ist freilich nicht mit aktivem Handeln identisch, und so ergeben sich z. T. divergente Befunde je nach Art der Erhebung, z. B. in der Frage der Unterstützung von PEGIDA in unterschiedlichen Bildungsgruppen. Lediglich zwei

– nicht zuletzt, weil es an der Möglichkeit fehlte, die Ergebnisse der PEGIDA-Befragungen mit denen repräsentativer Bevölkerungsumfragen in Beziehung zu setzen.[5] Unter diesen Umständen kann nicht bestimmt werden, wie groß der Unterschied zur „Normal"-Bevölkerung[6] ist – d. h., wie „normal" oder „abweichend" die Positionen sind, welche die PEGIDA-Anhänger einnehmen.

2 Rechtspopulismus: Dimensionen und Einflussgrößen

Rechtspopulismus gilt in der Literatur als ein Syndrom von Einstellungen, die mehrere Bereiche oder Subdimensionen umfassen. Zu diesen werden maßgeblich gezählt: „Gruppenbezogene Menschenfeindlichkeit – Demokratiemisstrauen/Elitenschelte – Nationalismus/Anti-EU-Haltung – Law-and-Order-Autoritarismus" (vgl. Küpper et al. 2015, S. 27). Andere Autoren setzen die Akzente bei ihrer Erfassung rechtspopulistischer Einstellungen zum Teil etwas anders, rechnen z. B. die Law and Order-Orientierungen dem Autoritarismus zu (vgl. Decker et al. 2016); aber die wesentlichen Merkmale sind ähnlich, wenngleich sie sich im Sprachgebrauch etwas unterscheiden und mitunter weitere Differenzierungen vornehmen. Operationalisiert wird die „Gruppenbezogene Menschenfeindlichkeit" in der Regel über die Abwertung von Eingewanderten, Muslimen und Asylsuchenden – in erweiterter Form auch durch die Abwertung von Frauen, Homosexuellen und sozial Schwachen (vgl. Küpper et al. 2015, S. 27).[7]

Studien (vgl. Fehser 2015; Schielicke 2022) beziehen sich auf die Bevölkerung Dresdens und erfassen damit einen Teil der regionalen Basis der PEGIDA-Teilnehmer.

[5] Der Verzicht auf die Übernahme von Frageformulierungen aus Bevölkerungsumfragen, die Vergleichsmöglichkeiten eröffnen, hat dazu maßgeblich beigetragen. Eine Ausnahme stellt die Untersuchung des Instituts für Protestforschung dar (vgl. Daphi et al. 2015), deren Ergebnisse im Vergleich mit Bevölkerungsumfragen näher dargestellt sind bei Kocyba (2020). Die Untersuchung stützt sich allerdings auf eine Online-Befragung der PEGIDA-Teilnehmer, was methodisch Vergleichsmöglichkeiten einschränkt (vgl. Reuband 2015).

[6] Den Begriff „Normalbevölkerung" verwenden wir hier als neutralen Begriff zur Bezeichnung der Allgemeinbevölkerung bzw. der Allgemeinbevölkerung in der gleichen Zusammensetzung wie die PEGIDA-Teilnehmer, im Hinblick auf die Merkmale Alter und Geschlecht (letzteres durch Gewichtung der Vergleichsdaten in Anlehnung an die Zusammensetzung der PEGIDA-Befragten ermittelt).

[7] In den meisten Fällen wird der Antisemitismus mit als Merkmal aufgeführt. Im Fall sozial Schwacher werden in der Bielefelder Forschungsgruppe (Andreas Zick etc.) Langzeitarbeitslose als Beispiel gewählt, des Weiteren werden Behinderte und einige andere Gruppen in jüngerer Zeit mit aufgenommen. Wut und Hass als Maßstab zu nehmen (vgl. Küpper et al.

Rechtspopulistische Strömungen haben in den letzten Jahren in vielen Ländern einen Aufschwung erfahren und rechten Parteien erhebliche Stimmengewinne eingebracht. Drei wesentliche Erklärungsstränge sind dafür vorgetragen worden: ökonomische, kulturelle und politische (vgl. Rippl und Seipel 2018). Die ökonomisch orientierten gehen von einem neoliberalen Strukturwandel kapitalistischer Gesellschaften und wachsender sozialer Ungleichheit aus, die eine steigende Zahl an „Modernisierungsverlierern" hervorbrächten – die durch Deprivation, Abstiegs- und Statusängste gekennzeichnet seien (vgl. Heitmeyer 2002; Nachtwey 2016). Die kulturell orientierten Ansätze gehen von einem postmaterialistisch geprägten Kulturwandel aus, der einige Menschen überfordere, und auf den mit der Revitalisierung traditioneller Werte reagiert würde (vgl. Koppetsch 2019; Norris und Inglehart 2019). Die politikorientierten Erklärungsansätze gehen von einem durch Globalisierung und andere Faktoren bedingten Erosionsprozess[8] im Bereich politischer Partizipationsmöglichkeiten aus, der eine steigende Politikverdrossenheit aufseiten der Bürger zur Folge habe (vgl. Rippl und Seipel 2018).

Neben der Frage des gesellschaftlichen Langzeitwandels und dessen Bedeutung für den Rechtspopulismus gibt es einen zweiten Diskursstrang, der an den Ost-West-Unterschieden innerhalb Deutschlands ansetzt. Ausgangspunkt ist, dass die Fremdenfeindlichkeit in den neuen Bundesländern weiter verbreitet ist als in den alten und die AfD bei Wahlen hier ihre großen Siege einholte. In diesem Zusammenhang wurde als mögliche Erklärung u. a. auf die Sozialisationsbedingungen in der DDR – in Form autoritärer Prägungen – rekurriert, auf Abstiegsängste, fehlende Kontakte zu Ausländern sowie Anomie und Orientierungslosigkeit infolge des gesellschaftlichen Umbruchs. Außerdem wurde argumentiert, dass die Bürger einst politisch anders sozialisiert wurden, andere Erwartungen an den Staat haben und deswegen dem politischen System der Bundesrepublik distanziert gegenüberstehen. Manche Autoren sprechen in diesem Zusammenhang gar von einer ungebrochenen Tradition, die bis in die Zeit des Dritten Reiches zurückreiche.

2015, S. 27), macht andererseits keinen Sinn, da diese mit Protest unterschiedlicher politischer Couleur vereinbar sind. Ein größerer Teil der Dimensionen, die in das Konzept des Rechtspopulismus eingehen, finden sich im Übrigen ebenfalls im Konzept des Rechtsextremismus (vgl. Kreis 2007; Neu und Pokorny 2018, S. 167).

[8] Man könnte hier (was oft unthematisiert bleibt) ebenfalls Änderungen auf der Angebotsseite – auf der Ebene der Parteien – mit aufführen, welche die (wahrgenommenen) Partei-Unterschiede reduzieren und/oder beim Auftauchen neuer Problemlagen Repräsentationslücken entstehen lassen. Dies begünstigt sowohl ein entsprechendes Protestpotential als auch eine Offenheit für Parteien, die versprechen, die Repräsentationslücken zu füllen.

Typisch für die Ansätze, die den gesellschaftlichen Wandel in ihr Erklärungskonzept einbeziehen, ist, dass ihn einige Autoren als eine Kraft wahrnehmen, die zur sukzessiven Ausbreitung rechtspopulistischer Orientierungen beiträgt. Bei anderen sind es eher unterschwellige Veränderungen – „Tiefenströmungen" (vgl. Koppetsch 2019, S. 30) –, die erst dann Bedeutung erlangen und an die Oberfläche treten, wenn sie durch äußere Anlässe aktiviert werden. So sehen manche in der „Flüchtlingskrise" von 2015/2016 ein entscheidendes Moment der Auskristallisation und Mobilisierung des neuen Rechtspopulismus in Deutschland; andere verstehen sie als bloßes Oberflächenphänomen, das auch ohne diese Ereignisse seine Entwicklung genommen hätte.

Wie korrekt die Gesellschaftsdiagnosen im Einzelnen sein mögen,[9] und welche Einflussfaktoren in welcher Phase der Entwicklung Geltung erlangt haben könnten – entscheidend ist hier, dass sich daraus (sowie aus bereits vorliegenden empirischen Befunden) Hypothesen über Unterschiede und Gemeinsamkeiten zwischen den Teilnehmern rechtspopulistischen Protestes (wie im Fall PEGIDA) und der Bevölkerung ableiten lassen. Den vorliegenden Annahmen und Untersuchungen zufolge zählen Abstiegsängste sowie soziale Deprivations- und Abwertungserfahrungen zu den Faktoren, die Einfluss auf Fremdenfeindlichkeit und Rechtspopulismus nehmen. Desgleichen Politikverdrossenheit, Nationalismus, Autoritarismus und Tolerierung bzw. Akzeptanz totalitärer politischer Systeme (inkl. Verherrlichung des Nationalsozialismus).[10] Wenn PEGIDA in geradezu reiner Form, „lehrbuchartig" eine Verkörperung des Rechtspopulismus darstellt, müssten sich alle diese Elemente unter den PEGIDA-Anhängern in herausgehobener und verdichteter Form finden, und sie sich dadurch deutlich von der „Normalbevölkerung" abheben. Folgt man den Hypothesen „Gruppenbezogener Menschenfeindlichkeit", müssten im Vergleich zur Bevölkerung ebenfalls Unterschiede in der Bewertung der Geschlechterrollen bestehen: Unterschiede, die aufseiten der PEGIDA-Teilnehmer mit einer Abwertung von Frauen (durch

[9] So sehr manche Argumente plausibel erscheinen mögen, die mit den Erklärungsansätzen zum Wandel vorgebracht werden, bestehen doch Zweifel an ihrem empirischen Gehalt. Denn die Abstiegsängste sind in den letzten Jahren eher rückläufig (vgl. Delhey und Steckermeier 2019; Lengfeld 2019), und das Vertrauen in die Bundesregierung, den Bundestag oder die Parteien befindet sich seit den 1990er Jahren auf einem stabilen Niveau – 2012 sogar höher als in den Jahren zuvor (vgl. Reuband 2012, S. 12; ALLBUS 2012). Dass es in einzelnen Bereichen zu einer negativeren Einschätzung seitens der Bürger in jüngerer Zeit gekommen ist (vgl. Petersen 2014), muss dies gleichwohl nicht ausschließen.

[10] Vgl. die Bände in der von Wilhelm Heitmeyer herausgegebenen Reihe „Deutsche Zustände" (Frankfurt a. M.: Suhrkamp Verlag), die Publikationen der Bielefelder „Mitte-Studien" von Andreas Zick und Koautoren sowie die der Leipziger „Mitte"- („Autoritarismus"-) Studien von Oliver Decker und Koautoren.

Bejahung traditioneller Geschlechterrollen) und von Homosexuellen einhergehen. Desgleichen in Form einer Abwertung sozial Schwacher und einer Legitimierung sozialer Ungleichheit.

3 Empirische Grundlagen

Im Folgenden soll der Frage nach der Verbreitung und dem Muster rechtspopulistischer Einstellungen unter den Teilnehmern von PEGIDA-Kundgebungen auf der Basis einer eigenen empirischen Untersuchung nachgegangen werden. Es handelt sich um eine Erhebung, die in der Zeit der „Flüchtlingskrise"[11] durchgeführt wurde – einer Zeit, in der PEGIDA noch mehrere Tausend Teilnehmer zu mobilisieren vermochte. Die Erhebung umfasst drei Einzelerhebungen, deren letzte (vom April 2016) zugleich die letzte Erhebung in der Serie von Befragungen darstellt, die PEGIDA-Kundgebungen empirisch in den Blick genommen haben. Die Umfrage ist mit nahezu 1.000 Befragten eine der größten. Und sie hat gegenüber den anderen PEGIDA-Befragungen den Vorteil, dass zahlreiche Frageformulierungen aus bundesweiten, sächsischen oder lokalen – Dresdner – Bevölkerumsumfragen übernommen wurden, sodass Gemeinsamkeiten und Unterschiede im Vergleich zur „Normalbevölkerung" bestimmt werden können.

In einem ersten Schritt soll zunächst geklärt werden, woher die PEGIDA-Teilnehmer stammen, welches Sozialprofil sie kennzeichnet und wie sehr sie durch Abstiegsängste und relative Deprivation geprägt sind. In einem zweiten Schritt sollen die Einstellungen zu Ausländern, Muslimen und Flüchtlingen untersucht werden – dem zentralen Thema auf den Kundgebungen von PEGIDA. In einem dritten Schritt soll der Frage der sozialen und politischen Orientierungen nachgegangen werden: wie sehr Autoritarismus und „Law and Order"-Orientierungen sowie gruppenbezogene Menschenfeindlichkeit (über Islam- und Fremdenfeindlichkeit hinaus) ein für die Teilnehmer typisches Profil bilden.

Empirische Grundlage sind drei Umfragen, die unter vergleichbaren Erhebungsbedingungen im November 2015, Februar und April 2016 in Dresden durchgeführt wurden. Dabei wurde versucht, im Rahmen der gegebenen Möglichkeiten

[11] Die „Flüchtlingskrise" erreichte in der Zahl der neu ankommenden Migranten ebenso wie in der medialen Berichterstattung im Herbst 2015 ihren Höhepunkt (vgl. Reuband 2017, S. 113). Unsere Erhebungen vom Februar und April 2016 erfassen somit eine etwas spätere Phase, die gleichwohl im öffentlichen Bewusstsein nach wie vor maßgeblich durch die „Flüchtlingskrise" geprägt war. Die Erhebungen wurden dankenswerterweise möglich durch eine Förderung seitens der „Gesellschaft von Freunden und Förderern der Heinrich-Heine-Universität Düsseldorf".

einem systematischen Zufallsverfahren bei der Auswahl der Befragten zu folgen.[12] Kontaktiert wurden die Teilnehmer an den Zugängen zum Kundgebungsort und gebeten, an der Umfrage teilzunehmen. Willigten sie ein, erhielten sie einen Briefumschlag mit einem 11-seitigen Fragebogen, einschließlich Anschreiben und Umschlag für den portofreien Rückversand an die Universität Düsseldorf. Die Kooperationsbereitschaft der Teilnehmer erwies sich als hoch. Rund zwei Drittel der angesprochenen Personen nahmen den Fragebogen an. Und rund 40 % derer, die den Fragebogen entgegennahmen, sandten ihn ausgefüllt zurück.[13]

Von einer generellen Abwehrhaltung der PEGIDA-Teilnehmer gegenüber Befragungen kann nach diesen und ähnlichen Befunden – anders als in der Literatur vielfach behauptet (vgl. Daphi et al. 2015; Sundermeyer 2015; Berth et al. 2020) – nicht die Rede sein.[14] Im Gegenteil: Die Kooperationsrate in unserem Fall übertrifft sowohl im deutschen als auch im internationalen Vergleich die bei Demonstrationsbefragungen üblichen Quoten. Und sie übertrifft ebenso diejenige, die bei einem weniger sensiblen Thema – wie der kulturellen Partizipation – bei einer Opern-Open-Air-Veranstaltung realisiert wurde (vgl. Reuband 2016a, S. 54). Der Grund für die hohe Kooperations- und Antwortbereitschaft dürfte primär dem spezifischen methodischen Vorgehen geschuldet sein: einem prinzipiell für die Kontaktaufnahme aufgeschlossenen und erfahrenen Interviewerstab, einer „step in the door technique" bei der Kontaktaufnahme[15], einem zielgerichtet zugeschnittenen Anschreiben und einem Fragebogen, der das Interesse der Befragten

[12] Der vorgegebene Rhythmus der Auswahl konnte unmittelbar vor Beginn der Kundgebung nicht immer strikt eingehalten werden, da zeitweise zu viele Personen dem Veranstaltungsort zuströmten.

[13] In der Umfrage des Göttinger Instituts für Demokratieforschung (2016, S. 12) nahm rund die Hälfte der angesprochenen Personen den Fragebogen an, und 34 % von diesen Personen sandten den Fragebogen zurück.

[14] Dass sich ein hoher Teil der kontaktierten Personen an Face-to-Face-Befragungen beteiligt (mit Werten bis zu 50 %), hatten schon Face-to-Face-Umfragen von Werner Patzelt unter PEGIDA-Teilnehmern gezeigt (vgl. Patzelt 2016). Wenn andere PEGIDA-Erhebungen niedrigere Werte zeigen (vgl. Daphi et al. 2015), dann aufgrund des methodischen Vorgehens: Personen mit Handzetteln aufzufordern, sich an einer Online- Befragung zu beteiligen und den entsprechenden Link aufzurufen, senkt üblicherweise die Teilnahmequote.

[15] Die Möglichkeit, den Fragebogen sich zu Hause anzuschauen und dann über die Teilnahme zu entscheiden, kann man als Beispiel für eine „step in the door technique" werten. Dieses Argument wurde standardmäßig vorgebracht und dürfte auch viele Teilnehmer mit zögerlicher Haltung veranlasst haben, den Fragebogen entgegenzunehmen. Nahezu alle Interviewer – meist Studenten der Sozialwissenschaften – hatten bereits an den Face-to-Face-Befragungen von Werner Patzelt mitgewirkt und entsprechende Erfahrungen gesammelt.

weckt und aufrechterhält (obwohl für die 11 Seiten mindestens eine halbe Stunde Bearbeitungszeit nötig ist).

Natürlich ist eine selektive Teilnahme von Personen mit rechtsradikalen Orientierungen nicht ganz auszuschließen. So waren jüngere Teilnehmer in unserer Erhebung – teilweise auch in anderen PEGIDA-Erhebungen (vgl. Patzelt 2016, S. 620) – etwas seltener als andere Teilnehmer zur Befragung bereit, lehnten eher eine Annahme des Fragebogens ab.[16] Und jüngere Befragte stuften sich in unserer Untersuchung etwas häufiger als die älteren auf der Links-Rechts- Skala rechts ein, vertraten zum Teil in etwas stärkerem Maße ethnozentrische Ressentiments.[17] Alles in allem dürften sich die Auswirkungen auf die Ergebnisse jedoch in Grenzen halten. Der Alterseffekt ist zu schwach, um grundlegende Verschiebungen in den Ergebnissen zu bewirken. Insgesamt 1.043 Fragebögen wurden im Lauf der drei Erhebungen ausgefüllt. Sie entfallen – da einige Befragte mehrfach an den Kundgebungen teilnahmen und darüber wiederholt in die Erhebungen kamen – auf 934 Personen.[18] Im Folgenden erfolgt die Auswertung auf der Ebene dieser Befragten.

Wo auf Vergleiche mit der Bevölkerung abgestellt wird, beziehen wir uns auf repräsentative Bevölkerungsumfragen aus Dresden, Sachsen oder dem Bundesgebiet als Ganzes (ggf. für Ostdeutschland speziell ausgewiesen). Die meisten dieser Bevölkerungsumfragen fanden zeitnah zu unseren PEGIDA-Befragungen statt oder können bei zeitlicher Distanz in ihren Effekten hinlänglich abgeschätzt

[16] Dies gilt für die Bereitschaft, sich befragen zu lassen oder den Fragebogen anzunehmen. Im Fall des Verteilens von Handzetteln mit QR-Code für die Befragung sind die Ergebnisse dagegen z. T. eher ambivalent und nicht so eindeutig (vgl. Daphi et al. 2015, S. 9 f.); wenig eindeutig sind auch die entsprechenden Eindrücke der Face-to-Face-Befragung von Vorländer et al. (2015, S. 36). Geiges et al. (2015) sprechen von einer hohen Redebereitschaft der Teilnehmer.

[17] Auf der Links-Rechts-Skala, die von 1-10 reicht, stuften sich die 18- bis 39-Jährigen mit einem Durchschnittswert (arithmetisches Mittel) von 6,68 ein, die 40- bis 59-Jährigen mit 6,41, die 60- bis 74-Jährigen mit 6,21 und die Befragten ab 75 Jahre mit 6,19. Die Korrelation liegt bei $r = -,10$ ($p < 0,01$). Auf der Einstellungsebene ist die Situation etwas komplexer und weniger einheitlich. Alterseffekte – denen zufolge die Jüngeren eher rechte Positionen vertreten – lassen sich ebenfalls den Untersuchungen von Patzelt entnehmen; die Korrelationen sind allerdings auch hier relativ schwach (vgl. Patzelt 2016, S. 179).

[18] Die Befragten, die durch ihre wiederholte Teilnahme an den Kundgebungen im Rahmen der Stichprobe neu in die Umfrage eingingen, wurden durch eine entsprechende Frage im Fragebogen identifiziert. In die hier vorgenommene Auswertung gehen diejenigen, die im Verlauf der Kundgebungen mehrfach befragt wurden, mit ihrem ersten Fragebogen in die Auswertung ein. In den Untersuchungen von Vorländer et al. (2015, S. 40) und Patzelt (2016), gab es keine analoge Vorgehensweise, so dass in ihren Auswertungen doppelt erfasste Befragte nicht ganz ausgeschlossen sind.

werden.[19] Die Dresdner Bevölkerungsumfrage, aus der ein größer Teil der Frageformulierungen in unsere PEGIDA-Befragung stammte, wurde von uns im Frühjahr/Sommer 2014 durchgeführt – kurz bevor PEGIDA sich formierte. Sie basiert auf einer Randomstichprobe der Bevölkerung ab 18 Jahren mit deutscher Staatsangehörigkeit aus dem Einwohnermelderegister der Stadt. Die Erhebung wurde postalisch in Anlehnung an die „Total Design Methode" von Don Dillmann und deutschen Erfahrungen durchgeführt (vgl. Reuband 2014) und erreichte eine Ausschöpfungsquote von 55 % (N = 760 Befragte).

4 Regionale Herkunft und soziale Merkmale der PEGIDA-Teilnehmer

Eine der ersten Fragen, die der Diskussion bedarf, betrifft die regionale Herkunft der Teilnehmer. Dresden ist seit jeher der Veranstaltungsort der PEGIDA-Kundgebungen, aber die Teilnehmer müssen nicht zwangsläufig aus Dresden stammen. Eine solche Zuschreibung hat es zwar in der öffentlichen Reaktion auf PEGIDA immer wieder gegeben und Dresden den Makel eingebracht, „Hauptstadt des Rassismus"[20] zu sein. Tatsächlich aber stammt nur ungefähr die Hälfte der Teilnehmer von dort, und oft sind es weniger. Je größer die Teilnehmerzahl ist, desto größer ist in der Regel der Anteil derer, die von außerhalb – meist aus dem Umland der Stadt – zur Kundgebung kommen. Spezifische Eigenarten der Dresdner Bürger, welche die Stadt zum Geburtsstätte von PEGIDA machten, gibt es nicht. Dass Dresden zum Ort der Kundgebungen wurde und blieb, hat weniger etwas mit den Einstellungen der Dresdner Bevölkerung zu tun[21] als damit, dass

[19] In einigen Fällen weicht die Fragekonstruktion der Vergleichsuntersuchung auf der Ebene der Antwortoptionen leicht ab, indem mit „teils/teils" den Befragten zusätzlich eine Mittelkategorie geboten wird. In solchen Fällen haben wir (wie in der Tabelle jeweils ausgewiesen) die Hälfte des Wertes für „teils/teils" dem Zustimmungsanteil dazu addiert. Dies scheint uns nach entsprechenden Prüfung in anderen Erhebungen methodisch durchaus zulässig.

[20] Dresden tituliert als „Hauptstadt des Rassismus" in einer Anmoderation der ZDF Heute-Sendung vom 18.04.2016; „Wo Menschenfeindlichkeit normal ist – Rassismus setzt sich in Dresden fest", so die Überschrift eines dpa-Beitrags, in ntv-online vom 03.05.2016.

[21] Für die die Dresdner lässt sich aus repräsentativen Bevölkerungsumfragen von Mitte der 1990er Jahren bis ins Frühjahr/Sommer 2014 – der Zeit vor Entstehung von PEGIDA – zeigen, dass es bei ihnen keinen Anstieg in der Ausländer- und Fremdenfeindlichkeit gab, sondern im Gegenteil einen rückläufigen Trend. Auch kann man im Vergleich zu anderen – sogar westdeutschen – Städten nicht von einem überproportional verbreiteten Ethnozentrismus in Dresden sprechen. Ebenso wenig gibt es Anzeichen für zunehmendes soziales Deprivationserleben oder sonstige Verunsicherungen, die ein Protestpotential hätten generieren können. Es

sich die Stadt strategisch aufgrund ihrer großen symbolischen Bedeutung und Funktion als Landeshauptstadt besonders gut als „Bühne“ (vgl. Rehberg 2016, S. 38) für derartige Veranstaltungen eignet.

Unter den Teilnehmern der PEGIDA-Kundgebungen stellten die Männer von Anfang an die Mehrzahl. Sie bildeten in der Früh-Phase des PEGIDA-Protests, die zugleich die Zeit mit den größten Teilnehmerzahlen war, einen Anteil von rund 75 % (vgl. Vorländer et al. 2015; Daphi et al. 2015; Geiges et al. 2015). Und dabei ist es bis heute geblieben, wie man es sowohl unserer Umfrage als auch YouTube-Aufzeichnungen von Kundgebungen aus jüngerer Zeit entnehmen kann.[22] Warum die Männer überrepräsentiert sind, ist eine offene Frage. Gemessen an Indikatoren für Rechtsextremismus oder Rechtspopulismus in Umfragen gibt es keine Befunde, welche die Männer deutlich rechtslastiger erscheinen lassen, die Unterschiede sind in der Regel schwach oder nahezu nicht existent (vgl. Zick et al. 2016, S. 131; Decker et al. 2016, S. 38; Neu und Pokorny 2018, S. 192). Legt man jedoch das Wahlverhalten zugrunde, so gilt, dass nicht nur rechtsextreme Parteien wie die NPD, sondern ebenso rechtspopulistische Parteien wie die AfD überproportional von ihnen gewählt werden und dass sich daran im Lauf der Zeit nichts geändert hat (vgl. Celik et al. 2020, S. 158).[23] Von Bedeutung dürfte gerade im Hinblick auf PEGIDA sein, dass Männer im Allgemeinen häufiger als Frauen bereit sind, sich in risikoreiche und exponierte Situationen – darunter Demonstrationen mit Konfliktpotential – zu begeben. Die Teilnahme der Montagsdemonstrationen in der Wendezeit der DDR (an denen die Mehrheit der PEGIDA-Befragten einst teilnahm) (vgl. Reuband 2019b) vermittelt jedenfalls ein ähnliches Geschlechterbild (vgl. Förster und Roski 1990, S. 61).

Im Verlauf der Zeit hat sich das Durchschnittsalter der Teilnehmer erhöht. Lag es im Januar 2015 bei 48 Jahren (vgl. Vorländer et al. 2016, S. 58) und unterschritt das der Bevölkerung[24], so lag es im November 2015 bei 57 Jahren (vgl. Institut für Demokratieforschung 2016) und in unserer Untersuchung, die den Zeitraum Dezember 2015 bis April 2016 abdeckt, bei 59 Jahren. Damit ist das

---

gilt vielmehr hier das Gegenteil (vgl. Reuband 2020). Zum variierenden Anteil der Auswärtigen in Abhängigkeit von den Teilnehmerzahlen vgl. Reuband (2017); zum Ethnozentrismus in Dresden im Vergleich zu anderen Regionen Sachsens in jüngerer Zeit vgl. Reuband (2019a).

[22] Basis waren YouTube-Videos von PEGIDA-Kundgebungen (15.12.2019, 20.07.2020, 31.08.2020), die auszugsweise von uns einer quantitativen Auswertung unterzogen wurden.

[23] S. a. den Buchbeitrag von Markus Klein et al.

[24] Das Durchschnittsalter der Bevölkerung im Alter ab 16 Jahren und mit deutscher Staatsangehörigkeit lag in Sachsen zu dieser Zeit bei 53 Jahren (vgl. Statistisches Landesamt: persönliche Mitteilung).

Durchschnittsalter der Bevölkerung nunmehr überschritten.[25] Entsprechend dieser Entwicklung ist der Anteil der Rentner und Pensionäre gestiegen: von rund ein Fünftel in der Hoch-Zeit der Mobilisierung (vgl. Vorländer et al. 2015; eigene Berechnungen)[26] auf 34 % im November 2015 (vgl. Institut für Demokratieforschung 2016, S. 19) und auf etwas mehr als 40 % in unserer Untersuchung. Der spektakuläre Event-Charakter, der in die Expansionsphase von PEGIDA fällt und gerade für Jüngere besonders attraktiv gewesen sein dürfte, ist offenbar in der Phase der „Normalisierung“ und des (allmählichen) Niedergangs von PEGIDA geschwunden.

Und wie verhält es sich mit der Bildung? In der Umfrage, die in im Januar 2015 stattfand (als PEGIDA die höchsten Teilnehmerzahlen erzielte), wiesen 51 % der Befragten Fachhochschulreife oder (Voll-)Abitur auf (vgl. Vorländer et al. 2016, S. 60; eigene Berechnungen). In unserer Umfrage rund ein Jahr später ergibt sich mit 55 % ein nahezu identischer Wert. Nach wie vor gilt, dass die besser Gebildeten im Vergleich zur Bevölkerung (leicht) überrepräsentiert sind. Dies dürfte auch der maßgebliche Grund dafür sein, warum die PEGIDA-Befragten über ein etwas höheres Netto-Haushaltseinkommen verfügen als Personen mit vergleichbarem Geschlechter- und Altersprofil (vgl. Tab. 1).

Einige Autoren haben die Überrepräsentation der besser Gebildeten als Zeichen einer Krise interpretiert, die nun auch die Mittelschicht erreicht und bei ihr Abstiegs- und Statusängste hervorgerufen hätte. Manchen Beobachteten erscheint dies historisch durchaus plausibel: Denn dass die Mittelschicht dafür besonders anfällig sei – es (in der Diktion Theodor Geigers 1930) eine „Panik des Mittelstandes“ gebe –, war vor allem im Zusammenhang mit dem Aufstieg des Nationalsozialismus lange Zeit eine prominente These gewesen, die sich auch in klassischen Werken wie dem von Seymour Lipset (1963, S. 131 ff.) wiederfindet. Der Grund für die Überrepräsentation ist im Fall PEGIDA vermutlich

[25] Diese Erhöhung des Durchschnittsalters im Verlauf der Zeit dürfte nur zum Teil dem veränderten Befragungsmodus geschuldet sein (schriftlich-postalisch statt Face-to-Face- Befragung wie bei Vorländer). Denn dass die Teilnehmer tatsächlich in einem höheren Alter als früher sind, legen Ergebnisse unserer Februar Erhebung von 2016 nahe, bei der die Interviewer das Alter der Kontaktpersonen erfragten oder schätzten und zusätzlich festgehalten wurde, ob die Kontaktperson zur Teilnahme an der Befragung bereit war oder nicht (vgl. Reuband 2016a, S. 58).

[26] Bei Vorländer et al. (2016) ist nicht die Erwerbstätigkeit erfragt, sondern der Beruf – was einige Befragte veranlasst haben könnte, ihren einstigen Beruf anzugeben. Daher sind diese Angaben mit Vorbehalt zu werten. Die Untersuchungen vom Januar 2015, die sich auf Online-Befragungen gründen (vgl. Daphi et al. 2015; Geiges et al. 2015) eignen sich weniger für den Vergleich, da die Online-Nutzung bei Älteren unterproportional verbreitet ist.

Tab. 1 Soziale Merkmale von PEGIDA-Befragten und Bevölkerung in Dresden im Vergleich, in %

	PEGIDA	Bevölkerung Dresden[a]
Bildung		
Volks-/Hauptschule	6	15
Realschule	38	35
Fachhochschulreife	15	13
Abitur, Hochschule	40	37
Erwerbstätigkeit		
Vollzeit	45	40
Teilzeit	6	5
Arbeitslos	2	4
Rentner, Pensionär	42	44
Sonstiges	5	8
Haushalts-Nettoeinkommen im Monat (Euro)		
Bis unter 2000	36	44
2000 bis unter 3000	29	29
3000 und mehr	34	27

[a]Gewichtet auf der Basis der Geschlechter- und Alterszusammensetzung der PEGIDA Befragten

jedoch weitaus schlichter: Besser Gebildete sind eher bereit zu unkonventionellen Formen politischer Teilnahme, z. B. Demonstrationen (vgl. Barnes und Kasse et al. 1979; Lüdemann 2001). Dass sie in geringerem Maße ethnozentrische Ressentiments und rechtspopulistische Einstellungen aufweisen als die schlechter Gebildeten – es sich also genau umgekehrt zur These der „Panik des Mittelstandes" verhält –, ist empirischen Untersuchungen in Dresden ebenso wie anderen Orts in der Bundesrepublik unschwer zu entnehmen (vgl. Reuband 2015, S. 139; Zick et al. 2016, S. 133).

5 Individuelle und gesellschaftliche Abstiegsängste und das Erleben relativer Deprivation

Will man erfassen, wie verbreitet Abstiegsängste und das Empfinden relativer Deprivation sind, ist es nötig, über die objektive Lagebeschreibung hinaus sich auf das subjektive Erleben der Befragten zu beziehen. Denn, wie schon William I. Thomas einst (1965/1928) formulierte: Wenn Menschen eine Situation als real definieren, ist sie real in ihren Konsequenzen. Damit ist die Bedeutung objektiver Lebensbedingungen nicht negiert, aber auf der Handlungsebene – die mit Sinnzuschreibungen verknüpft ist – zählt vor allem, wie Menschen die Realität wahrnehmen und sie deuten.

Das Bild, das sich darbietet, ist etwas zwiespältig. Gemessen an der Frage nach der eigenen wirtschaftlichen Lage, sind die PEGIDA-Befragten optimistisch. Und sie unterscheiden sich darin nicht von den Bundesbürgern.[27] 68 % sehen ihre eigene Lage als „sehr gut" oder „gut". Wenn es jedoch um die eigene wirtschaftliche Lage in einem Jahr geht, erachten nur noch 5 % ihre eigene Lage als „sehr gut" oder „gut". Stattdessen überwiegt die ambivalente Einschätzung „teils, teils". Partiell mitverantwortlich dafür ist, dass sie die zukünftige wirtschaftliche Lage in Deutschland negativ beurteilen.[28] 51 % meinen, sie wäre „etwas schlechter" als jetzt. Und weitere 36 % sind der Ansicht, sie wäre gar „wesentlich schlechter". Die Zahl derer, die sie als „wesentlich besser", „etwas besser" oder „gleich" einschätzen, liegt lediglich bei 13 %. Aus dieser Sicht scheint es, als wären es weniger individuelle als gesellschaftliche Abstiegsängste, welche die PEGIDA-Befragten kennzeichnen.

Inwieweit die pessimistischere Einschätzung der zukünftigen wirtschaftlichen Lage als Resultat der allgemeinen Wirtschaftsentwicklung, der Euro-Krise oder des Flüchtlingszuzugs gedeutet werden kann, ist eine offene Frage. Die wahrgenommene zukünftige Wirtschaftslage der Bundesrepublik korreliert nur schwach mit der Aussage „Die EU ist für Deutschland schädlich" ($r = ,26$, $p<0,001$), und ebenfalls schwach mit der Sorge, dass durch die Flüchtlinge die „Verschuldung der öffentlichen Haushalte steigt" ($r = ,14$, $p<0,001$), durch sie „die Konkurrenz auf dem Wohnungsmarkt größer wird" ($r = ,12$, $p<0,001$), die „Kosten für die Unterbringung und Versorgung zu hoch werden" ($r = ,18$, $p<0,001$). Die

[27] Die entsprechenden Zahlen für die Bundesbürger lauten für „sehr gut/gut" 67 %, für „teils/teils" 28 % und für „schlecht/sehr schlecht" 5 % (vgl. Forschungsgruppe Wahlen 2020). Ähnlich die Zahlen in unserer Dresdner Bevölkerungsumfrage von 2014: 61 % – 31 % – 8 %.

[28] Die Korrelation zwischen der zukünftigen eigenen wirtschaftlichen Lage und der zukünftigen wirtschaftlichen Lage der Bundesrepublik liegt bei $r = ,30$ ($p<0,001$).

Schwäche des Zusammenhangs spricht dafür, dass die Einschätzung der wirtschaftlichen Lage in der Bundesrepublik in größerem Maße davon unabhängig ist und womöglich eher einem generell pessimistischen Weltbild entspringt. In der Bevölkerung ist der Blick in der Zeit unserer Erhebungen optimistischer. Folgt man den Ergebnissen des Politbarometers zur Frage, ob es mit der Wirtschaft „aufwärts", „abwärts" oder „unverändert" gehe, ist kein Muster erkennbar, das man als ein Anstieg des wirtschaftlichen Pessimismus deuten könnte.[29]

Und wie verhält es sich auf der Ebene relativer Deprivation? In Fragen der relativen Deprivation – mit implizitem Fokus auf wirtschaftliche Ungleichheit – zeichnen sich die PEGIDA-Befragten subjektiv nicht als sonderlich depriviert aus. Die Unterschiede zu den Bundesbürgern sind minimal bei der Frage „Im Vergleich dazu, wie andere hier in Deutschland leben: Glauben Sie, dass Sie persönlich ihren gerechten Anteil erhalten"? Daraufhin gaben 60 % der PEGIDA-Befragten an, weniger als ihren gerechten Anteil zu erhalten. Im ALLBUS 2014 sagten dies 57 % der ostdeutschen Befragten.[30]

Eine andere Form der Deprivation – zum Teil verbunden mit Aspekten wirtschaftlicher Ungleichheit[31] – betrifft die Abwertung als Ostdeutscher. Dieses Gefühl ist weit verbreitet, aber es ist kein Kennzeichen für die PEGIDA-Befragten allein. Den Satz „Für die meisten Westdeutschen sind die Ostdeutschen Bürger zweiter Klasse" bejahten 55 % der PEGIDA-Befragten und 50 % der Dresdner Befragten. Und dem Satz „Die meisten Westdeutschen tun so, als hätten die Bürger der DDR nie irgendwas Wesentliches geleistet" stimmten von den PEGIDA-Befragten 65 % zu, von den Dresdnern 56 %. Die Unterschiede zwischen den PEGIDA-Befragten und den Dresdner Befragten erweisen sich somit als gering.

Die Unterschiede sind bemerkenswerterweise auch dann gering, wenn man der Frage nachgeht, ob sich die Befragten selbst als Wendeverlierer sehen. Damit wird – anders als bei den vorherigen Fragen – stärker auf die eigene statt auf

---

[29] Es überwiegt in der Zeit unserer Erhebung das Urteil „unverändert"; die Anteile für „aufwärts" bzw. „abwärts" wechseln einander in ihrer relativen Rangordnung ab: Im Dezember 2015 liegt der Anteil für „abwärts" bei 23 % und „aufwärts" bei 22 %, im Februar 2016 „abwärts" bei 25 % und „aufwärts" bei 19 %. Und im April 2016 „abwärts" bei 19 % und „aufwärts" bei 22 % (vgl. Forschungsgruppe Wahlen 2020).

[30] Daran ändert sich nichts Wesentliches, wenn man die ostdeutschen Befragten gewichtet nach dem Sozialprofil der PEGIDA-Befragten in der Kombination Geschlecht und Alter (vgl. Reuband 2016a, S. 181 f.).

[31] Es gibt hier eine Vermengung mit ökonomischen Aspekten, weil „Bürger zweiter Klasse" zu sein von den Ostdeutschen zum Teil festgemacht wird an Lohnunterschieden zwischen Ost- und Westdeutschland.

die gesellschaftliche Betroffenheit Bezug genommen: „Nehmen wir einmal an, es hätte keine Wiedervereinigung gegeben. Würde es Ihnen persönlich heute besser, gleich gut oder schlechter gehen?" Daraufhin antworteten 46 % der PEGIDA-Befragten, ohne die Wiedervereinigung wäre es ihnen schlechter gegangen. Unter den Dresdnern sagten dies unser eigenen Umfrage zufolge 50 % Der andere größere Teil der Befragten in beiden Gruppen meint, es wäre ihnen gleich gut gegangen. Nur ein kleiner, vernachlässigbarer Teil vertritt die Ansicht, es wäre ihnen besser gegangen.

Alles in allem kann man die PEGIDA-Teilnehmer also weder als Modernisierungs- noch als Wendeverlierer bezeichnen, sie sind auch nicht durch eine größere relative Deprivation oder Abwertungsprozesse betroffen als die Bevölkerung. Was sie allenfalls auszeichnet, so legen es die Angaben zur zukünftigen wirtschaftlichen Lage nahe, ist ein größerer Zukunftspessimismus. Dieser scheint nicht auf die wirtschaftliche Lage beschränkt zu sein. Denn fragt man, wie sie ihre eigene persönliche Zukunft sehen – eher pessimistisch oder optimistisch –, erweisen sie sich im Vergleich zur Bevölkerung als pessimistischer: Während 41 % die eigene Lage eher optimistisch sahen, taten dies in unserer Dresdner Bevölkerungsbefragung von 2014 72 % der Befragten, in einer Umfrage in der sächsischen Bevölkerung von 2015 74 % (vgl. TNS Emnid 2015) und in der Umfrage im Rahmen des „Sachsen Monitor" von 2016 73 %.[32]

Inwieweit sich der größere Pessimismus primär auf eine gesellschaftsbezogene oder auf eine persönliche Verschlechterung der Lebensbedingungen bezieht, muss dabei ungeklärt bleiben. Erfragt man – wie in unserer Untersuchung – die persönlichen Zukunftssorgen konkreter, so deutet sich an, dass sich der Unterschied zwischen den PEGIDA-Befragten und den Dresdnern primär auf gesellschaftliche Bedrohungen (z. B. durch Kriminalität) gründet und weniger auf persönliche, z. T. der eigenen Lebensführung zurechenbaren Bedrohungen (wie Krankheit).[33] Allerdings ist das thematische Spektrum der erfragten Sorgen in unserer Erhebung für generalisierende Aussagen zu beschränkt, sodass der Stellenwert individueller und gesellschaftsbezogener Sorgen hier letztlich offen bleiben muss.

---

[32] In der PEGIDA- und der Dresdner Befragung (von 2014) lauteten die Antwortkategorien „optimistisch – eher optimistisch – weder noch – eher pessimistisch – pessimistisch", in der Befragung von TNS Emnid (2015) und des Sachsen Monitors (2016) „eher optimistisch – eher pessimistisch" (der Rest weiß nicht, keine Angabe). Die Kategorie „weder noch" fehlt hier als Kategorie.

[33] Die Frage lautete „Was bereitet Ihnen zurzeit persönlich Sorgen? Was bedrückt Sie, wenn Sie an ihre Zukunft denken". Unter den vorgegebenen Statements waren u. a. „dass ich dauerhaft krank werde" sowie „dass ich mich abends nicht mehr allein auf die Straße trauen kann".

6 Islam- und Fremdenfeindlichkeit

PEGIDA entstand gemäß der eigenen Selbstbeschreibung als eine Bewegung, die sich gegen die Ausbreitung des Islam auf deutschem Boden wendet. Und es steht außer Zweifel, dass die PEGIDA-Teilnehmer den Islam als Bedrohung wahrnehmen. Gefragt, ob die Gefährdung vom Islam oder nur von bestimmten Gruppen ausgehe, wird der Islam als solcher als das Problem gesehen (84 %), und nicht bestimmte Gruppen (13 %). Dies steht im deutlichen Gegensatz zur Bevölkerung, welche – einer etwas früher durchgeführten bundesweiten Umfrage des Instituts für Demoskopie Allensbach zufolge – die Akzente umgekehrt setzt und nur bestimmten Gruppen innerhalb des Islams das Bedrohungspotential zuschreibt (vgl. Reuband 2017, S. 121). Entsprechend der dominierenden Deutung unter den PEGIDA-Befragten fallen die Äußerungen zum Islam durchgängig negativ aus. Die Ansicht, dass „der Islam eine Bedrohung für Deutschland" sei, wird von 97 % bejaht, und nahezu gleich viele (zu 90 % und mehr) vertreten die Ansicht, dass man den Bau von Moscheen verbieten und die Zuwanderung von Muslimen nach Deutschland untersagen solle. Im Vergleich zur Bevölkerung wird damit eine dezidiert ablehnende Haltung eingenommen (vgl. Tab. 2).

Das Bild, das sich in den Einstellungen zu den Flüchtlingen widerspiegelt, ist nicht minder negativ gefärbt. Dabei dürften für das Urteil Faktoren wie Ausmaß der Zuwanderung sowie Probleme der Unterkunft und Versorgung ebenso eine Rolle spielen wie ihre muslimische Religionszugehörigkeit. Dass Deutschland „verkraften" kann, „dass viele Flüchtlinge ins Land kommen", glaubt unter den PEGIDA-Befragten kaum jemand. 94 % lehnen diese Ansicht ab. Ebenso wenig sehen Vorteile aus dem Zuzug erwachsen. Die PEGIDA-Befragten nehmen damit eine deutlich kritischere Sichtweise ein als die Bevölkerung – die selbst zu der Zeit, als die Bilder eines Massenansturms die Medien dominierten und die Behörden mit der Unterbringung der Flüchtlinge überlastet schienen, meinten, Deutschland könne den Zuzug verkraften.[34]

[34] 60 % waren im August 2015 der Meinung, dass Deutschland die große Zahl der ankommenden Flüchtlinge verkraften kann (vgl. Forschungsgruppe Wahlen 2020). Zu dieser Zeit waren die lokalen Behörden mit der Unterbringung – die oftmals kurzfristig erfolgen musste – zum Teil schon massiv überfordert (zur Dynamik der Entwicklungen und die Herausforderungen in dieser Zeit vgl. Alexander 2017). Damit scheint in der Bevölkerung eine etwas naiv-optimistische Orientierung für die Wahrnehmung der Gegenwart partiell mitbestimmend gewesen zu sein. Es kann freilich sein, dass die Bürger im Gegensatz zu den PEGIDA-Befragten eher an langfristige Entwicklungen dachten und sich deswegen optimistischer äußerten.

Tab. 2 Ethnozentrische Einstellungen – PEGIDA-Befragte und Bevölkerung im Vergleich, in %

	PEGIDA	Bevölkerung (unterschiedl.)
Islam/Muslime		
Muslimen sollte die Zuwanderung nach Deutschland untersagt werden	74	54[1]
Der Bau von Moscheen sollte in Deutschland verboten werden	89	(30)[2]
Man sollte an den Grenzen Österreichs einen Zaun bauen, um Flüchtlinge abzuhalten	85	-
Der Islam ist eine Bedrohung für Deutschland	97	-
Ausländer/Asylbewerber		
In Deutschland leben zu viele Ausländer	91	48
Wenn es weniger Ausländer gäbe, würde es weniger Kriminalität geben	94	52
Ich lebe gern in einer Stadt oder Ort, wo Menschen aus verschiedenen Ländern leben	25	65
Sorge … dass immer mehr Asylbewerber in meine Stadt/meinen Ort kommen[a]	98	47
Die meisten Asylbewerber missbrauchen das deutsche Asylrecht	98	47

- Keine Vergleichsdaten

Frageformulierungen: „Bitte geben Sie für jede der folgenden Aussagen an, wie sehr Sie ihr zustimmen oder sie ablehnen" Antwortkategorien: „Stimme voll und ganz zu – stimme eher zu – stimme eher nicht zu – stimme überhaupt nicht zu" (*Hier:* Stimme voll und ganz zu/stimme eher zu). Formulierung der Statements wie in der Tabelle aufgeführt

[a] Frageformulierung: „Ich mache mir Sorgen, dass …" Antwortkategorien: „sehr stark-stark-mittel-wenig -überhaupt nicht" (Hier: sehr stark/stark)

Basis: Bevölkerung: Rubrik Islam/Muslime: (1) Bevölkerung in Ostdeutschland, 2016, Quelle: Decker et al. (2020, S. 65). s. a. Sachsen Monitor (2016, S. 293). (2) Bevölkerung in der Bundesrepublik, Erhebung von 2009, (abweichende Frageformulierung). Quelle: Statista. URL: https://de.statista.com/statistik/daten/studie/6410/umfrage/bau-von-moscheen-generell-verbieten/ (Zugriff: 20.11.2020); Rubrik „Ausländer/Asylbewerber": Bevölkerung in Dresden, 2014; eigene Erhebung.

Zuwanderung kann unterschiedliche Gründe haben – und wie die Gesellschaft auf sie reagiert, ist maßgeblich davon abhängig, welche Motive den Migranten zugeschrieben werden. Damit wird der Bezugsrahmen gesetzt, vor dem Maßnahmen als sinnvoll oder nicht sinnvoll, als dringend oder nicht dringend, beurteilt werden. Besonders bedeutsam ist bei Flüchtlingen und Asylbewerbern, für wie berechtigt die Gründe gelten, die mit dem Asylbegehren verbunden sind. Nahezu alle PEGIDA-Befragten halten die Asylbewerber mehrheitlich für Wirtschaftsflüchtlinge. So stimmten 98 % der Befragten dem Satz „voll und ganz" oder „eher" zu: „Den meisten Asylbewerbern, die nach Deutschland kommen, geht es gar nicht um den Schutz und Sicherheit, sondern um ein besseres wirtschaftliches Leben". Wie sehr sich in diesem Urteil lediglich Rationalisierungen von Vorurteilen widerspiegeln oder ob es sich zumindest in Teilen auch auf realitätsbezogene Wahrnehmungen gründet, sei dahingestellt.[35]

Dass man politischen Flüchtlingen Asyl bieten solle, wird andererseits durchaus konzediert (und wird im 19-Punkte-Programm von PEGIDA nicht negiert). Dass jemand, der politisch verfolgt wird, „weiterhin in Deutschland Asyl bekommen" solle, meinen 81 % unserer PEGIDA-Befragten. Desgleichen wird die Aussage, dass man weiterhin „politische Asylbewerber und Bürgerkriegsflüchtlinge" aufnehmen solle, in den Erhebungen von Werner Patzelt mehrheitlich bejaht, mit einer im Lauf des Jahres 2015 allerdings abnehmenden Tendenz (vgl. Patzelt 2016, S. 289). Die PEGIDA-Befragten unterscheiden sich in diesen Fragen offenbar nur begrenzt von der sächsischen Bevölkerung, die im Juni 2015 zu 91 % der Meinung war, dass man Flüchtlinge aufnehmen solle, die „vor Krieg oder Bürgerkrieg geflohen sind". Und die zu 77 % meinten, dass man Flüchtlinge aufnehmen solle, die „aus politischen oder religiösen Gründen verfolgt werden" (TNS Emnid 2015, S. 12).

Dass ihnen die syrischen Bürgerkriegsflüchtlinge leidtun, äußern auf ein entsprechendes Statement in unserer Untersuchung 62 % der PEGIDA-Befragten und damit sogar etwas mehr als in der Bevölkerung, bei denen der entsprechende Wert – einer Online-Umfrage zufolge – bei 58 % liegt (vgl. Reuband 2017, S. 128). Aus dieser Sicht sind die Einstellungen zu Flüchtlingen moderater und differenzierter

[35] In Bezug auf Flüchtlinge aus Syrien, die einen Großteil der 2015/2016 Flüchtenden darstellten, ist zweifellos der Bürgerkrieg als Push-Faktor maßgeblich für die Migration. Welches Land innerhalb Europas als Zielort gewählt wird, ist dagegen nur durch die „Pull-Faktoren" der Migration erklärbar. Und hier steht die Bundesrepublik wirtschaftlich besonders gut da und wurde zum bevorzugten Zielort der Migration. Bemerkenswerterweise gibt es nur sehr wenige Studien, die sich im Rahmen von Befragungen der Motivation der Migranten in der Zeit der „Flüchtlingskrise" angenommen haben: Zu den wenigen Ausnahmen zählen Emmer et al. (2016).

als man es auf den ersten Blick erwarten mag. Von einer generellen, prinzipiellen Zurückweisung kann, zumindest in der Zeit unserer Erhebung, nicht die Rede sein.

Eine andere Frage ist, wie Ausländer wahrgenommen werden. In der Bevölkerung kann man – ebenso wie vermutlich unter den PEGIDA-Befragten – davon ausgehen, dass unter dem Begriff „Ausländer" spezifische Gruppen von Ausländern sowie Personen mit Migrationshintergrund, aber nicht Ausländer per se (also unter Einschluss von Briten, US-Amerikanern etc.) verstanden werden (vgl. Asbrock et al. 2009). Die Einstellungen zu Ausländern in diesem (eingeschränkten) Sinne sind unter den PEGIDA-Befragten in hohem Maße ambivalent bis negativ. So meinen nahezu alle, dass es zu viele Ausländer in Deutschland gebe. Genauso so viele teilen die Ansicht, dass es ohne die Ausländer weniger Kriminalität gäbe und dass das Asylrecht missbraucht würde.[36] Dass sie gern in einer Stadt leben, in der Menschen aus unterschiedlichen Ländern wohnen, meint nur eine Minderheit.

Dass so viele PEGIDA-Teilnehmer der Ansicht sind, es gebe zu viele Ausländer in Deutschland, dürfte partiell dem Flüchtlingszustrom von Herbst 2015 geschuldet sein; die Frage könnte dadurch etwas anders aufgeladen sein als noch vor der „Flüchtlingskrise" (weswegen Vergleiche mit den Dresdner Befragten von 2014 nur unter Vorbehalt angestellt werden können). In der Tat sind diejenigen, die meinen, Deutschland könne den Zustrom von Flüchtlingen verkraften, seltener der Meinung, dass es zu viele Ausländer gebe. Der Wert liegt bei ihnen bei 44 % und unterschreitet damit leicht den Wert der Dresdner Befragten. Wer die Aussage ablehnt, Flüchtlinge würden eine steigende Verschuldung der Bundesrepublik bedeuten, ist ebenfalls seltener dieser Ansicht. Desgleichen lässt sich zeigen, dass wer lediglich kleine Gruppen innerhalb des Islams für bedrohlich hält und nicht den Islam als Ganzes, diese Aussage überproportional ablehnt. Im Fall der Fragen zu Asylmissbrauch und Kriminalität bleiben die Werte jedoch auch bei den Befragten überhöht, die der Ansicht sind, man könne den Zuzug der Flüchtlinge verkraften bzw. der Zuzug brächte eher Vor- als Nachteile.

[36] Letztere Aussagen sind zwar, wenn man an die Überrepräsentation von Ausländern in der Kriminalstatistik oder die Anerkennungsquote in Asylverfahren in der Zeit vor der „Flüchtlingskrise" als Maßstab nimmt, nicht ganz falsch (weswegen in diese Aussagen Vorurteile ebenso wie Bezüge mit Realitätsgehalt eingehen). Aber sicher ist, dass die Bejahung der Aussage für viele Befragten Teil eines Syndroms ausländer- und fremdenfeindlicher Einstellungen ist.

7 Politische Selbsteinstufung auf dem Links-Rechts-Kontinuum

Wie nehmen sich die PEGIDA-Befragten politisch wahr? Die Umfragen vom Januar 2015 zeigen, dass sich von Anfang an die Mehrheit politisch auf der Links-Rechts-Skala in der Mitte einstuft und der verbleibende Teil eher rechts als links (vgl. Daphi et al. 2015; Geiges et al. 2015; Patzelt 2016). Im Vergleich zur Bevölkerung – einschl. der von Dresden – stellt dies eine deutliche Rechtslastigkeit in der Selbstpositionierung der PEGIDA-Teilnehmer dar. So rechneten sich in einer Dresdner Bevölkerungsumfrage von uns aus dem Jahr 1998 (auf einer ebenfalls 10-stufigen Links-Rechts-Skala wie in unserer PEGIDA-Befragung) 44 % dem linken Spektrum zu, 43 % der Mitte und lediglich 12 % dem rechten Spektrum (vgl. Reuband 2016a, S. 61).

Die durchschnittliche Selbstpositionierung der PEGIDA-Befragten in der Mitte hält in der Umfrageserie von Werner Patzelt (2016) unverändert bis zum Januar 2016 an – dem Zeitpunkt seiner letzten Erhebung. Unserer Umfrage zufolge – die einige weitere Monate umfasst und noch den April 2016 einbezieht – hat sich zwischenzeitlich jedoch ein Wandel vollzogen: Die Selbstpositionierung hat sich etwas weiter nach rechts verschoben, es gibt nun mehr Befragte mit einer rechten Selbsteinstufung als mit einer Einstufung in der Mitte. Parallel dazu haben ethnozentrische Ressentiments zugenommen. Besonders diejenigen mit einer rechten Selbsteinstufung haben sich in ihren Einstellungen weiter nach rechts bewegt und radikalisiert (vgl. Reuband 2017, S. 117). Ob es sich dabei um einen genuinen Einstellungswandel handelt oder dies Folge ist einer Schrumpfung des Teilnehmerkreises auf einen ideologisch härteren Kern, sei dahingestellt. Inwieweit sich die Radikalisierung seitdem fortgesetzt hat oder nicht, ist eine offene Frage. Neuere Umfragedaten liegen nicht vor.

Eines jedoch ist sicher: Legt man die Gesamtheit der PEGIDA-Befragten zugrunde – von der Frühphase im Januar 2015 bis zur Zeit unserer Erhebungen – so steht außer Zweifel, dass sich die Mehrheit der politischen Mitte zurechnet. So nehmen in unserer Untersuchung (welche den Zeitraum vom Dezember 2015 bis April 2016 umfasst) 8 % der Befragten auf der 10 stufigen Skala einen Wert von 1 bis 4 ein, haben im weitesten Sinne also eine linke Selbstpositionierung inne. 51 % stufen sich auf der Skala mit den Werten 5 oder 6 ein, können damit der Mitte zugerechnet werden. Und 41 % wählen eine Position von 6 bis 10, gehören damit zum Personenkreis mit einer rechten Selbstpositionierung. Sich rechts auf der Skala zu positionieren, bedeutet dabei in der Regel, sich nicht für die beiden Extremwerte am Ende der Skala zu entscheiden, sondern für welche,

Tab. 3 Sympathie für Parteien in Abhängigkeit von der Links-Rechts-Selbsteinstufung unter PEGIDA-Befragten (Mehrfachnennungen in %)

	Selbsteinstufung			
	Links	Mitte	Rechts	Insgesamt
CDU	5	18	25	20
SPD	7	6	3	5
FDP	16	14	17	15
Bündnis 90/Die Grünen	12	2	1	3
Die Linke	45	9	2	9
AfD	77	88	96	90
NPD	7	13	35	21
(N =)	(60)	(380)	(283)	(723)

Frageformulierung Links-Rechts-Selbsteinstufung: „In der Politik wird oft von ‚links' oder ‚rechts' gesprochen. Wo würden Sie sich in dieser Hinsicht auf einer Skala von 1 bis 10 einstufen, wobei 1 ‚links' bedeutet und 10 ‚rechts'? Mit den Werten dazwischen können Sie abstufen." (Hier: „Links" Skalenwerte 1-4, „Mitte" 5-6, „Rechts" 7-10)
Frageformulierung Parteienskalometer: „Wie bewerten Sie die nachfolgenden Parteien auf der Skala von -5 bis +5? -5 bedeutet, dass sie Ihnen sehr unsympathisch ist, +5 bedeutet, dass sie Ihnen sehr sympathisch ist. Mit den Werten dazwischen können Sie ihr Urteil abstufen." (Hier: Skalenwert +1 bis +5)
Basis: Befragung im November 2015 und im Februar 2016

die der Mitte-Position am nächsten sind.[37] Aus dieser Sicht sind die Befragten in ihrem Selbstverständnis vermutlich nur in begrenztem Maße „rechts". Würde man andere Begrifflichkeiten verwenden, etwa den Begriff „konservativ", würde sich womöglich hier ein größerer Teil dieser Befragten einordnen.

Die Selbsteinstufung auf der numerischen Links-Rechts-Skala korrespondiert mit dem Wahlverhalten und mit der Parteiensympathie (vgl. Tab. 3). Befragte, die sich links einstufen, haben früher häufiger als andere Befragte die „Linke" gewählt (in der Bundestagswahl 2013 noch zu 51 %), und äußern für sie eine größere Sympathie als andere. Und Befragte, die sich in der Mitte einordnen, haben sich früher überproportional für die CDU entschieden oder bringen für sie – auf nunmehr niedrigerem Niveau – nach wie vor mehr Sympathie auf als

[37] Inwieweit sich die Befragten als „rechts" bezeichnen würden, wenn man verbale Skalen benutzen würde, ist eine offene Frage. Die von uns vorgenommene Einteilung und Benennung der Skalenwerte entspricht einer in der Sozialwissenschaft üblichen Einstufung, bei der man annehmen kann, dass sie sich auch auf der Ebene der Befragten im Selbstverständnis widerspiegelt.

die anderen Befragten. Rechtsextreme Parteien gehören für die Mehrheit nicht zur Wahlhistorie – auch nicht unter denen, die sich rechts einstufen: Der Anteil derer, die jemals die NPD gewählt haben, beläuft sich in der rechten Gruppierung auf 26 % (vgl. Reuband 2017, S. 118), und der NPD-Sympathiewert auf dem Parteienskalometer auf 35 %.[38] Von einer ausgeprägten Kontinuität des rechten Protests auf der Ebene des Wahlverhaltens und der Parteiensympathie kann auf der Individualebene nur bedingt die Rede sein.[39]

Die Partei, welche die größte Popularität unter den PEGIDA-Befragten genießt, ist die AfD. In den PEGIDA-Befragungen im Frühjahr 2015 war das noch anders: Damals lag der Wert für die Partei, die man im Fall einer Bundestagswahl am nächsten Sonntag wählen würde, im Falle der AfD nicht höher als bei rund 50 % der Befragten (vgl. Patzelt 2016). Demgegenüber beläuft er sich in unserer Befragung vom Februar 2016 auf 83 % (würde man die Unentschiedenen und nicht Wahlbereiten ausklammern, gar auf 95 %). Aus dieser Sicht hat sich ein konsistenteres Muster der ideologischen Ausrichtung im Lauf der Zeit herausgebildet – was freilich nicht nur den Befragten geschuldet sein dürfte, sondern auch daran liegt, dass sich die AfD erst im Verlauf des Jahres 2015 verstärkt von einer eurokritischen zu einer primär flüchtlingskritischen Partei entwickelte.

Dass sich die Mehrheit der Befragten politisch in der Mitte einstuft, sich aber andererseits zu Kundgebungen begibt, bei denen Islam- und Fremdenfeindlichkeit in den öffentlichen Reden eine prominente Rolle spielen – mithin eine rechte Rhetorik prägen –, mag verwundern und wie ein Widerspruch erscheinen. Übersehen wird dabei, dass das Ausmaß kognitiver Dissonanz zwischen Selbstbild und Teilnahme jedoch weitaus geringer sein könnte als es von außen scheint: Zum einen, weil die Reden auf den Kundgebungen von den Befragten nicht als extrem wahrgenommen werden[40] und den meisten anderen Teilnehmern eine politische Position in der Mitte und nicht rechts zugeschrieben wird (vgl. Reuband 2016b,

[38] Dies schließt nicht aus, dass man der NPD alles in allem weniger kritisch gegenübersteht: Unter denen, die sich links einordnen, wählten 72 % die negativste Bewertung auf der Skala (-5), unter den Befragten in der Mitte 48 % und unter denen mit rechter Selbsteinstufung 24 %. Es schließt ebenfalls nicht aus, dass sich die Verhältnisse bei Personen, die sich auf der Links-Rechts-Skala ganz rechts positionieren, anders darstellen: Unter denen, die auf der Skala die beiden rechten Endpunkte wählten (N = 37; sie repräsentieren 7 % aller Befragten), liegt der Positivwert für die NPD bei 65 %.

[39] Dass sich dies auf Aggregatebene (Städte und Gemeinden) anders darstellt, ist damit nicht ausgeschlossen. Untersuchungen zur AfD-Wahl deuten auf die besondere Bedeutung räumlicher Kontexte und Traditionen hin (vgl. Richter und Bösch 2017).

[40] „Wie haben Ihnen heute die Reden auf der Kundgebung gefallen?" 2 % antworteten darauf, die meisten seien „zu radikal, zu extrem", 90 % hingegen „genau richtig". Dass sie ihnen „zu milde, zu zurückhaltend" gewesen seien, meinten 4 %. 2 % gaben sonstige Antworten.

S. 173 f.).Und zum anderen weil die Assoziationen mit dem Links-Rechts-Schema aufseiten der Befragten andere sein könnten, als es dem heutzutage üblichen Verständnis entspricht.

So wird allzu leicht die Historie der Links-Rechts-Kategorisierung übersehen: Einst prägten der Gegensatz von Kapital und Arbeit, soziale Ungleichheit und verwandte Themen maßgeblich das politische Kategorienschema; die Frage der Ausländer- und Fremdenfeindlichkeit wurde erst in jüngerer Zeit zu einem Thema des politischen Links-Rechts-Diskurses. Dies muss besonders für die Ostdeutschen gelten, bei denen es vor der Wende kaum Ausländer gab. Die Korrelation zwischen der Links-Rechts-Selbsteinstufung und Ethnozentrismus – letzteres ermittelt über drei Statements zu Ausländern und Asylbewerbern[41] – ist denn auch bei den PEGIDA-Befragten ziemlich schwach ($r = ,24$, $p < 0,001$). Dass diejenigen, die sich als links verstehen, jenseits ihrer ethnozentrischen Einstellungen häufiger linke politische Positionen (etwa in Fragen sozialer Ungleichheit) einnehmen als die anderen Befragten, lässt sich durchaus belegen (vgl. Reuband 2016b, S. 63).

Dass die geringe Stärke des Zusammenhangs zwischen Links-Rechts-Selbsteinstufung und Ethnozentrismus z. T. eine Funktion historischer Prägungen und der Generationszugehörigkeit sein könnte, das legen die Befunde einer unserer Dresdner Bevölkerungsumfragen nahe, die einige Jahre zuvor stattfand.[42] Danach lag die Korrelation bei den 18- bis 29-Jährigen bei $r = ,49$, bei den 30- bis 44-Jährigen bei $r = ,37$, den 45- bis 59-Jährigen bei $r = ,32$ und bei ab 60-Jährigen bei $r = ,23$ (alle $p < 0,001$). Die Korrelationen nehmen mit steigendem Alter also ab und nähern sich denen der PEGIDA-Befragten an. Natürlich ist es denkbar, dass auch noch andere Einflussfaktoren auf die PEGIDA-Befragten einwirken, und dass die Frage, was „links“ und was „rechts“ ist, bei ihnen in der „Flüchtlingskrise“ in den Hintergrund trat und an Prägekraft verlor. Gleichwohl: Der schwache Zusammenhang zwischen Links-Rechts-Einstufung und Ethnozentrismus legt nahe, dass es für viele – auch mit einer Positionierung in der politischen „Mitte“ – nicht im Gegensatz zum eigenen politischen Selbstverständnis steht, sich gegen Islam, Ausländer und Asylbewerber auszusprechen.

[41] Es handelt sich um die gleichen Statements, die hier zur Messung des Ethnozentrismus verwendet wurden (zu viele Ausländer, Ausländerkriminalität, Asylmissbrauch). Vgl. zu den Formulierungen Tab. 2.

[42] Es handelt sich um eine Umfrage von 1998, durchgeführt schriftlich-postalisch und basierend in Teilen auf einer Randomstichprobe aus dem Adressbuch der Stadt und in Teilen auf Befragten einer Panelstudie von uns.

8 Politikverdrossenheit, Autoritarismus und soziokulturelle Orientierungen

Dass sich die Teilnahme an PEGIDA-Kundgebungen nicht nur auf den Bereich Islam und Migration bezieht, sondern in umfassenderer Weise ebenfalls gegen die etablierte Politik gerichtet ist, zeigte sich von Anfang an in empirischen Untersuchungen. Der Protest entsprang einer Gemengelage unterschiedlicher Motive und Orientierungen, wobei die Demokratie als Staatsidee selbst nicht infrage gestellt wurde[43], wohl aber deren Praxis und das institutionelle Gefüge (vgl. Vorländer et al. 2015; Daphi et al. 2015, S. 25; Geiges et al. 2015; Patzelt 2016). Inwieweit diese kritische Haltung bereits vor der „Flüchtlingskrise" bestand oder erst durch sie mobilisiert wurde, ist ungewiss. Vermutlich liegt eine Wechselwirkung vor, begünstigen also negative Einstellungen gegenüber den Parteien und der Regierung eine negative Definition der mit dem Zuzug von Migranten verbundenen Ereignisse und wirkten zugleich verstärkend auf das Negativbild der „politischen Klasse" zurück.[44]

Politisch sind die PEGIDA-Anhänger überproportional interessiert. 46 % sagen von sich, sie wären „sehr stark" und 41 % „stark" interessiert.[45] Im Vergleich zu den Dresdnern bekunden damit mehr als doppelt so viele ein „sehr starkes" oder „starkes" Interesse. Hohes politisches Interesse bedeutet allerdings nicht zwangsläufig eine Zufriedenheit mit den politischen Verhältnissen. Im Gegenteil: Ein hohes Interesse kann auch aus einer Situation der Unzufriedenheit erwachsen und Politikverdrossenheit ein Moment sein, das nicht – wie häufig der Fall – in Apathie und Rückzug, sondern in politischen Aktivismus mündet. Die PEGIDA-Befragten haben sich, so zeigen die Analysen, häufiger als andere ehemalige DDR-Bürger einst an den Montagsdemonstrationen der Wendezeit beteiligt, und

[43] Unterschiede liegen auf Seiten der PEGIDA-Befragten in der Bevorzugung deliberativer Elemente, etwa in Form von Volksabstimmungen (vgl. Reuband 2018a).

[44] Im Langzeitvergleich ist aus Sicht der Bürger die CDU nach links gerückt, die Unterschiede zwischen CDU und SPD haben sich erheblich reduziert (vgl. Infratest dimap 2015). Inwiefern sich dadurch bei bestimmten Anlässen oder Ereignissen, die traditionell dem konservativen politischen Profil und den Handlungskompetenzen der CDU zugeschrieben werden, Repräsentationslücken auftun oder wahrgenommen werden, und dies politische Unzufriedenheit kurzfristig oder längerfristig mobilisiert, ist eine offene Frage.

[45] „Wie stark interessieren Sie sich für Politik? Sehr stark- stark – mittel – wenig – überhaupt nicht".

Tab. 4 Zustimmung zu „Die Parteien wollen nur die Stimmen der Wähler, ihre Ansichten interessieren sie nicht“ – PEGIDA-Befragte und Bevölkerung im Vergleich, in %

	PEGIDA	Bevölkerung Ost
Voll und ganz	70	35
Eher	27	42
Eher nicht	3	20
Überhaupt nicht	1	3
	100	100

Basis: Bevölkerung: Mai 2017; Populismusbarometer der Bertelsmann Stiftung (persönliche Mitteilung), N = 609

sie waren auch später des Öfteren bei Protesten aktiv (vgl. Patzelt 2016; Reuband 2019b).[46]

Betrachtet man die Antworten auf die einzelnen Statements, die im Fragebogen zur Messung der Politikverdrossenheit verwendet wurden, so wird in der Tat eine massive Distanz zur etablierten Politik sichtbar: Dass die „Politiker sich nicht viel darum (kümmern), was Menschen wie ich denken“, meinen mit 97 % nahezu alle Befragten. Ähnlich viele stimmen der Aussage zu „Die Parteien wollen nur die Stimmen der Wähler, ihre Ansichten interessieren sie nicht“ (vgl. Tab. 4). Dass man sich auf das, was die Politiker sagen, im Allgemeinen verlassen kann, glauben lediglich 6 %. Die Liste der Unzufriedenheit ließe sich nahezu beliebig fortsetzen, sie betrifft die Arbeit der Bundesregierung ebenso wie das Funktionieren der Demokratie heutzutage und das Vertrauen in den Staat, „dass man sich, wenn notwendig auf ihn verlassen kann“. Entsprechend sind die Befragten eher geneigt, mehr Einfluss der Bürger auf politische Entscheidungen zu fordern, was sie – paradoxerweise – auf dem üblicherweise verwendeten Postmaterialismus-Index (der auf Ronald Inglehart zurückgeht) aus

[46] Rehberg meint, dass sich Parallelen fänden in den Orten, die in der Wendezeit Vorreiter der Proteste waren und in denen sich PEGIDA oder PEGIDA-ähnliche Proteste später herausbildeten, und nennt in diesem Zusammenhang neben Dresden die Städte Plauen und Leipzig (vgl. Rehberg 2016, S. 28). An einer systematischen Analyse, die eine größere Zahl an Orten aus dieser Perspektive in den Blick nimmt, fehlt es freilich bislang. In Leipzig bildete sich zwar tatsächlich zunächst ein PEGIDA-Ableger (Legida), doch hielt er sich nicht lange und vermochte niemals derart große Teilnehmerzahlen zu mobilisieren wie PEGIDA in Dresden.

Tab. 5 Misstrauen in Institutionen – PEGIDA-Befragte und Bevölkerung im Vergleich in %

	PEGIDA	Bevölkerung Ost
Bundesregierung	95	40
Bundestag	90	45
Politische Parteien	84	61
Zeitungen	90	46[a]
ARD, ZDF, 3. Programm	92	} 58[b]
Private Fernsehsender (RTL usw.)	89	
Polizei	13	17
Justiz	60	28

Misstrauen = Werte 1-3 auf 7-stufiger Skala
[a] „Zeitungswesen"
[b] „Fernsehen"
Frageformulierung: „Bitte geben Sie für die folgenden öffentlichen Einrichtungen und Organisationen an, wie groß das Vertrauen ist, das Sie ihr entgegenbringen. Benutzen Sie dazu bitte die Skala. 1 bedeutet, dass Sie ihr ‚überhaupt kein Vertrauen' entgegenbringen, und 7 bedeutet, dass Sie ihr ‚sehr großes Vertrauen' entgegenbringen. Mit den Zahlen dazwischen können Sie Ihre Meinung abstufen"
Basis Bevölkerung Ost: ALLBUS 2012, eigene Berechnungen

methodischen Gründen überproportional postmaterialistisch erscheinen lässt (vgl. Reuband 2021).[47]

Dass das Vertrauen in die etablierte Politik gering ist, spiegelt sich nicht nur in der Bewertung von Politikern und Parteien wider, sondern ebenfalls im Institutionenvertrauen: im Vertrauen, das der Bundesregierung, dem Bundestag oder den politischen Parteien entgegengebracht wird. Nicht viel anders verhält es sich mit der Einschätzung von Zeitungen und Fernsehen, selbst die Justiz erfährt weithin ein großes Misstrauen. Lediglich die Polizei ist davon weitgehend ausgenommen. Der Unterschied zu den Bewertungen in der Bevölkerung könnte – wie man Tab. 5 entnehmen kann – einmal mehr kaum größer sein.

Misstrauen in Regierung, Parteien und staatliche Institutionen gilt als ein zentrales Element rechtspopulistischer Einstellungen. Aber es ist nicht genuin rechtspopulistisch, ließe sich ebenfalls mit linkspopulistischen oder linksextremen

[47] Es ist naheliegend, dass sich Protestgruppen, die sich gegen Maßnahmen der Regierung wenden, mehr Einfluss auf die politischen Entscheidungen wünschen. Insofern stößt die üblicherweise verwendete Operationalisierung des Postmaterialismus in Form des Kurz-Index auf Grenzen. Erfasst wird primär die Handlungsorientierung, ungeachtet der politischen Ausrichtung und Wertorientierungen.

Einstellungen vereinbaren. Es kommt auf die inhaltliche Ausrichtung an. Und diese betrifft im Fall des Rechtspopulismus vor allem nationalistische Einstellungen, die Verharmlosung des Nationalsozialismus, die Akzeptanz einer Diktatur und Autoritarismus. Diese Einstellungen können zwar in einer gewissen Wechselwirkung zur Politikverdrossenheit stehen, aber eine Beziehung ist nicht zwingend; umso mehr bedarf es einer getrennten Betrachtung.

Als erstes interessieren hier nationale und nationalistische Einstellungen. Als Indikatoren dafür werden in der Literatur vielfach der Nationalstolz und die Aussage, dass man den Mut zu einem stärkeren Nationalgefühl haben müsse, gewählt. Als weiterer Aspekt ist von Interesse die Verherrlichung der NS-Vergangenheit und die Bejahung einer Diktatur: Im vorliegenden Fall gemessen über eine Aussage zu Hitler als großer Staatmann, wenn er die Juden nicht vernichtet und den Krieg nicht verloren hätte. Und über die Aussage, dass eine Diktatur in Notzeiten die bessere Staatsform sein könne. Als drittes ist von Interesse der Autoritarismus, gemessen über die Aussage, dass man dankbar sein sollte für das, was führende Köpfe/Persönlichkeiten vorgeben, sowie über das Erziehungsziel „Selbständigkeit" und „freier Wille" im Rahmen eines Katalogs unterschiedlicher Erziehungsziele. Alle diese Indikatoren sind nicht ganz ohne Probleme, beinhalten – was häufig bei der Interpretation übersehen wird – noch andere Momente als die explizit in der Messung intendierten.[48] Dies kann leicht zu Fehlinterpretationen führen. Was hier jedoch vor allem interessiert, ist die Antwort auf die Frage: Wie sehr ähneln die Antworten der PEGIDA-Befragten denen der Bevölkerung?

Wie man Tab. 6 entnehmen kann, sind die PEGIDA-Befragten gegenüber der Bevölkerung deutlich nationalistischer. Sie sind stärker auf ihr Deutschsein stolz, und meinen eher, dass das Nationalgefühl größer sein sollte. Gegenüber der EU herrscht – wie weitere Analysen zeigen – eine beträchtliche Distanz vor. Dass die EU für Deutschland schädlich sei, meinen 78 %. Je größer der Stolz ist, Deutscher zu sein, desto eher wird die EU als schädlich wahrgenommen ($r = ,12$, $p<0,001$). Die Beziehung ist zwar nicht sonderlich stark, aber sie findet sich auf einem etwas höheren Niveau ebenfalls im Zusammenhang mit den anderen beiden Statements wider: Mut zu einem starken Nationalgefühl ($r = ,19$, $p<0,01$) und Eigeninteressen stärker verfolgen ($r = ,16$, $p<0,001$). Die EU als übernationaler Staatenverbund wird offenkundig von Teilen der PEGIDA-Befragten als

[48] Wer einen hohen Nationalstolz bekundet, muss z. B. nicht notwendigerweise einem überzogenen Nationalstolz huldigen, der mit einer Abwertung anderer Nationen einhergeht. Vielmehr verbirgt sich dahinter heutzutage oft ein Stolz auf das Grundgesetz, die Wirtschaft oder die Kunst (vgl. Mohler 1989).

Tab. 6 Einstellungen zu politischen und sozialen Themen – PEGIDA-Befragte und Bevölkerung im Vergleich, in %

	PEGIDA	Bevölkerung (unterschiedl.)
Nationale Orientierung/Nationalismus		
Ich bin stolz, Deutscher zu sein	94	76[1]
Wir sollten wieder Mut zu einem stärkerem Nationalgefühl haben	98	55[2]
Deutschland sollte seine Eigeninteressen in der Weltpolitik stärker vertreten	91	–
Rechtsautoritäre Diktatur/Nationalsozialismus		
Im nationalen Interesse ist unter bestimmten Umständen eine Diktatur die bessere Staatsform	33	12[3]
Hitler wäre einer der größten Staatsmänner, wenn er nicht Juden vernichtet und den Krieg verloren hätte	19	13[4]
Autoritarismus		
Wir sollten dankbar sein für führende Persönlichkeiten, die einem genau sagen, was wir tun sollen	16	30[5]
Auf welche Eigenschaften sollte die Erziehung von Kindern vor allem hinzielen? ... Freier Wille	32	31[6]
Law and Order		
Um Kriminalität zu verhindern, brauchen wir in Deutschland strengere Strafen	82	74[6]
Sind Sie grundsätzlich für oder gegen die Todesstrafe? ... Für Todesstrafe	35	17[6]
Geschlechterrollen		
Die Aufgabe des Mannes ist es, Geld zu verdienen, die der Ehefrau, sich um den Haushalt zu kümmern	14	15[7]
Frauen sollten entscheiden: Kind oder Beruf	17	–
Homosexualität sollte streng bestraft werden	10	(6)[8]
Legitimierung sozialer Ungleichheit		
Die Unterschiede zwischen Arm und Reich sind in unserer Gesellschaft zu groß	90	90[6]

(Fortsetzung)

Tab. 6 (Fortsetzung)

	PEGIDA	Bevölkerung (unterschiedl.)
Die Rangunterschiede in unserer Gesellschaft sind akzeptabel, weil sie im Wesentlichen ausdrücken, was man aus den Chancen, die man hatte, gemacht hat	51	50[9]
Abwertung sozial Schwacher		
Die meisten Menschen, die im Leben nichts erreichen, sind selber schuld	43	36[6]
Gerecht ist, wenn jede Person nur das bekommt, was sie sich durch eigene Anstrengungen erarbeitet hat	72	-

- Keine Vergleichsdaten

[1]ALLBUS 2016. Bundesweite Bevölkerungsumfrage; hier: ostdeutsche Befragte (eigene Auswertung); leichte Unterschiede in der Frageformulierung/Antwortkategorien („sehr stolz/ziemlich stolz" statt Zustimmung „voll und ganz/eher")

[2]Bundesweite Bevölkerungsumfrage 2018, ostdeutsche Befrgte, Quelle: Decker et al. (2018, S. 76). Die Antwortkategorie „teils-teils" wurde von uns zur Hälfte der Zustimmung dazu addiert.

[3]Bevölkerungsumfrage in Sachsen, 2016. Quelle: Sachsen Monitor (2016, S. 239); eigene Berechnung unter Ausklammerung von „Weiß nicht, keine Angabe"

[4]Bundesweite Bevölkerungsumfrage 2016. Quelle: Decker et al. (2016, S. 30). Die Kategorie „teils-teils" wurde von uns zur Hälfte der Zustimmung dazu addiert. Frageformulierung leicht differierend: „Ohne die Judenvernichtung würde man Hitler heute als großen Staatsmann ansehen".

[5]ALLBUS 2016. Bundesweite Bevölkerungsumfrage; hier: ostdeutsche Befragte (eigene Auswertung); leichter Unterschied in der Frageformulierung („führende Köpfe" im ALLBUS statt „führende Persönlichkeiten")

[6]Bevölkerungsumfrage in Dresden, 2014, Eigenerhebung

[7]ALLBUS 2012. Bundesweite Bevölkerungsumfrage; hier: ostdeutsche Befragte (eigene Auswertung). Die Antwortkategorie „teils-teils" wurde von uns zur Hälfte der Zustimmung dazu addiert.

[8]Bundesweite Bevölkerungsumfrage 2010, face-to-face. EMNID (eigene Erhebung); hier: ostdeutsche Befragte. Abweichende Frageformulierung. Gefragt wurde nach der Strafe für „Ein Mann hat homosexuelle Beziehungen zu einem anderen Mann"; hier: Anteil, der sich gegen eine Strafe ausspricht.

[9]ALLBUS 2014. Bundesweite Bevölkerungsumfrage; hier: ostdeutsche Befragte (eigene Auswertung).

Kontrast zur nationalen Eigenständigkeit gesehen, und die Frage der EU deshalb mit Fragen nationaler Identifikation verknüpft.[49]

---

[49] Was die Bewertung einzelner Länder – wie USA oder Russland – betrifft, so gibt es erhebliche Unterschiede: Dass die USA in Deutschland meist zu Unrecht kritisiert werden, meinen

Wie man der Tab. 6 des Weiteren entnehmen kann, bejahen die PEGIDA-Befragten im Vergleich zur Bevölkerung eher eine Diktatur und meinen etwas häufiger, dass Hitler unter anderen Umständen ein großer Staatsmann gewesen wäre. Die Unterschiede sind freilich gering. Und von nicht minder großer Bedeutsamkeit ist: Es handelt sich jeweils um Minderheiten, die sich in dieser Weise äußern. Im Fall des Autoritarismus – gemessen an der Aussage, dass man dankbar sein sollte für führende Köpfe/Persönlichkeiten, die „uns genau sagen, was wir tun sollen", sind es sogar die PEGIDA-Befragten, die sich seltener als die Bevölkerung für die autoritäre Option entscheiden (was z. T. methodische Gründe haben könnte).[50] Und im Fall der Erziehungsziele befürworten sie genauso häufig wie die Dresdner das Erziehungsziel „freier Wille". „Selbständigkeit" (hier nicht in der Tabelle aufgeführt) wird etwas seltener genannt und „Fleiß" etwas häufiger (was z. T. der Restriktion geschuldet sein kann, lediglich zwei Nennungen auszuwählen).[51] „Gehorsam" und „Unterordnung" finden als Erziehungsziele keine größere Unterstützung.

Manche Autoren haben als eine weitere Variante des Autoritarismus „Law and Order"-Orientierungen gewählt[52] (andere haben sie getrennt davon als eine zentrale Dimension des Rechtspopulismus aufgeführt). Eine der häufigsten Operationalisierung ist, die Forderung nach härteren Strafen als Indikator zu verwenden. Dies ist u. a. der Fall in den „Mitte"-Studien der Bielefelder Forschungsgruppe (bei denen wegen der starken Verbreitung dieser Forderung einem Großteil der Bevölkerung eine Neigung zu rechtspopulistischen Orientierungen attestiert wird, so bei Zick et al. 2016, S. 117 ff.).

---

gerade mal 13 % der PEGIDA-Befragten. Dass Russland meist zu Unrecht kritisiert wird, meinen hingegen 91 %. Die Meinung, dass Russland meist zu Unrecht kritisiert wird, wird umso häufiger geäußert, je mehr man der Ansicht ist, Deutschland müsse Mut zu einem starken Nationalgefühl haben ($r = ,12$, $p < 0,001$), und dass es seine Eigeninteressen in der Weltpolitik stärker vertreten solle ($r = ,10$, $p < 0,001$). Einen Zusammenhang mit dem Nationalstolz gibt es – anders als im Fall der EU – jedoch nicht. Zur Bewertung von Russland und den USA vgl. Patzelt (2016, S. 232).

[50] Unsere Formulierung unterscheidet sich von der Vergleichserhebung dadurch, dass wir den Begriff „führende Köpfe" durch „führende Persönlichkeiten" ersetzten. Es ist denkbar, dass der Begriff „Köpfe" viele Befragte an Intellektuelle und geistig hochstehende Persönlichkeiten denken lässt und deshalb die Aussage häufiger bejaht wird.

[51] Vorgegeben war, die beiden wichtigsten Ziele auszuwählen. Wer sich für eine der Nennungen entscheidet, hat weniger Auswahlmöglichkeiten für die zweite Nennung – welche er wählt, ist hingegen ihm überlassen.

[52] Für Decker et al. (2016) wird die Forderung nach härteren Strafen als Variante einer „autoritären Aggression" verstanden und zusammen mit Indikatoren für „autoritäre Unterwerfung" dem Autoritarismus-Syndrom zugeschrieben.

Die Verwendung dieser Frage als Indikator ist indes nicht ohne Probleme. Denn die Aussage, es bedürfe strengerer Strafen, ist ohne konkreten Strafbezug. Man kann empirischen Studien zufolge nicht ausschließen, dass die Vorstellung, es würde nicht streng genug sanktioniert, auf einer Fehlwahrnehmung der Justizpraxis beruht und die Befragten, wenn sie selbst ein Urteil fällen würden, von der üblichen Strafpraxis gar nicht abweichen.[53] Aus dieser Sicht ist die Forderung nach härteren Strafen in vielen Fällen wohl eher Abbild eines globalen Misstrauens in die Strafpraxis der Gerichte und des Staates, statt Ausdruck punitiver Einstellungen aufseiten der Befragten.

Wie man Tab. 6 entnehmen kann, sind mehr als vier Fünftel der PEGIDA-Befragten der Ansicht, dass es in Deutschland strengerer Strafen bedürfe, um Kriminalität zu verhindern. Nahezu gleich viele – rund drei Viertel – sind in Dresden dieser Ansicht. Dies stellt keine Dresdner Besonderheit dar. Die Dresdner unterscheiden sich in dieser Hinsicht – wie eigene Erhebungen von 2011 und 2014 dokumentieren – nicht von den Bürgern in Düsseldorf oder Hamburg (vgl. Reuband 2020, S. 145). Der in anderen Studien festgestellte Ost-West-Unterschied im abstrakten Strafverlangen wird in diesem Fall auf der Ebene der Großstädte also nicht reproduziert.

Konkretere Bezüge des Strafverlangens ergeben die Antworten auf die Frage nach der Befürwortung der Todesstrafe, hier erfasst über die Frageformulierung des Instituts für Demoskopie Allensbach „Sind Sie grundsätzlich für oder gegen die Todesstrafe?“. Auf diese Frage hin sprechen sich 35 % der PEGIDA-Befragten für die Todesstrafe aus, 35 % dagegen und 30 % geben sich unentschieden. Die Dresdner Befragten äußern sich hingegen dezidierter gegen die Todesstrafe. Der Anteil der Gegner liegt bei 62 %, und der Anteil der Befürworter und der Unentschiedenen liegt niedriger als unter den PEGIDA-Befragten.

Welche Ursachen für das größere Strafverlangen der PEGIDA-Befragten mit verantwortlich sind, welcher Stellenwert z. B. der Kriminalitätsfurcht zukommt, muss an dieser Stelle offen bleiben. Die Kriminalitätsfurcht der PEGIDA-Befragten ist zwar beträchtlich größer als die der Dresdner Befragten.[54] Aber

---

[53] Studien aus Großbritannien und Kanada deuten auf derartige Fehlperzeptionen hin. Dass man die abstrakt gehaltenen Aussagen nicht notwendigerweise mit Aussagen auf der konkreten Ebene gleichsetzen kann, zeigen auch Vergleiche zwischen Ost- und Westdeutschland. Danach sprechen sich die Ostdeutschen häufiger als die Westdeutschen abstrakt für härterer Strafen aus. Wenn man aber konkrete Delikte vorgibt und dafür das Strafverlangen erfragt, ergeben sich keine nennenswerten Differenzen (vgl. Reuband 2013).

[54] Dass sie sich sorgen, abends allein nicht mehr auf die Straße gehen zu können, meinten z. B. auf einer Vierer-Skala 72 % der PEGIDA-Befragten. Und dass sie sich sorgen, dass die Kriminalität in ihrer Stadt, ihrem Ort ansteigt, gaben 88 % an („stimme voll zu/eher zu“).

es besteht in diesem Fall eine zeitliche Differenz in der Durchführung der beiden Befragungen, und manches spricht dafür, dass in der Zwischenzeit die Furcht vor Kriminalität in der Bevölkerung erheblich gestiegen ist (vgl. Institut für Demoskopie 2018). Was hieße, dass die PEGIDA-Zahlen womöglich doch dichter an denen der Dresdner liegen, als es der Vergleich nahelegt (der hier nicht in Tabellenform ausgewiesen ist).

Zum Schluss sei noch die Bewertung anderer Gruppen als Muslime und Ausländer in die Betrachtung einbezogen. Besonders die kulturellen Erklärungsansätze des Rechtspopulismus und der gruppenbezogenen Menschenfeindlichkeit haben argumentiert, dass zum Rechtspopulismus gehöre, traditionellen Frauenrollen das Wort zu reden. Angaben dazu finden sich in Tab. 6. Sie zeigen, dass traditionelle Geschlechterrollen von den PEGIDA-Befragten jedoch nicht häufiger vertreten werden als in der Bevölkerung, und dass die Homosexualität nicht häufiger verurteilt und als sanktionswürdig erachtet wird. Desgleichen ergeben sich kaum Hinweise dafür, dass sich gruppenbezogene Menschenfeindlichkeit aufseiten der PEGIDA-Befragten in einer im Vergleich zur Bevölkerung beträchtlich größeren Neigung ausdrückt, Personen in sozial schwachen Positionen abzuwerten und soziale Ungleichheit in der Gesellschaft zu legitimieren.[55]

9 Keine „Normalbevölkerung", aber auch nicht so abweichend wie oft angenommen

In der Literatur ist der Aufstieg des Rechtspopulismus von vielen Autoren als eine Reaktion auf schleichende soziale und kulturelle Entwicklungen verstanden worden oder – in Bezug auf Ostdeutschland – als Reaktion auf seit längerem bestehende soziale und kulturelle Lagen und Befindlichkeiten. Es ist von Prozessen der Modernisierung, Globalisierung, Individualisierung oder des Wertwandels die Rede, die Erscheinungsformen des Rechtspopulismus hervorbringen, so als

In der Dresdner Bevölkerung lagen die entsprechenden Werte im Jahr 2014 bei 17 % bzw. 35 %. Je größer die Furcht, desto eher eine Befürwortung der Todesstrafe. Aber auch wenn man die Kriminalitätsfurcht berücksichtigt, liegt die Befürwortung der Todesstrafe unter den PEGIDA-Befragten höher als unter den Dresdnern (unter denen, die sich „stark sorgen" 31 % vs. 16 %, „sehr stark" sorgen 39 % vs. 30 %).

[55] In den Forschungen zur gruppenbezogenen Menschenfeindlichkeit (vgl. Zick et al. 2016) sind Obdachlose, Langzeitarbeitslose und Behinderte als Personengruppen aufgeführt, die den Leistungskriterien der kapitalistischen Gesellschaft nicht genügen und unverdient Leistungen erhalten. Die von uns gewählte Operationalisierung ist globaler gehalten und spricht den gemeinsamen Nenner der Bewertung der drei Gruppen an.

würde das gesellschaftliche Sein zwangsläufig das Bewusstsein bestimmen. Ereignissen kommt in diesen Ansätzen allenfalls eine Katalysatorfunktion zu, indem sie aktivieren, was sich längst herausgebildet hatte und früher oder später ohnehin zutage getreten wäre.

Dabei wird zu wenig der Frage nachgegangen, wie sehr Ereignissen und Problemlagen ein eigenständiger Wert zukommt, wie sehr diese eine eigene Dynamik entfalten und unterschiedlichen Konstellationen von Akteuren, Realitätsdefinitionen und sozialer Mobilisierung hervorbringen. Neue Ereignisse und Herausforderungen können sich – wenn sie als solche wahrgenommen und/oder definiert werden – in neuen politischen Issues auskristallisieren und im politischen Diskurs neue Perspektiven schaffen. Dass den längerfristigen Veränderungen in den gesellschaftlichen Rahmenbedingungen nicht zwangsläufig ein herausgehobener Stellenwert zukommt, dafür ist Dresden ein Beispiel – die Stadt des PEGIDA-Protests und für rund die Hälfte der Teilnehmer der Ort ihres Wohnsitzes. Für Dresden lässt sich von Mitte der 1990er Jahre bis in die Zeit unmittelbar vor der Entstehung des PEGIDA-Protests im Herbst 2014 weder eine Verschlechterung der subjektiven wirtschaftlichen Lage, noch eine steigende diffuse Verunsicherung (die von manchen Autoren gern dem Prozess der Modernisierung zugeschrieben wird) oder eine Zunahme in der wahrgenommenen Zurückweisung als Ostdeutsche nachweisen. Nicht mal ethnozentrische Einstellungen nahmen im Lauf der Zeit zu. Im Gegenteil, die Ablehnung von Ausländern bzw. Asylbewerbern sank langfristig ab und war 2014 niedriger als jemals zuvor. Dresden unterschied sich in dieser Hinsicht sogar nicht nennenswert von westdeutschen Städten (vgl. Reuband 2020). Desgleichen lassen sich auch in jüngerer Zeit keine Eigenheiten im ethnozentrischen Einstellungsprofil der Bevölkerung erkennen, die Dresden gegenüber Leipzig, Chemnitz oder anderen Teilen Sachsens zum geradezu „natürlichen" Ort des PEGIDA-Protests hätten werden lassen (vgl. Reuband 2019a).

Was PEGIDA vermutlichen primär den Aufschwung verschaffte, waren Ereignisse – wie das Aufkommen islamistischen Terrors und später die „Flüchtlingskrise" – in *Kombination* mit Akteuren, die den Protest organisierten und zu einem wiederkehrenden Moment kollektiven Erlebens machten. Die Ereignisse wirkten dabei vermutlich wie ein Katalysator, der das Unbehagen in Teilen der Bevölkerung zutage treten ließ und bündelte (vgl. Reuband 2020, S. 148 ff.). Dass später die „Flüchtlingskrise" in der Politik wie auch in der Bevölkerung an Bedeutung verlor, sich die Rahmenbedingungen für rechtspopulistische Protestbewegungen und Parteien änderten und diese die Funktion einbüßten, eine Art Repräsentationslücke zu füllen, steht außer Zweifel.

Gleichwohl muss dies nicht den Niedergang oder gar das Ende von PEGIDA bedeuten, es können neue Funktionen dazu gewonnen und neue Issues Bestandteil des eigenen Profils werden – so wie im Fall der Corona-Maßnahmen der Bundesregierung, die bei PEGIDA und AfD auf heftige Ablehnung stießen. Dies schlug sich u. a. darin nieder, dass die Teilnehmer von Veranstaltungen (solange dies von den Hygienevorgaben noch möglich war) keine Mund-Nasen-Schutzmasken trugen. Bei PEGIDA kommt als soziales Moment hinzu, dass es üblich geworden war, sich mit anderen Teilnehmern zur Kundgebung zu begeben und dort, in Rituale eingebunden, kollektive Gemeinsamkeit zu bekräftigen. Unter diesen Umständen bedarf es bei einer Veralltäglichung des Protests nicht mehr spektakulärer Ereignisse, wie Terroranschläge, um die Zahl der Teilnehmer bei einer Kundgebung zu erhöhen. Was mehr zählt, ist die Kundgebung selbst und die Frage, wie spektakulär und prominent die Redner sind, die auftreten (vgl. Reuband 2017, S. 114 f.).

Was kennzeichnet das soziale und politische Selbstverständnis der PEGIDA-Teilnehmer? Eine in der Literatur verbreitete Annahme ist, dass es sich bei Rechtspopulisten um Modernisierungsverlierer handelt, und dass Abstiegsängste und relative Deprivation bei ihnen weit verbreitet sind. Es gibt jedoch keinen Hinweis darauf, dass sich die PEGIDA-Teilnehmer von der Bevölkerung in dieser Hinsicht in nennenswertem Maße unterscheiden. Die zukünftige eigene wirtschaftliche Lage wird zwar pessimistischer eingeschätzt – und so auch die wirtschaftliche Lage des Landes –, aber dies dürfte eher eine Folge allgemein wahrgenommener gesellschaftlicher Veränderungen sein statt Ausdruck individueller Abstiegs- oder Statusängste. In dieser Hinsicht bestätigt die Analyse die Skepsis, die von anderen Autoren gegenüber Abstiegsängsten und relativer Deprivation als Erklärungskonzept für rechtsextreme/rechtspopulistische Einstellungen und Verhalten vorgebracht wurde (vgl. Rippl und Baier 2005). Sozioökonomische Erklärungen mögen zwar in Teilen eine Berechtigung haben, aber ihre Bedeutung scheint beschränkt.

Politisch stuft sich die Mehrheit der PEGIDA-Teilnehmer in der Mitte ein, mit einer im Vergleich zur Bevölkerung stärkeren Selbstpositionierung auf der rechten Seiten des Links-Rechts-Spektrums. Dass sich die Mehrheit in der Mitte einstuft, muss auf den ersten Blick wie ein Widerspruch zur PEGIDA-Teilnahme erscheinen, unterliegt aber vermutlich durchaus einer spezifischen Logik aufseiten der Befragten – einer Logik, welche kognitive Dissonanzen kaum oder gar nicht aufkommen lässt. Sie könnte partiell der eigenen Wahlhistorie geschuldet sein, in der Parteien aus dem etablierten Parteispektrum lange Zeit dominierten. Sie könnte Folge historischer, generationsmäßiger Prägungen sein – der Folge, dass sich das Links-Rechts-Schema traditionell auf Dimensionen sozialer Ungleichheit bezogen hat und das Thema Islam/Flüchtlinge erst seit kurzem verstärkt dazugehört. Und sie könnte einen Grund darin haben, dass sich die PEGIDA-Befragten in vielen Fragen – auch politischen – wenig von der Bevölkerung unterscheiden. Unter diesen Umständen könnten sie mehr Gemeinsamkeiten als Unterschiede wahrnehmen und sich selbst fälschlicherweise als eine Art „Normalbürger“ verstehen.

PEGIDA hat bei vielen Beobachtern den Ruf, Prototyp des Rechtspopulismus und der gruppenbezogenen Menschenfeindlichkeit zu sein. Unsere Befunde relativieren diese Annahmen: Gemessen an den Einstellungen zum Islam und zu Muslimen nehmen sie zweifellos eine schroffe Abgrenzung und Abwertung vor – was angesichts der PEGIDA-Programmatik jedoch nicht verwundert. Denn die Wahrnehmung einer Bedrohung durch Islam und Muslime ist für viele PEGIDA-Teilnehmer ein – wenn nicht gar der – maßgebliche Grund für ihren Protest.[56] Es sind „der Islam“ und die Flüchtlinge aus den islamischen Ländern, um die herum sich der Protest formierte. Wenn es jedoch um andere Aspekte gruppenbezogener Menschenfeindlichkeit geht – etwa um Geschlechterrollen, Autoritarismus, Verharmlosung des Nationalsozialismus oder die Abwertung sozial Schwacher – erweisen sich die Unterschiede zur Bevölkerung als gering oder als nicht existent.

Von einer Verdichtung gruppenbezogener Menschenfeindlichkeit und rechtspopulistischer Einstellungen aufseiten der Teilnehmer kann demnach – zumindest für den hier betrachteten Zeitraum – nicht oder allenfalls themenspezifisch gesprochen werden. Der Rechtspopulismus ist unter den PEGIDA-Teilnehmern in weniger auskristallisierter und generalisierter Form vorhanden, als es den geläufigen Vorstellungen vom Rechtspopulismus entspricht. Was Änderungen im Verlauf der Zeit, unter wechselnden Rahmenbedingungen, nicht ausschließen muss. Die PEGIDA-Teilnehmer sind in der Zeit, in der die Erhebung stattfand, zwar keine „Normalbürger“ gewesen, wie es ihrem Selbstverständnis entspräche (vgl. Reuband 2016b), sie waren aber auch nicht so abweichend, wie es manchen Beobachtern erscheinen mag. Die Übergänge sind fließend – in einigen Politikfeldern stärker, in anderen schwächer. Aus dieser Sicht bedarf die Klassifikation als Prototyp des Rechtspopulismus einer Differenzierung, die sich nach Organisationsteam, Teilnehmern, Rednern und Reden, Programmatik sowie deren Wechselwirkungen im Zeitverlauf unterscheiden dürfte.

---

[56] Dass politische Gründe häufiger als islambezogene Gründe in der Untersuchung von Vorländer et al. (2015, 2016) als Teilnahmegrund genannt wurden, hat z. T. mit der Klassifikation der Motive zu tun sowie damit, dass eine offene Frage genutzt wurde und die Einstellungen zu Islam und Flüchtlingen nicht mit Statements abgefragt wurden (vgl. Reuband 2018b).

Literatur

Alexander, Robin. 2017. *Die Getriebenen. Merkel und die Flüchtlingspolitik: Report aus dem Inneren der Macht.* München: Siedler.

ALLBUS 2012. *Codebuch.* Köln: GESIS.

Asbrock, Frank, Gunnar Lemmer, Ulrich Wagner, Julia C. Becker, und Jeffrey Koller. 2009. Das Gefühl macht den Unterschied. Emotionen gegenüber „Ausländern" in Ost- und Westdeutschland. In *Deutsche Zustände. Folge 7*, hrsg. von Wilhelm Heitmeyer, 152 - 167. Frankfurt a. M.: Suhrkamp Verlag.

Barnes, Samuel H., und Max Kaase, et al. 1979. *Political Action: Mass Participation in Five Western Democracies.* Beverly Hills, Calif.: Sage Publications.

Berger, Roger, Stefan Poppe, und Mathias Schuh. 2016. Zur Problematik der Zählung von Demonstrationsteilnehmern. In *Karl-Siegbert Rehberg et al. 2016*, 113 - 146.

Berth, Hendrik, Markus Zenger, Yve Stöbel-Richter, und Elmar Brähler. 2020. Wer sind die BefürworterInnen von PEGIDA? Eine Analyse der sächsischen Längsschnittstudien. In *Prekärer Zusammenhalt. Die Bedrohung des demokratischen Miteinanders in Deutschland*, hrsg. von Ayline Heller, Oliver Decker und Elmar Brähler, 101 - 114. Gießen: Psychosozial-Verlag.

Bude, Heinz. 2015. *PEGIDA, die Gesellschaft der Angst und der Protestbegriff des Volkes.* Dresden: Verlag Sächsische Zeitung.

Celik, Kazim, Oliver Decker, und Elmar Brähler. 2020. Rechtsextremismus für die breite Gesellschaft? Der Wandel der AfD-Wählerschaft von 2014 bis 2020. In *Autoritäre Dynamiken. Alte Ressentiments – neue Radikalität*, hrsg. von Oliver Decker und Elmar Brähler, 149 - 178. Gießen: Psychosozial-Verlag.

Daphi, Priska, Piotr Kocyba, Michael Neuber, …, Sabrina Zajak. 2015. *Protestforschung am Limit. Eine soziologische Annäherung an PEGIDA* (Verein für Protest- und Bewegungsforschung: ipb working papers). Berlin. URL: https://www.wzb.eu/de/pressemitteilung/untersuchung-zur-dresdner-PEGIDA-demonstration (Zugriff: 24.11.2020).

Decker, Oliver. 2018. Flucht ins Autoritäre. In *Flucht ins Autoritäre. Rechtsextreme Dynamiken in der Mitte der Gesellschaft*, hrsg. von Oliver Decker und Elmar Brähler, 15 - 64. Gießen: Psychosozial Verlag.

Decker, Oliver, Johannes Kries, Eva Eggers, und Elmar Brähler. 2016. Die „Mitte"- Studie 2016: Methode, Ergebnisse und Langzeitverlauf. In *Die enthemmte Mitte. Autoritäre und rechtsextreme Einstellung in Deutschland,* hrsg. von Oliver Decker, Johannes Kriess und Elmar Brähler, 23 - 66. Gießen: Psychosozial-Verlag.

Decker, Oliver, Johannes Kries, Julia Schuler, Barbara Handke, Gert Pickel, und Elmar Brähler. 2020. Die Leipziger Autoritarismus Studie 2020: Methode, Ergebnisse und Langzeitverlauf. In *Autoritäre Dynamiken. Neue Radikalität – alte Ressentiments,* hrsg. von Oliver Decker und Elmar Brähler, 27 - 89, Gießen: Psychosozial Verlag.

Decker, Oliver, Julia Schuler und Elmar Brähler. 2018. Das autoritäre Syndrom heute. In *Flucht ins Autoritäre. Rechtsextreme Dynamiken in der Mitte der Gesellschaft*, hrsg. von Oliver Decker und Elmar Brähler, 117 - 156. Gießen: Psychosozial Verlag.

Delhey, Jan, und Leonie C. Steckermeier. 2019. Statusängste in Deutschland. Wachsendes Problem oder zeitdiagnostischer Mythos? In *Christian Lübke und Jan Delhey 2019*, 195 - 136.

Emmer, Martin, Carola Richter, und Marlene Kunst. 2016. *Flucht 2.0. Mediennutzung durch Flüchtlinge vor, während und nach der Flucht* (Freie Universität Berlin, Institut für Publizistik und Kommunikationswissenschaft). Berlin.

Fehser, Stefan. 2015. *Eine gespaltene Stadt. Positionen der Dresdner Bevölkerung zum Thema Asyl.* Dresden. URL: https://kirche-demokratie.de/media/download/26/attachment-1570456561.pdf (Zugriff: 24.11.2020).

Forschungsgruppe Wahlen. 2020. *Zeitreihen.* Mannheim. URL: https://www.forschungsgruppe.de/Umfragen/Politbarometer/Langzeitentwicklung_-_Themen_im_Ueberblick/ (Zugriff: 11.11.2020).

Förster, Peter, und Günter Roski. 1990. *DDR zwischen Wende und Wahl. Meinungsforscher analysieren den Umbruch.* Berlin: Christoph Links Verlag.

Geiger, Theodor. 1930. Panik im Mittelstand. *Die Arbeit* 7 (10): 637 - 654.

Geiges, Lars, Stine Marg, und Franz Walter. 2015. *PEGIDA. Die schmutzige Seite der Zivilgesellschaft.* Bielefeld: transcript Verlag.

Heitmeyer, Wilhelm. 2002. Gruppenbezogene Menschenfeindlichkeit – die theoretische Konzeption und erste empirische Ergebnisse. *Deutsche Zustände. Folge 1*, hrsg. von Wilhelm Heitmeyer, 15 - 36. Frankfurt a. M.: Suhrkamp Verlag.

Hennig, Sebastian. 2015. *PEGIDA. Spaziergänge über den Horizont.* Neustadt an der Orla: Arnshaugk Verlag.

Infratest dimap (2015). *AfD rückt nach rechts, CDU nach links. Die Positionierung der politischen Partien im Links-Rechts-Kontinuum.* Berlin. URL: https://www.infratest-dimap.de/uploads/media/LinksRechts_Nov2015_01.pdf (Zugriff: 24.11.2020).

Institut für Demokratieforschung. 2016. *Büchse der Pandora? PEGIDA im Jahr 2016 und die Profanisierung rechtspopulistischer Positionen.* Göttingen: Institut für Demokratieforschung.

Institut für Demoskopie. 2018. *Sicherheitsreport 2018.* Allensbach. URL: https://www.glh-online.com/wp-content/uploads/Grafiken_Sicherheitsreport2018_glh-Allensbach.pdf (Zugriff: 24.11.2020).

Kocyba, Piotr. 2020. PEGIDA: Ausdruck rechtsextremen Protests? In *Sachsen – Eine Hochburg des Rechtsextremismus?*, hrsg. von Uwe Backes und Steffen Kalitz, 81 - 100. Göttingen: Vandenhoeck & Rupprecht.

Koppetsch, Cornelia. 2019. *Die Gesellschaft des Zorns. Rechtspopulismus im globalen Zeitalter.* 2. Aufl. Bielefeld: transcript Verlag.

Kreis, Joachim. 2007. Zur Messung von rechtsextremen Einstellungen: Probleme und Kontroversen am Beispiel zweier Studien (Freie Universität Berlin, Fachbereich Politik- und Sozialwissenschaften, Otto-Stammer-Zentrum: *Arbeitshefte aus dem Otto-Stammer-Zentrum* Nr. 12). Berlin.

Küpper, Beate, Andreas Zick, und Daniela Krause. 2015. PEGIDA in den Köpfen. In *Andreas Zick und Beate Küpper 2015*, 21 - 43.

Lengfeld, Holger. 2019. Abstiegsängste in Deutschland im historischen Tiefstand. Ergebnisse der Auswertung des Sozioökonomischen Panels 1991-2016. In *Christian Lübke und Jan Delhey 2019*, 58 - 76.

Lipset, Seymour Martin. 1963. *Political Man: The Social Bases of Politics.* Garden City, N.Y.: Doubleday.

Lübke, Christian, und Jan Delhey. 2019. *Diagnose Angstgesellschaft. Was wir wirklich über die Gefühlslage der Menschen wissen.* Bielefeld: transcript Verlag.

Lüdemann, Christian. 2001. Politische Partizipation, Anreize und Ressourcen. Ein Test verschiedener Handlungsmodelle und Anschlusstheorien am ALLBUS 1998. In *Politische Partizipation in der Bundesrepublik Deutschland*, hrsg. von Achim Koch, Martina Wasmer und Peter Schmidt, 43 - 73. Opladen: Westdeutscher Verlag.
Mitteldeutscher Rundfung (MDR). 2020. *Pegida-Demo und Gegenproteste in Dresden.* 14.09.2019. URL: https://www.mdr.de/sachsen/dresden/dresden-radebeul/pegida-demo-dresden-september-maskenpflicht-kalbitz-100.html (Zugriff: 24.11.2020).
Mohler, Peter Ph. 1989. Der Deutsche Stolz: Das Grundgesetz. Ergebnisse einer deutsch-britischen Umfrage. *Informationsdienst Soziale Indikatoren* 2 (Juli 1989): 1 - 4.
Nachtwey, Oliver. 2016. *Die Abstiegsgesellschaft. Über das Aufbegehren in der regressiven Moderne.* Frankfurt a. M.: Suhrkamp Verlag.
Neu, Viola, und Sabine Pokorny. 2018. Extremistische Einstellungen und empirische Befunde. In *Extremismusforschung. Handbuch für Wissenschaft und Praxis*, hrsg. von Eckhard Jesse und Tom Mannewitz, 161 - 204. Baden-Baden: Nomos Verlagsgesellschaft.
Norris, Pippa, und Ronald Inglehart. 2019. *Cultural Backlash: Trump, Brexit and Authoritarian Populism.* Cambridge (UK): Cambridge University Press.
Patzelt, Werner J. 2016. Wer sind und wie denken die Pegidianer? In *PEGIDA. Warnsignale aus Dresden*, hrsg. von Werner J. Patzelt und Jürgen Klose, 148 - 294. Dresden: Thelem Verlag.
Petersen, Thomas. 2014: *Anfang vom Ende der Politikverdrossenheit?* Eine Dokumentation des Beitrags von Dr. Thomas Petersen in der Frankfurter Allgemeinen Zeitung, Nr. 66 vom 19. März 2014. URL: https://www.ifd-allensbach.de/fileadmin/kurzberichte_dokumentationen/FAZ_Ma__rz_2014_Politikverdrossenheit.pdf (Zugriff: 24.11.2020).
Rehberg, Karl-Siegert. 2016. Dresden-Szenen. Eine einleitende Situationsbeschreibung. In *Karl-Siegbert Rehberg et al. 2016*, 14 - 52.
Rehberg, Karl-Siegbert, Franziska Kunz, und Tino Schlinzig (Hrsg.). 2016. *PEGIDA. Rechtspopulismus zwischen Fremdenangst und „Wende"-Enttäuschung?* Bielefeld: transcript Verlag.
Reuband, Karl-Heinz. 2021. Rechtspopulistischer Protest und (post-) materialistische Wertorientierungen. Teilnehmer des PEGIDA-Protests und Bevölkerung im Vergleich. *Zeitschrift für Politik* 68 (3): 261 - 282.
Reuband, Karl-Heinz. 2020. Rechtspopulistischer Protest – eine Folge lokaler politischer Kultur? Dresden als Entstehungs- und Veranstaltungsort der PEGIDA-Kundgebungen. *Zeitschrift für Parteienwissenschaften (MIP)* 26 (2): 132 - 157.
Reuband, Karl-Heinz. 2019a. Fremdenfeindlichkeit und AfD-Wahlerfolge in Sachsen: Wie sehr spiegeln sich regionale Unterschiede in Sachsen in den Einstellungen zu Ausländern und Muslimen wider? *Zeitschrift für Parteienwissenschaften (MIP)* 25 (1): 13 - 27.
Reuband, Karl-Heinz. 2019b. PEGIDA und die Montagsdemonstrationen in der „Wende"-Zeit der DDR: Kontinuitäten und Diskontinuitäten des Protests. *Zeitschrift für Parteienwissenschaften (MIP)* 25 (2): 220 - 234.
Reuband, Karl-Heinz. 2018a. Pegida im „Tal der Ahnungslosen". Demokratievorstellungen der Bürger in Dresden, in Düsseldorf und unter Teilnehmern der Pegida-Proteste. *Zeitschrift für Parlamentsfragen* 49 (1), 129–147.
Reuband, Karl-Heinz. 2018b. Motive des PEGIDA-Protests: Verbreitung, Struktur und Entwicklung unter dem Einfluss der „Flüchtlingskrise". *Mitteilungen des Instituts für Parteienrecht und Parteienforschung (MIP)* 24: 90 - 100.

Reuband, Karl-Heinz. 2017. Die Dynamik des PEGIDA Protests. Der Einfluss von Ereignissen und bewegungsspezifischer Mobilisierung auf Teilnehmerzahlen und Teilnehmerzusammensetzung. *Mitteilungen des Instituts für Parteienrecht und Parteienforschung (MIP)* 23: 112 - 130.

Reuband, Karl-Heinz. 2016a. PEGIDA im Wandel? Soziale Rekrutierung, politisches Selbstverständnis und Parteipräferenzen der Kundgebungsteilnehmer. *Mitteilungen des Instituts für Parteienrecht und Parteienforschung (MIP)* 22: 52 - 69.

Reuband, Karl-Heinz. 2016b. Außenseiter oder Repräsentanten der Mehrheit? Selbst- und Fremdwahrnehmung der Teilnehmer von PEGIDA Kundgebungen. In *Karl-Siegbert Rehberg et al. 2016*, 165 - 187.

Reuband, Karl-Heinz. 2015. Wer demonstriert in Dresden für PEGIDA? Ergebnisse empirischer Studien, methodische Grundlagen und offene Fragen. *Mitteilungen des Instituts für Parteienrecht und Parteienforschung (MIP)* 21: 133 - 143.

Reuband, Karl-Heinz. 2014. Schriftliche-postalische Befragungen. In *Handbuch Methoden der empirischen Sozialforschung*, hrsg. von Nina Baur und Jörg Blasius, 643 - 660. Wiesbaden: Springer.

Reuband, Karl-Heinz. 2013. Punitivität der Bürger in Ost- und Westdeutschland. In *Kriminologie – Kriminalpolitik – Strafrecht. Festschrift für Hans-Jürgen Kerner zum 70. Geburtstag*, hrsg. von Klaus Boers, Thomas Feltes, Jörg Kinzig ...Gerson Trüg, 191 - 206. Tübingen: Mohr Siebeck.

Reuband, Karl-Heinz. 2012. Vertrauen in die Polizei und staatliche Institutionen: Konstanz und Wandel in den Einstellungen der Bevölkerung 1984–2011. *Soziale Probleme* 23 (1): 5 - 39.

Richter, Christoph, und Lukas Bösch. 2017. *Demokratiefreie Räume? Wahlkreisanalyse zur Bundestagswahl 2017*. Jena: Institut für Demokratie und Zivilgesellschaft.

Rippl, Susanne, und Dirk Baier. 2005. Das Deprivationskonzept in der Rechtsextremismusforschung. *Kölner Zeitschrift für Soziologie und Sozialpsychologie* 57 (4): 644 - 666.

Rippl, Susanne, Marius Klein, Friderike Wittenburg ... Stefanie Hinze. 2016. *Pegida und Co. Erste Ergebnisse einer Telefonumfrage in Chemnitz. Erklärungsansatz und erste Befunde* (Technische Universität Chemnitz, Institut für Soziologie: Forschungsbericht). Chemnitz.

Rippl, Susanne, und Christian Seipel. 2018. Modernisierungsverlierer, Cultural Backlash, Postdemokratie. Was erklärt rechtspopulistische Orientierungen? *Kölner Zeitschrift für Soziologie und Sozialpsychologie* 70 (2): 237 - 254.

Sachsen Monitor. 2016. Tabellenband. Dresden. URL: https://www.staatsregierung.sachsen.de/sachsen-monitor-2016-4038.html (Zugriff: 24.11.2020).

Schielicke, Anna-Maria. 2022. Gesellschaftspolitische Einstellungen im Wandel. Unterstützung von PEGIDA und AfD in der Bevölkerung. In *Dresden im Wandel. Kulturelle Repräsentationen und soziale Transformationen*. hrsg. von Karl-Heinz Reuband, 435 - 449. Dresden: Thelem Verlag.

Schneider, Alexander. 2019. Pegida hat inzwischen sektenhafte Züge (Interview). *Zeit Online* 23.08.2019. URL: https://www.zeit.de/politik/deutschland/2019-08/pegida-rechtsextremismus-sachsen-afd-landtagswahl (Zugriff: 20.09.2020).

Schneider, Alexander, und Christoph Springer. 2020. Pegida sagt Adventslieder-Singen ab. *Sächsische Zeitung* vom 23.11.2010, S. 17.

Sundermeyer, Olaf. 2015. PEGIDA und die Radikalisierung von rechts – Beobachtungen einer menschenfeindlichen Beziehung. In *Andreas Zick und Beate Küpper 2015*, 167 - 177.

Thomas, William I. 1965 (1928). *Person und Sozialverhalten.* Neuwied: Luchterhand Verlag.

TNS Emnid. 2015. *Ergebnisse einer repräsentativen Bevölkerungsumfrage in Sachsen.* Grafikauswertung. Juni 2015. Bielefeld. URL: https://www.l-iz.de/wp-content/uploads/2016/02/132_umfrage_sachsen_2015.pdf (Zugriff: 24.11.2020).

Vorländer, Hans, Maik Herold, und Steven Schäller. 2016. *PEGIDA. Entwicklung, Zusammensetzung und Deutung einer Empörungsbewegung.* Wiesbaden: Springer VS.

Vorländer, Hans, Maik Herold, und Steven Schäller. 2015. *Wer geht zu PEGIDA und warum? Eine empirische Untersuchung von PEGIDA-Demonstranten in Dresden* (Technische Universität Dresden, Zentrum für Verfassungs- und Demokratieforschung: Schriften zur Verfassungs- und Demokratieforschung 1/2015). Dresden.

Zick, Andreas, Daniela Krause, und Beate Küpper. 2016. Rechtspopulistische und rechtsextreme Einstellungen in Deutschland. In *Gespaltene Mitte – Feindselige Zustände. Rechtsextreme Einstellungen in Deutschland 2016*, hrsg. von Andreas Zick, Beate Küpper und Daniela Krause, 111 - 142. Bonn: Verlag J. H. W. Dietz Nachf.

Zick, Andreas, und Beate Küpper (Hrsg.). 2015. *Wut, Verachtung, Abwertung. Rechtspopulismus in Deutschland.* Bonn: Verlag J. H. W. Dietz Nachf.

Demokratie auf dem Rückzug?

Analyse der sozialräumlichen Erfolgsbedingungen der AfD zur Bundestagswahl 2017 und zu den Thüringer Kommunal- und Landtagswahlen 2019

Christoph Richter, Axel Salheiser und Matthias Quent

Zusammenfassung

Vor allem in Ostdeutschland inszeniert sich die AfD als Stimme „konservativer“ BürgerInnen, die deren Frust auf die „etablierte Politik“ mit rigorosen Vorstellungen von nationaler Identität und ethnisch-kultureller Homogenität sowie ausgeprägter Skepsis gegenüber Globalisierungs- und Modernisierungsprozessen verbindet. Ist die AfD besonders in sozioökonomisch abgehängten Regionen erfolgreich? Profitiert sie von einer lokalen politischen Kultur, in der langfristig Demokratieverdrossenheit und Rechtsextremismus das Klima prägen oder mobilisiert sie erfolgreich in schrumpfenden und aussterbenden Regionen als Folge der strukturellen Umbrüche? Wir haben die Landtags- und Kreistagswahlen 2019 in Thüringen zum Anlass genommen, diesen

C. Richter (✉)
Institut für Demokratie und Zivilgesellschaft, Jena, Deutschland
E-Mail: christoph.richter@idz-jena.de

A. Salheiser
KomRex – Zentrum für Rechtsextremismusforschung, Demokratiebildung und gesellschaftliche Integration, Friedrich-Schiller-Universität Jena, Jena, Deutschland
E-Mail: axel.salheiser@uni-jena.de

M. Quent
Hochschule Magdeburg-Stendal, Magdeburg, Deutschland
E-Mail: office@mathiasquent.com

H. U. Brinkmann und K.-H. Reuband (Hrsg.), *Rechtspopulismus in Deutschland*,
https://doi.org/10.1007/978-3-658-33787-2_12

Fragen nachzugehen und analysieren die politische Kultur sowie die sozioökonomische und soziodemografische Struktur der Thüringer Gemeinden im Hinblick auf die Stimmenanteile der AfD anhand ökologischer Mehrebenen-Regressionsmodelle. Im Anschluss stellen wir die Ergebnisse einer Analyse zu den Erfolgsbedingungen der AfD zur Bundestagswahl 2017 vor und diskutieren aktuelle Erklärungsansätze der radikal rechten Mobilisierung.

1 Einleitung

„Wo eine solche Partei Erfolge feiert, da gibt es ein Problem"[1], kommentierte Charlotte Knobloch (Präsidentin der Israelitischen Kultusgemeinde München und Oberbayern sowie ehemalige Vorsitzende des Zentralrats der Juden in Deutschland) das Ergebnis der Alternative für Deutschland (AfD) bei den Landtagswahlen in Thüringen 2019. 23,4 % der Thüringer WählerInnen hatten das Kreuz bei der AfD gemacht. Die massive Mobilisierung rechtspopulistischer, radikal rechter und extrem rechter Parteien und Bewegungen (vgl. Mudde 2019)[2] – die sich seit Jahren quer durch Europa und in vielen Teilen der Welt zeigt – versetzt die demokratischen Gesellschaften und ihre Institutionen in Aufruhr. In Politik und Zivilgesellschaft steigt das Bedürfnis nach Erklärungen; schließlich stellt die Mobilisierung durch Rechtsaußenparteien, aber auch durch außerparlamentarische Bewegungen den demokratischen Zusammenhalt der Gesellschaften vor massive und in diesem Ausmaß neue Herausforderungen.

Während die AfD auf lokaler, regionaler und bundesweiter Ebene ihre Wählerschaft und politische Einflusssphäre ausbaut, stellen sich viele Fragen von einer Wahl zur nächsten immer wieder aufs Neue: Weshalb wählen so viele Menschen eine rechtsradikale und in Teilen rechtsextremistische Partei? Weshalb gerade in den letzten Jahren? Und weshalb kann die AfD in einigen Regionen besonders große Zustimmung verzeichnen, in anderen jedoch nicht? Liegen die Wahlmotive in einer tief sitzenden Unzufriedenheit und sind damit in erster Linie Ausdruck von Protest (Protestwahlthese), in einer erfolgreichen Mobilisierung bisheriger NichtwählerInnen – beispielsweise bei Personen, die sich im wirtschaftlichen Prozess als benachteiligt oder abgehängt fühlen (sozioökonomische

[1] https://www.tagesschau.de/inland/afd-thueringen-reaktionen-101.html (Zugriff: 19.03.2020).

[2] Wir verwenden die obigen Begriffe hier analog zu Muddes Konzept der „far right", die neben „radical right" und „extreme right" auch „right-wing populist parties" umfasst (vgl. Mudde 2019). Für den deutschsprachigen Bereich nutzen wir hierfür als Sammelbegriff analog zu Spier (2017) die Bezeichnung Rechtsaußenparteien.

Erklärungsansätze, z. B. die der „ModernisierungsverliererInnen“)? Oder spielen wirtschaftliche Aspekte nur eine untergeordnete Rolle und die Wahl ist in erster Linie Ausdruck weitverbreiteter nationalistischer und fremdenfeindlicher Einstellungen – wobei die AfD nicht trotz, sondern gerade wegen ihrer radikalen, völkisch-nationalistischen Agenda gewählt wird (politisch-kulturelle Erklärungsansätze)? Im vorliegenden Buchbeitrag gehen wir diesen Forschungsfragen auf der Basis ökologischer Mehrebenenanalysen[3] zu den Stimmenanteilen der AfD in den Thüringer Kommunalwahlen und der Landtagswahl 2019 sowie in der Bundestagswahl 2017 nach.

2 Forschungsstand und Interpretationshintergrund

Um die Ursachen und Kontexte radikal rechter Wahlerfolge ist nicht nur eine gesellschaftspolitische, sondern auch eine intensive sozialwissenschaftliche Debatte entbrannt. Sie hat der empirischen Forschung zum Rechtspopulismus und Rechtsextremismus zu wichtigen neuen Impulsen verholfen. Viele Studien suchen Antworten auf die Frage, weshalb rechtspopulistische und -extremistische Parteien weltweit in den vergangenen Jahren so starke Geländegewinne verzeichnen konnten. Das hat zu einer Fülle relevanter Beiträge geführt, die verschiedene Aspekte der rechtsradikalen Mobilisierung beleuchten – aber immer wieder auch zu kontroversen Befunden, die je nach Methodik und inhaltlicher Schwerpunktsetzung zumindest scheinbar unterschiedliche und bisweilen gegensätzliche Schlussfolgerungen mit sich bringen. Im Hinblick auf die sozioökonomischen Aspekte der Mobilisierung radikal rechter Parteien konnten viele frühere Studien europaweit Effekte im Sinne einer sozioökonomischen Modernisierungsverlierer-These bestätigen (vgl. Spier 2010; Werts et al. 2013).

Die empirischen Studien zu den Gründen und strukturellen Bedingungen des AfD-Wahlerfolgs, die viele Gemeinsamkeiten aber auch Unterschiede zu bestehenden Rechtsaußenparteien aufweisen, stellen jedoch ältere Befunde der Wahlforschung teilweise auf den Prüfstand. So verweisen zwar einige Studien auf eher niedrige Einkommens- und Bildungswerte der potenziellen AfD-WählerInnen (vgl. O. Decker et al. 2016; Brenke und Kritikos 2017). Unter anderen findet Lux (2018) Belege für die Modernisierungsverlierer-These und zeigt, dass mit

[3] Im Gegensatz zu Individualdaten wird hier auf aggregierte Daten der räumlichen Struktur (bspw. statistische Daten der Gemeinden und Wahlkreise) zurückgegriffen. Dem Umstand, dass diese räumlichen Einheiten wiederum Teil einer übergeordneten räumlichen Struktur (bspw Kreise, Bundesländer, Ost- und Westdeutschland) sind, wird mittels Mehrebenen-Regressions-Modellen Rechnung getragen.

steigender sozioökonomischer Statuslage die Wahrscheinlichkeit der AfD-Wahl sinkt. Doch bspw. Vehrkamp und Wegschaider (2017) beobachten, dass die AfD zur Bundestagswahl 2017 nicht nur bei WählerInnen der Unter- bzw. Arbeiterschicht, sondern auch in der Mittelschicht und in den gehobenen sozialen Lagen Zuwächse verzeichnen konnte (vgl. Vehrkamp und Wegschaider 2017, S. 23 ff.). Anderen Studien zufolge wurde die Partei vor allem von Personen mit mittleren bis höheren Einkommen und mit relativ geringen Sorgen hinsichtlich ihres sozioökonomischen Status unterstützt (vgl. Bergmann et al. 2016; Lengfeld 2017).

Die Befundlage wird auch dadurch uneinheitlich, dass mit den starken Wandlungs- und Radikalisierungsprozessen der Partei soziostrukturelle Veränderungen ihrer Wählerschaft einhergingen (vgl. Hövermann und Groß 2016; Häusler 2016; Arzheimer und Berning 2019). Traten in der Bundestagswahl 2013 noch keine bemerkenswerten Unterschiede zwischen wirtschaftlich stärkeren und schwächeren Regionen zutage, zeigte sich 2017 ein erhöhter AfD-Zuspruch in sozioökonomisch schlechter gestellten Regionen (vgl. Richter und Bösch 2017). Zur Bundestagswahl 2017 und bei nachfolgenden Wahlen ließ sich Umfragen zufolge eine deutliche Zunahme der ArbeiterInnen und Erwerbslosen unter der AfD-Wählerschaft ausmachen (vgl. Bergmann et al. 2018; Vehrkamp und Wegschaider 2017). Dieser Trend war auch bei den drei ostdeutschen Landtagswahlen 2019 erkennbar. Hier konnte die AfD im Vergleich zu den anderen Parteien besonders häufig ArbeiterInnen und erwerbslose Personen mobilisieren und in diesen Wählergruppen die stärksten Zuwächse im Vergleich zu den anderen Parteien verzeichnen (vgl. Neu 2019; Neu und Pokorny 2019; Pokorny 2019). Trotz dieser Auffälligkeiten verweisen viele Studien auf eine insgesamt sehr heterogene sozioökonomische Zusammensetzung der AfD-Wählerbasis (vgl. Vehrkamp und Wegschaider 2017; Bergmann et al. 2018; Rippl und Seipel 2018). Neben den ArbeiterInnen und der im Verhältnis zur Gesamtwählerschaft kleinen Gruppe der Arbeitslosen sind es Angestellte, Selbstständige und BeamtInnen, die das elektorale Rückgrat der Partei bilden und ihr somit einen Wahlerfolg quer durch die Gesellschaft ermöglichen (vgl. F. Decker 2018).

Andere Untersuchungen zeigen, dass weniger die objektive soziale Lage als vielmehr deren subjektive Wahrnehmung und Bewertung (Deprivationsempfindungen) sowie eine damit verbundene Statusverlustangst Einfluss auf die AfD-Wahlwahrscheinlichkeit haben. Häufiger als andere ParteienanhängerInnen schätzen AfD-WählerInnen ihre persönliche wirtschaftliche Lage negativ ein und sorgen sich um die Zukunft. Dieser Befund geht aus bundesweiten Untersuchungen hervor (vgl. Hilmer et al. 2017; Bergmann et al. 2018; Lux 2018) und zeigte sich auch in einer Befragung vor der Thüringer Landtagswahl (vgl. Salheiser et al. 2019). Beate Küpper verweist daneben auf den Aspekt kollektiver Deprivation:

Maßgeblich für rechtspopulistische Einstellungen und die AfD-Unterstützung sind demnach auch subjektive Wahrnehmungen der kollektiven wirtschaftlichen Schlechterstellung, insbesondere im Vergleich zu anderen Gruppen (vgl. Küpper 2017a, S. 99).

Dass Statusverlustangst neben der materiellen eine kulturelle Komponente hat (u. a. Individuen und soziale Gruppen, die normativen Werteveränderungen im Zuge der Modernisierungs- und Liberalisierungsverläufe kritisch gegenüberstehen) und sich ebenfalls in Teilen der Mittelschicht in erhöhtem AfD-Zuspruch ausdrückt, betonen u. a. Vehrkamp und Wegschaider (2017).

Neben Fragen wirtschaftlicher Deprivation und des Statusverlusts, sind in der Forschung zunehmend die räumlichen und soziodemografischen Aspekte des AfD-Wahlerfolgs in das Zentrum der Analyse gerückt. Es stellt sich die Frage, welche Faktoren die höchst unterschiedliche räumliche Verteilung im AfD-Zuspruch, vor allem jedoch die auffällige Differenz zwischen Ost- und Westdeutschland, erklären können (vgl. Manow 2018; Franz et al. 2018, 2019; Kurtenbach 2019). Besonders die Ungleichheit in der Entwicklung zwischen städtischem und ländlichem Raum hinsichtlich Bevölkerungsstruktur, Entwicklungsperspektiven und Fragen der sozialen, kulturellen und politischen Partizipationsmöglichkeiten scheinen hier von großer Relevanz zu sein (vgl. Franz et al. 2018; Klärner et al. 2019; Salomo 2019). Exemplarisch zeigen Brachert et al. (2020) den Einfluss räumlicher Kontextbedingungen auf das Wahlverhalten in den drei ostdeutschen Landtagswahlen 2019 auf. Gerade in ländlichen Regionen mit starken Strukturumbrüchen auf dem Arbeitsmarkt und in der Bevölkerungsentwicklung waren sowohl die Wahlpräferenz für die AfD stärker ausgeprägt als auch die Nichtwähleranteile erhöht.

Ein weiterer Erklärungsansatz sieht die politischen und kulturellen Wertvorstellungen als zentrale Ursache für rechte Mobilisierung an. Hier kann an wiederkehrende Befunde der Einstellungsforschung angeknüpft werden (vgl. Heitmeyer 2012; Zick et al. 2019; Decker und Brähler 2018). Merkmale, die demnach die WählerInnen der AfD auf der politisch-kulturellen Ebene besonders charakterisieren, sind das erhöhte Auftreten rigider, autoritäre Ordnungsvorstellungen sowie die auffällig häufige Artikulation identitätsbezogener Ängste und Zukunftssorgen (vgl. Hilmer et al. 2017). Offenbar vertritt die große Mehrheit der AfD-WählerInnen zudem migranten- bzw. vor allem muslimfeindliche und völkische Einstellungen, ein großer Teil sogar explizit rechtsextreme und geschichtsrevisionistische Ansichten (vgl. Hilmer et al. 2017; Schuler et al. 2020). Stärker als WählerInnen demokratischer Parteien tendieren AfD-WählerInnen außerdem zu Antisemitismus, Antifeminismus, Verschwörungsmentalität und zur Billigung von Gewalt als Mittel zur Erreichung politischer Ziele (vgl. Schuler et al. 2020). Immer wieder hat sich in bisherigen empirischen Studien abgezeichnet, dass die Merkmale der politischen und kulturellen Dimension (hier insbesondere autoritäre und fremdenfeindliche Einstellungen) im Allgemeinen stärkeren Einfluss auf die Wahlpräferenz haben als die sozioökonomischen Merkmale (vgl. Mudde 2019; Hilmer et al. 2017; Richter und Bösch 2017; Bergmann et al. 2018; Lengfeld und Dilger 2018; Rippl und Seipel 2018).

Seit ihrer Gründung hat die AfD auf die Erschließung möglichst breiter Wählerschichten mit entsprechenden Einstellungen abgezielt – und dies auch offen kommuniziert. Sie beansprucht einen Alleinvertretungsanspruch „konservativ-bürgerlicher" WählerInnen und den Status einer neuen Volkspartei, vertritt jedoch ein autoritäres, nationalistisches, antiliberales und reaktionäres Programm – sie richtet sich damit gegen Pluralismus, Weltoffenheit, Diversität und Gleichwertigkeit als zentrale Prinzipien einer demokratischen Gesellschaft (vgl. Quent 2019). Die inzwischen zumindest in dominanten Teilen als rechtsextrem zu bezeichnende AfD (vgl. Pfahl-Traughber 2019a) profitiert von ihrem früheren Bild als national-konservative und eurokritische Partei der Gründungszeit durch den zeitverzögert einsetzenden internen Rechtsruck (vgl. Pfahl-Traughber 2019a, S. 6); sie kann sich deshalb eines ungleich höheren Zuspruchs versichern, als es die neonazistisch ausgerichtete und verfassungsfeindliche NPD in der Vergangenheit vermochte.

Wenngleich sich viele Befundlagen verdichten, lässt sich das Phänomen der AfD-Wahlerfolge als „komplexes Gebilde" (vgl. Bergmann et al. 2018) in seiner soziodemografischen, ökonomischen, politischen und sozialräumlichen Struktur bisher in Gänze kaum fassen und gibt nach wie vor viel Raum für wissenschaftliche Kontroversen.[4] Die Vielfalt der Befunde zu den Motivlagen und zur soziostrukturellen Komposition der AfD-Wählerschaft lässt sich vermutlich durch unterschiedliche inhaltliche Schwerpunktsetzungen, die unterschiedlichen Datengrundlagen, Variablenauswahlen und statistischen Methoden erklären. Ein weiteres Problem besteht in den oben beschriebenen Wandlungsprozessen der Partei und ihrer Wählerbasis.

Diese Vorannahmen zusammenfassend gilt es zu eruieren, welche der unterschiedlichen Erklärungsansätze im Vergleich zu anderen besondere Erklärkraft zeigen, welche unterschiedlichen Motivations- und Bedürfnislagen verschiedener sozialer Gruppen für die AfD mobilisierbar sind, wie sich ökonomische, soziodemografische und politische Aspekte wechselseitig beeinflussen, wie das Zusammenspiel aus langfristigen und kurzfristigen Faktoren der AfD das Feld

---

[4] Exemplarisch verwiesen sei nur auf die im obigen Text angedeutete Debatte um die Rolle der ModernisierungsverliererInnen und konkurrierende Erklärungsmodelle (vgl. Lengfeld 2017; Lengfeld und Dilger 2018; Lux 2018; Rippl und Seipel 2018).

für die aktuellen Wahlerfolge bereitet hat und welche Faktoren die unterschiedlichen und teilweise gegensätzlichen ökonomischen und sozialen Interessen der AfD-Wählerschaft zusammenführen.

3 Wahlen in Thüringen

Der Freistaat Thüringen liefert ein relevantes Fallbeispiel für die Bedingungen einer erfolgreichen rechten Mobilisierung: Verdichten sich doch hier wie in einem Brennglas viele strukturelle, soziale und politische Problemlagen, die sich auch in den anderen ostdeutschen Bundesländern zeigen. Einschneidende Transformationsprozesse im Zuge der Wiedervereinigung, ähnliche Sozialisationsbedingungen im autoritären DDR-System, erhöhte Demokratieskepsis (vgl. Rainer et al. 2018, S. 94 f.), starke rechte Strukturen[5] und demokratiefeindliche Kontinuitäten[6] in Teilen der Bevölkerung sind Merkmale, die sich in dieser Kombination in vielen ostdeutschen Bundesländern finden. Die typischen demografischen Herausforderungen – Überalterung, Bevölkerungsschwund, Abwanderung (vgl. Slupina et al. 2019), hier besonders unter jungen Frauen und im ländlichen Raum – sind für Thüringen ebenfalls in erheblichem Maße zu konstatieren (vgl. Salomo 2019). Dass diese strukturellen Bedingungen das Wahlverhalten grundieren und beeinflussen, erscheint hochplausibel.

Hatte die AfD kurz nach ihrer Gründung zur Bundestagswahl 2013 in Thüringen 6,2 % der Stimmen erhalten (bundesweit: 4,7 %), lag ihr Zuspruch zur Wahl 2017 für Thüringen mit 22,7 % (bundesweit: 12,6) beinahe doppelt so hoch wie im Bundesdurchschnitt. In der im Mai 2019 stattgefundenen Thüringer Kommunalwahl wurde die AfD schließlich mit 17,7 % zweitstärkste Kraft nach der CDU (vor LINKE und SPD) und zog mit insgesamt 177 Sitzen in die Kreistage des Freistaats ein. Der Zuspruch zu rechten und rechtsextremen Parteien (AfD,

[5] Allgemein: vgl. Pfahl-Traughber (2019b). Überblick über die rechtsextremen Strukturen in Thüringen u. a. bei Lammert (2017).

[6] Rainer et al. (2018, S. 105 ff.) geben mit Daten des ALLBUS und des Politbarometers einen Überblick über Haltungen der deutschen Bevölkerung zu Flucht, Migration, Integration und Antisemitismus, teilweise im Zeitverlauf bis in das Jahr 1996 zurück; sie konstatieren in Teilen hohe Ost-West-Unterschiede, trotz insgesamt häufig rückläufiger Tendenzen (bis zum Jahr 2016). Für Thüringen liefert die Langzeitstudie „Thüringen Monitor" seit 2000 regelmäßig Befunde zur politischen Kultur der Thüringer Bevölkerung u. a. hinsichtlich rechtsextremer Einstellungen und Demokratiebewertung (https://www.komrex.uni-jena.de/thueringenmonitor).

NPD, BZH)[7] variierte allerdings stark zwischen den einzelnen Gemeinden. Die höchsten Gesamt-Stimmenanteile erreichten AfD, NPD sowie „Bündnis Zukunft Hildburghausen" (BZH) in den kleinen Gemeinden Paska, Niederbösa, Freienbessingen und Oberstadt[8] mit 40,0 % bis 46,5 %. Lediglich vier Stimmen und damit das landesweit niedrigste Wahlergebnis für die AfD wurden in der kleinen Gemeinde Gerstengrund im Wartburgkreis registriert.

In der Landtagswahl vom Oktober 2019 – der ein stark polarisierter Wahlkampf vorausgegangen war, und die durch die rechtsextremen Tendenzen des Thüringer AfD-Landesverbands und eine vorhersehbare Pattsituation für die Regierungsbildung große mediale Aufmerksamkeit erfuhr – konnte die AfD einen landesweiten Stimmenanteil von 23,4 % erzielen. Somit wurde sie zur zweitstärksten Kraft im Parlament, mit deutlichem Abstand hinter den LINKEN (31,0 %) und knapp vor der CDU (21,8 %). Die Partei verzeichnete den mit Abstand stärksten Zuwachs (+12,8 Prozentpunkte) der angetretenen Parteien im Vergleich zur Landtagswahl 2014. Dabei waren die regionalen Unterschiede des Zuspruchs für die AfD erheblich. Während in den Gemeinden Paska, Kühdorf und Grimmelshausen (62,7 %, 54,2 %, 50,0 %) mindestens die Hälfte der Wahlberechtigten ihr Kreuz bei der AfD machte, waren die AfD-Stimmenanteile in den Gemeinden Gerstengrund (0,0 %), Dieterode (8,2 %) und Kleinbockedra (10,0 %) am niedrigsten.

Besorgniserregend ist, dass rund ein Viertel der WählerInnen und in einzelnen Gemeinden sogar mehr als die Hälfte für die Partei stimmte, obwohl der Thüringer Landesverband als besonders radikal zu bezeichnen ist. Unter Führung des AfD-Landesvorsitzenden Björn Höcke – der seit Jahren mit völkischen, rassistischen und geschichtsrevisionistischen Aussagen für Schlagzeilen sorgt und dem persönliche Verbindungen in die rechtsextreme Szene nachzuweisen sind – treten hier die rechtsextremen Tendenzen innerhalb der Partei offener zutage als anderswo. Der Gründungsimpuls des völkisch-nationalistischen „Flügels" – der vom Bundesamt für Verfassungsschutz (2019) als rechtsextremistische Bestrebung und Beobachtungsfall eingestuft wurde, und daraufhin im März 2020 seine „Selbstauflösung" bekannt gab – ging maßgeblich von Thüringen aus. Insofern kann dem AfD-Wahlergebnis in Thüringen durchaus eine besondere Bedeutung für die Gesamtpartei zugeschrieben werden. Nicht nur hier, sondern auch in den beiden

---

[7] Die Nationaldemokratische Partei Deutschlands (NPD) trat 2014 und 2019 zu den Kommunalwahlen sowie zu den Landtagswahlen an – 2019 allerdings nicht mehr flächendeckend. Das lokale rechtsextreme „Bündnis Zukunft Hildburghausen" (BZH) trat wie bereits in den Kommunalwahlen 2014 auch 2019 im Landkreis Hildburghausen an.

[8] Die absolute Bevölkerungsanzahl der vier Gemeinden liegt zwischen 100 (Paska) und 336 EinwohnerInnen (Oberstadt) je Gemeinde.

ostdeutschen Bundesländern Brandenburg und Sachsen, in denen die AfD bei den Landtagswahlen 2019 massive Erfolge (23,5 % bzw. 27,5 %) verzeichnen konnte, verfügte der „Flügel" über starken Rückhalt quer durch die Landesverbände. Auf rund 40 % schätzten Sicherheitsbehörden den Anteil der „Flügel"-AnhängerInnen unter den AfD-Mitgliedern in den neuen Bundesländern.[9] Schon kurz nach der Thüringenwahl bewahrheiteten sich die Befürchtungen, dass diese die bundespolitischen Kräfteverhältnisse verschieben würden und der Flügel seine Machtposition innerhalb der Gesamtpartei ausbauen könnte. Auf dem kurz danach stattfindenden Bundesparteitag in Braunschweig im November 2019 wurden innerparteiliche KritikerInnen abgestraft und zentrale ProtagonistInnen (wie Andreas Kalbitz) sowie WunschkandidatInnen des „Flügels" in den Bundesvorstand der Partei gewählt, darunter der sächsische Bundestagsabgeordnete Tino Chrupalla als einen der beiden Bundessprecher.

Nach diesen Wahlen verfügt die AfD in Thüringen als stärkste Oppositionsfraktion über einen deutlich erweiterten parlamentarischen Handlungsspielraum im Sinne einer „Sperrminorität" (Höcke), die sie im Sinne ihrer radikalen Agenda nutzt („Fundamentalopposition"). Sie stellt damit demokratische PolitikerInnen vor die Herausforderung, unter erschwerten Bedingungen mehrheits- und funktionsfähige Regierungsbündnisse ohne AfD-Beteiligungen und/oder -Tolerierung zu schmieden. Dies zeigte sich in der Krise infolge der Ministerpräsidentenwahl in Thüringen im Februar 2019, bei der sich der FDP-Abgeordnete Kemmerich mit den Stimmen der AfD und CDU in das Ministerpräsidentenamt wählen ließ und kurz danach auf öffentlichen Druck – nicht zuletzt aus der CDU-Bundesspitze – zurücktreten musste.

4 Das Untersuchungsdesign zur Bundestagswahl 2017 sowie zu den Thüringer Kommunal- und Landtagswahlen 2019

Nachfolgend stellen wir das Untersuchungsdesign und die Ergebnisse unserer Raumanalysen zum AfD-Wahlerfolg aus zwei Länderstudien zu Thüringen (Kommunal- und Landtagswahl 2019) und einer Analyse zur Bundestagswahl 2017 über die Wahlkreise aller Bundesländer vor.

[9] https://www.spiegel.de/politik/deutschland/afd-40-prozent-der-mitglieder-im-osten-gehoeren-rechtem-fluegel-an-a-1277225.html (Zugriff: 21.03.2020).

Die Thüringer Kommunal- und Landtagswahlstudien wurden auf der Gemeindeebene durchgeführt (Stand Januar 2019: 664 Gemeinden[10]), die Studie zur Bundestagswahl 2017 nutzt dagegen als Untersuchungseinheiten die bundesweiten Wahlkreise (Stand 2017: insgesamt 299 Wahlkreise, davon 238 in West- und 61 in Ostdeutschland). Um die räumliche Struktur der Daten abzubilden, wurde für die Thüringenstudien zu den Gemeinden die Ebene der jeweiligen Kreise in die Analysen einbezogen (Random Intercept). Für die Bundestagswahl wurde die Ebene der Bundesländer (Random Intercept/Random Slope) und zusätzlich per Dummy-Variable die Unterscheidung zwischen Ost- und West-Bundesländern kontrolliert.

Für unsere ökologischen Mehrebenenanalysen zum AfD-Wahlerfolg wurde ein möglichst breites multivariates Analyseschema gewählt, das mittels einer Vielzahl von Indikatoren die unterschiedlichen Argumente und Aspekte zu den möglichen Gründen des AfD-Wahlerfolgs berücksichtigt. Um das Zusammenwirken langfristiger Kontinuitäten und neuerer Entwicklungen analysieren zu können, wurden u. a. Daten vergangener Wahlen auf Gemeindeebene und Prognosedaten[11] der lokalen Strukturentwicklung in den Thüringer Kommunen bis 2035 einbezogen. Hinsichtlich der politischen Kultur blicken wir bis auf die Kommunal- und Landtagswahlen[12] 2014 und 2009 zurück, im Fall der Bundestagswahl bis zur Bundestagwahl 2009 – also auf Zeitpunkte, die vor den zäsurhaften Migrationsbewegungen im Jahr 2015 lagen. Die aktuelle Situation erfassen wir mit den Wahlergebnissen des Jahres 2019 sowie mit den ökonomischen und demografischen Indikatoren der Thüringen Gemeinden und bundesweiten Wahlkreise.

[10] Durch fehlende Werte, insbesondere bei den Daten zur kommunalen Verschuldung, reduziert sich die Anzahl Gemeinden in den Regressionsmodellen von 664 auf 527. Im Modell mit allen Gemeinden unter Ausschluss der Variable der kommunalen Verschuldungsrate werden allerdings fast identische Ergebnisse erzielt.

[11] Prognosedaten wurden nur bei der Thüringenstudie verwendet. Zur Bundestagswahl lagen auf Wahlkreisebene keine entsprechenden Daten vor.

[12] Da auf Gemeindeebene die Stimmen der BriefwählerInnen in kleineren Gemeinden in Thüringen nicht einzeln zugeordnet werden, können im Rahmen dieser Studie nur die Urnenwahlergebnisse der Landesstimmen untersucht werden. Da auf Wahlkreisebene ein gewichtetes und um die Abweichungen mit und ohne Briefwahl korrigiertes Modell keine relevanten Unterschiede ergab (lediglich die Koeffizientenstärke variiert auf der zweiten Nachkommastelle), haben wir uns für die Urnenwahlanalyse entschieden, da die Verzerrungen – soweit kalkulierbar – in Anbetracht der hohen AfD-Wahlergebnisse insgesamt gering ausfallen.

Wir folgen der Annahme, dass sich neue Parteien wie die AfD im etablierten Parteienspektrum anhand auftretender gesellschaftlicher Konfliktlinien (cleavages) entwickeln und etablieren (vgl. Lösche 1993; Mielke 2001). Hinsichtlich der Wahlerfolge der AfD in Thüringen und auf Bundesebene unterscheiden wir analytisch 1. eine soziodemografische Ebene, 2. eine sozioökonomische Ebene und 3. eine politisch-kulturelle Ebene. Für die Kommunalwahlstudien in Thüringen haben wir innerhalb der soziodemografischen Ebene (1) zusätzlich die Analyseebene der zukünftigen Entwicklungsdynamik der Gemeinden anhand der Bevölkerungsentwicklung betrachtet. Diese fügt eine neue mögliche Erklärungsebene hinzu, wird hier allerdings aus Gründen der Übersichtlichkeit und thematischer Nähe, mit unter die soziodemografische Ebene gefasst. Diesen Ebenen entsprechend lassen sich zentrale gesellschaftliche Konfliktlinien nachzeichnen, die von Relevanz für den Etablierungsprozess der AfD sein könnten.

1. *Soziodemografische Ebene:* Hinsichtlich der demografischen Zusammensetzung der AfD-Wählerschaft testen wir unterschiedliche Annahmen auf ihre Erklärkraft: Zeigen Gemeinden und Wahlkreise mit hohem AfD-Zuspruch bestimmte Muster in der Alters- und Geschlechterstruktur oder der allgemeinen Bevölkerungszusammensetzung und der Stadt-Land-Verteilung? Diese Indikatoren könnten maßgeblich zur Erklärung des Wahlerfolgs beitragen, haben aber auch eine wichtige Funktion als sogenannte Drittvariablen, die andere gefundene Zusammenhänge eventuell im Hintergrund vermitteln. Die Alters- und Geschlechterverhältnisse, der Anteil von Personen ohne deutsche Staatsbürgerschaft an der Gesamtbevölkerung (im Fall der Bundestagswahlanalyse die Migrationsrate); die Wanderungs- und Geburtensalden und die Bevölkerungsdichte wurden hierfür in die Analyse einbezogen.

Bezüglich der Alters- und Geschlechterverhältnisse erwarteten wir im Hinblick auf oben zitierte empirische Befunde eine erhöhte AfD-Affinität in Regionen mit höheren Anteilen männlicher Wähler[13], sowie in Regionen, in denen die Anteile der 30- bis 60-Jährigen höher- und die der über 60-Jährigen niedriger sind.[14] Zusätzlich prüfen wir Effekte auf die AfD-Wahl, die sich durch Höhe und Entwicklung der nichtdeutschen Bevölkerungsanteile in den Gemeinden ergeben könnten. Hierzu finden sich unterschiedliche theoretische Ansätze. Während

[13] Viele Studien belegen die erhöhte Affinität zur AfD unter männlichen im Vergleich zu weiblichen WählerInnen. Für einige aktuellere Beispiele aus bundesweiten Studien vgl. Lengfeld und Dilger (2018); T. Lux (2018); Rippl und Seipel (2018). Für Thüringen vgl. Neu und Pokorny (2019).

[14] Vgl. bundesweit T. Lux (2018); Rippl und Seipel (2018). Für Thüringen zeigt sich durchschnittliche AfD-Wahlbereitschaft bei den 18- bis 24-Jährigen, eine erhöhte bei den 25-

die Kontakthypothese (vgl. Allport 1954; Pettigrew und Tropp 2006) davon ausgeht, dass steigende Kontaktmöglichkeiten zwischen einheimischen und nicht einheimischen Bevölkerungsgruppen Vorurteile reduzieren können, nimmt die Konkurrenzhypothese – die auf Campbells Annahmen der „realistic group conflict theory" aufbaut (vgl. Campbell 1965) – konträr dazu an, dass Migration in Teilen der Bevölkerung den Konkurrenzdruck um gesellschaftliche Ressourcen (z. B. den Arbeitsmarktzugang, staatliche Transferleistungen oder bezahlbare Mietwohnungen) erhöhen und daher Ressentiments gegenüber ZuwanderInnen verstärken kann.

Ebene der zukünftigen Entwicklungsdynamik: Besonders zu beachten ist die zukünftige sozioökonomische und soziodemografische Entwicklungsdynamik: Dass nicht nur sogenannte wirtschaftlich Abgehängte zum Kreuz bei der AfD tendieren, zeigen die o. g. Studien zur wirtschaftlichen Lage der AfD-WählerInnen. Es kann jedoch davon ausgegangen werden, dass auch in Zeiten wirtschaftlicher Prosperität und unter Angehörigen etablierter bzw. privilegierter Statuslagen auf die Zukunft gerichtete Ängste existieren, die die AfD für sich nutzen kann. Gleichzeitig deutet vieles darauf hin, dass im Konflikt zwischen wachsenden Zentren und schrumpfender Peripherie insbesondere sogenannte abgehängte Regionen, die von starkem Bevölkerungsschwund und dem damit einhergehenden Strukturwandel betroffen sind, höhere AfD-Zustimmung aufweisen. Um diese Annahmen zu prüfen, nutzen wir die Daten zur prognostizierten Bevölkerungsentwicklung bis zum Jahr 2035[15]. Unter der Annahme, dass in Regionen mit starken Bevölkerungsrückgängen jetzt schon Zeichen des Strukturverfalls und des Rückzugs politischer sowie administrativer Institutionen zu spüren sind, haben wir untersucht, ob aus Zukunftsängsten und dem Gefühl des „Zurückgelassenseins" gerade bei denen, die nicht wegziehen können oder wollen, der Zuspruch zur AfD steigt.

2. *Sozioökonomische Ebene:* Ist die AfD in Gemeinden oder Wahlkreisen erfolgreicher, die ökonomisch im Vergleich zu anderen schlechter gestellt sind? Um die Aspekte der sozioökonomischen Konfliktlinie abzubilden, betrachten wir

bis 60-Jährigen, dagegen deutlich niedrigere Zustimmungsraten für die Partei bei älteren BürgerInnen (über 60 Jahre). Vgl. die Nachwahlbefragungen von Infratest Dimap und Forschungsgruppe Wahlen in Neu und Pokorny (2019).

[15] Zur Bundestagswahl 2017 lagen keine Daten zur zukünftigen Entwicklung auf Wahlkreisebene vor.

hier die aktuellsten verfügbaren Daten zur Arbeitslosigkeit[16], zum Anteil der sozialversicherungspflichtig Beschäftigten am Arbeitsort[17] sowie die Höhe der Einnahmen aus der Gewerbesteuer, die Pro-Kopf-Verschuldung und das Verhältnis von Gewerbeabmeldungen zu Gewerbeanmeldungen pro 1.000 EinwohnerInnen je Gemeinde. Zur Bundestagswahl lagen uns hier die Daten zum Bruttoinlandsprodukt, zur Arbeitslosigkeit[18] und zu den verfügbaren Einkommen der privaten Haushalte vor.

3. *Politisch-kulturelle Ebene:* Welchen Einfluss hat die langfristig gewachsene politische Kultur in den Gemeinden auf die Erfolgschancen der AfD? Hier blicken wir auf die vergangenen Wahlen und untersuchen, ob die AfD dort verstärkt WählerInnen mobilisieren konnte, wo in besonderem Maße eine Kultur von Demokratieverdrossenheit und rechtsextremer Normalität existiert. Dazu betrachten wir zum einen den Zuspruch zu rechtsextremen Parteien[19] und zum anderen die Nichtwähleranteile bei den vergangenen Wahlen. Rechtsextreme Parteien konnten in Thüringen in der Landtagswahl 2014 mit insgesamt 3,8 % (NPD und Republikaner) und mit 4,3 % in der Kommunalwahl 2014 (NPD und BZH) nur relativ geringe Stimmenanteile verzeichnen. Noch geringer waren die Wahlerfolge der NPD bei den Bundestagswahlen, in denen die Partei 2013 lediglich 1,3 % und 2017 nur noch 0,4 % erreichen konnte. Wir nehmen dennoch an, dass

[16] Mit sinkender Gemeindegröße werden keine Zahlen zur Arbeitslosenquote oder Zahlen zur Anzahl erwerbsfähiger Personen insgesamt veröffentlicht, sondern nur die absoluten Fallzahlen. Um diese in ein Verhältnis zur Bevölkerung zu setzen, wurde die absolute Anzahl durch den Anteil der Bevölkerung im erwerbsfähigen Alter (15 bis 65 Jahre) geteilt und mit 100 multipliziert. Diese Werte können von der regulären Arbeitslosenquote abweichen (im Mittel um ca. einen Prozentpunkt).

[17] Da die Variable der Erwerbslosigkeit (vgl. vorherige Fußnote) mit der Variable der sozialversicherungspflichtig Beschäftigten stark korreliert ist, wurde letzteres Merkmal nur in den deskriptiven und bivariaten Analysen, nicht aber in den multivariaten Regressionsmodellen verwendet, um Verzerrungseffekte durch die starke Korrelation im Modell zu vermeiden.

[18] Im Gegensatz zu den Kommunalstudien, konnte zur Analyse der Bundestagswahl auf die tatsächliche Arbeitslosenquote der Wahlkreise zurückgegriffen werden.

[19] Hauptsächlich handelt es sich hierbei um die rechtsextreme „Nationaldemokratische Partei Deutschlands“ (NPD), die sowohl zu den Kommunalwahlen als auch zur Landtagswahl 2019 angetreten war. Zusätzlich einbezogen wurden „Die Republikaner“, die 2014 zur Landtagswahl in einzelnen Regionen KandidatInnen aufstellten, und das lokale rechtsextreme „Bündnis Zukunft Hildburghausen“ (BZH), das zu den Kommunalwahlen 2014 und 2019 im Landkreis Hildburghausen antrat.

NPD- und Republikaner-Stimmenanteile der vorrausgegangenen Wahlen als Indikatoren für ein erhöhtes rechtsextremes Raumklima in den Gemeinden dienen können, d. h., dass

- sie auf erhöhte rechtsextreme, aber bisher nicht politisch repräsentierte Einstellungspotenziale von solchen Personen im sozialen Umfeld der NPD-Wählerschaft verweisen, denen die NPD selbst jedoch als zu extremistisch erschien – und die nun die AfD als scheinbar gemäßigte, „bürgerliche" Partei wählen, da diese ähnliche oder gleiche Inhalte wie die stärker tabuisierte NPD vertritt;
- sich in diesen sozialräumlichen Kontexten rechtsextreme Positionen in der Vergangenheit vermutlich stärker normalisieren konnten;
- darüber hinaus relevante Potenziale an WechselwählerInnen von der unattraktiv gewordenen (weil dauerhaft erfolglosen und in Auflösung begriffenen) NPD zur AfD hoch plausibel sind.

In den Untersuchungen wird der Nichtwähleranteil der Wahlkreise zur Beschreibung der politischen Entfremdung von demokratischen Institutionen und ihren VertreterInnen sowie Verfahren als weiterer Indikator des politisch-kulturellen Klimas in den Wahlkreisen verwendet; diese Entfremdung kann sich auf unterschiedliche Weise äußern und geht nicht zwangsläufig mit einer höheren Bereitschaft zu antidemokratischen Einstellungen und Handlungen einher (vgl. Edinger 2010, S. 46 ff.). NichtwählerInnen lassen sich nicht als homogene Gruppe auffassen, sondern unterscheiden sich in den Motivlagen sowie in der Häufigkeit der Wahlenthaltung teilweise deutlich voneinander. Allerdings verweisen Studienbefunde auf eine höhere Demokratieskepsis unter relevanten Teilen der Nichtwählenden (vgl. Küpper 2017b) im Vergleich zu Personen, die eine Wahlabsicht äußern, sowie auf stärkere Zustimmungen zu rechtspopulistischen Einstellungen und zu Elementen gruppenbezogener Menschenfeindlichkeit (vgl. Küpper 2017b; Schuler et al. 2020[20]). Vor diesem Hintergrund kann angenommen werden, dass einzelne Teile der Nichtwählenden für die autoritären Teilhabeangebote der AfD mobilisierbar sein können. In den Studien wird der Nichtwähleranteil der vergangenen Wahlen genutzt, um zu überprüfen ob sich auch räumlich Zusammenhänge zwischen Regionen mit höheren Anteilen Nichtwählender in der Vergangenheit und höherem AfD-Zuspruch bei den darauffolgenden Wahlen zeigen lassen.

Die statistischen Informationen zu den 18 verwendeten Kontextvariablen der 664 Thüringer Gemeinden wurden dem Datenbestand des Thüringer Landesamts

---

[20] Die in der Untersuchung verwendeten Daten wurden 2018 erhoben.

für Statistik[21] und der Regionaldatenbank „Genesis"[22] entnommen. Die Daten wurden wegen der Anfang 2019 erfolgten Eingemeindungen auf den Gebietsstand zu den Kommunalwahlen im Mai 2019 umgerechnet. Zusätzlich wurden Einstellungsdaten aus der Bevölkerungsbefragung des Thüringen-Monitors einbezogen, die auf Kreisebene abgebildet wurden, um den Zusammenhang zwischen der politischen Kultur der Kreise und den Mobilisierungserfolgen der AfD zu betrachten.[23] Die Daten der Wahlkreise zur Bundestagswahl 2017 wurden über den Bundeswahlleiter bezogen[24]. Mithilfe multivariater Mehrebenen-Regressionsmodelle[25] untersuchten wir schrittweise einzeln und anschließend gemeinsam, welche Merkmale statistisch signifikante Effekte auf den Wahlerfolg der AfD haben.

5 Ergebnisse der Landtags- und Kommunalwahlstudien in Thüringen

Da die Befunde der Landtags- und der Kreistagwahlen teilweise ähnliche Ergebnisse liefern, beziehen wir uns aus Platzgründen hier an erster Stelle auf die Ergebnisse der Landtagswahlstudie und verweisen daneben auf die Kommunalwahlen, insbesondere bei abweichenden Erkenntnissen[26]. Einen Überblick der Ergebnisse der Mehrebenenanalysen zur Landtagswahl bietet Tab. 1.

Auf der *soziodemografischen Ebene* haben zunächst nur die Geschlechteranteile einen signifikanten Einfluss. Tendenziell hat die AfD dann größeren Erfolg, wenn der Anteil der weiblichen Bevölkerung in der Gemeinde niedrig ist. Unter Hinzunahme der sozioökonomischen Merkmale zeigt sich zudem, dass die AfD-Stimmenanteile durch einen steigenden Anteil an älteren Personen (über 65 Jahre) signifikant gesenkt werden. In der Kommunalwahl 2019 stellten wir dagegen keine weiteren signifikanten Einflüsse auf der soziodemografischen Ebene fest. Die Annahme, dass hohe bzw. stark gestiegene Anteile der nichtdeutschen Bevölkerung den Zuspruch zur AfD vor Ort maßgeblich verstärkt hätten, bestätigt

[21] https://statistik.thueringen.de/

[22] https://www.regionalstatistik.de

[23] Vgl. den Buchbeitrag von Heinrich Best und Axel Salheiser.

[24] https://www.bundeswahlleiter.de/bundestagswahlen/2017.html

[25] Die statistische Analyse wurde mit der Statistiksoftware und Programmierumgebung R (R Core Team 2020) durchgeführt.

[26] Für einen detaillierteren Überblick über die Ergebnisse der Kommunalwahlen vgl. C. Richter et al. (2019b), für die Landtagswahlen vgl. Richter et al. (2019a). Einen Überblick der Ergebnisse der Mehrebenenanalysen zur Landtagswahl bietet Tab. 1.

Tab. 1 Multivariate Mehrebenenmodelle: Zusammenhänge zwischen soziostrukturellen Indikatoren und AfD-Wahl zur Landtagswahl 2019 in Thüringen

	1) Null-Modell			**2) Sozioökomisches Modell**		
Fixed effects	Coef.	Std.F.	Sign.	Coef.	Std.F.	Sign.
(Intercept)	**26,35**	0,73	0,000	**26,37**	0,71	0,000
Arbeitslosigkeit^{z} (2018)*				**0,62**	0,27	0,023
Pro-Kopf-Verschuldung^{z,log} (2017)				**-0,46**	0,23	0,048
Gewerbedynamik^{z} (2017)				0,33	0,23	0,158
Netto-Einnahmen aus Gewerbesteuer^{z} (2017)				**-0,70**	0,24	0,003
Bevölkerungsdichte^{z,log} (2017)						
Anteil 0-18jährige^{z} (2017)						
Anteil 18-35jährige^{z} (2017)						
Anteil 75jährige und älter^{z} (2017)						
Anteil weibl. Bevölkerung^{z} (2017)						
Wanderungssaldo^{z} (2017)						
Geburtensaldo^{z} (2017)						
Bevölkerungswachstum^{z} bis 2035 (Ref.2017)						
Anteil nichtdeutsche Bevölkerung^{z,log} (2017)						
Zu-/Abnahme der nichtdeut. Bev.^{z} zw. 2004-2017						
Differenz junger Frauen^{z} (15-35 J.) zw. 2004-2017						
Nichtwähleranteile^{z} (2014)						
NPD-Wähleranteile^{z} (2014)						
Random effects						
Interceptual Std.Dev	2,79			2,88		
Residual Std.Dev	5,28			5,21		
Anzahl Gemeinden**	527			527		
Anzahl Kreise / kreisfreie Städte	23			23		
AIC	**3293,65**			**3286,34**		
AIC-Veränderung				-7,31		
AIC-Veränderung (%)				**6,35**		

Tab. 1 (Fortsetzung)

3) Soziodemografisches Modell			**4) Sozioökonomisches und -demografisches Modell**			**5) Full-Modell Alle Variablen**		
Coef.	Std.F.	Sign.	Coef.	Std.F.	Sign.	Coef.	Std.F.	Sign.
26,62	0,67	0,000	**26,56**	0,67	0,000	**26,50**	0,65	0,000
			0,96	0,31	0,002	0,34	0,29	0,233
			-0,40	0,24	0,092	-0,41	0,21	0,052
			0,25	0,23	0,284	0,12	0,21	0,573
			-0,41	0,25	0,104	-0,40	0,23	0,075
-0,43	0,31	0,166	-0,47	0,32	0,138	-0,47	0,29	0,109
-0,14	0,45	0,761	-0,32	0,35	0,373	-0,31	0,32	0,329
0,29	0,43	0,491						
-0,34	0,56	0,543	**-0,79**	0,39	0,042	**-0,79**	0,35	0,025
-0,69	0,26	0,008	**-0,63**	0,26	0,014	**-0,46**	0,23	0,047
-0,44	0,24	0,073	-0,39	0,24	0,109	-0,34	0,22	0,120
-0,50	0,28	0,070	-0,52	0,27	0,056	-0,10	0,25	0,673
-0,56	0,26	0,035	-0,50	0,26	0,055	**-0,48**	0,23	0,040
0,36	0,31	0,252	0,10	0,32	0,742	0,17	0,29	0,543
-0,29	0,28	0,292	-0,18	0,28	0,512	-0,36	0,25	0,145
0,06	0,32	0,837	-0,05	0,25	0,834	0,03	0,23	0,890
						1,22	0,24	0,000
						2,09	0,22	0,000
2,67			2,69			2,65		
5,18			5,11			4,58		
527			527			527		
23			23			23		
3289,28			**3282,47**			**3178,55**		
-4,37			-11,18			-115,10		
3,79			**9,71**			**100,00**		

Quelle: Landeswahlleiter Thüringen, ; Berechnungen: Eigene. Angegeben sind die Koeffizienten, die Standardfehler und die Signifikanzen (ab 0,05 als signifkant fett markiert) p = 0,05 'signifikant'; p 0,01 'hochsignifikant'; p 0,001 'höchstsignifikant'. Jedes Modell entspricht einer separaten Regressionsanalyse.
z= Variable ist z-transfomiert; log=Variable ist logarithmiert.
*Arbeitslosenanteil im Verhältnis zur Bevölkerung im erwebsfähigen Alter; ** Durch fehlende Werte, insbesondere bei der kommunalen Verschuldungsrate, reduziert sich die Anzahl Gemeinden von 664 auf 527. Im Modell mit allen Gemeinden und ohne die Verschuldungsrate werden allerdings fast identische Werte erzielt.

sich in unserer Analyse nicht. Die Analyse der Einstellungsdaten auf Kreisebene deutet allerdings darauf hin, dass jene Einstellungen gerade in denjenigen Landkreisen stärker ausgeprägt sind, in denen (nach wie vor) weniger MigrantInnen leben als in den kreisfreien Städten.[27] Insgesamt erklären die soziodemografischen Faktoren nur einen sehr geringen Teil des Gesamtmodells (Landtagswahl 3,8 %; Kommunalwahl 2,3 %).

Hinsichtlich der *zukünftigen Entwicklungsdynamik* stellte sich heraus: Je ungünstiger die prognostizierte Bevölkerungsentwicklung bis 2035 ist, desto höher sind die AfD-Stimmenanteile bei der Landtagswahl 2019. Das spricht für die Vorannahme, dass die AfD besonders in schrumpfenden und strukturschwächeren Gemeinden erfolgreich mobilisieren kann – ein Bild, das sich auch in der Kommunalwahl 2019 bestätigte. Da die sozioökomischen Faktoren im engeren Sinne keine signifikanten Effekte aufweisen, ist anzunehmen, dass hier in erster Linie die Wahrnehmung einer in Auflösung begriffenen sozialräumlichen Lebenswelt relevant ist: Sie verstärkt Gefühle des „Abgehängtseins" und „Zurückgelassenwerdens", nährt Zukunftsängste und eine darauf bezogene Politikverdrossenheit, die wiederum die lokalen Stimmenanteile für die AfD in die Höhe treibt. Viele Thüringer Gemeinden, besonders im ländlichen Raum und im Osten des Freistaates, werden bis 2035 30 % und mehr ihrer Bevölkerung verlieren.

Die *sozioökonomischen Merkmale* zeigen unter Kontrolle aller anderen Variablen keine signifikanten Effekte.[28] Erfolgreich ist die AfD also sowohl in wirtschaftlich prosperierenden Regionen (bspw. im Ilmkreis und im Landkreis Hildburghausen), als auch in wirtschaftlich eher unterdurchschnittlichen Regionen (z. B. in der kreisfreien Stadt Gera und im Altenburger Land). Der prozentuale Anteil der Erklärungskraft der wirtschaftlichen Merkmale ist im Verhältnis zur Gesamterklärungskraft mit 6,4 % nur gering. Vergleichbare Befunde zeigen sich in der Kommunalwahl, hier liegt die Erklärungskraft der wirtschaftlichen Indikatoren mit 0,13 % gar im Nachkommabereich. In beiden Studien zeigte sich, dass

[27] Vgl. den Buchbeitrag von Heinrich Best und Axel Salheiser.

[28] In den Einzelmodellen zeigen sich durchaus Effekte, die auf eine steigende Affinität zur AfD in wirtschaftlich schwächeren Regionen hinweisen. Diese reduzieren sich jedoch unter Hinzunahme der demografischen und politischen Indikatoren deutlich und zeigen keine signifikanten Zusammenhänge mehr auf.

Gemeinden mit hohen NPD- und Nichtwähleranteilen bei der vergangenen Wahl signifikant stärker Merkmale sozioökonomische Deprivation aufweisen[29].

Die *politisch-kulturellen Merkmale* erklären rund 90 % der Varianz aller im Modell einbezogenen Variablen. Sie haben also mit Abstand den stärksten Einfluss auf die Höhe der Wahlergebnisse der AfD. Je höher schon 2014 die NPD-Wähleranteile waren, desto höher waren die Stimmenanteile der AfD. Des Weiteren konnte die AfD zur Landtagswahl 2019 in hohem Umfang in Regionen, wo zur vergangenen Wahl 2014 der Anteil an NichtwählerInnen besonders hoch war, profitieren. Zur Kommunalwahl 2019 bestätigte sich der Nichtwählerzusammenhang dagegen nur zwischen den Gemeinden bestimmter Kreise, nicht aber thüringenweit. Der Zusammenhang zwischen NPD-Stimmenanteilen und dem Abschneiden der AfD 2019 ist damit der mit Abstand stärkste Effekt über alle Modelle hinweg und zeigt die besondere Relevanz der politischen Konfliktlinie für den AfD-Wahlerfolg auf. Die zusätzliche Analyse mit Einstellungsdaten ergab, dass hohe Ethnozentrismuswerte der wahlberechtigten Bevölkerung – wie sie der Thüringen-Monitor misst – einen höchst signifikanten verstärkenden Effekt auf die AfD-Landesstimmenanteile auf Kreisebene hatten. In einer schrittweisen ökologischen Regression lieferten neben den Anteilen ethnozentrisch eingestellter Befragter im Kreis nur noch die Anteile jener Befragten im Kreis einen eigenständigen Erklärungsbeitrag, die Gefühle der kollektiven Benachteiligung (als Ostdeutsche) artikulierten. Die ebenfalls zur Aufnahme ins Modell vorgeschlagenen soziodemografischen Kontextvariablen brachten hingegen keine signifikanten Ergebnisse. Die auffällige regionale Verbreitung fremdenfeindlicher und nationalistischer Einstellungsmuster in AfD-Hochburgen unterstreicht die These der vorrangigen Bedeutung der politischen Raumkultur. Die Raumanalysen zeigten darüber hinaus, dass überdurchschnittliche NPD-Zweitstimmenanteile in den Regionen häufig mit überdurchschnittlichen Nichtwählendenanteilen einhergehen.

Der deutlichste Unterschied zwischen Kommunal- und Landtagswahlen zeigte sich darin, dass die Partei zur Kommunalwahl gegenüber der Landtagswahl einen rund 6 Prozentpunkte geringeren Stimmenanteil auf Landesebene verzeichnete, was z. T. auf den Mangel an AfD-KandidatInnen auf kommunaler Ebene, vermutlich aber auch auf eine tradierte Parteien- und Kandidatenbindung der Wahlbevölkerung sowie dem Unvermögen der AfD, selbst glaubhaft spezifische lokalpolitische Themen zu besetzen zurückzuführen ist. Darüber hinaus konnte

[29] Vor diesem Hintergrund erklärt sich, dass die wirtschaftlichen Indikatoren – die für sich betrachtet zunächst signifikante Ergebnisse im Sinne der Modernisierungsverliererthese zeigen – unter Kontrolle der politischen Indikatoren keinen signifikanten Effekt mehr aufweisen (vgl. Tab. 1).

die AfD zur Kommunalwahl nur in einzelnen Kreisen mit hohen Nichtwähleranteilen in der vorausgegangenen Wahl profitieren; in der Landtagswahl, in der der Anstieg der Wahlbeteiligung etwas höher ausfiel, profitierte sie dagegen flächendeckend.

6 Die Bundesebene: Ergebnisse der Studie zur Bundestagswahl 2017

In diesem Abschnitt werden kurz die zentralen Ergebnisse der bundesweiten Wahlkreisstudie zur Bundestagswahl 2017 vorgestellt (vgl. Tab. 2). Hier besaßen unter den *soziodemografischen Faktoren* ein höherer Altersdurchschnitt und eine sinkende Bevölkerungsdichte einen signifikanten verstärkten Effekt auf die AfD-Zweitstimmenanteile. Ein zunächst signifikant positiver Effekt der Migrationsanteile verschwand unter Kontrolle der politisch-kulturellen Variablen.[30] Weniger der tatsächliche Umfang der Migrationsanteile, sondern vielmehr die mutmaßliche Ablehnung von Migration in Regionen mit erhöhter rechtsextremer Raumkultur scheint von Relevanz für den Erfolg der AfD zu sein.

Bezüglich der *sozioökonomischen Faktoren* stellten wir fest, dass die AfD 2017 wesentlich erfolgreicher in sozioökonomisch abgehängten Regionen mobilisieren konnte als bei der Bundestagswahl 2013. Unter Kontrolle der politisch-kulturellen Variablen zeigte sich allerdings, dass auch Wahlkreise mit mittleren und hohen verfügbaren Einkommen der privaten Haushalte steigende AfD-Ergebnisse verzeichnen.[31] Dies war ein Hinweis auf die sehr heterogene sozioökonomische Struktur der AfD-Wählerschaft – und auf bestehende Wechselwirkungen zwischen den politischen und den ökonomischen Indikatoren. Analog zu unseren Befunden zur Landtags- und Kommunalwahl fanden wir einen starken Zusammenhang zwischen wirtschaftlicher Deprivation und hohen Anteilen an NichtwählerInnen und NPD-WählerInnen zur vorherigen Wahl.

Auf der *politisch-kulturellen* Ebene stellten wir fest, dass die AfD besonders dort erfolgreich war, wo bereits 2009 und 2013 deutlich erhöhte NPD-Wähleranteile und Nichtwähleranteile vorlagen. Damit besaßen die Variablen der politisch-kulturellen Dimension auch auf Bundesebene mit Abstand die stärkste Erklärungskraft, wobei die NPD-Stimmenanteile erneut der wichtigste Prädiktor

[30] Vgl. Tab. 2: Modelle 5 - 7 vs. Modell 8.

[31] Unter Kontrolle der politischen Indikatoren wurden die sozioökonomischen Variablen, die zuvor einen modernisierungstheoretischen Zusammenhang nahelegten, insignifikant und stattdessen ein schwacher positiver Zusammenhang zwischen AfD-Wahl und steigenden verfügbaren Einkommen sichtbar (vgl. Tab. 2: Modell 4 vs. Modelle 8 ff.).

Tab. 2 Multivariate Mehrebenenmodelle – Einfluss sozioökonomischer und politisch-kultureller Indikatoren der Wahlkreise auf AfD-Wahl zur Bundestagswahl 2017

	Modell 1 (Null)			Modell 2 (Ost-West)			Modell 3 (Soz.ökonom. Dim.)			Modell 4 (SozÖk+ Ost/West)			Modell 5 (Bevölkerung)			Modell 6 (Bildung/Alter)		
	Koef.	Std.F.	Sign.	Koef.	Std.F.	Sign.	Koef.	Std.F.	Sign.	Koef.	Std.F.	Sign.	Koef.	Std.F	Sign.	Koef.	Std.F.	Sign.
Intercept	**2,55**	0,10	0,000	**2,30**	0,07	0,00	**2,50**	0,08	0,00	**2,33**	0,08	0,00	**2,44**	0,08	0,00	**2,41**	0,09	0,00
Region: (West=0, Ost=1)				**0,65**	0,11	0,00				**0,46**	0,14	0,00						
Bruttoinlandsprodukt							**-0,10**	0,01	0,00	**-0,10**	0,01	0,00	**-0,04**	0,02	0,04	**-0,03**	0,02	0,10
Arbeitslosenquote							**0,12**	0,02	0,00	**0,11**	0,02	0,00	**0,12**	0,03	0,00	**0,13**	0,03	0,00
verfügbares Einkommen							0,00	0,02	0,84	0,01	0,02	0,73	0,00	0,02	0,99	-0,01	0,02	0,63
Bevölkerungsdichte													**-0,08**	0,02	0,00	**-0,08**	0,03	0,00
Anteil Migration (1=Hoch)													**0,11**	0,04	0,00	**0,12**	0,04	0,00
Geburtensaldo													**-0,07**	0,02	0,00	**-0,08**	0,02	0,00
Bildung (Verhältn. Haupts. zu Abitur)																		
Hauptschule*																-0,01	0,03	0,73
Abitur*																0,00	0,03	0,88
Alter (Verhältn.:18-34 zu 60+)																		
35-59 Jahre**																**0,07**	0,02	0,01
60 Jahre und älter**																-0,02	0,03	0,63
Deprivation (Ostdeutschland)***																		
Nichtwähleranteil 2013																		
NPD-Wähleranteil 2013																		
Intercept- Std.Dv.	0,38			0,21			0,33			0,25			0,32			0,32		
Residual Std.Dv.	0,21			0,21			0,19			0,19			0,17			0,17		
AIC	-13,93			-27,63			-63,64			-68,34			-90,02			-69,57		
AIC-Veränderung (%)				10,2			23,5			25,2			33,2			26,7		
Range	-0,51	0,72		-0,47	0,31		-0,46	0,64		-0,46	0,36		-0,44	0,68		-0,43	0,69	
Anzahl Wahlkreise	299			299			299			299			299			299		

(Fortsetzung)

Tab. 2 (Fortsetzung)

	Modell 7 (Deprivation)			Modell 8 (Polit.Kult.Dimension)			Modell 9 (AfD17 abzgl. NPD13)			Modell 10 (Fixed Effects)			Modell 10 (Random Effects)	
	Koef.	Std.F.	Sign.	Koef.	Std.F.	Sign.	Koef.	Std.F.	Sign.	Koef.	Std.F.	Sign.	S.Abw.	Sign.
Intercept	**2,24**	0,09	0,00	**2,02**	0,11	0,00	**2,25**	0,05	0,00	**2,25**	0,05	0,00		
Region: (West=0, Ost=1)							**0,31**	0,15	0,04	**0,38**	0,09	0,00		
Bruttoinlandsprodukt	-0,03	0,02	0,15	-0,02	0,01	0,07	-0,01	0,01	0,31	-0,02	0,01	0,17	0,00	1,00
Arbeitslosenquote	**0,11**	0,03	0,00	0,03	0,02	0,13	0,01	0,02	0,68	-0,01	0,02	0,82	0,05	0,36
verfügbares Einkommen	-0,01	0,02	0,76	**0,05**	0,01	0,00	**0,04**	0,02	0,01	**0,04**	0,01	0,00	0,00	1,00
Bevölkerungsdichte	**-0,07**	0,02	0,00	-0,02	0,02	0,29	0,00	0,02	0,92	0,03	0,03	0,42	**0,11**	0,00
Anteil Migration (1=Hoch)	**0,12**	0,04	0,00	0,04	0,02	0,10	0,04	0,03	0,11	0,04	0,03	0,21	0,11	0,93
Geburtensaldo	**-0,09**	0,02	0,00	0,01	0,02	0,49								
Bildung (Verhältn. Haupts. zu Abitur)							0,01	0,01	0,63	-0,01	0,01	0,39	0,02	0,63
Hauptschule*	0,01	0,03	0,85	-0,03	0,02	0,19								
Abitur*	0,01	0,03	0,82	0,00	0,02	0,82								
Alter (Verhältn.:18-34 zu 60+)							**0,03**	0,02	0,05	**0,04**	0,02	0,02	0,02	0,56
35-59 Jahre**	**0,06**	0,02	0,01	0,01	0,02	0,43								
60 Jahre und älter**	-0,02	0,03	0,50	0,02	0,02	0,31								
Deprivation (Ostdeutschland)***	**0,48**	0,13	0,00	0,09	0,07	0,18								
Nichtwähleranteil 2013				**0,01**	0,00	0,00	**0,05**	0,01	0,00	0,04	0,02	0,10	**0,06**	0,00
NPD-Wähleranteil 2013				**0,23**	0,02	0,00	**0,19**	0,02	0,00	**0,20**	0,03	0,00	**0,09**	0,00
Intercept- Std.Dv.	0,24			0,16			0,16			0,13				
Residual Std.Dv.	0,17			0,11			0,12			0,10				
AIC	-75,27			-285,11			-264,47			-317,55				
AIC-Veränderung (%)	27,8			100										
Range	-0,28	0,40		-0,23	0,33		-0,23	0.25		-0.19	0.19			
Anzahl Wahlkreise	299			299			299			299			299	

Quelle: Bundeswahlleiter; Berechnungen Eigene, Angegeben sind die Koeffizienten, die Standardfehler und die Signifikanzen (ab 0,05 fett markiert) Alle Unabhängige Variablen sind z-transformiert und die abhängige Variable AfD-Zweistimmen 2017 logtransformiert.

für das AfD-Ergebnis auf Wahlkreisebene waren. Daraus lässt sich schlussfolgern, dass die Ursachen für die Wahlerfolge der AfD maßgeblich auf der politisch-kulturellen Konfliktlinie zu finden sind.

Sowohl auf nationaler Ebene in der Bundestagswahl 2017 als auch in den Thüringer Landtags- und Kommunalwahlen 2019 trat also der Erklärungsbeitrag sozioökonomischer und soziodemografischer Merkmale hinter den der Kontinuität rechtsextremen Wahlverhaltens und politischer Entfremdung in den Wahlkreisen (2017) bzw. Gemeinden (2019) zurück. Da die statistischen Modelle auf unterschiedlichen Aggregatebenen und mit unterschiedlichem Analyseraster (Gebietseinheiten) berechnet wurden, ist ein direkter Vergleich von Effektstärken der einzelnen Indikatoren über die Modelle hinweg nicht unproblematisch. Auf der Landesebene scheinen jedoch die sozio-ökonomischen und soziodemografischen Strukturdisparitäten zwischen den Gemeinden im Unterschied zu den politisch-kulturellen Faktoren sogar noch etwas geringere Prädiktorenwirkung zu besitzen als es die Strukturdisparitäten zwischen den Wahlkreisen auf der Bundesebene tun. Als hierfür ursächlich anzunehmen ist einerseits die relativ hohe strukturelle Homogenität (bezüglich einiger der hier relevanten Kontextvariablen) und sozialräumliche Dichte des Freistaats Thüringen im Vergleich zum gesamten Bundesgebiet, andererseits der Umstand, dass bei den Landtags- und im Besonderen bei den Kommunalwahlen vermutlich stärkere Effekte der tradierten Wählerbindung und Personalisierung auftraten und es der AfD außerdem an KandidatInnen mangelte.

7 Diskussion der Ergebnisse

Die Verwendung von Raumdaten gegenüber Individualdaten hat sowohl Vor- als auch Nachteile. Möglichen Verzerrungseffekten durch individuelles Antwortverhalten und das Problem fehlender Werte bei Individualdaten steht das Problem bei der Verwendung von Raumdaten gegenüber, dass nur Aussagen über die Raumstruktur, nicht aber über Motivationen und Handlungen von Individuen und sozialen Gruppen getroffen werden können. Es ist jedoch von einer engen Wechselwirkung zwischen sozialräumlicher Struktur und den sie umfassenden individuellen Lebenswelten auszugehen. Grundsätzlich nehmen wir an, dass die Datengrundlage geeignet erscheint um Einblicke in den Zusammenhang von Parteienwahl und sozialräumlichen Bedingungen des AfD-Wahlerfolgs zu geben. Eine konkrete Beschränkung bei der Verwendung der Raumdaten besteht darin, dass wir die politisch-kulturellen Indikatoren nur indirekt – d. h. über die Anteile der Nichtwählenden und der NPD-Wählenden in der jeweils vorherigen Wahl

– messen können. Die herausragende Bedeutung dieser Variablen zeigt sich in allen drei Studien und bestätigt damit die Annahme, dass diese politisch-kulturellen Proxyvariablen (hier erfasst über das Wahlverhalten) hohe messbare Effekte auf das AfD-Wahlergebnis haben; es wird aber auch die Frage aufgeworfen, wie genau diese Zusammenhänge interpretiert werden können. Um zu unterstreichen, dass sich dieser Zusammenhang nicht auf Wechselwahlverhalten reduzieren lässt (was bei den relativ geringen NPD-Zweitstimmenanteilen ohnehin nur einen Teil der Erklärung ausmachen kann), haben wir die NPD-Stimmenanteile der vorherigen Wahl von den AfD-Stimmenanteilen der aktuellen Wahl subtrahiert. Mit Ausnahme der Kommunalwahlen[32] schwächte sich der Zusammenhang unter Kontrolle der Wechselwähleranteile zwar erwartbar ab, war aber weiterhin höchstsignifikant und stark. Da dieser Zusammenhang auch ohne die NPD-Stimmenanteile der vorausgegangenen Wahl signifikante Ergebnisse liefert, sehen wir uns in der eingangs diskutierten Annahme bestätigt, dass die Variable als eine Art Proxy relevante Aspekte eines übergreifenden politischen Raumklimas beschreiben kann, die über NPD-Wählenden hinausweisen und ein günstiges Mobilisierungsumfeld für die AfD konstituieren.

Leider existiert bisher wenig empirische Evidenz zum Wechselverhältnis zwischen individuellen Einstellungen und politischer Raumkultur, was vor allem der mangelnden Verfügbarkeit von Individualdaten auf der Gemeindeebene geschuldet ist. Dennoch verweist ein wachsender Bestand an Studien in der internationalen Forschung auf die lang anhaltende Kontinuität bestimmter kultureller Werte bzw. Einstellungen und ihre räumlichen Interdependenzen – über Jahrzehnte, teilweise gar über Jahrhunderte hinweg.[33] Auch bezüglich der räumlichen Verteilung der Wahlaffinität radikal rechter Parteien findet sich eine Vielzahl an Publikationen, die diese spezifischen historisch-kulturellen Dependenzen über große Zeitspannen – teilweise bis in die 1930er Jahre zurück – nachzeichnen.[34]

Hinsichtlich der aktuellen AfD-Erfolge lässt sich der von uns untersuchte Zusammenhang zu vormaligen NPD-Wählerregionen in weiteren Studien über

[32] Unter Kontrolle der Wechselwählerschaft zeigt sich der signifikante NPD-AfD-Effekt bei der Kommunalwahlanalyse nur noch in einzelnen Kreisen.

[33] Ein Überblick findet sich in Voigtländer und Voth (2015, S. 2). Für den deutschsprachigen Raum zeigt T. Mannewitz (2015) die Wirksamkeit traditioneller, kultureller Prägungen, die sich bis heute in einer unterschiedlichen regionalen Kultur im Hinblick auf Einstellungen zur Demokratie ausdrücken.

[34] Bereits ältere Studien (vgl. K. Liepelt 1967) zeigen einen deutlichen Zusammenhang in der räumlichen Korrelation ($r > 0{,}7$) von NSDAP- und NPD-Wahlergebnissen auf. Auch H. Steglich (2010, S. 35 f.) verweist auf einige ältere Studien mit ähnlichen Befunden zur historischen und kulturellen Bedingtheit von Republikaner- und NPD-Wählerhochburgen. Voigtländer und Voth zeigen 2015 in einer Studie die hohe Persistenz antisemitischer Einstellungen,

längere Zeiträume belegen,[35] die bspw. bei Schwander und Manow (2017) aus einer „tradition of radical right ideas" (S. 19) in heutigen AfD-Regionen erklärt werden. Nur ein Teil dieser Studien kann, in Ermangelung geeigneter Individualdaten, diese Zusammenhänge explizit auf radikal rechte Einstellungspotenziale beziehen. Carillo (2018) sowie Voigtländer und Voth (2015) zeigen mithilfe von Individualdaten, dass rechtsextreme bzw. antisemitische Einstellungen in Regionen mit einer ausgeprägten antisemitischen oder faschistischen Vergangenheit noch heute deutlich stärker sind. D. Cantoni et al. verweisen dagegen auf den Einfluss rechtsradikaler Ideologie als Erklärung für den Zusammenhang zwischen NSDAP- und AfD-Unterstützung (vgl. Cantoni et al. 2017, S. 15 f.).

Ohne die genannten Studien in allen Aspekten detailliert hinsichtlich Methodik und Datengrundlagen bewerten zu können, stärkt die Vielzahl ähnlicher Befunde unsere eingangs formulierte Annahme, dass sich über die NPD-Wähleranteile Rückschlüsse auf eine erhöhtes rechtes Raumklima ziehen lassen, von dem die AfD in großem Umfang profitieren konnte. Die auffällige regionale Verbreitung fremdenfeindlicher und nationalistischer Einstellungsmuster in AfD-Hochburgen – die eine parallele Auswertung mittels aggregierten Individualdaten des Thüringen Monitors aufzeigte – unterstreicht ebenfalls die These der vorrangigen Bedeutung der politischen Raumkultur hinsichtlich der Landtags- und Kommunalwahlstudien in Thüringen. Obwohl wir diesen Zusammenhang nur über einen vergleichsweise geringen Zeitraum nachweisen konnten[36], legen die obigen Studien nah, dass die Effekte sowohl im Bund als auch in Thüringen noch weiter

---

die sich heute noch in signifikant höherem Umfang in Regionen mit antisemitischer Wahltradition vor dem 2. Weltkrieg messen lässt. Für Italien findet M. F. Carillo (2018) ähnliche Zusammenhänge in Regionen mit einer starken faschistischen Tradition in der Mussolini-Ära.

[35] Schwander und Manow (2017) zeigen, dass der Wahlerfolg der AfD in der Bundestagswahl 2013 in relevantem Umfang auf Regionen zurückzuführen ist, in denen 1999 DVU, Republikaner und NPD höhere Zustimmung erhielten. K. Bergmann et al. (2018) finden ähnliche Zusammenhänge zwischen DVU- und Republikaner-Stimmenanteilen in der Bundestagswahl 1998 und höheren AfD-Stimmenanteilen in der Bundestagswahl 2017. Für die Landtagswahlergebnisse in Mecklenburg-Vorpommern 2016 berichten Rösel und Sonneburg (2016) den NPD-AfD-Zusammenhang zwischen 2006 und 2016. D. Cantoni et al. (2017) zeigen, dass sich erhöhte NSDAP-Stimmenanteile in der Weimarer Republik sowohl auf die Wahlerfolge der NPD in Nachkriegsdeutschland als auch im Zuge der internen inhaltlichen Radikalisierungstendenzen seit 2015 auf Regionen mit höherem AfD-Zuspruch beziehen lassen.

[36] Da rechtsextreme Parteien besonders zu den Kommunalwahlen in Thüringen vor 2014 in wechselnder Abfolge in einzelnen Kreisen nicht angetreten waren, haben wir uns zur Kommunal- und zur Landtagwahl auf den Zeitraum 2014 - 2019 beschränkt. Zur Bundestagswahl 2017 zeigen wir den AfD-NPD-Zusammenhang bis 2009 auf.

zurückreichen könnten.[37] Hinsichtlich der Nichtwähleranteile bei den vorherigen Wahlen fallen die Ergebnisse weniger deutlich aus. Allerdings finden sich zur Bundestagswahl 2017 und zur Landtagswahl 2019 positive Zusammenhänge, die mit den Befunden der Nachwahlbefragungen korrespondieren.[38] Daraus kann und sollte kein genereller Zusammenhang zwischen Wahlabstinenz und antidemokratischen Haltungen sowie Handlungen hergestellt werden, denn trotz steigender Wahlbeteiligung beläuft sich der Nichtwähleranteil auch nach Antritt der AfD zu den Wahlen auf ungefähr 25 bis 40 % je nach Wahl. Anzunehmen ist, dass insbesondere solche NichtwählerInnen die demokratiefeindliche Ressentiments hegten (vgl. Küpper 2017b), sich der AfD zuwandten.

8 Zusammenfassung: Kulturelle Ressentiments als Klammer

Die Ergebnisse unserer Studien können an unterschiedlichen Stellen an aktuelle Befundlagen und Debatten anknüpfen. Wenngleich Raumdaten keine Rückschlüsse auf individuelles Wahlverhalten zulassen, stehen die Ergebnisse doch an vielen Stellen in Einklang mit Befunden anderer Studien auf der Individualebene. Demografisch konnten wir zur Landtags- und zur Kommunalwahl 2019 in Thüringen die Annahme, dass schrumpfende und abgehängte Regionen eine erhöhte AfD-Wahlwahrscheinlichkeit aufweisen, bestätigen – wobei die Ergebnisse nahelegten, dass demografische und politische Faktoren hier eng ineinandergreifen und weniger sozioökonomische als vielmehr kulturelle Aspekte eine Rolle spielen: Der Bevölkerungsschwund und die Überalterung insbesondere der ländlichen Regionen begünstigen vermutlich die Ausbreitung eines gesellschaftlichen Klimas der politischen Entfremdung und führen tendenziell zu einem „Demokratievakuum", das sich nicht auf die objektiv bestehenden ökonomischen Strukturbedingungen im Sozialraum reduzieren lässt. Migrationsentwicklung und Migrantenverteilung hatten zur Landtagswahl 2019 und zur Bundestagswahl 2017

[37] Auf Bundesebene zeigte sich im Zeitraum zwischen 2009 und 2013 (also zu einem Startzeitpunkt vor Antritt der AfD) ein schwächerer Zusammenhang als im Zeitraum zwischen 2013 und 2017. D. Cantoni et al. (2017) stellen ähnliche Effekte hinsichtlich der Korrelation vorheriger NSDAP- und NPD-Wählerhochburgen zur AfD-Wahl fest und erklären den Zusammenhang durch die in diesem Zeitraum einsetzenden Radikalisierungsprozesse innerhalb der AfD.

[38] Vgl. Neu und Pokorny (2019) für Thüringen, und zur Bundestagswahl u. a. Vehrkamp und Wegschaider (2017).

keinen signifikanten Einfluss. Die Bundestagswahlstudie legte jedoch nahe, dass der Zusammenhang stark von der politischen Raumkultur[39] vermittelt wird[40].

Wir konnten zeigen, dass sich wesentliche Aspekte aktueller rechter Mobilisierung aus lokalen bzw. regionalen Kontinuitäten entsprechenden Wahlverhaltens ableiten. Die Befunde korrespondieren auf der räumlichen Handlungsebene mit den eingangs erwähnten Individualdatenbefunden zur jahrzehntelangen Persistenz rechtsextremer Einstellungen und Potenzialen gruppenbezogener Menschenfeindlichkeit in vielen Teilen der Gesellschaft (vgl. Heitmeyer 2012; Zick et al. 2019; Decker und Brähler 2018), die früher in den demokratischen Volksparteien oder im großen Lager der NichtwählerInnen gebunden waren. Vor dem Hintergrund der starken Wählerwanderungen aus fast allen Parteien und aus den NichtwählerInnen zur AfD kann angenommen werden, dass sich genau diese langfristigen Einstellungspotentiale für die AfD mobilisieren ließen. Die Frage, ob und in welchem Umfang der starke Zuzug Geflüchteter 2015/2016 zu einem Anstieg flüchtlingsfeindlicher Einstellungen geführt hat, oder inwiefern dadurch schon vorhandene Einstellungspotentiale mobilisiert wurden, ist Teil der aktuellen wissenschaftlichen Kontroverse um den AfD-Erfolg; diesbezüglich ergibt der Blick auf die empirische Datenlage widersprüchliche Befunde.[41] Die Erkenntnisse unserer Studie zeigen, dass sich relevante Teile des AfD-Zuspruchs aus einem politisch-kulturellen Raumklima der Regionen speisen, das schon vor 2015 existierte; somit liegt die Betrachtung nahe, dass die sogenannte Flüchtlingskrise zwar mobilisierbare Anlässe zur kollektiven Artikulation bot, ihre Ursachen aber weiter zurückliegen.

Dass die Variablen der ökonomischen Konfliktlinie unter Kontrolle aller weiteren Merkmale keine signifikanten Effekte zeigten (einzige Ausnahme bildete

---

[39] Zur Bundestagswahl 2017 zeigte sich mit Wahlkreisdaten in Einzelmodellen ein signifikant positiver Zusammenhang zwischen Migrantenanteil und AfD-Wahlergebnis, der sich jedoch unter Kontrolle der politischen Variablen stark abschwächte und nicht mehr signifikant war (vgl. Tab. 2: Modelle 5 - 7 vs. Modell 8).

[40] Ähnliche Befunde auf regionaler Ebene berichten Stecker und Debus (2019) aus Bayern: Sie zeigen, dass die AfD zur Bundestagswahl 2017 in kleineren, ländlichen Regionen mit Flüchtlingsunterkünften profitieren konnte, die durch sozioökonomische Deprivation und hohe Stimmenanteile rechtsextremer Parteien in der Vergangenheit gekennzeichnet waren.

[41] Der Zuzug Geflüchteter ab 2015 hatte nach Arzheimer und Berning (2019) zwischen 2013 und 2017 *nicht* zu einem Anstieg migrationsfeindlicher Einstellungen in der Gesamtbevölkerung geführt, sondern die Parteienlandschaft auf der Konfliktlinie der Migration zugunsten der AfD polarisiert. Auch Hövermann und Groß (2016) stellen für den Zeitraum 2014 - 2016 keinen allgemeinen Anstieg der gruppenbezogenen Menschenfeindlichkeit fest, dafür eine umso deutlichere Konzentration unter AfD-SympathisantInnen. Auf gegenläufige Befunde verweisen O. Decker et al. (2016, S. 50); sowie Zick und Preuß (2019).

ein schwacher positiver Effekt der verfügbaren Einkommen zur Bundestagswahl 2017[42]), deutet erneut auf eine heterogene Sozialstruktur der AfD-Wählerschaft hin. In Anbetracht unserer Analyseergebnisse stoßen ausschließlich ökonomisch argumentierende Erklärungsansätze hier an ihre Grenzen bzw. können für sich genommen nur einen eher übersichtlichen Teil zur Erklärung des AfD-Wahlerfolgs beitragen – denn der mit Abstand höchste Anteil der Erklärungskraft rührt von den politischen Raumvariablen her. Dass die AfD vorranging in Regionen mit früheren hohen Nichtwähler- und NPD-Wähleranteilen profitieren konnte, deutet auf die zentrale Rolle eines langfristig gewachsenen Klimas von Demokratieverdrossenheit bis hin zur offenen Demokratiefeindschaft in Teilen dieser Orte hin; es liegt somit nahe, dass die Mobilisierung entlang der politisch-kulturellen Konfliktlinie eine zentrale Triebkraft hinter dem AfD-Erfolg ist[43]. Unsere Befunde auf Gemeinde- und Wahlkreisebene korrespondieren mit aktuelleren eingangs angeführten Studien zur vorrangigen Bedeutung der politischen Indikatoren (vgl. Bergmann et al. 2018; Lengfeld und Dilger 2018; Rippl und Seipel 2018). Politische und kulturelle Ressentiments bilden offenbar eine Art Klammer für die höchst heterogene materielle und soziale Bedürfnis- und Motivationsstruktur von AfD-WählerInnen.

Diese Interpretation widerspricht nicht der Annahme, dass Benachteiligungserfahrungen und die Angst vor sozialer Deklassierung vor dem Hintergrund von großer sozialer Ungleichheit, starkem Konkurrenzdruck und fortschreitender Entsicherung einen relevanten Teil zur Erklärung der massiven rechten Mobilisierung beitragen (vgl. Heitmeyer 2018). Im Gegenteil verweisen unsere Analysen der Wahlergebnisse in Thüringen 2019 und zur Bundestagswahl 2017 auf eine langfristige und enge Verzahnung politischer und wirtschaftlicher Faktoren. Die ungleiche räumliche Verteilung der materiellen und sozialen Teilhabechancen geht in Teilen der betroffenen Regionen mit Phänomenen, die auf eine weit verbreitete Demokratieskepsis und Demokratiefeindlichkeit hindeuten, Hand in Hand; hierdurch wurde langfristig ein günstiges Mobilisierungsumfeld für die AfD geschaffen. Das belegen unsere Analyseergebnisse zum Zusammenhang von ökonomischer Deprivation und hohen NPD- und Nichtwähleranteilen bei vergangenen Wahlen.[44] Dabei geht es nicht nur um die langfristige Entstehung, Verbreitung

[42] Vgl. die Ausführungen in Abschn. 6 zu den Ergebnissen der Bundestagswahlstudie.

[43] Vgl. Diskussion der Befunde auf der politisch-kulturellen Ebene im vorherigen Abschnitt.

[44] Auch Schwander und Manow (2017, S. 4) finden – besonders im Osten – Interaktionen zwischen räumlicher Deprivation und rechten Wählergruppen.

und Verfestigung antidemokratischer Einstellungen[45], sondern auch um die Ausbildung sogenannter „Protestwahl"-Motive, die vor dem Hintergrund bestehender teils vager, rechtsaffiner, teils verfestigter, rechtsextremer Einstellungen aktuelle Handlungsimpulse zur Wahl einer radikal rechten Partei liefern können.

Angesichts unserer Studienbefunde, sowie der nachweislichen Hegemonie rechter bis rechtsextremer Einstellungen unter AfD-WählerInnen und -SympathisantInnen (vgl. Hilmer et al. 2017; Schuler et al. 2020), kann allerdings angezweifelt werden, dass die Partei einzig und unmittelbar aus wirtschaftlichen Erwägungen gewählt wird, oder um die „etablierten Parteien" für eine defizitäre Sozial- und Strukturpolitik abzustrafen.[46] Eine größere Rolle dürften sozialstaatsnativistische Orientierungen, also die Beharrung auf ethno-kulturell definierten Etabliertenvorrechten und nationalen Grenzen der Solidar- und Wertegemeinschaft spielen.[47] Die von der AfD geschürte Angst vor Überfremdung und der Überlastung der Sozialsysteme durch die Aufnahme von Geflüchteten und MigrantInnen zeigt den wohlstandschauvinistischen Charakter rechter Identitätspolitik, bei der die symbolisch-kulturelle Dimension immer mit der materiellen verknüpft ist: Es geht darum, eine exklusive Teilhabe an und Verfügung über gesellschaftliche Ressourcen zu verteidigen und diese zu rechtfertigen.

Insgesamt wird deutlich, dass die analytische Trennung unterschiedlicher Ebenen konzeptionell zwar sinnvoll ist, um Erklärungsstränge zu bündeln und empirisch auf ihre Erklärungskraft zu prüfen. Gleichzeitig zeigt sich jedoch, dass die unterschiedlichen Dimensionen des AfD-Wahlerfolgs in zeitlicher und kausaler Abfolge eng aufeinander bezogen sind. Der Frage nach den komplexen Interaktionsmechanismen zwischen politischen Einstellungen, sozialen Lagen, deren räumlicher Variation und Verdichtung sowie konkreten Handlungsmustern (hier: der Parteienwahl) wird im Kontext der AfD-Wahlerfolge in der Regel nicht ausreichend Raum gegeben (vgl. Mullis und Zschocke 2019, S. 17 ff.). Diesen Umstand auf einer erweiterten Datengrundlage stärker in den Blick zu nehmen, sollte Gegenstand zukünftiger Forschungen sein und könnte wesentliche

---

[45] Vgl. Rippl und Baier (2005); Decker und Brähler (2006); s. a. den Buchbeitrag von Heinrich Best und Axel Salheiser.

[46] Eine Debatte, die für die Sozialwissenschaft im Übrigen keine Neue ist, sondern unter der Gegenüberstellung von Protest- und Bekenntniswahl schon in den 1990er Jahren geführt wurde. Empirisch zeigte sich damals, dass besonders das Zusammenspiel aus Protest und politischen Einstellungen einen Effekt auf die Wahl von Rechtsaußenparteien hat. Vor dem Hintergrund rechtsaffiner Einstellungen fungiert das Protestmoment als aktivierendes Potenzial zur Wahlhandlung (vgl. T. Spier 2017).

[47] In der Literatur wird dies auch unter dem Schlagwort „Wohlfahrtschauvinismus" diskutiert.

Impulse liefern, um unterschiedliche Argumentationsstränge zusammenzuführen und mehr Klarheit in die Kontroverse um die Erklärungsfaktoren für die Wählermobilisierung durch Rechtsaußenparteien zu bringen.

Unsere Analysen zeigen, dass die Ursachen für den aktuellen Wahlerfolg mehrdimensional sind und über viele Jahre zurückreichen. Daher sollten sowohl langfristige Maßnahmen zur sozialen Integration und für die sozial verträgliche Gestaltung bisheriger, aktueller und zukünftiger Wandlungsprozesse als auch ein erhöhtes Engagement für pluralistische, demokratische Werte und die Förderung entsprechender Initiativen – vor allem in stark betroffenen Regionen – im Umgang mit den AfD-Erfolgen angestrebt werden.

Gleichzeitig stellt sich den demokratischen Parteien die Aufgabe, Konzepte der materiellen und soziokulturellen Teilhabe zu entwickeln und umzusetzen, mit denen NichtwählerInnen wieder in den demokratischen Diskurs integriert werden können. Auf diesem Weg ließen sich langfristig demokratische Bindekräfte erhöhen und die politischen Raumgewinne von Rechtsaußenparteien durch Stimmenzuwächse demokratischer Parteien kompensieren. Eine nachhaltige Demokratieförderung setzt voraus, dass die hier diskutierten lokalen und regionalen Kontextbedingungen stärker beachtet und daraus Impulse für konkrete politische Maßnahmen abgeleitet werden.

Literatur

Allport, Gordon Wiliard. 1954. *The nature of prejudice*. Reading, Mass.: Addison-Wesley.

Arzheimer, Kai, und Carl C. Berning. 2019. How the Alternative for Germany (AfD) and their voters veered to the radical right, 2013 - 2017. *Electoral Studies* 60: 102 - 140. DOI: https://doi.org/10.1016/j.electstud.2019.04.004.

Bergmann, Knut, Matthias Diermeier, und Judith Niehues. 2018. Ein komplexes Gebilde. Eine sozio-ökonomische Analyse des Ergebnisses der AfD bei der Bundestagswahl 2017. *Zeitschrift für Parlamentsfragen* 49 (2): 243 - 264.

Bergmann, Knut, Matthias Diermeier, und Judith Niehues. 2016. Die AfD – eine Partei der Besserverdiener? Parteipräferenz und Einkommen. *IW-Kurzberichte 19.2016*. Online unter: https://www.iwkoeln.de/fileadmin/publikationen/2016/280617/IW-Kurzbericht_2016-19-AfD.pdf.

Brachert, Matthias, Everhard Holtmann, und Tobias Jaeck. 2020. *Einflüsse des Lebensumfelds auf politische Einstellungen und Wahlverhalten. Eine vergleichende Analyse der Landtagswahlen 2019 in drei ostdeutschen Bundesländern (Friedrich-Ebert-Stiftung: Forum Berlin)*. Berlin. Online unter: https://www.fes.de/forum-berlin/artikelseite-forum-berlin/neue-studie-vergleichende-anayse-der-landtagswahlen-2019-in-drei-ostdeutschen-bundeslaendern.

Brenke, Karl, und Alexander S. Kritikos. 2017. Wählerstruktur im Wandel. *DIW Wochenbericht* 84 (29, 19. Juli 2017): 595 - 606. Online unter: https://www.diw.de/documents/publikationen/73/diw_01.c.562052.de/17-29-1.pdf.

Bundesamt für Verfassungsschutz. 2019. Gutachten zu tatsächlichen Anhaltspunkten für Bestrebungen gegen die freiheitliche demokratische Grundordnung in der „Alternative für Deutschland“ (AfD) und ihren Teilorganisationen, o.O. Online unter: https://netzpolitik.org/2019/wirveroeffentlichen-das-verfassungsschutz-gutachten-zur-afd/ (Zugriff: 12.03.2020).

Campbell, Donald Thomas. 1965. Ethnocentric and other altruistic motives. In *The Nebraska Symposium on Motivation*, ed. by David Levine, 283 - 311. Lincoln, NE: University of Nebraska Press.

Cantoni, Davide, Felix Hagemeister, und Mark Westcott. 2017. Persistence and Activation of Right-Wing Political Ideology. *Münchener Wirtschaftswissenschaftliche Beiträge (VWL)* 2017-14.

Carillo, Mario Francesco. 2018. Fascistville: Mussolini's New Towns and the Persistence of Neo-Fascism. *MPRA Paper* No. 96236.

Decker, Frank. 2018. Wahlergebnisse und Wählerschaft der AfD. In: *Bundeszentrale für politische Bildung*. Online unter: https://www.bpb.de/politik/grundfragen/parteien-in-deutschland/afd/273131/wahlergebnisse-und-waehlerschaft (Zugriff: 09.03.2020).

Decker, Oliver, und Elmar Brähler (Hrsg.). 2018. *Flucht ins Autoritäre. Rechtsextreme Dynamiken in der Mitte der Gesellschaft. Die Leipziger Autoritarismus-Studie 2018*. Gießen: Psychosozial-Verlag.

Decker, Oliver, und Elmar Brähler. 2006. *Vom Rand zur Mitte. Rechtsextreme Einstellungen und ihre Einflussfaktoren in Deutschland* (Friedrich-Ebert-Stiftung: Forum Berlin). Berlin. Online unter: https://library.fes.de/pdf-files/do/04088a.pdf.

Decker, Oliver, Johannes Kiess, und Elmar Brähler. 2016. *Die enthemmte Mitte. Autoritäre und rechtsextreme Einstellung in Deutschland. Die Leipziger „Mitte“- Studie 2016*. Gießen: Psychosozial Verlag.

Edinger, Michael. 2010. *Gefährdungen der demokratischen Kultur in Thüringen*. Expertise für das Thüringer Ministerium für Soziales, Familie und Gesundheit. Jena. Online unter: https://www.thueringen.de/imperia/md/content/kostg/anlage_gef__hrdungen_der_demokratischen_kultur_in_th__ringen.pdf.

Franz, Christian, Marcel Fratzscher, und Alexander S. Kritikos. 2019. Grüne und AfD als neue Gegenpole der gesellschaftlichen Spaltung in Deutschland. *DIW Wochenbericht* 86 (34, 21. August 2019): 591 - 602. Online unter: https://www.diw.de/documents/publikationen/73/diw_01.c.672876.de/19-34-1.pdf.

Franz, Christian, Marcel Fratzscher, und Alexander S. Kritikos. 2018. AfD in dünn besiedelten Räumen mit Überalterungsproblemen stärker. *DIW Wochenbericht* 85 (8): 135 - 144. Online unter: https://www.diw.de/documents/publikationen/73/diw_01.c.578543.de/18-8-3.pdf.

Häusler, Alexander 2016. *Die Alternative für Deutschland. Programmatik, Entwicklung und politische Verortung*. Wiesbaden: Springer VS.

Heitmeyer, Willhelm. 2018. *Autoritäre Versuchungen. Signaturen der Bedrohung*. 3. Aufl. Berlin: Suhrkamp.

Heitmeyer, Willhelm (Hrsg.) 2012. *Das entsicherte Jahrzehnt. Deutsche Zustände. Folge 10*. Berlin: Edition Suhrkamp.

Hilmer, Richard, Bettina Kohlrausch, Rita Müller-Hilmer, und Jérémie Gagné. 2017. Einstellung und soziale Lebenslage. Eine Spurensuche nach Gründen für rechtspopulistische Orientierung, auch unter Gewerkschaftsmitgliedern (Hans-Böckler-Stiftung: *Working Paper Forschungsförderung* 044). Düsseldorf.

Hövermann, Andreas, und Eva Groß. 2016. Menschenfeindlicher und rechtsextremer – Ein empirischer Zeitvergleich zum Wandel der AfD-Sympathie zwischen 2014 und 2016. In *Gespaltene Mitte – feindselige Zustände. Rechtsextreme Einstellungen in Deutschland 2016*, hrsg. von Andreas Zick, Beate Küpper, Daniela Krause und Wilhelm Berghan, 167 - 184. Bonn: Verlag J. H. W. Dietz Nachf.

Klärner, Andreas, Thorsten Osigus, und Larissa Deppisch 2019. Ist die AfD in ländlichen Räumen besonders erfolgreich? In *Wissen schafft Demokratie. Band 5: Ländlicher Raum* (Schriftenreihe des Instituts für Demokratie und Zivilgesellschaft, Jena), 74 - 89. Berlin: Amadeu Antonio Stiftung. Online unter: https://www.researchgate.net/profile/Andreas_Klaerner2/publication/333917784_Ist_die_AfD_in_landlichen_Raumen_besonders_erfolgreich/links/5d0cc274458515c11ceb4e2f/Ist-die-AfD-in-laendlichen-Raeumen-besonders-erfolgreich.pdf.

Küpper, Beate. 2017a. Rechtspopulistische Einstellungen in Ost- und Westdeutschland. In *Wissen schafft Demokratie. Band 2: Diskriminierung* (Schriftenreihe des Instituts für Demokratie und Zivilgesellschaft), 90 - 103. Berlin: Amadeu Antonio Stiftung.

Küpper, Beate. 2017b. *Das Denken der Nichtwählerinnen und Nichtwähler: Einstellungsmuster und politische Präferenzen* (Friedrich-Ebert-Stiftung: Forum Berlin), 2. Aufl. Berlin.

Kurtenbach, Sebastian. 2019. *Räumliche Aspekte des Rechtspopulismus* (Forschungsinstitut für gesellschaftliche Weiterentwicklung: Studie). Düsseldorf. Online unter: https://www.researchgate.net/publication/337906736_Raumliche_Aspekte_des_Rechtspopulismus.

Lammert, Christoph. 2017. Die extreme Rechte in Thüringen zwischen Kontinuität und Wandel. In *Wissen schafft Demokratie. Band 1* (Schriftenreihe des Instituts für Demokratie und Zivilgesellschaft), 72 - 83. Berlin: Amadeu Antonio Stiftung.

Lengfeld, Holger. 2017. Die „Alternative für Deutschland": eine Partei für Modernisierungsverlierer? *Kölner Zeitschrift für Soziologie und Sozialpsychologe* 69 (2, Juni 2017): 209 - 232.

Lengfeld, Holger, und Clara Dilger. 2018. Kulturelle und ökonomische Bedrohung. Eine Analyse der Ursachen der Parteiidentifikation mit der „Alternative für Deutschland" mit dem Sozio-oekonomischen Panel 2016. *Zeitschrift für Soziologie* 47 (3): 181 - 199.

Liepelt, Klaus. 1967. Anhänger der neuen Rechtspartei: Ein Beitrag zur Diskussion über das Wählerreservoir der NPD. *Politische Vierteljahresschrift* 8 (2): 237 - 271.

Lösche, Peter. 1993. *Kleine Geschichte der deutschen Parteien*. Stuttgart u. a.: Kohlhammer Verlag.

Lux, Thomas. 2018. Die AfD und die unteren Statuslagen. Eine Forschungsnotiz zu Holger Lengfelds Studie die „Alternative für Deutschland": eine Partei für Modernisierungsverlierer? *Kölner Zeitschrift für Soziologie und Sozialpsychologie* 70 (2, Juni 2018): 255 - 273.

Mannewitz, Tom. 2015. *Politische Kultur und demokratischer Verfassungsstaat. Ein subnationaler Vergleich zwei Jahrzehnte nach der deutschen Wiedervereinigung*. Baden-Baden: Nomos Verlagsgesellschaft.

Manow, Philip. 2018. *Die Politische Ökonomie des Populismus*. Berlin: Suhrkamp Verlag.

Mielke, Gerd. 2001. Gesellschaftliche Konflikte und ihre Repräsentation im deutschen Parteiensystem – Anmerkungen zum Cleavage-Modell von Lipset und Rokkan. In *Gesellschaftliche Konflikte und Parteiensysteme. Länder- und Regionalstudien*, hrsg. von Ulrich Eith, 77 - 95. Wiesbaden: Westdeutscher Verlag.

Mudde, Cas. 2019. *The Far Right Today*. Cambridge (UK): Polity Press.

Mullis, Daniel, und Alexander Zschocke. 2019. *Regressive Politiken und der Aufstieg der AFD – Ursachensuche im Dickicht einer kontroversen Debatte.* (PRIF Reports, 5). Frankfurt am Main: Hessische Stiftung Friedens- und Konfliktforschung. Online unter: https://nbn-resolving.org/urn:nbn:de:0168-ssoar-65519.

Neu, Viola. 2019. *Landtagswahl in Sachsen am 1. September 2019.* Tabellenanhang. Berlin: Konrad-Adenauer-Stiftung, Hauptabteilung Politik und Beratung. Online unter: https://www.kas.de/documents/252038/4521287/Tabellenanhang+-+Landtagswahl+in+Sachsen+2019.pdf/ca8c6fab-01d5-7902-7a98-90fd82e14886?version=1.1&t=1573048268605.

Neu, Viola, und Sabine Pokorny. 2019. *Landtagswahl in Thüringen am 27. Oktober 2019.* Tabellenanhang. Berlin: Konrad-Adenauer-Stiftung, Hauptabteilung Politik und Beratung. Online unter: https://www.kas.de/documents/252038/4521287/Tabellenanhang+-+Landtagswahl+in+Th%C3%BCringen+2019+%28PDF%29.pdf/315daa24-5f30-f3e5-8705-5a2c9ee3513b?version=1.0&t=1572335444211.

Pettigrew, Thomas. F., und Linda R. Tropp. 2006. A meta-analytic test of intergroup contact theory. *Journal of Personality and Social Psychology* 90: 751 - 783.

Pfahl-Traughber, Armin. 2019a. *Die AfD und der Rechtsextremismus.* Wiesbaden: Springer VS.

Pfahl-Traughber, Armin. 2019b. *Rechtsextremismus in Deutschland. Eine kritische Bestandsaufnahme.* Wiesbaden: Springer VS.

Pokorny, Sabine: 2019. *Landtagswahl in Brandenburg am 1. September 2019.* Tabellenanhang. Berlin: Konrad-Adenauer-Stiftung, Hauptabteilung Politik und Beratung. Online verfügbar unter: https://www.kas.de/documents/252038/4521287/Tabellenanhang+-+Landtagswahl+in+Brandenburg+2019+%28PDF%29.pdf/7adab4fe-bdc3-f4b9-469f-d727da893206?version=1.1&t=1567493393452.

Quent, Matthias. 2019. *Deutschland Rechtsaußen: Wie die Rechten nach der Macht greifen und wie wir sie stoppen können.* München: Piper.

Rainer, Helmut, Clara Albrecht, Stefan Bauernschuster, Anita Fichtl, Timo Hener, und Joachim Ragnitz. 2018. Deutschland 2017: Studie zu den Einstellungen und Verhaltensweisen der Bürgerinnen und Bürger im vereinigten Deutschland. Studie im Auftrag des Bundesministeriums für Wirtschaft und Energie. *Ifo-Forschungsberichte* 96.

Richter, Christoph, und Lukas Bösch. 2017. *Demokratieferne Räume. Wahlkreisanalyse zur Bundestagswahl 2017.* Jena: Institut für Demokratie und Zivilgesellschaft. Online unter: https://www.idz-jena.de/fileadmin/user_upload/Demokratieferne_Raeume_AfD_Bundestagswahl_2017.pdf.

Richter, Christoph, Axel Salheiser, und Matthias Quent. 2019a. *Rechtsradikale Landnahme. Analyse des AfD-Wahlerfolgs zur Landtagswahl 2019 in den Thüringer Gemeinden.* Jena: Institut für Demokratie und Zivilgesellschaft. Online unter: https://www.idz-jena.de/fileadmin/user_upload/IDZ_Analyse_AfD-Wahlerfolg_Landtagswahlen_2019_FINAL_WEB.pdf.

Richter, Christoph, Axel Salheiser, und Matthias Quent. 2019b. *Die AfD zur Kreistagswahl 2019 in Thüringen. Empirische Analysen zur Erklärung der Wahlergebnisse auf Gemeindeebene.* Jena: Institut für Demokratie und Zivilgesellschaft. Online unter: https://www.idz-jena.de/fileadmin/user_upload/IDZ_Brosch%C3%BCre_Die_AfD_zur_Kreistagswahl_2019_in_Th%C3%BCringen_WEB.pdf.

Rippl, Susanne, und Dirk Baier. 2005. Das Deprivationskonzept in der Rechtsextremismusforschung. *Kölner Zeitschrift für Soziologie und Sozialpsychologie* 57 (4, Dezember 2005), S. 644 - 666.

Rippl, Susanne, und Christian Seipel. 2018. Modernisierungsverlierer, Cultural Backlash, Postdemokratie. *Kölner Zeitschrift für Soziologie und Sozialpsychologie* 70 (2, Juni 2018): 237 - 254.

Rösel, Felix, und Julia Sonnenburg. 2016. Politisch abgehängt? Kreisgebietsreform und AfD-Wahlergebnis in Mecklenburg-Vorpommern. *Ifo Dresden berichtet 6/2016.*

Salheiser, Axel, Matthias Quent, und Anja Klaßen. 2019. *Thüringen vor der Landtagswahl. Ergebnisse einer repräsentativen Befragung im September 2019.* Forschungsbericht. Jena: Institut für Demokratie und Zivilgesellschaft. https://www.idz-jena.de/fileadmin/user_upload/WEB_IDZ_Forschungsbericht_2019_10_08.pdf.

Salomo, Katja. 2019. The residential context as source of deprivation: Impacts on the local political culture. Evidence from the East German state Thuringia. *Political Geography* 69 (March 2019): 103 - 117. DOI: https://doi.org/10.1016/j.polgeo.2018.07.001.

Schuler, Julia, Johannes Kiess, Oliver Decker, und Elmar Brähler. 2020. *Wahlpräferenz – Rechtsextremismus, Gewaltbereitschaft, Antisemitismus und Verschwörungsmentalität: AfD-Wähler_innen weisen die höchste Zustimmung zu anti-demokratischen Aussagen auf.* Universität Leipzig: Kompetenzzentrum für Rechtsextremismus- und Demokratieforschung, Arbeitsgruppe der Leipziger Autoritarismus-Studien. Online unter: http://home.uni-leipzig.de/decker/wahlpraeferenz.pdf.

Schwander, Hanna, und Philip Manow. 2017. It's not the economy, stupid! Explaining the electoral success of the German right-wing populist AfD. ETH Zürich / University of Zürich, *Center for Comparative and International Studies (CIS)*: CIS Working Paper No. 94.

Slupina, Manuel, Susanne Dähner, Reiner Klingholz, Lena Reibstein, und Jörg Scholz. 2019. *Die demografische Lage der Nation: Wie zukunftsfähig Deutschlands Regionen sind* (Berlin Institut für Bevölkerung und Entwicklung: Studie). Berlin.

Spier, Tim. 2017. Die Wahl von Rechtsaußenparteien in Deutschland. In *Handbuch Rechtsextremismus*, hrsg. von Fabian Virchow, Martin Langebach und Alexander Häusler, 257 - 284. Wiesbaden: Springer VS - Verlag.

Spier, Tim. 2010. *Modernisierungsverlierer? Die Wählerschaft rechtspopulistischer Parteien in Westeuropa.* Wiesbaden: VS Verlag.

Stecker, Christian, und Marc Debus. 2019. Refugees Welcome? Zum Einfluss der Flüchtlingsunterbringung auf den Wahlerfolg der AfD bei der Bundestagswahl 2017 in Bayern. *Politische Vierteljahresschrift* 60 (2): 299 - 323.

Steglich, Henrik. 2010. *Rechtsaußenparteien in Deutschland. Bedingungen ihres Erfolges und Scheiterns.* Göttingen: Vandenhoeck & Ruprecht.

Vehrkamp, Robert, und Klaudia Wegschaider. 2017. *Populäre Wahlen. Mobilisierung und Gegenmobilisierung der sozialen Milieus bei der Bundestagswahl 2017.* Gütersloh: Bertelsmann Stiftung. Online unter: https://www.bertelsmann-stiftung.de/fileadmin/files/BSt/Publikationen/GrauePublikationen/ZD_Populaere_Wahlen_Bundestagswahl_2017_01.pdf.

Voigtländer, Nico, und Hans-Joachim Voth. 2015. Nazi Indoktrination and anti-semitic Reliefs in Germany. *Proceedings of the National Academy of Sciences of the United States of America* 112 (26): 7931 - 7936. doi: https://doi.org/10.1073/pnas.1414822112.

Werts, Han, Peer Scheepers, und Marcel Lubbers. 2013. Euro-sceptism and radical right-wing voting in Europe 2002-2008. Social Cleavages, socio-political attitudes and contextual characteristics determining voting for the radical right. *European Union Politics* 14 (2): 183 - 205.

Zick, Andreas, Beate Küpper, und Wilhelm Berghan (Hrsg.). 2019. *Verlorene Mitte – feindselige Zustände. Rechtsextreme Einstellungen in Deutschland 2018/19.* Bonn: Verlag J. H. W. Dietz Nachf.

Zick, Andreas, und Madlen Preuß. 2019. Einstellungen zur Integration in der deutschen Bevölkerung. Dritte Erhebung im Projekt „ZuGleich - Zugehörigkeit und Gleichwertigkeit". Essen: Stiftung Mercator.

Regionale und individuelle Einflussfaktoren auf den Rechtspopulismus

Eine Analyse auf der Basis des „Thüringen-Monitors"

Heinrich Best und Axel Salheiser

Zusammenfassung

Das Erstarken des Rechtspopulismus vor allem in Ostdeutschland hat die Debatte über spezifische Ursachen und Strukturkontexte für die Verbreitung nationalistischer, migrantInnenfeindlicher und antidemokratischer Einstellungen in der dortigen Bevölkerung neu entfacht. Im Mittelpunkt unseres Buchbeitrages steht die Frage, inwieweit sich jene Tendenzen der Demokratiegefährdung als Ausdruck einer ausgeprägten Systemdistanz und defizitären Systemintegration vieler BürgerInnen – und damit als eine Folge des Transformationsprozesses nach 1989 mit seinen sozioökonomischen und sozialstrukturellen Verwerfungen – interpretieren lassen; dies beinhaltet, inwieweit soziokulturelle „ostdeutsche Besonderheiten" Relevanz besitzen. Der Thüringen-Monitor ist eine politikwissenschaftliche und soziologische Langzeitstudie zur politischen Kultur im Freistaat Thüringen, die seit 2000 von der Thüringer Staatskanzlei in Auftrag gegeben wird und auf einer jährlich stattfindenden repräsentativen Bevölkerungsbefragung basiert. Das im Kern über fast zwei Jahrzehnte konstant gehaltene Fragenprogramm erfasst u. a. die Zustimmung zu rechtsextremen Aussagen, wobei eine ethnozentrische (i. e. S.

H. Best (✉)
Institut für Soziologie, Friedrich-Schiller-Universität Jena, Jena, Deutschland
e-mail: heinrich.best@uni-jena.de

A. Salheiser
KomRex – Zentrum für Rechtsextremismusforschung, Demokratiebildung und gesellschaftliche Integration, Friedrich-Schiller-Universität Jena, Jena, Deutschland
e-mail: axel.salheiser@uni-jena.de

H. U. Brinkmann und K.-H. Reuband (Hrsg.), *Rechtspopulismus in Deutschland*,
https://doi.org/10.1007/978-3-658-33787-2_13

rechtspopulistische) von einer neonazistischen Einstellungsdimension unterschieden wird. Im Buchbeitrag wird auf der Datengrundlage der kumulierten Thüringen-Monitore 2015–2019 ein Kausalmodell vorgestellt, in dem Individualfaktoren mit regionalen Kontextfaktoren als Determinanten rechtsextremer und rechtspopulistischer Orientierungen verknüpft werden.

1 Einleitung: „Region" als Kategorie soziologischer Analysen

Die Suche nach einer Antwort auf die Frage, wie und warum sich regionale Unterschiede politischer Orientierungen und Verhaltensweisen ausprägen, steht am Beginn einer empirischen Erforschung kollektiven politischen Handelns. Der locus classicus dieser frühen Forschung – André Siegfrieds „Tableau politique de la France de l'ouest sous la Troisième République" (1913) – identifizierte eine relativ stabile Verteilung der Hochburgen politischer Lager im Westen Frankreichs während des ausgehenden 19. und beginnenden 20. Jahrhunderts; diese begriff Siegfried als Sedimente verbindender Erfahrungen und Ereignisse in der Vergangenheit sowie als Ausdrucksformen komplexer „lebensweltlicher" Zusammenhänge, zu denen auch handfeste strukturelle Gegebenheiten wie die Besitz- und Siedlungsstrukturen zählten (vgl. Siegfried 1995). Die *tempéraments politiques régionaux* – die regionalen politischen Orientierungen – erscheinen hier als eine Gemengelage von historisch vorgegebenen mentalen Dispositionen und den regional spezifischen Ausformungen sozialer Beziehungsmuster (vgl. Best 1991).

An der Entwirrung dieser Gemengelage arbeitete und arbeitet insbesondere die historische und ökologische (d. h. raumbezogene) Wahlforschung bis in die Gegenwart, wobei sich die Antworten auf die Ausgangsfrage zwei Kategorien zuordnen lassen: zum einen den in spezifische regionale Kontexte (z. B. ökonomische und demografische Strukturbedingungen) eingebundenen mentalen Dispositionen und sozialen Beziehungsmustern, zum anderen der regionalen Verteilung von Individualmerkmalen. Im ersten Fall wäre Regionalität das Ergebnis von spezifischen regionalen Kontexten zuschreibbaren Gegebenheiten und Prozessen, im anderen Fall wäre sie das Ergebnis einer Aggregation von Individualmerkmalen in einem willkürlich abgegrenzten Raum. Im ersten Fall hätte „Raum" einen eigenen Erklärungsbeitrag als spezifischer Erfahrungs- und Handlungskontext, im zweiten Fall wäre er die Rahmung für eine Menge von Einzelwerten. Im ersten Fall wären regionale Unterschiede das Ergebnis von

Kontexteffekten, im zweiten Fall das Ergebnis von Gruppenkompositionseffekten. Diese Unterscheidung ist von großer soziologischer Bedeutung, denn im ersten Fall ist „Raum“ ein sozialer Sachverhalt mit eigenem Erklärungswert, im zweiten Fall sind räumliche Differenzierungen statistische Artefakte willkürlicher Grenzziehungen.

Dazu ein Beispiel: Wenn wir in einer Untersuchung räumliche Unterschiede im Deprivationsempfinden beobachten, kann das daran liegen, dass Personen die allgemeinen Lebensumstände in den jeweiligen Regionen mit unterschiedlicher Häufigkeit als benachteiligend empfinden – und zwar unabhängig von ihrer eigenen Lebenslage: Dies wäre ein Kontexteffekt. Zum anderen kann es darin begründet sein, dass die Menschen in diesen Gebieten aufgrund ihrer persönlichen Lebenslage mit jeweils unterschiedlichen Häufigkeiten Benachteiligungen erfahren haben – was ein Gruppenkompositionseffekt wäre. Die Bedeutsamkeit dieser Unterscheidung für unseren Beitrag ist offenkundig: Insbesondere der Verweis auf „abgehängte Regionen“ – also regionale Kontexte, in denen sich soziale und ökonomische Problemlagen ballen – ist eine häufig gebrauchte Erklärungsfigur für die Bildung regionaler Schwerpunkte in der Verbreitung rechtspopulistischer Einstellungen und der Unterstützung für Parteien, die sich auf solche Einstellungsmuster berufen.

Der Frage, ob und wenn ja auf welche Weise „Region“ einen spezifischen Erklärungsbeitrag für die Ausbildung rechtspopulistischer und rechtsextremer Einstellungsmuster liefert, wird im Folgenden auf der Grundlage von kumulierten Umfrage- und Regionaldaten aus dem Bundesland Thüringen nachgegangen. Regionale Kontexte für eine Untersuchung der Regionalstruktur politischer Orientierungen der Bevölkerung sind die Kreise. Die Kumulation der Umfragedaten erfolgt auf der Basis der jährlichen Erhebungen des Thüringen-Monitors zwischen 2015 und 2019 (vgl. Reiser et al. 2019).[1] Da das Fragenprogramm des Thüringen-Monitors große Blöcke von Fragen enthält, die entweder seit Beginn

[1] Der Thüringen-Monitor wird seit dem Jahr 2000 von der Thüringer Landesregierung in Auftrag gegeben und basiert auf einer telefonischen repräsentativen Befragung Thüringer Wahlberechtigter ab 18 Jahren (computergestützte Telefoninterviews [CATI]; Zufallsauswahl von Festnetzanschlüssen nach dem Gabler-Häder-Design; Auswahl des Haushaltsmitglieds, das zuletzt Geburtstag hatte [Last Birthday Method]; Quotierung nach Alter und Geschlecht entsprechend offizieller Angaben des Thüringer Landesamtes für Statistik zur Zusammensetzung der Thüringer Bevölkerung; Gewichtung der Stichprobe nach Alter, Geschlecht, Bildung und Haushaltsgröße). Jährlich werden ≥ 1 001 Personen befragt. Zwischen 2015 und 2019 wurden durch das CATI-Labor des Instituts für Soziologie der Friedrich-Schiller-Universität insgesamt 5.200 Personen befragt. Der Thüringen-Monitor wurde von 2012 bis 2018 unter Leitung von Heinrich Best (2018 gemeinsam mit der Politikwissenschaftlerin Marion Reiser) erstellt. Seit 2019 wird das Projekt unter Leitung von

der Erhebungen im Jahr 2000 jährlich oder zeitkonstant über mehrere Jahre hinweg erhoben werden, und die Stichprobenziehung konstant nach gleichbleibenden Kriterien erfolgt, ist eine Zusammenfassung mehrerer „Jahresscheiben" zu einer Gesamtstichprobe möglich. Diese Zusammenfassung ist dann erforderlich, wenn man Befunde mit ausreichenden Fallzahlen auf kleinere territoriale Einheiten unterhalb der Landesebene – im gegebenen Fall sind dies die Kreise – desaggregieren will.[2] Die für ein deutsches Bundesland einzigartige Möglichkeit einer Kumulation zeitkonstant erhobener Items über viele Jahre hinweg wurde bereits in der Vergangenheit verschiedentlich genutzt (vgl. Best et al. 2017, 2018, 2019; Salomo 2019).

In unserem Beitrag verfolgen wir auf dieser empirischen Grundlage die Frage nach den individuellen und kollektiven Einflussfaktoren für rechtsextreme Einstellungen und deren regionale Kontextbedingungen. Ein besonderes Interesse liegt dabei auf solchen Formen subjektiver Deprivation, die im Kontext der Wahrnehmung negativer Folgen der deutschen Wiedervereinigung und der postsozialistischen Systemtransformation als typisch ostdeutsch zu klassifizieren sind (vgl. Best et al. 2014; Klein et al. 2009).

2 Rechtsextreme Einstellungen: Theoretische Annahmen und empirische Befunde auf Individual- und Aggregatebene

Im Thüringen-Monitor werden rechtsextreme Einstellungen gemäß der sogenannten Konsens-Definition gemessen. Sie beschreibt Rechtsextremismus als „ein Einstellungsmuster, dessen verbindendes Kennzeichen Ungleichwertigkeitsvorstellungen darstellen. Diese äußern sich im politischen Bereich in der Affinität zu

Marion Reiser am KomRex – Zentrum für Rechtsextremismusforschung, Demokratiebildung und gesellschaftliche Integration der Friedrich-Schiller-Universität Jena fortgeführt. Ein Public Use File mit den kumulierten Befragungsdaten des Thüringen-Monitors 2001 - 2019 ist im Datenbestandskatalog (DBK) der GESIS – Leibniz-Institut für Sozialwissenschaften erfasst und steht dort zum kostenlosen Download zur Verfügung: https://search.gesis.org/research_data/ZA6345. Weitere Informationen unter: https://www.komrex.uni-jena.de/thueringenmonitor.

[2] Der Freistaat Thüringen hat 23 Kreise, darunter 17 Landkreise und sechs kreisfreie Städte. Die durchschnittliche Anzahl der Befragten pro Kreis im Erhebungszeitraum 2015 - 2019 lag bei 226 (Minimum: 73 Befragte in Suhl; Maximum: 407 Befragte in Erfurt). Zehn der insgesamt 5.200 Befragten im Erhebungszeitraum 2015 - 2019 konnten keinem Kreis zugeordnet werden.

diktatorischen Regierungsformen, chauvinistischen Einstellungen und einer Verharmlosung bzw. Rechtfertigung des Nationalsozialismus. Im sozialen Bereich sind sie gekennzeichnet durch antisemitische, fremdenfeindliche und sozialdarwinistische Einstellungen" (Kreis 2007, S. 13; vgl. Best und Salomo 2014; Reiser et al. 2018, S. 97; Decker und Brähler 2006, S. 20 f.; Zick et al. 2019; Decker und Brähler 2018). Die seit 2001 verwendeten Indikatoren (vgl. Tab. 1) wurden bis 2014 zu einem Summenindex verrechnet, um den Anteil der rechtsextrem eingestellten Befragten mit mindestens überwiegender Zustimmung zu allen zehn Aussagen berichten zu können. Analysen zur Reliabilität und Konstruktvalidität (vgl. Best und Salomo 2014) zeigten jedoch, dass es sinnvoll ist, zwischen ethnozentrischen – d. h. „fremdenfeindlichen" und nationalistisch-chauvinistischen – Einstellungen und neonationalsozialistischen Einstellungen (NS-Ideologie) zu unterscheiden.[3]

Dieser Befundlage wurde dadurch Rechnung getragen, dass für die Zustimmung zu den Aussagen des Ethnozentrismus und der neonationalsozialistischen Ideologie jeweils getrennte Mittelwertskalen berechnet wurden, aus denen wiederum die Gesamtskala der rechtsextremen Einstellungen gebildet wurde.[4] Die Verlaufskurve (vgl. Abb. 1) für die Anteile der Befragten, für die jeweils überwiegende Zustimmung zu diesen drei Skalen registriert wurde, zeigt über den gesamten Beobachtungszeitraum vor allem die relativ hohe Anschlussfähigkeit an die Aussagen des Ethnozentrismus bei relativ stabilen und geringen Zustimmungswerten bei neonationalsozialistischen Aussagen. Soweit Vergleiche

[3] Die Aussage „Ausländer sollten grundsätzlich ihre Ehepartner unter den eigenen Landsleuten auswählen." ist der inhaltlichen Dimension der Fremdenfeindlichkeit zugeordnet, in Faktorenanalysen konnte jedoch gezeigt werden, dass die Zustimmung zu dieser Aussage stärker mit der Zustimmung zu den Aussagen zur Erfassung neonationalsozialistischer Einstellungen assoziiert war als mit jener zu den anderen Aussagen des Ethnozentrismus (vgl. Reiser et al. 2019, S. 55; Best und Salomo 2014, S. 15). Allerdings galt das nicht zu allen Erhebungszeitpunkten, die Zuordnung zum Faktor der neonationalsozialistischen Ideologie ist also nicht eindeutig. Zur Konstanthaltung des Messkonzeptes war es erforderlich, diese Zuordnung beizubehalten. Weil in der Aussage das Prinzip der ethnischen Segregation explizit auf die *Partnerwahl* bezogen wird und dabei implizit auch die „Abstammung" potenzieller Nachkommen anklingt, wird die Aussage im Thüringen-Monitor als Rassismus-Indikator verwendet.

[4] Vier Aussagen erfassen *ethnozentrische Einstellungen*, sechs Aussagen erfassen *neonationalsozialistische Ideologie*. Pro Teilskala ist maximal eine fehlende Antwort möglich. Ebenfalls durch Mittelwertbildung wird aus beiden Teilskalen eine Gesamtskala *rechtsextremer Einstellungen* gebildet. Befragte gelten als ethnozentrisch, neonationalsozialistisch bzw. rechtsextrem eingestellt, wenn ihr jeweiliger Skalenmittelwert (über 2,5) einer überwiegenden Zustimmung entspricht.

Tab. 1 Zustimmung zu den Aussagen zur Erfassung rechtsextremer Einstellungen (Thüringen-Monitor 2015 - 2019), Zustimmung in %[5]

		2015	2016	2017	2018	2019
Ethnozentrismus	***Nationalismus und Chauvinismus***					
	„Was unser Land heute braucht, ist ein hartes und energisches Durchsetzen deutscher Interessen gegenüber dem Ausland."	62	63	64	64	61
	„Andere Völker mögen Wichtiges vollbracht haben, an deutsche Leistungen reicht das aber nicht heran."	29	25	30	25	34
	Fremdenfeindlichkeit					
	„Die Bundesrepublik ist durch die vielen Ausländer in einem gefährlichen Maße überfremdet."	51	52	53	58	56
	„Die Ausländer kommen nur hierher, um unseren Sozialstaat auszunutzen."	40	37	44	49	45
Neonationalsozialistische Ideologie	*„Ausländer sollten grundsätzlich ihre Ehepartner unter den eigenen Landsleuten auswählen." (Rassismus)*	22	17	22	25	23
	Sozialdarwinismus					
	„Es gibt wertvolles und unwertes Leben."	28	23	24	25	25
	„Wie in der Natur sollte sich auch in der Gesellschaft immer der Stärkere durchsetzen."	18	12	18	20	22
	Verharmlosung des Nationalsozialismus					
	„Der Nationalsozialismus hatte auch seine guten Seiten."	24	16	16	18	26

(Fortsetzung)

[5] „Stimme voll und ganz zu" und „stimme überwiegend zu" zusammengefasst. Es handelt sich um vierstufige Antwortskalen, d. h. ohne neutrale Mittelkategorie. Ablehnung: „lehne überwiegend ab", „lehne völlig ab".

Tab. 1 (Fortsetzung)

		2015	2016	2017	2018	2019
	Antisemitismus					
	„Die Juden haben einfach etwas Besonderes und Eigentümliches an sich und passen nicht so recht zu uns."	9	10	14	9	16
	Unterstützung einer rechten Diktatur					
	„Im nationalen Interesse ist unter bestimmten Umständen eine Diktatur die bessere Staatsform."	20	17	14	18	21

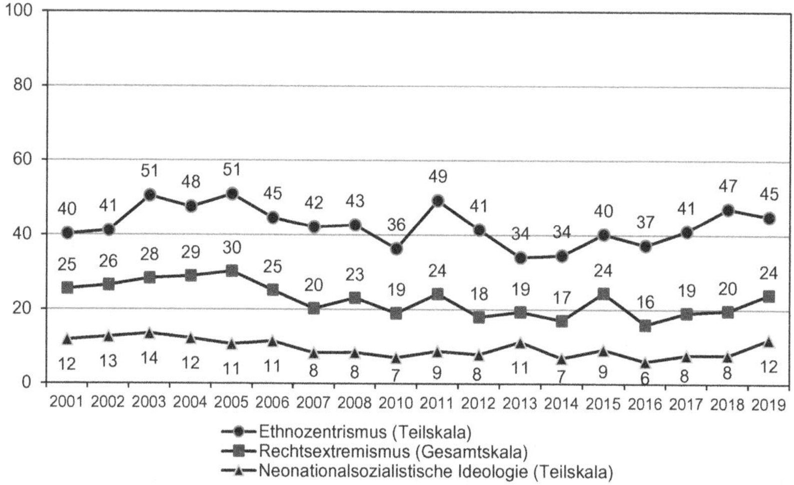

Abb. 1 Rechtsextreme, ethnozentrische und neonationalsozialistische Einstellungen (Thüringen-Monitor 2001 - 2019), in %. (Quelle: eigene Darstellung)

mit deutschlandweiten Untersuchungen aufgrund der unterschiedlichen Messkonzepte möglich sind, unterschied sich das Zustimmungsniveau in Thüringen nicht markant von dem im gesamten Ostdeutschland, lag damit jedoch signifikant über dem in Westdeutschland.[6] Nach einer längeren Phase des Rückgangs der Werte, die 2011 zunächst nur kurzzeitig unterbrochen schien, zeigte sich seit 2015 ein kontinuierlicher Wiederanstieg.[7] Während wir die markante Erhöhung des Ethnozentrismus-Wertes 2011 auf die von Thilo Sarrazin mitbefeuerte gesellschaftliche Debatte über Migration und Integration sowie auf die Diskussionen um die EU-Finanzpolitik (Stichpunkt: Griechenland-„Rettungsschirm") zurückgeführt hatten, spiegelte sich dann im Anstieg nationalistischer und migrantInnenfeindlicher Ressentiments seit 2015 der Erfolgskurs der AfD wider. Wir vermuten, dass deren „neurechte" Strategie der „Verschiebung des Sagbaren" und des Tabubruchs dazu beigetragen hat, dass nach einem trendhaften Anstieg in der Thüringer Bevölkerung sogar solchen Aussagen wieder signifikant häufiger zugestimmt wurde, die aufgrund ihres geschichtsrevisionistischen und antisemitischen Gehalts mit dem Neonationalsozialismus assoziiert sind. Die Verläufe der Zeitreihen deuten darauf hin, dass die gesellschaftlichen Auseinandersetzungen um die Aufnahme und Integration von MigrantInnen bzw. besonders von Geflüchteten in den letzten fünf Jahren auch in Thüringen der Aktivierung ethnozentrischer Ressentiments Vorschub geleistet haben; in diesem Prozess wurden negative Beurteilungen in der Asylfrage nicht nur durch Ungleichwertigkeitsvorstellungen, sondern auch durch Benachteiligungsgefühle der Befragten (relative Deprivation) und die Wahrnehmung von Gerechtigkeitsdefiziten verstärkt (vgl. Best et al. 2016; Salheiser 2017, 2018).

---

[6] Die „Leipziger Autoritarismus-Studie" (Decker und Brähler 2018) und die „Mitte-Studie" der Friedrich-Ebert-Stiftung (Zick et al. 2019) stützen sich auf die o. g. Konsensdefinition des Rechtsextremismus, verwenden jedoch z. T. andere Indikatoren als der Thüringen-Monitor. In der „Leipziger Autoritarismus-Studie" 2018 stimmten rund 45 % der ostdeutschen Befragten der Aussage zu: „Die Bundesrepublik ist durch die vielen Ausländer in einem gefährlichen Maß überfremdet", weitere 28 % stimmten der Aussage teilweise zu (vgl. Decker und Brähler 2018, S. 77). Unter westdeutschen Befragten stimmten 33 % der Aussage zu und 28 % stimmten ihr teilweise zu. Im Sachsen-Monitor 2018 stimmten 56 % der Befragten derselben Aussage zu (vgl. dimap 2018, S. 33).

[7] Im Jahr 2015 fand die telefonische Befragung im Zeitraum vom 8. Juni bis zum 27. Juni statt, d. h. zu einem Zeitpunkt, als die politischen und medialen Diskurse um die Asylfrage bereits spürbar intensiviert waren, aber noch vor der folgenreichen Entscheidung der Bundesregierung am 5. September, die in Ungarn befindlichen AsylbewerberInnen in Deutschland aufzunehmen.

Der Einfluss von relativer Deprivation (vgl. Pettigrew 2002) auf politische Einstellungen – insbesondere dessen dämpfende Wirkung auf die Demokratiezufriedenheit (vgl. Lange 2018) und die Verstärkung autoritärer bzw. demokratieablehnender Orientierungen – ist theoretisch gut fundiert und eingehend empirisch untersucht worden (vgl. Rippl und Baier 2005; Rippl und Seipel 2002; Runciman 1966). Mehr noch als individuelle (relative) Deprivation[8] hat sich kollektive (relative) Deprivation in unseren bisherigen Voruntersuchungen für Thüringen als markanter und konstanter Prädiktor für die Unterstützung nationalistisch-chauvinistischer, rassistischer und demokratiefeindlicher Ideologeme erwiesen (vgl. Reiser et al. 2018, 2019; Best 2018, 2019). Es zeigte sich wiederholt, dass die Zustimmung zu den Aussagen der Rechtsextremismus-Skala weniger von der objektiven sozialen Lage der Befragten abhängt, sondern vor allem durch deren ungünstige subjektive Beurteilung sowie durch kulturell tradierte und in kollektive Deutungsprozesse eingewobene Einstellungsmuster bzw. sozialpsychologisch relevante Persönlichkeitsfaktoren des Autoritarismus und der Sozialen Dominanzorientierung[9] bedingt wird (vgl. Winkler 2005).

Unabhängig von allgemeinem Deprivationsempfinden sind in unserer Untersuchung vor allem jene Benachteiligungsgefühle relevant, die im Kontext der Wiedervereinigung als typisch ostdeutsch zu interpretieren sind, weil in ihnen die Wahrnehmung fortwirkender struktureller Problemlagen und Herausforderungen infolge des Systemumbruchs und der gesellschaftlichen Transformation in den ostdeutschen Bundesländern (vgl. Best und Holtmann 2012; Gabriel et al. 2015) zum Ausdruck kommen. Auf der Symbolebene kollektiver Deutungsmuster werden Gerechtigkeits- und Anerkennungsdefizite sodann im nationalen Bezugsrahmen artikuliert (vgl. Kollmorgen 2011; Köpping 2018). Im Thüringen-Monitor wurde dafür zusammenfassend der Begriff „Ostdeprivation" eingeführt (vgl. Best et al. 2015).[10]

---

[8] Im Thüringen-Monitor wird individuelle relative Deprivation durch die Einschätzung der Befragten erfasst, im Vergleich zu anderen „weniger als den gerechten Anteil" zu erhalten.

[9] „Soziale Dominanzorientierung" beschreibt die Wahrnehmung, dass Wettbewerb zwischen gesellschaftlichen Gruppen notwendig sei und dadurch eine Hierarchie zwischen diesen legitimiert werde (vgl. Reiser et al. 2019, S. 59; Duckitt 2001).

[10] Als „ostdepriviert" gelten jene Befragte des Thüringen-Monitors, die angeben, dass die deutsche Einheit für sie mehr Nachteile als Vorteile gebracht hat, und der Aussage zustimmen, dass Ostdeutsche von Westdeutschen als „Menschen zweiter Klasse" behandelt werden.

3 Regionale Einstellungsunterschiede und deren Kontexte

Die Frage nach regionalen Unterschieden der Verbreitung rechtsextremer und rechtspopulistischer Einstellungen – insbesondere im Vergleich zwischen Ost- und Westdeutschland – lenkt den Blick auf ökologische Analysen im Sinne einer Politischen Geografie, die spezifische Herausforderungen für die politische Kultur auf ihre sozialräumlichen Kontexte hin eruiert. In der aktuelleren Forschungsliteratur wurde vor allem in Hinblick auf die Wahlerfolge der AfD bzw. den neuerlichen Aufstieg des Rechtspopulismus (insbesondere in den ostdeutschen Bundesländern) untersucht, inwieweit dafür eher sozioökonomische Erklärungsfaktoren (die soziale Lage von Befragten, ihre subjektiven individuellen oder kollektiven Benachteiligungsempfindungen, Furcht vor sozialem Statusverlust – also die sogenannte „Modernisierungsverliererthese“) oder eher soziokulturelle bzw. gesellschaftspolitische Erklärungsfaktoren („autoritäres“ Unbehagen angesichts Migration, Diversifizierung, Multikulturalisierung, Enttraditionalisierung – also Fragen der sogenannten „Identitätspolitik“ und der normativen Orientierungen) ausschlaggebend sein könnten[11] – ohne dies jedoch bisher abschließend klären zu können. Beispielsweise diskutierte Philip Manow (2018, S. 80 f.) auf der Grundlage ökologischer Analysen für Gesamtdeutschland die gemeinsame regionale Verteilung der Werte eines Deprivations-Index und der Zweitstimmenanteile der AfD in der Bundestagswahl 2017, bei der – insbesondere in der Kartendarstellung – ein markanter Ost-West-Unterschied ins Auge springt. Dies deutete zumindest auf einen indirekten Zusammenhang, also auf eine komplexe wechselseitige Beziehung zwischen sozioökonomischen Strukturbedingungen und Entwicklungen der politischen Kultur hin, die ein spezifisches Wahlverhalten begünstigten. Allerdings spricht viel für die Annahme, dass hier auch soziokulturelle Faktoren Bedeutung haben, da sich die WählerInnen der AfD nicht nur aus sozial benachteiligten bzw. prekarisierten Soziallagen, sondern maßgeblich aus einer (relativ privilegierten und lebenszufriedenen) Mittelschicht rekrutieren (Vehrkamp und Wegschaider 2017, S. 23 ff.).

[11] Vgl. den Beitrag von Richter, Salheiser und Quent in diesem Band; Lengfeld und Dilger 2018, Tutić und Hermanni 2018; Rippl und Seipel 2018; S. Pickel 2019.

Die im Thüringen-Monitor feststellbaren ethnozentrischen Einstellungen der Bevölkerung, die durch subjektive individuelle und kollektive Deprivation bzw. Statusverlustangst verstärkt werden, können aufgrund ökologischer Korrelations- und Regressionsanalysen als Hauptdeterminanten für eine AfD-Wahlentscheidung angenommen werden (vgl. Best et al. 2019, S. 38 ff.); zudem zeigten sich (potenzielle) WählerInnen dieser Partei in einer Befragung anlässlich der Thüringer Landtagswahl 2019 als überdurchschnittlich autoritär eingestellt (vgl. Salheiser et al. 2019).[12] Stärker als andere WählerInnen nahmen sie politische und gesellschaftliche Krisen wahr und blickten pessimistisch in die Zukunft, während sie sozialstrukturell aber nahezu dem stark kleinbürgerlich geprägten Bevölkerungsdurchschnitt Thüringens entsprachen – allerdings bei einem relativ niedrigem Anteil akademisch Gebildeter im Vergleich zu anderen WählerInnengruppen. Die AfD, so die These, hat insofern eine „Repräsentationslücke" (vgl. Best und Vogel 2012; Patzelt 2018; Best 2019) geschlossen, als sie an ethnozentrische Ressentiments in der „Mitte der Gesellschaft" anschließen konnte und diese im politischen Betrieb vertritt. Schröder (2018) konstatierte aufgrund seiner Analysen des Sozio-oekonomischen Panels: „AfD-Unterstützer sind nicht abgehängt, sondern ausländerfeindlich." Auch eine deutschlandweite FORSA-Befragung im November 2019 attestierte AnhängerInnen und WählerInnen der Partei eine auffällige Affinität zu rechtsextremen Einstellungen (vgl. NTV 2019). Karl-Heinz Reuband (2019) zeigte anhand von Daten des „Sachsen-Monitors" (2016–2018), dass die unterschiedlichen Zustimmungsniveaus zu fremden- und muslimInnenfeindlichen Aussagen in 13 Regionen mit den dortigen AfD-Stimmenanteilen bei der Bundeswahl 2017 korrelierten. Auffällig war dabei u. a. der Unterschied zwischen den drei Großstädten Chemnitz, Dresden und Leipzig und ihren ländlichen Peripherien, in denen sowohl die Zustimmungsniveaus als auch die Stimmenanteile erhöht waren.

Katja Salomo (2019) untersuchte auf Basis älterer Befragungsdaten des Thüringen-Monitors (2001 - 2014) und unter Einbeziehung von regionalen Kontextdaten der Wirtschafts-, Sozial- und Kriminalitätsstatistik der Landkreise und kreisfreien Städte im Rahmen eines Mehrebenenmodells die Effekte der sozialräumlichen Verdichtung individueller Deprivation auf politische Einstellungen,

---

[12] Die Autoritarismus-Messung in dieser Befragung orientierte sich an der des Thüringen-Monitors und erfolgte durch die Erfassung der Zustimmung der Befragten zu den folgenden zwei Aussagen: 1) „In diesen Zeiten brauchen wir unbedingt eine starke Hand." 2) „Gegen Außenseiter und Nichtstuer sollte in der Gesellschaft mit aller Härte vorgegangen werden." (Summenskala). Die durchschnittliche Zustimmung der Befragten, die angaben, die AfD wählen zu wollen, lag statistisch signifikant über dem Mittelwert für alle Befragten.

insbesondere auf Demokratiezufriedenheit und auf Ethnozentrismus bzw. Rechtsextremismus. Dabei bildete sich vor allem ein markanter Stadt-Land-Unterschied ab, die jeweilige Einwohnerzahl der Wohnorte der Befragten wurde jedoch nicht kontrolliert, ebenso wurden der Autoritarismus und die kollektive relative Deprivation der Befragten (als Ostdeutsche) nicht als erklärenden Variablen in das Modell aufgenommen. Insbesondere die demografische Entwicklung – die Überalterung der Bevölkerung in der Region – erwies sich in dieser Analyse als ein relevanter verstärkender indirekter Kontextfaktor für Ethnozentrismus, außerdem ein vergleichsweise niedriges Bildungsniveau und eine ungünstige Beschäftigungslage: sie verstärkten signifikant die individuelle Deprivation der Befragten[13] in der Region, die wiederum die Zustimmungstendenz zu ethnozentrischen Aussagen erhöhte. Als weiterer signifikanter, indirekter Einflussfaktor wurde ein erhöhter Anteil der Bevölkerung ohne deutsche Staatsbürgerschaft identifiziert: Demnach konnte angenommen werden, dass Migrationsprozesse vor allem bei ungünstigen sozialstrukturellen bzw. soziodemografischen Bedingungen in der Region (wie z. B. in der kreisfreien Stadt Gera) ein erhöhter MigrantInnenanteil die individuelle Deprivation der „Alteingesessenen" verstärken. Dies stützte die Annahme, dass sozial benachteiligte Personen Konkurrenzverhältnisse bzw. Verteilungskonflikte mit MigrantInnen bzw. ethnischen „Fremdgruppen" häufiger als Bedrohung interpretieren und folglich ethnozentrische Positionen übernehmen (vgl. Branton und Jones 2005). Die Befunde legten sogar den Schluss nahe, dass ein erhöhter MigrantInnenanteil in der Region auch bei Konstanthaltung (!) der objektiven sozialen Lage der Befragten deren individuelle Deprivation verstärken kann. Nicht abschließend zu beurteilen war, inwieweit die Effektstärken der regionalen Kontextvariablen im Mehrebenenmodell auf die subjektive Wahrnehmung und Deutung der individuellen sozialen Lage der Befragten tatsächlich mit den Effektstärken von wichtigen individuellen Merkmalen wie Bildungsstand und Erwerbsstatus verglichen werden konnten. Dies warf die Frage neu auf, inwieweit Aggregations- bzw. Gruppenkompositionseffekte bei solchen raumbezogenen Analysen zu beachten sind.

Im Rahmen eines an den Thüringen-Monitor anschließenden Forschungsprojektes „Topografie des Rechtsextremismus und der gruppenbezogenen Menschenfeindlichkeit in Thüringen" (vgl. Best et al. 2017, 2018, 2019) wurden die Einstellungsdaten des Thüringen-Monitors für die 23 Landkreise und kreisfreien

---

[13] Die Autorin fasste hierfür die subjektive Bewertung der individuellen finanziellen Situation der Befragten (von „sehr schlecht" bis „sehr gut"), ihr Vergleich mit anderen („gerechter Anteil") und den Indikator zur Statusverlustangst (die Befürchtung, „auf die Verliererseite des Lebens" zu geraten) zu einem Index der individuellen Deprivation zusammen.

Städte[14] Thüringens über den Beobachtungszeitraum 2001 - 2019 dokumentiert und auf ihre regionalen Strukturkontextbedingungen hin untersucht. Die dabei beobachtbaren regionalen Einstellungsunterschiede korrespondierten mit bestimmten objektiv messbaren Strukturparametern der amtlichen Sozial- und Wirtschaftsstatistik[15] sowie der polizeilichen Kriminalstatistik[16], was sich auch für den hier relevanten Untersuchungszeitraum 2015 - 2019 auf Aggregatebene mittels ökologischer Korrelationen darstellen lässt (vgl. Tab. 2). Die Kartenansichten illustrieren einige dieser markanten statistischen Zusammenhänge, punktuell werden dabei jedoch Inkonsistenzen und Inkongruenzen sichtbar, die sich nur mittels multivariater Verfahren abklären lassen (vgl. Abb. 2). Beispielsweise sinken mit steigendem durchschnittlichen Bruttolohn im Kreis tendenziell die Anteile rechtsextrem und ethnozentrisch eingestellter Befragter, während die Anteile neo-nationalsozialistisch ideologisierter Befragter unkorreliert sind. Außerdem weisen einige Kreise Extremwerte in den Einstellungsdifferentialen auf, die nicht auf entsprechende sozioökonomische oder demografische Strukturprobleme zurückführbar scheinen. Abgesehen von der prinzipiellen Fehleranfälligkeit ökologischer Analysen aufgrund der Heterogenität der zugrunde liegenden regionalen Einheiten kann der Einbezug von Kontextvariablen in Analysen der Einstellungsdaten des Thüringen-Monitors auch insofern nur eingeschränkte Aussagekraft beanspruchen, als die Wahrnehmung und Beurteilung lokaler und regionaler Bedingungen und deren Salienz für die Befragten nicht detailliert bzw. nicht lückenlos gemessen werden konnte.

Im Übrigen deutet sich bereits in der Stärke der bivariaten Zusammenhänge an, dass die Erklärungskraft der mittels statistischer Kreiszahlen abbildbaren Strukturdisparitäten für regionale Einstellungsunterschiede insgesamt schwächer sein könnte als jene der individuellen Einflussfaktoren. Demnach lägen vor allem Gruppenkompositionseffekte vor. In den regionalen Einstellungsunterschieden drückt sich – wie wir in diesem Beitrag zeigen – in erster Linie die Differenzierung der Sozialstruktur der Bevölkerung im Sozialraum aus: Die individuelle Wahrnehmung negativ empfundener sozioökonomischer Entwicklungen im Sozialraum hat durchaus Relevanz für die regionale Verdichtung kollektiv geteilter Benachteiligungsgefühle, und beeinflusst damit politische Einstellungen

---

[14] Kreisfreie Städte sind: Eisenach, Erfurt, Gera, Jena, Suhl, Weimar.

[15] Ausgewählten Kreiszahlen des Thüringer Landesamtes für Statistik; Quelle: https://www.statistik.thueringen.de/.

[16] Ausgewählten Kreiszahlen des Landeskriminalamtes Thüringen; Quelle: https://www.thueringen.de/th3/polizei/lka/statistik/pks/index.aspx.

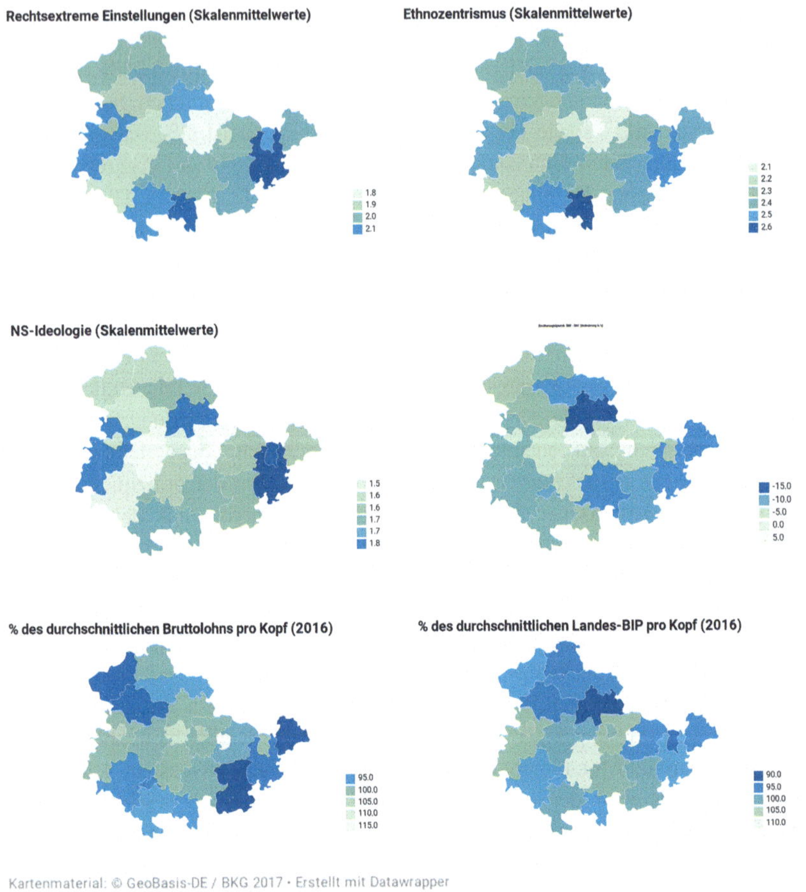

Abb. 2 Verbreitung rechtsextremer Einstellungen (Ethnozentrismus und neo-nationalsozialistische Ideologie) in Thüringen 2015 - 2019 und ausgewählte Strukturvariablen. (Quelle: eigene Darstellung)

wie die Demokratiezufriedenheit. Allerdings werden diese Einstellungen ebenfalls wesentlich durch Individualmerkmale, soziale Lagen und unterschiedliche soziopolitische Orientierungen beeinflusst. Formen der subjektiven Deprivation – z. B. eine negative individuelle Bilanz der deutschen Einheit sowie die kollektive Wahrnehmung einer Benachteiligung als Ostdeutsche – werden aber in ihren

Tab. 2 Ökologische Korrelationen zwischen politischen Einstellungen, Befragtenmerkmalen und Strukturvariablen auf Kreisebene (Thüringen-Monitor 2015 - 2019)

N = 23 (n = 3.056)[17]	Skalenmittelwerte		
	Rechtsextremismus	Ethnozentrismus	Neonationalsozialistische Ideologie
Aggregierte Einstellungsdaten und Befragtenmerkmale			
Rechtsextremismus (Skalenmittelwerte)	1	**,946*** **	**,880*** **
Ethnozentrismus (Skalenmittelwerte)	**,946*** **	1	**,679*** **
Neonationalsozialistische Ideologie (Skalenmittelwerte)	**,880*** **	**,679*** **	1
Alter (in Jahren)	,166 n. s	,212 n. s	,066 n. s
Geschlecht (weibl.) (in %)	,147 n. s	,120 n. s	,157 n. s
Autoritarismus (Skalenmittelwerte)[18]	**,691*** **	**,725*** **	**,503* **
Bildung (Abitur und höher) (in %)	**-,539** **	**-,671** **	-,238 n. s
Statusverlustangst (Zustimmung in %)[19]	**,428* **	**,512* **	,219
Desorientierung (Anomie) (Zustimmung in %)[20]	**,446* **	**,553** **	,200 n. s
Demokratiezufriedenheit (Zustimmung in %)	**-,612** **	**-,547** **	**-,585** **
Geringe politische Selbstwirksamkeit (Zustimmung in %)[21]	**,603** **	**,667** **	,388 n. s
Individuelle finanzielle Situation gut (Zustimmung in %)	,110 n. s	,140 n. s	,045 n. s
Positive individuelle Einheitsbilanz (Zustimmung in %)[22]	**-,614** **	**-,510* **	**-,644** **

(Fortsetzung)

[17] In die Berechnung der Skalenmittelwerte und Anteilswerte pro Kreis wurden die 3.056 Fälle des Thüringen-Monitors 2015 - 2019 einbezogen, für die vollständige Daten vorlagen (von insgesamt 5.200 Befragten im Erhebungszeitraum).

[18] Skalen-Items: „In diesen Zeiten brauchen wir unbedingt eine starke Hand", „Wer seine Kinder zu anständigen Bürgern erziehen will, muss von ihnen vor allem Gehorsam und Disziplin verlangen".

[19] „Es macht mir Sorgen, durch die gesellschaftliche Entwicklung immer mehr auf die Verliererseite des Lebens zu geraten."

[20] „Heute ändert sich alles so schnell, dass ich oft nicht weiß, woran ich mich halten soll."

[21] „Leute wie ich haben so oder so keinen Einfluss darauf, was die Regierung tut."

[22] „Würden Sie sagen, dass für Sie persönlich alles in allem eher die Vorteile oder eher die Nachteile der Vereinigung überwiegen?"

Tab. 2 (Fortsetzung)

N = 23 (n = 3.056)	Skalenmittelwerte		
	Rechtsextremismus	Ethnozentrismus	Neonationalsozialistische Ideologie
„Ostdeutsche Menschen zweiter Klasse" (Zustimmung in %)	**,686*****	**,659****	**,589****
Strukturvariablen (Kreiszahlen)			
Bevölkerungsentwicklung 2007 - 2017 (in %; 2007: 100 %)	**-,636****	**-,706*****	-,405 n. s
Alterung: Entwicklung des Anteils von Personen im Alter ab 65 Jahren 2007 - 2017 (in %)	,407 n. s	,409 n. s	,322 n. s
Migration: Entwicklung des Anteils von Personen mit nichtdeutscher Staatsbürgerschaft 2007 - 2017 (in %)	,318 n. s	,341 n. s	,221 n. s
Anteil von Personen mit nichtdt. Staatsbürgerschaft 2017 (in %)	**-,519***	**-,563***	-,352 n. s
Entwicklung der Gewaltkriminalität 2007 - 2017 (in %)	,235 n. s	,262 n. s	,147 n. s
Entwicklung der Straßenkriminalität 2007 - 2017 (in %)	-,372 n. s	-,373 n. s	-,296 n. s
Entwicklung des Arbeitslosenanteils 2014 - 2017 (in %)	-,089 n. s	-,049 n. s	-,130 n. s
Bruttolohne und -gehälter 2016 (in % des Landesmittels)	**-,463***	**-,595****	-,176 n. s
Bruttoinlandsprodukt pro Kopf 2016 (in % des Landesmittels)	-,318 n. s	-,360 n. s	-,193 n. s

Verbreitungsgebieten massenhaft und *kollektiv* geteilt und damit zu Standortfaktoren regionaler und lokaler politischer Kultur. Das Gleiche gilt für die Verbreitung von Gefühlen der Desorientierung (Anomie) (vgl. Heitmeyer 1997), des antizipierten Statusverlusts bzw. sozialen Abstiegs (vgl. Nachtwey 2016), mangelnder politischer Einflussmöglichkeit (geringer Selbstwirksamkeit) und der Unzufriedenheit mit der Demokratie, „wie sie in Deutschland in der Praxis funktioniert". Demzufolge treten entsprechende regionale Unterschiede der Unterstützung ethnozentrischer und neonationalsozialistischer Ideologeme zutage.

Ein auffälliges Beispiel für jene Kollusion der Aggregation politischer Einstellungen (durch die Komposition der Bevölkerung) und gleichzeitiger regionaler Strukturspezifika liefern die kreisfreien Städte, in denen die Bevölkerung – entsprechend der dortigen, günstigeren ökonomischen und demografischen Entwicklung – im Mittel vergleichsweise jünger, höher gebildet, einkommensstärker,

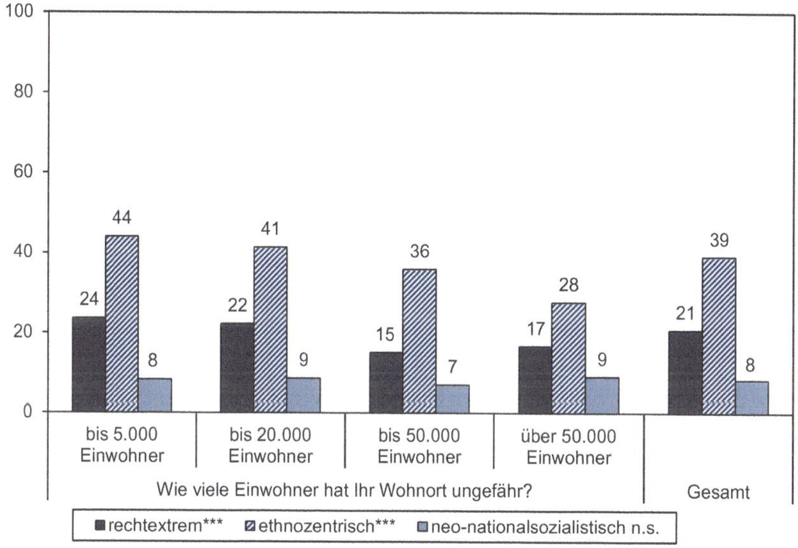

Abb. 3 Rechtsextreme, ethnozentrische und neonationalsozialistische. Einstellungen (Thüringen-Monitor 2015 - 2019) nach Ortsgröße, Angaben in %[23] (Quelle: eigene Darstellung)

weniger statusverunsichert, stärker mit der Demokratie zufrieden und aufgeschlossener gegenüber Zuwanderung ist. Dass hingegen in „abgehängten", eher ländlichen Regionen Demokratiedistanz und Unzufriedenheit mit der Politik in stärkerem Maße nachweisbar sind, kann z. T. auf Muster individueller und kollektiver Deprivation der Bevölkerung zurückgeführt werden. Allerdings muss darauf hingewiesen werden, dass die nachweisbaren Differenzen – abgesehen von der Stadt-Land-Unterscheidung – relativ gering sind und sich daher der Einfluss objektiver Strukturdisparitäten auf individuelle und kollektive Benachteiligungsempfindungen kaum als linearer bzw. kontinuierlicher Effekt (z. B. im Sinne einer Abstufung zwischen verschiedenen Landkreisen) interpretieren lässt.

Auf Basis der Daten des Thüringen-Monitors 2018 ließ sich allerdings auch zeigen, dass eine negativ getönte subjektive Einschätzung der „Zukunft der

[23] Signifikanzen: *** höchst signifikant, mit Irrtumswahrscheinlichkeit $p < 0{,}001$; ** hoch signifikant, mit Irrtumswahrscheinlichkeit $p < 0{,}01$; * signifikant, mit Irrtumswahrscheinlichkeit $p < 0{,}05$; n. s. nicht signifikant, mit Irrtumswahrscheinlichkeit $p > 0{,}05$.

Region“[24] durch die Befragten – die diese mehrheitlich auf den eigenen Landkreis bzw. ihre kreisfreie Stadt bezogen – als Indikator kollektiver Deprivation u. a. die Abwanderungsbereitschaft aus dem Freistaat erklärte (vgl. Reiser et al. 2018, S. 62) und die Demokratiezufriedenheit leicht senkte. Mit der Zustimmung zu ethnozentrischen oder neonationalsozialistischen Aussagen war die Einschätzung der „Zukunft der Region“ indessen nur in äußerst geringem Maße korreliert. Andererseits gingen erhöhte Anteile von Befragten, die die Migrationsentwicklung in der eigenen Wohnumgebung – vor allem in Großwohlanlagen in städtischen Randlagen (Plattenbaugebiete) – als problematisch wahrnahmen („gefährliche Überfremdung durch Ausländer“), mit erhöhten Anteilen subjektiv deprivierter Befragter in solchen Wohnquartieren einher (vgl. Best et al. 2018). Gleichzeitig schätzten Befragte aus Großwohnanlagen auch bestimmte Infrastrukturbedingungen in ihrer Wohngegend erkennbar häufiger negativ ein als Befragte aus innerstädtischen Quartieren. Dies deutete auf Effekte urbaner Segregation hin, die auch in Thüringen zunehmend eine ethnische Dimension besitzt und nicht nur deshalb tendenziell konfliktbehaftet ist (vgl. TMASGFF 2019, S. 71).

Entsprechende Befragungsdaten zur individuellen Beurteilung regionaler und lokaler Strukturbedingungen liegen allerdings nicht für alle Befragungswellen des hier gewählten Beobachtungszeitraums 2015 - 2019 vor; diese können aufgrund der notwendigen Aggregation auf Kreisebene deshalb auch nicht mit objektiven Kontextparametern kontrolliert werden. Stattdessen dient die Ortsgröße – die ebenfalls auf der Selbstauskunft der Befragten basiert – als Indikator für objektiv bestehende Strukturdisparitäten: Vor allem zwischen dem ländlichen Raum, der in Thüringen dominant ist, und den kreisfreien Städten bzw. den wenigen mittelgroßen urbanen Zentren mit jeweils mehr als 50.000 EinwohnerInnen (Erfurt, Jena, Gera, Weimar) sind auf Aggregatebene signifikante Unterschiede in der Verbreitung ethnozentrischer Orientierungen in der Bevölkerung beobachtbar (vgl. Abb. 3 und 4). Leicht geringere Ethnozentrismuswerte lassen sich auch für Thüringer Kreise eines Strukturclusters 2 feststellen, die sich von Kreisen eines Clusters 1 durch insgesamt günstigere sozio-ökonomische und sozialstrukturelle Kontextparameter abheben (vgl. Abb. 5).[25] Für die insgesamt schwächer ausgeprägte Zustimmung zu neonationalsozialistischen Aussagen gelten die genannten

[24] Die Einschätzung der „Zukunft der Region“ wurde nur im Thüringen-Monitor 2018 abgefragt.

[25] Kreise des Clusters 2 besaßen eine höhere Produktivität, höhere Durchschnittseinkommen, ein höheres Bildungsniveau und eine leicht erhöhte ethnische Diversität der Bevölkerung. Außerdem waren der Bevölkerungsrückgang und die Überalterung geringer als in Kreisen des Clusters 1 (WARD-Clusteranalyse nach ausgewählten Kreiszahlen des Thüringer Landesamtes für Statistik; vgl. H. Best et al. 2018, S. 181).

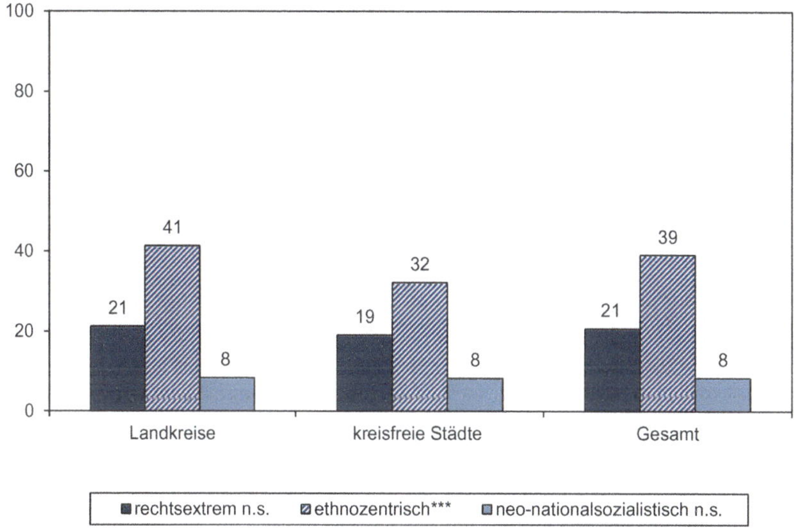

Abb. 4 Rechtsextreme, ethnozentrische und neonationalsozialistische Einstellungen (Thüringen-Monitor 2015 - 2019): Unterschied zwischen Landkreisen und kreisfreien Städten, Angaben in %. (Quelle: eigene Darstellung)

Differenzierungen jedoch nicht, was auf eine Verbreitung der entsprechenden Einstellungen hindeuten könnte, die stärker von der individuellen Lebenslage der Befragten abhängt als von den o. g. Kontextparametern.

4 Die Erklärungsbeiträge von Regionalstrukturen und Individualmerkmalen: Ergebnisse von Pfadanalysen

Zur Klärung des Verhältnisses zwischen individuellen und kollektiven Einflussfaktoren auf die Zustimmung zu ethnozentrischen und neonationalsozialistischen Aussagen wurde ein komplexes Pfadmodell erstellt, in das regionale Strukturkontextvariablen auf der Ebene der 23 Landkreise und kreisfreien Städte Thüringens einbezogen werden (vgl. Abb. 6). Die Fragenformulierungen der Individualvariablen können Tab. 2 (Fußnoten) entnommen werden. Die Kontextvariablen entsprechen ausgewählten Kreiszahlen des Thüringer Landesamtes für Statistik und des Landeskriminalamtes Thüringen (s. o.). Die Variablenauswahl für das Pfadmodell orientierte sich am Vorbild der o. g. Mehrebenenanalyse von Salomo

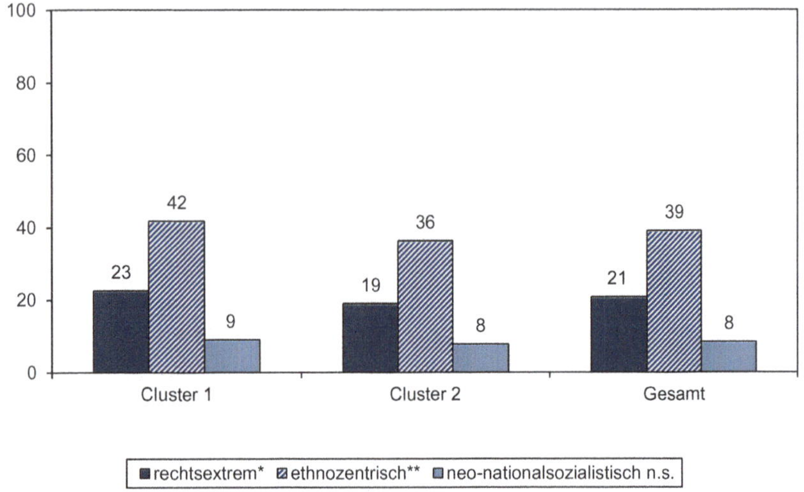

Abb. 5 Rechtsextreme, ethnozentrische und neonationalsozialistische Einstellungen (Thüringen-Monitor 2015 - 2019) nach Strukturclustern der Landkreise und kreisfreien Städte, (Angaben in %). (Quelle: eigene Darstellung)

(2019), abweichend davon wurden jedoch u. a. die Indikatoren des Autoritarismus sowie der individuellen und kollektiven Deprivation der Befragten als Ostdeutsche aufgenommen, die EinwohnerInnenzahl der Wohnorte beobachtet und eine modifizierte Auswahl potenziell relevanter Kontextvariablen getroffen.[26] Grundsätzlich wurde angenommen, dass die Zustimmung zu 1. ethnozentrischen und 2. neonationalsozialistischen Aussagen durch die gleichen Einflussfaktoren verstärkt bzw. abgeschwächt wird, wobei im Wesentlichen die jeweiligen Effektstärken geprüft und miteinander verglichen werden sollen. In Abweichung zur Modelllogik bei Salomo (2019) wurden die Kontextvariablen – also die statistischen Merkmale der Kreise – als „Individualmerkmale" angelegt, die allerdings für alle Befragten aus demselben Kreis gleich sind, also kollektiv wirken. Dadurch entspricht unser Pfadmodell zwar nicht der *formalen* Definition eines

[26] Zur Reduktion der Komplexität des Modells wurde u. a. auf die Aufnahme der Variable zur individuellen relativen Deprivation („weniger als der gerechte Anteil zum Leben") verzichtet, da diese ausreichend stark mit der Bewertung der individuellen Situation korreliert (vgl. Reiser et al. 2019, S. 14 f.) und zuletzt in linearen Regressionsanalysen keinen eigenständigen Einfluss auf rechtsextreme Einstellungen mehr besaß (Reiser et al. 2019, S. 60).

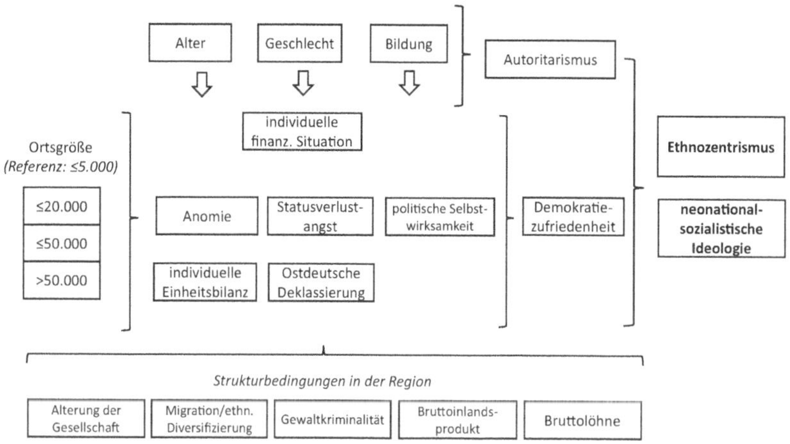

Datenbasis und Methodik:
Das Pfadmodell wurde in IBM Amos berechnet. Die Ermittlung der standardisierten Regressionskoeffizienten Beta erfolgte mittels Maximum-Likelihood-Schätzung, die der Signifikanz-Niveaus durch 200-faches Bootstrapping. Einbezogen wurden die 3 056 Fälle des Thüringen-Monitors 2015 - 2019, für die vollständige Daten vorlagen (von insgesamt 5.200 Befragten im Erhebungszeitraum). Alle metrischen Variablen wurden z-transformiert.

Abb. 6 Schematisch vereinfachtes Pfadmodell zur Erklärung der Zustimmung zu ethnozentrischen und neonationalsozialistischen Aussagen.[27] (Quelle: eigene Darstellung)

Mehrebenen-Regressions-Designs, bei dem Individualebene und Kollektivebene bei der Parameterschätzung ineinander „verschachtelt" sind, jedoch wird durch gegenseitige Drittvariablenkontrolle der Individual- und Kontextvariablen der direkte Vergleich der Effektstärken erleichtert. Anders als lineare (Mehrebenen-) Regressionsanalysen ermöglicht das Pfadmodell eine detailhafte Inspektion der Variablenstruktur, d. h. dass Annahmen über die Kausalwirkungsbeziehung *zwischen* den erklärenden Variablen überprüft werden können, anstatt nur ihre „eigenständige" Wirkung auf die abhängigen Variablen – hier: ethnozentrische und neonationalsozialistische Einstellungen – zu untersuchen. Genau dies ist jedoch die Zielstellung unseres Beitrags.

Als individuelle Einflussfaktoren werden zunächst die soziodemografischen Kontrollvariablen Alter, Geschlecht und Bildungsgrad angenommen, von denen

[27] Für Ethnozentrismus und neonationalsozialistische Ideologie als abhängige Variablen wurde jeweils ein eigenes Pfadmodell berechnet.

nicht nur die sozialisations- und milieubedingte Unterstützung autoritärer Orientierungen, sondern maßgeblich auch die soziale Lage der Befragten und damit deren Bewertung abhängen. Individuelle sozioökonomische Deprivation wird in Form der Beurteilung der individuellen finanziellen Situation (von „sehr schlecht" bis „sehr gut") erfasst. Eine negative Beurteilung verstärkt vermutlich sowohl die antizipierte Deprivation (Statusverlustangst) als auch Gefühle der Desorientierung und (kulturellen) Entsicherung (Anomie) und dämpft den Eindruck, selbst Einfluss auf die Politik nehmen zu können (Selbstwirksamkeit bzw. Kontrollüberzeugung). Wir erwarten, dass diese Faktoren – genau wie eine negative individuelle Bilanz der deutschen Einheit („mehr Nachteile") und das kollektive Gefühl ostdeutscher Deklassierung („Westdeutsche behandeln Ostdeutsche als Menschen zweiter Klasse") – die Demokratiezufriedenheit senken und die Anschlussfähigkeit für ethnozentrische Positionen begünstigen; sie aktivieren gemäß dieser Annahme also nationalistisch-chauvinistische und wohlstandsnativistische Ressentiments, die mit der Abwertung und Exklusion von Angehörigen ethnischer Fremdgruppen einhergehen. In ähnlicher Weise verstärken sie vermutlich die Hinwendung zu antidemokratischen Alternativen und begünstigen damit die Enttabuisierung von NS-Ideologemen (vgl. Zick et al. 2019, S. 29 f. und 268).

Selbstverständlich kann Demokratiekritik bzw. Unzufriedenheit mit der demokratischen Praxis keineswegs pauschalisiert und mit Rechtspopulismus gleichgesetzt werden. Sie ist beispielsweise auch unter jenen Befragten ausgeprägt, die egalitäre Positionen vertreten und sich als „links" bezeichnen, aber erheblich Defizite demokratischer Politik bei der Gewährleistung bzw. Herstellung sozialer Gerechtigkeit wahrnehmen. Beispielsweise ist die Parteienverdrossenheit in der Thüringer Wahlbevölkerung konstant hoch: Seit Beginn des Beobachtungszeitraums des Thüringen-Monitors (2001) stimmen zwischen 69 und 81 % der Befragten der entsprechenden Aussage[28] zu.

Als Kontextfaktoren werden die selbstberichteten, klassierten Einwohnerzahlen der Wohnorte der Befragten[29] (als Dummy-Variablen) aufgenommen, außerdem die auf Kreisebene verfügbaren Angaben zur Bevölkerungsdynamik (Alterung), der ethnischen Diversifikation (MigrantInnenanteil), der Entwicklung der Gewaltkriminalität und wirtschaftlichen Rahmendaten inkl. der durchschnittlichen Bruttolöhne und -gehälter in der Region (vgl. Tab. 2). Hier wird einerseits angenommen, dass günstigere Strukturparameter sowohl die Deprivationsempfindungen und die Unzufriedenheit mit der Demokratie senken als auch die

[28] „Die Parteien wollen nur die Stimmen der Wähler, ihre Ansichten interessieren sie nicht."

[29] „Wie viele Einwohner hat Ihr Wohnort ungefähr?"

Zustimmung zu ethnozentrischen und neonationalsozialistischen Aussagen dämpfen. Andererseits ist zu vermuten, dass die Ortsgröße einen eigenständigen Einfluss auf die subjektive Wahrnehmung vor allem kollektiver Benachteiligung hat, da sie u. a. einen Indikator für die relative Strukturschwäche des ländlichen Raums (absteigende Regionen, s. o.) darstellt und darüber hinaus als Proxy für die Siedlungsstruktur im Sozialraum gelten kann; diese wiederum korrespondiert mit kulturellen Orientierungen (z. B. der Akzeptanz von MigrantInnen sowie der Prägekraft kosmopolitischer Werte). Bei Drittvariablenkontrolle wäre demnach eine dämpfende Wirkung zunehmender Ortsgröße (d. h. nicht linear, sondern ab einem gewissen Schwellenwert) auf Ethnozentrismus und NS-Ideologie anzunehmen.

Tab. 3 dokumentiert die Analyseergebnisse und gibt Einblick in die komplexe Struktur des Pfadmodells, das zunächst die theoretischen Vorannahmen und die bereits diskutierten empirischen Befunde zur Kausalbeziehung zwischen den erklärenden Individualvariablen und den zu erklärenden Einstellungsvariablen bestätigt. Sowohl Ethnozentrismus als auch neonationalsozialistische Ideologie werden signifikant durch Autoritarismus, niedrige Bildung, Statusverlustangst und das Gefühl geringer politischer Selbstwirksamkeit verstärkt; ihre Zustimmungsniveaus können jedoch selbst durch diese wirkungsstärksten Einflussgrößen nur sehr begrenzt erklärt werden, wie die moderaten Anteile erklärter Gesamtvarianz zeigen. Allerdings offenbart die Pfadmodell-Logik an dieser Stelle, was in linearen Regressionsanalysen zu Einflussfaktoren auf rechtsextreme Einstellungen (vgl. Reiser et al. 2019, S. 57) verdeckt bleibt: Autoritarismus wird selbst durch höhere Bildung signifikant und relativ stark abgeschwächt, durch höheres Alter verstärkt und ist bei Frauen unabhängig von ihren sonstigen Individualmerkmalen nur leicht, aber signifikant schwächer ausgeprägt als bei Männern. Höhere Bildung – als ein wichtiger Indikator für die sozialen Lage, der mit dem im Modell nicht beobachteten Einkommen korreliert – hat eine direkte verstärkende Wirkung auf die positive Beurteilung der individuellen finanziellen Situation und eine positive Einheitsbilanz. Außerdem besitzt höhere Bildung eine dämpfende Wirkung auf Statusverlustangst, Anomie und das Gefühl kollektiver Deklassierung als Ostdeutsche. Auf die Demokratiezufriedenheit hat Bildung jedoch keinen signifikanten Einfluss.

Den Vorannahmen entsprechend wirkt auch eine negative Beurteilung der individuellen finanziellen Situation verstärkend auf beide Einstellungsdimensionen des Rechtsextremismus – allerdings vor allem indirekt über die Pfade der Statusverlustangst, einer negativen individuellen Einheitsbilanz und des Gefühls kollektiver Deklassierung als Ostdeutsche. Ein markanter Unterschied besteht hinsichtlich der Wirkung der individuellen Einheitsbilanz: Je positiver sie ausfällt, desto unwahrscheinlicher wird die Zustimmung zu neonationalsozialistischen

Tab. 3 Pfadanalyse: Zustimmung zu ethnozentrischen und neonationalsozialistischen Aussagen in regionalen und lokalen Kontexten Thüringen-Monitor 2015 - 2019; n = 3056; standardisierte Regressionskoeffizienten Beta

Totale Effekte

	Alter	Geschlecht	Bildung	individuelle Lage gut	Bruttolöhne	BIP	Gewalt-kriminalität	Migration	Überalterung	Ortsgr ≤ 20.000
indiv. Lage gut	-,032*	-,054*	**,138***							
Statusverlust	,085*	,023*	**-,205***	**-,290***	-,009 n.s.	-,013 n.s.	,052*	-,023 n.s.	,009 n.s.	-,002 n.s.
geringe pol. SW	**,174***	,055*	**-,188***	-,052*	,028 n.s.	-,002 n.s.	-,001 n.s.	,029*	,031 n.s.	-,016 n.s.
Anomie	**,111***	**,126***	**-,175***	-,056*	-,040 n.s.	-,010 n.s.	,013 n.s.	-,024 n.s.	-,046*	-,009 n.s.
Ostd.M.2Kl.	,040*	,007*	**-,140***	**-,137***	-,011 n.s.	,015 n.s.	-,006 n.s.	,020 n.s.	,032*	-,026*
Einheit Vorteile	-,056*	-,042*	**,137***	**,194***	-,031 n.s.	,044*	-,010 n.s.	-,018 n.s.	,000 n.s.	-,004 n.s.
Autoritarismus	,080*	-,036*	**-,248***							
Demokratiezufr	-,050*	,008 n.s.	**,100***	**,202***	,043*	-,021 n.s.	-,021 n.s.	,003 n.s.	-,052*	-,014 n.s.
Ethnozentr.	**,118***	-,024*	**-,302***	-,083*	,011 n.s.	-,014 n.s.	,012 n.s.	,006 n.s.	,004 n.s.	-,016 n.s.
NS-Ideologie	,084*	-,036*	**-,262***	-,072*	,077*	,000 n.s.	-,005 n.s.	,032*	,038*	-,011 n.s.

Direkte Effekte

	Alter	Geschlecht	Bildung	individuelle Lage gut	Bruttolöhne	BIP	Gewalt-kriminalität	Migration	Überalterung	Ortsgr ≤20.000
indiv. Lage gut	-,032*	-,054*	**,138***							
Statusverlust	,076*	,008 n.s.	**-,165***	**-,290***	-,009 n.s.	-,013 n.s.	,052*	-,023 n.s.	,009 n.s.	-,002*
geringe pol. SW	**,172***	,053*	**-,181***	-,052*	,028 n.s.	-,002 n.s.	-,001 n.s.	,029 n.s.	,031 n.s.	-,016*
Anomie	**,109***	**,123***	**-,167***	-,056*	-,040 n.s.	-,010 n.s.	,013 n.s.	-,024 n.s.	-,046*	-,009*
Ostd.M.2Kl.	,036 n.s.		**-,121***	**-,137***	-,011 n.s.	,015 n.s.	-,006*	,020 n.s.	,032*	-,026*
Einheit Vorteile	-,050*	-,031*	**,110***	**,194***	-,031 n.s.	,044*	-,010 n.s.	-,018 n.s.		-,004 n.s.
Autoritarismus	,080*	-,036*	**-,248***							
Demokratiezufr	,011 n.s.	,029 n.s.	-,021 n.s.	**,116***	,052*	-,028 n.s.	-,014 n.s.	,011 n.s.	-,042*	-,018 n.s.
Ethnozentr.	,026 n.s.	-,030*	**-,101***	-,001 n.s.	,013 n.s.	-,012 n.s.	,003 n.s.	,003 n.s.	-,006 n.s.	-,012 n.s.
NS-Ideologie	,014 n.s.	-,055*	**-,114***	,018 n.s.	,076*	,007 n.s.	-,014 n.s.	,030 n.s.	,035*	-,006 n.s.

Indirekte Effekte

	Alter	Geschlecht	Bildung	individuelle Lage gut	Bruttolöhne	BIP	Gewalt-kriminalität	Migration	Überalterung	Ortsgr ≤20.000
indiv. Lage gut										
Statusverlust	,009*	,016*	-,040*							
geringe pol. SW	,002*	,003*	-,007*							
Anomie	,002*	,003*	-,008*							
Ostd.M.2Kl.	,004*	,007*	-,019*							
Einheit Vorteile	-,006*	-,010*	,027*							
Autoritarismus										
Demokratiezufr	-,061*	-,021*	**,120***	,086*	-,009 n.s.	,007 n.s.	-,007 n.s.	-,008 n.s.	-,010*	,004 n.s.
Ethnozentr.	,091*	,006 n.s.	**-,201***	-,082*	-,002 n.s.	-,002 n.s.	,009 n.s.	,002 n.s.	,009 n.s.	-,004 n.s.
NS-Ideologie	,070*	,019*	**-,148***	-,090*	,001 n.s.	-,008 n.s.	,009 n.s.	,003 n.s.	,004 n.s.	-,004 n.s.

Tab. 3 (Fortsetzung)

Totale Effekte

	Ortsgr ≤50.000	Ortsgr >50.000	Statusverlust-angst	geringe polit. Selbstwirksamk.	Anomie	Ostdeutsche Menschen 2.Kl.	Einheit: individ. mehr Vorteile	Autoritarismus	Demokratiezufriedenheit
indiv. Lage gut									
Statusverlust	-,020 n.s.	-,051*							
geringe pol. SW	-,002 n.s.	-,032*							
Anomie	-,014 n.s.	-,036*							
Ostd.M.2Kl.	-,033*	-,033*							
Einheit Vorteile	,014 n.s.	,011 n.s.							
Autoritarismus									
Demokratiezufr	-,004 n.s.	-,026*	-,124*	-,186*	,024 n.s.	-,080*	,156*	-,062*	
Ethnozentr.	-,007 n.s.	-,054*	,139*	,180*	,063*	,070*	-,057*	,445*	-,074*
NS-Ideologie	-,035*	-,054*	,117*	,117*	,098*	,086*	-,157*	,218*	-,021 n.s.

Direkte

	Ortsgr ≤50.000	Ortsgr >50.000	Statusverlust-angst	geringe polit. Selbstwirksamk.	Anomie	Ostdeutsche Menschen 2.Kl.	Einheit: individ. mehr Vorteile	Autoritarismus	Demokratiezufriedenheit
indiv. Lage gut									
Statusverlust	-,020*	-,051*							
geringe pol. SW	-,002*	-,032*							
Anomie	-,014*	-,036*							
Ostd.M.2Kl.	-,033*	-,033*							
Einheit Vorteile	,014 n.s.	,011 n.s.							
Autoritarismus									
Demokratiezufr	-,012 n.s.	-,041*	-,124*	-,186*	,024 n.s.	-,080*	,156*	-,062*	
Ethnozentr.	,000 n.s.	-,039*	,130*	,166*	,065*	,064*	-,045*	,441*	-,074*
NS-Ideologie	-,026 n.s.	-,037*	,115*	,114*	,099*	,084*	-,153*	,216*	-,021 n.s.

Indirekte Effekte

	Ortsgr ≤50.000	Ortsgr >50.000	Statusverlust-angst	geringe polit. Selbstwirksamk.	Anomie	Ostdeutsche Menschen 2.Kl.	Einheit: individ. mehr Vorteile	Autoritarismus	Demokratiezufriedenheit
indiv. Lage gut									
Statusverlust									
geringe pol. SW									
Anomie									
Ostd.M.2Kl.									
Einheit Vorteile									
Autoritarismus									
Demokratiezufr	,007*	,016*							
Ethnozentr.	-,006 n.s.	-,015*	,009*	,014*	-,002 n.s.	,006*	-,012*	,005*	,000*
NS-Ideologie	-,009*	-,017*	,003 n.s.	,004 n.s.	,000 n.s.	,002 n.s.	-,003 n.s.	,001 n.s.	,000 n.s.

Anteile erklärter Varianz: Demokratiezufriedenheit: $R^2 = ,149^{***}$; Ethnozentrismus: $R^2 = ,429^{***}$; neonationalsozialistische Ideologie: $R^2 = ,300^{***}$

Model goodness of fit: NFI = 1,000; CFI = 1,000; RMSEA = ,166***; AIC = 504,000

Aussagen. Für den Ethnozentrismus gilt diese Wirkungsbeziehung nicht in gleicher Stärke. Dies verdeutlicht, wie stark rechtspopulistische Orientierungen in sozioökonomisch konsolidierten Teilen der ostdeutschen Gesellschaft verortet sind, deren Angehörige sich keineswegs als WendeverliererInnen sehen. Über die Pfade der Anomie und geringer politischer Selbstwirksamkeit sind indirekt außerdem ältere Befragte etwas ethnozentrischer, aber kaum stärker neonationalsozialistisch eingestellt als jüngere Befragte. Etwas schwächer zeigt sich der gleiche Wirkungszusammenhang für weibliche Befragte. Die genannten Einflussfaktoren der subjektiven Wahrnehmung und Beurteilung erhöhen – positiv interpretiert – spiegelbildlich die Demokratiezufriedenheit. Per se besitzt niedrige Demokratiezufriedenheit (die durch Autoritarismus nur unwesentlich verstärkt wird) eine sehr geringe, aber signifikante verstärkende Wirkung auf den Ethnozentrismus, jedoch nicht auf neonationalsozialistische Ideologie.

Die Einflussstärken aller beobachteten Kontextvariablen sind allenfalls gering, d. h. die regionalen Einstellungsunterschiede sind in erster Linie als Gruppenkompositionseffekte zu interpretieren. Hiermit bestätigt sich ein zentraler Befund der oben diskutierten Voruntersuchungen. Ein wesentlicher Grund für die schwache oder nicht existente Wirkung der Kontextvariablen ist in der relativ geringen Varianz der Strukturdaten zu sehen: Die Unterschiede zwischen Thüringer Kreisen, selbst die soziodemografischen und sozioökonomischen Strukturdisparitäten zwischen Stadt und Land, fallen offensichtlich kaum ins Gewicht. Allerdings bietet die Pfadanalyse an dieser Stelle hinreichende Anhaltspunkte dafür, dass auch in Thüringen als homogenem ostdeutschen Flächenland vergleichsweise günstigere regionale Kontextbedingungen tendenziell zumindest indirekt zur Dämpfung der Anschlussfähigkeit für rechtspopulistische Agitations- und Mobilisierungsversuche beitragen, denn sie reduzieren geringfügig (kollektive) Deprivation, Anomie und Statusverlustangst und erhöhen etwas die Demokratiezufriedenheit. Hingegen verspüren beispielsweise Befragte aus Regionen, in denen die Gewaltkriminalität innerhalb des letzten Jahrzehnts markant angestiegen ist, geringfügig häufiger Statusverlustangst.

Im Unterschied zum oben diskutierten Modell von Salomo (2019), die einen Deprivationsindex aus drei verschiedenen Variablen verwendete (Anm. 13), wurde in unserem Modell der Einfluss der Kontextvariablen nur auf individuelle Statusverlustangst (also *antizipierte* Deprivation) geprüft, jedoch nicht auf die Beurteilung der individuellen Situation der Befragten. Allerdings lässt sich konstatieren, dass die Kontextvariable „Migration", d. h. der Anteil von Personen mit nichtdeutscher Staatsbürgerschaft in der Region, in unserem Modell keinen signifikanten Einfluss auf Statusverlustangst besaß, der auf eine wahrgenommene oder antizipierte Statuskonkurrenz mit MigrantInnen hindeuten könnte.

Nur sehr schwach und an der Grenze zur statistischen Nichtsignifikanz verstärkte ein erhöhter MigrantInnenanteil die Anomie der Befragten und dämpfte somit indirekt die Demokratiezufriedenheit. Von einem markanten Einfluss auf ethnozentrische Einstellungen ist daher nicht auszugehen.

Ein erwähnenswerter kontraintuitiver Effekt, nämlich dass Befragte in Regionen mit höheren (!) Bruttolöhnen und -gehältern geringfügig stärker zu neonationalsozialistischen Einstellungen tendieren, kann durch einen Blick in die Ausgangsdaten gedeutet werden: In Gera, der kreisfreien Großstadt im Osten des Freistaats, liegen die Bruttolöhne und -gehälter trotz massiver sozioökonomischer und demografischer Strukturprobleme deutlich über denen in den umliegenden Landkreisen – gleichzeitig aber wurde im Thüringen-Monitor ein besonders hoher Zustimmungswert zu neonationalsozialistischen Aussagen gemessen (19 % der Geraer Befragten gegenüber thüringenweit 8 %). Hier handelt es sich also um eine Eckkorrelation, d. h. um einen stark durch einen ‚Ausreißer' beeinflussten statistischen Zusammenhang. Auch der schwache statistische Zusammenhang zwischen MigrantInnenanteil und der Zustimmung zu neonationalsozialistischen Aussagen ist auf den Ausnahmefall der Stadt Gera zurückzuführen.

Dass Befragte in Mittel- und Großstädten mit mehr als 50.000 EinwohnerInnen ceteris paribus in geringfügig schwächerem Maße Statusverlustangst verspüren und insgesamt weniger zu ethnozentrischen und neonationalsozialistischen Einstellungen neigen als Befragte in kleineren Städten und Gemeinden, deutet auf das Vorliegen einer spezifischen lokalen politischen Kultur in den wenigen urbanen Sozialräumen hin: Diese unterscheidet sich vermutlich „mental" von jener in der dörflich und kleinstädtisch geprägten Fläche Thüringens und Ostdeutschlands und kann nicht auf das Wirken der hier erfassten Strukturparameter reduziert werden.

5 Fazit: Rechtsextremismus und Rechtspopulismus als sozialräumliche Strukturprobleme

Zusammenfassend ist zu konstatieren, dass individuell vorliegende und kollektiv wirkende Gefühle der Benachteiligung und Verunsicherung als Verstärker rechtsextremer Einstellungen wirken und deshalb durchaus zur Erklärung des Erfolges des Rechtspopulismus in Thüringen beitragen. Entsprechend der regionalen Unterschiede der soziodemografischen Zusammensetzung der Bevölkerung ist eine sozialräumliche Aggregation entsprechender Wahrnehmungs- und Einstellungsmuster erkennbar – obwohl sich markante Einflüsse objektiv messbarer

Strukturparameter, mit denen negative Beurteilungen kollektiver Soziallagen assoziiert sein könnten, ceteris paribus *nicht* nachweisen lassen. Niedrige Bildung und Autoritarismus der einzelnen Befragten bleiben insgesamt die stärksten Einflussfaktoren für ethnozentrische und neonationalsozialistische Einstellungen. Dieser Umstand und die erkennbaren Einstellungsunterschiede zwischen Befragten aus dem urbanen Raum und solchen aus ländlichen Gebieten werfen einmal mehr die Frage nach der Verschränkung sozioökonomischer, demografischer und kultureller Ursachendimensionen im Zusammenhang mit den aktuellen Phänomenen der Demokratiegefährdung in Ostdeutschland auf. Unsere Befunde stützen die Annahme, dass die Verbesserung der sozioökonomischen Gesamtsituation und die Anhebung der Lebensbedingungen der Bevölkerung auf ein „Westniveau" allenfalls ein eingeschränktes und damit unbefriedigendes Lösungsangebot darstellen dürften. Eine demokratische Normen überzeugend praktizierendes und responsives – d. h. auf die Anliegen der Bevölkerung angemessen eingehendes – Handeln der Eliten in Verbindung mit einer Stärkung zivilgesellschaftlicher Strukturen ist ebenfalls wichtig. Dies zeigen auch unsere Befunde: Auf markante Weise sind sowohl individuelle und kollektive Benachteiligungsgefühle als auch der subjektive Eindruck geringer politischer Selbstwirksamkeit mit geringer Demokratiezufriedenheit verknüpft. Des Weiteren muss zu denken geben, dass sich neonationalsozialistisch ideologisierte Personen signifikant öfter als WendeverliererInnen sehen.

Allerdings lassen sich rechtsextreme Einstellungen nur begrenzt auf geringe Demokratieunzufriedenheit zurückführen. Ein schwacher, signifikanter Effekt ist nur auf Ethnozentrismus, aber nicht auf neonationalsozialistische Ideologie nachweisbar. Die ihnen zugrunde liegenden Orientierungen müssen, wie unser Pfadmodell zeigt, Gegenstand einer breiten gesellschaftlichen Auseinandersetzung bleiben, weil der politisch organisierte Rechtspopulismus darauf abzielt, das relativ effektstarke Selbstwirksamkeitsdefizit der sich abgehängt Fühlenden auf seine eigene Weise – durch Ausgrenzung von „Anderen" – zu kompensieren. Dass für diese Entwicklung der politischen Kultur in Ostdeutschland negative Folgewirkungen – wie das Fortbleiben ausländischer InvestorInnen, (Arbeits-) MigrantInnen und TouristInnen – prognostiziert werden, die wiederum als „Standortfaktoren" auf die sozioökonomischen und soziodemografischen Bedingungen vor Ort durchschlagen, zeigt, dass es sich hier um selbstverstärkende Prozesse handelt.

Unbestritten bleibt, dass eine systematische, regional und temporal vergleichende Untersuchung des Einflusses der unterschiedlichen Kategorien und Formen individueller und kollektiver Deprivation auf politische Einstellungen unerlässlich für die sozialwissenschaftliche Deutung und Erklärung der jüngsten politischen und gesellschaftlichen Entwicklungen – in Thüringen, Ostdeutschland und darüber hinaus – ist. Hier wird es in nächster Zukunft dringend erforderlich sein, vor allem der soziokulturellen Dimension, den „symbolischen" Kategorien der Verunsicherung und Benachteiligung, aber auch den normativen Orientierungen der Bevölkerung (Stichworte sind hier tradierter Nationalismus und Alltagsrassismus) sowie den ihnen zugrunde liegenden kognitiven, emotiven und diskursiven Mechanismen mehr Aufmerksamkeit zu widmen, als es im Rahmen bisheriger empirischer Forschung möglich war.

Literatur

Best, Heinrich. 2019. Demokratie als Wagnis: Auf der Suche nach den Wurzeln von Rechtspopulismus und Rechtsextremismus in Thüringen. In *Universitas: Ideen, Individuen und Institutionen in Politik und Wissenschaft. Festschrift für Klaus Dicke*, hrsg. von Manuel Fröhlich, Oliver W. Lembcke und Florian Weber-Stein, 203 - 226. Baden-Baden: Nomos Verlagsgesellschaft.

Best, Heinrich. 2018. Rechtsextremismus im Kontext der politischen Kultur des Freistaats Thüringen. In *Politik und Regieren in Thüringen. Institutionen, Strukturen und Politikfelder im 21. Jahrhundert*, hrsg. von Torsten Oppelland, 99 - 113. Wiesbaden: Springer VS.

Best, Heinrich. 1991. Politische Regionen in Deutschland: Historische (Dis-)Kontinuitäten. In *Parteien und regionale politische Traditionen in der Bundesrepublik Deutschland*, hrsg. von Dieter Oberndörfer und Karl Schmitt, 39 - 64. Berlin: Duncker & Humblot.

Best, Heinrich, Rahel Busch, Marius Miehlke, Axel Salheiser, Franziska Schmidtke, und Lars Vogel. 2017. *Topografie und regionale Kontextanalyse des Rechtsextremismus in Thüringen: Projektbericht.* Jena: Friedrich-Schiller-Universität, KomRex – Zentrum für Rechtsextremismusforschung, Demokratiebildung und gesellschaftliche Integration. https://www.komrex.uni-jena.de/komrexmedia/literatur/projektbericht_topografie_dez2017.pdf (Zugriff: 12.03.2020).

Best, Heinrich, und Everhard Holtmann (Hrsg.). 2012. *Aufbruch der entsicherten Gesellschaft. Deutschland nach der Wiedervereinigung.* Frankfurt a. M.: Campus Verlag.

Best, Heinrich, Marius Miehlke, und Axel Salheiser. 2019. *Topografie 2019: Phänomene des Rechtsextremismus und der gruppenbezogenen Menschenfeindlichkeit in Thüringen. Forschungsbericht 2019.* Jena: Friedrich-Schiller-Universität, KomRex – Zentrum für Rechtsextremismusforschung, Demokratiebildung und gesellschaftliche Integration. http://www.komrex.uni-jena.de/komrexmedia/Literatur/PROJEKTBERICHT_TOPOGRAFIE_DEZ2019.pdf (Zugriff: 12.03.2020).

Best, Heinrich, Marius Miehlke, und Axel Salheiser. 2018. *Topografie des Rechtsextremismus und der gruppenbezogenen Menschenfeindlichkeit in Thüringen: Dokumentation und Analysen. Forschungsbericht 2018.* Jena: Friedrich-Schiller-Universität, KomRex – Zentrum für Rechtsextremismusforschung, Demokratiebildung und gesellschaftliche Integration. http://www.komrex.uni-jena.de/komrexmedia/Literatur/PROJEKTBERICHT_TOPOGRAFIE_DEZ2018.pdf (Zugriff: 12.03.2020).

Best, Heinrich, Steffen Niehoff, Axel Salheiser, und Katja Salomo. 2015. *Thüringen im 25. Jahr der deutschen Einheit. Ergebnisse des Thüringen-Monitors 2015.* Jena: KomRex – Zentrum für Rechtsextremismusforschung, Demokratiebildung und gesellschaftliche Integration der Friedrich-Schiller-Universität Jena. Drucksache des Thüringer Landtags 6/1347. http://www.thueringen.de/mam/th1/tsk/thueringen-monitor_2015/thuringen-monitor_2015.pdf (Zugriff: 12.03.2020).

Best, Heinrich, Steffen Niehoff, Axel Salheiser, und Lars Vogel. 2016. *Gemischte Gefühle: Thüringen nach der „Flüchtlingskrise": Ergebnisse des Thüringen-Monitors 2016.* Jena: KomRex – Zentrum für Rechtsextremismusforschung, Demokratiebildung und gesellschaftliche Integration der Friedrich-Schiller-Universität Jena. Drucksache des Thüringer Landtags 6/2989. http://www.komrex.uni-jena.de/komrexmedia/Literatur/Th%C3%BCringen_Monitor+2016+mit+Anhang-p-745.pdf (Zugriff: 12.03.2020).

Best, Heinrich, Axel Salheiser, und Katja Salomo. 2014. Demokratie mit doppelter Diktaturvergangenheit. In *Kein Ende mit der Wende*, hrsg. von Elmar Brähler und Wolf Wagner, 149 - 169. Gießen: Psychosozial-Verlag.

Best, Heinrich, und Katja Salomo. 2014. *Güte und Reichweite der Messung des Rechtsextremismus im THÜRINGEN-MONITOR 2000 bis 2014. Expertise für die Thüringer Staatskanzlei.* Erfurt. https://www.landesregierung-thueringen.de/fileadmin/user_upload/Landesregierung/Landesregierung/Thueringenmonitor/thuringen-monitor_gute_und_reichweite_der_messung_des_rechtsextremismus.pdf (Zugriff: 12.03.2020).

Best, Heinrich, und Lars Vogel. 2012. Zweimal Deutsche Vereinigung: System- und Sozialintegration der politischen Eliten nach 1871 und 1990 im Vergleich. In: *Aufbruch der entsicherten Gesellschaft. Deutschland nach der Wiedervereinigung*, hrsg. von Heinrich Best und Everhard Holtmann, 85 - 103. Frankfurt a. M. und New York: Campus Verlag.

Branton, Regina P., und Bradford S. Jones. 2005. Reexamining racial attitudes: The conditional relationship between diversity and socioeconomic environment. *American Journal of Political Science* 49: 359 - 372.

Decker, Oliver, und Elmar Brähler. 2018. *Flucht ins Autoritäre. Rechtsautoritäre Dynamiken in der Mitte der Gesellschaft.* Gießen: Psychosozial-Verlag.

Decker, Oliver, und Elmar Brähler. 2006. *Vom Rand zur Mitte. Rechtsextreme Einstellungen und ihre Einflussfaktoren in Deutschland* (Friedrich-Ebert-Stiftung: Forum Berlin). Berlin.

dimap – das Institut für Markt- und Politikforschung GmbH. 2018. *Sachsen-Monitor 2018. Ergebnisbericht.* Bonn.

Duckitt, John (2001): A dual-process cognitive-motivational theory on ideology and prejudice. In *Advances in experimental social psychology 33*, ed. by Mark P. Zanna, 41 - 113. San Diego, CA: Academic Press.

Gabriel, Oscar W., Everhard Holtmann, Tobias Jaeck, Melanie Leidecker-Sandmann, Jürgen Maier, und Michaela Maier. 2015. *Deutschland 25. Gesellschaftliche Trends und politische Einstellungen.* Bonn: Bundeszentrale für politische Bildung.

Heitmeyer, Wilhelm. 1997. Gesellschaftliche Integration, Anomie und ethnisch-kulturelle Konflikte, in: *Was treibt die Gesellschaft auseinander? Bundesrepublik Deutschland: auf dem Weg von der Konsens- zur Konfliktgesellschaft*, hrsg. von Wilhelm Heitmeyer, 629 - 653, Frankfurt a. M.: Suhrkamp Verlag.

Klein, Anna, Beate Küpper, und Andreas Zick. 2009. Rechtspopulismus im vereinigten Deutschland als Ergebnis von Benachteiligungsgefühlen und Demokratiekritik. In: *Deutsche Zustände. Folge 7*, hrsg. von Wilhelm Heitmeyer, 77 - 101, Frankfurt a. M.: Suhrkamp Verlag.

Kollmorgen, Raj. 2011. Subalternisierung. Formen und Mechanismen der Missachtung Ostdeutscher. In: *Diskurse der deutschen Einheit. Kritik und Alternativen*, hrsg. von Raj Kollmorgen, Frank Thomas Koch und Hans-Liudger Dienel, 301 - 360. Wiesbaden: VS Verlag für Sozialwissenschaften.

Köpping, Petra. 2018. *Integriert doch erst mal uns! Eine Streitschrift für den Osten*. Berlin: Ch. Links Verlag.

Kreis, Joachim. 2007. *Zur Messung von rechtsextremer Einstellung. Probleme und Kontroversen am Beispiel zweier Studien* (Arbeitshefte aus dem Otto-Stammer-Zentrum, 12). Berlin.

Lange, Hendrik. 2018. *Determinanten der Demokratiezufriedenheit. Einfluss ökonomischer Faktoren auf die politische Kultur in der BRD*. Wiesbaden: Springer VS.

Lengfeld, Holger, und Clara Dilger. 2018. Kulturelle und ökonomische Bedrohung. Eine Analyse der Ursachen der Parteiidentifikation mit der „Alternative für Deutschland" mit dem Sozio-oekonomischen Panel 2016. *Zeitschrift für Soziologie* 47 (3): 181 - 199.

Manow, Philip. 2018. *Die Politische Ökonomie des Populismus*. Frankfurt a. M.: Suhrkamp Verlag.

Nachtwey, Oliver. 2016. *Die Abstiegsgesellschaft. Über das Aufbegehren in der regressiven Moderne*. Frankfurt a. M.: Suhrkamp Verlag.

NTV. 2019. *Rechtsextrem und völkisch: Umfrage zeigt Gesinnung vieler AfD-Wähler*. 29. November 2019. https://www.n-tv.de/politik/Umfrage-zeigt-Gesinnung-vieler-AfD-Waehler-article21426963.html (Zugriff: 12.03.2020).

Patzelt, Werner J. 2018. Mängel in der Responsivität oder Störungen in der Kommunikation? Deutschlands Repräsentationslücke und die AfD. *Zeitschrift für Parlamentsfragen* 49 (4): 885 - 895.

Pettigrew, Thomas F. 2002. Summing up. Relative Deprivation as a Key Social Psychological Concept. In: *Relative Deprivation: Specification, Development and Integration*, ed. by Iain Walker und Heather J. Smith, 351 - 373. Cambridge (UK): Cambridge University Press.

Pickel, Susanne. 2019. Die Wahl der AfD. Frustration, Deprivation, Angst oder Wertekonflikt? In *Die Bundestagswahl 2017*, hrsg. von Karl-Rudolf Korte und Jan Schoofs, 145 - 175. Wiesbaden: Springer VS.

Reiser, Marion, Heinrich Best, Ossip Fürnberg, Jörg Hebenstreit, Axel Salheiser, und Lars Vogel. 2019. *Gesundheit und Pflege in Thüringen. Ergebnisse des Thüringen-Monitors 2019*. Jena: KomRex – Zentrum für Rechtsextremismusforschung, Demokratiebildung und gesellschaftliche Integration der Friedrich-Schiller-Universität Jena. Drucksache des Thüringer Landtags 7/46. http://www.komrex.uni-jena.de/komrexmedia/Publikationen/TM2019-p-955.pdf (Zugriff: 12.03.2020).

Reiser, Marion, Heinrich Best, Axel Salheiser, und Lars Vogel. 2018. *Heimat Thüringen. Ergebnisse des Thüringen-Monitors 2018*. Erfurt: Drucksache des Thüringer Landtags 6/6383. http://www.komrex.uni-jena.de/komrexmedia/Literatur/Th%C3%BCringen_Monitor+2018+mit+Anhang-p-735.pdf (Zugriff: 12.03.2020).

Reuband, Karl-Heinz. 2019. Fremdenfeindlichkeit und AfD-Wahlerfolge in Sachsen: Wie sehr spiegeln sich regionale Unterschiede in Sachsen in den Einstellungen zu Ausländern und Muslimen wider? *Zeitschrift für Parteienforschung (MIP)* 25 (1): 13 - 27.

Rippl, Susanne, und Dirk Baier. 2005. Das Deprivationskonzept in der Rechtsextremismusforschung. Eine vergleichende Analyse. *Kölner Zeitschrift für Soziologie und Sozialpsychologie* 57 (4): 644 - 666.

Rippl, Susanne, und Christian Seipel. 2018. Modernisierungsverlierer, Cultural Backlash, Postdemokratie Was erklärt rechtspopulistische Orientierungen? *Kölner Zeitschrift für Soziologie und Sozialpsychologie* 70 (2, Juni 2018): 237 - 254.

Rippl, Susanne, und Christian Seipel. 2002. Ökonomische Lage, Bildungsniveau und Fremdenfeindlichkeit. Die Bedeutung von Autoritarismus und Anomie. Ein theorieintegrierendes Modell. In: *Jugendgewalt und Rechtsextremismus. Soziologische und psychologische Analysen in internationaler Perspektive*, hrsg. von Klaus von Boehnke, Daniel Fuß und John Hagan, 79 - 92. Weinheim und München: Juventa Verlag.

Runciman, Walter G. 1966. *Relative deprivation and social justice: A study of attitudes to social inequality in twentieth-century England*. Berkeley, Calif.: University of California Press.

Salheiser, Axel. 2018. Zusammenhalt, Gerechtigkeitswahrnehmung und die Akzeptanz von Minderheiten in Thüringen. In *Wissen schafft Demokratie. Schriftenreihe des Instituts für Demokratie und Zivilgesellschaft (IDZ)*, Band 3, Juli 2018, 28 - 36. Jena. https://www.idz-jena.de/fileadmin/user_upload/PDFS_WsD3/Text_Axel_Salheiser.pdf (Zugriff: 12.03.2020).

Salheiser, Axel. 2017. Weltoffen oder fremdenfeindlich? Die Einstellungen der Thüringer Bevölkerung gegenüber Asyl, Migration und Minderheiten. In *Wissen schafft Demokratie. Schriftenreihe des Instituts für Demokratie und Zivilgesellschaft (IDZ)*, Band 1, April 2017, 60 - 71. Jena. https://www.idz-jena.de/fileadmin/user_upload/PDFS_WsD1/Artikel_Salheiser.pdf (Zugriff: 12.03.2020).

Salheiser, Axel, Matthias Quent, und Anja Klaßen. 2019. *Thüringen vor der Landtagswahl. Ergebnisse einer repräsentativen Befragung im September 2019*. Jena: Institut für Demokratie und Zivilgesellschaft (IDZ). https://www.idz-jena.de/fileadmin/user_upload/WEB_IDZ_Forschungsbericht_2019_10_08.pdf (Zugriff: 12.03.2020).

Salomo, Katja. 2019. The residential context as source of deprivation: Impacts on the local political culture. Evidence from the East German state Thuringia. *Political Geography* 69 (March 2019): 103 - 117. doi:https://doi.org/10.1016/j.polgeo.2018.07.001

Schröder, Martin. 2018. *AfD-Unterstützer sind nicht abgehängt, sondern ausländerfeindlich* (Deutsches Institut für Wirtschaftsforschung/DIW Berlin: SOEPpapers 975). Berlin. https://www.diw.de/documents/publikationen/73/diw_01.c.595120.de/diw_sp0975.pdf (Zugriff: 12.03.2020).

Siegfried, André. 1995 [1913]. *Tableau politique de la France de l'ouest sous la Troisième Rèpublique*. Paris: Éditions de l'Imprimerie nationale.

TMASGFF. 2019. *Zweiter Thüringer Sozialstrukturatlas mit der Fokussierung auf Armut und Armutsprävention*, hrsg. vom Thüringer Ministerium für Arbeit, Soziales, Gesundheit, Frauen und Familie. Erfurt.

Tutić, Andreas, und Hagen von Hermanni. 2018. Sozioökonomischer Status, Deprivation und die Affinität zur AfD – Eine Forschungsnotiz. *Kölner Zeitschrift für Soziologie und Sozialpsychologie* 70 (2, Juni 2018): 275 - 294. https://doi.org/10.1007/s11577-018-0523-0

Vehrkamp, Robert und Klaudia Wegschaider. 2017. Populäre Wahlen, Mobilisierung und Gegenmobilisierung der sozialen Milieus bei der Bundestagswahl 2017. Gütersloh: Bertelsmann-Stiftung. https://www.bertelsmann-stiftung.de/fileadmin/files/BSt/Publikationen/GrauePublikationen/ZD_Populaere_Wahlen_Bundestagswahl_2017_01.pdf (Zugriff: 12.03.2020).

Winkler, Jürgen R. 2005. Persönlichkeit und Rechtsextremismus. In *Persönlichkeit: Eine vergessene Größe der empirischen Sozialforschung,* hrsg. von Siegfried Schumann, 221 - 241. Wiesbaden: Springer VS.

Zick, Andreas, Beate Küpper, und Wilhelm Berghan. 2019. *Verlorene Mitte – Feindselige Zustände. Rechtsextreme Einstellungen in Deutschland 2018/19.* Herausgegeben für die Friedrich-Ebert-Stiftung von Franziska Schröter. Bonn: Verlag J. H. W. Dietz Nachf.

Teil V

Migration und Integration

Migration und Wahlverhalten in Deutschland

Oliviero Angeli und Cyrill Otteni

Zusammenfassung

Als der Zuzug von Geflüchteten nach Deutschland Ende 2015 gerade seinen Höhepunkt erreichte, schnellten die Umfragewerte der AfD in die Höhe. Der damalige stellvertretende AfD-Vorsitzende Alexander Gauland sprach in diesem Zusammenhang von der „Flüchtlingskrise" als einem „Geschenk" für seine Partei. So provokant seine Aussage auch erscheinen mag: Nur wenige Sozialwissenschaftler bezweifeln, dass sich Migration positiv auf das Wahlergebnis der AfD ausgewirkt hat. Doch worauf kommt es bei diesem Zusammenhang an? Führt ein größerer Anteil an MigrantInnen zwangsläufig zu einem höheren Stimmanteilen der AfD? Oder erklären sich die Wahlerfolge der AfD eher aus der gestiegenen Salienz des Themas Migration? Diesen Annahmen wird in diesem Beitrag nachgegangen. Dabei werden zwei unterschiedliche Wege beschritten: Zum einen wird der Frage nachgegangen, ob die AfD eher vom statischen Ausländeranteil oder von einem Anstieg in diesen Anteilen profitiert. Dies würde einen direkten Zusammenhang zwischen Migration und den Wahlergebnissen der AfD nahelegen. Zum anderen wird geprüft, ob die Salienz des Themas Migration eine zentrale Voraussetzung für die Mobilisierung rechtspopulistischer Wählerschaft und damit einen wichtigen Erfolgsfaktor für die AfD darstellt. Die Ergebnisse legen nahe, dass das

O. Angeli (✉) · C. Otteni
Institut für Politikwissenschaft, Technische Universität Dresden, Dresden, Deutschland
e-mail: oliviero.angeli@tu-dresden.de

C. Otteni
e-mail: cyrill.otteni@tu-dresden.de

H. U. Brinkmann und K.-H. Reuband (Hrsg.), *Rechtspopulismus in Deutschland*,
https://doi.org/10.1007/978-3-658-33787-2_14

Zusammenspiel aus schnell gewachsenem Ausländeranteil und damit einhergehender gestiegener Salienz des Themas Migration zu einem Erstarken der AfD führten.

1 Migration und Rechtspopulismus

Wahlen in Europa folgen oft einem ähnlichen Muster: Sozialdemokratische und grüne Parteien schneiden besonders in den Großstädten gut ab – Rechtspopulisten dagegen in ländlichen Gebieten. Erklärungen dafür gibt es viele. Manche WissenschaftlerInnen verweisen auf demografische Faktoren, andere dagegen betonen sozioökonomische Gründe (vgl. Stockemer 2017; Arzheimer 2018). AnhängerInnen rechtspopulistischer Parteien haben oftmals eine schlichtere Antwort parat: Migration. In den Großstädten zeige sich, wohin ethnische Vielfalt und „Multikulti" führe. Menschen mit Migrationshintergrund – in manchen Großstädten jeder zweite – würden nicht nach politischen oder sozioökonomischen, sondern ausschließlich nach ethnischen Kriterien ihre Stimme abgeben. Will heißen: Gewählt werden Parteien, die ihre schützende Hand über Minderheiten legen. Die Orientierung auf das gesamtgesellschaftliche Gemeinwohl sei zunehmend der Konzentration auf ethnische Partikularinteressen gewichen. Unter AnhängerInnen rechtsextremer Gruppierungen (wie der Identitären Bewegung) gibt es einen Begriff, der dieses Phänomen treffend beschreiben soll: „ethnische Wahl".

„Ethnische Wahl" ist ein verunglimpfender Ausdruck. Er dient vor allem zur Diskreditierung von Menschen mit Migrationshintergrund, die – so die Unterstellung – nie wie „echte" Deutsche wählen werden. Dabei zeigen Erhebungen, dass sich die Unterschiede im Wahlverhalten zwischen Menschen mit und ohne Migrationshintergrund langsam abschleifen (vgl. Litta und Wittlif 2018). Freilich kann man trotzdem die Frage stellen, ob Migration und die daraus gewachsene gesellschaftliche Vielfalt tatsächlich eher linken Parteien zugutekommt. Diese These fand in den Sozialwissenschaften Anklang. Ein Beispiel: Als John B. Judis und Ruy Teixeira (2002) in ihrem Buch „The Emerging Democratic Majority" konstatierten, dass Zuwanderung und die dadurch wachsende gesellschaftliche Heterogenität die Erfolgsaussichten der Republikanischen Partei deutlich schmälern würden, wurde kaum Widerspruch laut. Für diese Vermutung sprach vor allem der Umstand, dass demografisch wachsende Wählergruppen und dabei insbesondere US-BürgerInnen lateinamerikanischer Abstammung traditionell mehrheitlich für die Demokraten stimmen.

Am Ende kam es ganz anders. Die Stimmen der ethnischen Minderheiten waren 2016 bei Trumps Sieg nicht wahlentscheidend. Migration spielte zwar eine Rolle, aber als Wahlkampfthema. Kein Wunder also, dass eine Vielzahl an PolitikwissenschaftlerInnen den Zusammenhang zwischen Migration und Wahlergebnissen inzwischen auf eine ganz andere Formel bringen (vgl. Dennison 2019): Je mehr das Thema Migration in den Vordergrund der Medien bzw. Öffentlichkeit rückt, desto wahrscheinlicher der Wahlerfolg rechtspopulistischer Parteien. Denn Trump ist keine Ausnahme: Parteien, die Einwanderung zum mindestens wichtigen Wahlkampfthema machten, gibt es in so gut wie allen westlichen Ländern. Manche regieren sogar.

Ist die sogenannte Flüchtlingskrise also eher ein „Geschenk" für rechtspopulistische Parteien, wie es Alexander Gauland selbst formulierte (vgl. Amann et al. 2015, S. 24)? Und wenn Migration tatsächlich den Erfolg rechtspopulistischer Parteien begünstigt, welche Faktoren kommen dabei zum Tragen? Ist der Ausländeranteil in den Wahlkreisen entscheidend? Oder die öffentliche Bedeutung (Salienz) des Themas Migration? Dieser Beitrag zeigt, warum die Salienz des Themas Migration eine zentrale Voraussetzung für die Mobilisierung rechtspopulistischer Wählerschaft und zugleich ein wichtiger Erfolgsfaktor rechtspopulistischer Parteien ist: Wo Migration den politischen Diskurs beherrscht, waren rechtspopulistische Parteien zumeist erfolgreich. Dabei ist der Begriff „rechtspopulistisch" der Einfachheit halber relativ weit ausgelegt und zur Bezeichnung einer breiten Palette an rechten Parteien verwendet, die in der englischsprachigen Fachliteratur häufig als „populist radical right parties" oder „far right parties" genannt werden (vgl. Mudde 2007)[1].

Dieser Beitrag weist auch auf einen anderen Zusammenhang hin: Wo viele Drittstaaten-AusländerInnen wohnen, bleiben AfD-Ergebnisse unterdurchschnittlich – vermutlich auch, weil Kontakte mit AusländerInnen Vorurteile abbauen. Dagegen schneidet die AfD vor allem in ethnisch homogenen Städten und Landkreisen gut ab, die in Deutschland vor allem im Osten des Landes zu finden sind. Ein weiterer Aspekt kommt jedoch noch hinzu: Ein abrupter und starker Anstieg des Ausländeranteils (wie nach 2015) kommt der AfD durchaus zugute – vor allem dort, wo zuvor nur wenige AusländerInnen lebten. Insgesamt zeigt

[1] Freilich sind Fragen bezüglich der Reliabilität und Validität solcher Parteienklassifizierungen nicht auszuschließen (vgl. Taggart und Szczerbiak 2018, S. 14). Gerade die Trennlinien zwischen rechtspopulistischen und konservativen „Mainstream"-Parteien einerseits sowie zwischen rechtspopulistischen und rechtsextremen Parteien andererseits sind nicht immer einfach zu ziehen. Dennoch hat sich der Begriff „Rechtspopulismus" zur Beschreibung von Parteien wie die AfD auch in Deutschland überwiegend durchgesetzt. Deshalb wird der Begriff in diesem Text verwendet.

der Beitrag, dass Migration in unterschiedlichster Art und Weise Einfluss auf das Wahlergebnis rechtspopulistischer Parteien nimmt. Von einem monokausalen Zusammenhang kann nicht die Rede sein.

2 Salienz der Migration

2.1 Was ist Salienz?

Der Begriff Salienz entstammt der Psychologie. Beschrieben wird damit das Hervorstechen eines bestimmten Merkmals aus einem allgemeinen Umfeld oder Kontext (vgl. Taylor und Fiske 1978). Kurz: Salient ist, was ins Auge springt. In Anlehnung dazu steht Salienz in der Politikwissenschaft für die wahrgenommene Relevanz von politischen Themen. Genauer genommen ist Salienz das Maß für die Bedeutung eines Themas in der Öffentlichkeit.[2] Dabei stellt sie keine absolute Größe dar. Vielmehr weißt Salienz darauf hin, welche Bedeutung einem Thema im Vergleich zu anderen Themen zuerkannt wird (vgl. Wlezien 2005, S. 556 - 561).

Weder in der Populismus- bzw. Extremismusforschung noch in der Wahlforschung spielte der Salienzbegriff bislang eine große Rolle.[3] Studien zu den Erfolgsbedingungen rechtsextremer und rechtspopulistischer Parteien fokussierten zumeist eher auf das Handeln politischer AkteurInnen (Angebotsseite) oder auf die Herausbildung und Verbreitung rechtsextremer und ausländerfeindlicher Einstellungen (Nachfrageseite). Eine wesentliche Frage blieb offen: Wann gelingt es Parteien und „politischen Unternehmern", migrations- bzw. ausländerfeindliche Einstellungen erfolgreich zu aktivieren und in Wählerstimmen umzumünzen? Dabei besteht ein möglicher Trugschluss in der Annahme, dass migrationsfeindliche Menschen zwangsläufig Parteien wählen, welche die Einwanderung am schärfsten ablehnen. Ob sie dies tun, hängt jedoch in entscheidendem Maße davon

[2] Salienz kann sich auch auf die Bedeutung eines Themas in Teilöffentlichkeiten oder bestimmten öffentlichen Bereichen beziehen. So kann die Salienz eines Themas anhand der Anzahl der Nennung bestimmter Begriffe in den Medien untersucht werden. Wenn in diesem Beitrag von Salienz gesprochen wird, bezieht sich dies allerdings nur auf Teilbereiche der Öffentlichkeit. Will heißen: Mit Salienz ist die Bedeutung gemeint, die die Bevölkerung einem Thema beimisst.

[3] In der Kommunikationsforschung findet der Begriff der Salienz im Hinblick auf Agenda Setting Einzug. Dabei wird Salienz jedoch als Funktion der Themen betrachtet, auf die sich Medien konzentrieren. Es geht also primär um den Einfluss von Medien auf die öffentliche Wahrnehmung (vgl. McCombs und Shaw 1972).

ab, wie wichtig das *Thema* Migration gesehen und bewertet wird. Wenn das Thema Migration WählerInnen emotional beschäftigt oder gar aufwühlt, werden sie ihre Wahlentscheidung von den migrationspolitischen Positionen der Parteien abhängig machen.

Hier kommt die Salienz ins Spiel. Die höhere Salienz des Themas Migration führt nicht nur zu einem gesteigerten Interesse für migrationspolitische Positionen und Entwicklungen. Viel entscheidender ist, dass Salienz das Ausmaß, in dem eine Person emotional von einem Thema berührt wird, beeinflussen kann (vgl. Krosnick 1990, S. 60). Will heißen: Die hohe Salienz des Themas Migration kann starke negative Gefühle wie Angst und Furcht vor „Fremden" auslösen, die einen erheblichen Einfluss auf Wahlentscheidungen haben. Das ist, was mit der Aktivierung migrations- und ausländerfeindlicher Einstellungen gemeint ist (vgl. Dennison 2019), von der insbesondere rechtspopulistische Parteien profitieren.

KritikerInnen mögen einwenden, dass der Fokus auf die Salienz von Migration letztlich von der eigentlichen Ursache rechtspopulistischer Erfolge ablenkt, nämlich von der (teilweise sprunghaft) angestiegenen Anzahl an ZuwanderInnen und Flüchtlingen (insbesondere im Zuge der „Flüchtlingskrise"). Doch hierbei handelt es sich um zwei verschiedene Faktoren, die nicht notwendigerweise zusammenhängen müssen. So gibt es Länder in Europa, die zwar traditionell EinwanderInnen aufnehmen und dennoch bis dato kein nennenswertes Erstarken des Rechtspopulismus erlebten[4]. Umgekehrt waren rechtspopulistische Parteien mit migrationsfeindlicher Agenda auch in Ländern erfolgreich, in denen kaum Flüchtlingen von außerhalb Europas aufgenommen wurden. Dazu gehören mittel- und osteuropäische Länder wie Polen.

2.2 Die Salienz von Migration nach 2015

Mit dem Beginn der „Flüchtlingskrise" ist ein rapider Anstieg der Salienz von Migration in Europa zu beobachten. In der Zeit von Frühling 2012 bis Herbst 2015 steigt die Salienz von Migration in ganz Europa von knapp 9 % auf 58 % an (vgl. Europäische Kommission 2020); in Deutschland steigt die Salienz von etwa 8 % auf über 76 %. Gemessen wird die Salienz der Migration anhand des Anteils an Befragten, die laut Eurobarometer Migration als eines der *zwei*

[4] Als Beispiel kann man Irland nennen, das zwischen 2004 und 2007 im Zuge der EU-Osterweiterung etwa 220.000 Polen in die Republik aufgenommen hat.

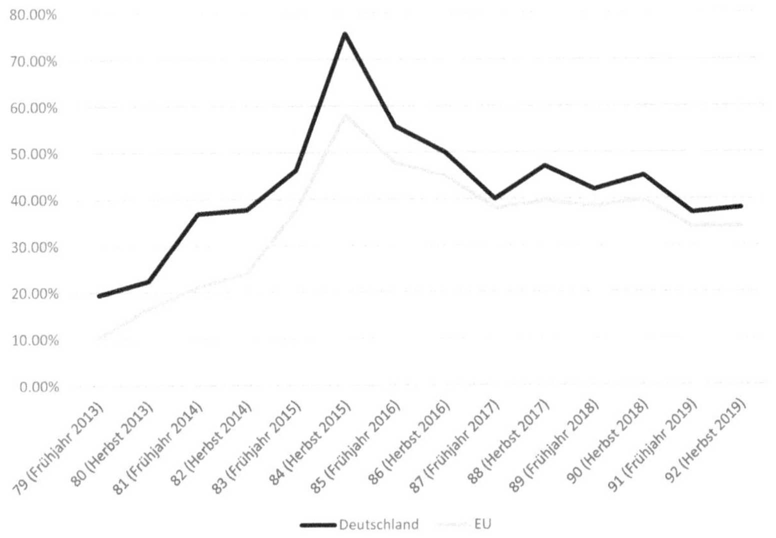

Quelle: Europäische Kommission (2020): Standard Eurobarometer 79 bis 92; Frage: QA5a_9

Abb. 1 Prozent aller Deutschen/EuropäerInnen, die Migration als eines der zwei wichtigsten Themen für Europa sehen. (eigene Darstellung)

wichtigsten Themen im Land betrachten[5]. Auffallend ist der um 2015 deutlich gestiegene Anteil an Befragten, die Migration als das wichtigste Problem für das eigene Land bzw. für Europa nennen. Damit verdrängt Migration sozioökonomische Themen wie Arbeitslosigkeit bzw. wirtschaftliche Entwicklung, die lange die beherrschenden politischen Themen waren (vgl. Abb. 1).

Auslöser der Salienzerhöhung sind neben dem Anstieg der Asylbewerberzahlen meist Probleme rund um die Ankunft, Verteilung und Aufnahme von Geflüchteten, die in den Medien große Beachtung fanden und heftige politische Kontroversen auslösten (vgl. Haller 2017). Die verstärkte Berichterstattung über und politische Auseinandersetzungen um Flucht und Migration mögen zwar nicht der Auslöser für die Erhöhung der Salienz von Migration gewesen sein, sie haben

[5] Standard Eurobarometer 79 - 92; Frage QA5a: „Was sind Ihrer Meinung nach die beiden wichtigsten Themen, denen die EU derzeit gegenübersteht?" „Einwanderung" genannt (von 14 Antwortmöglichkeiten).

jedoch wesentlich dazu beigetragen – zumal vor allem das negative Bild bzw. Framing der Ereignisse rund um die „Flüchtlingskrise" die latente Skepsis gegenüber Migration in Teilen der Bevölkerung offengelegt hat. Dies bestätigen Befragungen, denen zufolge Migration zunehmend als Sicherheitsproblem wahrgenommen wurde (vgl. Pew Research Center 2016) – insbesondere nach den Geschehnissen der Kölner Silvesternacht 2015/2016 (also kurz nach den Fluchtbewegungen).

An dieser Stelle ist Vorsicht geboten, denn nichts deutet darauf hin, dass aufgrund der gestiegenen öffentlichen Bedeutung von Migration die Einstellungen gegenüber Migration kritischer bzw. negativer geworden sind (vgl. Dennison 2019, S. 4). Tatsächlich wirkt sich die steigende Salienz von Migration kaum auf persönliche Einstellungen gegenüber Migration aus (vgl. Kustov et al. 2019). Die hohe Salienz von Migration hat die europäische Bevölkerung größtenteils nicht skeptischer gegenüber Migration gemacht (möglicherweise mit Ausnahme der mitteleuropäischen Višegrad-Staaten). Vielmehr löst sie bereits vorhandene latente Einstellungen aus (Dennison und Geddes 2019, S. 116).[6]

Diese Aktivierung von negativen Einstellungen in Verbindung mit der weit verbreiteten Unzufriedenheit mit der Einwanderungspolitik und dem Einwanderungsmanagement spiegelt sich letztlich in den Stimmen für rechtspopulistische Parteien wider, die von den Einwanderungsängsten in Teilen der Bevölkerung profitierten. In diesem Sinne kann hohe Salienz von Migration als Voraussetzung für die Mobilisierung rechtspopulistischer Anhängerschaft angesehen werden. So ist bei der Betrachtung der Salienz von Migration und der Wahlabsicht für die AfD in der Zeit vom Frühjahr 2013 bis Herbst 2019 deutlich zu erkennen, dass zu Zeiten, in denen das Thema Migration viel Beachtung findet, die AfD Zulauf bekommt (vgl. Abb. 2).[7]

Im Übrigen muss Migration nicht quantitativ bemerkenswert sein, um die Medien bzw. den politischen Diskurs zu beeinflussen und somit die Salienz zu erhöhen. Selbst eine bloß vermutete bzw. befürchtete Zuwanderung kann eine deutliche Rolle in der Öffentlichkeit spielen. Das auffälligste Beispiel in dieser Hinsicht sind – wie bereits erwähnt – die mittel- und osteuropäischen Länder.

[6] Ein Beleg dafür sind Daten des Eurobarometers, wonach die Einstellungen zu Migration trotz deren steigender Bedeutung in den meisten europäischen Ländern nahezu unverändert blieben (vgl. Dennison 2019, S. 4).

[7] Der starke Zulauf rechtspopulistischer Parteien kann freilich auch dann anhalten, wenn die Salienz des Themas Migration wieder sinkt. Die These hier ist, dass die hohe Salienz von Migration die Wahlerfolge rechtspopulistischer Parteien begünstigt – nicht, dass bei abnehmender Salienz rechtspopulistische Parteien an Stimmen einbüßen. Schließlich können zur Etablierung und Verfestigung rechtspopulistischer Wählerschaften weitere Faktoren eine Rolle spielen (z. B. deren Sichtbarkeit im Parlament).

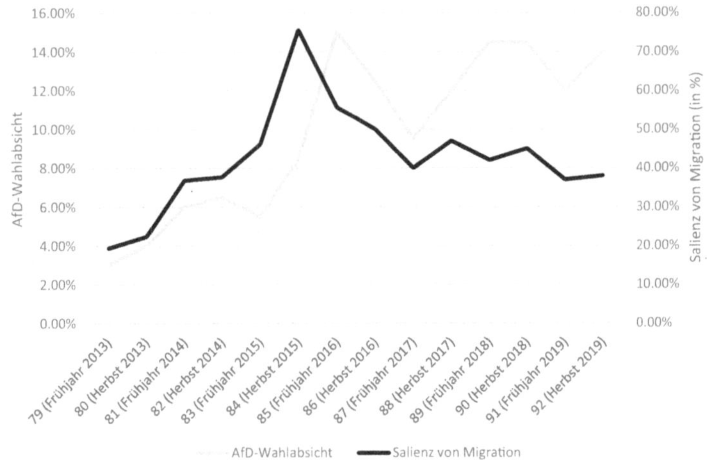

Quelle: Europäische Kommission (2020): Standard Eurobarometer 79 bis 92; Frage: QA5a_9; Infratest dimap; vgl. Zicht und Cantow 2020 – eigene Darstellung[8]

Abb. 2 Salienz von Migration und AfD-Wahlabsicht. (Quelle: eigene Darstellung)[8]

In diesen stieg die Salienz der Einwanderung nach 2015 trotz extrem niedriger Flüchtlingszahlen im Vergleich zu westeuropäischen Ländern stark an (vgl. Kozlowska 2019).[9]

Wenn es zutrifft, dass der Aufstieg rechtspopulistischer Parteien auf die zunehmende Salienz Migration zurückzuführen ist – dann ist es nur folgerichtig, dass rechtspopulistische Parteien jede Gelegenheit nutzen, die Einwanderung in den Mittelpunkt der politischen Debatten zu stellen. Als Beispiel können

[8] Um die Verläufe der Salienz von Migration des Eurobarometers und der Sonntagsfrage im Zeitverlauf betrachten zu können, wurde das AfD-Ergebnis bei der Sonntagsfrage von Infratest dimap im jeweiligen Erhebungsmonats des Eurobarometers dargestellt. Die Daten der Eurobarometer-Umfragen wurden herangezogen, weil sie eine Vergleichbarkeit der Salienz des Themas Migration im europäischen Kontext ermöglichen.

[9] Der Hauptgrund ist, dass es politischen Unternehmern wie Jarosław Kaczyński gelungen ist, die Bedeutung der Einwanderung zu erhöhen (und die Diskussion über das Thema negativ zu gestalten), indem sie es zu einer Angelegenheit nationaler Souveränität gemacht und damit größere Teile der Wählerschaft mobilisiert haben. In Ländern wie Polen wurde die bloße Aussicht auf von der EU auferlegte Flüchtlingsquoten Gegenstand kritischer Medienberichterstattung und emotional aufgeladener politischer Debatten (vgl. Kozłowska 2019).

Debatten rund um die Einführung des Global Compact for Migration (GCM)[10] genannt werden. Europas RechtspopulistInnen haben das GCM größtenteils als verstecktes Ansiedlungsprogramm für WirtschaftsmigrantInnen porträtiert. Ein solches Framing ist insofern toxisch, als es die bereits bestehenden Ängste gegenüber EinwanderInnen untermauert und einen praktisch unkontrollierbaren Verstärkerprozess ankurbelt.

3 Der Zusammenhang zwischen Anteilen an AusländerInnen und dem Wahlergebnis rechtspopulistischer Parteien

3.1 Forschungsstand

Der Zusammenhang zwischen den Anteilen verschiedener ethnischer Gruppen und dem Wahlergebnis von rechtspopulistischen Parteien oder individuellen Einstellungen gegenüber Migration ist in den letzten Jahren in zahlreichen Studien auf subnationaler Ebene untersucht worden. Allen Analysen, die diesen Zusammenhang testen, liegt als theoretisches Modell implizit oder explizit entweder die Kontakthypothese (vgl. Allport 1954; Pettigrew 1998) oder die Group-Threat Theory (vgl. Quillian 1995; Putnam 2007) zugrunde. Vereinfacht besagt die Kontakthypothese, dass es bei einem höheren Bevölkerungsanteil einer ethnischen Minderheit zu mehr Interaktion zwischen der heimischen Bevölkerung und den Angehörigen der Minderheit kommt. Dadurch werden Ressentiments und Vorurteile abgebaut, was wiederrum zu einem Abbau von Fremdenfeindlichkeit führt. Die Group-Threat Theory dagegen postuliert, dass eine „fremde" Minderheit gefürchtet wird, wenn sie als eine Bedrohung des Wohlstandes bzw. als eine Bedrohung der kulturellen Hegemonie wahrgenommen wird. Dadurch prägen und verstärken sich Gruppenidentitäten, die ablehnendes Verhalten gegenüber der outgroup nach sich ziehen.

Die Ergebnisse der Studien, die diesen Zusammenhang empirisch testen, sind heterogen – unabhängig vom angewandten Forschungsdesign. Ein Großteil der europäischen Untersuchungen erkennt jedoch einen positiven Zusammenhang zwischen Migration und dem Wahlergebnis von rechtspopulistischen Parteien – bestätigt somit die Group-Threat Theory (vgl. de Blok und van der Meer 2018; Dinas et al. 2019; Dustmann et al. 2019). Dagegen bestätigen andere Analysen

[10] UNO-Vereinbarung, die einen nicht bindenden Charakter hat.

die Kontakthypothese (vgl. Steinmayr 2020; van Wijk et al. 2020; Hoxhaj und Zuccotti 2020).

Häufig kommen Studien zu gemischten Ergebnissen, die sowohl die Kontakthypothese als auch die Group-Threat Theory bestätigen (vgl. Kaufmann und Goodwin 2018; Kaufmann 2017; Patana 2018). Daran kann man erkennen, dass die beiden Theorien sich nicht notwendigerweise widersprechen, sondern verschiedene Faktoren zu berücksichtigen sind – zum Beispiel, ob der Anteil an AusländerInnen oder die Veränderung in diesen Anteilen betrachtet wird. Während ein höherer Ausländeranteil niedrigere Wahlergebnisse rechtspopulistischer Parteien nach sich zieht, führt ein Zuwachs in diesen Anteilen zu Erfolgen dieser Parteien (vgl. Kaufmann 2017; Patana 2018). Auch die Größe der untersuchten geografischen Einheiten ist bedeutend für die Richtung des Zusammenhangs. Während sehr kleine (weniger als 1.000 EinwohnerInnen) sowie sehr große untersuchte geografische Einheiten (ganze Länder) die Group-Threat Theory stützen, scheint bei mittleren Größen (5.000 bis 10.000 EinwohnerInnen) die Kontakthypothese zutreffender zu sein (vgl. Kaufmann und Goodwin 2018; s. a. van Wijk et al. 2020). Daraus kann man sehr gut die verschiedenen potenziell wirkenden Mechanismen ableiten. Während in sehr großen geografischen Einheiten mediale Effekte dominieren und Furcht vor Geflüchteten oder AusländerInnen auf abstrakte Weise schüren können, spielt direkter Kontakt erst in kleineren Einheiten eine Rolle. Ferner ist das Zusammenspiel mit sozioökonomischen Faktoren relevant. Vereinfacht lässt sich sagen, dass der positive Zusammenhang zwischen Ausländeranteilen und Einstellungen zu Migration in sozioökonomisch schwächeren Regionen schwächer ist als in Regionen, die sozioökonomisch besser aufgestellt sind (vgl. Hoxhaj und Zuccotti 2020; s. a. Barone et al. 2016).

Die Analysen unterscheiden sich dabei auch in der untersuchten abhängigen Variable. Während häufig die Wahrscheinlichkeit der Wahl oder das Wahlergebnis rechtspopulistischer Parteien untersucht wird (vgl. Dinas et al. 2019; Kaufmann 2017; van Wijk et al. 2020), beschäftigen sich andere Studien mit Einstellungen gegenüber Migration (vgl. Hangartner et al. 2019; Jeannete 2020; Hoxhaj und Zuccotti 2020). Beiden Ansätzen liegt jedoch die gleiche theoretische Überlegung zu Grunde.

Ein weiteres Unterscheidungskriterium bietet die unabhängige Variable. Manche Untersuchungen testen den Einfluss von ethnischer Heterogenität bzw. des Ausländeranteils (vgl. Kaufmann 2017; Barone et al. 2016; Savelkoul et al. 2017; Patana 2018), während andere die Auswirkung des Zuzugs von Geflüchteten bzw. der „Flüchtlingskrise" testen (vgl. Stecker und Debus 2019; Hangarter et al. 2019; Dinas et al. 2019; Dustmann et al. 2019). Untersuchungen, die den Einfluss des Zuzuges von Geflüchteten analysieren, finden meist einen positiven

Einfluss auf die Wahl rechtspopulistischer Parteien oder eine negative Veränderung in den Einstellungen zu Migration. Nur wenige Studien zeigen, dass der Zuzug von Geflüchteten den Stimmenanteil rechtspopulistischer Parteien reduziert (vgl. Vertier und Viskanic 2019; Steinmayr 2020). Bei Studien, die sich auf Ausländeranteile fokussieren, sind die Ergebnisse nicht eindeutig (vgl. Kaufmann und Goodwin 2018).

Zudem variieren die Studien teilweise in der Analyseebene. Einige Analysen untersuchen den Einfluss von Migration auf Einstellungen und Wahlverhalten von Individuen (vgl. Weber 2015, 2019). Dem gegenüber stehen Analysen, die Wahlergebnisse auf Aggregatebene betrachten (vgl. Stockemer 2017; Patana 2018; Halla et al. 2017). Der Vorteil bei Analysen auf Aggregatebene ist, dass es auf der lokalen bzw. subnationalen Ebene häufig große Unterschiede gibt hinsichtlich der Unterstützung für rechtspopulistische Parteien. Diese Varianz wird häufig übersehen, wenn mit Individualdaten gearbeitet wird (vgl. Stockemer 2017).

Für Deutschland gibt es bisher nur wenige Studien, welche sich mit dem Einfluss von Migration auf Wahlverhalten oder auf Einstellungen zu Migration beschäftigen. Zum Beispiel erkennen Alkis Otto und Max Steinhardt (2014), dass steigende Anteile an EinwanderInnen in der Zeit von 1987 bis 1998 in Hamburgs Bezirken zu einem höheren Wahlergebnis der Parteien mit rechtsextremer und xenophober Agenda führen. Eine aktuellere Studie zu Bayern zeigt, dass die Präsenz von Flüchtlingsunterkünften in Gemeinden die Wahlergebnisse der AfD stärkt (vgl. Stecker und Debus 2019). Bei einer Untersuchung der Auswirkungen des Zuzugs von Geflüchteten auf das Wahlverhalten und auf Einstellungen von BewohnerInnen ländlicher Gemeinden in Ostdeutschland wird kein signifikanter Zusammenhang festgestellt (vgl. Schaub et al. 2020). Eine Studie zu den Einstellungen zu MigrantInnen belegt, dass einerseits deren Anteil in der Nachbarschaft individuelle Einstellungen zu Einwanderung negativ beeinflusst, darüber hinaus aber auch der monatliche Zuzug vieler AusländerInnen auf nationaler Ebene negativ korreliert ist (vgl. Weber 2019). Für Deutschland gibt es bisher keine flächendeckende Analyse, die den Zusammenhang zwischen den Anteilen ethnischer Minderheiten sowie Veränderungen innerhalb dieser Gesamtgruppe untersucht. Dies wird im Folgenden geleistet.

3.2 Daten und Methoden

Die folgende Analyse untersucht den Zusammenhang zwischen Drittstaaten-Ausländeranteil und AfD-Wahlergebnissen in Landkreisen und kreisfreien Städten Deutschlands.[11] Dabei wird sich auf Menschen aus Ländern, die nicht der EU angehören, konzentriert. Dahinter steht die Annahme, wonach Menschen von außerhalb Europas eher Merkmale aufweisen, die ihnen einen Migrationshintergrund zuweisen lassen. Hinzukommt, dass der Zuzug von Menschen aus anderen EU-Ländern insgesamt auf weniger Ablehnung stößt.

Für die Analyse wurden zwei Datensätze erstellt: Ein Querschnittdatensatz, der den statischen Ausländeranteil bei der Bundestagwahl 2017 ermitteln kann, und ein Längsschnittdatensatz, anhand dessen die Veränderung bei sämtlichen Bundestags-, Landtags-, und Europawahlen zwischen 2013 und 2019 gezeigt werden kann. Dafür werden prozentuale Angaben zum Ausländeranteil sowie die Wahlergebnisse der AfD von Landkreisen und kreisfreien Städten zu verschiedenen Zeitpunkten benötigt.[12] Darüber hinaus muss für Faktoren kontrolliert werden, die einen potenziellen Einfluss auf das Wahlergebnis der AfD haben könnten. Das sind neben sozioökonomische Faktoren wie der Arbeitslosenquote in Prozent (vgl. Manow 2018) die Bevölkerungsdichte, die Wahlbeteiligung in Prozent (vgl. Immerzeel und Pickup 2015) und das Wahlergebnis der Partei „Die Republikaner“ in der Bundestagswahl 1994 in Prozent (vgl. Goerres et al. 2018; Cantoni et al. 2019). Zudem fließen jeweils eine binäre Variable mit in die Analyse ein, die angeben, ob ein Landkreis in Ostdeutschland liegt (vgl. Weisskircher 2020) und ob es sich um einen Landkreis oder um eine kreisfreie Stadt handelt, was als Indikator für Urbanität dient. In der Analyse des Längsschnittdatensatzes wird außerdem berechnet, ob die AfD-Ergebnisse bei Wahlen auf

[11] Die 401 deutschen Landkreise und kreisfreien Städte bilden die niedrigste Verwaltungsebene, auf der die Anzahl an AusländerInnen erfasst wird. Da das Saarland Zahlen zu AusländerInnen nicht pro Landkreis erfasst, sondern nur für das gesamte Bundesland, sind diese sechs Landkreise von der Analyse ausgeschlossen. Für die Landkreise Kassel und Spree-Neiße wird die Anzahl an AusländerInnen nicht separat erhoben, weswegen diese ebenfalls von der Analyse ausgenommen sind. Die verbleibende Fallzahl liegt somit bei 393.

[12] Insgesamt hat hierbei jede kreisfreie Stadt oder Landkreis mindesten vier Beobachtungszeitpunkte – die Bundestagswahlen 2013 und 2017, die Europawahlen 2014 und 2019, sowie jeweils bis zu zwei Landtagswahlen. Die geringste Anzahl an Zeitpunkten ist somit $T = 4$, die maximale ist $T = 6$. Durchschnittlich wird jeder Landkreis bzw. kreisfreie Stadt zu 5,2 Zeitpunkten beobachtet. Insgesamt ergeben sich damit 2.042 Landkreis-Wahljahre, welche beim angewandten Fixed-Effects-Modell als Analyseeinheit dienen.

verschiedenen Ebenen unterschiedlich sind, was auf einen second-order Wahleffekt deuten könnte (vgl. Reif und Schmidt 1980).[13] Dazu wird eine kategorische Variable aufgenommen, die angibt, ob es sich um eine Bundestags-, Landtags- oder Europawahl handelt.

Die Daten zum Ausländeranteil stammen vom Statischen Bundesamt (2020). Zahlen zu den Wahlergebnissen auf Landkreisebene für sämtliche Bundestags-, Landtags- und Europawahlen stammen vom Bundeswahlleiter (2020). Die Daten für die Kontrollvariablen stammen von den regionalen Statistikämtern.

Methodologisch wird für die Untersuchung des Zusammenhangs zwischen dem statischen Ausländeranteil und dem AfD-Wahlergebnis auf multivariate, lineare Regressionen zurückgegriffen. Dabei dient in der Querschnittsanalyse das Wahlergebnis der AfD bei der Bundestagswahl 2017 in Landkreisen und kreisfreien Städten als abhängige Variable und der Ausländeranteil als unabhängige Variable. In der Längsschnittanalyse wird der Zusammenhang zwischen der Veränderung im Ausländeranteil und AfD-Wahlergebnissen zwischen 2013 und 2019 betrachtet. Ein Fixed-Effects-Modell dient hier als Methode. Diese Modelle konzentrieren sich nur auf die Veränderung über den Zeitverlauf innerhalb eines Landkreises oder einer kreisfreien Stadt. Faktoren, die zwischen Regionen variieren, spielen keine Rolle mehr.[14] Damit kann untersucht werden, ob in Landkreisen und kreisfreien Städten, in denen der Ausländeranteil stärker gestiegen ist, auch der Stimmenanteil der AfD größer wurde.

Um den Zusammenhang zwischen Ausländeranteilen und AfD-Wahlergebnis besser einordnen zu können, wird zudem getestet, ob dieser regional zwischen Ost- und Westdeutschland variiert. Ferner wird überprüft, ob dieser Zusammenhang von wirtschaftlichen Faktoren abhängt. Dazu wird die Arbeitslosenquote herangezogen, um zu zeigen, ob und wie der Einfluss des Ausländeranteils moderiert wird – ob sich also ein höherer Ausländeranteil in Kreisen mit hoher Arbeitslosenquote anders auf das Wahlergebnis der AfD auswirkt, als in Kreisen mit niedriger Arbeitslosenquote. Dazu werden jeweils eine Interaktionsvariable zwischen dem Ausländeranteil und der binären Variable für Ostdeutschland bzw. der kontinuierlichen Variable für die Arbeitslosenquote in die Modelle eingeführt.

---

[13] Die second-order oder Nebenwahltheorie besagt, dass WählerInnen sub- und supranationale Wahlen, also Landtags- und Europawahlen, als weniger wichtig einstufen als nationalen Wahlen, weswegen sie ihr Wahlverhalten ändern. Demnach werden häufiger Oppositions- und Protestparteien gewählt, um die nationale Regierung abzustrafen.

[14] So spielt es beispielsweise keine Rolle mehr, ob ein Landkreis ländlich oder urban geprägt ist oder in welchem Bundesland er sich befindet. Einzig Faktoren, die sich über den betrachteten Zeitraum verändern, finden Einzug in das Modell (vgl. Ziller 2020).

3.3 Ergebnisse

In Tab. 1 zeigt Modell 1 die Ergebnisse der Querschnittsanalyse des Zusammenhangs zwischen dem Ausländeranteil und dem Wahlergebnis der AfD in der Bundestagswahl 2017. Der statistisch signifikante und negative Koeffizient zeigt:

Tab. 1 AfD-Wahlergebnis in der Bundestagswahl 2017 in Abhängigkeit von Ausländeranteilen unter Kontrolle sozioökonomischer und demografischer Faktoren

	Modell 1	Modell 2	Modell 3
Ausländeranteil	-0,15*	-0,13*	-0,43**
	(0,06)	(0,06)	(0,09)
AusländeranteilXOsten		-0,67	
		(0,41)	
AusländeranteilXArbeitslosenquote			0,05**
			(0,01)
Osten	11,73**	13,78**	12,33**
	(0,57)	(1,33)	(0,61)
Arbeitslosenquote	0,17	0,17	-0,18
	(0,10)	(0,10)	(0,15)
Wahlbeteiligung	-0,01	0,02	-0,02
	(0,06)	(0,06)	(0,06)
Bevölkerungsdichte	-0,00	-0,00	-0,00*
	(0,00)	(0,00)	(0,00)
Wahlergebnisse Republikaner 1994	2,36**	2,32**	2,32**
	(0,14)	(0,14)	(0,14)
Kreisfreie Stadt	0,12	0,66	0,16
	(0,46)	(0,42)	(0,46)
Constant	7,39*	5,07*	9,61*
	(5,22)	(5,39)	(5,25)
n (Landkreise)	393	393	393
R^2	0,80	0,81	0,81

Anmerkungen: $^{**}p<0{,}01$; $^{*}p<0{,}05$
Ergebnisse aus linearen OLS Regressionen; Robuste Standardfehler in Klammern
Quelle: Eigene Berechnung

Je höher der Ausländeranteil ist, desto niedriger ist das AfD-Wahlergebnis innerhalb eines Landkreises oder einer kreisfreien Stadt. Ein um zehn Prozentpunkte höherer Ausländeranteil ist mit einem um durchschnittlich 1,5 Prozentpunkte niedrigerem Wahlergebnis der AfD assoziiert.

Wenn der Zusammenhang zwischen Ausländeranteil und Wahlergebnis der AfD nun differenziert nach Ost- und Westdeutschland betrachtet wird, ergibt sich ein etwas anderes Bild: Während in Westdeutschland der negative Zusammenhang bestehen bleibt, ist dieser in Ostdeutschland zwar deutlich stärker negativ, jedoch statistisch insignifikant auf dem 5 % Level (vgl. Tab. 1, Modell 2). Höhere Anteile an AusländerInnen führen also nur in Westdeutschland zu niedrigeren Wahlergebnissen der AfD (vgl. Abb. 3).

Bei der Betrachtung des Zusammenspiels von Ausländeranteil und Arbeitslosenquote zeigt sich, dass der Einfluss des Ausländeranteils durch die Arbeitslosenquote moderiert wird: Je höher die Arbeitslosenquote, desto schwächer ist der Einfluss des Ausländeranteils auf das AfD Wahlergebnis. In Kreisen mit sehr hoher Arbeitslosigkeit profitiert die AfD sogar von einem höheren Ausländeranteil (vgl. Abb. 4).

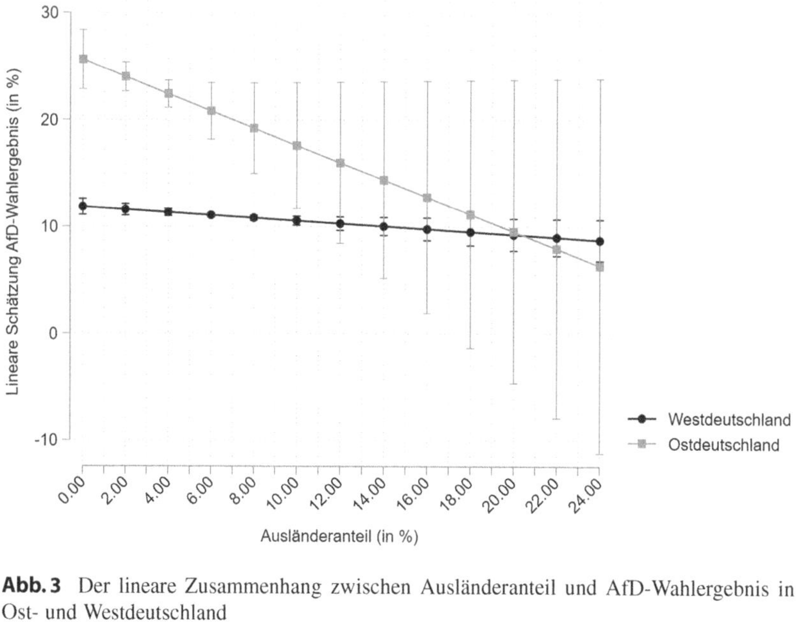

Abb. 3 Der lineare Zusammenhang zwischen Ausländeranteil und AfD-Wahlergebnis in Ost- und Westdeutschland

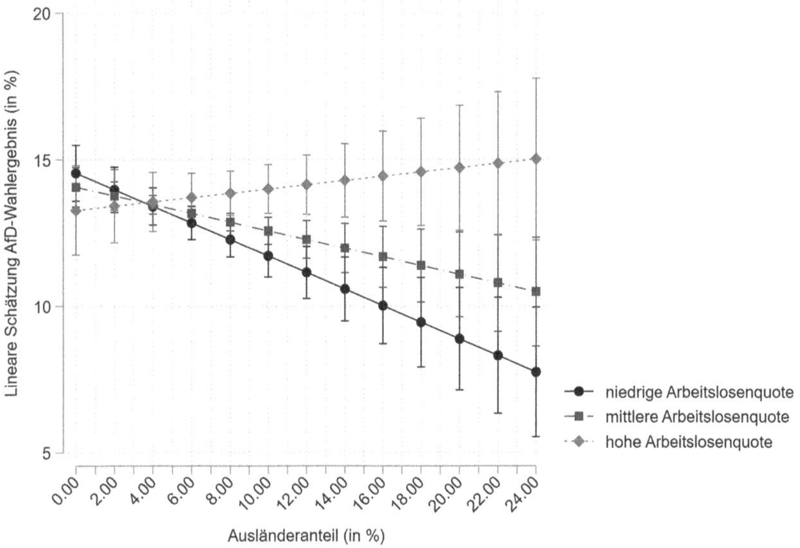

Abb. 4 Der lineare Zusammenhang zwischen Ausländeranteil und AfD-Wahlergebnis, in Abhängigkeit von der Arbeitslosenquote

Die Betrachtung der Kontrollvariablen zeigt zusätzlich einen positiven und signifikanten Einfluss der Wahlergebnisse der Republikaner bei der Bundestagswahl 1994 auf AfD-Wahlergebnisse, sowie der binären Variable für Landkreise und kreisfreie Städte, die in Ostdeutschland liegen. Je höher also das Ergebnis der Republikaner 1994 war, desto höher ist das Wahlergebnis der AfD bei der Bundestagswahl 2017. Ostdeutsche Landkreise und kreisfreie Städte weisen ein höheres Wahlergebnis der AfD auf als ihre Pendants im Westen. Arbeitslosenquote, Bevölkerungsdichte, Wahlbeteiligung sowie die Unterscheidung zwischen Landkreisen und kreisfreien Städten haben keinen Einfluss auf das Wahlergebnis der AfD.

Tab. 2 gibt die Ergebnisse des zweiten Teils der Analyse wieder, welche die Veränderung des Ausländeranteils und des AfD-Wahlergebnisses über die Zeit vergleicht. Ein Anstieg des Ausländeranteils um einen Prozentpunkt innerhalb eines Landkreises im betrachteten Zeitraum ist mit durchschnittlich einem Prozentpunkt Anstieg im AfD-Wahlergebnis korreliert. Das bedeutet, dass ein starker Zuzug - wie er im Rahmen der „Flüchtlingskrise“ erfolgte - den Zuwachs der AfD begünstigte.

Tab. 2 AfD-Wahlergebnisse in Abhängigkeit von Ausländeranteilen, sozioökonomischen und soziodemografischen Faktoren im Zeitverlauf, von 2013 bis 2019

	Modell 1	Modell 2	Modell 3
Ausländeranteil	1,00**	0,89**	-0,57**
	(0,15)	(0,14)	(0,16)
AusländeranteilXOsten		2,67**	
		(0,52)	
AusländeranteilXArbeitslosenquote			0,28**
			(0,02)
Arbeitslosenquote	-3,05**	-2,02**	-3,28**
	(0,21)	(0,28)	(0,12)
Wahlbeteiligung	-0,01	0,02	0,06**
	(0,02)	(0,02)	(0,02)
Wahltyp (ref, Landtagswahl)			
Bundestagswahl	-1,11**	-1,55**	-1,80**
	(0,29)	(0,29)	(0,26)
Europawahl	-2,31**	-1,91**	-1,30**
	(0,21)	(0,21)	(0,28)
Constant	24,45**	16,07**	21,17**
	(1,88)	(2,51)	(1,50)
n (Landkreis-Wahljahre)	2.042	2.042	2.042
R^2	0,55	0,58	0,58
N (Landkreise)	393	393	393
T (Wahljahre) max	6	6	6

Anmerkungen: **p<0,01; *p<0,05
Ergebnisse einer Fixed-Effects linearen OLS Regression; Robuste Standardfehler in Klammern
Referenzkategorie bei Wahltyp: Landtagswahlen
Quelle: Eigene Berechnung

Modell 2 bildet die Spezifizierung des Zusammenhangs zwischen Ost- und Westdeutschland ab. Hier zeigt sich, dass ein Anstieg des Ausländeranteils um einen Prozentpunkt in Westdeutschland einen durchschnittlichen Anstieg um 0,89 Prozentpunkte des Wahlergebnisses der AfD nach sich zieht. In Ostdeutschland ist dieser Zusammenhang dreimal so stark: Eine Veränderung um einen Prozentpunkt im Ausländeranteil bedingt einen durchschnittlichen Anstieg um 2,67 Prozentpunkte im AfD-Wahlergebnis.

In Modell 3 wird untersucht, ob sich der positive Zusammenhang zwischen dem Anstieg im Ausländeranteil und dem AfD-Wahlergebnis verstärkt, wenn die Arbeitslosigkeit hoch ist. Der Koeffizient der Interaktion zwischen Ausländeranteil und Arbeitslosenquote ist positiv und statistisch signifikant. Das bedeutet, dass ein Anstieg des Ausländeranteils sich dort besonders stark positiv auf das Wahlergebnis der AfD auswirkt, wo eine erhöhte Arbeitslosigkeit auftritt.

Zusammenfassend lässt sich sagen, dass der statische Ausländeranteil das Wahlergebnis der AfD bei der Bundestagswahl 2017 verminderte. Dies gilt jedoch nur in Westdeutschland. In Ostdeutschland ist der Zusammenhang statistisch nicht signifikant. Weiterhin zeigt sich, dass sich der Zusammenhang mit steigender Arbeitslosigkeit erst abschwächt und schließlich sogar umkehrt, bis schließlich in kreisfreien Städten und Landkreisen mit sehr hoher Arbeitslosigkeit ein hoher Ausländeranteil mit einem wachsenden Stimmenanteil der AfD einhergeht.

Die Untersuchung der zeitlichen Veränderung innerhalb der Landkreise und kreisfreien Städte ergibt, dass ein starker Anstieg im Ausländeranteil – wie er im Rahmen der sogenannten Flüchtlingskrise stattfand – die Ergebnisse der AfD begünstigt. Es besteht ein direkter Zusammenhang zwischen dem Anstieg des Ausländeranteils und den Wahlergebnissen der AfD. Bei differenzierter Betrachtung wird deutlich, dass die AfD in Landkreisen und kreisfreien Städten in Ostdeutschland deutlich mehr von einem starken Anstieg des Anteils an AusländerInnen profitiert, als in Westdeutschland. Bei Hinzuziehen der Arbeitslosenquote zeigt sich ferner, dass Anstiege in der Arbeitslosenquote und Anstiege im Ausländeranteil die AfD besonders begünstigen. Das heißt: Dort, wo die Wirtschaft schwächelt und gleichzeitig viele Menschen von außerhalb Europas hinziehen, ist die AfD besonders stark.

4 Salienz von Migration oder tatsächlicher Ausländeranteil?

Im vorangehenden Abschnitt wurde gezeigt, dass der statische Ausländeranteil negativ mit dem Wahlergebnis der AfD korreliert. Zugleich haben wir deutlich gemacht, dass sich der Anstieg in den Ausländeranteilen innerhalb eines kurzen Zeitraums positiv auf die AfD-Ergebnisse auswirkt. Diesen Beziehungen können verschiedene Mechanismen zugrunde liegen. Es ist wahrscheinlich, dass es in einer Region mit höherem Ausländeranteil längerfristig zu mehr Interaktion zwischen den verschiedenen Gruppen kommt, was nach der Kontakthypothese zu einem niedrigeren Wahlergebnis rechtspopulistischer Parteien führt. Dafür spricht auch das statistisch insignifikante Ergebnis für Ostdeutschland. Im Vergleich zu den westdeutschen Landkreisen und kreisfreien Städten lebten dort deutlich weniger AusländerInnen aus EU-Drittstaaten, was zu eingeschränkteren Kontaktmöglichkeiten führt. Nur dort, wo besonders hohe Arbeitslosigkeit herrscht, führt ein höherer Anteil an AusländerInnen zu einem Erstarken der AfD. Das deutet darauf hin, dass in strukturschwachen Gegenden AusländerInnen stärker als Bedrohung wahrgenommen werden und ein Abbau von Ressentiments weniger wahrscheinlich ist.

Der deutliche Einfluss des schnellen Anstiegs der Ausländeranteile auf das Wahlergebnis der AfD könnte unterschiedliche Ursachen haben. Zum einen die Mikrobedrohungsperspektive, wonach die erhöhte Sichtbarkeit von Menschen anderer Herkunft im alltäglichen Leben als Bedrohung wahrgenommen wird. Daneben steht die Makrobedrohungsperspektive, welche davon ausgeht, dass die erhöhte Salienz von Migration zu einem erhöhten Bedrohungsgefühl führt. Dies betrifft auch Menschen, die nicht unbedingt einen direkten Kontakt zu AusländerInnen haben (vgl. Kaufmann und Goodwin 2018; Weber 2019).

Insgesamt verstärken sich beide Mechanismen wahrscheinlich gegenseitig: Bei schnell ansteigenden Migrationsraten erhöhen sich sowohl die Salienz des Themas Migration als auch die Bedrohungsgefühle. So findet zum Beispiel mehr mediale Berichterstattung über Migration in Zeiten hoher Zuwanderungsraten statt, was wiederum die Bedeutung des Themas für Individuen erhöht, die sensibel auf Veränderungen ihrer sozialen Umgebung reagieren (vgl. Czymara und Dochow 2018). Diese Faktoren kommen vor allem in wirtschaftlich schwächeren Gegenden zum Tragen. Dort ist die wahrgenommene Bedrohung durch den Zuzug von Menschen aus Drittstaaten wahrscheinlich ausgeprägter.

Einen monokausalen Zusammenhang zwischen dem rapiden Zuzug von Geflüchteten und MigrantInnen mit rechtspopulistischen Erfolgen gibt es sicherlich nicht. Sogar in Ländern mit geringer Zuwanderung können Rechtspopulisten von der steigenden Salienz des Themas Migration profitieren. In diesen Ländern, aber auch in traditionellen Einwanderungsgesellschaften, ist die hohe Salienz des Themas Migration nach wie vor eine zentrale Voraussetzung für die Mobilisierung einer rechtspopulistischen Wählerschaft (vgl. MIDEM 2018).

Welche Folgerungen ergeben sich aus diesen Ergebnissen für den Umgang mit rechtspopulistischen Parteien? Zum einen, dass es sich für etablierte Parteien selten auszahlt, den Wahlkampf rund um migrationspolitische Themen zu gestalten. Wo Migration den politischen Diskurs beherrschte, hatten es rechte Parteien zumeist leichter, Erfolge einzufahren. Zum anderen unterstreicht dieser Beitrag die Bedeutung des Migrationsmanagements bei der Bekämpfung des Rechtspopulismus und der oftmals damit verbundenen Migrationsskepsis. Um Ängste und Vorurteile im Hinblick auf Migration abzubauen, bedarf es einer klugen Migrationssteuerung, die den Kontakt mit Personen unterschiedlicher Herkunft zwar fördert, ohne jedoch ausländerfeindliche Abwehrreaktionen zu erzeugen. Ob sich diese Abwehrreaktionen insbesondere gegen bestimmte Gruppen von Geflüchteten richten, müsste näher untersucht werden (vgl. Moriconi et al. 2018). Weitergehende Forschung sollte dementsprechend den Einfluss spezifischer ethnischer, kultureller oder schichtenbezogener Feindbilder bei der Ablehnung von Migration genauer untersuchen.

Literatur

Amann, Melanie, Maik Baumgärtner, Markus Feldenkirchen, Martin Knobbe, Ann-Katrin Müller, Alexander Neubacher, und Jörg Schindler. 2015: Aufstand der Ängstlichen. *Der Spiegel* 51/2015: 19 - 27.

Allport, Gordon W. 1954. *The Nature of Prejudice*. Cambridge, Mass.: Addison-Wesley.

Arzheimer, Kai. 2018. Explaining electoral support for the radical right. In *The Oxford Handbook of the Radical Right*, ed. by Jens Rydgren, 143 - 165. Oxford (UK): Oxford University Press.

Barone, Guglielmo, Allesio D'Ignazio; Guido de Blasio, und Paolo Naticchioni. 2016. Mr. Rossi, Mr. Hu and politics. The role of immigration in shaping natives' voting behavior. *Journal of Public Economics* 136: 1 - 13.

Der Bundeswahlleiter. 2020. *Ergebnisse der Bundestagswahl nach kreisfreien Städten und Landkreisen*. Wiesbaden. https://www.bundeswahlleiter.de/bundestagswahlen/2017/ergebnisse/weitere-ergebnisse.html (Zugriff: 8.09.2020).

Cantoni, Davide, Felix Hagemeister, und Mark Westcott. 2019. *Persistence and Activation of Right-Wing Political Ideology* (Rationality & Competition CRC TRR 190: Discussion paper No. 143). München.

Czymara, Christian, und Stephen Dochow. 2018. Mass Media and Concerns about Immigration in Germany in the 21st Century: Individual-Level Evidence over 15 Years. *European Sociological Review* 34 (4): 381 - 401.

de Blok, Lisanne, und Tom van der Meer. 2018. The puzzling effect of residential neighbourhoods on the vote for the radical right. An individual-level panel study on the mechanisms behind neighbourhood effects on voting for the Dutch Freedom Party, 2010 - 2013. *Electoral Studies* 53: 122 - 132.

Dennison, James. 2019. How Issues Salience Explains the Rise of the Populist Right in Western Europe. *International Journal of Public Opinion Research* 32 (3): 397 - 420.

Dennison, James, und, & Andrew Geddes. 2019. A rising tide? The salience of immigration and the rise of anti-immigration political parties in Western Europe. *Political Quarterly* 90(1): 107 - 116.

Dinas, Elias, Konstantinos Matakos, Dimitrios Xefteris, und Dominik Hangartner. 2019. Waking Up the Golden Dawn: Does Exposure to the Refugee Crisis Increase Support for Extreme-Right Parties? *Political Analysis* 27 (2): 244 - 254.

Dustman, Christian, Kristine Vasiljewa, und Anna Piil Damm. 2019. Refugee Migration and Electoral Outcomes. *Review of Economic Studies* 86 (5): 2035 - 2091.

Europäische Kommission. 2020. *Eurobarometer Interactive*; verfügbar unter: https://ec.europa.eu/commfrontoffice/publicopinion/index.cfm/Chart/index (Zugriff: 20.09.2020).

Goerres, Achim, Dennis Spies, und Steffan Kumlin. 2018. The Electoral Supporter Base of the Alternative for Germany. *Swiss Political Science Review* 24 (3): 246 - 269.

Halla, Martin, Alexander Wagner, und Josef Zweimüller. 2017. Immigration and Voting for the Far Right. *Journal of the European Economic Association* 15 (6): 1341 - 1385.

Haller, Michael. 2017. *Die „Flüchtlingskrise" in den Medien. Tagesaktueller Journalismus zwischen Meinung und Information* (Otto Brenner Stiftung: Arbeitsheft 93). Frankfurt a. M.

Hangartner, Dominik, Elias Dinas, Moritz Marbach, Konstantinos Matakos, und Dimitrios Xefteris. 2019. Does Exposure to the Refugee Crisis Make Natives More Hostile? *American Political Science Review* 113 (2, May 2019): 442 - 455.

Hoxhaj, Rezart, und Carolina Zuccotti. 2020. The complex relationship between immigrants' concentration, socioeconomic environment and attitudes towards immigrants in Europe. *Ethnical and Racial Studies* 44 (2): 272 - 292.

Immerzeel, Tim, und Mark Pickup. 2015. Populist Radical Right Parties Mobilizing 'the People'? The Role of Populist Radical Right Success in Voter Turnout. *Electoral Studies* 40 (4): 347 - 360.

Jeannete, Anne-Marie. 2020. A threat from within? Perceptions of immigration in an enlarging European Union. *Acta Sociologica* 3 (4): 343 - 360.

Judis, John B., und Ruy Teixeira. 2002. *The Emerging Democratic Majority.* New York: Scribner.

Kaufmann, Eric. 2017: Levels or Changes?: Ethnic Context, Immigration and the UK Independence Party Vote. *Electoral Studies* 48: 57 - 69.

Kaufmann, Eric, und Matthew Goodwin. 2018. The diversity Wave: A meta-analysis of the native-born white response to ethnic diversity. *Social Science Research* 76: 120 - 131.

Kozłowska, Marta. 2019. *The General Elections in Poland 2019* (Mercator Forum Migration und Demokratie/MIDEM: MIDEM Report 2019-6). Technische Universität Dresden.

Krosnick, Jon A. 1990. Government policy and citizen passion: A study of issue publics in contemporary America. *Political Behavior* 12 (1): 59 - 92.

Kustov, Alexander, Dillon Laaker, und Cassidy Reller. 2019. *The stability of immigration attitudes: Evidence and implications.* SSRN: https://ssrn.com/abstract=332212.

Litta, Henriette, und Alex Wittlif. 2018. *Parteipräferenzen von Zuwanderinnen und Zuwanderern: Abschied von alten Mustern* (Sachverständigenrat deutscher Stiftungen für Integration und Migration [SVR]: Kurzinformation des SVR-Forschungsbereichs 2018-2). Berlin. https://www.svr-migration.de/publikationen/parteipraeferenzen2018/ (Zugriff: 2.08.2020).

Manow, Philip. 2018. *Die Politische Ökonomie des Populismus.* Berlin: Suhrkamp Verlag.

McCombs, Maxwell. E., und Donald L. Shaw. 1972. The agenda-setting function of mass media. *Public Opinion Quarterly* 36 (2): 176 - 187.

MIDEM. 2018. *Migration und Populismus. MIDEM Jahresbericht 2018* (Mercator Forum Migration und Demokratie/MIDEM). Technische Universität Dresden.

Moriconi, Simone, Giovanni Peri, und Riccardo Turati. 2018. *Skill of the Immigrants and Vote of the Natives: Immigration and Nationalism in European Elections 2007 - 2016* (National Bureau of Economic Research: NBER Working Paper 25077). Cambridge, Mass.

Mudde, Cas 2007: *Populist Radical Right Parties in Europe.* Cambridge (UK): Cambridge University Press.

Otto, Alkis Henri, und Max Friedrich Steinhardt. 2014. Immigration and election outcome - Evidence from city districts in Hamburg. *Regional Science and Urban Economics* 45: 67 - 79.

Patana, Pauliina. 2018. Changes in local context and electoral support for the populist radical right: Evidence from Finland. *Party Politics* 26 (6): 718 - 729.

Pettigrew, Thomas. 1998. Intergroup Contact Theory. *Annual Review of Psychology* 49: 65 - 85.

Pew Research Center. 2016. *Europeans Fear Wave of Refugees Will Mean More Terrorism, Fewer Jobs.* https://www.pewresearch.org/global/wp-content/uploads/sites/2/2016/07/Pew-Research-Center-EU-Refugees-and-National-Identity-Report-FINAL-July-11-2016.pdf (Zugriff: 21.09.2020).

Putnam, Robert. 2007. E Pluribus Unum: Diversity and Community in the Twenty-first Century. The 2006 Johan Skytte Prize Lecture. *Scandinavian Political Studies* 30 (2): 137 - 174.

Quillian, Lincoln. 1995. Prejudice as a Response to Perceived Group Threat: Population Composition and Anti-Immigrant and Racial Prejudice in Europe. *American Sociological Review* 60 (4): 586 - 611.

Reif, Karlheinz und Hermann Schmitt. 1980. Nine second-order national elections – A conceptual framework for the analysis of European Election results. *European Journal of Political Research* 8 (1): 3 - 44.

Savelkoul, Michael; Joran Laméris, und Jochem Tolsma. 2017. Neighbourhood Ethnic Composition and Voting for the Radical Right in The Netherlands. The Role of Perceived Neighbourhood Threat and Interethnic Neighbourhood Contact. *European Sociological Review* 33 (2): 209 - 224.

Schaub, Max, Johanna Gereke, und Delia Baldassarri. 2020. Strangers in Hostile Lands: Exposure to Refugees and Right-Wing Support in Germany's Eastern Regions. *Comparative Political Studies* (online first): 1 - 32.

Statistisches Bundesamt. 2020. *GENESIS-Online Datenbank.* https://www-genesis.destatis.de/genesis/online (Zugriff: 8.09.2020).

Stecker, Christian, und Marc Debus. 2019. Refugees Welcome? Zum Einfluss der Flüchtlingsunterbringung auf den Wahlerfolg der AfD bei der Bundestagswahl 2017 in Bayern. *Politische Vierteljahresschrift* 60: 299 - 323.

Steinmayr, Andreas. 2020 (online first). Contact versus Exposure: Refugee Presence and Voting for the Far-Right. *Review of Economics and Statistics*: 1 - 47. https://dx.doi.org/10.1162/rest_a_00922.

Stockemer, Daniel. 2017. The success of radical right-wing parties in Western European regions – new challenging findings. *Journal of Contemporary European Studies* 25 (1): 41 - 56.

Taggart, Paul, und Aleks Szczerbiak. 2018. Putting Brexit into perspective: the effect of the Eurozone and migration crises and Brexit on Euroscepticism in European states. *Journal of European Public Policy* 25 (8): 1194 - 1214.

Taylor, Shelley E., und Susan T. Fiske. 1978. Salience, attention, and attribution: Top of the head phenomena. In *Advances in Experimental Social Psychology. Vol. 11*, ed. by Leonard Berkovitz, 249 - 288. New York: Academic Press.

van Wijk, Daniël, Gideon Bolt, und Jochem Tolsma. 2020. Where does ethnic concentration matter for populist radical right support? An analysis of geographical scale and the halo effect. *Political Geography* 77: 1 - 15.

Vertier, Paul, und Max Viskanic. 2019. *Dismantling the 'Jungle': Migrant Relocation and Extreme Voting in France* (Sciences Po publications 110: 1 - 40). Paris.

Weber, Hannes. 2019: Attitudes Towards Minorities in Times of High Immigration: A Panel Study among Young Adults in Germany. *European Sociological Review* 35 (2): 239 - 257.

Weber, Hannes. 2015. National and regional proportion of immigrants and perceived threat of immigration: A three-level analysis in Western Europe. *International Journal of Comparative Sociology* 56 (2): 116 - 140.

Weisskircher, Manès. 2020. The Strength of Far-Right AfD in Eastern Germany: The East-West Divide and the Multiple Causes behind 'Populism'. *Political Quarterly* 91 (3): 614 - 622.

Wlezien, Christopher. 2005. On the salience of political issues: The problem with 'most important problem'. *Electoral Studies* 24 (4): 555 - 579.

Zicht, Wilko, und Matthias Cantow. *Sonntagsfrage Bundestagswahlen*. http://www.wahlrecht.de/umfragen/index.htm (Zugriff: 20.09.2020).

Ziller, Conrad. 2020. Multiple Regression mit voneinander abhängigen Beobachtungen: Random-Effects und Fixed-Effects. In *Handbuch Methoden der Politikwissenschaft*, hrsg. von Claudius Wagemann, Achim Goerres und Marcus B. Siewert, 467 - 493. Wiesbaden: Springer VS.

Die Auswirkungen von Migration und Integration auf das Wahlverhalten in Deutschland

Steffen Kühnel und Jürgen Leibold

Zusammenfassung

Hat die Einstellung zu Migration und Integration einen Effekt auf die Wahlabsicht und wenn ja, war dieser nur eine kurzfristige Reaktion auf den starken Migrationsanstieg von Flüchtlingen 2015/2016? Zur Beantwortung dieser Frage wird mit Befragungsdaten aus dem Allbus 2016 und 2018 untersucht, ob die WählerInnen der im Bundestag vertretenen Parteien unterschiedliche Bewertungen zu den Risiken und Chancen von Flüchtlingsmigration in die Bundesrepublik haben. Dabei zeigt sich, dass WählerInnen der rechtspopulistischen AfD 2016 eine deutlich negativere Sicht auf Chancen und Risiken von Flüchtlingen haben als WählerInnen der anderen Parteien – und dass diese Tendenz zwischen 2016 und 2018 sogar zugenommen hat. Das gilt auch, wenn weitere Determinanten der Wahlabsicht – wie die Selbstpositionierung auf der politischen Links-Rechts-Dimension und politikerkritische Haltungen – berücksichtigt werden. Der Zusammenhang zwischen Migration und Integration mit Wahlverhalten war vermutlich nicht nur eine kurzfristige Episode.

S. Kühnel (✉) · J. Leibold
Methodenzentrum Sozialwissenschaften, Universität Göttingen, Göttingen, Deutschland
e-mail: steffen.kuehnel@sowi.uni-goettingen.de

J. Leibold
e-mail: juergen.leibold@sowi.uni-goettingen.de

H. U. Brinkmann und K.-H. Reuband (Hrsg.), *Rechtspopulismus in Deutschland*,
https://doi.org/10.1007/978-3-658-33787-2_15

1 Migration und Rechtspopulismus

Wenngleich in der Bundesrepublik lange die Vorstellung vorherrschte, dass Deutschland kein Einwanderungsland sei, war diese Vorstellung von Beginn der Bundesrepublik an empirisch unzutreffend.[1] Bereits mit dem Ende des Zweiten Weltkrieges gab es eine große Migrationswelle in das Gebiet des heutigen Deutschlands. Allerdings waren dies zunächst primär Flüchtlinge und Vertriebene aus den ehemaligen deutschen Ostgebieten bzw. aus von Deutschland im Zweiten Weltkrieg besetzten Gebieten mit deutschstämmigen Bevölkerungsgruppen; sie wurden von der hiesigen autochthonen Bevölkerung zwar nicht unbedingt willkommen geheißen, aber ihre Zuwanderung wurde nicht generell infrage gestellt.

In der alten Bundesrepublik folgte ab Mitte der 1950er Jahren die Anwerbung von zunächst vorwiegend männlichen Arbeitskräften aus Südeuropa und der Türkei, die den Arbeitskräftemangel in der Industrie lindern sollten (vgl. Sonnenberger 2003). Die damals übliche Bezeichnung „Gastarbeiter" weist darauf hin, dass vonseiten der Deutschen davon ausgegangen wurde, dass diese nach Erfüllung ihrer Arbeitskontrakte in ihre Herkunftsstaaten zurückkehren würden. Tatsächlich blieb wie schon bei früheren Arbeitsmigrationen (etwa von Personen polnischer Herkunft in das damals preußische Ruhrgebiet) ein nicht unerheblicher Teil der Zuwanderer dauerhaft in Deutschland (vgl. Bade 1984). Die grundgesetzlich geschützte Ehe und Familie (GG Artikel 6) ermöglichte bald Familienangehörigen dieser ehemaligen Gastarbeiter die Migration in die Bundesrepublik. Der Arbeitskräftemangel – in jüngster Zeit etwa im Bereich der Informatik und zuletzt der Pflegeberufe – führte und führt weiterhin zu Anwerbebemühungen von ArbeitnehmerInnen aus dem Ausland.

Im Rahmen der EU haben zudem Personen aus EU-Mitgliedsstaaten innerhalb der gesamten EU ein generelles Niederlassungsrecht einschließlich eines eingeschränkten politischen Wahlrechts, soweit sie hier eine Beschäftigung finden, ein Unternehmen betreiben oder eine Ausbildung bzw. ein Studium absolvieren oder ihren Unterhalt selbst finanzieren. Darüber hinaus können politisch verfolgte Personen in der Bundesrepublik einen Aufnahmeantrag stellen (GG Art. 16a, Absatz 1). So wurden etwa am Ende des Vietnamkrieges gerettete Bootsflüchtlinge aus Vietnam aufgenommen. Das grundgesetzliche Asylrecht wurde im Laufe der Zeit allerdings mehrfach geändert (GG Art. 16a, Absatz 2 bis 5).

---

[1] Neben der Immigration nach Deutschland gab es auch stets Migration aus Deutschland. So stammen etwa die Vorfahren der US-Präsidenten Eisenhower und Trump aus Deutschland.

Migration gab es auch in die DDR. Arbeitsmigration und Migration zu Bildungszwecken war wie in der frühen Bundesrepublik zeitlich befristet. Zudem versuchte der DDR-Staat ArbeitsmigrantInnen etwa aus afrikanischen Staaten und Vietnam von der DDR-Bevölkerung zu separieren. Die unterschiedliche Migrationspolitik in den beiden Staaten führt bis heute dazu, dass der Anteil der Personen mit Migrationshintergrund bzw. ohne deutsche Staatsangehörigkeit in den neuen Bundesländern bis heute deutlich geringer ist als in den alten Bundesländern. In der ALLBUS-Umfrage 2016 gibt es dazu eine Variable, die den Ausländeranteil in dem Kreis benennt, in dem die jeweils befragte Person wohnt. Die Prozentangaben sind in zwölf Kategorien zusammengefasst, um eine De-Anonymisierung der Befragten zu verhindern. Berechnet man auf der Basis dieser Daten die linear interpolierten mittleren Werte (Mediane) der Ausländeranteile für Osten und Westen getrennt, ergibt sich für die alte Bundesrepublik ein Median von 8,62 %, während der Median für die neuen Länder einschließlich Ostberlins mit nur 1,97 % weniger als ein Viertel des Wertes im Westen beträgt. Während also 50 % der Befragten aus dem Gebiet der alten Bundesrepublik 2016 in Kreisen lebten, in denen der Ausländeranteil 8 bis 9 % oder noch höher lag, wohnten 2016 50 % der ALLBUS-Befragten aus dem Gebiet der ehemaligen DDR in Kreisen mit einem Ausländeranteil von maximal 2 %. Nicht berücksichtigt sind in diesen Zahlen deutsche Staatsangehörige mit Migrationshintergrund.

Auch bezogen auf das Wahlverhalten spielte Migration und Integration schon zu Beginn der Bundesrepublik eine Rolle. Waren es anfangs Interessen der Flüchtlinge und Aussiedler, die etwa der „Bund der Heimatvertriebenen und Entrechteten" (BHE) aufgriff, aber auch eine klar rechte Parteien wie die Deutsche Reichspartei (DRP), versuchten in späteren Jahren primär Parteien am rechten Rand wie die Nationaldemokratische Partei Deutschlands (NPD), die Deutsche Volksunion (DVU) und die Republikaner das Thema Migration für sich zu nutzen, indem sie vor einer „Überfremdung" der Bundesrepublik als Folge von Migration warnten (vgl. Stöss 2000). Erfolgreich ist heute hier vor allem die AfD, die sich im Laufe ihres Bestehens zu einer rechtspopulistischen Partei entwickelt hat, wenngleich die meisten ihrer Vertreter ihre Partei gerne als konservative Partei der bürgerlichen Mitte bezeichnen (vgl. Funke und Mudra 2018).

Rechtspopulismus ist nach unserem Verständnis dadurch gekennzeichnet, dass behauptet wird, der Staat werde durch eine Elite beherrscht, die aus Sicht der RechtspopulistInnen – im Unterschied zu ihnen selbst – nicht die „wahren" Interessen des Volkes vertrete. Das Volk wird dabei als eine weitgehend homogene, jedenfalls nicht allzu diverse Gruppe mit entsprechend weitgehend gemeinsamen Interessen, Zielen und Werten gedacht. Ein weiteres generelles Kennzeichen von Populismus ist die Neigung, die Existenz einfacher Lösungen für komplexe gesellschaftliche Probleme zu behaupten, sowie die Benennung von „Schuldigen" für ein Problem. Neben der „Elite" sind es für RechtspopulistInnen die in Deutschland lebenden Personen ohne deutsche Staatsbürgerschaft sowie Deutsche mit Migrationshintergrund, die hier verantwortlich gemacht werden (vgl. Stöss 2000).

Eine klare Unterscheidung von Rechtspopulismus und Rechtsextremismus erscheint uns schwierig, da der Übergang eher fließend ist. In rechtsextremen Vorstellungen wird die Homogenität bzw. Besonderheit eines Volkes mit der Behauptung einer gemeinsamen Abstammung (genetisch-biologische Herkunft) und/oder einer spezifischen und durch gemeinsame Vergangenheit bestimmten Kultur begründet. Dies sind einmal klassisch rassistische Vorstellungen, die die Überlegenheit bestimmter Völker und vor allem die Unterlegenheit anderer Völker behaupten sowie biologistisch legitimieren; ferner können kulturchauvinistische Vorstellungen biologistisch begründet werden, wenn sie unterstellen, dass die Prägung auf die jeweilige Kultur in Kindheit und Jugend später unveränderliche (positive bzw. negative) Eigenschaften hervorrufe, die so etwa deutsche von nicht deutschen Menschen unterscheide (vgl. Stöss 2000, S. 25 - 29). Statt Gewaltenteilung einschließlich der Pressefreiheit sowie einer parlamentarischen Demokratie, werden in rechtsextremistischen Vorstellungen hierarchische Führungsstrukturen und Gefolgschaft als natürliche Ordnung propagiert.

Die Forderung nach für alle geltenden und universellen Menschenrechten wird negiert. Rechtsstaatlichkeit bezieht sich – soweit sie überhaupt akzeptiert wird – auf rein formale Regeln und Gesetze, die unbedingt einzuhalten sind. Bei einer solchen Sicht kann dann sogar der Unrechtsstaat des Nationalsozialismus als Rechtstaat missdeutet werden. Nicht zuletzt in bewusster Abgrenzung zu rechtsextremistischen, ursprünglich nationalsozialistischen Vorstellungen proklamiert das Grundgesetz demgegenüber universell geltende Menschenrechte, die zwar untereinander in Konkurrenz treten können, deren Wesensgehalt aber nicht (dauerhaft) eingeschränkt werden darf, und die selbst durch Grundgesetzänderungen nicht außer Kraft gesetzt werden können (GG Art. 79, Absatz 3). Wer diese Auffassung nicht teilt, steht somit klar außerhalb des Grundgesetzes.

2 Fragestellung

Die AfD und ihre PolitikerInnen bezweifeln die Integrationsbereitschaft bzw. -fähigkeit von MigrantInnen und lehnen entsprechend (dauerhafte) Migration in die Bundesrepublik ab. Von den übrigen Parteien wird immer wieder argumentiert, dass zwischen der Partei AfD und ihren WählerInnen unterschieden werden müsse. Die Ängste der Letzteren (vor Überfremdung?) seien ernst zu nehmen. Man müsse mit ihnen in einen Dialog treten und sie für die etablierten Parteien zurückgewinnen. Implizit wird bei solchen Argumentationen offenbar angenommen, dass sich die WählerInnen der AfD nicht grundsätzlich von den WählerInnen anderer Parteien unterscheiden. Wir wollen in diesem Beitrag dieser Frage nachgehen und mit Umfragedaten untersuchen, ob und ggf. wie sich die Vorstellungen über Migration und Integration der WählerInnen der im Bundestag vertretenen Parteien unterscheiden (vgl. Funke und Mudra 2018).

In der Wahlforschung wird die Entscheidung für eine und damit gegen andere politische Parteien unter anderen auf unterschiedliche Bewertungen von politischen Positionen zurückgeführt. Insofern sollte es nicht überraschend sein, wenn es zwischen den Parteien und deren jeweiligen WählerInnen bei der Bewertung von Migration und Integration Unterschiede gibt, falls diese Thematik aktuell als relevant erscheint. Aktuell strittige Themen werden als Issues bezeichnet. Im in den 1960er Jahren von Forschern der Universität Michigan entwickelten Ansatz werden von den WählerInnen wahrgenommene Parteiunterschiede bei Issue-Positionen bzw. Issue-Kompetenzen – neben der Bewertung der jeweiligen Kandidaten – als kurzfristige Faktoren aufgefasst, die das Wahlverhalten beeinflussen. Darüber hinaus wird als ein langfristig wirkender Faktor die Parteipräferenz betrachtet. Obwohl sich der Michigan-Ansatz ursprünglich auf Präsidentschaftswahlen in den USA bezog, wurde er später auch auf andere westliche Demokratien angewandt und dominiert bis heute die politische Wahlforschung (vgl. Campbell et al. 1960).

Der Michigan-Ansatz ist vermutlich auch deshalb so erfolgreich, weil er Erklärungsfaktoren anderer Ansätze integrieren kann. So wird in der Cleavage-Theorie behauptet (vgl. Lipset und Rokkan 1967), dass in Demokratien politische Parteien grundlegende Spaltungslinien einer Gesellschaft aufgreifen und sich entlang dieser entwickeln; historisch gesehen waren dies in Deutschland vor allem die Spannungen zwischen KatholikInnen und ProtestantInnen, zwischen Stadt und Land oder zwischen ArbeiterInnen und UnternehmerInnen bzw. deren angestellten ManagerInnen. Bezogen auf den Michigan-Ansatz lässt sich das so interpretieren, dass Issues zu langfristigen Interessengegensätzen und schließlich zu Parteipräferenzen werden können. Für die Fragestellung dieses Beitrags bedeutet dies, dass wir prüfen wollen, ob das Thema Migration und Integration – wenn es denn überhaupt Wahlverhalten beeinflusst – eher als ein Issue aufgefasst werden kann oder (schon) als Indikator einer dauerhafteren Spannungslinie unter den WählerInnen.

Im letzteren Fall ist zu erwarten, dass sich unterschiedliche Positionen der WählerInnen verschiedener Parteien (bezogen auf Migration und Integration) perpetuieren und diese stabil mit Parteipräferenzen und langfristigen ideologischen Vorstellungen korrespondieren. So kamen nach dem kurzzeitigen Verzicht auf Grenzkontrollen im Herbst 2015 außergewöhnlich viele Flüchtlinge vor allem aus Ländern mit vorwiegend islamischen Religionsangehörigen in die Bundesrepublik; hinzu kam, dass nach dem Jahreswechsel 2015/2016 ausführlich über Übergriffe von Ausländern auf Sylvester feiernde Frauen (vor allem in Köln) berichtet wurde. Es ist deshalb zu vermuten, dass 2016 Migration und Integration ein aktuell wichtiges Issue war, das zu diesem Zeitpunkt die Wahlabsicht beeinflusste. Die aktuelle Migration in die Bundesrepublik ist deutlich geringer, sodass diese Thematik nach 2016 eher an Bedeutung verloren haben sollte.[2]

Wenn sich die Migrationsthematik dagegen als eine längerfristige Spannungslinie etabliert, dann sollte sich bei der Wahlabsicht 2018 weiterhin ein deutlicher Zusammenhang zwischen der Bewertung von Flüchtlingen und der Parteienwahl zeigen. Zudem sollten sich Zusammenhänge der Bewertung von Migration und anderen politischen Vorstellungen verfestigen. Wir wollen in diesem Beitrag also untersuchen, ob a) Differenzen bei der Bewertung von Migration und Integration die Entscheidung zwischen politischen Parteien beeinflussen, b) wenn ja, ob Migration und Integration dabei eher als kurzfristige Issues oder als stabilere Konfliktlinie aufgefasst werden kann, und c) ob Unterschiede bei der Bewertung von Migration und Integration mit längerfristigen ideologischen, vor allem rechtspopulistischen Positionen zusammenhängen.

3 Daten und methodisches Vorgehen

3.1 Datenbasis

Als Datenbasis nutzen wir die Umfragen des ALLBUS 2016 und 2018, deren Teilnehmer von April bis September 2016 bzw. 2018 befragt wurden. Im Rahmen des ALLBUS-Programms werden seit Beginn der 1980er Jahre in zweijährigem Abstand persönliche Interviews der in Deutschland in Privathaushalten lebenden Bevölkerung durchgeführt. Die Auswahl der Personen erfolgt seit 1990 in einer zweistufigen geschichteten Zufallsauswahl, wobei zuerst geografisch und

[2] Neben der Migration können aber Terror-Anschläge die Thematik leicht aufflammen lassen, wenn solche Anschläge Personen mit Migrationshintergrund oder islamistischen FanatikerInnen zugeordnet werden.

nach Bevölkerungsdichte geschichtet zufällig Einwohnermeldeämter ausgewählt werden, und innerhalb dieser dann Personen ab 18 Jahren. Dieser Auswahlplan ermöglicht im Prinzip eine für die Wohnbevölkerung statistisch repräsentative Stichprobe. Einschränkungen können sich durch Nichterreichbarkeit der für die Befragung ausgewählten Personen, mangelnde Teilnahmebereitschaft oder -fähigkeit sowie ungültige Angaben zu einzelnen Fragen ergeben. Da die ALLBUS-Fragen nur auf Deutsch vorliegen, gehört zur Teilnahmefähigkeit, dass die Befragten Deutsch verstehen und sprechen.

Um Ost-West-Vergleiche zu erleichtern, ist seit 1990 die Bevölkerung im Gebiet der ehemaligen DDR in den ALLBUS-Stichproben überproportional vertreten, sodass etwa 1/3 der Befragten – statt der real knapp 1/5 der EinwohnerInnen – aus diesem Gebiet kommen. Soll eine Aussage für die Bundesrepublik insgesamt getroffen werden, muss dies ggf. durch Gewichtung berücksichtigt werden.[3] Die ALLBUS-Befragungen 2016 und 2018 bieten sich für unsere Fragestellung an, da das Thema Einstellungen zu Migration und Integration der Hauptschwerpunkt des ALLBUS 2016 war, und 2018 das Thema Einstellungen zur Politik. Allerdings sind weder die ALLBUS-Umfragen noch die sich an eine ALLBUS-Befragung anschließende kürzere vom Befragten ohne Interviewer selbst auszufüllende (schriftliche bzw. computerunterstützte) Befragung im Rahmen des International Social Survey Programme (ISSP) Umfragen zu Wahlen. Von den in der Wahlforschung regelmäßig eingesetzten Fragen finden sich daher nur wenige oder abgewandelte Frageformulierungen und Antwortvorgaben in den ALLBUS-Fragebögen. Für unsere Fragestellung ist aber bedeutsamer, dass unsere Fragestellung mit den ALLBUS-Daten beantwortet werden kann.

Um festzustellen, ob unterschiedliche Bewertungen von Migration und Integration eher als kurzfristige Issues oder als Hinweise für langfristigen Spannungslinien interpretiert werden können, wäre es sinnvoll, wenn die Befragten über einen längeren Zeitraum mehrfach befragt würden – nur dann könnte die zeitliche Stabilität von Einstellungen und Wahlentscheidungen auf der Individualebene untersucht werden. Für jede ALLBUS-Umfrage werden aber jeweils unabhängig voneinander und von früheren ALLBUS-Erhebungen etwa 3.400 Personen neu ausgewählt und befragt. Wir müssen daher für die Beantwortung unserer zweiten Forschungsfrage – ob Migration und Integration eher ein Issue ist oder sich

[3] Dies ist jedoch nur dann notwendig, wenn sich die Verteilungen und Zusammenhänge der interessierenden Größen zwischen Ost und West unterscheiden. Da oft unterstellt wird, dass sich kausale Beziehungen nicht unterscheiden, wird bei der Analyse von Zusammenhängen vielfach auf Gewichtung verzichtet, zumal die im Datensatz enthaltenen Gewichtungsvariablen sich auf den Gesamtdatensatz beziehen und nicht auf einzelne Variablen, die variablenspezifische Ausfälle aufweisen.

zu einer andauernden Spannungslinie entwickelt – eine andere Vorgehensweise wählen. Bei einem kurzfristigen Issue erwarten wir, dass der Zusammenhang von Migration und Integration mit dem Wahlverhalten selbst in dem kurzen Beobachtungszeitraum von zwei Jahren (zwischen 2016 und 2018) an Bedeutung verloren haben sollte. Umgekehrt sollte der Zusammenhang im Zeitverlauf relativ stabil sein oder sich sogar erhöhen, wenn sich dieses Thema zu einer längerfristigen Spannungslinie entwickelt. Obwohl die Befragten des ALLBUS 2016 und des ALLBUS 2018 jeweils verschiedene Personen sind, können wir dies feststellen. Zudem können wir erkennen, ob die Bewertung von Personen mit Migrationshintergrund mit vermutlich längerfristig bestehenden ideologischen Einstellungen korrespondiert. Dies wäre ein weiterer Hinweis für das Entstehen einer Spannungslinie.

Im ALLBUS 2016 sowie 2018 wurde gefragt, ob und welche Partei eine befragte Person mit ihrer Zweitstimme[4] wählen würde, wenn am nächsten Sonntag Bundestagswahl wäre. Neben dieser Wahlabsichtsfrage wurde außerdem in beiden Jahren nach dem früheren Wahlverhalten gefragt. Hier wurde erfasst, ob eine befragte Person nach eigenen Angaben an der letzten Bundestagswahl teilgenommen hat – und bei einer positiven Antwort in einer Nachfrage, welche Partei sie mit ihrer Zweitstimme wählte. Im ALLBUS 2016 bezieht sich die Wahlrückerinnerung auf die Bundestagswahl 2013 und im ALLBUS 2018 auf die Bundestagswahl 2017. Während die Wahlabsichtsfrage sich also auf einen zeitlichen Abstand von zwei Jahren bezieht, liegen bei der Wahlrückerinnerung bis zu vier Jahre zwischen dem erfragten Verhalten.

In Tab. 1 sind die amtlichen Wahlergebnisse der Bundestagswahlen 2013 (2. Spalte) und 2017 (5. Spalte) mit den im ALLBUS 2016 (3. Spalte) und 2018 (6. Spalte) berichteten Parteienwahlen sowie den jeweiligen auf den Befragungszeitpunkt bezogenen Wahlabsichten (4. und 7. Spalte) aufgeführt. Die ALLBUS-Ergebnisse basieren auf Ost/West-gewichteten Zahlen. In die Prozentangaben der Wahlerinnerung gehen nur Befragte ein, die bei der berichteten Wahl eine Partei genannt hatten. Im ALLBUS 2016 hatten nur 2.154 von 3.490 Befragten ihre Zweitstimmenwahl berichtet. Im ALLBUS 2018 waren es 2.646 von 3.477 Befragten. Die fehlenden Angaben ergeben sich durch nichtdeutsche Befragte ohne Wahlberechtigung, durch Personen, die sich nicht mehr an ihr Wahlverhalten erinnern („weiß nicht"), die explizit die Antwort verweigern („möchte ich nicht sagen"), bzw. berichten, sich nicht an der Wahl beteiligt

[4] Bei Bundestagswahlen wird mit der Erststimme ein Wahlkreiskandidat gewählt und mit der Zweitstimme eine Partei. Die Zweitstimme ist insofern wichtiger als die Erststimme, als die abgegebenen Zweitstimmenhäufigkeiten letztlich die Stimmenanteile der Parteien im Bundestag bestimmen.

Tab. 1 Vergleich zwischen tatsächlichem (amtlichen) Wahlergebnis und beabsichtigter und berichteter Parteienwahl (Recall) in den Bundestagswahlen 2013 und 2017, in %

Partei	BT 2013 (%)	Recall 2016 (%)	Absicht 2016 (%)	BT 2017 (%)	Recall 2017 (%)	Absicht 2018[a] (%)
CDU/CSU	41,5	37,5	30,0	32,9	33,1	29,6
SPD	25,7	26,1	22,6	20,5	24,1	20,5
FDP	4,8	7,7	8,9	10,7	9,8	10,6
Grüne	8,4	15,6	17,1	8,9	14,9	20,0
Linke	8,6	7,6	8,1	9,2	8,5	8,6
AfD	4,7	3,6	9,9	12,6	7,9	8,3
Andere	6,2	1,9	3,3	5,0	1,8	2,5
Summe	100,0	100,0	100,0	100,0	100,0	100,0

[a]BT = Ergebnis der Bundestagswahl, Recall = berichtete Parteienwahl, Intent. = Wahlabsicht (eigener Berechnung, gewichtete Daten des ALLBU 2016 und 2018, sowie amtliche Wahlergebnisse)

bzw. keine Zweitstimme abgegeben zu haben. Im ALLBUS 2016 wurde die berichtete Parteienwahl 2013 zudem nur an die Teilnehmer der an den ALLBUS anschließenden ISSP-Befragungen gestellt. Unterschiede im Anteil gültiger Werte (61,7 % im ALLBUS 2016 und 76,1 % im ALLBUS 2018) sind auf die tatsächlich höhere Wahlbeteiligung bei der Bundestagswahl 2017,[5] eine mit 338 Befragten doppelt so hohe Zahl von Antwortverweigerern 2016 gegenüber 2018 sowie auf die ISSP-bedingte deutlich höhere Zahl von fehlenden Angaben 2016 zurückzuführen.

Die Höhe der (absoluten) Abweichungen der Verteilungen bei den Wahlrückerinnerungen und den tatsächlichen Bundestagswahlen sind für die berichteten Parteien mit im Durchschnitt 2,99 Prozentpunkten 2016 und 2,74 Punkten 2018 zwar nicht sehr hoch. Einzelne Parteien weichen jedoch stärker ab. So ist im ALLBUS wie auch bei anderen Umfragen zu beobachten, dass die Grünen verglichen mit den tatsächlichen Wahlergebnissen eher überrepräsentiert sind. Interessant ist hier, dass die AfD vor allem im ALLBUS 2018 in der Rückerinnerungsfrage zur Bundestagswahl 2017 mit -4,7 Punkten zwar unterrepräsentiert ist, die Abweichung aber verglichen mit denen der Grünen nicht besonders hoch ist.[6]

[5] Die reale Wahlbeteiligung an der Bundestagswahl 2017 war mit 76,2 % höher als 2013 mit nur 71,2 %.

[6] Ähnlich sind die Unterschiede bei der beabsichtigten Parteienwahl im ALLBUS 2016 und dem Ergebnis der Bundestagswahl 2017. Die durchschnittliche absolute Abweichung beträgt

Generell sind Abweichungen zwischen den Wahlergebnissen und dem berichteten sowie vor allem beabsichtigten Wahlverhalten nicht unüblich, sodass Wahlabsichten eher ein aktuelles Stimmungsbild als tatsächlich feststehende Entscheidungen wiedergeben.[7] Die in Umfragen beobachteten Zusammenhänge zwischen dem (berichteten und beabsichtigten) Wahlverhalten und anderen Größen zeigen sich jedoch auch beim tatsächlichen Wahlverhalten.[8]

Aus Tab. 1 nicht ersichtlich ist der starke Zusammenhang zwischen dem berichteten Wahlverhalten bei der letzten Bundestagswahl und der jeweiligen aktuellen Wahlabsicht. So nennen im ALLBUS 2016 77,45 % der Befragten bei Wahlerinnerung und Wahlabsicht die gleiche Partei, im ALLBUS 2018 sind es sogar 78,93 %.[9] Dies lässt sich so deuten, dass entweder das berichtete Wahlverhalten wie die Wahlabsicht recht stark von augenblicklichen Stimmungen beeinflusst werden, die auch die Rückerinnerung an vergangenes Verhalten beeinflussen[10] – oder dass die starke Übereinstimmung Folge einer sehr stabilen Parteineigung ist. Wir konzentrieren uns im Folgenden ausschließlich auf die Wahlabsicht und berechnen, wie gut sich die Antworten dazu auf unabhängige Variablen wie die Einstellung zu Migration und Integration zurückführen lassen.

hier 2,99 Punkte, wobei die Überschätzung der Wahl der Grünen im ALLBUS mit +8,2 Punkten deutlich größter als die Unterschätzung der AfD mit -2,7 Punkten ist.

[7] Bei Wahlprognosen wird versucht, durch Schätzung des Wahlverhaltens bei Befragten mit fehlenden bzw. ungültigen Werten, die Berücksichtigung zusätzlicher Kontext-Daten sowie der Berücksichtigung von Trends im Zeitverlauf genauere Wahlprognosen zu erhalten. Dass dies in der Regel sehr gut funktioniert, zeigen die Prognosen der Wahlergebnisse direkt nach der Schließung der Wahllokale. Die dortigen Ergebnisse basieren aber auf sog. Exit-Polls, d. h. Befragungen, die direkt nach der Stimmenabgabe beim Verlassen der Wahllokale durchgeführt werden.

[8] Darauf weisen zumindest Ergebnisse aus Staaten vor, wo das Wahlgeheimnis weniger stark geschützt ist als in der Bundesrepublik. In Deutschland lässt sich dies anhand der amtlichen Statistik nur für den Zusammenhang von Wahlverhalten mit Alter und Geschlecht zeigen.

[9] Bei einer stabilen Antwort „andere Partei" ist allerdings nicht ausgeschlossen, dass sich Wahlerinnerung und Wahlabsicht auf verschiedene andere Parteien beziehen.

[10] Denkbar wäre, dass die Befragten bewusst eine andere Partei nennen als sie tatsächlich gewählt hatten. Da es die Möglichkeit der expliziten Verweigerung einer Antwort gab, halten wir dies für eher unwahrscheinlich – zumal hohe Anteile von bewussten Täuschungen durch die Befragten Umfragen generell in Frage stellen würden. Hierfür gibt es in der Umfrageforschung keine Hinweise (vgl. Atteslander und Kneubühler 1975; Schnell 2012).

3.2 Datenanalyse mit multinomialer logistischer Regression

Zur Berechnung der Zusammenhänge mit der Wahlabsicht verwenden wir multinomiale logistische Regressionen. Da dieses neuere statistische Verfahren anspruchsvoll ist, müssen wir zunächst dessen Logik erläutern. Das Verfahren schätzt aus den Daten, wie sich die Häufigkeits- bzw. Anteilsverhältnisse – die auch als relative Risiken bezeichnet werden – der Ausprägungen einer abhängigen Variable ändern, wenn sich der Wert einer unabhängigen Variable verändert. Die abhängige Variable kann z. B. das Wahlverhalten sein, die unabhängige oder erklärende Variable die Selbstpositionierung auf einer Links-Rechts-Skala.

Haben z. B. 50 Befragte Partei A gewählt und jeweils 100 Befragte Partei B und Partei C, dann beträgt das relative Risiko, Partei A anstelle von Partei C gewählt zu haben 50 zu 100 und das relative Risiko Partei B anstelle von Partei C gewählt zu haben, 100 zu 100. Berichtet werden beim relativen Risiko allerdings nicht die tatsächlichen Häufigkeiten, sondern nur ihr Verhältnis zueinander. Das berichtete relative Risiko, Partei A anstelle von Partei C zu wählen, beträgt daher 0,5 (= 50/100) und das berichtete relative Risiko, Partei B anstelle von Partei C zu wählen, beträgt 1,0 (= 100/100). Aus den beiden relativen Risiken ergibt sich auch das relative Risiko von Partei B zu Partei A, das 2,0 (= 1,0/0,5) beträgt, da im Beispiel 100 Personen Partei B wählen und 50 Person A (100 zu 50 = 2,0).

In der multinomialen logistischen Regression wird nun berechnet, mit welchem Änderungsfaktor zu rechnen ist, wenn die unabhängige Variable sich um +1 Einheit ändert. Angenommen, die im Beispiel berichteten relativen Risiken von 0,5 von Partei A zu Partei C und von 1,0 zu Partei B zu Partei C gelten für alle diejenigen Befragten, die sich auf einer Links-Rechts-Skala beim Wert 5 einordnen, was für „leicht links von der Mitte" stehen könnte. Wenn nun z. B. 56 Befragte Partei A, 94 Befragte Partei B und 100 Befragte Partei C wählen (wobei alle Befragten sich auf der Links-Rechts-Skala beim Wert 6 einordnen, was für „leicht rechts von der Mitte" stehen könnte), dann betragen hier die relativen Risiken von Partei A zu Partei C 0,56 (= 56/100), und bei Partei B zu Partei C 0,94 (= 94/100).[11] Das relative Risiko von Partei B zu Partei A beträgt dann 1,68 (= 94/56). Durch den Anstieg des Wertes auf der Links-Rechts-Skala um + 1 Einheit (von 5 auf 6) erhöht sich also das relative Risiko von Partei A zu Partei C um den Faktor 1,12 (= 0,56/0,5).

[11] Um das Beispiel einfach zu halten, haben wir im Beispiel die Fallzahlen für die Parteien bei den Ausprägungen 5 und 6 der Links-Rechts-Skala mit 250 (= 50 + 100 + 100 bzw. 56 + 94 + 100) gleichgehalten. In empirischen Anwendungen können sich die Fallzahlen zwischen den Ausprägungen der unabhängigen Variable unterscheiden.

Die Veränderung des relativen Risikos wird als relativer Risikoquotient bezeichnet. Der relative Risikoquotient von Partei A zu Partei C beträgt bei der Links-Rechts-Skala im Beispiel 1,12. Der relative Risikoquotient von Partei B zu Partei C beträgt 0,94 (= 0,94/1,0) und der von Partei B zu Partei A 0,84 (= 1,68/2,0). Der letzte Wert ergibt sich auch als Quotient der relativen Risiko-Quotienten von Partei B zu Partei C und von Partei A zu Partei C: 0,84 = 0,94/1,12.

Anstelle der Faktoren (im Beispiel 1,12 für A zu C, 0,94 für B zu C und 0,84 für B zu A) werden die Risikoquotienten oft in Prozenten angegeben. Dazu wird vom Quotienten 1 abgezogen und das Ergebnis mit 100 multipliziert. Im Beispiel beträgt der relative Risikoquotient von A zu C daher +12 % (= [1,12-1] × 100), der von B zu C -6 % (= [0,94-1] × 100) und der von B zu A -0,16 % (= [0,84-1] × 100). Der Wert von +12 % bedeutet also, dass das relative Risiko von Partei A zu Partei C um 12 % ansteigt, wenn die unabhängige Variable (im Beispiel Links-Rechts-Skala) um +1 Einheit ansteigt, der Wert -6 %, dass das relative Risiko von Partei C zu Partei B um 6 % geringer ausfällt.[12]

3.3 Vergleiche über Zeit und Drittvariablenkontrolle

Für unsere erste Fragestellung interessiert uns die Stabilität des Einflusses von Migration auf das Wahlverhalten. Dazu vergleichen wir die Ergebnisse der Regressionen aus dem ALLBUS 2016 mit denen aus dem ALLBUS 2018. Solche Vergleiche zwischen den beiden ALLBUS-Umfragen 2016 und 2018 sind allerdings nur sinnvoll, wenn sowohl die Frageformulierungen als auch die Antwortvorgaben übereinstimmen.[13] Dies ist beim Thema Migration und Integration bei vier Fragen zu Risiken bzw. Chancen von Flüchtlingen der Fall, die sich in beiden ALLBUS-Umfragen finden.

---

[12] Positive und negative Prozentwerte können nicht direkt verglichen werden: Ein Anstieg um +10 % bedeutet, dass das Risiko um den Faktor 1,1 steigt (+10 % = [1,1-1]100), ein Rückgang um -10 %, dass das Risiko um den Faktor 0,9 sinkt (-10 % = [0,9-1]100). Um wieder den Ausgangswert vor der Veränderung zu erreichen, ist nach einem Rückgang von 10 % ein Anstieg um +111 % notwendig, da dieser Anstieg 1/0,9 = 1,111 oder 11,1 % (= [1,111-1]100) entspricht und somit den Rückgang ausgleicht, während der Anstieg um + 10 % schon durch einen Rückgang um -9,1 % ausgeglichen wird, da der Faktor 1/1,1 = 0,909 diesem Rückgang entspricht -9,1 % = [0,909-1]100).

[13] Bei logistischen Regressionen einer dichotomen abhängigen Variable wird darüber hinaus bisweilen bezweifelt, dass Vergleiche von unterschiedlichen Populationen bzw. Zeitpunkten möglich sind. Tatsächlich haben logistische Regressionen im Unterschied zu linearen

Mit Regressionen wird berechnet, wie gut sich die Werte bzw. Häufigkeitsverhältnisse einer abhängigen Variablen durch die Kenntnis der Werte von unabhängigen Variablen vorhersagen lassen. Über Umfragedaten kann aber nicht mit Sicherheit festgestellt werden, ob eine unabhängige Variable tatschlich kausal auf die abhängige Variable wirkt. So ist es denkbar, dass es gemeinsame Ursachen von Wahlverhalten und Bewertung von Migration gibt, die beides beeinflussen, oder dass Wahlverhalten die Bewertung von Migration beeinflusst. In beiden Fällen ist es möglich, mit den Antworten auf Fragen zur Migration das Wahlverhalten besser vorherzusagen. Statistische Zusammenhänge können somit zwar Hinweise für Ursache-Wirkung-Zusammenhänge geben; sie können aber auch in die Irre führen. Durch die Berücksichtigung von weiteren unabhängigen Variablen soll dieses Risiko der kausalen Fehlinterpretation reduziert werden.

Nachdem zunächst nur die vier Fragen zu Flüchtlingen die Wahlabsicht prognostizieren, werden daher in weiteren Analysen zusätzliche unabhängige Variablen berücksichtigt. Unser Interesse gilt dabei im Sinne unserer dritten Forschungsfrage vor allem Fragen zu längerfristig stabilen sowie zu rechtspopulistischen Positionen. Aber auch hier gilt wieder, dass für Vergleiche der Ergebnisse von 2016 mit 2018 nur identische Fragen und Antworten herangezogen werden können.

4 Ergebnisse

4.1 Die Stabilität der Regression der Wahlabsicht 2016 und 2018 auf die Bewertung von Chancen und Risiken von Flüchtlingen

Bei den vier sowohl im ALLBUS 2016 als auch 2018 enthaltenen Items wird gefragt, ob es wegen der Flüchtlinge, die in den letzten Jahren nach Deutschland gekommen sind, in den nächsten Jahren mehr Risiken oder mehr Chancen a) in Bezug auf den Sozialstaat, b) in Bezug auf die öffentliche Sicherheit, c) in Bezug auf das Zusammenleben in der Gesellschaft, und d) in Bezug auf die wirtschaftliche Lage in Deutschland gäbe. Gültige Antwortvorgaben, waren „deutlich mehr Risiken", „eher mehr Risiken", „weder noch", „eher mehr Chancen" und „deutlich mehr Chancen". Für die Analyse haben wir den fünf Antwortmöglichkeiten

Regressionen die Eigenschaft, dass das Auslassen einer einflussreichen, aber mit den übrigen unabhängigen Variablen unkorrelierten Variable die Höhe der verbleibenden Regressionsgewichte reduziert. Dies gilt auch für multinomiale logistische Regressionen. Für die Vorhersage der abhängigen Variable spielt das jedoch keine Rolle.

Tab. 2 Mittelwerte der und Korrelationen unter Flüchtlingsfragen im ALLBUS 2016 und 2018

Flüchtlinge als Chancen	ALLBUS 2016 (N = 2 337)					ALLBUS 2018 (N = 2 527)				
	Mittelw	SD	Korrelationen			Mittelw	SD	Korrelationen		
Sozialstaat	-0,666	0,910	1,000			-0,733	0,979	1,000		
Sicherheit	-0,854	0,751	0,600	1,000		-0,973	0,812	0,647	1,000	
Zusammenleben	-0,288	0,961	0,542	0,556	1,000	-0,388	1,060	0,571	0,581	1,000
Wirtschaft	-0,148	0,993	0,552	0,483	0,563	-0,033	1,071	0,578	0,537	0,574

[a]Fallzahl (N) bezieht sich auf Fälle, die bei der Wahlabsicht CDU/CSU, SPD, FDP, Grüne, Linke oder AfD gewählt haben. Berechnungen basieren auf ungewichteten Fällen

Zahlen von -2 (deutlich mehr Risiken) bis +2 (deutlich mehr Chancen) zugeordnet. Die Betonung auf Flüchtlinge bezieht sich auf die aktuelle Migration in die Bundesrepublik, während die angesprochenen Themen nahelegen, dass die Flüchtlinge dauerhaft in Deutschland bleiben und somit zumindest indirekt Integration angesprochen wird.

Bevor der Zusammenhang mit dem Wahlverhalten betrachtet wird, scheint es sinnvoll, die Mittelwerte, Streuungen (Standardabweichungen/SD) und Korrelationen unter den vier Flüchtlingsfragen im ALLBUS 2016 und 2018 zu betrachten. Tab. 2 gibt die Ergebnisse wieder. Die durchgehend negativen Mittelwerte weisen darauf hin, dass die Befragten durch die Flüchtlinge im Mittel eher Risiken denn Chancen sehen. Am stärksten gilt dies bezogen auf die Sicherheit und den Sozialstaat, deutlich weniger für das Zusammenleben in der Gesellschaft und die wirtschaftliche Lage. Betrachtet man die Unterschiede über die Zeit, sinken die Mittelwerte bei den ersten drei Bereichen etwas: Hier nimmt also die Skepsis tendenziell zu. Nur bei der wirtschaftlichen Lage ist es umgekehrt. Hier steigt der Anteil derjenigen, die durch Flüchtlinge eher Chancen denn Risiken wahrnehmen. Die Standardabweichungen liegen 2016 unter aber meist nahe eins; 2018 sind die Werte durchgängig jeweils etwas höher. Inhaltlich weist diese größere Unterschiedlichkeit in den Antworten der Befragten 2016 und 2018 darauf hin, dass die Unterschiede der Bewertungen unter den Befragten tendenziell zunehmen. Dies lässt sich als erster Hinweis deuten, dass die Flüchtlingsthematik in der bundesrepublikanischen Gesellschaft zu stärkeren Gegensätzen in der Gesellschaft geführt hat. Die Korrelationen unter den Fragen sind recht hoch und positiv. Wenn eine Person etwa bei der Sicherheit stärker als der Durchschnitt aller übrigen Befragten relativ stärkere Risiken (oder umgekehrt größere Chancen) sieht, tut sie dies tendenziell auch bei den anderen drei Fragen. Die Korrelationen nehmen sogar von 2016 auf 2018 leicht zu.

Tab. 3 Effekte der Bewertung von Flüchtlingen auf die relativen Risikoquotienten der beabsichtigten Parteienwahl von CDU/CSU, SPD, FDP, Grünen und Linken jeweils zur AfD 2016 und 2018

Relative Risikoquotienten von	CDU/CSU zu AfD	SPD zu AfD	FDP zu AfD	Grüne zu AfD	Linke zu AfD
Sozialstaat					
2016	+40,5 %*	+64,1 %***	-1,0 %n.s.	+56,0 %**	+68,3 %***
2018	+54,2 %**	+82,2 %***	+26,0 %n.s.	+74,2 %***	+77,8 %***
Sicherheit					
2016	+98,3 %***	+106,0 %***	+105,7 %***	+139,0 %***	+83,7 %***
2018	+180,0 %***	+166,2 %***	+125,3 %***	+184,9 %***	+151,8 %***
Zusammenhalt					
2016	+33,1 %*	+38,0 %**	+29,9 %(*)	+67,4 %***	+17,1 %n.s.
2018	+58,7 %***	+67,4 %***	+73,8 %***	+113,7 %***	+128,5 %***
Wirtschaftl. Lage					
2016	+53,2 %***	+51,7 %***	+99,6 %***	+84,2 %***	+50,1 %***
2018	+28,3 %**	+13,1 %n.s.	+37,8 %**	+71,4 %***	+8,4 %n.s.

2016: Daten: ALLBUS 2016; n = 23 75, eig. Berechnung, Devianzred.: 5,5 %
2018: Daten: ALLBUS 2018, n = 2.517, eig. Berechnung, Devianzred.: 6,9 %
n.s. nicht signifikant; (*)10 %: *5 %; **1 %; ***0,1 %

Im nächsten Schritt wird der Zusammenhang mit der Wahlabsicht betrachtet. Tab. 3 zeigt dazu die mit multinomialen logistischen Regressionen berechneten relativen Risikoquotienten der Wahlabsichten der seit 2017 im Bundestag vertretenen Parteien (abhängige Variable) auf die Veränderung der Bewertungen von Chancen bzw. Risiken durch Flüchtlinge für den Sozialstaat, die Sicherheit, den Zusammenhalt und die wirtschaftliche Lage (unabhängige Variablen). In der Tabelle sind die relativen Risikoquotienten der Parteien CDU/CSU, SPD, FDP, Grüne, Linke jeweils zur AfD wiedergegeben.

Aus Tab. 3 ist so ersichtlich, dass im ALLBUS 2016 bei einer um eine Einheit positiveren Bewertung der Chancen für den *Sozialstaat* durch Flüchtlinge dies das Verhältnis, die CDU/CSU statt die AfD wählen zu wollen, um +40,5 %, d. h. den Faktor 1,405 erhöht. Das Verhältnis SPD statt AfD zu wählen, erhöht sich sogar um +64,1 % (Faktor 1,641). Dies gilt für beliebige um +1 Einheit auseinanderliegende Bewertungen des Sozialstaats, also z. B. sowohl bei einem Vergleich derjenigen, die eher mehr Risiken (= -1) statt deutlich mehr Risiken

(= -2) sehen, als auch bei denjenigen, die eher mehr Chancen (= +1) statt keine Chancenveränderung, also „weder noch" (= 0) vermuten. Eine positivere Bewertung der Chancen von Flüchtlingen für den Sozialstaat erhöht also sowohl die relativen Wahlchancen von CDU/CSU zur AfD als auch von SPD zur AfD.

Da 2016 bei einem um +1 Einheit höheren Anstieg der Chancen des Sozialstaats beim relativen Risikoquotienten von SPD zu AfD mit +64,1 % (= 1,641) größer ist als beim Verhältnis von CDU/CSU zu AfD mit 40,5 % (= 1,405), steigen bei diesem Anstieg um +1 Einheit die relativen Chancen der SPD zur CDU/CSU, und zwar um den Faktor 1,641/1,405 = 1,168 oder +16,8 %. Dies ist gleichbedeutend mit einem Sinken der relativen Chancen von CDU/CSU zur SPD um den Faktor 1,405/1,641 = 0,856 oder -14,4 %.

Berücksichtigt man diese Beziehungen bei Verhältnissen, lassen sich die Zahlen in Tab. 2 leicht interpretieren. Bei der Bewertung der Chancen von Flüchtlingen für den Sozialstaat erhöht 2016 ein Anstieg um +1 Einheit das Verhältnis von Linken zu AfD um +68,3 %, von SPD zu AfD um 64,1 %; von Grünen zu AfD um 56,0 % und von CDU/CSU zu AfD um 40,5 %, während das Verhältnis von FDP zu AfD um -1 % sinkt. Die Linke profitiert hier also am relativ stärksten von einer positiven Chancenbewertung durch Flüchtlinge für den Sozialstaat, vor der SPD, den Grünen und der CDU/CSU. Gegenüber diesen Parteien verlieren AfD und noch geringfügig stärker als die AfD die FDP. Umgekehrt profitiert die FDP ganz geringfügig vor der AfD bei negativen Risikobewertungen. Außerdem verlieren CDU/CSU, Grüne, SPD und am stärksten die Linke umso mehr, je negativer die Bewertung ausfällt.

Bezogen auf die Bewertung von Flüchtlingen für die *Sicherheit* profitieren von einer positiveren Bewertung die SPD vor der FDP, der CDU/CSU, der Linken und den Grünen, während die relativen Chancen der AfD sinken. Bei der Bewertung von Flüchtlingen für den gesellschaftlichen *Zusammenhalt* profitieren von positiveren Bewertungen Grüne vor SPD, CDU/CSU, FDP und Linken. Die AfD profitiert wieder von negativeren Bewertungen. Beim Thema *wirtschaftliche Lage* profitiert von positiveren Bewertungen FDP vor Grünen, CDU/CSU, SPD und Linken. Die AfD profitiert wiederum von negativen Bewertungen. Zusammenfassend lässt sich festhalten, dass die AfD bei nahezu allen vier Bereichen gegenüber den anderen Parteien stärker wird, wenn die Risikobewertungen (negative Werte) zunehmen. Nur beim Sozialstaat profitiert die FDP 2016 noch geringfügig stärker von negativen Bewertungen. Je größer die Befragten also die Risiken von Flüchtlingen einschätzen, desto eher berichten sie, AfD wählen zu wollen.

In Tab. 3 ist hinter jedem Effekt angegeben, ob dieser entweder nicht signifikant „n.s." oder bei 10 % Irrtumswahrscheinlichkeit signifikant „$^{(*)}$", bzw. bei

5 % signifikant „*", bei 1 % signifikant „**" oder bei 0,1 % signifikant „***" ist.[14] Bis auf wenige Werte sind fast alle Effekte bei mindestens 5 % oder zumindest 10 % signifikant, sodass wir davon ausgehen, dass es einen Zusammenhang zwischen den Bewertungen der Flüchtlinge und der Wahlabsicht gibt. Dies ist im ALLBUS 2016 sowie im ALLBUS 2018 der Fall.

Falls das Thema Migration ein kurzfristiges Issue ist, dass primär 2015/2016 das Wahlverhalten beeinflusste, dann sollten die vier Fragen zu Chancen und Risiken von Flüchtlingen vor allem im ALLBUS 2016 deutliche Effekte aufweisen, die 2018 nicht mehr bestehen oder zumindest kleiner werden. Tatsächlich aber sind in der Regel die jeweils korrespondierenden Effekte 2018 sogar höher als 2016. Eine Ausnahme zeigt sich bei der Bewertung der Flüchtlinge für die wirtschaftliche Lage. Hier nehmen die in Tab. 2 berichteten Effekte von 2016 zu 2018 ab. Während 2016 die Risiko-Chancen-Bewertungen von Flüchtlingen für die wirtschaftliche Lage die Wahlabsicht sehr deutlich beeinflusst, ist dieser Effekt 2018 geringer. Bei den anderen drei Fragen zu Flüchtlingen ist es umgekehrt.

Dies zeigt ebenfalls die Gesamterklärungskraft der Modelle. Diese wird bei multinomialen logistischen Regressionen meist über den Prozentwert der Devianzreduktion gemessen, der auch als McFaddens Pseudo-R^2 bezeichnet wird. Die Devianz erfasst um wie viel Prozent sich die Unterschiede in Antworten der abhängigen Variable (in Tab. 3 die Wahlabsicht) reduzieren, wenn bei den Befragten die Werte der unabhängigen Variablen (hier die vier Flüchtlingsfragen) bekannt sind. Im ALLBUS 2016 beträgt der Wert der Devianzreduktion 5,5 % und steigt 2018 auf 6,9 %. Die Erklärungskraft der Chancen-Risikoabwägung von Flüchtlingen nimmt also von 2016 auf 2018 zu. Dabei ist in beiden Jahren die AfD die Partei, die am relativ stärksten davon profitiert, je stärker die Risiken statt Chancen durch Flüchtlinge gesehen werden. Bei den positiven Bewertungen

[14] Signifikanzen geben die Wahrscheinlichkeiten an, dass der beobachtete Effekt (Wert) oder ein noch weiter von ±0 % entfernter Wert auftritt, wenn in der Population, aus der die Stichprobe kommt, der tatsächliche Wert ±0 % ist und damit in der Population kein Effekt bestünde. Je kleiner die jeweiligen Signifikanzwahrscheinlichkeiten sind, desto unwahrscheinlicher ist es also, dass ein von null abweichender Wert nur in der Stichprobe, aber nicht in der Population – hier also unter allen WählerInnen in Deutschland – vorkommt und sich damit das Chancenverhältnis der jeweils zwei Parteien mit den Werten der unabhängigen Variablen ändert. Dabei wird angenommen, dass die Stichprobe als eine einfache Zufallsauswahl aufgefasst werden kann und die multinomiale logistische Regression die Zusammenhänge korrekt beschreibt. Diese Bedingungen sind streng genommen kaum erfüllbar, so dass solche Signifikanzen von statistischen Tests eher als Hinweise denn als ein garantiertes Faktum interpretiert werden sollten. Ist ein Wert nicht signifikant, dann ist es nicht hinreichend sicher, dass der betrachtete Effekt in der Population gar nicht existiert.

der Chancen von Flüchtlingen profitieren 2016 die Grünen – gemessen über die Summe der Effekte über die vier unabhängigen Variablen -insgesamt am stärksten. Das gilt auch 2018, wobei hier die Unterschiede der Effekte zwischen den Parteien tendenziell größer werden.

Zusammenfassend lässt sich feststellen, dass die Bewertung von Flüchtlingen als Risiko oder Chance für Deutschland nach den ALLBUS-Daten eher kein kurzfristiges Issue war, das nur 2016 Einfluss auf die Wahlabsicht hatte. Stattdessen scheint sich umgekehrt das Thema Migration und Integration zwischen 2016 und 2018 verfestigt zu haben. Bezogen auf die Frage, ob sich Personen mit Wahlabsicht zugunsten der AfD von denjenigen mit Wahlabsicht zugunsten einer der anderen Parteien deutlich unterscheiden, ist die Antwort bezogen auf die Flüchtlingsfrage ein klares „Ja!". WählerInnen der AfD haben eine deutlich negativere Sicht auf Flüchtlinge als WählerInnen von CDU/CSU, FDP, SPD, Grüne und Linke. Dies gilt 2016 wie 2018. 2018 scheint der Abstand zu den WählerInnen anderer Parteien sogar zuzunehmen (vgl. Leibold und Kühnel 2021).

4.2 Stabilität der Ergebnisse bei Berücksichtigung von weiteren Einflussgrößen auf die Wahlabsicht

4.2.1 Auswahl der Kontrollvariablen im ALLBUS 2016 und 2018

Bislang haben wir nur die vier Flüchtlingsfragen zur Vorhersage der Wahlabsicht berücksichtigt. Wir wollen die Analyse nun um weitere Variablen ergänzen. Ändert sich dadurch das Bild des zunehmenden Einflusses der Migration nach Deutschland auf die Wahlabsicht? Auch für diesen zweiten Analyseschritt gibt es nur eine sehr begrenzte Anzahl infrage kommender, 2016 und 2018 identisch formulierter Fragen und Antwortvorgaben. So wird in beiden ALLBUS-Erhebungen gefragt, ob die Person derselben oder aber einer anderen Meinung sei, dass sich die meisten PolitikerInnen in Wirklichkeit gar nicht für die Probleme der einfachen Leute interessieren. Diese Frage lässt sich als Indikator für eine skeptische Haltung gegenüber den politischen Eliten interpretieren, wie sie der Rechtspopulismus vertritt.[15]

In beiden Umfragen finden sich vier Fragen, in denen die politischen Ziele Ruhe und Ordnung, Einfluss der Bürger auf Entscheidungen der Regierung,

[15] Ursprünglich wurde diese Frage allerdings als Indikator für Anomia formuliert, d. h. als Maß für die wahrgenommene Orientierungslosigkeit in einer Gesellschaft (vgl. Legge 2006).

Kampf gegen die steigenden Preise und Schutz des Rechts auf freie Meinungsäußerung in eine Wichtigkeitsrangfolge gebracht werden sollen.[16] Für unsere Analyse haben wie nur die Antworten zur relativen Wichtigkeit von Ruhe und Ordnung herangezogen und die vier möglichen Werte so rekodiert, dass die Zahl 4 gegeben wird, wenn dieses Ziel das wichtigste ist und die Zahl 1, wenn es das unwichtigste ist. Die Betonung von Ruhe und Ordnung als politisches Ziel interpretieren wir als einen Indikator für Autoritarismus, der seit der klassischen Autoritarismusstudie von Adorno et al. (1950) als eine Determinante von politischem Rechtsextremismus gilt. Die Wichtigkeit von Ordnung wird aber auch im Konservatismus betont (vgl. Adorno et al. 1950).

Als zentrale langfristige Determinante von Wahlverhalten wird im Michigan-Ansatz die Parteineigung herangezogen. Diese wird jedoch nur im ALLBUS 2018 erfasst. Stattdessen werden in den ALLBUS-Umfragen regelmäßig und so auch 2016 und 2018 die politische Selbsteinstufung auf einer zehnstufigen Links-Rechts-Skala erfasst. Die eigentlich inhaltsleere Links-Rechts-Dimension wird seit der französischen Revolution zur Kennzeichnung von politischen Positionen herangezogen, wobei rechts für konservativ und links für progressiv steht.[17] Wir betrachten hier die Selbstpositionierung als Hinweis für die langfristige ideologische Positionierung einer Person. Als letzte weitere gemeinsame Determinante der Wahlabsicht im ALLBUS 2016 und 2018 wollen wir noch den Wohnort der Befragten als auf dem Gebiet der ehemaligen DDR liegend (Osten) bzw. der Bundesrepublik vor 1990 (Westen) liegend heranziehen. Sogar 30 Jahre nach der Vereinigung der beiden deutschen Staaten unterscheidet sich das Wahlverhalten im Westen und im Osten immer noch deutlich. Es muss an dieser Stelle offenbleiben, ob dies Folge unterschiedlicher (politischer) Sozialisation der jeweiligen Teilbevölkerung oder unterschiedlicher aktueller Lebensverhältnisse ist.[18]

4.2.2 Zusammenhang der Kontrollvariablen mit den Flüchtlingsfragen

Bevor wir das multinomiale Regressionsmodell um die vier zusätzlichen unabhängigen Variablen erweitern, soll ihr Zusammenhang mit der Bewertung von

[16] Aus diesen vier Zielen wird ursprünglich der sog. Inglehart-Index (Materialismus/Postmaterialismus) berechnet.

[17] Die feste Verankerung dieses Gegensatzes zeigt sich schon in der oben verwendeten Bezeichnung „Rechtspopulismus und Rechtsextremismus".

[18] Eine weitere Aufteilung nach Bundesländern ist möglich, trägt aber kaum zu einer höheren Prognosekraft bei. Wir verzichten auch auf weitere soziodemografischen Größen zur Prognose der Wahlabsicht.

Tab. 4 Korrelationen und standardisierte Regressionsgewichte der Mittelwertskala über die vier Flüchtlingsfragen mit den zusätzlichen unabhängigen Variablen

	2016		2018	
Weitere unabhängige Variablen	Korrelation R	Stand. Gewicht β	Korrelation R	Stand. Gewicht β
Politiker uninteressiert	-0,288***	-0,259***	-0,359***	-0,317***
Ruhe und Ordnung	-0,214***	-0,155***	-0,197***	-0,134***
Selbsteinstufung	-0,297***	-0,258***	-0,343***	-0,292***
Osten	-0,085***	-0,069***	-0,120***	-0,098***
	N = 2.298	R^2 = 19,0 %***	N = 2.424	R^2 = 25,2 %***

Daten: ALLBUS 2016 und 2018; n.s. nicht signifikant; (*) 10 %: * 5 %; ** 1 %; *** 0,1 %

Flüchtlingen als Risiko bzw. Chance betrachtet werden. Da die vier Flüchtlingsfragen untereinander hoch korrelieren (vgl. Tab. 2) berechnen wir zunächst für jede befragte Person den Mittelwert der Flüchtlingsfragen und interpretieren diesen als generelle *Risiken-Chancen- Skala gegenüber Flüchtlingen.*[19] Tab. 4 zeigt zum einen die Korrelationen dieser Skala mit den vier zusätzlichen Variablen sowie die standardisierten Regressionsgewichte der multiplen Regressionen der Risiken-Chancen-Skala auf diese vier Variablen 2016 und 2018. Die Analyse bezieht hier wieder nur die Fälle ein, die eine der sechs derzeit im Bundestag vertretenen Parteien wählen wollen.

Tab. 4 ist zu entnehmen, dass sämtliche Korrelationen und Regressionsgewichte negativ sind. Inhaltlich bedeutet das, dass Flüchtlinge umso eher als Chancen statt als Risiken wahrgenommen werden, wenn die Meinung, PolitikerInnen seien uninteressiert, abgelehnt wird, je unwichtiger Ruhe und Ordnung als politisches Ziel bewertet wird, je weiter links sich eine Person einordnet und wenn sie im Westen statt im Osten lebt. Die Höhe der Werte spricht für geringe bis mittlere Zusammenhänge. Wie bereits bei der multinomialen Regression sind die meisten Werte 2018 höher als 2016. Dies kann als ein weiterer Hinweis gedeutet werden, dass sich die Bewertung von Flüchtlingen als längerfristige Konfliktlinie herausbildet und sich negative Bewertungen von Flüchtlingen mit anderen politischen Vorstellungen fester verknüpfen. Insgesamt erklären die vier

[19] Weist eine der Variablen bei einem Fall einen fehlenden Wert auf, wird hier wie im Folgenden die Zahl der Summanden, die in die Mittelwertberechnung eingehen, reduziert. Wenn z. B. nur eine Frage beantwortet wird, wird der Mittelwert mit diesem Antwortwert gleichgesetzt.

zusätzlichen Fragen 2016 immerhin 19 % der Unterschiede (Variationen) zwischen den Antworten der Befragten bei der Risiko-Chancen-Skala und 2018 sogar gut 25 %.

4.2.3 Berücksichtigung der Kontrollvariablen bei der Prognose des Wahlverhaltens

In Tab. 5 sind die Ergebnisse der multinomialen logistischen Regression festgehalten, wenn zu den Flüchtlingsbewertungen aus Tab. 3 zusätzlich die vier unabhängigen Variablen zur Vorhersage der Wahlabsicht in den beiden ALLBUS-Umfragen 2016 und 2018 herangezogen werden. Bei der Erklärungskraft fällt auf, dass diese durch die zusätzlichen unabhängigen Variablen deutlich ansteigt: Die Devianzreduktion erhöht sich 2016 von 5,5 % um 9,6 % auf 15,1 % und 2018 sogar um 10,1 % von 6,9 % auf 17,0 %. Die vier zusätzlichen Variablen verbessern die Prognosekraft bei der Wahlabsicht also sehr deutlich. Dies wird an den in der Tabelle wiedergegebenen Effekten deutlich.

Ist man der Meinung, dass sich PolitikerInnen für die Probleme der einfachen Leute *nicht interessieren,* statt diese Meinung abzulehnen, steigen die Chancen der AfD zu allen anderen Parteien bzw. sinken die Chancen der übrigen Parteien. Am stärksten gilt dies 2016 für die CDU/CSU, bei der das Verhältnis der Personen mit CDU/CSU-Wahlabsicht zur AfD-Wahlabsicht um 78,2 % sinkt. Kaum geringer sind die Werte für die FDP mit -73,3 % und Grüne mit -71,5 %. Bei der SPD sind es noch -65,5 % und bei der Linken -21,9 % (dieser letzte Wert ist aufgrund der relativ geringen Fallzahlen von Linken und AfD selbst bei 10 % Irrtumswahrscheinlichkeit nicht signifikant). Im ALLBUS 2018 sind die Effekte von CDU/CSU, SPD, Grünen und FDP zur AfD geringer, aber weiterhin signifikant. Der negative Effekt im Verhältnis Linke zu AfD steigt dagegen zwischen 2016 und 2018 an und erreicht nun zumindest die 10 %-Signifikanzschwelle. Die Zustimmung zur Meinung, dass PolitikerInnen sich nicht für einfache Leute interessieren, unterscheidet also Personen mit einer Wahlabsicht zugunsten der AfD von Personen mit einer Wahlabsicht zugunsten einer anderen im Bundestag vertretenen Partei. Interessanterweise gilt das am wenigsten relativ zu WählerInnen der Linken.

Ein etwas anderes Bild ergibt sich bei der *Wichtigkeit von Ruhe und Ordnung.* Hier weisen CDU/CSU, FDP und SPD 2016 positive Werte relativ zur AfD auf, wobei allerdings nur der Effekt von CDU/CSU zur AfD signifikant ist. Die Chancen der AfD sinken umso mehr, je relativ wichtiger Ruhe und Ordnung für die Befragten sind. Bei Linken und Grünen sind die Effekte von Ruhe und Ordnung relativ zur AfD dagegen leicht negativ, aber beide nicht signifikant. Während die positiven Effekte von CDU/CSU, SPD und FDP zur AfD von 2016 nach 2018

Tab. 5 Effekte der Bewertung von Flüchtlingen auf die relativen Risiken der beabsichtigten Parteienwahl bei Drittvariablenkontrolle

Relative Risikoquotienten von	CDU/CSU zu AfD	SPD zu AfD	FDP zu AfD	Grüne zu AfD	Linke zu AfD
Sozialstaat					
2016	+39,1 %*	+53,7 %**	-0,1 %n.s.	+43,9 %*	+40,1 %(*)
2018	+60,9 %**	+79,4 %***	+32,8 %n.s.	+73,1 %**	+69,9 %**
Sicherheit					
2016	+79,3 %***	+72,8 %***	+7,8 %**	+91,2 %***	+158,8 %***
2018	+80,9 %**	+100,6 %***	+86,5 %**	+94,4 %**	+85,0 %**
Zusammenhalt					
2016	+23,1 %(*)	+20,2 %n.s	+11,8 %n.s.	+40,8 %*	+5,1 %n.s.
2018	+41,2 %**	+42,0 %**	+58,6 %**	+70,1 %***	+82,5 %***
Wirtschaftl. Lage					
2016	+44,0 %***	+40,7 %**	+98,1 %***	+68,0 %***	+32,7 %*
2018	+26,3 %*	+8,4 %n.s.	+38,3 %**	+68,1 %***	+5,8 %(n.s.)
PolitikerInnen uninteressiert					
2016	-78,2 %***	-65,5 %***	-73,3 %***	-71,5 %**	-21,9 %n.s.
2018	-65,7 %***	-56,4 %***	-42,3 %*	-50,8 %**	-39,4 %(*)
Ruhe und Ordnung					
2016	+36,0 %***	+4,0 %n.s.	+13,6 %n.s.	-7,1 %n.s.	-12,9 %n.s.
2018	+34,1 %***	+2,5 %n.s.	-0,9 %n.s.	-16,9 %(*)	-19,1 %(*)
Selbsteinstufung					
2016	-17,2 %***	-45,7 %***	-20,4 %***	-50,5 %***	-65,7 %***
2018	-30,8 %***	-57,8 %***	-30,4 %***	-59,8 %***	-75,7 %***
Osten					
2016	-58,6 %***	-61,5 %***	-75,5 %***	-71,8 %***	+49,5 %(*)
2018	-46,7 %***	-54,4 %***	-56,0 %***	-80,4 %***	+9,9 % n.s.

2016: Daten: ALLBUS 2016; N = 2.243, eig. Berechnung, Devianzred.: 15,1 %
2018: Daten: ALLBUS 2018, N = 2.368, eig. Berechnung, Devianzred.: 17,0 %
n.s. nicht signifikant; (*) 10 %: * 5 %; ** 1 %; *** 0,1 %

sinken, wobei der Effekt der FDP mit -0,9 % sogar leicht negativ wird, steigen die negativen Effekte von Grünen und Linken zur AfD 2018 an. Die Effekte erreichen 2018 die 10 %-Signifikanzschwelle. Ruhe und Ordnung für besonders wichtig zu halten, ist also eher kein Merkmal, dass mit einer AfD-Wahlabsicht korrespondiert.[20] Es kennzeichnet eher CDU/CSU-WählerInnen und scheint somit eher für eine konservative als für eine populistische Position zu stehen.

Bei der *Links-Rechts-Selbsteinstufung* sind die Effekte aller übrigen Parteien zur AfD 2016 wie 2018 negativ und signifikant. Am stärksten sind die Effekte von Linken – vor den Grünen, der SPD, der FDP und schließlich der CDU/CSU. Berücksichtigt man, dass die Skala mit 10 Stufen eine deutlich größere Spannweite aufweist, sind die maximalen Effekte sehr hoch. Zwischen 2016 und 2018 nehmen die Effekte zudem noch zu. Die Bedeutung der Selbsteinstufung für die Parteienwahl wird auch deutlich, wenn man die Mittelwerte der Selbsteinstufung nach den Wahlabsichten gruppiert. Am weiteten links stufen sich im Durchschnitt Personen mit Wahlabsicht der Linken mit Werten vom 3,3 im ALLBUS 2016 und 3,2 im ALLBUS 2018, gefolgt von den Grünen mit 4,2 2016 und ebenfalls 4,2 2018, der SPD mit 4,6 2016 und 4,4 2018, der FDP mit 5,6 2016 und 5,5 2018, der CDU/CSU ebenfalls mit 5,6 2016 und 5,5 2018 sowie schließlich der AfD mit 6,3 2016 und 6,6 2018. Die AfD-WählerInnen positionieren sich selbst also deutlich rechts von den übrigen Parteien, mit Abstand sogar zu CDU/CSU und FDP. Die letzten beiden Parteien liegen sehr eng beieinander. Die AnhängerInnen der meisten Parteien ordnen sich selbst 2018 gleich oder ganz geringfügig weiter links ein als 2016. Nur bei der AfD gibt es den entgegengesetzten Trend: AnhängerInnen dieser Partei sehen sich 2018 selbst etwas weiter rechts als 2016.

In den *neuern Bundesländern* liegen bei der Wahlabsicht die Chancenverhältnisse von Linken und AfD über den anderen Parteien, wobei die Linke noch vor der AfD profitiert. Allerdings ist dieser Effekt der Linken gegenüber der AfD nur 2016 bei 10 % Irrtumswahrscheinlichkeit signifikant. Gegenüber der AfD verlieren 2016 FDP und Grüne durch die Region am stärksten. 2018 sinkt der Effekt der FDP auf fast den Wert der SPD, während der negative Effekt der Grünen zur AfD weiter ansteigt. Inhaltlich weist dieses Ergebnis darauf hin, dass es offenbar weiterhin ein unterschiedliches Wahlverhalten in den alten und neuen Bundesländern gibt. Davon profitieren Linke und AfD, die trotz ihrer Bemühungen um eine gesamtdeutsche Wählerschaft ihre Schwerpunkte im Osten haben.

[20] Ein vergleichbares Ergebnis berichtet Reuband (2021, Tab. 3) in einem Vergleich der Teilnehmer von PEGIDA-Demonstranten mit der Dresdner Bevölkerung, bei der u. a. die Verteilungen aller vier Ziele des Inglehart-Index verglichen wurden. Hier wurde das Ziel „Ruhe und Ordnung" von den PEGIDA-Demonstranten zwar seltener als in der Bevölkerung an letzter Stelle genannt, aber auch seltener an erster Stelle.

Aufgrund des deutlichen Effekts der vier zusätzlichen Variablen auf die Wahlabsicht wäre bei Unkorreliertheit dieser Variablen mit den Flüchtlingsfragen damit zu rechnen, dass auch die Effekte der Flüchtlingsfragen leicht ansteigen, wenn die zusätzlichen Variablen berücksichtigt werden. Das Gegenteil ist aber zu beobachten. Sowohl 2016 wie 2018 sind in Tab. 5 die meisten Effekte der Flüchtlingsfragen bei Berücksichtigung der vier zusätzlichen Variablen geringer als die oder gleichbleibend mit den korrespondierenden Effekten aus Tab. 3. Dies weist darauf hin, dass ein Teil der Prognosekraft der Flüchtlingsfragen für die Parteienwahl nicht nur durch unterschiedliche Bewertungen von Flüchtlingen, sondern auch durch ihre Korrelationen mit unterschiedlichen Beurteilungen von Parteien als uninteressiert, der relativen Wichtigkeit von Ruhe und Ordnung, der Links-Rechts-Selbsteinstufung und durch das Leben in alten bzw. neuen Bundesländern hervorgerufen wird. Sobald diese Variablen explizit in die Regression aufgenommen werden, reduziert dies die Vorhersagekraft der vier Flüchtlingsfragen.

Diese ist aber durchaus weiterhin vorhanden. Außerdem steigen weiterhin bei drei der vier Flüchtlingsfragen die Effekte von 2016 nach 2018 an. Nur bei der Beurteilung der wirtschaftlichen Lage durch Flüchtlinge nehmen selbst bei Kontrolle durch die vier weiteren Variablen die Effekte der übrigen Parteien zur AfD ab. Insgesamt zeigt sich somit auch bei Kontrolle durch diese Variablen, dass die Beurteilung von Flüchtlingen offenbar einen eigenständigen Effekt auf das Wahlverhalten hat, dass dieser Effekt zwischen 2016 und 2018 zunimmt, und dass dies auch tendenziell für den Zusammenhang mit anderen längerfristigen Determinanten der Wahlabsicht gilt. Dies weist darauf hin, dass die Migration nach Deutschland vermutlich kein kurzfristiges Issue ist, dass vor allem durch die Einwanderung von Flüchtlingen 2015 kurzfristig Einfluss hatte, sondern dass es eher die Tendenz gibt, dass die Migrationsbewertung eine längerfristige Spannungslinie ist bzw. sich dahin entwickelt. Zudem sprechen die ALLBUS-Daten dafür, dass von einer negativen Bewertung im Sinne von Risiken durch Flüchtlinge vor allem die AfD profitiert, indem sie diese Spannungslinie aufgreift und ein Wählerpotential an sich bindet, das sich von den WählerInnen anderer Parteien unterscheidet.

5 Zusammenfassung und Diskussion der Ergebnisse

Es ist zu erwarten, dass bedeutsame Ereignisse sich auf das Wahlverhalten der Bevölkerung in einem Staat auswirken. Insofern sollten auch die Ereignisse um die stark zunehmende Migration von Flüchtlingen 2015 einen Effekt haben, zumal die AfD als eine neue Partei sich mit diesem Thema zu profilieren versuchte. Unser Interesse gilt dabei der Frage, ob die Haltung zu Migration und Integration nicht nur ein kurzfristiges relevantes Thema bei der Bundestagswahl 2017 war, sondern ob sich unterschiedliche Positionen zu Migration und Integration längerfristig im Sinne einer Spannungslinie aufbauen, die rechtspopulistische Parteien für sich nutzen können.

Zur Beantwortung dieser Fragestellung haben wir vier identisch formulierte Fragen im ALLBUS 2016 und 2018 untersucht, ob diese zur Prognose der Wahlabsicht in diesen beiden Jahren beitragen, ob sich die Prognosekraft verändert und ob sie bestehen bleibt, wenn weitere Größen berücksichtigt werden. Die Fragen erfassen, wie stark in Deutschland durch Flüchtlinge Chancen oder Risiken für Wirtschaft, Sozialstaat, Sicherheit und Zusammenleben bestünden. Dabei erwarteten wir, dass die Prognosekraft zwischen 2016 und 2018 sinkt, wenn das Migrationsthema nur kurzfristig relevant war und dies auch für den Zusammenhang mit anderen Größen der Fall sein sollte. Mit dem Umgekehrten ist dagegen zu rechnen, wenn sich das Migrationsthema in Richtung einer langfristigen Spannungslinie aufbaut.

Unsere Analysen zeigen, dass das zweite der Fall ist. Die Prognose- oder Erklärungskraft der vier Flüchtlingsfragen steigt von 2016 nach 2018, wobei vor allem der Kontrast von CDU/CSU, SPD, FDP Grünen und Linken zur AfD steigt. Dies lässt sich so deuten, dass Migration und Integration kein nur kurzfristig relevantes Thema ist, sondern sich zu einem offenbar längerfristigen Thema aufbaut, wobei vor allem die rechtspopulistische AfD von diesem Thema profitiert. Diese Sicht wird durch andere Daten bestätigt (vgl. Leibold und Kühnel 2021).

Unsere Auswertungen der ALLBUS-Daten legen ferner nahe, dass die Korrelation der Flüchtlingsfragen mit vier weiteren Variablen, die zur Prognose des Wahlverhaltens beitragen, über die Zeit zunimmt. In diesen weiteren Variablen wird die Zustimmung zur populistischen Aussage erfasst, dass sich PolitikerInnen nicht für die Probleme der einfachen Leute interessieren, die Wichtigkeit von Ruhe und Ordnung, die Selbsteinstufung auf der Links-Rechts-Dimension und der Wohnsitz in den alten bzw. in den neuen Bundesländern. Nimmt man diese Fragen in die Prognose des Wahlverhaltens mit auf, erhöht sich die Erklärungskraft deutlich. Während bei Kontrolle der zusätzlichen Variablen die Kontraste zur AfD bei 3 der 4 Fragen zwischen 2016 und 2018 steigen, gilt dies bei zusätzlichen Fragen nur für die Links-Rechts-Selbsteinstufung. Tatsächlich stufen sich WählerInnen der übrigen im Bundestag vertretenen Parteien 2018 gegenüber 2016 im Durchschnitt gleich oder etwas weiter links ein, während sich allein die WählerInnen der AfD etwas weiter rechts einstufen. Diese Ergebnisse lassen sich zum einen als weiterer Hinweis auffassen, dass das Migrationsthema für das Wahlverhalten längerfristig relevant bleibt. Wenngleich in der Corona-Pandemie die Flüchtlingszahlen nach Deutschland abgenommen haben, ist es nicht unwahrscheinlich, dass die Zahlen wieder zunehmen können.

Zum anderen scheint sich die AfD am rechten Flügel des Parteienspektrums zu etablieren. Was bedeutet das für den Versuch, die Ängste ihrer WählerInnen ernst zu nehmen und sie für die älteren Parteien zurückzugewinnen? Aus unserer Sicht kommt es darauf an, was mit Ängsten ernst nehmen gemeint ist, und wie man WählerInnen zurückgewinnen will. Angesichts der Etablierung der AfD rechts von den übrigen Parteien und den zunehmenden Kontrasten der AfD-WählerInnen zu den WählerInnen der übrigen Parteien scheint es uns wenig Erfolg versprechend, wenn die Parteien die AfD bei der Migrationsthematik rechts überholen wollen. Zielversprechender scheint uns eine Politik, die auf die Notwendigkeit von Migration in einer alternden Gesellschaft hinweist, ohne dabei Risiken zu unterschlagen.

Literatur

Adorno, Theodor W., Else Frenkel-Brunswik, Daniel J. Levinson, und R. Nevitt Sanford. 1950. *The Authoritarian Personality*. New York: Harper & Brothers.

Atteslander, Peter, und Hans-Ulrich Kneubühler. 1975. *Verzerrungen im Interview. Zu einer Fehlertheorie der Befragung*. Opladen: Westdeutscher Verlag.

Bade, Klaus J. 1984. Preußengänger und Abwehrpolitik: Ausländerbeschäftigung, Ausländerpolitik und Ausländerkontrolle auf dem Arbeitsmarkt in Preußen vor dem Ersten Weltkrieg. *Archiv für Sozialgeschichte* 24: 91 - 162.

Campbell, Angus, Philip E. Converse, Warren E. Miller, Donald E. Stokes. 1960. *The American Voter*. New York: Wiley.

Funke, Hajo, und Christiane Mudra. 2018. *Gäriger Haufen. Die AfD: Ressentiments, Regimewechsel und völkische Radikale. Handreichung zum demokratischen Widerstand.* Hamburg: VSA-Verlag.

Legge, Sandra. 2006. Anomia. Unsicher in der Orientierung, sicher in der Abwertung. In *Deutsche Zustände. Folge 4*, hrsg. von Wilhelm Heitmeyer, 86 - 110. Frankfurt a. M.: Suhrkamp Verlag.

Leibold, Jürgen, und Steffen Kühnel. 2021. Die gegenseitigen Wahrnehmungen und Einstellungen von Einheimischen und MigrantInnen. Ergebnisse aus der Umfrageforschung im Zeitverlauf bis 2019. In *Dabeisein und Dazugehören. Integration in Deutschland*, hrsg. von Haci-Halil Uslucan und Heinz Ulrich Brinkmann, XX - XX. 2. Aufl. Wiesbaden: Springer VS.

Lipset, Seymour Martin, und Stein Rokkan (Eds.). 1967. *Party Systems and Voter Alignments: Cross-National Perspectives*. New York. Free Press.

Reuband, Karl Heinz. 2021. Rechtspopulistischer Protest und (post-)materialistische Wertorientierungen. Teilnehmer des PEGIDA-Protests und Bevölkerung im Vergleich. *Zeitschrift für Politik* 68, 253–282.

Schnell, Rainer. 2012. *Survey-Interviews. Methoden standardisierter Befragungen*. Wiesbaden: VS Verlag für Sozialwissenschaften.

Sonnenberger, Barbara. 2003. Verwaltete Arbeitskraft: Die Anwerbung von Gastarbeiterinnen und Gastarbeitern durch die Arbeitsverwaltung in den 1950er und 1960er Jahren. In *Migration steuern und verwalten. Deutschland vom späten 19. Jahrhundert bis zur Gegenwart (IMIS-Schriften, Bd. 12)*, hrsg. von Jochen Oltmer, 145 - 174. Göttingen.

Stöss, Richard. 2000. *Rechtsextremismus im vereinten Deutschland* (Friedrich-Ebert-Stiftung: Abteilung Dialog Ostdeutschland). 3. Aufl. Berlin.

„Alternative für Russlanddeutschland"? Russlanddeutsche SpätaussiedlerInnen und die AfD

Peter Doerschler und Jannis Panagiotidis

Zusammenfassung

Vor der Bundestagswahl 2017 verfestigte sich in der öffentlichen Debatte ein Narrativ von der vermeintlichen AfD-Affinität russlanddeutscher SpätaussiedlerInnen. Systematische Erkenntnisse hierzu fehlten jedoch. In diesem Beitrag untersuchen wir das Wahlverhalten russlanddeutscher SpätaussiedlerInnen mit Fokus auf ihr Verhältnis zum Rechtspopulismus und im Vergleich mit anderen Herkunftsgruppen. Grundlage sind die Daten der Allgemeinen Bevölkerungsumfrage der Sozialwissenschaften (ALLBUS) aus den Jahren 2014, 2016 und 2018. Auf der Basis von Daten aus 23 Städten zur Bundestagswahl 2017 und den Landtagswahlen der Jahre 2016 - 2020 prüfen wir außerdem, ob ein hoher Bevölkerungsanteil dieser Gruppe ein signifikanter Prädiktor für einen hohen AfD-Stimmenanteil in einem Stadtteil ist. Unsere Ergebnisse zeigen, dass russlanddeutsche SpätaussiedlerInnen tatsächlich mit größerer Wahrscheinlichkeit rechtspopulistische oder rechtsextreme Parteien wählen als die untersuchten Vergleichsgruppen. Die Eigenschaft als russlanddeutsche SpätaussiedlerInnen wirkt dabei als eigenständiger Faktor, neben anderen signifikanten Kontrollvariablen. Auch der Anteil von russlanddeutschen SpätaussiedlerInnen auf Stadtteilebene korreliert statistisch signifikant positiv mit dortigen AfD-Stimmenanteilen. Mögliche Erklärungen der Befunde beziehen sich auf die

P. Doerschler (✉)
Department of Political Science, Bloomsburg University of Pennsylvania, Bloomsburg, USA
E-Mail: pdoersch@bloomu.edu

J. Panagiotidis
Research Center for the History of Transformations (RECET), Universität Wien, Wien, Österreich
E-Mail: jannis.panagiotidis@univie.ac.at

H. U. Brinkmann und K.-H. Reuband (Hrsg.), *Rechtspopulismus in Deutschland*,
https://doi.org/10.1007/978-3-658-33787-2_16

hybride Positionierung der russlanddeutschen SpätaussiedlerInnen in der bundesdeutschen (Migrations-)Gesellschaft sowie auf „neighbourhood effects" auf lokaler Ebene.

1 Russlanddeutsche SpätaussiedlerInnen als StammwählerInnen der extremen Rechten?

„Alternative für Russlanddeutschland" (Kaleta et al. 2017) – mit diesem reißerischen Titel brachte der Spiegel im Juni 2017 eine scheinbare Gewissheit zum Ausdruck, die sich kurz vor der letzten Bundestagswahl in der deutschen Öffentlichkeit verfestigt hatte: russlanddeutsche SpätaussiedlerInnen[1] wählen überdurchschnittlich oft die AfD. Besondere Schwerpunkte wurden dabei in Stadtteilen mit hohem Bevölkerungsanteil von SpätaussiedlerInnen ausgemacht. Deren verbreitete despektierliche Bezeichnung als „Klein-Moskau" lieferte dem Spiegel kurz darauf die nächste effektheischende Schlagzeile vom „Rechtsruck in Klein-Moskau" (Friedmann 2017). Dieses Narrativ von den AfD-treuen Russlanddeutschen war in allen Medien präsent (vgl. Petersen 2018). Es wurde auch von der AfD selber bedient, die sich durch die Übersetzung ihres Wahlprogramms ins Russische und die Aufstellung russlanddeutscher KandidatInnen das Image einer Partei der Russlanddeutschen gab. Die einzigen beiden Abgeordneten russlanddeutscher Herkunft im 19. Deutschen Bundestag, Anton Friesen und Waldemar Herdt, gehören der AfD-Fraktion an.[2]

So eindeutig die Lage schien, so wenig Handfestes war über das Wahlverhalten der russlanddeutschen SpätaussiedlerInnen bekannt. Lange Zeit galt es als ausgemachte Sache, dass sie mit großer Mehrheit die Unionsparteien wählen (vgl. Wüst 2002). Die Forschung schrieb dies ihrer konservativen und oft religiös geprägten Grundhaltung zu, aber auch ihrer fast schon sprichwörtlichen Dankbarkeit der CDU und besonders Bundeskanzler Helmut Kohl gegenüber, ihnen die

[1] „Spätaussiedler" ist eine Rechtskategorie für Zuwanderer aus Osteuropa, die gemäß der Definition des Bundesvertriebenengesetzes von 1953 „deutsche Volkszugehörige" bzw. deren Angehörige sind. Vor der Reform dieses Gesetzes Ende 1992 hieß die offizielle Kategorie „Aussiedler". Die Kategorie umfasst deutschstämmige Zuwanderer, die seit den frühen 1990er Jahren v. a. aus der ehemaligen Sowjetunion und ihren Nachfolgestaaten (Russlanddeutsche), vorher mehrheitlich aber aus Polen und Rumänien stammten. Zur besseren Unterscheidung verwenden wir in der Folge den Begriff „SpätaussiedlerInnen" in Bezug auf die Russlanddeutschen, in Bezug auf die Deutschen aus Polen und Rumänien sprechen wir von „AussiedlerInnen". Wenn alle diese Gruppen zusammen gemeint sind, sprechen wir von „(Spät-)AussiedlerInnen".

[2] Im 18. Bundestag (2013 - 2017) saß mit Heinrich Zertik (CDU) zum ersten Mal ein Abgeordneter russlanddeutscher Herkunft. Er schaffte 2017 aber den Wiedereinzug nicht.

Aussiedlung nach Deutschland ermöglicht zu haben (vgl. Goerres et al. 2020). Für linke Parteien seien sie aufgrund ihrer Erfahrungen mit dem Sowjetkommunismus und der feindseligen Haltung des einstigen SPD-Vorsitzenden Oskar Lafontaine den SpätaussiedlerInnen gegenüber hingegen kaum empfänglich. Die populistische und die extreme Rechte, z. B. die kurzlebige Partei Rechtsstaatliche Offensive und die NPD, versuchten ihrerseits schon früher, die Russlanddeutschen als WählerInnen und AktivistInnen zu umwerben, aber mit mäßigem Erfolg – nicht zuletzt deshalb, weil sie diese „fremden Deutschen" nie endgültig in ihr fremdenfeindliches Weltbild einordnen konnten (vgl. Golova 2006).

Erste Indizien, dass das Wahlverhalten der SpätaussiedlerInnen in Bewegung kam, lieferte ein Forschungsbericht des Sachverständigenrats deutscher Stiftungen für Migration und Integration (2016). Dieser zeigte, dass bereits zum Befragungszeitpunkt im Frühjahr und Sommer 2015, also noch vor dem endgültigen Durchbruch der AfD, 4,7 % der (Spät-)AussiedlerInnen aus allen osteuropäischen Herkunftsländern (einschließlich der ehemaligen Sowjetunion) ihre Präferenz für diese Partei äußerten – zu einem Zeitpunkt, als diese bei Deutschen ohne und mit Migrationshintergrund noch bei 1,8 % lag. Zuzüglich der ebenfalls überdurchschnittlichen 2,3 % für die Republikaner/NPD äußerten 2014 schon 7 % der (Spät-)AussiedlerInnen Präferenzen für Parteien im weit rechten Spektrum, gegenüber 3,1 % bei Deutschen ohne Migrationshintergrund und 0,5 % bei den Türkeistämmigen. Im Gesamtbild dominierte zu diesem Zeitpunkt bei den (Spät-)AussiedlerInnen aber noch die CDU/CSU mit 45,2 %, vor der SPD mit 25,6 % und der Linken mit 11,5 %. Dies entsprach weitgehend den Werten bei der Bevölkerung ohne Migrationshintergrund, anders als etwa bei den Türkeistämmigen, die zu diesem Zeitpunkt noch zu über 90 % Parteien links der Mitte präferierten.

In der Folge lieferten die Forschungen der Immigrantenwahlstudie (IMGES) der Universitäten Duisburg-Essen und Köln repräsentative Zahlen für das Wahlverhalten von Deutschen aus der ehemaligen Sowjetunion und von türkeistämmigen WählerInnen bei der Bundestagswahl 2017 (vgl. Goerres et al. 2018). Neben den fortbestehenden signifikanten Unterschieden zwischen diesen allgemein eher rechts der Mitte bzw. eher links der Mitte positionierten Wählergruppen zeigten sich bedeutsame Veränderungen im Detail: Die Hegemonie der CDU bei den russlanddeutschen SpätaussiedlerInnen war weiter zurückgegangen und lag mit 27 % unter dem Gesamtergebnis im Bund (32,9 %). Davon profitierte einerseits die AfD, die mit 15 % über dem bundesweiten Ergebnis von 12,6 % lag. Andererseits erwies sich aber auch die Linkspartei mit 21 % als besonders stark, sogar als zweitstärkste Kraft in dieser Wählergruppe. Bei den Türkeistämmigen lag wiederum die SPD mit 35 % bei weitem nicht mehr so deutlich vorne, wie noch wenige Jahre zuvor, während die CDU mit 20 % einen bemerkenswert hohen Zuspruch erhielt.

In diesem Beitrag nehmen wir Daten der Allgemeinen Bevölkerungsumfrage der Sozialwissenschaften (ALLBUS) aus den Jahren 2014, 2016 und 2018 als Grundlage, um das Wahlverhalten der SpätaussiedlerInnen zu erforschen.[3] Dabei fokussieren wir auf die russlanddeutschen SpätaussiedlerInnen, ziehen aber die Daten zu den AussiedlerInnen aus Polen und Rumänien zu Vergleichszwecken heran. Vor dem Hintergrund der hierzu geführten öffentlichen Diskussion und gemäß der Ausrichtung dieses Bandes konzentrieren wir uns auf das Verhältnis zum Rechtspopulismus. Neben der grundsätzlichen Frage, in welchem Maße russlanddeutsche SpätaussiedlerInnen die AfD (oder andere, noch weiter rechts positionierte Parteien) wählen, interessieren uns die Korrelate dieser Wahlentscheidungen: Ist die Eigenschaft als SpätaussiedlerIn für sich genommen ein signifikanter Faktor, um den Zuspruch zu rechtspopulistischen Parteien zu erklären, oder ist dieser ein Effekt anderer Eigenschaften dieser Kohorte? Unsere Kontrollvariablen konstruieren wir dabei in Anlehnung an jüngere Forschungen, die sozioökonomische *und* kulturell-ideologische Faktoren als relevant für die Erklärung rechtspopulistischen Wählens identifizieren (vgl. Norris und Inglehart 2019). Des weiteren werden wir noch den vom Spiegel evozierten „Rechtsruck in Klein-Moskau" gesondert in den Blick nehmen. Auf Grundlage von Daten aus insgesamt 23 Städten zur Bundestagswahl 2017 sowie den Landtagswahlen der Jahre 2016 - 2020 werden wir der Frage nachgehen, inwieweit ein hoher Bevölkerungsanteil von russlanddeutschen SpätaussiedlerInnen ein signifikanter Prädiktor für einen hohen AfD-Stimmenanteil in einem Stadtteil ist. Abschließend werden wir vor dem Hintergrund existierender Erklärungsmodelle zu den Wahlerfolgen rechtspopulistischer Parteien Ansätze zur Erklärung des spezifischen Wahlverhaltens der SpätaussiedlerInnen formulieren.

2 Hintergründe

(Spät-)Aussiedlermigration war ein Phänomen des Kalten Krieges und seiner Folgen. Aus der ursprünglichen Aufnahme der „Nachzügler" der Vertreibung der deutschen Minderheiten aus Osteuropa am Ende des Zweiten Weltkrieges wurde

[3] Die ALLBUS-Umfrage wird alle zwei Jahre unter einem repräsentativen Querschnitt der erwachsenen Wohnbevölkerung aus dem Einwohnermelderegister durchgeführt. Die Erhebungsmethode sind persönlich-mündliche Interviews. Fragebögen sind auf Deutsch, was einen potenziellen Bias zuungunsten von Zugewanderten mit schlechteren Deutschkenntnissen schafft. Die Daten sind verfügbar über GESIS.

ein beständiger Migrationskanal, durch den schon vor der Lockerung der strengen Ausreiseregime der sozialistischen Staaten in Osteuropa und der Sowjetunion im Jahr 1987 über 1,3 Mio. Menschen in die Bundesrepublik Deutschland kamen. Weitere 3,2 Mio. kamen in der Folge. Hauptherkunftsland war lange Zeit Polen, das schon Ende der 1950er und Mitte der 1970er Jahre die Ausreise deutschstämmiger Personen in größerer Zahl erlaubte, und von wo zwischen 1987 und 1992 weitere 850.000 AussiedlerInnen nach Deutschland kamen. Auch Rumänien sah seit Ende der 1960er Jahre einen stetigen Exodus seiner deutschen Minderheit, der mit der Abwanderung von über 111.150 Menschen im Jahr 1990 – unmittelbar nach dem Sturz Ceausescus – einen dramatischen Höhepunkt fand. In den 1990er Jahren wurden dann die Sowjetunion und ihre Nachfolgestaaten (besonders die Russische Föderation und Kasachstan) zum wichtigsten Herkunftsland von SpätaussiedlerInnen, über zwei Mio. Menschen siedelten von dort in die Bundesrepublik Deutschland aus (vgl. Panagiotidis 2015).

Anders als andere ZuwanderInnen erhielten AussiedlerInnen und SpätaussiedlerInnen aufgrund ihrer Eigenschaft als deutsche Volkszugehörige bei ihrer Ankunft in Deutschland automatisch die deutsche Staatsangehörigkeit, und damit das aktive und passive Wahlrecht. Sie sind somit die größte migrantische Wählergruppe in Deutschland. Laut Mikrozensus lebten 2018 noch 2,64 Mio. (Spät-) AussiedlerInnen im Land, wobei dies wohlgemerkt nur die erste Generation und nicht ihre Nachkommen umfasst. Die genauen Anteile der unterschiedlichen Herkunftsgruppen sind dabei schwierig zu beziffern. Auf Grundlage der Aufnahmestatistiken ist aber von einem Verhältnis von mindestens 60 % russlanddeutschen, 25 - 30 % polendeutschen und 10 % rumäniendeutschen (Spät-)AussiedlerInnen auszugehen.

Charakteristisch für die Situation der SpätaussiedlerInnen in der bundesdeutschen Migrationsgesellschaft ist ihre Position als deutsche Zugewanderte. In der überkommenen Dichotomie zwischen „Deutschen" und „Ausländern" nehmen sie eine hybride Position ein. Vom rechtlichen und politischen Anspruch her gehören sie zur Mehrheitsgesellschaft und wollen „als Deutsche unter Deutschen leben". Soziologisch betrachtet befinden sie sich aber häufig in der Position einer als fremd wahrgenommenen Minderheit. Dieser für ko-ethnische Migrationen durchaus typische Zustand wurde in der Forschung mit Formeln wie „zuhause fremd" beschrieben (vgl. Ipsen-Peitzmeier und Kaiser 2006). Bei der Interpretation ihres Wahlverhaltens ist dieser identitätspolitisch prekäre Zustand der Russlanddeutschen neben ihren im nächsten Abschnitt dargelegten sozioökonomischen Eigenschaften mitzudenken.

3 Sozialprofil

Da ALLBUS keine Frage zur möglichen (Spät-)Aussiedlereigenschaft der Befragten enthält, konstruierten wir ein Sample anhand einer Reihe von notwendigen Charakteristika (vgl. Tab. 1). Dies geschah einzeln für die Jahre 2014, 2016 und 2018 sowie für die drei Surveys kumuliert. Um als (Spät-)AussiedlerIn zu gelten muss eine Person deutsche/r StaatsbürgerIn sein, eine Mutter und/oder einen Vater aus ausgewählten postsozialistischen Staaten Osteuropas haben (ehemalige UdSSR, Russische Föderation, Ukraine, Kasachstan, Polen, Rumänien), sowie eine der folgenden Bedingungen erfüllen: Die Person muss entweder nach dem Jahr 1970 nach Deutschland immigriert sein oder in Deutschland geboren und zum Befragungszeitpunkt höchstens 45, 47 oder 49 Jahre alt gewesen sein.[4]

Über die drei Surveyjahre konnten wir 440 Personen identifizieren, die diese Kriterien erfüllen, was 4,2 % aller Befragten entspricht. Aufgeschlüsselt sind dies 139 Personen im Jahr 2014 (4,0 %), 130 Personen im Jahr 2016 (3,7 %) und 171 Personen (4,9 %) im Jahr 2018. Zum Vergleich: Der Anteil der (Spät-)AussiedlerInnen ab 18 Jahre an der erwachsenen Bevölkerung der Bundesrepublik Deutschland betrug laut Mikrozensus im Jahr 2014 4,4 %, im Jahr 2016 4,5 % und im Jahr 2018 3,8 %. Allerdings erfasst der Mikrozensus (Spät-)AussiedlerInnen nur in der ersten Generation, während wir hier auch die zweite

[4] Durch den Bezug auf das Jahr 1970 stellen wir sicher, dass unser Sample keine Heimatvertriebenen der Nachkriegszeit umfasst, die teilweise ebenfalls aus diesen Herkunftsländern stammten, aber soziologisch von den (Spät-)AussiedlerInnen unterschieden werden müssen. Die zwischen 1950 und 1970 in geringem Ausmaß stattfindende Aussiedlermigration bleibt hier unberücksichtigt, was uns angesichts des zeitlichen Abstands gerechtfertigt erscheint und quantitativ kaum ins Gewicht fallen dürfte. Die in diesen Ländern geborenen Eltern von nach 1970 in Deutschland geborenen Personen können prinzipiell dieser früheren Aussiedlergeneration angehören; da Angaben zum Zuwanderungsjahr der Eltern fehlen, können wir dies nicht mit Genauigkeit bestimmen. Es handelt sich hier aber um vernachlässigbare Zahlen. Dadurch, dass Personen aus den ehemaligen deutschen Ostgebieten im ALLBUS-Sample gesondert erfasst sind, ist die Unterscheidung zwischen Nachkriegsvertriebenen, die in ihrer Mehrzahl aus diesen Gebieten stammten, und den AussiedlerInnen auch auf der Ebene der Eltern weitgehend sichergestellt. In allen Fällen gilt, dass wir über die Hintergründe und den Migrationsstatus der einzelnen Personen keine Aussage treffen können. Prinzipiell könnten hier nicht nur (Spät-)AussiedlerInnen, sondern auch anderweitig eingebürgerte MigrantInnen aus diesen Ländern erfasst sein, beispielsweise jüdische Kontingentflüchtlinge aus der ehemaligen Sowjetunion. Aus den Angaben zum religiösen Bekenntnis geht aber hervor, dass sich im gesamten Sample nur eine Person jüdischen Glaubens befindet (im ALLBUS 2018). Wegen des privilegierten Zugangs der (Spät-)AussiedlerInnen zur deutschen Staatsbürgerschaft ist davon auszugehen, dass die große Mehrzahl unseres Samples diesen Hintergrund teilt. Trotzdem ist es mit der gesetzlichen Definition der Kategorie (Spät-)Aussiedler nicht vollständig identisch.

Tab. 1 Wer sind die (Spät-)AussiedlerInnen?

	2014	2016	2018	Total
Befragte ALLBUS gesamt	3.471	3.490	3.477	10.438
Deutsche Staatsangehörigkeit	3.209 (92,5 %)	3.240 (92,9 %)	3.247 (93,5 %)	9.696 (92,9 %)
Herkunftsland: Vater				
Polen	47 (1,4 %)	57 (1,7 %)	53 (1,5 %)	157 (1,5 %)
Rumänien	24 (0,7 %)	38 (1,1 %)	36 (1,0 %)	98 (0,9 %)
UdSSR	1 (0,03 %)	80 (2,3 %)	107 (3,1 %)	188 (1,8 %)
Russische Föderation	114 (3,3 %)	5 (0,2 %)	13 (0,4 %)	132 (1,3 %)
Ukraine	7 (0,2 %)	5 (0,2 %)	10 (0,3 %)	22 (0,2 %)
Kasachstan	13 (0,4 %)	4 (0,1 %)	10 (0,3 %)	27 (0,3 %)
Herkunftsland: Mutter				
Polen	47 (1,4 %)	71 (2,0 %)	47 (1,3 %)	165 (1,6 %)
Rumänien	20 (0,6 %)	28 (0,8 %)	40 (1,2 %)	88 (0,9 %)
UdSSR	1 (0,03 %)	86 (2,5 %)	116 (3,3 %)	203 (2,0 %)
Russische Föderation	111 (3,2 %)	4 (0,1 %)	9 (0,3 %)	124 (1,2 %)
Ukraine	7 (0,2 %)	4 (0,1 %)	10 (0,3 %)	21 (0,2 %)
Kasachstan	14 (0,4 %)	4 (0,1 %)	10 (0,3 %)	28 (0,3 %)
Geburtsland und Alter				
Deutschland und ≤45 Jahre alt	1.135 (32,7 %)	1.168 (33,5 %)	1.219 (35,1 %)	3.522 (33,7 %)
oder		≤47	≤49	
Ausland und Einwanderung 1970 oder später	403 (11,6 %)	389 (11,1 %)	420 (12,1 %)	1.212 (11,6 %)
(Spät-)AussiedlerInnen gesamt	139 (4,0 %)	130 (3,7 %)	171 (4,9 %)	440 (4,2 %)
Russlanddeutsche SpätaussiedlerInnen[a]	107 (3,1 %)	78 (2,2 %)	116 (3,3 %)	301 (2,9 %)
AussiedlerInnen aus Polen/Rumänien	32 (0,9 %)	52 (1,5 %)	55 (1,6 %)	139 (1,3 %)

Daten aus: Allbus 2014 (Nr. 5240), 2016 (Nr. 5250), 2018 (Nr. 5272)
[a]Eltern aus UdSSR, Russische Föderation, Ukraine, Kasachstan

Tab. 2A Soziales Profil, in %

	Russlanddeutsche SpätaussiedlerInnen				AussiedlerInnen PL/RO	Deutsche ohne MH[1]	Personen mit MH[2]	TürkInnen[3]	MuslimInnen
	2014	2016	2018	2014 - 2018	2014 - 2018				
Soziodemografische Merkmale									
Männlich	39,7	55,9	52,1	48,7	51,0	50,6	48,2	59,5	59,4
Weiblich	60,3	44,1	47,9	51,3	49,0	49,4	51,8	40,5	40,6
Deutsche Staatsangehörigkeit	100	100	100	100	100	100	61,5	51,4	44,8
Geburt im heutigen Deutschland	11,2	11,5	14,5	12,5	33,6	96,7	38,1	48,9	38,2
Durchschnittsalter (in Jahren)	40,41	41,52	42,21	41,39	38,62	51,69	49,08	37,79	36,63
Konfession									
Evangelisch	43,0	43,1	60,0	49,5	18,5	35,1	18,9	1,5	–
Katholisch	24,7	15,5	10,9	17,0	56,5	30,3	28,2	0,6	–
Andere Christliche Religionsgemeinschaft	11,7	11,7	9,9	11,0	7,8	0,9	8,1	6,6	–
Nicht Christliche Religionsgemeinschaft	0,5	2,3	2,1	1,6	–	0,2	17,6	78,7	100
Keine Religionsgemeinschaft	20,1	27,4	17,2	20,9	17,1	33,4	27,2	12,6	–

(Fortsetzung)

Tab. 2A (Fortsetzung)

	Russlanddeutsche SpätaussiedlerInnen				AussiedlerInnen PL/RO	Deutsche ohne MH[1]	Personen mit MH[2]	TürkInnen[3]	MuslimInnen
	2014	2016	2018	2014 - 2018	2014 - 2018				
Geografische Verteilung									
Bundesland									
Baden-Württemberg	20,2	17,3	13,6	16,9	18,2	12,5	16,3	20,0	15,1
Bayern	21,3	14,1	7,3	14,1	20,8	15,8	16,6	8,2	8,1
Niedersachsen	14,6	12,6	15,7	14,5	10,5	11,1	7,2	5,9	6,5
Nordrhein-Westfalen	23,5	23,6	29,2	25,7	27,7	18,7	23,8	37,2	36,8
Andere westliche Länder	17,3	23,6	33,8	25,2	18,5	23,2	26,8	26,8	30,1
Länder der ehem. DDR	3,1	8,8	0,5	3,6	4,2	18,6	9,2	1,9	2,2
Politische Gemeindegrößenklasse									
weniger als 100 000 Einwohner	71,0	76,7	76,7	74,6	66,0	74,0	59,7	52,1	47,5
100 000 und mehr Einwohner	29,0	23,3	23,3	25,4	34,0	26,0	40,3	47,9	52,5

Daten aus: ALLBUS 2014 (Nr. 5240), 2016 (Nr. 5250), 2018 (Nr. 5272)

[1]Deutsche ohne Migrationshintergrund: Deutsche StaatsbürgerInnen, deren Eltern aus Deutschland oder ehemals deutschen Gebieten stammen

[2]Personen mit Migrationshintergrund: AusländerInnen oder im Ausland (als AusländerIn) geboren oder mindestens ein Elternteil nicht deutscher Herkunft

[3]Türkische StaatsbürgerInnen oder mindestens ein Elternteil türkischer Herkunft

Generation mit einbeziehen. Von daher ist unser Sample in dieser Hinsicht alles in allem als repräsentativ zu betrachten. Das Subsample der russlanddeutschen SpätaussiedlerInnen umfasst Personen aus den Herkunftsländern Russische Föderation, Ukraine, Kasachstan und der ehemaligen UdSSR, die teilweise noch als Herkunftsland angegeben wurde. Der Anteil von 2,9 % am Gesamtsample über die drei Surveyjahre entspricht dabei ziemlich genau dem Anteil der erwachsenen Bevölkerung aus diesen Herkunftsländern an der deutschen Bevölkerung ab 18 laut Mikrozensus (2014: 2,7 %; 2016: 2,8 %; 2018: 3,5 %). Zwar umfasst die Anzahl im Mikrozensus auch AusländerInnen, die in unserem Sample nicht enthalten sind. Dafür fehlen dort teilweise in Deutschland geborene Nachkommen von deutschen StaatsbürgerInnen aus diesen Herkunftsländern, die bereits im eigenen Haushalt leben. Von daher ist dieses Subsample ebenfalls als zahlenmäßig repräsentativ zu sehen. Dies gilt im Wesentlichen auch für den Anteil der russlanddeutschen SpätaussiedlerInnen an allen (Spät-)AussiedlerInnen.

Um ein schärferes Sozialprofil der hier primär untersuchten russlanddeutschen SpätaussiedlerInnen zeichnen zu können, betrachten wir in der Folge verschiedene Indikatoren – soziodemografische Merkmale, Konfession, geografische Verteilung, Bildungsgrad, Einkommen, subjektive Schichtzugehörigkeit, Berufstätigkeit, subjektive Einschätzungen der Wirtschaftslage und Gesundheitszustand – im Vergleich mit fünf weiteren Herkunftsgruppen: AussiedlerInnen aus Polen und Rumänien, Deutsche ohne Migrationshintergrund, Personen mit Migrationshintergrund, Türkeistämmige (hier der Einfachheit halber auch als „TürkInnen" bezeichnet) und MuslimInnen. Deutsche ohne Migrationshintergrund sind dabei Personen, die deutsche StaatsbürgerInnen sind und deren Eltern ebenfalls aus Deutschland oder ehemals deutschen Gebieten stammen. Personen mit Migrationshintergrund sind ausländische StaatsbürgerInnen oder außerhalb Deutschlands geboren oder haben Mutter und/oder Vater nicht deutscher Herkunft.[5] Türkeistämmige sind entweder türkische Staatsbürgerinnen oder haben Mutter und/oder Vater türkischer Herkunft. MuslimInnen schließlich identifizieren sich über ihre Angabe zur eigenen Religion.

Tab. 2A ist zu entnehmen, dass die russlanddeutschen SpätaussiedlerInnen zwar – in unserem Sample per definitionem – deutsche StaatsbürgerInnen sind, aber von allen Vergleichsgruppen den geringsten Anteil von in Deutschland geborenen Personen haben. Angesichts einer durchschnittlichen Aufenthaltsdauer in Deutschland von 22,5 Jahren (Stand 2018) ist die Anzahl der Angehörigen der

[5] (Spät-)AussiedlerInnen, die nach der statistischen Definition auch zur Bevölkerung mit Migrationshintergrund zählen, sind hier nicht erfasst. Unsere Teilsamples „(Spät-)AussiedlerInnen" und „Bevölkerung mit Migrationshintergrund" sind also eindeutig voneinander unterschieden.

zweiten Generation, die bereits die Volljährigkeit erreicht haben, noch nicht so hoch wie etwa bei den schon länger etablierten Türkeistämmigen.[6] Sie sind im Vergleich zur Gesamtbevölkerung ohne und mit Migrationshintergrund (MH) vergleichsweise jung, aber im Schnitt etwas älter als die übrigen AussiedlerInnen, TürkInnen und MuslimInnen. In konfessioneller Hinsicht sind sie sehr viel häufiger evangelisch als die Bevölkerung ohne Migrationshintergrund, aber auch als die übrigen AussiedlerInnen, bei denen vor allem unter jenen aus Polen sowie den Banater Schwaben aus Rumänien der Katholizismus dominiert. Immerhin 11 % gehören anderen christlichen Denominationen an, überwiegend der russischen Orthodoxie. Nur 1,6 % gehören nicht christlichen Religionsgemeinschaften an. Etwa ein Fünftel aller russlanddeutschen SpätaussiedlerInnen gehört keiner Religionsgemeinschaft an – ein deutlich geringerer Anteil als bei der Bevölkerung ohne Migrationshintergrund. Ihre geografische Verteilung im Bundesgebiet wiederum entspricht im aggregierten Sample 2014 - 2018 ziemlich genau den Proportionen, die der Mikrozensus nahelegt (vgl. Statistisches Bundesamt 2019, Tab. 5I). Dazu gehört die relativ gleichmäßige Verteilung auf die westlichen Bundesländer – eine Folge der Verteilungspolitik des Aussiedleraufnahmeregimes – sowie die starke Unterrepräsentanz in den ostdeutschen Bundesländern, in denen die Bevölkerung mit Migrationshintergrund insgesamt schwach vertreten ist. Bemerkenswerterweise entspricht ihre Verteilung zwischen Gemeinden unter und über 100.000 EinwohnerInnen fast exakt derjenigen der Bevölkerung ohne Migrationshintergrund, was im Vergleich mit den stärker in Großstädten konzentrierten migrantischen Vergleichsgruppen sehr ungewöhnlich ist.

In Sachen Bildungshintergrund weist Tab. 2B die russlanddeutschen SpätaussiedlerInnen in einer Mittelposition zwischen Bevölkerung ohne Migrationshintergrund sowie anderen AussiedlerInnen einerseits und TürkInnen bzw. MuslimInnen andererseits aus. Zwei Drittel von ihnen haben das Äquivalent eines Real- oder Hauptschulabschlusses. Dieser Befund entspricht ziemlich genau dem Profil, das sich aus der Analyse entsprechender Daten des Mikrozensus ergibt (vgl. Panagiotidis 2019, S. 50). Bezüglich ihrer Berufs- und Einkommenssituation ist das Bild gemischt. Ihr durchschnittliches monatliches Nettoeinkommen ist unter den Vergleichsgruppen mit das niedrigste, obwohl ihre Erwerbsbeteiligung mit die höchste ist. Russlanddeutsche SpätaussiedlerInnen arbeiten also viel,

[6] Die durchschnittliche Aufenthaltsdauer von 22,5 Jahren bezieht sich auf die im Mikrozensus erfassten ZuwanderInnen aus Kasachstan, die einen guten Näherungswert für die postsowjetischen SpätaussiedlerInnen abgeben. Vgl. Statistisches Bundesamt 2019, Tab. 3I. Zwar stammen bei weitem nicht alle postsowjetischen SpätaussiedlerInnen aus Kasachstan, aber praktisch alle ZuwanderInnen aus Kasachstan sind SpätaussiedlerInnen bzw. ihre Familienangehörigen. Vgl. Panagiotidis (2019, S. 48).

Tab. 2B Soziales Profil

	Russlanddeutsche SpätaussiedlerInnen				AussiedlerInnen PL/RO	Deutsche ohne MH	Personen mit MH	TürkInnen	MuslimInnen
	2014	2016	2018	2014 - 2018	2014 - 2018				
Allgemeiner Schulabschluss (in %)									
Schule, ohne Abschluss	2,3	1,6	1,1	1,7	0,9	1,0	4,2	15,9	13,3
Volks-/Hauptschulabschluss	18,9	21,2	16,6	18,6	12,0	27,9	29,1	30,4	29,9
Realschulabschluss	50,3	48,3	45,9	48,1	36,4	32,5	24,3	21,2	23,2
Fachhochschulreife („Fachabitur")	6,9	8,2	11,6	9,0	15,0	9,0	9,0	8,6	8,3
Hochschulreife (Abitur)	21,6	20,6	24,8	22,6	35,7	29,6	33,8	23,9	25,3
Hochschulabschluss	10,1	9,0	21,7	14,1	16,9	17,0	18,8	7,1	8,8
Einkommen									
Monatliches Nettoeinkommen (in €)	1.183,01	1.439,52	1.514,54	1.362,84	1.721,16	1.707,04	1.523,48	1.457,81	1.336,24
Subjektive Schichteinstufung (in %)									
Unter- bzw. Arbeiterschicht	48,0	40,8	44,9	44,9	28,9	25,2	33,8	42,9	47,6
Mittelschicht	48,0	56,1	51,8	51,6	61,1	61,0	55,5	52,8	48,0
Obere Mittel- und Oberschicht	4,0	3,0	3,3	3,5	9,5	13,9	10,8	4,3	4,4
Berufstätigkeit (in %)									
Hauptberufliche Erwerbstätigkeit, ganztags	49,8	49,9	51,0	50,3	55,7	44,6	39,0	50,3	45,4
Hauptberufliche Erwerbstätigkeit, halbtags	16,7	14,8	17,7	16,6	17,3	11,3	11,1	9,4	7,9
Nebenher erwerbstätig	7,8	3,6	5,2	5,7	6,0	5,7	5,8	11,2	9,4
Nicht erwerbstätig	25,6	31,7	26,0	27,3	21,0	38,3	44,1	29,1	37,3
Arbeitslos und auf Arbeitssuche (in %)	7,7	6,6	4,2	5,7	2,6	2,7	4,1	8,9	9,1

(Fortsetzung)

Tab. 2B (Fortsetzung)

	Russlanddeutsche SpätaussiedlerInnen				AussiedlerInnen PL/RO	Deutsche ohne MH	Personen mit MH	TürkInnen	MuslimInnen
	2014	2016	2018	2014 - 2018	2014 - 2018				
Subjektive Einschätzungen[1]									
Wirtschaftslage in der heutigen BRD	3,57	3,70	3,90	3,73	3,74	3,68	3,77	3,48	3,67
Eigene Wirtschaftslage heute	3,41	3,45	3,67	3,52	3,59	3,69	3,62	3,39	3,46
Wirtschaftliche Lage BRD in 1 Jahr	2,98	2,67	2,91	2,87	2,85	2,80	2,90	2,90	3,04
Eigene wirtschaftliche Lage in 1 Jahr	3,34	3,27	3,26	3,29	3,39	3,14	3,22	3,27	3,37
Lebenszufriedenheit	7,49	7,64	8,04	7,74	7,82	7,78	7,64	7,26	7,22
Gesundheitszustand									
Gesundheitszustand Durchschnitt[2]	3,42	3,60	3,68	3,60	3,86	3,65	3,66	3,71	3,78
Weniger gut bis Schlecht (in %)	16,4	13,7	11,5	13,2	5,5	13,0	13,9	10,9	8,7

Daten aus: ALLBUS 2014 (Nr. 5240), 2016 (Nr. 5250), 2018 (Nr. 5272)

[1] Die Zahlen zur Einschätzung der Wirtschaftslage sind Durchschnittswerte auf einer Skala 1-5, wobei 5 einer Einschätzung als „sehr gut“ bzw. „wesentlich besser als heute“ entspricht. „Lebenszufriedenheit“ wird auf einer Skala 0 - 10 erhoben, wobei 10 „ganz und gar zufrieden“ entspricht

[2] Durchschnittswerte auf einer Skala 1 - 5, wobei 5 einer Einschätzung als „sehr gut“ entspricht

verdienen damit aber relativ wenig Geld. Dies bestätigen die Daten des Mikrozensus, die aber auch zeigen, dass die Haushaltseinkommen der russlanddeutschen SpätaussiedlerInnen fast das Niveau der Bevölkerung ohne Migrationshintergrund erreichen (vgl. Panagiotidis 2019, S. 52 - 54). Niedrige individuelle Einkommen werden also zu guten Haushaltseinkommen zusammengefasst. Ihre Arbeitslosigkeit liegt höher als die der anderen AussiedlerInnen und der Bevölkerung ohne Migrationshintergrund, aber niedriger als die von TürkInnen und MuslimInnen – auch dies in Übereinstimmung mit den Daten des Mikrozensus (vgl. Panagiotidis 2019, S. 51).

Ähnlich häufig wie TürkInnen und MuslimInnen – und damit sehr viel häufiger als die übrigen Vergleichsgruppen – schätzen sich russlanddeutsche SpätaussiedlerInnen als Angehörige der Unter- bzw. Arbeiterschicht ein. Diese subjektive Einschätzung korrespondiert nicht nur mit der skizzierten Einkommenssituation, sondern auch mit dem Befund, dass vor allem die Männer sehr viel häufiger als andere Gruppen im sekundären, also industriellen oder gewerblichen Sektor tätig sind, während die Frauen oft geringfügig im Dienstleistungssektor beschäftigt sind (vgl. Panagiotidis 2019, S. 52). Sie schätzen ihre wirtschaftliche Lage nicht viel schlechter ein als die Bevölkerung ohne Migrationshintergrund und sind hinsichtlich ihrer eigenen zukünftigen Situation sowie der des ganzen Landes sogar etwas optimistischer. Ihre Lebenszufriedenheit ist insgesamt mit die höchste der Vergleichsgruppen.

4 Politisches Profil

Tab. 3 gibt uns einen deskriptiven Einblick in das politische Profil der russlanddeutschen SpätaussiedlerInnen im Vergleich. ALLBUS beinhaltet zwei Variablen, die auf Parteipräferenzen und Wahlverhalten schließen lassen. Die erste ist die Wahlabsicht (ermittelt über die sogenannte Sonntagsfrage), die nach der hypothetischen Wahlentscheidung fragt, wenn nächsten Sonntag Bundestagswahl wäre. Die Tabelle zeigt Daten für alle drei Surveyjahre einzeln sowie kumuliert. Das zweite Item fragt nach der tatsächlichen Wahlentscheidung bei der letzten Bundestagswahl. Hier präsentieren wir in allen Fällen nur die aggregierten Daten der drei Umfragejahre, da in den Einzeljahren die Fallzahlen wegen gesplitteter Samples zu niedrig sind. Da sich die Angaben in zwei der drei Surveyjahre (2014 und 2016) auf die Bundestagswahl von 2013 beziehen – die vor dem elektoralen Durchbruch der AfD lag –, ist zu vermuten, dass ihre aggregierten Stimmenanteile tendenziell zu niedrig ausfallen. Die Angaben zur Wahlabsicht geben uns aber einen Eindruck von der Entwicklung im Zeitverlauf.

Tab. 3 Politisches Profil

	Russlanddeutsche SpätaussiedlerInnen				AussiedlerInnen PL/RO	Deutsche ohne MH	Personen mit MH	TürkInnen	MuslimInnen
	2014	2016	2018	2014 - 2018	2014 - 2018				
Wahlabsicht (in %)									
CDU/CSU	43,2	33,8	31,6	36,5	32,0	31,5	30,4	19,1	19,7
SPD	18,2	20,1	21,1	19,8	21,9	22,4	30,8	43,8	51,2
FDP	1,5	6,8	7,5	5,1	4,2	8,4	6,9	5,5	4,5
Die Grünen	8,3	3,3	8,2	7,0	25,0	17,7	15,5	12,5	11,7
Die Linke	17,4	19,2	14,2	16,7	2,6	8,4	7,2	13,6	11,2
AfD/NPD[1]	8,3	13,6	17,3	13,0	11,2	8,5	7,5	2,2	0,9
Andere	3,0	3,3	–	2,0	3,2	3,2	1,9	3,3	0,9
Letzte Bundestagswahl (in %)[2]									
CDU/CSU				43,0	33,2	35,7	34,5	18,4	21,2
SPD				21,9	19,3	25,2	30,7	47,4	55,6
FDP				5,5	6,2	8,0	9,1	4,6	2,0
Die Grünen				3,6	20,7	15,1	12,9	13,8	11,5
Die Linke				13,3	3,9	8,1	7,1	13,8	7,7
AfD/NPD[1]				12,3	8,7	5,9	4,7	–	–
Andere				0,4	8,0	1,9	0,9	2,3	1,9
Einstellungen und Wahlbeteiligung									
Zufriedenheit: Demokratie BRD[3]	4,46	–	4,41	4,43	4,51	4,31	4,56	4,44	4,68
Politisches Interesse[4]	3,09	3,02	3,01	3,05	2,98	3,31	3,15	3,15	3,09
Teilnahme letzte Bundestagswahl (in %)	58,3	60,6	75,5	67,6	76,5	88,3	68,6	59,7	43,0

(Fortsetzung)

Tab. 3 (Fortsetzung)

	Russlanddeutsche SpätaussiedlerInnen				AussiedlerInnen PL/RO	Deutsche ohne MH	Personen mit MH	TürkInnen	MuslimInnen
	2014	2016	2018	2014 - 2018	2014 - 2018				
Mitglied (in %)									
Gewerkschaft	9,5	8,7	9,9	9,4	19,9	13,3	9,5	16,0	11,3
Politische Partei	1,1	0,7	–	0,6	0,9	4,4	3,2	3,0	2,4
Links-Rechts-Selbsteinstufung									
Links (in %)	24,8	17,4	20,4	21,2	18,2	19,1	19,4	21,8	27,2
Mitte (in %)	70,1	69,5	78,4	73,1	76,0	74,5	74,2	74,5	69,4
Rechts (in %)	5,1	13,1	1,2	5,7	5,8	6,5	6,4	3,7	3,4
Einstufung Durchschnitt[5]	4,71	5,30	4,76	4,88	5,01	5,05	5,06	4,90	4,72
Identität (in %)									
Verbunden mit Deutschland	85,6	87,1	87,0	86,7	86,5	83,3	82,3	82,4	84,3
Stolz Deutscher zu sein	83,8	86,4	77,4	81,5	74,4	74,6	75,0	74,1	71,8

Daten aus: ALLBUS 2014 (Nr. 5240), 2016 (Nr. 5250), 2018 (Nr. 5272)
[1]NPD als Wahlmöglichkeit 2014 und 2016, nicht aber 2018
[2]Letzte Bundestagswahl jeweils: 2014 (September 2013), 2016 (September 2013), 2018 (September 2017)
[3]Durchschnittswerte auf einer Skala 1-6, wobei 6 „sehr zufrieden" entspricht
[4]Durchschnittswerte auf einer Skala 1-5, wobei 5 „sehr starkem" politischem Interesse entspricht
[5]Erhoben auf einer Skala 1-10, wobei 1-3 links, 4-7 mittel und 8-10 rechts entspricht

Betrachten wir beide Variablen über die Vergleichsgruppen hinweg, so finden wir zunächst Bestätigung für den bereits skizzierten Befund früherer Studien: Russlanddeutsche SpätaussiedlerInnen wählen häufiger rechts der Mitte als alle anderen, von den bürgerlichen mitte-rechts Unionsparteien bis zu den rechtspopulistischen bzw. rechtsextremen Parteien AfD und NPD. Allerdings ist der früher überproportional hohe Zuspruch zu CDU und CSU deutlich zurückgegangen – zumindest bei den in der Sonntagsfrage angegebenen Wahlpräferenzen, bei denen CDU/CSU zwischen 2014 und 2018 fast zwölf Prozentpunkte eingebüßt haben. In Bezug auf die extreme Rechte ist der Kontrast zu den Vergleichsgruppen mit 13 % aggregierter Wahlabsicht und 12,3 % tatsächlicher Stimmabgabe für diese Parteien besonders groß. Interessant ist dabei, dass es bei dieser Gruppe in Bezug auf die extreme Rechte offenbar kaum einen Unterschied zwischen Wahlabsicht und realem Wahlverhalten gibt, während bei allen anderen der tatsächliche Stimmenanteil deutlich niedriger ausfällt als die angegebene Präferenz. Beachtlich ist weiterhin, dass auch AussiedlerInnen aus Polen und Rumänien eine deutlich größere Affinität zur extremen Rechten zeigen als die Bevölkerung ohne Migrationshintergrund – während zwischen letzterer und der Bevölkerung mit Migrationshintergrund überraschenderweise kein großer Unterschied zu erkennen ist. Dies gilt allerdings nicht für TürkInnen und MuslimInnen, die sich zwar offenbar zu geringen Teilen vorstellen können, die extreme Rechte zu wählen, es dann aber doch nicht tun.

Während es im rechten Lager somit kaum gravierende Unterschiede zwischen russlanddeutschen SpätaussiedlerInnen und AussiedlerInnen aus Polen und Rumänien gibt, tun sich links der Mitte größere Differenzen auf. Die russlanddeutschen SpätaussiedlerInnen zeigen über beide Variablen hinweg einen wesentlich stärkeren Zuspruch zur Linkspartei als die anderen AussiedlerInnen (und als alle anderen Vergleichsgruppen, außer den Türkeistämmigen). Für die Grünen haben sie hingegen kaum Sympathien, während diese bei den übrigen AussiedlerInnen mit 25 % Wahlabsicht und 20,7 % realer Stimmabgabe noch beliebter sind als in der Bevölkerung ohne Migrationshintergrund. Die SPD genießt in beiden (Spät-)Aussiedlersamples etwas weniger Zuspruch als bei den Deutschen ohne Migrationshintergrund, und sehr viel weniger als unter TürkInnen und MuslimInnen. Die beiden letzteren Gruppen bewahren also zum Teil ihre traditionell starke Affinität zur Sozialdemokratie, wobei diese aber insgesamt deutlich zurückgegangen ist.

Jenseits der Frage konkreter Parteipräferenzen zeigen sich russlanddeutsche SpätaussiedlerInnen insgesamt recht zufrieden mit der Demokratie in der Bundesrepublik Deutschland – weniger als die migrantischen Vergleichsgruppen, aber mehr als die Deutschen ohne Migrationshintergrund. Ihr politisches Interesse ist allerdings mit das niedrigste, nur unterboten durch die AussiedlerInnen aus Polen und Rumänien. Ihre Wahlbeteiligung ist entsprechend niedriger als die der Bevölkerung ohne Migrationshintergrund, allerdings höher als die anderer MigrantInnen.[7] Ihr Organisationsgrad in Gewerkschaften und politischen Parteien ist im Vergleich zu allen anderen Vergleichsgruppen gering.

Ideologisch verorten sich die russlanddeutschen SpätaussiedlerInnen in ähnlichem Maße wie alle anderen Vergleichsgruppen (mit Ausnahme der etwas stärker linksorientierten MuslimInnen) in der Mitte. Nur 5,7 % würden sich als rechts bezeichnen – etwas weniger als bei Deutschen ohne Migrationshintergrund und anderen MigrantInnen, aber mehr als bei TürkInnen und MuslimInnen. Hier zeigt sich einerseits, dass man sich nicht unbedingt als rechts bezeichnen muss, um eine rechte Partei wie die AfD zu wählen (die sich freilich selber auch als Partei der Mitte bezeichnet). Wie unten noch zu zeigen sein wird, erhöht diese Selbsteinschätzung aber die Wahrscheinlichkeit drastisch, eine Partei der populistischen oder extremen Rechten zu wählen. Die 21,2 %, die sich als links bezeichnen, sind neben dem hohen Stimmenanteil der Linkspartei ein zweiter deutlicher Hinweis darauf, dass es schon längst kein Tabu unter russlanddeutschen SpätaussiedlerInnen gegenüber linken Parteien und linken Einstellungen gibt. Gleichzeitig sind die Russlanddeutschen diejenige Gruppe, die die stärkste Verbundenheit mit Deutschland zum Ausdruck bringt und am häufigsten Stolz darüber äußert, Deutsche zu sein.

5 Korrelationsanalyse

Die deskriptive Analyse des Wahlverhaltens der russlanddeutschen SpätaussiedlerInnen zeigt also eine vergleichsweise starke Affinität zur extremen Rechten. Aber nur eine Korrelationsanalyse kann belegen, ob die Eigenschaft als russlanddeutsche/r SpätaussiedlerIn für sich genommen einen signifikanten Prädiktor für ein entsprechendes Wahlverhalten darstellt, oder ob es andere Faktoren gibt, die dieses Phänomen besser erklären. Dazu präsentiert Tab. 4 die Ergebnisse von bivariaten und multivariaten Logit-Regressionsanalysen über alle Jahre für zwei unterschiedliche abhängige Variablen: die geäußerte Wahlabsicht und die tatsächliche Stimmabgabe bei der jeweils letzten Bundestagswahl. Da es sich um

[7] Dies widerspricht dem Befund von Goerres et al. (2018, S. 2), die die Wahlbeteiligung der Türkeistämmigen höher veranschlagen als die der Russlanddeutschen.

Logit-Modelle handelt, konstruieren wir die abhängigen Variablen als dichotomisch mit einer Stimme für eine Partei der extremen Rechten (AfD oder NPD) als 1 und einer Stimme für eine andere Partei als 0.

Wie in Tab. 4 zu erkennen ist, ist die Eigenschaft als russlanddeutsche/r SpätaussiedlerIn in drei der vier vorgenommenen Analysen ein statistisch signifikanter Prädiktor für entweder die Absicht der Wahl oder für die tatsächliche Stimmabgabe für eine Partei der populistischen oder extremen Rechten. Lediglich in der multivariaten Analyse der Wahlabsicht verschwindet die in der bivariaten Analyse noch vorhandene Signifikanz. In der Analyse der tatsächlichen Stimmen bleibt die Signifikanz hingegen erhalten und zwar mit dem höchsten Beta-Koeffizienten aller untersuchten Variablen. Umgerechnet in log odds bedeutet dies in der bivariaten und in der multivariaten Analyse des tatsächlichen Wahlverhaltens eine mehr als doppelt so hohe Wahrscheinlichkeit russlanddeutscher SpätaussiedlerInnen im Vergleich mit allen anderen Befragten, die populistische oder extreme Rechte zu wählen. Allerdings sind die meisten dieser Kontrollvariablen ihrerseits für Wahlabsicht und Wahlverhalten statistisch signifikant: die Selbsteinstufung als politisch rechts, männliches Geschlecht, die Zugehörigkeit zur Unter- bzw. Arbeiterschicht, die negative Einschätzung der Wirtschaftslage des Landes (allerdings nicht der eigenen Wirtschaftslage), die allgemeine Lebenszufriedenheit sowie das Alter. Stolz auf Deutschland ist nur für die tatsächliche Stimmabgabe ein signifikanter Faktor.

Die Abb. 1 illustriert die unterschiedliche Wahrscheinlichkeit, eine rechtspopulistische oder rechtsextreme Partei zu wählen, entlang der verschiedenen unabhängigen Variablen der Regressionsanalyse und für verschiedene Vergleichsgruppen. Hier haben russlanddeutsche SpätaussiedlerInnen die höchste Wahrscheinlichkeit unter allen bisher betrachteten Herkunftsgruppen, eine entsprechende Wahlabsicht zu äußern oder tatsächlich so zu wählen. Unter MuslimInnen liegt sie nahe null. Bei AussiedlerInnen aus Rumänien und Polen liegt sie zwar höher als bei der Bevölkerung ohne Migrationshintergrund, aber niedriger als bei den Russlanddeutschen. In ihrem Fall ist die Aussiedlereigenschaft jedoch nicht statistisch signifikant. Eine deutlich höhere Wahrscheinlichkeit ergibt sich aber für eine Reihe anderer Kohorten, die quer zu den Herkunftsgruppen liegen: Menschen mit einer selbst-deklarierten rechten politischen Einstellung, Menschen, die die Wirtschaftslage der Bundesrepublik als sehr schlecht einschätzen, sowie Menschen, die generell unzufrieden mit ihrem Leben sind. Auch die Angehörigen der Unter- und Arbeiterschicht haben zumindest bei der Wahlabsicht eine höhere Wahrscheinlichkeit als die russlanddeutschen SpätaussiedlerInnen.

Tab. 4 Korrelate von Wahlabsicht / Stimmabgabe für AfD / NPD

	Wahlabsicht							Letzte Bundestagswahl						
	B	s.e.	Sig.	B	s.e.	Sig.		B	s.e.	Sig.		B	s.e.	Sig.
Russlanddeutscher Spätaussiedler	0,489	0,207	*	0,501	0,291			0,809	0,207	**		0,931	0,328	**
ALLBUS 2018				0,023	0,113							0,841	0,136	***
Bildungsniveau				-0,029	0,057							-0,093	0,071	
Männlich				0,537	0,124	***						0,525	0,156	**
Alter				-0,011	0,003	**						-0,024	0,004	***
Einkommen				0,019	0,027							0,014	0,034	
Arbeitslos				0,082	0,299							-0,457	0,412	
Politisch rechts				0,610	0,037	***						0,646	0,045	***
Unter- bzw. Arbeiterschicht				0,689	0,127	***						0,506	0,158	**
Stolz auf Deutschland				0,205	0,144							0,429	0,185	*
Lebenszufriedenheit				-0,158	0,033	***						-0,143	0,041	***
Aktuelle Wirtschaftslage BRD				-0,501	0,079	***						-0,386	0,096	***
Aktuelle eigene Wirtschaftslage				-0,030	0,085							-0,140	0,105	
Constant	-2,389	0,041	***		-2,805	0,475	***		-2,769	0,056	***		-3,175	0,602
Nagelkerke R2	0,001			0,261				0,003				0,266		
% correctly predicted	91,5			90,9				94,0				93,6		

Daten aus: ALLBUS (2014 - 2018)
***p<0,001, **p<0,01, *p<0,05

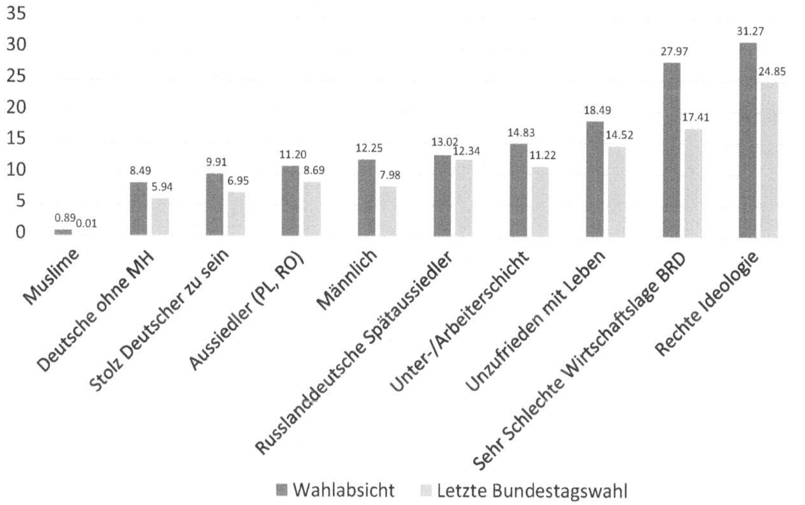

Abb. 1 Wahrscheinlichkeit AfD/NPD zu wählen. (Quelle: eigene Darstellung)

Weiterhin interessiert uns noch die unterschiedliche Wahrscheinlichkeit von Untergruppen innerhalb des russlanddeutschen Spätaussiedlersamples, die populistische oder extreme Rechte zu wählen (vgl. Tab. 5). Die in der Regressionsanalyse identifizierten relevanten Variablen sind hierbei erkennbar von Bedeutung und wirken zum Teil als starke Multiplikatoren. Die deutlich höchste Wahlwahrscheinlichkeit haben SpätaussiedlerInnen, die sich selbst als politisch rechts einstufen. Ebenfalls hoch ist der Anteil unter denjenigen, die sich als unzufrieden mit ihrem Leben äußern. Arbeitslosigkeit erhöht ebenfalls erkennbar die Wahrscheinlichkeit, wenngleich der Unterschied zwischen Wahlabsicht und tatsächlicher Wahl etwas größer ist. Desgleichen erhöhen ein schlechter Gesundheitszustand, die Zugehörigkeit zur Unter- bzw. Arbeiterschicht und ein niedriger Bildungsgrad die Wahrscheinlichkeit, weit rechts zu wählen, in einem gewissen Maße – ebenso ein unterdurchschnittliches Einkommen (allerdings auch ein überdurchschnittliches, wenngleich nur minimal) und Stolz auf Deutschland. Und auch der Unterschied zwischen den Wahlpräferenzen und dem Wahlverhalten der Geschlechter ist bei den russlanddeutschen SpätaussiedlerInnen deutlich erkennbar. Das Alter spielt hingegen kaum eine Rolle.

Zuletzt wollen wir auf die Eigenschaften derjenigen russlanddeutschen SpätaussiedlerInnen gucken, die eine Präferenz für die populistische oder extreme

Tab. 5 Wahrscheinlichkeiten russlanddeutscher SpätaussiedlerInnen AfD/NPD zu wählen, differenziert nach Untergruppen, in %

	Wahlabsicht	Letzte BTW
Gesamt	**13,0**	**12,3**
Geschlecht		
Männlich	16,5	16,1
Weiblich	9,3	8,3
Alter		
Jünger als der Durchschnitt	13,5	14,2
Älter als der Durchschnitt	12,4	10,9
Bildungsniveau		
Kein Abschluss bzw. Volks-, Hauptschulabschluss	17,5	17,2
Realschulabschluss bzw. Fachhochschulreife	13,1	13,1
Hochschulreife	9,7	9,9
Einkommen		
Weniger als der Durchschnitt	15,1	14,0
Höher als der Durchschnitt	13,9	14,0
Schichteinstufung		
Unter- bzw. Arbeiterschicht	17,5	18,9
Mittelschicht	9,5	9,0
Obere Mittel- und Oberschicht	4,9	4,0
Arbeitslos		
Ja	24,4	19,7
Nein	13,3	12,1
Gesundheitszustand		
Schlecht	19,1	16,0
Zufriedenstellend	15,7	14,2
Gut	12,9	12,6
Lebenszufriedenheit		
Unzufrieden	31,6	29,4
Gleichgültig	19,9	18,8
Zufrieden	11,8	11,4

(Fortsetzung)

Tab. 5 (Fortsetzung)

	Wahlabsicht	Letzte BTW
Ideologische Selbsteinstufung		
Rechts	42,8	42,0
Mitte	13,0	11,8
Links	2,9	2,4
Stolz auf Deutschland		
Ja	15,2	14,4
Nein	10,5	8,0

Daten aus: ALLBUS 2014 (Nr. 5240), 2016 (Nr. 5250), 2018 (Nr. 5272)

Rechte (Wahlabsicht) geäußert haben. Wie unterscheiden sie sich vom russlanddeutschen Gesamtsample hinsichtlich ihres Sozialprofils (vgl. Tab. 2A und 2B) und ihrer politischen Einstellungen und Einschätzungen (vgl. Tab. 3)? In sozialer Hinsicht gehören sie zu 54,9 % der Unter- bzw. Arbeiterschicht an, gegenüber 44,9 % im Gesamtsample (und 41,8 % bei den nicht AfD Wählenden). Ihr Durchschnittseinkommen liegt mit 1.349 € aber nur leicht unter dem Gruppendurchschnitt von 1.362 €. Sie sind im Schnitt weniger zufrieden mit ihrem Leben (7,54 gegenüber 7,74, auf einer Skala 0 - 10), sehen aber die wirtschaftliche Lage des Landes sowie ihre eigene wirtschaftliche Lage in der Gegenwart etwas positiver als die Gesamtgruppe. Die jeweilige Lage in einem Jahr bewerten sie aber deutlich negativer (2,74 bzw. 3,21 gegenüber 2,87 bzw. 3,29, auf einer Skala 1 - 5). Relevant scheint hier also nicht die aktuelle Situation, sondern die negative Zukunftserwartung zu sein. Auffällig ist weiterhin, dass nur 8,7 % von ihnen in Deutschland geboren sind, gegenüber 12,5 % im Gesamtsample und 14,2 % bei den nicht AfD Wählenden. Dies deutet auf generationelle Unterschiede hin, die möglicherweise in Sozialisierungseffekten begründet liegen. Denkbar ist auch, dass die Migrations- und die damit verbundene Fremdheitserfahrung der ersten Spätaussiedlergeneration eine Rolle spielen.

Bezüglich der politischen Faktoren fällt auf, dass sich 24,0 % der AfD/NPD-Sympathisanten in unserem Sample als politisch rechts einstufen, gegenüber 5,7 % im Gesamtsample und nur 4,6 % unter den nicht AfD Wählenden. Auch liegt ihr politisches Interesse mit 3,32 (auf einer Skala 1 - 5) erkennbar höher als im Gesamtsample (3,05). Damit korrespondiert eine höhere Wahlbeteiligung. Die AfD-WählerInnen unter den russlanddeutschen SpätaussiedlerInnen erscheinen somit als eine ideologisch motivierte und politisch mobilisierte Kohorte.

6 Lokale Analyse

Wie eingangs geschildert, konzentrierte sich ein Großteil der Diskussion über das Wahlverhalten der postsowjetischen SpätaussiedlerInnen auf die Beobachtung, dass in Stadtteilen mit einem hohen Bevölkerungsanteil dieser Gruppe besonders hohe AfD-Stimmenanteile zu verzeichnen waren. Diese Behauptung wurde vereinzelt zwar belegt (vgl. Golova 2017), aber bisher nicht systematisch erforscht. Daher wollen wir abschließend diesen Zusammenhang zusätzlich mithilfe einer Regressionsanalyse untersuchen. Dazu haben wir Daten aus insgesamt 793 Stadtteilen bzw. Wahlbezirken (je nach Stadt sind die Bezugseinheiten unterschiedlich) in 23 Städten (17 in Westdeutschland und 6 in Ostdeutschland) analysiert, um diese Korrelation überprüfen zu können. Es handelte sich um Städte verschiedener Größe aus fast allen Bundesländern, mit unterschiedlich hohen Anteilen an russlanddeutschen SpätaussiedlerInnen an der Gesamtbevölkerung.[8] Das AfD-Wahlergebnis eines Stadtteils oder Wahlbezirks bei der Bundestagswahl 2017 bzw. bei der letzten Landtagswahl (allesamt im Zeitraum 2016 - 2019 und damit nach der „Flüchtlingskrise“) als abhängige Variable wird dabei in Beziehung gesetzt mit verschiedenen unabhängigen Variablen, die für die Erklärung eines solchen Ergebnisses relevant sein können.

Die erste unabhängige Variable ist der Anteil der russlanddeutschen SpätaussiedlerInnen als hier primär interessierendem Faktor. Je nach Stadt und Datenverfügbarkeit ist dies der Anteil aller SpätaussiedlerInnen aus der ehemaligen Sowjetunion oder, als Näherungswert, von Deutschen oder allen Bewohnern mit Migrationshintergrund aus Kasachstan. Ihr jeweiliger Anteil an der Stadtteilbevölkerung wird über den sogenannten Lokationsquotienten in Beziehung gesetzt zum Anteil dieser Gruppe an der Stadtbevölkerung. Auf diese Weise sind auf unterschiedlicher Grundlage erfasste Daten aus verschiedenen Städten miteinander vergleichbar.

Weitere unabhängige Variablen sind der Arbeitslosenanteil, der Ausländeranteil und die Höhe der Wahlbeteiligung. Der Arbeitslosenanteil dient dabei als der offensichtlichste (und einzige flächendeckend vorhandene) Indikator für die wirtschaftliche Situation des Stadtteils – ausgehend von der aus unseren

---

[8] Nach Bundesländern sortiert sind dies: Freiburg, Heidelberg, Pforzheim (Baden-Württemberg), Augsburg, Nürnberg (Bayern), Potsdam (Brandenburg), Kassel (Hessen), Rostock (Mecklenburg-Vorpommern), Hannover, Osnabrück (Niedersachsen), Bielefeld, Bochum, Dortmund, Düsseldorf, Köln (NRW), Koblenz (Rheinland-Pfalz), Saarbrücken (Saarland), Leipzig (Sachsen), Halle (Sachsen-Anhalt), Erfurt, Jena (Thüringen), sowie die Stadtstaaten Hamburg und Berlin. Als einzige Bundesländer nicht repräsentiert sind Bremen und Schleswig-Holstein.

repräsentativen Daten begründbaren Annahme, dass eine schlechte wirtschaftliche Situation und hohe Arbeitslosigkeit rechtspopulistische Parteien begünstigen können. Der Ausländeranteil wiederum könnte anzeigen, ob die AfD in „überfremdeten“ Stadtteilen auf besondere Zustimmung trifft (vgl. Weber 2015). Eine niedrige Wahlbeteiligung wiederum kann relevant für starke Ergebnisse extremer Parteien sein, wobei beim Aufstieg der AfD aber auch das Gegenteil beobachtet wurde (vgl. Decker 2018). So oder so ist dieser Faktor zu kontrollieren. Die gleichen Variablen werden mit den Wahlergebnissen der Linkspartei korreliert, welche laut unseren Daten unter den russlanddeutschen SpätaussiedlerInnen ebenfalls überdurchschnittlich oft gewählt wird. Bei allen diesen Variablen ist ebenfalls der Lokationsquotient die Maßzahl.

Das Ergebnis der Analyse (vgl. Tab. 6) ist eine statistisch signifikante Korrelation der AfD-Stimmen mit allen unabhängigen Variablen. Der Anteil russlanddeutsche SpätaussiedlerInnen und der Arbeitslosenanteil korrelieren beide positiv

Tab. 6 Korrelate auf Stadtteilebene

	(1)	(2)	(3)	(4)
	AfD Bundestag	AfD Landtag	Linke Bundestag	Linke Landtag
Russlanddeutsche SpätaussiedlerInnen	0,164***	0,126***	-0,071***	-0,092***
	(0,013)	(0,017)	(0,017)	(0,016)
Arbeitslosigkeit	0,160***	0,128***	0,145***	0,225***
	(0,034)	(0,045)	(0,044)	(0,044)
Wahlbeteiligung	-0,937***	-1,464***	-0,083	-0,134
	(0,121)	(0,150)	(0,158)	(0,145)
Ausländeranteil	-0,138***	-0,246***	0,215***	0,220***
	(0,028)	(0,035)	(0,036)	(0,034)
_cons	1,839***	2,562***	0,838***	0,772***
	(0,142)	(0,186)	(0,185)	(0,179)
Beobachtungen	793	793	793	793
R^2	0,386	0,352	0,175	0,273
R^2 adjustiert	0,383	0,349	0,171	0,269

Standardfehler sind in Klammern angegeben
*** *p* < *0,01*, ** *p* < *0,05*, * *p* < *0,1*
Daten basierend auf Statistiken aus insgesamt 23 Städten

mit AfD-Stimmenanteilen. In Stadtteilen, in denen postsowjetische SpätaussiedlerInnen oder mehr Arbeitslose leben, wird also mehr AfD gewählt. Wahlbeteiligung und Ausländeranteil hingegen korrelierten negativ mit den AfD-Stimmenanteilen. Dass in Stadtteilen mit niedriger Wahlbeteiligung mehr AfD gewählt wurde, erscheint trotz des mobilisierenden Effekts, den die AfD zum Teil auf NichtwählerInnen hatte, intuitiv nachvollziehbar. Dass ein höherer Ausländeranteil zu niedrigeren AfD-Stimmenanteilen führt, spricht wiederum gegen einen „Überfremdungseffekt", von dem die AfD profitieren könnte; dies spricht aber für die Existenz von Kontakt- und Gewöhnungseffekten – die Weber (2015) nur auf Landkreisebene identifizieren konnte – auch auf der Stadtteilebene. Hier ist allerdings zu bedenken, dass ein hoher Ausländeranteil gegebenenfalls einen hohen Anteil von WählerInnen mit Migrationshintergrund mit sich bringen kann, etwa wenn Teile einer Migrationsgruppe die deutsche Staatsangehörigkeit haben (vor allem Angehörige der zweiten Generation), andere nicht. Ein solches Kontingent migrantischer WählerInnen könnte einen eventuellen Rechtsruck unter der Bevölkerung ohne Migrationshintergrund ausgleichen oder sogar übertreffen.

Für die Stimmenanteile der Linkspartei ergibt die Analyse dagegen eine statistisch signifikante negative Korrelation mit dem Anteil russlanddeutscher SpätaussiedlerInnen. Angesichts unserer Daten, die die Linke innerhalb der Gruppe sogar vor der AfD zeigten, war dies nicht unbedingt zu erwarten. Ähnlich wie bei der AfD korrelieren auch die Stimmen der Linken positiv mit der Arbeitslosenquote. Der Ausländeranteil hingegen korreliert ebenfalls positiv. Für die Wahlbeteiligung ergibt sich kein statistisch signifikanter Zusammenhang. Zu beachten ist, dass das Modell für die Linke insgesamt weniger Erklärungskraft hat als für die AfD.

Der Befund auf Stadtteilebene identifiziert also einen hohen Anteil an russlanddeutschen SpätaussiedlerInnen als einen Faktor, der sich unabhängig von den Kontrollvariablen Wahlbeteiligung, Arbeitslosigkeit und Ausländeranteil auf die AfD-Stimmenanteile auswirkt. Eine mögliche Erklärung hierfür wären sogenannte „neighbourhood effects", wie sie Vermeulen et al. (2020) am Beispiel von TürkInnen, MarokkanerInnen und SurinamesInnen in Amsterdam beschreiben. Die starke Konzentration einer ethnischen Gruppe in einem bestimmten Stadtteil kann demnach zur verstärkten Wahl ethnischer Parteien bzw. Kandidaten beitragen, sogenanntes „bloc voting". Starke zahlenmäßige Konzentration, dichte migrantische Netzwerke und ein hoher Organisationsgrad sind alles relevante Faktoren, um mehr WählerInnen eines ethnischen Hintergrunds für eine bestimmte Partei oder für bestimmte KandidatInnen einzunehmen. Die so entstehenden „Konversationsnetzwerke" (conversation networks) können segregierende Effekte entwickeln und dazu beitragen, dass Individuen eine größere Distanz zwischen ihren Einstellungen und denen der Angehörigen anderer Gruppen wahrnehmen. Dies führt wiederum zu einem stärkeren Gefühl von Gemeinsamkeit und begünstigt so die Wahl einer bestimmten Partei oder bestimmter KandidatInnen, die als „eigene" wahrgenommen werden. Dabei ist einschränkend anzumerken, dass die AfD keine ethnische Partei im engeren Sinne ist. Allerdings bemühte sie sich schon recht früh um russlanddeutsche WählerInnen, beispielsweise durch die Übersetzung ihres Parteiprogramms ins Russische. Netzwerke wie „Russlanddeutsche für die AfD in NRW" und Bundestagskandidaten russlanddeutscher Herkunft verstärkten das Image der AfD als Partei, die sich für die Belange der Russlanddeutschen einsetzt. Eventuell korrespondierte dies auch mit gezielter Wahlwerbung in „russlanddeutschen" Stadtteilen. Genauere Studien lokaler Zusammenhänge sind hier aber von Nöten.

7 Diskussion und Fazit

Die vorangegangene Analyse hat gezeigt, dass wir zunächst einige zentrale Annahmen der früheren Forschung über das Wahlverhalten der russlanddeutschen SpätaussiedlerInnen modifizieren müssen. Zwar gilt nach wie vor, dass sie als Wählergruppe stärker rechts der Mitte angesiedelt sind als Deutsche ohne Migrationshintergrund und erst recht im Vergleich zu anderen Migrantengruppen. Im Detail zeigen sich aber bedeutsame Verschiebungen: Die russlanddeutschen SpätaussiedlerInnen neigen inzwischen auch überdurchschnittlich stark der Linkspartei zu, während TürkInnen und MuslimInnen zwar immer noch zu drei Vierteln Parteien links der Mitte wählen, aber ein gutes Fünftel von ihnen inzwischen die CDU präferiert. Die politischen Präferenzen und das Wahlverhalten verschiedener Gruppen sind also insgesamt in Bewegung geraten.

Speziell mit Bezug auf die populistische bzw. extreme Rechte (AfD und NPD) konnten wir feststellen, dass die russlanddeutschen SpätaussiedlerInnen tatsächlich mit größerer Wahrscheinlichkeit solche Parteien wählen als die untersuchten Vergleichsgruppen. Die Eigenschaft als russlanddeutsche SpätaussiedlerInnen wirkt dabei als eigenständiger Faktor neben anderen signifikanten Kontrollvariablen, vor allem Schichtzugehörigkeit, politische Ideologie, Geschlecht und Einschätzung der allgemeinen Wirtschaftslage. Russlanddeutsche wählen die AfD also teilweise aufgrund bestimmter allgemeiner soziodemografischer Merkmale, die die Wahrscheinlichkeit eines solchen Wahlverhaltens erhöhen. Diese Kontrollvariablen lassen den eigenständigen Effekt der Spätaussiedlereigenschaft aber nicht verschwinden.

Bei der Suche nach möglichen Erklärungen für diesen Befund greifen wir auf die eingangs geschilderte hybride Positionierung der SpätaussiedlerInnen in der bundesdeutschen (Migrations-)Gesellschaft zurück. Russlanddeutsche SpätaussiedlerInnen (wie auch andere AussiedlerInnen) gehören vom eigenen und vom durch das Migrationsregime formulierten Anspruch her nicht zur Migrationsbevölkerung, sondern zur Mehrheitsgesellschaft. Diese Position war aber seit ihrer Ankunft stets prekär. Entsprechend kann es für sie attraktiv wirken, eine Partei zu wählen, die eine stärkere nationale Abgrenzung verspricht und dabei die Russlanddeutschen explizit miteinschließt. In Modifikation von Forschungsbefunden zur Relevanz des Gefühls der persönlichen Diskriminierung als Angehöriger der ethnischen Majorität in einem multikulturellen Staat zur Erklärung rechtspopulistischen Wählens (vgl. Doerschler und Jackson 2018) ist also begründet zu vermuten: Es kann hier gerade das Gefühl der Diskriminierung als nicht voll anerkannter Angehörige/r dieser Majorität – gepaart mit einer wahrgenommenen Schlechterstellung gegenüber den durch die Mehrheitsgesellschaft vermeintlich freundlicher und großzügiger empfangenen Neuankömmlingen (Stichwort: „Willkommenskultur" während der „Flüchtlingskrise" von 2015) – sein, das den Zuspruch russlanddeutscher SpätaussiedlerInnen zu rechtspopulistischen Parteien in die Höhe treibt (vgl. Goerres et al. 2020). Für diese Interpretation spricht auch der beobachtete höhere Anteil der ersten Spätaussiedlergeneration unter den AfD-WählerInnen, da sie diese prekäre Position als „fremde Deutsche" selber miterlebt haben – anders als ihre im Lande geborenen Kinder (vgl. Hoops 2018). Ergänzend dazu ist weiterhin denkbar, dass sich die im letzten Abschnitt angedeuteten „neighbourhood effects" kumulativ in der Gruppe auswirken. Dies erscheint auch deshalb plausibel, weil russlanddeutsche SpätaussiedlerInnen auf lokaler Ebene noch immer vergleichsweise stark konzentriert leben.[9]

Interessant in diesem Kontext ist allerdings die Beobachtung, dass andere Personen mit Migrationshintergrund in einem ähnlichen Maße Präferenzen für die populistische Rechte zeigen wie die Bevölkerung ohne Migrationshintergrund. Dies kann man als einen allgemeineren „pulling up the ladder"-Effekt

---

[9] Eine Untersuchung von 24 Großstädten ergab, dass fast die Hälfte (48,5 %) der russlanddeutschen SpätaussiedlerInnen in Stadtteilen lebt, wo ihr Bevölkerungsanteil mehr als 1,5-mal so hoch liegt wie in der Gesamtstadt. Im Vergleich mit ZuwanderInnen aus der Türkei und Polen haben sie auch mit Abstand den höchsten Gini-Koeffizienten, leben also am stärksten konzentriert. Einschränkend ist hierzu aber anzumerken, dass die Mehrzahl der Russlanddeutschen – wie gesehen – nicht in Großstädten lebt. Anekdotische Eindrücke deuten aber darauf hin, dass die Situation in Kleinstädten nicht grundsätzlich anders ist. Vgl. Panagiotidis (2021, Kap. 4).

im Zusammenhang mit der „Flüchtlingskrise“ von 2015 interpretieren: Diejenigen ZuwanderInnen bzw. deren Nachkommen, die „drin“ sind und sich etabliert haben, stellen sich gegen die Aufnahme weiterer Neuankömmlinge, die ihnen diese Position streitig machen könnten – und wählen daher in einem gewissen Umfang migrationsfeindliche Parteien. Das bei den russlanddeutschen SpätaussiedlerInnen vorhandene Gefühl der Schlechterstellung gegenüber den Flüchtlingen der jüngeren Zeit kann hier zum Tragen kommen. Hierbei spielt aber weiterhin die Zugehörigkeit zum Islam offenbar eine entscheidende Rolle, stellt sie doch in unserem Sample das zentrale Unterscheidungsmerkmal dar zwischen Gruppen, die die AfD in einem gewissen oder sogar einem überdurchschnittlichen Maße wählen, und solchen, die sie gar nicht wählen. All dies verweist auf die komplexen Konstellationen, die sich in einer zunehmend heterogenen Migrationsgesellschaft ergeben und die durch eine simple Unterscheidung zwischen Einheimischen und MigrantInnen, ethnischer Majorität und Minorität, aber auch durch eine strikte Trennung von SpätaussiedlerInnen und AusländerInnen (in der klassischen bundesdeutschen Diktion) nicht ausreichend erfasst wird.

Literatur

Decker, Frank. 2018. *Wahlergebnisse und Wählerschaft der AfD.* www.bpb.de/politik/grundfragen/parteien-in-deutschland/afd/273131/wahlergebnisse-und-waehlerschaft (Zugriff: 20.05.2020).

Doerschler, Peter, und Pamela Irving Jackson. 2018. Radical Right-Wing Parties in Western Europe and their Populist Appeal: An Empirical Explanation. *Societies Without Borders* 12 (2). https://scholarlycommons.law.case.edu/swb/vol12/iss2/6/ (Zugriff: 06.07.2020).

Friedmann, Jan: Rechtsruck in „Klein-Moskau“. *Spiegel Online* vom 9.09.2017. https://www.spiegel.de/politik/deutschland/afd-warum-die-partei-bei-russlanddeutschen-so-beliebt-ist-a-1166915.hmtl (Zugriff: 12.06.2020).

Goerres, Achim, Sabrina J. Mayer, und Dennis C. Spies, Dennis. 2020. Immigrant voters against their will: a focus group analysis of identities, political issues and party allegiances among German resettlers during the 2017 bundestag election campaign. *Journal of Ethnic and Migration Studies* 46 (7): 1205 - 1222. DOI:https://doi.org/10.1080/1369183X.2018.1503527

Goerres, Achim, Dennis C. Spies, und Sabrina J. Mayer. 2018. *How did Immigrant Voters Vote at the 2017 Bundestag Election? First Results from the Immigrant German Election Study (IMGES).* Universität Duisburg-Essen, Institut für Politikwissenschaft.

Golova, Tatiana. 2017. Die Russlanddeutschen und die Bundestagswahl. *ZOiS Spotlight* 25. www.zois-berlin.de/publikationen/zois-spotlight-2017/die-russlanddeutschen-und-die-bundestagswahl (Zugriff: 20.05.2020).

Golova, Tatiana. 2006. Akteure der (extremen) Rechten als Sprecher der Russlanddeutschen? Eine explorative Analyse. In Ipsen-Peitzmeier und Kaiser, 241 - 273.

Hoops, Maik. 2018. *Fremdzuschreibungen natio-ethno-kultureller Zugehörigkeit und deren Einfluss auf die Identitätsbildung: Die Erfahrungen der Nachkommen russlanddeutscher AussiedlerInnen.* Bachelorarbeit, Universität Osnabrück.

Ipsen-Peitzmeier, Sabine, und Markus Kaiser (Hrsg.). 2006. *Zuhause fremd: Russlanddeutsche zwischen Russland und Deutschland.* Bielefeld: transcript Verlag.

Kaleta, Philip, Kateryna Kapliuk, Kateryna Lutska, und Yana Stepaniuk. 2017. Alternative für Russlanddeutschland. *Spiegel Online* vom 14.06.2017. https://www.spiegel.de/spiegel/afd-warum-so-viele-russlanddeutsche-die-afd-unterstuetzen-a-1151697.html (Zugriff: 30.06.2020).

Norris, Pippa und Ronald F. Inglehart. 2019. *Cultural Backlash: Trump, Brexit, and Authoritarian Populism.* Cambridge (UK): Cambridge University Press.

Panagiotidis, Jannis. 2021. *Postsowjetische Migration in Deutschland. Eine Einführung.* Weinheim: Beltz Juventa.

Panagiotidis, Jannis. 2019. Russlanddeutsche Spätaussiedler: Soziale Charakteristika, Netzwerke und Selbstverständnis. *Osteuropa* 69 (9 - 11): 43 - 62.

Panagiotidis, Jannis. 2015. Aussiedler / Spätaussiedler. In *Online-Lexikon zur Kultur und Geschichte der Deutschen im östlichen Europa.* URL: ome-lexikon.uni-oldenburg.de/p32717 (Stand 01.02.2018) (Zugriff: 13.06.2020).

Petersen, Hans-Christian. 2018. Zwischen „Klein-Moskau" und der „Alternative für Russlanddeutschland". Anmerkungen zum Bild der AfD als „Partei der Russlanddeutschen" aus Sicht der historischen Stereotypenforschung. *Stereotyp und Geschichte.* http://www.stereotyp-und-geschichte.de/zwischen-klein-moskau-und-der-alternative-fuer-russlanddeutschland (Zugriff: 30.06.2020).

Sachverständigenrat deutscher Stiftungen für Integration und Migration (SVR). 2016. Schwarz, rot, grün – welche Parteien bevorzugen Zuwanderer? (Sachverständigenrat deutscher Stiftungen für Integration und Migration: Policy Brief des SVR-Forschungsbereíchs 2016-5). Berlin.

Statistisches Bundesamt. 2019. *Bevölkerung und Erwerbstätigkeit. Bevölkerung mit Migrationshintergrund. Ergebnisse des Mikrozensus 2018.* Wiesbaden.

Vermeulen, Floris, Maria Kranendonk, und Laure Michon. 2020. Immigrant concentration at the neighbourhood level and bloc voting: The case of Amsterdam. *Urban Studies* 57 (4): 766 - 788.

Weber, Hannes. 2015. Mehr Zuwanderer, mehr Fremdenangst? Ein Überblick über den Forschungsstand und ein Erklärungsversuch aktueller Entwicklungen in Deutschland. *Berliner Journal für Soziologie* 25 (4, Dezember 2015): 397 - 428.

Wüst, Andreas. 2002. *Wie wählen Neubürger? Politische Einstellungen und Wahlverhalten eingebürgerter Personen in Deutschland.* Opladen: Leske & Budrich.

The manufacturer's authorised representative in the EU is Springer Nature Customer Service Centre GmbH, Europaplatz 3, 69115 Heidelberg, Germany. If you have any concerns regarding our products, please contact ProductSafety@springernature.com

Printed and bound by CPI Group (UK) Ltd, Croydon, CR0 4YY
21/10/2026
02237161-0008